JN416873

125kHz와 13.56MHz용

RFID 구현 및 응용

남상엽 · 김근은 · 강이철 · 박정석 공저

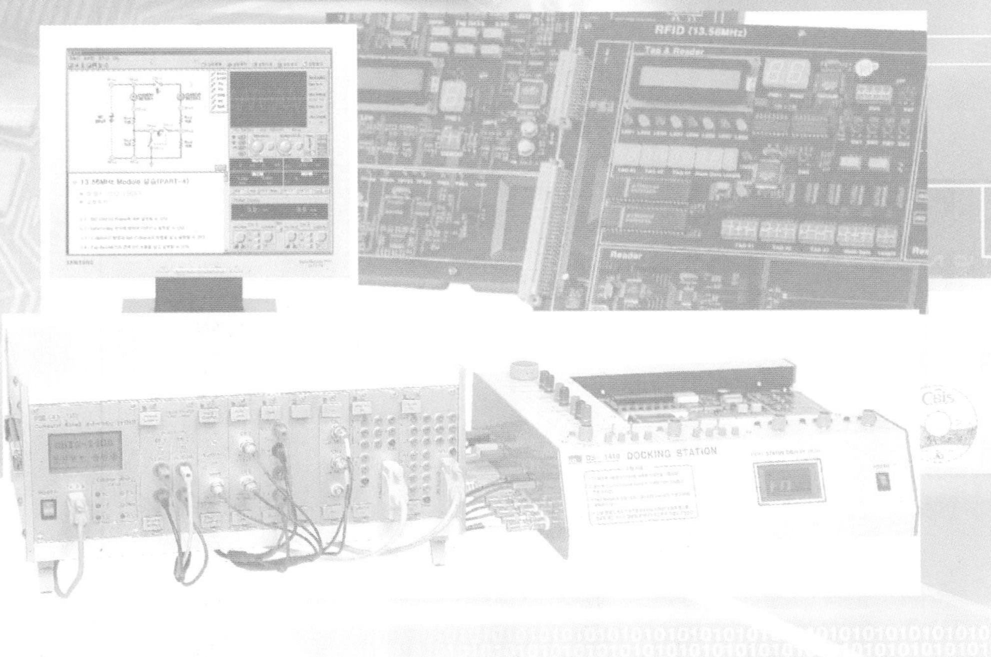

도서출판 상학당

| 머리말 |

RFID 시스템은 인간중심의 **유비쿼터스 컴퓨팅 환경 실현**을 위한 차세대 핵심 기술이며, 2000년대 들어 무선인식기술의 중요성이 부각되면서 크게 주목받기 시작하여 물류, 유통 분야에 본격적으로 도입되기 시작하였다. 최근 정보통신 분야의 최대 화두는 사람과 사람, 사물과 사람, 나아가 사물과 사물 간에 의사소통이 가능한 유비쿼터스 사회를 실현하는 것이다.

유비쿼터스 컴퓨팅이 가능하기 위해서는 가장 기본적으로 사람 혹은 사물을 유일하게 식별하고, 이를 바탕으로 서비스되어야 한다는 점이다. RFID는 자동인식 및 데이터 획득기술의 하나로서, 사람의 작업이나 판단을 궁극적으로 배제하고 객체의 ID를 자동적으로 취득, 온라인으로 관련정보를 자동처리하는 기술이다. 즉, 차세대 유비쿼터스 기술의 핵심기반 기술이며, 가장 가시적인 성과를 낼 수 있는 기술인 셈이다. RFID는 단순한 상거래뿐만 아니라 일반적인 기업경영, SCM(Supply Chain Management), CRM(Customer Relationship Management), 자산관리, 현장인력관리, 지식관리, 유통관리, 안전관리 등 거의 모든 비즈니스 활동에 혁신적으로 적용되어 미래 IT시장을 주도해 나갈 것으로 예상된다.

우리나라에서도 RFID 기반의 통합 인프라 구축에 대한 요구가 증가하고 있으며 제품의 제조에서 소비자에 이르는 상품 라이프사이클에서 발생하는 물류정보의 통합관리 솔루션의 개발이 필요한 시점이다. RFID 기반의 상품 라이프사이클 물류정보 통합관리 솔루션의 개발은 국내의 제조, 유통 물류뿐 아니라 우리나라 경제의 큰 부분을 차지하고 있는 수출입 물류까지 고려되어 Global Visibility 확보와 함께 국가산업 구조를 개선하여 전 산업에 걸쳐 비즈니스 효율을 향상시키는데 기여할 것이다.

RFID 기술에 대한 관심이 최근 몇 년 동안에 크게 늘어났으며 많은 기업과 정부기관들이 RFID 기술을 차세대 핵심기술 분야로 선정하여 집중 투자하고 있는데 그 이유는 유비쿼터스 컴퓨팅을 위한 핵심기술 확보 및 제조, 물류, 유통 등 산업분야의 업무효율 향상을 위한 핵심기술 확보와 새로운 국제표준에 대한 대비 등이다.

RFID는 리더를 통하여 접촉하지 않고 태그의 정보를 판독하거나 기록하는 시스템으로서, 주로 ISM 주파수 대역을 통하여 태그의 IC 칩에 있는 데이터를 인식하여 관리 및 제어를 할 수 있는 기술이다.

이 교재에서는 **저주파 125kHz와 고주파 13.56MHz RFID 모듈**을 연결시스템(DS-1410)을 통하여 실습 모듈을 교체하면서 RFID 시스템을 구현하여 실습이 가능하다. 이 RFID 시스템을 실습하기 위하여 연결시스템(DS-1410)과 PC 기반 계측장비(CBIS-1400)를 통합하여 구축할 수 있다. 연결시스템(DS-1410)은 전기, 전자, 통신 등과 같은 실습 모듈을 PC와 연동하여 실험실습을 할 수 있도록 제공하는 장비로서 자체적으로 2채널 함수발생기와 AC 및 DC 전원공급기와 가변저항을 내장하고 있어 실습에 용이하도록 구성되어 있고, PC 기반 계측장비(CBIS-1400)와 함께 사용할 경우 모든 실험실습을 PC로 사용하여 제어 및 계측을 할 수 있을 뿐만 아니라 계측된 데이터를 PC에서 분석이 매우 용이해진다.

연결시스템(DS-1410)은 PC 기반 계측장비(CBIS-1400)를 사용하지 않고도 기존에 보유하고 있는 계측기기(전원공급기, 함수발생기, 주파수 카운터, 멀티미터)를 연결하여 사용할 수 있으며, 연결시스템(DS-1410)에 장착된 실습 모듈에 대한 스위치 제어 및 외부에 연결된 계측기기들에 대한 단자 위치들을 PC에서 제어할 수 있다.

이러한 유비쿼터스 시대에 기초적인 RFID 시스템 기술력이 필요해짐에 따라 **《RFID 구현 및 응용》**을 이론과 사례 중심으로 구성하여 발간하게 되었다. 특히 이 교재는 각 과정의 핵심적인 기본이론을 숙지하고 기초적인 RFID 시스템 설계방안 및 환경 설정을 이해를 통하여 이론을 검증하는 데 주안점을 두었다.

또한 컴퓨터, 전자, 제어, 통신 분야 관련 학생 및 초보 개발자를 대상으로 한 RFID 시스템에 대한 기본학습을 위한 교재로서, 처음 RFID 시스템을 접하는 학생에게 쉽고 빠르게 접근할 수 있도록 하는 데 초점을 맞추어 편찬되었다.

따라서 RFID 시스템 개발 및 환경구축에 대한 이론을 통해 RFID 시스템의 작동 원리에 대한 이해와 감각을 키우는 데 부족함이 없을 것이라 생각된다.

단지 전반적인 이해를 통하여 해당 RFID 실습 타깃 시스템인 ED-1450을 통해 구현과 응용을 접목해 보면 보다 많은 이해 및 능력향상에 도움이 될 것으로 판단된다.

이 교재의 주요 구성은 다음과 같다.

PART I에는 RFID 개론으로서 제1장 RFID 개요 및 특징, 제2장 RFID H/W 및 S/W기술, 제3장 RFID 표준화 및 보안, PART II에는 RFID 시스템의 환경설정으로서 제4장 RFID 시설의 장비설정, PART III에는 저주파 RFID 시스템으로서 제5장 저주파 RFID 시스템의 부호화 및 복호화, 제6장 저주파 RFID 태그 및 리더 시스템의 원리, PART IV에는 고주파 RFID 시스템으로서 제7장 카드형 고주파 RFID 태그 시스템의 구성 및 원리, 제8장 근방형 고주파 RFID 태그 시스템의 구성 및 원리, 제9장 고주파 RFID 리더기 시스템, PART V에는 RFID 시스템의 프로그램으로서 제10장 RFID 시스템의 프로그래밍, 제11장 RFID 시스템의 응용 프로그램으로 구성되어 있다.

끝으로 이 책을 집필하는 데 많은 도움을 주신 (주)ED의 박용후 사장님, 김창일 전무님 그리고 기술연구소의 김석중 본부장님, 국내사업본부의 양영규 이사님, 홍준석 이사님, 이관희 부장님, 권순갑 부장님, 김성태 차장님, 곽석민 과장님, 백승명 과장님, 이세진, 고객지원팀의 이억환 부장님 등 관계자 여러분, 도서출판 상학당의 관계자 여러분과 강민영, 황정남에게 감사의 마음을 전한다.

저 자 씀

| 차 례 |

PART Ⅰ RFID의 개론

PART II RFID 시스템의 환경설정

PART III 저주파 RFID 시스템

PART IV 고주파 RFID 시스템

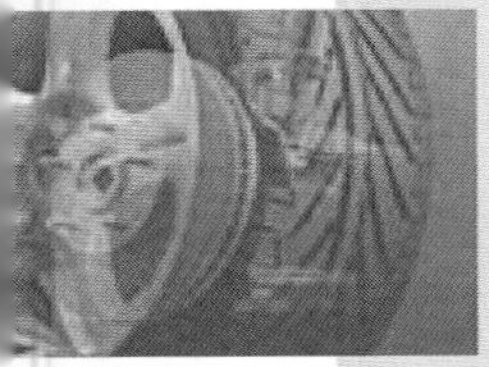

PART I

RFID의 개론

제1장

RFID의 개요 및 특징

1.1 RFID의 개론

1) RFID 역사

RFID(Radio Frequency Identification)는 초기의 군사용 신분확인체계에 근거에서 1940년대 초 기술혁신의 토대에서 역사를 찾을 수 있다. 1948년 해리 스탁맨(Harry Stockman)의 무선신호의 반향을 이용한 대상물 확인하는 논문과 1950년의 해리스(D.H.Harris)와 버논(F.I.Vernon)의 투과된 무선신호가 확인가능하고 인식이 가능한 응답신호를 만드는 시스템인 전파탐지기(Rader ; radio detection and ranging)에 대한 기술로써 RFID의 기술적인 선구자인 레이더가 탄생하게 되었다. 결국 레이더의 개발에 자극을 준 것은 제2차 세계대전이었다.

제2차 세계대전 중에 영국군이 항공기 피아식별용으로 사용한 Chain Home 레이더가 그 효시이며, 군사 목적으로 전파를 사물의 식별에 이용하는 RFID 기술이 발전을 하게 되었다. 이것의 발전에 기인한 4개의 문자코드 "Squawk 코드"는 오늘날 항공통신에 이용된다.

그러므로 레이더와 RFID의 관련성이 매우 유사하다. 수동형 RFID태그는 레이더 시스템이 찾아내려고 노력했던 목표물과 매우 흡사하다.

레이더 이후의 개발 노력들은 1960년대의 현대적인 컴퓨터의 탄생, 반도체 IC, 레이저의 탄생, 디지털 자료망의 완성 등으로 과학세계를 사로잡았다. 로버트 리차드슨(Robert Richardson)의 원격조정 무선주파수 전력장치(1963), 빈딩(J.P.Vinding)의 질의 응답 신분확인 시스템(1967)을 포함한 매혹적인 연구들이 개발되었다.

상업적 목적으로 사용한 것은 1960년대 도난 방지 목적으로 개발된 전자 상품 감시 시스템(Electronic Item Surveillance)이 시작이며 이후 1970년대의 로스 알라모스 과학 연구소(Los Alamos Scientific Laboratory ; LASL)는 현대적인 RFID 시스템 개발의 중심점이었고 1980년대를 거치면서 RFID에 대한 연구가 꾸준히 이루어져 통행료 자동 인수, 출입 통제 등으로 그 활용 범위가 확대되었다.

1990년대에 접어들면서 RFID 시스템은 더욱 정교해져 가축 개체관리, 부품관리 등으로까지 그 영역이 확대되었으며 상품의 추적 관리 분야에 RFID를 이용하는 연구가 본격화되면서 RFID의 발전 가능성이 더 많은 주목을 받게 되었다.

현재 RFID는 미국, 일본 등 선진국을 중심으로 관련 기술이 활발하게 개발되고 있으며 보다 효과적인 보급을 위하여 하드웨어 및 시스템 관련 표준 제정을 위해 많은 연구 개발이 진행 중이다.

2) RFID의 주요 기술 발전

① 사람 · 동물 · 상품 등에 대한 자동식별 방법은 과거에 여러 가지 방식이 개발되어 사용 대표적인 예인 바코드 시스템은 일용품 산업계 요구에 의해 1976년에 설계된 것으로 13개의 디지트로 구성되며 지난 20년간 가장 성공한 자동 인식 시스템이며 광문자 인식(Optical Character Recognition)은 1960년도에 처음 사용되었으나 다른 자동인식 시스템에 비해 고가이며 복잡하다.

② 스마트카드는 전자식 데이터 저장 시스템이며 1984년에 처음으로 공중전화 스마트카드에 사용 접촉부분을 통한 직렬 인터페이스를 통해서 카드와 리더 간에 쌍방향으로 데이터 전달이 이루어지며 메모리카드와 계산가능 카드로 세분된다.

③ 과거의 식별 시스템 혁명을 주도했던 현존하는 바코드 라벨은 매우 저렴하지만 저장능력이 적고 재프로그램이 불가능하여 현재 여러 분야의 수요에서 적당치 않은 점들이 지적되고 있다. 기술적으로는 실리콘칩에 데이터를 저장하는 것이 효과적이며 전화카드나 은행카드와 같은 접촉방법에 의한 스마트카드를 생각할 수 있으나 이 카드 사용을 위한 체계적인 접촉은 실용적이지 못하다.

④ 데이터 운반장치와 리더(Reader) 간의 비접촉식 데이터 전달이 보다 더 실용적이며 이와 같이 전원과 데이터를 전달하기 위해서 사용되는 절차 때문에 비접촉식 식별 시스템을 RFID 시스템이라고 한다.

⑤ 기술이 발전될수록 Ubiquitous Computing 기술로 변하고 생산력이 높아지고 의학 분야에서도 많이 응용될 가능성이 있으며 [그림 1-1]에서 RFID 기술의 발전 방향을 나타낸다.

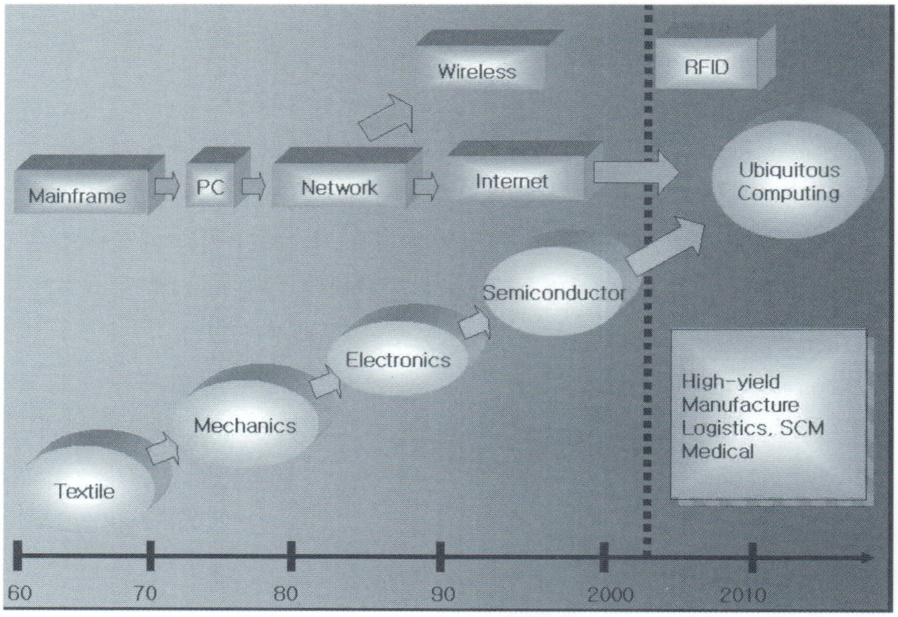

[그림 1-1] RFID 기술의 발전 방향

3) RFID 개요

[그림 1-2]처럼 RFID는 가청 주파수 대역인 무선 주파수(RF, Radio Frequency, MHz · GHz)와 제품에 붙이는 태그(Tag)에 생산, 유통, 보관, 소비의 전 과정에 대한 정보와 연동되는 식별자인 전자 칩을 이용하여 물체(물건, 사람 등)를 식별할 수 있는 기술로써 자체

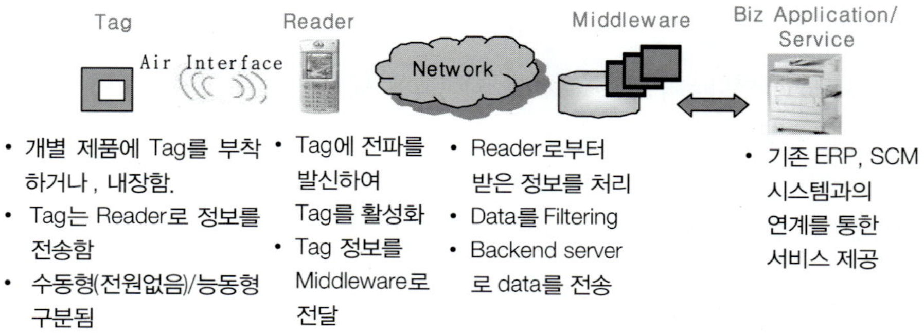

[그림 1-2] RFID 시스템

되는 시스템을 말한다. 용도 및 형태에 따라 RFID, 무선 주파수 인식 시스템, 전자태그 등 다양한 명칭으로 불리고 있다. 다른 인식 시스템과의 RFID 시스템과의 여러 조건에 따라 관계를 〈표 1-1〉에 나타내었다.

RFID 시스템은 하드웨어(태그, 리더기, 안테나, 호스트컴퓨터)와 소프트웨어(운영체계, 미들웨어, 호스트 애플리케이션)로 구성된다.

〈표 1-1〉 다른 인식 시스템과 RFID 시스템과의 비교

시스템 항목	바코드	OCR	음성 인식	생체 인식	스마트카드	RFID 시스템
전형적인 데이터 크기 (byte)	1-100	1-100	—	—	16-64k	16-64k
데이터 밀도	낮음	낮음	높음	높음	매우 높음	매우 높음
기계적인 인식률	좋음	좋음	낮음	낮음	좋음	좋음
사람에 의한 인식	제한적	간단함	간단함	어려움	접촉식의 경우 가능함	불가능
오염물질에 의한 영향	매우 높음	매우 높음	—	—	—	영향이 없음
시야 가림에 대한 영향	완전 차단	완전 차단	—	가능		영향이 없음
방향과 위치에 의한 영향	낮음	낮음	—	—	단방향성	영향이 없음
마모성	제한적	제한적	—	—	접촉에 의함	중간
가격	매우 낮음	중간	매우 높음	매우 높음	낮음	없음
운영비용(예, 프린터)	낮음	낮음	없음	없음	중간(접촉식)	
비인가 복사/수정 가능성	약간	약간	가능(오디오 테이프)	불가능	불가능	불가능
인식 속도 (데이터 운반 포함)	낮음 ~4초	낮음~3초	매우 낮음 〉5초	매우 낮음 〉5~10초	낮음 ~4초	매우 빠름 ~0.5초
최대 인식거리	0~50cm	〈1cm 스캐너	0~50cm	직접 접촉	직접 접촉	0~5m, 마이크로파

RFID 시스템의 하드웨어 구성은 트랜스폰더(Transponder ; 태그), 리더(reader)와 안테나(결합장치 ; coupling device)로 구성된다.

RFID 시스템은 ISM(Industrial, Scientific, and Medical) 주파수 대역에서 135kHz, 13.56MHz, 433MHz, UHF(860~960MHz), 2.45GHz 대역의 주파수를 사용한다.

〈표 1-2〉처럼 태그가 송신하는 전파의 에너지원(전원)을 얻는 동작 방법에 따라 수동형

(passive)과 능동형(active)으로 구분하고, 수동형은 리더기로부터 수신되는 전파에서 송신 전원을 얻고, 능동형은 별도의 배터리에서 송신 전원을 얻는다. 리더기는 수집된 정보를 네트워크를 통해 센터에 전달한다.

〈표 1-2〉 RFID 시스템의 주파수별 구분

주파수	저주파	고주파	극초단파		마이크로파
	125kHz,135kHz	13.56MHz	433.9MHz	860~930MHz	2.45GHz
인식 거리	60Cm 미만	60Cm까지	50~100m	3.5~10m	~1m이내
일반 특성	• 비교적 고가 • 환경에 의한 성능 저하 없음	• 저주파보다 저가 • 짧은 인식거리와 대중 태그인식이 필요한 응용 분야에 적합	• 긴 인식거리 • 실시간 추적 및 컨테이너 내부 습도, 충격 등 환경 센싱	• IC기술발달로 가장 저가로 생산 가능 • 다중태그인식 거리와 성능이 가장 뛰어남	• 900대 태그와 유사한 특성 • 환경에 대한 영향을 가장 많이 받음
동작 방법	• 수동형	• 수동형	•능동형	• 능동형/수동형	• 능동형/수동형
적용 분야	• 공정자동화 • 출입통제/보안	• 수화물관리 • 대여물품 관리 • 교통카드 • 출입통제/보안	• 컨테이너 관리 • 실시간 위치 추적	• 공급망 관리 • 자동 통행료징수	• 위조방지

태그는 사용목적과 크기에 따라 chip형, chip-less형, 센싱 및 초소형 태그, 태그 안테나 등이 있다. chip형 태그는 현재 500원 이하의 가격을 목표로 하고 있으며, chip-less형은 100원 이하를 목표로 기술을 개발하고 있다. 또 RFID는 부착물의 특성 및 주변 환경에 매우 민감함에 따라 각각의 특성에 적합한 패키징 기술도 연구되고 있다. 태그에 저장 가능한 데이터 용량은 ISO(International Organization for Standardization) 18000-6 시리즈와 EPCglobal에서는 태그에 저장 가능한 기본 데이터 용량을 최소 64비트에서 최대 256비트로 정의하고 있다. 현재 구입 가능한 태그는 태그 제조업체에 따라 사용자 영역이 최소 32비트에서 최대 1024비트까지 제공되고 있다.

RFID 리더는 태그 신호충돌방지 알고리즘을 채용해 현재 초당 100개까지 인식이 가능한 수준이며, 수백 개 이상을 목표로 기술이 개발되고 있다. 아울러, 여러 대역에서 인식이 가능한 멀티밴드, 멀티 프로토콜 리더기도 개발되고 있다.

현재 리더기는 인식성능을 높이기 위해 2~4개의 안테나를 배열해 사용하고 있으나, 앞으로 주변 환경에 적응해 빔을 제어할 수 있는 안테나 기술도 개발되고 있다.

RFID 시스템의 결합방식은 전자파를 이용하는 방식(후방 산란 결합, backscatter coupling)과 자장을 이용하는 방식(상호 유도 결합, inductive coupling)이 있다.

RFID를 이용해 사물의 식별이 가능해야 하므로 용도에 따라서 단위지역 또는 전 세계적으로 유일한 인식번호를 부여하는 식별체계를 정립해야 한다.

현재 유럽표준화기구(EAN)와 북미표준화기구(UCC, Uniform Code Council)가 공동 제안한 EPC(Electronic Product Code)와 일본에서 제안한 u-ID 체계가 있으며, 국제표준화가 진행되고 있다. 한편 인터넷 주소체계로는 IPv6를 추진하고 있어 EPC와 연계를 위한 코드 체계의 표준대응방안을 수립할 필요가 있다.

리더기가 읽은 RFID 정보를 이용해 다양한 상품정보를 사업응용에 연계해주는 미들웨어도 개발되고 있다.

RFID 시스템은 인간중심의 유비쿼터스 컴퓨팅 환경 실현을 위한 차세대 핵심 기술이며 2000년대 들어 무선 인식 기술의 중요성이 부각되면서 크게 주목받기 시작하여 물류, 유통 분야에 본격적으로 도입되기 시작하였다. 최근 정보통신 분야의 최대 화두는 사람과 사람, 사물과 사람, 나아가 사물과 사물 간에 의사소통이 가능한 유비쿼터스 사회를 실현하는 것이다.

유비쿼터스 컴퓨팅이 가능하기 위해서는 가장 기본적으로 사람 혹은 사물을 유일하게 식별하고, 이를 바탕으로 서비스되어야 한다는 점이다. RFID는 자동인식 및 데이터획득 기술의 하나로, 사람의 작업이나 판단을 궁극적으로 배제하고 객체의 ID를 자동적으로 취득, 온라인으로 관련정보를 자동 처리하는 기술이다. 즉, 차세대 유비쿼터스 기술의 핵심 기반 기술이며, 가장 가시적인 성과를 낼 수 있는 기술인 셈이다.

RFID 분야의 중요한 이슈로는 비용, 주파수 규제, 상호 운영성, 보안 및 사생활침해 문제, 표준화 문제 등을 꼽을 수 있다.

비용면에서 RFID 태그의 가격이 최소한 50원 이하로 형성돼야만 비로소 RFID 시장이 본격적으로 활성화될 것으로 판단된다.

주파수 규제에 관해서는 기존의 서비스를 위해 사용되는 주파수와 RFID 서비스간의 간섭이 발생할 것으로 예상됨에 따라 관계자간의 의견 조정이 요구된다.

RFID의 시장은 1996년 이후 매년 25% 이상 성장하여 세계시장의 경우 2005년 30억 달러 규모에서 2010년 100억 달러 규모로, 국내시장은 2007년 3,180억 원 규모로 성장하였다. RFID는 단순한 상거래뿐만 아니라 일반적인 기업경영, SCM(Supply Chain Management), CRM(Customer Relationship Management), 자산관리, 현장인력관리, 지식

관리, 유통관리, 안전관리 등 거의 모든 비즈니스 활동에 혁신적으로 적용되어 미래 IT시장을 주도해 나갈 것으로 예상된다. 우리나라에서도 RFID 기반의 통합 인프라 구축에 대한 요구가 증가하고 있으며 제품의 제조에서 소비자에 이르는 상품 라이프사이클에서 발생하는 물류정보의 통합관리 솔루션의 개발이 필요한 시점이다. RFID 기반의 상품 라이프사이클 물류정보 통합관리 솔루션의 개발은 국내 제조, 유통 물류뿐 아니라 우리나라 경제의 큰 부분을 차지하고 있는 수출입 물류까지 고려되어 Global visibility 확보와 함께 국가 산업 구조를 개선하여 전 산업에 걸쳐 비즈니스 효율을 향상시키는데 기여할 것이다.

4) RFID의 중요성

RFID 기술에 대한 관심이 최근 몇 년 동안에 크게 늘어났으며 많은 기업과 정부 기관들이 RFID 기술을 차세대 핵심 기술 분야로 선정하여 집중 투자하고 있는데 그 이유는 유비쿼터스 컴퓨팅을 위한 핵심 기술 확보 및 제조, 물류, 유통 등의 산업 분야의 업무 효율 향상을 위한 핵심 기술 확보와 새로운 국제 표준에 대한 대비 등이다.

(1) 유비쿼터스 컴퓨팅을 위한 핵심 기술 확보

RFID 기술은 인간의 중요한 가치 향상을 위해서 컴퓨터 능력을 활용하는 유비쿼터스 컴퓨팅의 실현을 위한 핵심 기술로서 제품의 자동 인식, 현황 파악, 상품 정보 관리 등에 쓰일 핵심 기술이다. RFID 기술을 확보하는 것은 곧 유비쿼터스 컴퓨팅 실현을 위한 핵심 기술을 확보하는 것으로 이를 통해 우리나라가 IT 선도 국가로서의 위치를 더욱 확고하게 할 수 있다.

(2) 제조, 물류, 유통 등의 산업 분야의 업무 효율 향상을 위한 핵심 기술 확보

RFID는 비접촉형 인식, 긴 도달거리, 다른 통신망과의 연계 및 통신 가능성 등에 의한 확장성으로 인해 물류, 유통, 제조 등 다양한 비즈니스 영역에서 킬러 애플리케이션으로서 파급효과가 매우 클 것으로 예상된다.

제조, 물류, 유통 등의 산업 분야가 총 망라된 Visibility의 확보로 금융 분야 등과의 긴밀한 협업체계가 확립되고 이에 따라 전 산업에 걸친 비즈니스 시너지가 발생할 것으로 예상된다.

(3) 새로운 국제 물류 시장에 대비한 표준화

RFID 기술은 작게는 바코드를 대체할 새로운 상품 인식 기술로서 차세대 국제표준으로 자리잡을 것이 확실시되며 넓게는 세계 물류의 핵심 표준이 될 것으로 예상된다. 따라서 RFID 기술 표준에 대한 대비는 향후 원활한 수출입 물류와 함께 국내 상품 라이프사이클 관리에도 매우 중요하다.

5) RFID 기술의 과제

RFID 기술이 가져다주는 편리함으로 활용가능성이 매우 높지만 상업화되기 위한 몇 가지의 중요한 과제와 장해에 직면하고 있다. 이 기술은 제조, 공급자망, 물류/유통 등의 운영, 추적, 보안과 ID 응용 등을 현실화하는 중요한 시장 요소가 된다. 그러나 RFID 기술이 상용화되기 위해서는 기술의 신뢰성이나 정밀도의 문제, 기술의 표준화 문제, 바코드에 비교해 판독장비수의 부족, RFID 미들웨어 인프라의 부재 등이 있다. 특히 RFID 기술을 현재의 시스템에 도입하기 위해서 관련 하드웨어 및 소프트웨어를 구축하기 위해 높은 수준의 비용 및 기술 습득 등이 문제점으로 부각된다.

(1) 표준화 문제

어느 기업이 자사의 제한된 환경 하에서 RFID를 이용한다면 어떠한 RFID 기술을 사용해도 문제는 없다. 그러나 복수의 기업 간에 정보를 공유하려고 하는 경우 호환성이 확보될 필요가 있다. 이러한 정보의 호환성을 유지하기 위한 표준화 작업이 복수의 단체에 의해 진행되고 있다. 기업의 입장에서는 표준화가 전망이 설 때까지는 대규모 투자는 피하고자 할 것이기 때문에 표준화의 지연은 RFID 보급의 장해가 되고 있다.

RFID는 각종 서비스 산업은 물론 물류, 산업 현장, 제조 공장과 물품의 흐름이 있는 곳이면 어디에서나 적용이 가능하며, 사회 여러 분야로부터 큰 관심의 대상이 되고 있다. 이와 같은 상황을 반영하여 ISO/IEC(International Electrotechnical Commission)의 JTC1/SC31 (Joint Technical Committee1/Sub-committee31) 전문위원회를 중심으로 RFID 글로벌 표준화가 진행되고 있다. 국내에서도 RFID 관련 기술기준 제반 규정을 정비할 필요성이 대두되고 있다. 현재 국내에는 13.56MHz대와 2.45GHz대 RFID에 대한 기술기준이 제정되어 있으나 새로운 기술 발전 및 응용에 부합되도록 시급히 개정되어야 하며 또한 세계적으로 대두되고 있는 UHF 대역이 RFID에 대한 기술기준 제정도 필요하다.

(2) RF 태그의 가격의 문제

RF 태그는 차세대의 바코드라고도 일컬어지고 있지만, 이것은 RF 태그의 도입에는 높은 비용이 요구된다고 하는 것을 의미하고 있다. 바코드는 많은 경우 패키지의 인쇄와 동시에 부여되고 있으므로, 바코드를 부여하기 위한 코스트는 사실상 제로에 가깝다. 그러나 RF 태그의 경우는 나중에 부여해야 하는 것에 가세해 부재 비용이 인쇄에 비해 절대적으로 높기 때문에 가격하락이 어려워 도입시 장벽이 되고 있다. 현재의 RF 태그의 가격은 싼 것으로 500원 이하이고, 50원 이하가 되지 않으면 보급은 어렵다고 여겨지고 있다. 그러나 포스트바코드라고 하는 한정된 관점에서는 RFID가 가질 가능성을 과소 평가해버릴 가능성도 있다. RFID의 기술의 장점을 적극 활용할 수 있는 응용분야를 발굴해야 할 것이다.

(3) 통신거리

현재 국내에서 사용할 수 있는 RFID의 통신거리는 최장 2m 정도이다. 그러나 실제 운용 환경에 있어서 통신거리는 1m 이하나 수십 cm 정도가 된다. 이 통신거리에서는 적어도 트럭 전체를 단번에 읽어낸다든가, 선반 전체를 단번에 읽어내는 것은 불가능하다. UHF 대역이 개방되면 3~5m 정도의 통신거리를 확보할 수 있지만, 역작용으로 원하지 않는 것까지 판독할 수 있는 문제점이 발생할 수 있다. 가령, 근처의 선반에 있는 상품을 오독하거나 타인의 쇼핑카드내의 상품을 오독하는 것 같은 문제가 발생할 가능성이 나오는 것이다. 이러한 문제를 해결하기 위해서는 단순하게 통신거리를 조정하는 것은 의미가 없고, 이용 장면에 맞추어 출력을 조정하거나 판독 범위를 한정하는 것 같은 구조를 확립할 필요가 있을 것이다.

(4) 금속에의 대응

현재의 RFID 기술에서는 인식 대상물이 금속이거나 인식 대상물의 근처에 금속이 존재하고 있으면 인식 정밀도나 통신거리가 떨어진다. 금속 케이스에 들어간 내용물을 읽어내는 것은 거의 불가능에 가깝다. 그러나 실제의 이용환경을 상정했을 경우 금속으로 되어 있지 않은 창고나 선반은 없다. 그러나 금속 대응 태그라고 하는 제품도 일부 존재하고 있어, 금속에 부착시켜도 정상적으로 기능한다. 그러나 어느 정도 통신거리가 제한되거나 태그에 있는 정도의 크기가 두께를 필요로 하기 때문에 모든 용도에 이용할 수 있다는 것은 아니다.

이 금속 대응 문제는 현재 RFID 기술 혁신이 일어나고 있다. 현재 RFID 업계에 있어서의 기술 혁신에는 메모리 용량증가, 소형화, 멀티주파수 대응 등의 방향으로 가는데 금속 대응의 명확한 해결안이 제시되고 있지 않다.

향후 RFID 기술의 문제점을 현실적으로 인식하고 RFID 기술을 적재적소에 이용할 수 있는 분야를 찾아내는 것이 바람직하다.

(5) 웹(Web)서비스의 가능성

RFID 시스템 구현에는 웹서비스가 큰 역할을 담당한다. 기업 내 그리고 기업 간의 데이터 제휴의 수요가 증가하므로 RFID 등의 Non-PC 디바이스의 제휴, 실시간 시스템의 요구가 증가되므로 웹서비스 요구는 날마다 증가하고 있다.

1.2 RFID 특징 및 기술동향

1) RFID의 특징

RFID는 리더를 통하여 접촉하지 않고 태그의 정보를 판독하거나 기록하는 시스템으로써, 주로 ISM 주파수 대역을 통하여 태그의 IC 칩에 있는 데이터를 인식하여 관리 및 제어를 할 수 있는 기술이다.

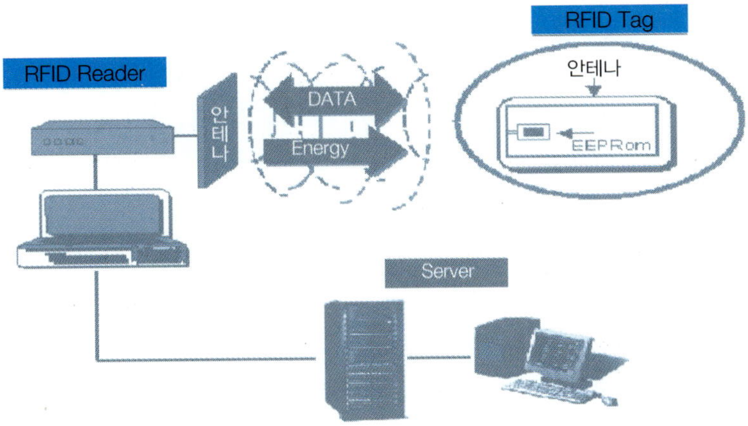

[그림 1-3] RFID 시스템 주요 구성도

RFID 시스템은 [그림 1-3]처럼 흔히 태그라 불리는 고유 정보를 저장하는 트랜스폰더, 판독 및 해독 기능을 하는 송수신기(리더기 또는 판독기), 호스트컴퓨터(서버), 네트워크, 응용 프로그램(ERP, SCM)으로 구성된다.

RFID 기술의 특징은 데이터정보 인식을 레이저와 같은 광학적 인식방식과 달리 가시성을 확보해야 하는 단점이 없고, 무선전파영역에 위치하면 쉽게 비접촉으로 전계 혹은 자계의 세기변화에 의해 RF 태그의 정보 판독이 가능하다.

종래의 접촉식 바코드나 광학적 판독방식과 달리 데이터의 판독 및 쓰기도 가능하다. 그러므로 읽기/쓰기가 가능한 RF 태그는 몇 번이고 저장된 데이터의 판독 및 수정이 가능한 이점을 갖는다. 또한 바코드에 비해 고속으로 정보처리가 가능하며 내구성이 뛰어나고 정보량이 바코드에 비하여 월등히 크다.

종래의 상품 패키지에 사용되고 있는 바코드는 제조국, 제조자 및 상품명 등이 표시되고 있으나 상품종류 단위로 관리하기가 어려웠다.

이에 비하여 RF 태그의 특징으로는 대용량 데이터 보유, 데이터 입력 및 수정이 가능하므로 상품관리, 물류관리 및 리스크관리 측면에서 매우 상세한 데이터베이스 처리가 가능하다. 상품 하나하나에 대하여 개별코드를 부여할 수 있기 때문에 제조공장, 제조연월일, 물류이력, 유통이력 등의 데이터관리가 가능하여 물류관리에 유효한 툴이 된다.

또한 화물의 출하로부터 분배 등을 취급함에 있어서 효율적이고 이력이 투명하게 되며 RF 태그에 보안기능을 부여하는 경우에 도난방지, 위조방지가 가능하게 된다. 또한 인터넷 등에 연동된 서비스 제공이 가능하다.

RFID 기술의 또 다른 장점은 여러 개의 RF 태그 데이터를 동시에 판독이 가능하다. 즉 1개의 RF 태그를 판독하는 수 ms이므로 수십 또는 10개 이상의 무선 태그를 동시에 판독하는 다수 태그 동시인식이 가능한 장점을 갖는다. 이러한 다수 태그 동시인식 기술은 데이터의 전송속도에 비례하기 때문에 특히 주파수가 높은 마이크로파 방식 RFID 시스템에서는 수백의 무선 태그 동시인식이 가능하며 주파수가 낮은 저주파 RFID 방식에서는 수십 개의 무선 태그 동시인식이 가능하다.

RFID는 많은 기능에서 우월하나 여러 가지 가능성을 갖는 RF 태그는 현재로서는 비용이 우선 IC 칩 가격이 고가인 상태이다. 바코드 시스템의 대체에 관하여 논의하기 위하여는 우선 비용이 검토되어야 한다.

RF 태그 가격이 내려가긴 하였어도 현재 500원 정도인 점에 비하여 바코드는 수 원 정도에 발행되고 있어 시스템 도입시에 초기 비용이 크게 된다. 그러나 IC 칩은 10만회 이상 메모리 쓰기가 가능하기 때문에 정보변경을 위한 바코드를 재발행하는 경우를 고려하면 장기적으로 운용비용의 절감이 가능하다.

〈표 1-3〉 RFID 시스템의 주파수별 특징 및 응용 비교

주파수	주요특징	사용분야
저주파(LF) 135kHz 이하	• 1980년대부터 쓰이기 시작해 현재 널리 사용 • 금속과 액체 주위에서도 인식률이 매우 높다 • 데이터 전송 속도가 느리다 • 10cm 정도의 인식거리	• 동물 식별 • 산업 자동화 • 출입관리
고주파(HF) 13.56MHz	• 1990년대부터 쓰이기 시작해 현재 널리 사용 • 세계표준 • LF보다 긴 인식 거리(1M 이상) • LF 태그에 비해 태그 가격이 싸다 • 금속 주위에서 성능이 좋지 않다.	• 결제카드와 포인트카드(스마트카드) • 출입 관리 • 위변조 방지 • 책, 수화물, 보석과 같은 물품단위를 추적하는 애플리케이션 제작이 가능하다. • 지능형 선반 • 사람 식별 및 모니터링
극초단파 (UHF) 433MHz, 860~930MHz	• 1990년대 후반부터 사용되었다. • HF보다 긴 인식 거리(3M이상) • 능동형 433MHz 시스템의 데이터 전송거리는 수십 m가 넘는다. • 대형 소매업체에 납품하는 업체는 RFID의 무화에 따라 세계적으로 각광받고 있다. • 태그 가격이 가장 저렴할 것으로 예상된다. • 지역별 법규 차이에 따른 비호환성 문제가 있다. • 액체와 금속으로 인한 간섭 가능성이 높다.	• 다음의 공급망과 물류 분야 - 재고 관리 - 창고 관리 - 자산 추적
마이크로파 2.45~5.8GHz	• 수십년 전부터 사용되었다. • 빠른 데이터 전송 속도 • 일반적으로 능동형 또는 반능동형이다. • 인식 거리는 UHF와 유사하다. • 액체와 금속 주위에서 성능이 좋지 않다.	• 출입 관리 • 전자 통행료 징수 • 산업 자동화

그 외에 RF 태그의 특징으로는 메모리의 대용량, 복수동시 판독 및 표면에 설치할 필요가 없는 장점이 있어 운용측면에서 전체 비용대 효과가 경제적인 경우가 있기 때문에 시스템 운용측면에서 종합적으로 검토되어야 한다.

요약하면 RFID는 이와 같은 네트워크로부터 얻는 이점이 있기 때문에 공급하는 측에서 본 사용하는 측의 운용성을 충분히 이해하여 쌍방이 협력하여 이와 같은 성능을 충분히 운용할 수 있도록 노력하는 일이 매우 중요하다. 즉, 단순히 바코드를 대체하는 경우만을 고려하지 않고 본질적으로 RFID로부터 얻는 여러 장점을 활용하지 못하면 새로운 비즈니스 모델은 생성될 수 없다.

LF(125/135kHz)/HF(13.56MHz)/UHF(433MHz, 900MHz, 2.45GHz) 대역의 반송파를 사용하는 RFID 시스템은 전통적인 자동인식(AIDC : Automatic Identification and Data Capture) 기술의 한 종류로서 마이크로칩을 내장한 태그, 카드, 라벨 등에 저장된 데이터를 허용 대역 주파수의 무선 전파에 실어서 비접촉 방식으로 읽어낸 다음, 그 읽힌 ID 정보들을 지정 컴퓨터로 처리하여 물품들의 진위 여부를 식별하고, 해당 물품의 이력을 자동으로 관리할 목적으로 생산시점에서 해당 물품에 부착되거나 내장되는 반도체 칩 태그들, 관리하는 공간에 설치된 리더(ID 판독기), 그리고 리더들의 데이터를 수집 처리하는 호스트 서버로 구성된다. 사용주파수별 대표적인 RFID 태그 제품명과 제조업체를 〈표 1-4〉에서 비교하였다.

현재 마이크로파 대영역인 2.45GHz one chip은 일본 히타치 제작소에서 뮤칩 〈표 1-5〉 이라고 하여 mode 1에 해당하는 수동형 태그용칩이 있다. 그 외에는 직접 쓸 수 있는 칩은 custom 제작하여 RFID 업체들이 태그로 조립하여 판매하고 있는 실정이다. 필립스의 I-code와 EM microelectronics 사의 EM4223, EM4422 UHF chip을 적절히 개조하여 사용할 수도 있다고 생각된다. 리더용 OneChip은 계속 개발되고 있다. 히타치 제작소가 개발한 무선자동인식 IC 태그용 '뮤칩'은 [그림 1-4]와 같이 가로, 세로 0.4mm의 집적회로(IC) 칩과 안테나가 연결된 뮤칩 태그를 리더와 호스트 서버 또는 유/무선 인터넷을 경유한 u-ID 서버를 구성하여 활용한다.

〈표 1-4〉 주파수별 RFID 태그 제품 및 업체 비교

대역	주파수	제품명	메모리 용량	제조업체
장파대	125/135kHz	HITAG	32bytes	Philips
		V700	112bytes	OMRON
단파대	13.56MHz	I-CODE	48bytes	Philips
		my-d	256bytes	Infinion
		Tag-It	32bytes	Texas Instruments
		FeliCa	4000bytes	Sony
UHF대	915MHz(860~930MHz)	Auto-ID 추천	96bits	
		유비쿼터스 ID 추천	128bits	
마이크로파대	2.45GHz	μ칩	128bits(read only)	히타치
		Intelitag	1024bits	Intermec Technologies
		유비쿼터스 ID 추천	128bits	톳판 인쇄(T-Junction) etc

〈표 1-5〉 뮤칩 사양

항목	설명
사이즈	0.4×0.4mm
심플한 기능	독해 전용, congestion 제어 없음, 제품 관리 대응 가능(저비용)
데이터 격납	128비트 유니크 ID(제조 시로 설정) 네트워크 베이스의 상품 정보 관리
통신특성	주파수 2.45GHz, 최대 거리 약 30cm(외부 안테나 첨부)
수동형	전지 없이 동작

지금까지 뮤칩은 2.45GHz 대역의 무선주파수를 사용하고, 뮤칩은 제조공정 시에 128비트의 ROM(Read Only Memory) 영역에 고유의 '뮤 ID(μID)' 데이터를 내장시켜, 데이터를 변조하거나 임의의 데이터를 재기입하는 것이 불가능하여 완벽한 보안성을 보장한다. 뮤칩에 사용하는 고유식별자인 128비트의 뮤 ID는 헤드, 서비스 ID, 실행 데이터로 구성되어 있다. 히타치의 뮤 ID는 독자적인 체계를 가진 것으로 추정된다.

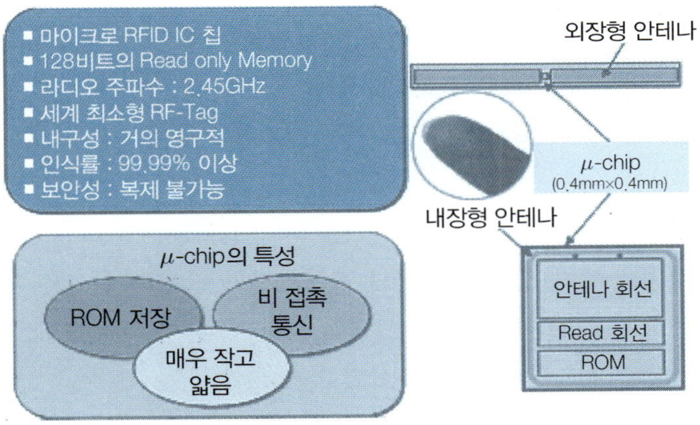

[그림 1-4] 히타치 뮤칩

지금까지 극소성, 집적성, 비접촉형 등의 특징을 살리고, 물품관리 태그 등에 이용되고 있으며 종이에 내장시켜 이용하는 서비스도 가능하다.

초소형 크기를 강점으로 물류, 유통, 자산, 위조, 의료 등의 각종 관리 시스템 외에 농수산물 유통관리 등에도 적용할 수 있다.

① 초소형으로 신 비지니스 전개에 최적합

뮤칩은 초소형 무선 자동 인식 IC 칩으로 다양한 소재나 부품 도입이 가능해져 지금까지 어렵다고 여겨지고 있던 미디어나 기기에의 실장 등, 소형 신산업의 전개가 기대된다.

② 세계에 1개의 유일한 ID로 높은 보안

뮤칩의 데이터는 모두 세계에 1개 밖에 없는 독특한 ID가 저장 관리되고 있다. 보안이 요구되는 제품 관리가 가능하다.

③ 뮤칩의 데이터는 복사나 수정 불가능한 독해 전용

뮤칩은 독해 전용 칩으로 위조, 수정, 복사의 방지에 큰 위력을 발휘해 높은 보안을 실현할 수 있다. 상품 등의 진정성 판별, 신뢰성의 확보 및 관리 효율 등에 유효하다.

④ 종이나 지폐에도 장착 가능

초소형으로 강도가 뛰어난 뮤칩은 지금까지 어렵다고 여겨지고 있던 종이나 지폐에도 장착, 매입이 가능하다. 티켓이나 상품권 등의 유가증권, 각종 증명서류 등의 위조를 방지할 수 있어 신뢰성과 관리 성능을 향상시킨다.

⑤ 추적 시스템, SCM을 실현

상품의 생산 이력 정보를 확인해 생활환경의 안전과 안심을 확보하고 싶다고 하는 소비자 요구에 대응할 수 있도록 뮤칩에 의한 추적 시스템 도입으로 기업의 공급자망을 최적화해 경영 효율의 최대화를 실현한다.

2) EPC의 개요

MIT Auto-ID센터가 개발, 세계 표준화를 추진하고 있는 EPC(Electronic Product Code)라 불리는 4 단위 ID 시스템은 헤더 8비트, 제조업자 24비트(16미터 이상의 다른 항목), 제품 24비트, 일련번호 40비트(십억 이상의 다른 항목)로 구성되어 96비트 메모리칩에 저장한다.

EPC(EPC는 웹 어드레스와 같은 기능)에 의하여 각각의 태그를 부착한 아이템의 정보는 구별되어 하나의 데이터 파일 포맷으로 정보전송이 가능케 되는데 이러한 파일 정보를 규정하는 언어 방식으로 MIT Auto-ID센터는 널리 사용되는 XML을 응용한 PML(Physical Markup Language)를 개발하였다. 이 PML 파일은 PML 서버에 저장되어 HTTP를 이용 관리할 수 있으며, 또 아이템의 정보뿐만 아니라 각각의 아이템을 구별하여야 하는데 이러한 정보를 저장하기 위하여 MIT Auto-ID센터는 DNS 개념과 비슷한 ONS(Object Name Service)를 개발하였다.

아이템의 정보를 활용한 응용을 위하여서는 백-엔드 시스템과의 연동이 필요한데 이러한 인터페이스를 미들웨어라 한다.

EPC 글로벌에서는 RFID의 다양한 특징 및 용도를 기준으로 RFID를 Class 0, 1, 2, 3, 4, 5로 구분하여 각각의 특성에 따라 다양한 분야에 적응 가능하도록 하고 있다.

〈표 1-6〉 EPC 글로벌 태그분류

<table>
<tr><th></th><th>Class 0</th><th>Class 1</th><th>Class 2</th><th>Class 3</th><th>Class 4</th><th>Class 5</th></tr>
<tr><td>개요</td><td>제조사입력/
읽기전용</td><td>사용자입력/
읽기전용</td><td>읽기쓰기가능
동형/수동형</td><td>반수동형/
읽기쓰기가능</td><td>능동형/읽기
쓰기가능</td><td>능동형/독립형/
읽기쓰기가능</td></tr>
<tr><td>능동형/
수동형</td><td colspan="3">수동형</td><td>반수동형</td><td colspan="2">능동형</td></tr>
<tr><td>읽기/쓰기</td><td colspan="2">읽기전용</td><td colspan="4">읽기/쓰기가능</td></tr>
<tr><td>전송성공률</td><td colspan="3">낮다</td><td colspan="3">높다</td></tr>
<tr><td>배터리</td><td colspan="3">없음</td><td colspan="2">리튬/마그네슘 전지</td><td>전원확장성 용이</td></tr>
<tr><td>수명</td><td colspan="2">길다</td><td>짧다</td><td colspan="3">길다</td></tr>
<tr><td>도달거리</td><td colspan="2">짧다</td><td>길다</td><td>중간</td><td colspan="2">길다</td></tr>
<tr><td>무선망
네트워크</td><td colspan="5">기능 없음</td><td>네트워크
구성가능</td></tr>
</table>

3) 기술동향

IC 태그는 2005년경부터 본격적으로 보급될 것이라는 견해가 강하다. 선구자적인 IC 태그 제조업체로서는 필립스 반도체(Philips Semiconductors)와 텍사스 인스트루먼트(Texas instruments, TI)가 있다.

필립스는 'I-CODE'를 자사 제품의 중심으로 하여 RFID 토탈 솔루션을 제공하고 있으며, TI사는 'Tag-it'에 대응한 태그나 리더/라이터 등을 자사 제품의 축으로 하여 RFID 토탈 솔루션을 제공하고 있다. 히타치, 미쓰비시 매터리얼사(Mitsubishi Materials) 등도 자사 제품을 중심으로 RFID 토탈 솔루션을 제공하고 있다.

필립스는 오래전부터 비접촉형 카드 및 RFID 태그의 개발을 준비하여 왔다. 필립스의 UCODE HSL(High frequency Smart Label)은 수동형 태그와 라벨 칩이다. UCODE HSL은 0~8m 전후의 거리에서 동작 가능하며, 특히 미국의 공급망 관리와 물류 응용에 적합하다. 이 제품은 충돌 회피와 충돌 조정 기술을 사용하여 같은 안테나로 다양한 태그의 읽기/쓰기가 가능하다. 스마트 라벨 또는 태그가 리더기(읽기/쓰기 장치)의 가독 범위 내에 있을 때 고속의 양방향 데이터 전송이 가능하다. UCODE HSL은 공급사슬 관리, 자산 관리, 컨테이너 신원, 팔레트 트래킹(pallet Tracking) 등의 응용에 활용된다.

TI에서는 비접촉형 IC 태그인 Tag-it 스마트 라벨은 ISO 15693 규격을 따르는 태그 및 트랜시버를 제공하고 있다. Tag-it은 13.56MHz 주파수 대역을 사용하며 사용자 메모리가 256비트의 TI 오리지널 제품(HF)과 2,048비트의 ISO/IEC 15693 제품(HF-I)을 제공하고 있다. Tag-it은 무전원의 저가격 수동형이기 때문에 2차 미디어에 내장하기에 적합하다.

① Basic : 물류관리, 출입보안, 주차관리, 항만관리, 공장자동화, 동물관리
② Automotive Transponder : 자동차 도난방지, 타이어관리, 카드키 출입, 원격시동
③ ARC Transponder : 주유 무인 정산제, 슈퍼마켓 고객관리, 놀이공원관리
④ Tag-it Transponder : 항공화물, 우편물, 교통티켓
⑤ AVI Transponder : 자동(무선) 요금징수(915MHz, 5.8GHz)－태그형, OBU형

온메탈형 보급형 일반형

[그림 1-5] 금속대응 온메탈 태그

IC 태그는 통신사의 문제로 종이나 플라스틱이 아닌 금속에는 장착하기가 어려웠다. 그러나 미쓰비시 매터리얼사는 축적된 재료 기술력을 기반으로 금속에 부착 가능한 태그와 광범위한 통신거리를 갖는 IC 태그를 개발하여 2001년 10월 세계 최초로 13.56MHz 주파수 대역의 온메탈(on metal) IC 태그 제품을 발표하였다([그림 1-5] 참조). 그때까지 125kHz 주파수 대역의 IC 태그가 주류를 이룬데 반하여 13.56MHz 주파수 대역은 일본 전파법의 규제완화에 의해 개방된 새로운 주파수 대역으로, 곡면을 포함하는 다양한 형상의 금속에 온메탈 태그를 용이하게 부착할 수 있게 하였다. 또한, 내열 태그의 개발이나

타사의 기존 IC 태그의 온메탈화도 가능하게 하였다.

현재 미쓰비시 매터리얼사의 온메탈 IC 태그인 '엠프레시아 온메탈(Emfreccia ONMETAL) 시리즈'는 각종 형태를 선택할 수 있으며, 무전원 태그이기 때문에 설치 장소나 용도에 대한 제한을 받지 않는다. 따라서 금속제품을 다루는 자동차의 생산 라인이나 유통 · 물류 · 각종 대여업 등의 다양한 응용에 적용 가능하다. 13.56MHz 주파수 대역은 125kHz 주파수 대역과 달리 전파가 수분에 흡수되지 않기 때문에 태그가 인체에 접촉된 상태 또는 태그가 비에 젖은 상태에서도 인식이 가능하다. 미쓰비시 매터리얼사의 'BitTag 시리즈'는 다양한 통신 거리 및 환경에 대응 한 IC 태그로 라벨형, 카드형, 코드형, FA용 내열 태그 등 다양한 형태가 있다.

RFID 기술은 유통 물류 분야에 핵심기술로 부상하면서 2003년도에 미국의 Matrics, Alien사에서 EPC 규격의 3m 이상의 인식이 가능한 UHF 대역의 단일 칩 제품의 태그와 시스템을 발표하면서 전 세계적으로 개발의 열기가 가속되어 2004년에는 국제표준(ISO)이 확정되어 Philips, EM, ST Micro에서 UHF 대역의 태그용 단일 칩을 발표하고, 2005년 가을에는 IMPinJ에서 EPC C1G2(ISO type C)규격의 태그용 단일 칩 발표를 시작으로 Philips, TI사 등이 출시하고 그 외 많은 대형 반도체기업에서 출시를 발표하고 있다.

2004년 3월부터 착수한 ETRI 중심의 국내 RFID/USN 기술개발도 2년차의 종반에 있으며, 시작 당시 해외선진국에 비해 3년 정도 뒤진 것으로 분석되었던 UHF 대역 RFID 기술은 많은 참여업체와 독자적인 기술개발되고 있다.

① UHF 태그칩

기능, 성능, 가격과 글로벌 마켓의 확보가 경쟁력의 관건이지만 안정적 공급을 위한 대체 수단과 핵심기반 기술의 확보라는 측면에서 국내 기술개발이 중요하다. ETRI는 Gen 2 1.04 버전의 칩을 개발하여 기본적인 시험을 완료했으며, 최종 버전인 Gen 2 1.09(type C) 칩은 2차년도 중에 시제품을 완성할 계획으로 국내유수 반도체업체인 '메그나칩'을 공동개발에 참여시켜 상용화와 양산에 대비하고 있고, 삼성전자도 유사한 일정으로 UHF 태그칩을 개발 중이다.

② 태그 안테나 개발과 패키징 기술

태그를 부착할 물품의 전기적, 구조적, 환경적인 특성에 적합한 안테나와 패키지가 개발되어야 하고, 글로벌한 유통을 위한 광대역 태그의 개발이 필수적이다. ETRI는 국외에서 도입한 C0, C1 칩을 사용하여 종이, 목재, 금속 부착형 등 다양한 태그 안테나를 개발했고, 특허기술을 이용한 60MHz 이상의 광대역 태그도 다수 개발해 3개 업체에 기술을 이전하였다. 앞으로 Gen 2(Type C)칩을 이용한 100MHz의 광대역 안테나를 개발하고 시범사업에서 발견된 현장 애로기술의 개발에 역점을 두고 있으며, 패키징은 삼성테크윈, LS산전, 알에프캠프 등 국내유수업체들이 생산설비를 구축하고 대량생산을 준비 중이다.

③ UHF 리더 기술

국내에서도 다수 업체들이 EPC 글로벌, C0, C1와 ISO 18000-6A/B 규격의 리더를 개발 발표하였고, 2005년에 발표된 Gen2(ISO type C) 규격을 지원하는 멀티프로토콜 리더, 모델의 다양성 및 대외 경쟁력 확보가 필요하며, ETRI는 기존 규격을 지원하는 멀티프로토콜 리더를 개발하여 4개 업체에 기술 이전을 하였고 리더아날로그 칩을 개발 중이며, 핸드 핼드형 리더의 경쟁력을 향상시키기 위한 아날로그, 디지털 칩을 개발 중이다.

④ UHF 미들웨어와 네트워크 기술

식별코드를 관리하고 응용 서비스를 지원하기 위한 미들웨어와 인터넷망을 통한 물품정보를 구축, 관리 및 이용이야말로 부가가치를 창출하는 가장 중요한 기술로 ETRI는 휴먼테크, 코리아컴퓨터 등을 포함한 다수 국내업체와 공동으로 멀티리더 프로토콜 지원, 리더 인터페이스, 태그 데이터 필터링 및 요약, 차세대 주소체계인 IPv6 연계 오브젝트 네임 서버(ONS), 규칙기반 실시간 비즈니스 프로세스 연동기능을 가진 자동식별 미들웨어 기본기술을 개발하고 있다. 2005년부터는 능동형 태그 메모리 데이터 저장 및 관리, 전자태그 객체 정보관리, 플로(Flow) 기반 실시간 비즈니스 프로세스 연동, 경량(Light-Weight) 키 관리서버기능을 가진 자동식별 미들웨어 확장기술과 USN의 게이트웨이를 위한 상황인식 미들웨어를 개발 중이다.

⑤ 433MHz 능동형 RFID 기술

433MHz 능동형 RFID 기술은 항운, 항공 물류 관리는 물론 군사, USN 등 다양한 응용분야가 있으나 수요가 가장 많은 항만물류용 컨테이너 관리를 위한 기술개발에 중점을 두고, ETRI는 ISO 18000-7 규격의 433MHz 능동형 태그와 리더를 개발하여 3개 참여기업과 개발하였고, 2005년부터는 전자 실(e-seal)형 태그개발, 환경시험, 응용 프로그램개발, 시스템 및 서비스시험 등을 수행중이며, 컨테이너 위치확인을 위한 2.45GHz RTLS(Real Time Location System) 기술개발도 진행 중이다.

⑥ 스마트 액티브 라벨(SAL), USN 기술

국내 RFID 기술은 선진국에 비해 진입시기가 늦었으나 SAL, USN 기술은 기술선도가 가능하다는 판단 하에 금년부터 본격적으로 기술개발에 착수되었으며, 센서와 배터리가 부착된 얇고 유연성이 있는 SAL(반능동형 태그, Smart Active Label)은 인식거리, 부착 물체 영향 등 RFID의 단점을 보완하고 간단한 센싱 기능을 부가할 수 있는 기술로 ETRI는 2006년 말까지 SAL 기술을 개발 완료하여 실용화한다는 계획으로 추진 중에 있다. 모든 곳에 스며들어 있는 센서 노드에서 획득한 실시간 데이터를 어디서나 다양한 분야에 활용하기 위한 USN 기술의 응용은 실로 광범위하며 유비쿼터스 사회의 기반으로 센서 노드를 위한 소형 운영체제(OS), 저전력 프로세서, 전자기술, 무선통신기술, 애드혹(AD-HOC) 네트워크 기술과 패키징 기술 등 핵심기술을 중점 개발하고 2006년까지는 산업적 파급효과가 큰 3~4개 서비스를 선보인다는 계획이다.

⑦ 모바일 RFID와 관련 기술

휴대폰에 RFID 리더를 장착하여 태그가 부착된 광고물, 물품 등에 관한 정보를 이동통신 네트워크에서 가져다 보여주고 구매 등을 할 수 있게 하는 기술로 이 분야는 세계적인 이동통신 인프라를 갖추고 있는 우리나라가 기술을 선도할 수 있으며, UHF 모바일, RFID는 노키아 등이 추진하는 근거리통신 기술인 NFC에 비해 인식거리가 1m까지로 훨씬 길기 때문에 다양한 서비스 발굴, 기술의 표준화 리더시스템 온칩(SOC) 기술개발이 성패의 관건이다.

⑧ RFID 핵심 반도체

RFID 관련 기기산업은 핵심 칩을 해외에서 수입하여 재가공하거나 주요 부품을 수입하여 단순 조립하는 수준으로서 2004년 '삼성전자'에서 13.56MHz 태그칩을 발표하였고, 중소기업인 '3A 로직스'에서 13.56MHz 리더용 칩을 개발하여 공급하고 있으며 그 외 전량 수입에 의존하고 있다.

⑨ 정보보호기술

RFID 정보보호기술은 태그와 리더구간의 도청방지기술과 불법적인 리더의 접근방지 기술리더와 로컬서버구간의 접속환경문제, 네트워크 인프라 보안기술적용, DNS 시스템 보안방법도입, 정보서버에 저장된 데이터, 실질적인 RFID 정보보호의 핵심내용, 시스템 보안방법 도입의 필요 등이 있다. 망을 국내외 업체들이 RFID 정보보호를 위하여 RF

태그와 보유자 밀 리더 등 구성환경에 대한 연구가 활발히 진행되고 있다.

1.3 RFID의 응용

RFID는 상황, 환경의 인식기술이나 필요한 정보의 추출, 분석기술에 의해 다양한 사회의 경제활동에 있어서 이용자 요구에 보다 가까운 고도화된 서비스를 제공할 수 있다. 이에 따라 공공행정, 경제 산업, 개인생활 분야의 각종 생산, 수요, 공급과정에서 이용자 상황이나 환경에 입각한 IT 이용의 고도화를 도모할 수 있다. 이러한 특징에 따라 응용 분야를 분류하면 [그림 1-6]과 같다.

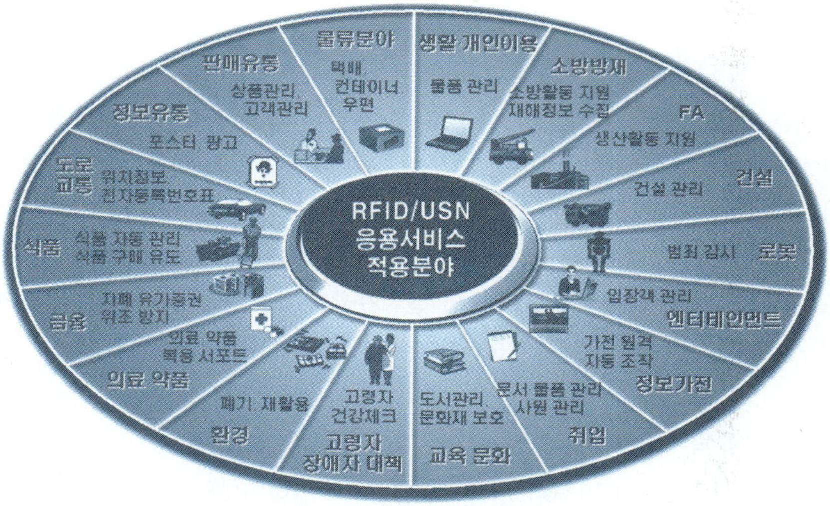

[그림 1-6] RFID/USN 응용 서비스 적용 분야

1) 생활 속의 RFID

주파수	활용분야	원 리	
125kHz	동물관리		출생내력 등 식별정보가 입력된 칩을 동물에 이식하여 혈통관리 및 위치파악에 활용
133kHz	스키어 관리시스템		스키장 통로에 수직 게이트형 안테나를 설치해 스키어들의 입장확인
133kHz	마라톤선수 추적시스템		가벼운 무선태그가 선수 운동화에 부착되며 루프안테나가 마라톤 주행도로의 출발선, 중간 반환점, 결승선 등에 설치되어 선수의 기록을 관리
13.56MHz	교통카드		카드를 리더에 가까이 대면 카드에 내장된 RFID 칩이 리더와 무선으로 교신하여 자동으로 요금을 징수
13.56MHz	주차관리		태그가 부착된 차량이 접근하면 자동으로 출입통제 장치가 자동으로 개폐
13.56MHz	도서관리		도서에 RFID 칩을 삽입하여 도서 부당 반출 시 경보음 울림

주파수	활용분야	원 리	
13.56MHz	출입통제	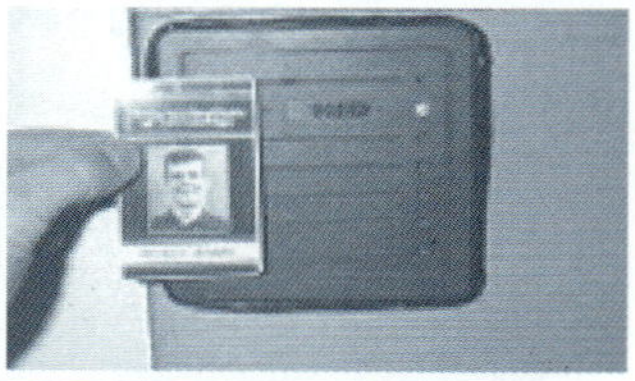	신원정보가 입력된 칩이 내장된 카드를 리더에 가까이 대면 출입자격 여부를 조회하여 출입문 개폐
UHF	물류창고 관리시스템		팔레트/박스 단위로 태그를 부착해 자동 입출고 처리 및 공급체인을 경유하는 상품의 실시간 위치추적 및 재고관리
UHF	농산물 이력관리		RFID 태그에 농산물의 원산지와 생산자에 대한 정보를 입력하여 농산물의 이력 추적 및 관리
UHF	고속도로 전자요금 징수시스템		고속도로 톨게이트에 태그가 부착된 차량이 접근하면 자동으로 요금이 징수되는 시스템
900MHz/ 2.45GHz	타이어 이력관리	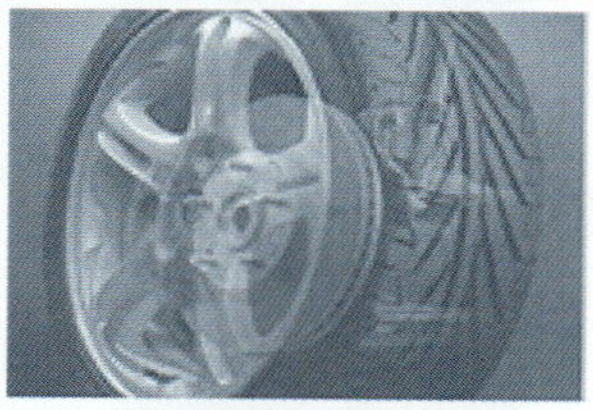	타이어에 RFID 태그를 부착해 생산공정에서 생산/품질 이력 정보를 기록하고, 불량품을 자동적으로 선별하며 개별 타이어에 대한 재고 상황을 관리
2.45GHz	항공 화물처리		항공 수화물의 보다 신속·정확한 판독과 분류, 위험 물품 재검사
2.45GHz	의약품 위변조 방지	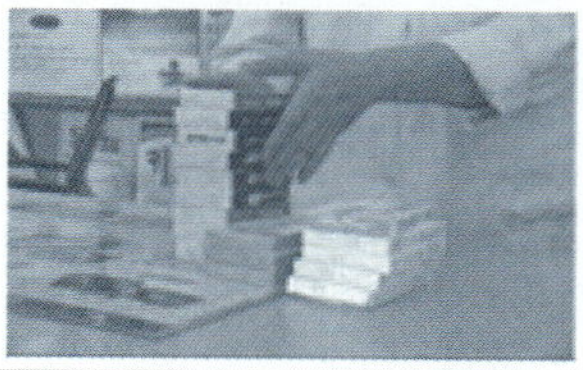	의약품 생산과정에서 RFID를 부착하여 생산공정 관리에 활용하고, 제품이 판매된 후에도 RFID 추적 시스템을 통해 유통 경로를 투명화하고 해당 제품의 진품여부를 판단

2) 산업별 활용

RFID의 보편적 활용분야는 유통물류 산업 중심에서 다양한 산업으로 확산이 전망된다. 생산자동화, 상품위치관리, 팔레트/박스, 컨테이너, 물류 Vehicle, 식품유통, 의료유통, 항공수화물, 의약품 유통, 도서/도서관, 우정, 공급사슬(SCM) 관리 등에 적용가능하다.

(1) 유통산업

유통산업은 상품의 제조, 물류, 판매 및 소비자에 이르는 통로가 길고 복잡하여 RFID 활용 효과가 가장 클 것으로 전망된다. 현재 공급체인 상에서 발생하고 있는 과다재고, 결품, 리드타임, 도난 등의 문제를 RFID기술을 활용하여 해결할 수 있다.

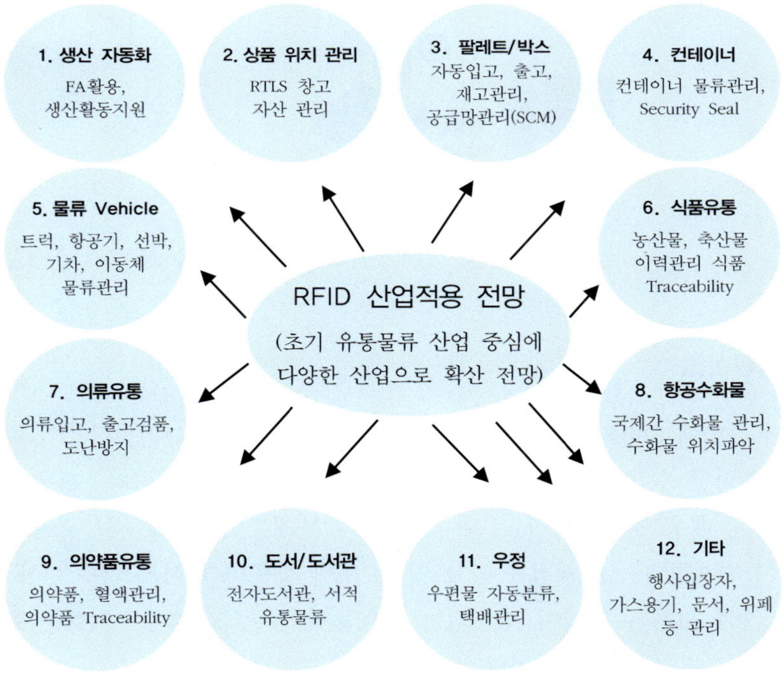

[그림 1-7] RFID 산업적용 전망

■ 기대 효과

① 재고 절감 : 상품 재고수준의 실시간 파악으로 판매량에 따른 최소 재고 수준 유지 가능

② 입출고 리드타임 및 검수 정확도 향상 : 입출고 상품 대량 판독과 무검수/무검품의 실현에 따른 리드타임 획기적 절감
③ 도난 등 상품 손실 절감 : 상품 수량 및 위치를 실시간 파악할 수 있어 도난 등 상품 손실 예방 가능
④ 반품 및 불량품 추적/조회 : 반품 및 불량품 수량 및 처리현황 실시간 추적/조회를 통한 고객 만족도 향상

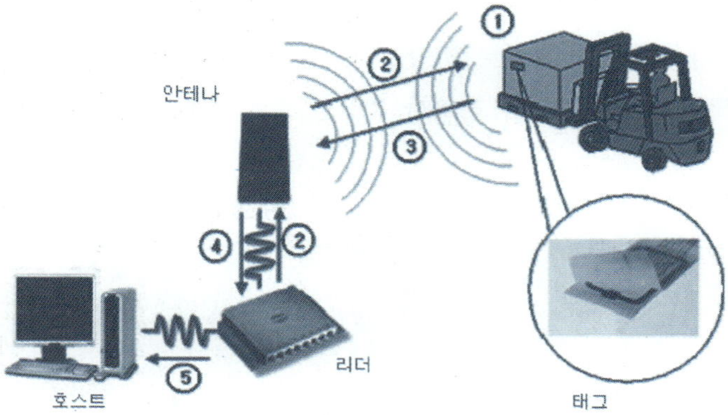

[그림 1-8] 유통산업 RFID 적용사례

(2) 물류산업

물류산업에 RFID 도입을 통해 얻을 수 있는 혁신적 효과는 상품의 이동 과정을 실시간으로 추적할 수 있는 트레이서빌리티(Traceability)의 확보이다. 교통수단의 발달로 인해 신속성은 매우 높아졌으나 트레이서빌리티 부재로 인한 화물의 오배송과 도난으로 많은 비용이 발생한다는 문제점을 안고 있다. 또한 상품의 환적과 인수 인계 시 검품 수작업에 따라 많은 시간과 인력이 소요되는 비효율이 상존해 왔다. 이 같은 문제점들은 RFID를 적용함으로써 해결될 수 있다.

■ 적용 운영 프로세스

① 화물을 단품, 케이스, 팔레트, 컨테이너에 RFID 태그를 부착
② 화물이 지나는 거점마다 RFID 리더를 설치, 자동으로 위치 정보 전송
③ 운송업체, 화주, 배송인 등 네트워크에 접속하여 화물 이동 정보를 실시간으로 파악

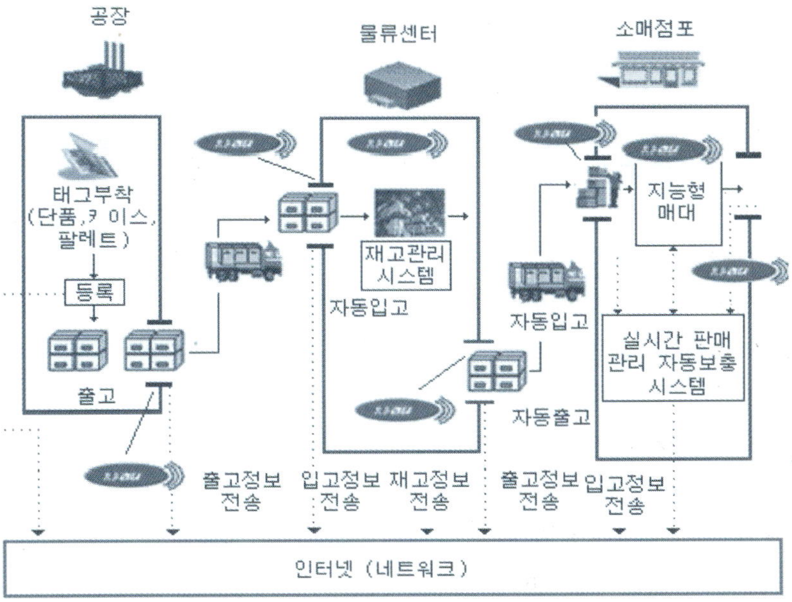

[그림 1-9] 물류산업 RFID 적용사례

■ 기대 효과

① 운영 효율성 제고 : 화물의 이동 상황과 이력의 실시간 파악으로 보다 효율적인 배차 계획 수립 가능

② 화물 입출고 및 환적 시간 단축 : 포장 해체없이 화물의 내용물 파악 가능에 따른 입출고 및 환적 시간 단축

③ 보안성 강화 : RFID 기술을 활용한 전자 봉인(Electronic Sealing) 이용 화물의 도난 및 손실 예방

④ 대고객 서비스 향상 : 고객이 주문상품의 현재 위치를 인터넷 통해 직접 확인 가능, 고객 서비스 향상

(3) 의료산업

의료 산업의 경우 의약품 제조 및 유통, 의료 장비 관리, 환자 및 투약 관리, 폐기물 처리 등 다양한 기능들이 복합적으로 얽혀 있어 공급사슬의 복잡도가 매우 높다. 또한 환자의 생명과 직결된 업무로서 100%의 정확도를 요구하며, 사고 발생 시 신속한 이력 추적이 필요한 산업이다. 현재는 높은 의약품 재고수준과 위조 의약품의 만연, 처방 및 투약오

류 발생 등으로 많은 비효율이 내재되어 있다. RFID를 적용함으로써 신속·정확성과 안정성을 동시에 확보할 수 있다.

■ 기대 효과

① 의약품 재고 및 결품 관리 향상 : 의약품 공급체인 가시성을 향상시켜 재고 절감 및 결품률 축소 가능
② 도난 및 위조 의약품 방지 : 고유 식별 정보 삽입 및 보안성 강화로 유통과정 상의 도난 및 위조 방지
③ 의료재료(Medical Devices) 관리 효율성 향상 : 고가의 진료 장비 외에 수술장비 및 각종 소모품의 이력 및 위치추적 가능
④ 환자의 병력 관리 : 환자의 병력이 입력된 태그와 의약품 정보 대조를 통한 처방 오류 방지
⑤ 의약품 리콜 효율적 대응 : 사고 발생 시 의약품의 신속한 이력 추적, 제품 회수 및 사고 원인 규명 가능

(4) 의류산업

의류는 상품의 종류가 매우 다양하고 계절적 요인이 크게 작용하는 상품으로서 상품 회전이 매우 빠른 산업이다. 또한 상품 도난과 반품 요청도 빈번하게 발생한다. 그러나 다품종 생산·유통이라는 특성상 정보화가 미비하여 재고수준이 높고 상품 검수/검품에 많은 시간이 소요되는 등 많은 문제점을 안고 있다. RFID를 적용함으로써 이러한 문제들을 크게 개선할 수 있다.

■ 기대 효과

① 재고관리 효율성 개선 : 상품 이동 현황 실시간 파악 및 거래업체 간 공유를 통해 판매량에 따른 생산량 및 재고수준 조절 가능
② 이월 상품 관리 어려움 : 이월 상품의 수량과 종류를 신속하게 파악함으로써 상품 판매 손실을 절감 가능
③ 상품 도난 방지 : 상품에 부착된 태그의 이동을 감지하는 자동감시 시스템을 매장 내 설치하여 비정상적인 상품 반출 방지
④ 입고 검수 검품 시간 획기적 단축 : 모든 상품에 대한 육안 검사 생략에 따른 입고 시간의 획기적 단축 가능

⑤ AS 수준 제고 : 반환 상품에 대한 진위여부 파악이 용이하고, 반품 횟수가 잦은 고객의 별도 관리 가능

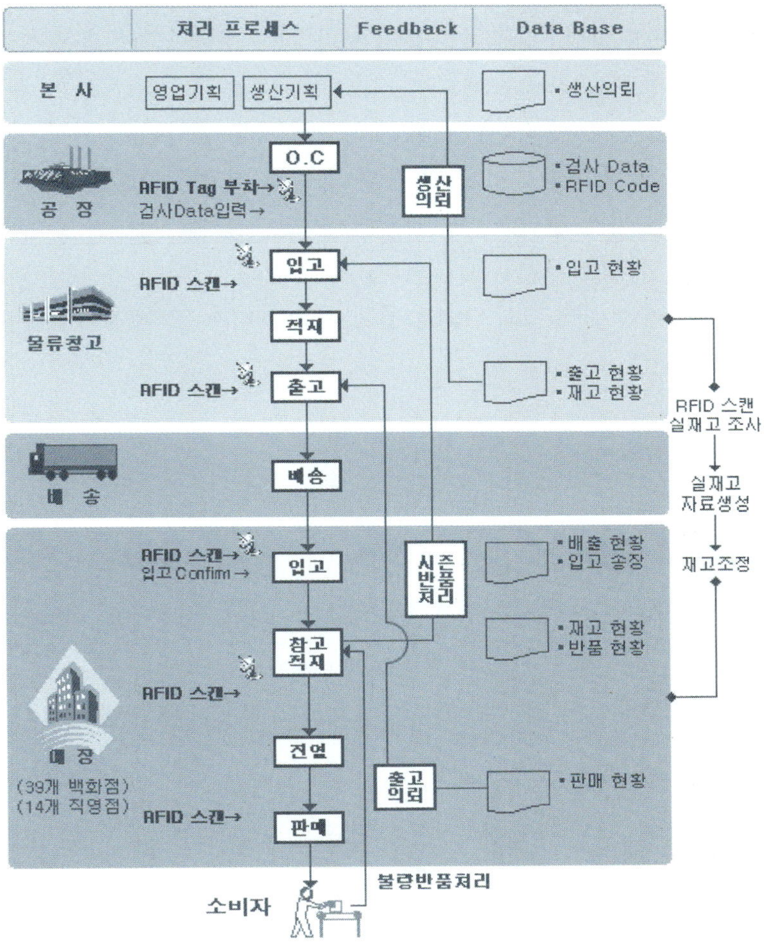

[그림 1-10] 의류산업 RFID 적용사례

(5) 항공산업

항공산업에는 항공기의 제작은 물론 관제와 수화물 관리 등 공항 관리까지 포함된다. 수 만 가지에 이르는 항공기 부품을 적재적소에 공급하는 것은 항공기 제작회사들에게 항상 큰 과제였으며 신속함과 보안성이 동시에 요구되는 공항 운영은 항공 수요 및 테러 위협의 증가와 함께 그 중요성이 더욱 높아졌다. RFID는 항공산업의 이러한 요구를 모두 충족시켜 줄 핵심 기술이다.

■ 기대 효과

① 항공기 부품 관리 효율성 향상 : 항공기 부품에 RFID 태그를 부착하여 재고수준과 수요량을 업체별, 공항별로 신속하게 파악, 대응 가능

② 수화물 관리 향상 : 항공 수화물의 보다 신속 정확한 판독과 분류 가능, 위험 물품의 재검사

③ 주차장 등 부대시설 출입 통제 : 주차장의 자동 출입관리, 택시 및 대중교통 배차 관리, 보안 구역 출입통제 관리 등의 효율성 제고

④ 공항 내 기자재 관리 : 공항 내 각종 시설 기자재(카트, 트롤리 등)의 신속한 위치 파악 및 재배치 가능

⑤ 비자 및 여권 관리 강화 : RFID 칩을 내장한 비자 및 여권 발급을 통해 위조 및 부정 사용 차단

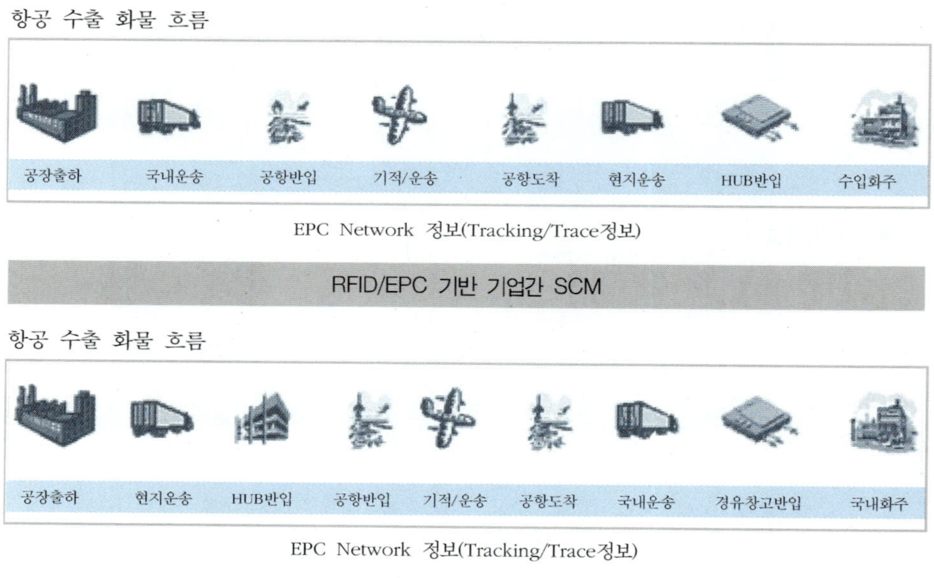

[그림 1-11] 항공산업 RFID 적용사례

(6) 자동차산업

자동차 산업은 차량 제조뿐만 아니라 판매 후 관리 부문도 큰 시장을 형성하고 있는 특성을 갖고 있다. 그러나 공급체인 가시성의 부족으로 부품의 적재적소 배급이 이루어지지 않고 있으며 도난 및 사고방지, 리콜 관리 측면에서도 많은 문제점과 비용이 발생하고

있다. RFID를 활용하면 이 같은 비효율성을 상당 부분 개선할 수 있다.

■ 자동차산업의 공급체인

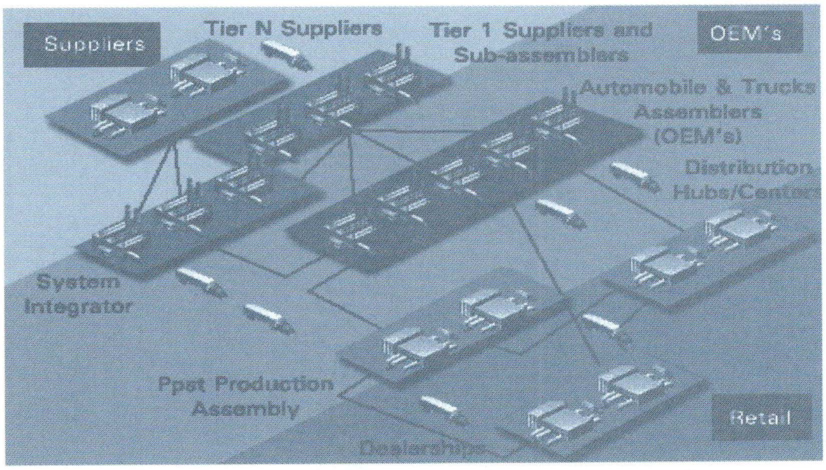

[그림 1-12] 자동차산업 RFID 적용 사례

■ 기대 효과

① 재고 관리 효율성 향상 : 실시간 부품 추적이 가능해져 최소 재고 보유와 적재적소 배급 가능
② 부품의 도난 및 위품 차단 : 고유 식별 정보 삽입 및 보안성 강화로 부품 유통과정 상의 도난 및 위조 방지
③ 리콜 관리 강화 : 차량 및 부품에 대한 이력관리가 가능해져 리콜 시 신속한 회수 및 조치 가능
④ 차량 안전도 제고 : 타이어 압력 감시 시스템, 후방 감지 시스템, 도난 방지 시스템 구현 가능 자동차 자동 요금 징수 및 주차장 출입통제

(7) 농축산업

농축산업은 출하시점부터 판매될 때까지 상품의 선도 유지가 생명일 뿐만 아니라 문제 발생 시 유통 과정을 역추적할 수 있는 이력관리가 매우 중요한 산업이다. 그러나 유통 과정이 복잡하고 상품 이동 중 라벨이 훼손되는 경우가 많아 유통기한 관리와 이력관리

등에 있어 문제점을 내재하고 있다. 특히 농산물 수입 자유화에 따른 원산지 표기 문제, 광우병 등 질병 유입 문제 등이 대두되면서 농축산업 공급체인의 가시성 확보에 대한 요청이 더욱 커지고 있다. RFID를 활용하면 이 같은 문제에 효과적으로 대처할 수 있다.

■ 적용 운영 프로세스

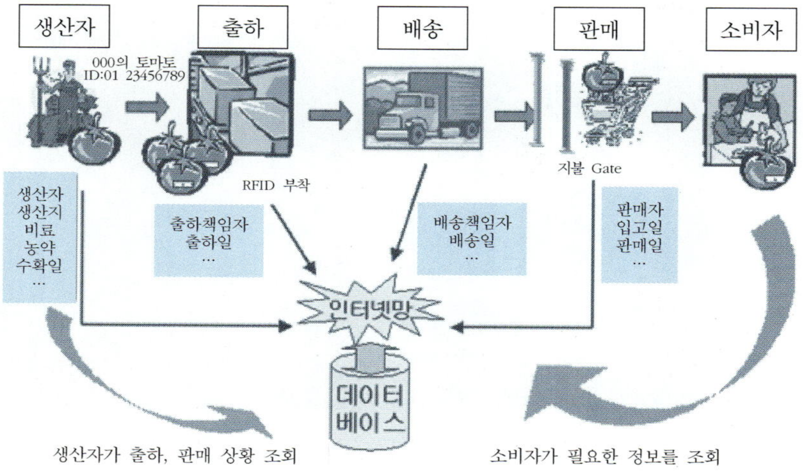

[그림 1-13] 농축산업 RFID의 적용사례

■ 기대 효과

① 유통기한 관리 : 유통기한 초과 상품의 자동 선별 및 선도에 따른 가격 차별화 가능
② 원산지 관리 : RFID 태그에 원산지 정보를 입력하여 원산지 허위 표기 사전 예방 가능
③ 이력 관리 : 식중독, 광우병 등 발생 시 신속한 이력추적과 회수로 확산 차단 가능

1.4 RFID 비전과 이슈

1) RFID를 통한 유비쿼터스 컴퓨팅 구현

RFID는 유비쿼터스 컴퓨팅 구현의 핵심으로 향후 u센서 네트워크의 핵심기술로 BcN과 연계한 새로운 응용시장을 창출할 수 있고 모든 산업에 접목하여 새로운 정보화 혁명을 주도할 것이다. 유비쿼터스 컴퓨팅(줄여서 유비컴)의 핵심개념은 네트워크로 연결되어 상

호 협력하는 분산 컴퓨팅 시스템이다. 각각의 유비컴 기기들은 유무선 네트워크로 연결되어 있고 상황에 따른 판단을 하고 정보의 효율적 전달을 위하여 동적인 네트워킹을 하는 '스마트 텔레컴퓨터'이다. 유비컴의 Com은 단순히 컴퓨팅만을 의미하는 것이 아니라 커뮤니케이션도 포함하는 것으로 분산되어 있는 많은 기기들이 효율적으로 통신하는 방법이 무선통신인데 블루투스, 무선랜, UWB, Zigbee 등 최근의 다양한 근거리 무선통신 기술들이 유비컴 시대의 도래를 앞당기고 있으며 이러한 다양한 기기간의 통신이 M2M의 개념을 가능하게 하고 있다.

M2M의 가장 대표적인 비즈니스 모델은 Forrester Research에 의하여 처음 제안된 Invisible Mobile 개념으로 사람이 직접 개입하지 않아도 기기로부터 자동적으로 이루어지는 모바일 통신으로 정의한다. 한 예로 만약 신생아가 RFID 태그 및 센서를 부착하고 있다면 신생아에 대한 정보가 입력되어 그 위치가 항상 추적될 수 있어 만약 의도치 않은 이동이 있을 경우 그 부모에게 이동전화를 통하여 알려주며 체온에 이상이 생기면 병원의 스탭에게는 무선랜이나 블루투스 등의 근거리 무선통신을 통하여 원거리의 의사 및 부모에게는 모바일 통신을 통하여 알려주는 경우를 들고 있다. Forrester Research는 이러한 invisible mobile이 활성화될 경우 현재의 모바일 통신 사업 전반에 걸쳐 큰 수익을 창출할 수 있고 앞으로 현재의 사람이 주체인 visible mobile 시장을 추월할 것으로 예상하고 있다.

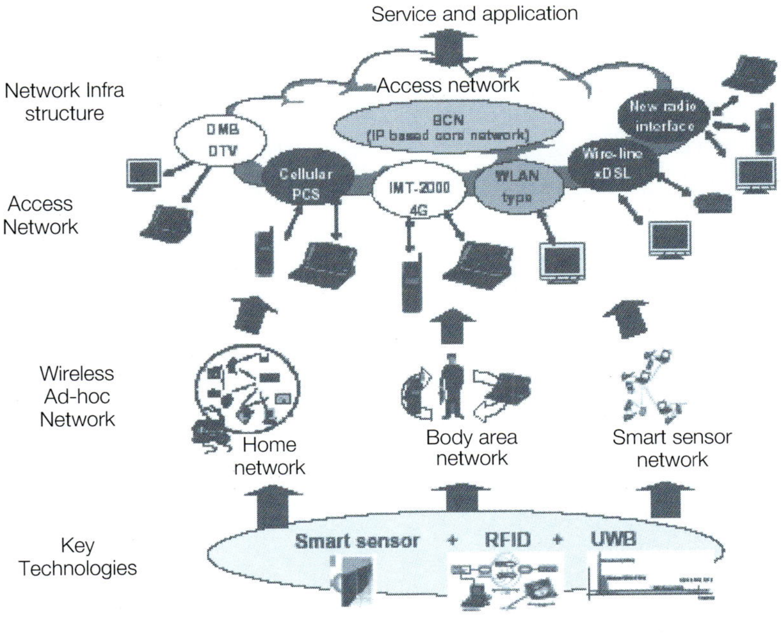

[그림 1-14] u센서네트워크 개념도

이와 같이 RFID는 비접촉식(Contact-less)이고, 비가시선(non-line-of-sight)의 데이터 수취 기술로써 초소형 IC 칩에 식별정보를 입력하고 무선주파수를 이용하여 이 칩을 지닌 물체나 동물, 사람 등을 판독 추적 관리할 수 있기 때문에 M2M에서 상황인식을 가능케 하는 역할을 수행하게 된다.

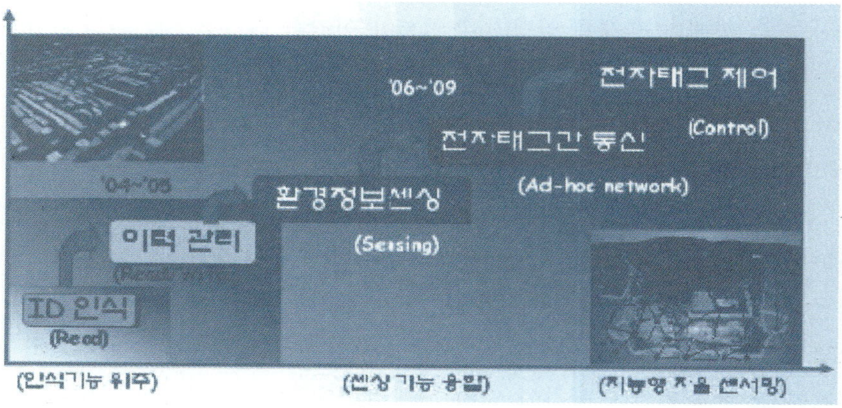

[그림 1-15] RFID/USN 로드맵

RFID는 최근 주목받고 있는 유비쿼터스 비즈니스의 주요개념인 고요한 상거래(Silent Commerce)를 가능케 한다. Silent Commerce는 전자상거래의 주체가 사람이 아닌 사물이 된다는 것으로 액센추어에 의하여 처음 소개되었는데 이는 '언제, 어디서나, 누구와도 u-Commerce의 어떤 것들 사이에서도'라는 확대된 개념을 추가한다.

Silent Commerce 예로 백화점 CRM의 활용을 들 수 있는데 고객의 취향 정보를 입력하여 고객이 백화점의 특정 매장을 지날 때 고객이 원하는 물건에 부착한 무선태그의 정보가 고객에게(PDA나 무선전화기를 통하여) 자동으로 전달되는 상황을 들 수 있을 것이다.

또 다른 예로는 슈퍼마켓에 야채가 들어 왔을 때 야채의 신선도 등을 자동으로 고객에게 알려주는 것과 음식점에서 물컵의 물이 비면 종업원에게 자동으로 알려줘 리필 서비스를 가능케 하는 것 등을 들 수 있다.

향후 세계 시장이 팽창할 것은 자명하며 이에 맞춰 한국 시장도 성장 기회를 잡을 수 있을 것이며 특히 유비쿼터스 컴퓨팅 개념을 응용한 네트워크 서비스 시장에서 새로운 수요 창출이 기대된다.

신규 시장이 순수 시장기능에 의해 자동 발생할 수 있겠지만, 이럴 경우 상당한 시간이 소요될 것이므로 정부가 어떤 역할을 해주느냐가 관건이다.

정부차원의 범부처적 지원정책으로 RFID 관련 특정 SoC 분야의 사업개발에 의한 시장 확대의 트리거링 전략, 전파정책 등 규제정책의 개혁, 부처간 역할분담 및 협력에 의한 기술개발 지원정책, 사업영역간의 조정역할, 효율적 투자전략 및 평가기능, 사회적 역기능 방지대책, 인재양성 방안 등 많은 대안검토가 이루어져야 할 것이다. 또한 RFID 네트워크, 모바일 네트워크, 휴대인터넷 네트워크, 초고속 무선 네트워크 등을 하나로 연결하는 유비쿼터스 네트워크 구축을 위한 유비쿼터스 주파수 대역 지정을 통한 능동적 규제정책을 펼쳐야 하고 네트워크간의 연동시험도 추진이 필요하다. 이러한 네트워크 연동에 기반한 혁신적 비즈니스 모델의 개발은 기존의 전통적 시장과는 그 규모에서 차원이 다른 거대 시장의 형성을 가능케 할 것이다.

전 세계 RFID 시장 진출을 위한 차별화된 경쟁력을 갖춘 기술개발 및 기술표준화가 선행되어야 한다. RFID는 주파수별로 애플리케이션이 한정되므로 다양한 방식의 제품이 나올 수 있으며 각 회사 제품 간의 호환성을 기대하기 어렵다. 바코드는 표준화가 되어 있으므로 전세계 물류관리에 막대한 효용성을 보여줬지만, 인력을 이용하여 물품 하나 하나를 확인하여야 하기 때문에 비용과 시간이 많이 소요되는 단점이 있다. 무선을 이용하므로 인식 물체와 거리를 유지할 수 있고, 마이크로칩을 이용하므로 많은 정보를 담을 뿐만 아니라 인식 속도 및 다중 인식이 가능하므로 물류관리의 신속화와 비용 절감을 동시에 실현시킬 수 있다. 그러나 RFID의 태그 가격은 타 인식매체에 비해 고가이기 때문에 빠른 실용화를 위해서는 가격의 인하가 동반되어야 하고 무선자원을 이용하므로 물류에 이용하는 경우 세계적으로 동일한 주파수를 이용해야 하는 문제가 발생한다. 이러한 이유로 ISO에서 다양한 기술에 대한 표준화를 진행 중에 있으며 새로운 기술과의 접목을 시도하고 있다. 즉, 유비쿼터스 컴퓨팅 환경에서의 핵심 역할을 수행할 RFID를 네트워크에 연동시키기 위하여 RFID를 이용한 B2B, B2C 등 전자지불결제를 실현하는 것과 EPC와 같은 일련번호의 표준화를 IPv6와 같은 인터넷 표준과의 연동을 위한 인터페이스를 위한 연구가 진행되고 있다. 현재 전 세계적으로 진행되고 있는 RFID ISO 규격 표준화 과정은 마무리 단계여서 한국이 참여하기에는 늦은 감이 있지만 표준화 동향 조사를 바탕으로 분석하여 차별화된 기술개발을 통한 새로운 표준화 주도도 가능하다. RFID 인식 거리를 더 늘이거나 크기를 더 작게 하거나, 혹은 가격을 낮출 수 있는 등의 기술개발로 제품의 차별화를 준다면 시장 진출이 용이하며, 전 세계적 표준이므로 제품의 우수성이 확보된다면 시장 확대의 기회를 잡을 수 있을 것이다. 따라서 RFID 기술에 대한 표준화를 통하여 기술력을 확보하고 표준화 명세를 만족하는 제품을 개발함으로써 세계 시장으로의 진출을 촉진시킬 수 있으므로 세계 기술 동향에 거스르지 않으며 시장을 주도할 수 있는 기술개발이 절실하다.

현재 RFID 시스템 도입의 문제점은 초기 비용과 시스템 구축시간이 많이 소요된다. 완벽한 RFID 시스템 가동을 위해서는 모든 물품에 RFID 태그가 부착되어야 하므로 상당히 오랜 시간이 시스템 구축에 필요하다. RFID 시스템의 확산을 위해서는 태그의 제조단가를 50원 이하로 낮추고, 시스템 구축시간을 단축시켜야 한다.

2) RFID의 도입효과

RFID는 자동으로 인식 확인하는 작업이나 데이터 수집을 위한 미래형 통신 기술이다. RFID는 바코드를 대신할 여럿 중에서 신중히 고려한 끝에 택한 제품으로 바코드 장비들과 같이 결합하여 사용될 수도 있을 것이다. RFID의 기술을 슬기롭게 사용한다면 바코드와 유리하게 경쟁할 수 있는 길을 제공하고 다음과 같은 이득을 얻을 수 있을 것이다.

(1) 능률과 생산성의 개선

손을 사용하지 않고도 전자동으로 인식 확인하고, 집계하며, 분류, 추적, 발송 등이 가능하고 데이터의 수집과 확인 작업을 개선하고 실수를 줄이고 낭비를 막아주고 재고품의 조종을 개선하고 물적 취급의 개선, 창고 보관작업, 자산의 관리업무 등이 보다 신속하게 이루어지고 이동하는 모든 작업 제어의 자동화를 제공한다.

(2) 수익성

운영비와 생산비를 축소하고 인건비를 절감하고, 생산 회전수도 축소하고, 재고품 조사의 회수 축소하고, 다른 자동화 인식 장치들과 비교하여 매우 적은 유지 보수비가 든다.

(3) 고객에 대한 만족감 증대

경영과 고객에 대하여 좀 더 많은 정보를 제공하고 대응하는 태도의 개선과 양질의 생산품을 제공하고 경쟁할 수 있는 가격을 유지한다.

제2장
RFID의 H/W 및 S/W 기술

2.1 RFID 네트워크 시스템

RFID 네트워크 시스템은 하드웨어(태그, 리더기, 안테나, 호스트컴퓨터)와 소프트웨어(운영체계, 미들웨어, 호스트 애플리케이션)로 구성된다.

RFID 시스템은 데이터를 주고받는 방식에 따라, 태그의 종류에 따라, 작동 주파수에 따라 구분된다. RFID 시스템에서 공통적인 4가지 하드웨어 구성요소는 다음과 같다.

- 태그(트랜스폰더 ; Transponder)
- 리더기
- 안테나
- 호스트컴퓨터

RFID 시스템의 하드웨어 구성은 트랜스폰더(Transponder ; 태그), 리더(reader)와 안테나(결합장치 ; coupling device)로 [그림 2-1]처럼 구성된다.

리더에는 태그로부터 송, 수신되는 신호를 처리하여 메모리에 저장하거나 향후 송신할 수 있도록 마이크로프로세서를 내장한다. 태그에는 용도에 맞게 만들어진 리더와 통신을 제어하는 IC 칩이 있으며, 칩 내의 기억장치에는 관련 정보에 대한 데이터를 저장한다. 태그가 안테나의 전자기장 내를 통과하면 리더로부터 신호를 감지, 태그 내에 저장된 데이터를 리더에 송신하고 태그로부터 데이터를 수신한 리더는 디지털신호로 변환하여 정상적인 데이터인지를 검증, 정상적인 경우에는 RS-232, RS-422, RS485 등을 통하여 컴퓨터나 다른 컨트롤러에 전송한다.

활용분야	원리
 [태그]	• 상품에 부착되며 데이터가 입력되는 IC 칩과 안테나로 구성 • 리더와 교신하여 데이터를 무선으로 리더에 전송 • 배터리 내장 유무에 따라 능동형과 수동형으로 구분됨
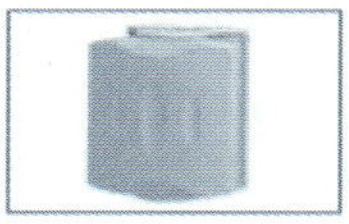 [안테나]	• 무선주파수를 발사하며 태그로부터 전송된 데이터를 수신하여 리더로 전달함 • 다양한 형태와 크기로 제작 가능하며 태그의 크기를 결정하는 중요한 요소임
 [리더]	• 주파수 발신을 제어하고 태그로부터 수신된 데이터를 해독함 • 용도에 따라 고정형, 이동형, 휴대용으로 구분 • 안테나 및 RF회로, 변/복조기, 실시간 신호처리 모듈, 프로토콜 프로세서 등으로 구성
 [호스트]	• 한 개 또는 다수의 태그로부터 읽어들인 데이터를 처리함 • 분산되어 있는 다수의 리더 시스템을 관리함 • 리더부터 발생하는 대량의 태그 데이터를 처리하기 위해 에이전트 기반의 분산 계층 구조로 되어 있음

[그림 2-1] RFID 시스템 하드웨어 구성요소

RFID 시스템의 소프트웨어 구성요소 [그림 2-2]는 응용시스템의 요구사항에 따라 형태와 기능에 따라 다음과 같이 분류할 수 있다.

- RFID 시스템 소프트웨어
- RFID 미들웨어(Middleware)
- 호스트 애플리케이션

RFID 시스템 소프트웨어는 태그와 리더기 사이의 기본적인 통신을 가능하게 하는 기능을 제공한다. 이러한 통신은 전파 신호를 처리하는 것이다. 따라서 이러한 통신 기능을 하기 위해서는 하드웨어와 낮은 계층의 소프트웨어인 펌웨어(firmware)와 함께 태그와 리더기 사이에 이동하는 데이터를 관리하기 위한 고급 시스템 소프트웨어가 필요하다.

일반적인 시스템 소프트웨어의 기능은 읽기 및 쓰기 기능, 충돌방지(anti-collision)기능, 오류 감지 및 수정기능, 암호화 및 인증기능 등이 있다.

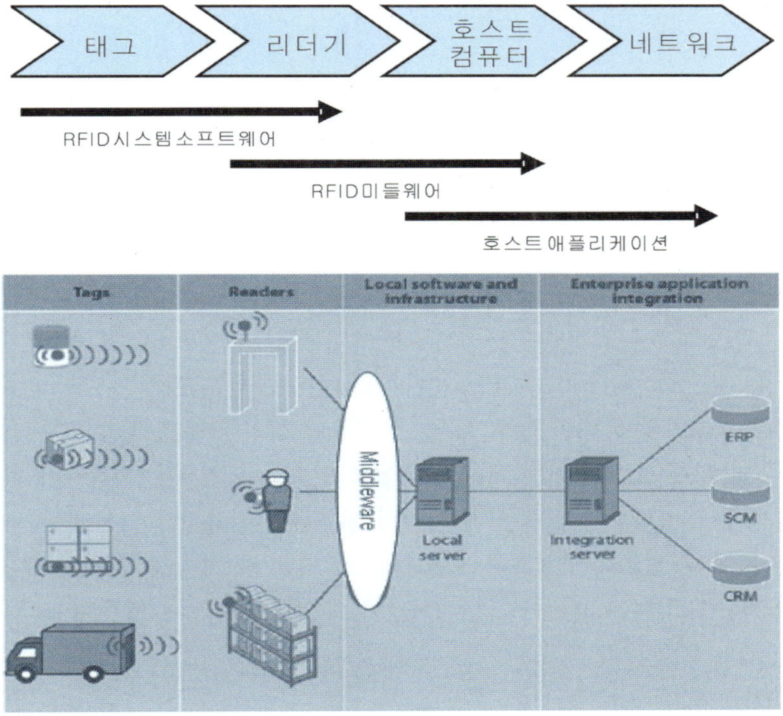

[그림 2-2] RFID 시스템 소프트웨어 구성요소

RFID 미들웨어는 RFID 시스템 구성요소(태그와 리더)와 호스트 애플리케이션을 연결해 주는 소프트웨어이다. 이 미들웨어의 기능은 리더의 상태 모니터링과 RFID 시스템 구성요소(태그와 리더)와 데이터 흐름의 관리하는 기능, 즉 태그에서 리더기로 전송된 데이터를 호스트 애플리케이션과 통합하기 위한 인코딩(encoding), 수집(collection), 처리(processing), 필터링(filtering), 군집화(aggregation)를 수행한다.

호스트 애플리케이션은 일반적으로 재고 관리나 창고 관리 시스템과 같이 이미 존재하는 기업의 소프트웨어 프로그램이다. 태그로부터 전달된 데이터는 리더기와 RFID 미들웨어 소프트웨어가 처리하여 표준화된 형식으로 호스트 애플리케이션에 전달된다.

2.2 RFID 하드웨어 구성요소기술

1) 태그 기술

RFID 시스템은 제품이나 사물을 식별할 수 있는 식별자에 해당하는 태그와 식별자를 읽고 쓰는 역할과 상위 시스템으로 데이터를 전송하는 리더, 그리고 태그와 리더를 무선으로 통신할 수 있는 안테나로 구성된다.

(1) 태그의 요소기술

태그 요소기술에 대해 세부적으로 살펴보면 다양한 물품에 부착되는 RFID 태그는 칩과 안테나로 구성되고, 칩에는 사물의 유일 식별코드나 정보를 저장하며 리더의 조정에 의해 또는 상황에 따라 스스로 외부에 자신의 정보를 전송하거나 수신하며 적용 분야에 따라 다양한 형태 및 재료로 구현된다. RFID 태그는 작은 한 개의 IC 칩과 안테나로 구성되지만, 그 작은 칩을 구성하는 요소기술을 살펴보면 다음과 같이 다양한 기술들로 구성되어 있다.

① 정류기술(Rectifier)

수동형 태그에서 리더로부터의 전자파 에너지가 태그의 안테나를 통하여 임피던스 정합회로를 경유하여 칩으로 수신되면 이 전자파 에너지를 다이오드와 콘덴서 등으로 구성된 정류회로를 통하여 IC 칩의 동작용 전원으로 이용될 수 있도록 직류전원으로 만드는 기술이다. 전자파 에너지로부터 직류전원으로 변화하는 기술은 그 효율이 중요하며, 현재 기술로는 대략 10~15% 정도의 효율을 얻고 있다.

② 검출기술(Detection)

RFID 태그에서 리더로부터 명령어나 데이터를 인식하여 명령어를 검출하는 기술이다. 리더로부터의 변조된 신호는 고주파전력을 On/Off하는 형태의 ASK(Amplitude Shift Keying)변조를 하고 있어 태그의 안테나단에서 다이오드와 같은 비선형 소자를 이용하여 리더로부터의 고주파 신호레벨의 변화를 비교 검출하는 회로로 구성되며, 지능적인 태그를 구현하기 위해서는 중요한 요소기술이다.

③ 변조기술(Modulation)

태그의 메모리로부터 태그고유의 ID 정보나 메모리에 있는 데이터를 리더에 보내기 위해서는 리더로부터의 고주파 반사파의 정보와 일치하는 변화가 일어나도록 하는 부분으로 태그의 안테나와의 정합회로에 On/Off소자를 두어서 보내고자 하는 데이터에 따라서 On/Off에 의한 안테나 정합회로의 임피던스를 변화시킴으로써 반사파의 진폭이 변화하도록 하는 구성되어 있다.

④ 부호화 기술(Coding)

태그의 메모리에 저장된 ID 정보 또는 데이터를 바로 변조할 경우 넓은 주파수 스펙트럼이 요구되어 리더에서 높은 인식률을 보장하기 어려우므로, 두 개의 주파수 스펙트럼이 발생될 수 있는 Bi-Phase 형태의 맨체스트(Manchester) 코드 또는 FM0 코드로 만드는 부분으로 Exclusive OR 게이트 등의 논리회로로 구성되는 요소기술이다.

⑤ 충돌방지기술(Anti Collision)

한 리더의 인식 영역에 존재하는 수많은 태그들의 일괄 인식을 위한 충돌방지기술로 무선통신에서 사용되는 Aloha 기술을 응용하여 태그 IC회로에 임의 숫자 발생기(Random Number Generator) 회로를 구성하고, 태그가 리더로부터 전력을 받아 워크업(Wake up)된 후 곧바로 데이터를 출력하지 않고 태그들이 각각 서로 다르게 생성된 난수만큼 지연한 후 데이터를 송출하게 하여 태그끼리의 충돌을 방지하게 하거나 리더로부터 Silent 명령을 받아 다음 명령 때까지 Silent mode로 들어가 충돌을 방지하도록 하는 요소기술이다.

⑥ 초기화 기술(Power on Reset)

전력의 공급이 불규칙적인 고주파로부터 태그의 동작전원을 수급하게 됨으로써 불안전한 전원전압에서 로직 회로가 동작하여 노이즈(Noise) 성의 데이터 송출을 방지하여 다른 태그의 통신을 방해하지 않도록 하기 위하여 일정 전압 이상이 되면 태그회로가 리셋이 되어 초기화가 되도록 하고, Threshold 이하가 되면 태그회로의 동작을 정지시키는 요소기술이다.

⑦ 메모리 기술(Memory)

태그의 고유 ID 또는 사용자 정보 등을 기록 저장하는 부분으로 공장(Factory)에서 한 번만 기록하고 읽기만 가능한 방식, 읽기와 쓰기가 가능한 방식 등이 있으며, 저전압, 저소비전력으로 설계하는 기술을 요구된다.

⑧ 오류감지기술(Error Detection)

읽기/쓰기 태그에서 리더로부터의 명령 또는 데이터를 수신하였을 때 완전한 데이터를 수신하였는지의 검증을 위하여 리더에서는 데이터 다음에 CRC 데이터를 첨부하여 보내게 되며, 이의 확인을 위한 CRC의 비교계산을 위한 논리회로 설계의 요소기술이 필요하다.

(2) RFID 태그의 구분

① 기억정보/전원방식 및 주파수 대역에 따른 분류

기억정보에 따른 분류는 정보식별형(수 10바이트), 분류 데이터베이스(수 k바이트) 및 주파수별로 AM 라디오에 가까운 대역인 장파 (125~135kHz ; FA용), FM 라디오나 텔레비전에 가까운 대역인 중파(13.56MHz, 433.92MHz ; IC카드형), 무선 LAN이나 블루투스, 지그비에 이용되는 대역인 UHF 또는 마이크로파로 구분할 수 있다.

태그의 액세스 방식에 따른 분류는 대략 3가지로 분류되는데 읽기만(read-only), 한 번 쓰고 읽기만(WORM : write once read many) 및 항상 읽고/쓰기(read/write) 태그로 구별된다.

초저가 태그를 위한 기술로 인피니온 등에서 개발 중인 폴리머 반도체에 의한 플라스틱 트랜지스터, 미국 Inkoda의 종이나 플라스틱에 매우 얇은 금속 파이버를 내재하여 전파의 투과와 산란을 만들어 내어 고유한 식별이 가능한 1센트 이하의 무칩(chipless) 태그, 그리고 표면탄성파를 이용하여 무선센서와 RFID를 결합한 SAW 태그 등이다.

RFID 태그는 공급전원이 내부에 전원을 가지고 있는지 그렇지 않는지에 따라 크게 능동형과 수동형, SAW(Surface Acoustic Wave) 타입으로 구분할 수 있다.

가. 능동형 태그

능동형 태그는 자체에 내부 전원을 가지고 있어서 먼 거리까지 송신이 가능하다. 그러나 내부의 전원사용으로 인하여 전원을 교체해야 하고, 소형태그를 만들기에는 부적합하다. 능동형 태그는 자체 배터리를 통해 전원을 공급받아 동작하는 태그로서 '읽기/쓰기'(Read/Write : Write Many, Read Many)가 가능하고 수 m~수십 m까지의 식별거리를 제공하고, 대용량 메모리를 사용하여 다양한 데이터 저장이 가능하다.

나. 수동형 태그

수동형 태그는 자체에 전원을 가지고 있지 않으며, 태그를 동작할 수 있는 에너지를 리더로부터 공급받는다. 무선인식 시스템에서 에너지를 공급받는 방법은 부하변조(Load Modulation), 밀착 결합(Close Coupling), 유동성 결합(Inductive Coupling)방법이 있다. 부하변조 방법이나 밀착 결합 방법은 근접한 거리에서 인식을 하기 때문에 인식 거리는 한계가 있다. 수동형 태그는 리더로부터 전자파를 공급받아 태그 내부회로에 의해 전원으로 사용하여 동작하는 태그로서 감지거리가 짧고 구조가 간단하며 '읽기'(Read-Only)만 가능하거나 '읽기/쓰기'(WORM : Write Once, Read Many)가 가능하다. 수동형 태그의 데이터 전송방식은 후방 산란 변조방식을 사용하며 동작 원리는 리더에서 방사된 RF 신호로부터 태그의 칩을 구동시킬 수 있는 직류 정류하여 자체 칩을 구동시키고 리더가 원하는 응답을 하는 방식이다.

이때 태그의 안테나와 칩이 정합되었을 경우 칩으로 공급되는 전력은 반사되는 전력과 동일하게 수신 전력의 절반이 되고, 태그의 안테나부가 단락되었을 경우 입사전력과 반사전력이 같은 위상이 되어 수신 전력의 2배가 반사된다. 이와 같은 형태로 ASK 데이터 변조를 구현할 수 있고, 부하변조회로를 구현하여 FSK와 같은 데이터 변조도 구현 가능하다. 이러한 방법으로 태그는 데이터를 전송하며 이러한 기술을 후방 산란 변조 방식이라 한다.

다. SAW 태그

SAW 태그는 자체에 전원을 가지고 있지는 않지만, 압전(Piezo Electric)효과를 이용하여 리더에서 태그에 RF SAW파를 사용한다. 태그의 안테나는 RF파를 받아서 변환기(IDT, interdigital transducer)로 보내면 RF파를 표면 탄성파로 바꾸어 변사기(wave reflector)로 보낸다. 변사기는 표면 탄성파에 반응하고 이를 다시 변환기로 보내면 RF파로 변환하여 안테나를 통해 리더로 보낸다.

SAW 기술은 핸드폰, 컬러 TV, 레이저 등에도 사용된다. 주요특징은 수동형 읽기만(Read-only)으로 30미터까지 읽을 수 있고 리더의 전력이 적게 소요되고 핸드홀더 리더기가 많이 사용되고 2.45GHz에 작동하고 가격이 저렴하면서 태그의 메모리 크기는 32~256비트이고 액체나 금속 투과성이 좋은 특징을 갖고 있다.

(a) SAE 태그 칩

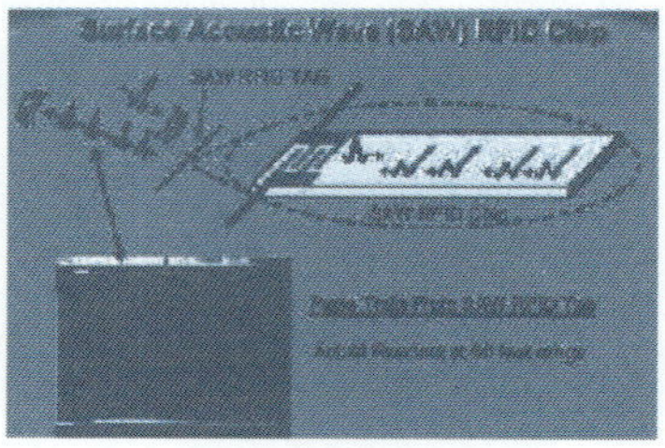

(b) SAE 태그 기능

[그림 2-3] SAW 태그 칩 및 기능

각 주파수 대역별 활용 분야는 RFID 시스템의 주파수는 ISM 주파수 대역에서 135kHz, 13.56MHz, 433MHz, UHF(860~930MHz), 2.45GHz 대역의 주파수를 사용하고, 주파수별 응용분야는 〈표 2-1〉과 같다.

〈표 2-1〉 기억정보, 전원방식 및 주파수 대역별 분류

RFID 방식별 구분		주요 특성
태그 읽기/쓰기 능력	읽기 전용	• 제조 시 프로그래밍, 정보내용은 변경 불가 • 가격 저렴하고 바코드와 같이 단순인식 분야 사용
	한 번 쓰고/읽기전용	• 사용자가 데이터를 프로그래밍하며 프로그래밍한 후에는 변경이 불가
	읽기/쓰기	• 몇 번이고 프로그래밍 및 데이터 변경 가능 • 고가이니 다양한 분야에서 고도의 활용이 가능
태그 전원유무	능동형 (Active)	• 태그에 배터리 부착, 수십 m 원거리 통신용 • 가격 고가, 수명 제한, UHF 대역 이상에서 사용
	수동형 (Passive)	• 태그에 배터리가 없으며, 10m 이내 근거리 통신용 • 가격이 저렴하고 수명 반영구적(약 10년 이상)
무선 주파수 대역	135kHz 이하	• FA용, 동물인식 등 근거리 용도로 활용 • 시스템 가격이 저렴하다.
	13.56MHz	• IC 카드, 신분증 등 1m 이내에 활용 가능 • 데이터 전송상의 신뢰성이 높음
	UHF	• 433MHz(능동형), 860~930MHz 대역을 이용 • 마이크로파 대역에 비해 무선인식 성능이 우수 • EPC 태그 등 국제적으로 활성화 전망
	마이크로파	• 2.45GHz ISM 대역 이용 • 소형/저가의 태그/리더 기능 • UHF 대역에 비해 수분, 금속 환경에서 인식을 저하
기타		• 응용 분야에 따라 애플리케이션 전송(데이터/메시지), 통신층(태그/리더 간 통신), 전송층(우선 주파수 대역)의 3가지 계층으로 구분 가능

② 주파수 대역별 태그 구분

현재 각 주파수 대역별 태그는 기본적으로 ISO/IEC의 표준을 따르고 있지만, UHF 대역의 태그는 EPC Global에서 제안한 EPC와 ISO/IEC에서 제안한 2가지 방식으로 나눌 수 있다.

가. EPC

EPC의 기본은 고유의 데이터가 입력된 수동형 태그이며, 능동형까지 포함하여 6가지의 클래스(0~5)가 있다. Auto-ID 센터는 '클래스 0'과 '클래스 1' 태그의 프로토콜을 개발하였으며, 두 가지 형태의 클래스의 태그는 현장 실험과 운용시험을 마쳤으나, 다른 클래스 태그의 규격은 아직 개발이 완료되지 않은 상태이다.

과거에는 제조업체가 서로 다른 태그와 리더 사이의 교신이 불가능하였다. 그러나 현재는 상호 운용이 가능한 태그와 리더들이 생산되고 있다. 클래스 0과 클래스 1의 프로토콜을 통합하는 작업이 진행 중에 있는데 이를 '클래스 1 버전 2'라 부른다. 이 새로운 프로토콜은 두 클래스 규격의 장점만 취합하는 것이며, 하나의 리더로서 두 클래스의 태그를 모두 읽을 수 있게 된다. 현재 두 가지를 모두 판독할 수 있는 리더가 있으나, 이는 두 번을 각각 판독하는 것으로써 단기적 해결책에 불과하다.

또한 프로토콜 제정의 또 다른 이점은 태그와 리더, 그리고 프로토콜이 점차 높은 클래스로 발전하더라도 이를 수용할 수 있는 인프라의 구축이 쉬어진다는 점을 들 수 있다. 즉 모든 기반 시설을 교체할 필요없이 리더 펌웨어의 업그레이드만으로써 새로운 클래스를 수용할 수 있게 되는 것이다.

〈표 2-2〉 EPC 클래스별 발전 현황

클래스	설 명
클래스 0	읽기 전용, 칩 메이커 고유 ID, 수동형 태그
클래스 1	읽기 전용, 사용자 ID 쓰기 가능, 수동형 태그
클래스 2	수동형, 일부 부가기능 있음(예 : 메모리, 암호화)
클래스 3	반(Semi) 수동형 RFID 태그 수동
클래스 4	능동형 태그, 리더 그리고 동일 주파수 대역의 다른 태그와 교신
클래스 5	기본적으로 리더와 동일 기능, 클래스 1, 2, 3 태그에 전원을 공급해 줄 수 있으며 클래스 4와도 교신할 수 있고, 클래스 5의 다른 태그와도 교신 가능함.

비록 통합 프로토콜이 이러한 장점을 가지고 있지만, 실제로는 각 기업이 필요로 하는 EPC 태그 클래스를 선택하여 사용할 수 있는 융통성이 확보되어야 한다. 판독장비는 상위 클래스에 대하여 호환성을 가져야 할 것이다. 현재 기업에서 시험적으로 사용할 수 있는 것은 클래스 0과 클래스 1이다. 태그와 리더의 구매 가격은 표준화가 이루어지고 대량 수요가 발생하게 되면 경쟁력 있는 수준으로 낮아질 것이다.

나. ISO/IEC에서 제안한 태그

ISO/IEC에서 제안한 태그는 읽기(Read)만 가능한 Type A와 읽기/쓰기(Read/Write)가 가능한 Type B로 구분된다. Type A는 최초에 식별 코드를 입력한다. 이는 제조사나 각 업체에서 가능하며, 입력된 식별코드는 더 이상 기능을 할 수 없는 형태가 된다. Type B는 EPC의 클래스 1과 같은 기능을 하고 있다. ISO/IEC에서 제안한 방식과 EPC Global에서 제안한 방식의 두드러진 차이점은 쓸 수 있는 메모리의 크기와 변복조, 코딩 방식에 차이가 있다. 다음은 ISO/IEC의 Type A, B를 나타낼 것이다.

(3) 태그의 종류별 특징

RFID 태그는 형태와 크기에 따라 원판형, 원통형, 라벨형, 카드형, 상자형으로 분류되며, 주요 특징은 다음과 같다.

〈표 2-3〉 태그형태 및 크기

RFID 태그 구분	주요특성	
태그 형태 및 크기	원판형 (수 mm~수십 mm)	• 의류 등의 관리 • 레저용 리스트 태그 • 장치 속 내장 가능
	원통형 (수 mm~수십 mm)	• 동물 관리 • 팔레트 관리
	라벨형 (수십 mm×수십 mm)	• POS 정산용 제품 태그 • 서류, 화물 관리
	카드형 (85×54×수 mm)	• 승차권, 정기권, 전화카드 • 입퇴장 관리 ID 카드
	상자형 (50×50×10mm)	• FA • 차량, 컨테이너 관리

(4) 태그의 형태요소

태그의 형태요소란 크기, 구성, 또는 물리적 형태 등을 말한다. 태그를 기업에서 사용하기 위해서는 태그의 형태에 대하여 보다 진지한 고민이 있어야 할 것이다.

① 형태와 크기

태그가 부착되는 상품이 점차 소형화됨에 따라(컨테이너에서 팔레트, 케이스, 그리고 앞으로는 낱개 상품에 이르기까지) 태그의 형태와 크기를 다양하게 할 필요가 있다. 태그가 상품의 외관을 해쳐서도 안 되고 취급에 장애가 되어서도 안 된다. 그러면서도 정확하게 판독되어야 한다.

② 부 착

태그를 상품에 어떻게 부착할 것인가 하는 방법에 대해 고민해야 한다. 특히 컨테이너나 팔레트에는 작업 중에 훼손되지 않도록 부착하는 것이 중요하다. 케이스라면 비교적 조심스럽게 취급되므로 접착제로 부착할 수도 있으나, 그래도 공급체인에서의 험한 취급을 충분히 견딜 수 있어야 한다. 개별 상품에도 접착제로 부착이 가능하지만, 외관을 중시하는 품목에서는 제품의 포장과 일체화되어야 할 것이며, 이 점은 포장재 생산자가 해결해야 될 부분이다.

③ 견고성

태그는 다양한 취급 환경에 노출될 수 있다. 따라서 태그 제조업체는 태그 자체 또는 커버가 상품 이동이 끝날 때까지 손상되지 않도록 각별한 주의를 기울어야 한다.

④ 상품 특성의 고려

액체나 금속성 등 제품의 물리적 특성은 태그의 판독에 상당한 영향을 미친다. 각종 상품에 대한 태그판독 성능실험 결과에 의하면 액체나 금속성 제품의 경우 판독에 장애를 유발할 가능성이 있으므로 태그 제조업체들은 상품의 물리적 특성에 구애받지 않고 판독이 가능한 태그를 저렴하게 생산하기 위한 연구를 계속하고 있다.

(5) 태그의 기능

태그에는 다음과 같이 유용한 기능들을 다양하게 부가할 수 있다. 몇 가지 예를 들면 다음과 같다.

① 유효 기간 등의 데이터 추가 입력

② 온도, 고도, 습도, 충격 등에 대한 각종 센서 기능

EPC 이외의 부가 데이터를 가지고 있는 태그는 별도의 상품정보 DB와의 연결이 불가능할 경우 특히 유용하게 사용될 수 있다. 예를 들면 약국이나 병원에서 긴급하게 특정 약품에 관한 모든 정보를 즉석에서 판독하여 처방할 필요가 있을 때 이용할 수 있을 것이다.

각종 물리적 환경을 측정할 수 있는 센서를 내장할 태그는 현재도 사용되고 있다. 이러한 종류의 태그는 다양한 용도로 사용되고 있는데. 대개 능동형이고 포장용기에 부착되며 가격이 높은 편이다. 아이스크림 냉동 포장용기에 아이스크림의 보존에 중요한 환경 요소인 온도와 습도를 측정하는 센서가 부착되어 사용되고 있는 것이 좋은 예이다.

Auto-ID Lab과 태그 제조업체에서는 이 분야의 연구를 계속 수행할 것이다. 그리고 EPC Global에서는 모든 태그 클래스에 대한 무상 공개 표준의 개발과 보급을 위한 노력을 계속 할 것으로 보인다.

(6) 태그의 상세 기술

태그는 RFID 시스템의 통제장치인 리더 또는 리더의 요청에 의하여 물체, 동물, 사람 등의 식별, 인식 정보를 송신하는 소자로서 최근 응용범위가 확대되고 있다.

태그는 자체정보를 무선송신하기 위한 에너지로서 리더 또는 리더의 반송파 RF 에너지를 활용하는 특징을 갖는 것이 일반적인 양방향 무선 송수신방식과 다르다. 즉 물체 또는 사람에게 부착된 태그는 리더에서 송신하는 RF 반송파 신호를 태그 또는 태그 안테나에서 수신한다.

RFID 시스템의 감지거리는 태그가 소모하는 에너지가 적어야 제한된 리더의 RF출력 범위에서 인식거리가 길어진다. 즉 태그는 소모전류를 어떻게 최소로 하느냐가 기술의 핵심이다. RF 전파의 정류는 쇼트키 다이오드가 사용되는데 지금까지는 정류효율이 우수한 GaAs구조의 쇼트키 다이오드를 CMOS 실리콘(Silicon) 구조에 집적하는 것이 어려워 수동형 태그 제조에 어려움이 있었으나 최근 쇼트기 다이오드를 실리콘 IC내에 집적이 가능하여 초소형의 RF 태그 구현이 가능하게 되었다.

무선 마이크로파 태그는 리더의 명령 또는 자체 구동에너지를 확보하는 순간에 리더의

RF를 ID데이터에 의해 변조하여 반사하게 된다. 리더는 변조되고 반사되어 수신된 RF 태그 신호의 반송파를 제거하고 복조한 후에 디코딩(decoding) 회로 또는 소프트웨어에 의해 해독하여 무선 태그 정보를 인식하게 된다.

무선 태그의 인식속도 및 인식거리는 태그의 구조 및 방식과 판독기의 무선출력, 안테나의 크기, 이득에 따라 달라진다. 또한 RFID 동작방식, 사용주파수에 따라 장단점을 갖는다.

태그 또는 태그안테나에서 수신된 교류전파 에너지는 다이오드에 의해 정류되어 수동형 태그에서는 전자회로 구동용, 능동형 태그에서는 워크-업용 전원으로 사용된다.

능동형 태그에서는 리더의 워크-업 신호에 의에 전원 구동스위치 회로가 on상태가 된다. 태그의 기본 기능은 리더에 의한 질문신호에 의해 MCU 또는 EEPROM에 저장된 식별부호 또는 정보를 태그안테나를 통하여 리더의 반송파를 통하여 후방 산란하는 것이다.

후방 산란을 효율적으로 하기 위하여 태그안테나의 부하 임피던스를 변화시켜서 임피던스 부정합에 의해 전파의 전반사를 유도한다. 즉 부하임피던스가 변하게 되면 안테나가 단락상태로 되어 안테나전류의 증가현상을 발생시켜 이로 인한 수신반송파 전파의 후방 산란을 일으킨다.

안테나의 부하 임피던스를 변화시키기 위하여 트랜지스터 또는 다이오드 스위치가 사용되며 스위치의 on-off신호는 태그의 디지털 신호에 의해 스위칭된다. 즉 다이오드 스위치의 제어단자에 high신호를 인가하여 안테나를 단락시키거나 정합된 태그안테나의 부하 임피던스를 매우 크게 하면 안테나 부하의 단락 또는 개방상태가 되어 수신전파의 후방 산란율을 증대시킨다. 즉 임피던스 정합된 태그안테나가 단락상태가 되면 마이크로스트립 안테나 내부에서 전류가 급격히 증가하게 되며 수신전파와 공진주파수의 고주파신호가 이로 인하여 후방 산란된다. 태그안테나 부하 절환 스위칭소자로는 주로 바이폴라 트랜지스터나 PIN 다이오드 및 쇼트키 다이오드가 사용된다.

RFID 태그는 주파수 대역에 따라 저주파 태그(10~400kHz), 중간주파 태그(3~30MHz), UHF 및 마이크로파 태그(300MHz 이상) 등과 같이 분류한다.

저주파, 중간 주파수 태그는 리더 안테나의 근접영역(near field)에서 동작하므로 인식거리는 보통 1.5m를 초과하지 못한다. 인식거리를 증가시키려면 태그와 질문기간에 원접 영역(far field) 통신방식이 채택되어야 한다.

그러므로 UHF 및 마이크로파 주파수대역은 RFID 리더와 태그간의 인식거리를 증대시킬 수 있는 가장 적절한 방안이다. WLAN과 같이 RFID 시스템도 허가를 요하지 않는 ISM 주파수 대역을 사용한다.

FCC의 part 15에 규정된 ISM주파수대역은 902~928MHz, 2.435-2.465GHz, 5.785~5.815GHz, 10.5~10.55GHz, 24.075~24.175GHz 등과 같다.

저가의 RFID 시스템 수요측면에서 915MHz, 2.45GHz, 5.8GHz대역이 주로 고려되고 있다. 이러한 UHF, 마이크로파 대역 RFID 시스템은 현재 국제표준으로 RF 요구사항 표준 확정 단계에 있으며 인식거리 증대를 위한 가장 유망한 시스템으로 주목을 끌고 있다. 태그의 최적성능을 달성하기 위하여 응답 발생기법이 매우 중요하다.

① 수동형 후방 산란 태그

수동형 후방 산란 태그 시스템은 가격대 성능면에서 대부분의 RFID 시스템의 최적방안으로 대두되고 있다. 이 수동형 후방 산란 태그는 코드 발생, RF신호 수신, 변조, 재송신, DC전압 발생 등의 주요 기능을 갖고 있고, 수동형 후방 산란 태그가 시간, 온도에 무관하게 신뢰할만한 기능을 수행하기 위하여 정류과정을 통과한 질문기로 수신된 RF신호로부터 DC전압을 추출해야 하는데, 제로 바이어스 검파기 다이오드 또는 쇼트키 다이오드가 감도, 효율면에서 적합한 정류기로서의 기능을 수행한다. 정류된 DC전압은 응답코드를 발생하고 변조회로에 변조 파형을 공급하는 전원으로 사용된다.

후방 산란 방식은 제어방식에 의해 수신 RF신호를 산란하는 원리를 적용한다. [그림 2-4]의 후방 산란구조에서 태그 안테나는 제어데이터 비트가 "1"이면 수신 RF신호를 반사하며, 제어데이터 비트가 "0"이면 수신 RF에너지를 흡수한다.

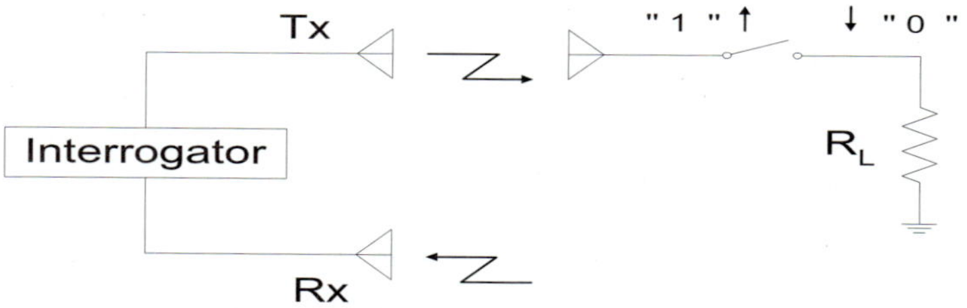

[그림 2-4] 후방 산란 RFID의 개념도

일반적으로 산란된 RF신호는 안테나에 흐르는 RF전류를 변화시켜 변조될 수가 있는데, 이 기법은 종단된 안테나의 임피던스 변화에 의해 가능하다. 요구되는 변조패턴에 따라 안테나 단자의 저항 또는 리액턴스를 변화시켜 변조된 산란을 발생하는 어떠한 기법도 사용될 수 있다. [그림 2-5](a)의 PIN 다이오드는 가변 RF저항으로 동작하여 안테나에서 산란되는 신호를 변조한다.

이 경우에 저항치는 다이오드에 흐르는 바이어스 전류를 변화시켜 제어된다. 디지털 코드를 재송신하기 위해서 다이오드는 2가지 상태를 갖게 되는데, 즉 "on"상태(저저항 r, 수 Ω)와 "off"상태(고저항 R, 수 kΩ)를 갖는다. 다이오드 단자의 이상적인 임피던스는 [그림 2-5](b)의 스미스차트와 같이 임피던스가 개방상태에서 단락상태로 변화함을 보여주며, 반사계수의 크기는 일정하게 유지하면서 위상만 180° 변한다. 그러므로 PIN 다이오드의 순방향 바이어스 전류를 변화시켜 bi-phase PSK 변조가 가능하며, 안테나는 자체 공진 상태가 되어 다음 조건을 만족하는 방사저항을 유지한다.

$$r \ll Brad \ll R$$

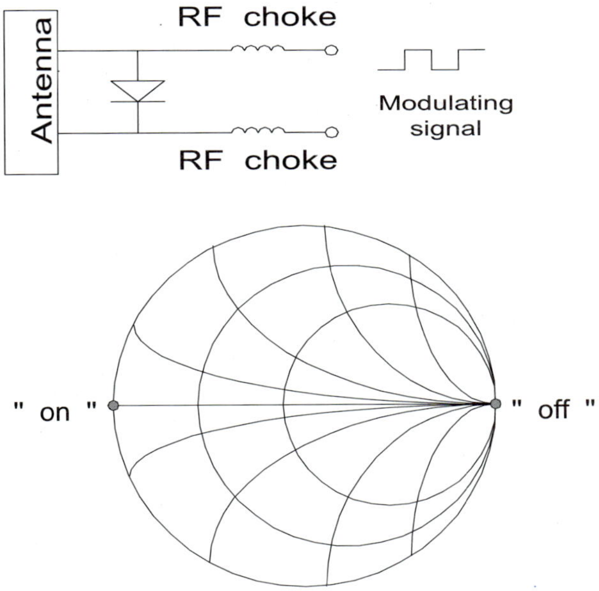

[그림 2-5] PIN 다이오드 후방 산란

즉, 안테나는 다이오드 임피던스가 2가지 상태를 갖는 형태로 임피던스 변화를 갖는다. 그러나 PIN 다이오드 후방 산란 방법은 낮은 저항을 얻기 위해서는 비교적 큰 전류가 인가되어야 하는 단점을 갖는다. 산란신호를 변조하는 다른 방법으로는 [그림 2-6]과 같은 방법으로서 정류기의 부하전류 IL이 FET 스위치와 저항의 조합에 의해 변조된다.

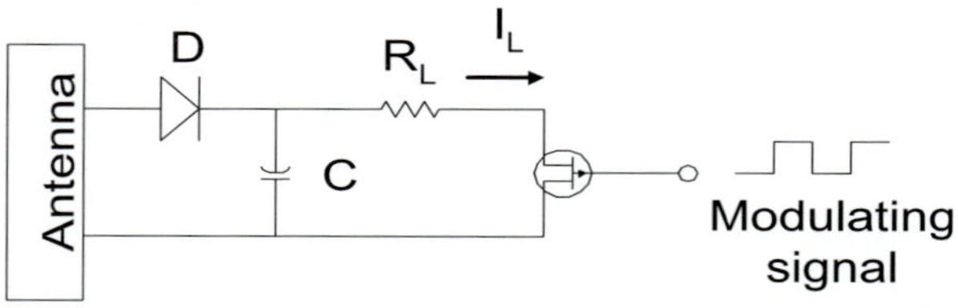

[그림 2-6] 개폐 다이오드 후방 산란(backscatter)

정류기 커패시터 C는 여기주파수에서 저임피던스 bypass, 변조할 때는 고임피던스가 된다. PIN 다이오드의 경우와 같이 변조과정은 안테나 부하임피던스가 되는 다이오드 임피던스의 변화에 근거한다. 즉 안테나 부하 임피던스 상태에 따라 수신 RF신호를 안테나로부터 흡수하거나 재방사한다. RF에너지의 흡수는 안테나의 임피던스가 다이오드의 임피던스와 정합되는 상태에서 발생한다. 이 과정을 통하여 수신된 태그의 질문기 입력신호는 효과적으로 진폭 변조되며, 디지털 변조신호에 의해 ASK 변조된다. 이 회로에서 쇼트키 다이오드는 태그의 몇 가지 기능, 즉 DC전원으로서의 정류기, 변조기, 후방 산란 과정의 송신기 및 수신기 기능을 갖는다.

② 조화 태그

조화(Harmonic) 태그는 [그림 2-7]과 같은 구조로서 응신 코드가 고의로 발생시킨 고조파의 변조성분으로서 중첩부가 된다. 이 기술은 다운 링크(down link)와 업 링크(up link)간의 분리도가 매우 우수하나, 주파수 배율기(frequency doubler)의 효율이 매우 낮아 태그에 두 개의 안테나가 요구된다. 더욱이 두 주파수 대역에서 동시에 승인을 요하지 않는 주파수할당이 되어 있지 않다.

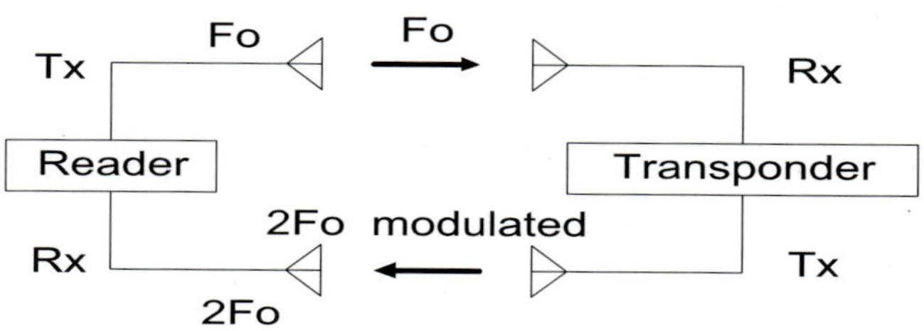

[그림 2-7] Harmonic 태그

③ 후방 산란 태그

후방 산란 태그는 RF에너지를 발생하지 않고 수신 RF신호에 코드신호에 의한 반사를 하는 전자계 교란소자로서 동작하며 RFID 태그의 일반적 구조는 [그림 2-8]과 같다. 이 구조에서 쇼트키 다이오드가 수신 RF에너지의 정류소자, 코드 발생기의 DC전원 역할과 함께 수신기, 주파수 혼합기, 송신기 역할로 사용될 경우에 매우 간단한 구조로 된다. 이와 같이 몇 가지 기능을 1개의 소자로 구현함으로써 매우 저가의 RFID 태그로서의 잇점을 갖는다.

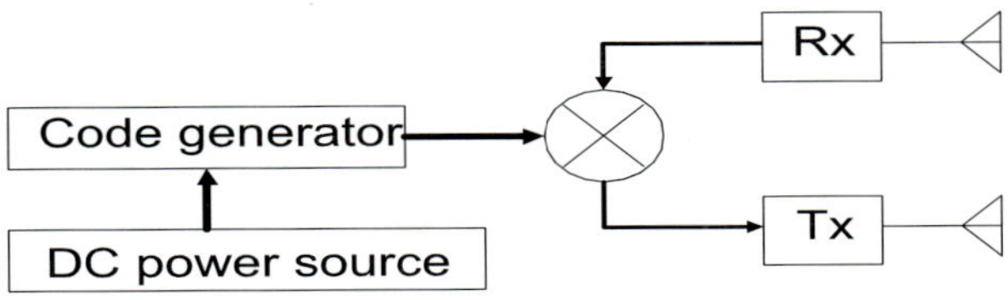

[그림 2-8] 후방 산란 태그 구조도

④ 부조화 태그

부조화(Anharmonic) 태그는 주파수 f1의 수신안테나, 주파수 f2의 자기발진 혼합기, IF 필터, 주파수 (f1~f2)의 증폭기 및 IF 주파수의 송신안테나로 구성된다. 이 구조는 질문기신호와 응답신호를 주파수변환에 의하여 분리하며 LO에 의하여 디지털코드 응답신호를 발생한다. 그러나 이 구조도 복잡성, 주파수 안정도, DC전원 등의 능동형 태그가 갖는 단점을 갖는다.

⑤ 연속된 증폭 태그

연속된 증폭(Sequenced amplifier) 태그를 구성하고 있는 소자들의 간단한 블록을 [그림 2-9]에 나타내었다.

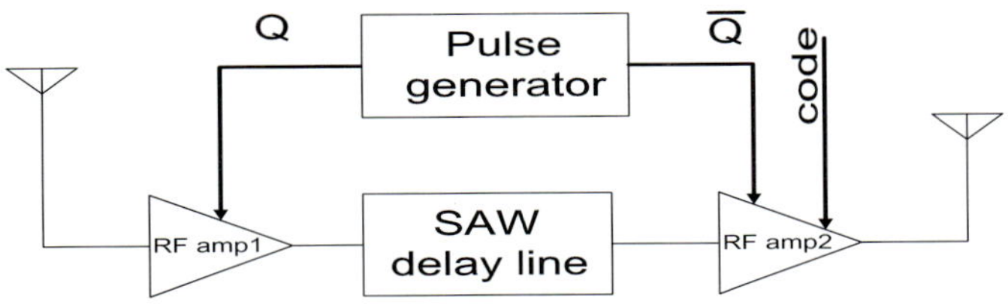

[그림 2-9] 연속된 증폭 태그

(7) 태그 RF 회로

태그의 동작상태는 슬립(sleep)모드, 수신모드 및 후방 산란모드 중 1개 모드로 구별된다. 보통 사용되지 않는 경우에 슬립모드를 유지하게 되며 리더의 워크-업(wake-up)신호가 수신되면 수신모드가 되어 다운 링크(down link) 변조신호를 수신한다. 보통 다운 링크신호는 on/off 로 사용되는 AM신호이며 어떠한 변조신호도 수신되지 않으면 다시 슬립모드로 돌아간다. 변조신호가 수신되어 검파신호가 감지되면 일정시간 후에 응답하게 된다. 즉 수신모드 후 일정 시간 후에는 후방 산란모드로 전환하여 고유 식별부호 또는 정보를 후방 산란한다. 후방 산란모드 중에 태그는 리더에서 전송한 반송파를 고유부호에 의해 변조하여 업 링크(up link)신호로서 전반사하게 된다. 업 링크신호의 변조는 태그 베이스밴드(baseband)회로의 디지털 정보신호에 의해 스위칭 변조기 다이오드의 on-off 스위칭에 의해 수행된다. 후방 산란을 개선하기 위한 방안으로 여러 가지 스위칭회로 구조가 사용될 수 있다. [그림 2-10]은 이러한 후방 산란 개선 방안의 하나로서 기존의 검파 다이오드 스위치와 별도로 안테나에 병렬로 변조기 다이오드를 채택하여 후방 산란을 채택한 태그RF회로 예이다. 이 구조는 검파 다이오드회로와 변조기 다이오드를 별도로 하여 리더의 변조신호 수신기능을 극대화하고 수신 반송전파의 후방 산란을 개선하게 된다. 이러한 회로구조의 특징은 검파 다이오드와 변조기 다이오드가 극성을 반대로 하여 2개의 송/수신 안테나 단자에 병렬회로 소자로 연결되어 있다. 이와 같은 회로구조는 후방 산란모드에서 변조기 다이오드는 변조신호 출력모드에서 순방향동작을 하며 검파 다이오드는 역방향 동작을 한다.

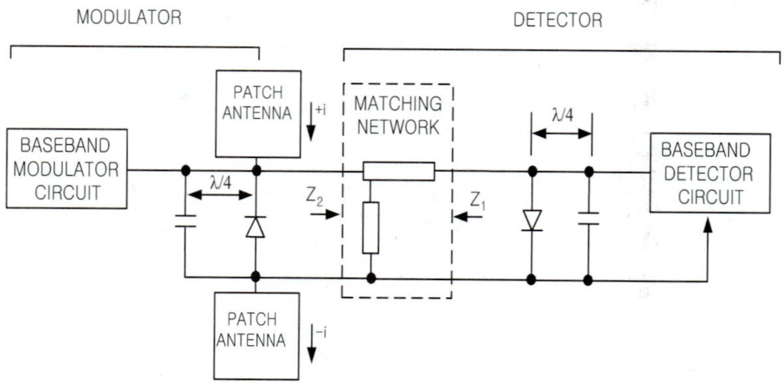

[그림 2-10] 태그 RF 회로

마찬가지로 수신모드에서는 검파 다이오드는 순방향 동작 상태가 되고 변조기 다이오드는 역방향 동작 상태가 된다. 수신모드에서 검파 다이오드로 주로 사용되는 쇼트키 다이오드는 보통 DC전류 제로의 바이어스회로로 사용되어 수신되는 변조 반송파신호를 정류한다. 검파 다이오드가 제로 바이어스상태인 경우에는 검파 다이오드는 용량성 임피던스를 갖는다. 리더로부터의 변조 반송파 수신모드에서 태그 검파 다이오드의 용량성 임피던스는 L형 임피던스 정합회로 Z1에 의해 임피던스 정합된다.

후방 산란모드에서는 변조기 다이오드가 베이스밴드 변조회로에서 수신된 on-off변조신호에 의해 순방향 바이어스상태가 된다. 순방향 바이어스 다이오드는 송/수신 안테나단자가 RF단락된 임피던스회로가 되도록 한다. 이 상태에서 CW공진신호가 안테나에 수신되면 매우 큰 RF전류(+i, −i)가 안테나에 발생하게 되며 이로 인하여 안테나에서 반사되는 후방 산란에너지가 극대화된다. 결과적으로 리더에서 전송한 CW신호는 태그의 베이스밴드 변조기회로의 on-off 변조신호에 의해 변조기 다이오드의 임피던스 변조에 의해 후방 산란변조되어 전반사된다. 일반적으로 안테나의 후방 산란 유효단면적(Aeff)은 λ/2 다이폴안테나에서 안테나단자가 부하 임피던스와 정합("예" 72Ω)된 경우에 다음 식으로 표현된다.

$$Aeff = (\lambda)2/(4\pi)$$

입력전자파의 공진주파수 동작 상태에서 만일 안테나단자가 단락상태가 되면 안테나 유효단면적은 4배가 되는 효과를 발생한다. 이 경우에는 안테나전류 +i, −i가 2배가 되어 후방 산란 전반사에너지가 6dB증가한다.

이 원리는 전송선로로 연결된 임피던스정합 부하에 인입되는 전류가 전송선로가 단락되면 부하전류가 2배가 되는 경우와 동일하다. 개방 안테나단자의 경우에는 안테나가 2개의 반사기로 분리되어 제2고조파에서 공진한다. 이 경우에 기본파에서는 2개의 전도체 안테나를 흐르는 전류가 매우 작기 때문에 반사단면적이 거의 0가 된다. 결과적으로 이와 같은 변조기 다이오드에 의한 개방 또는 단락회로 임피던스 스위칭방식은 안테나단자에 나타나는 부하임피던스 Z2를 72Ω 또는 0Ω으로 스위칭하게 되며, 이로 인하여 변조된 후방 산란 전반사 에너지는 4~6dB의 변화를 발생한다.

2) 리더 기술

리더의 명칭은 interrogator로서 태그를 활성화시키고 태그와의 통신 시퀀스를 구성하며 애플리케이션 소프트웨어와 태그 간의 데이터를 전송하는 역할이 리더의 주기능이다. 무선 통신의 모든 특징인 통신 주체간의 연결과 충돌방지 및 인증과정의 수행 등이 리더에 의해 관리된다.

리더는 [그림 2-11]처럼 무선 인터페이스와 제어 유니트로 구성된다. 무선 인터페이스는 태그와의 통신을 뜻하는 기능으로

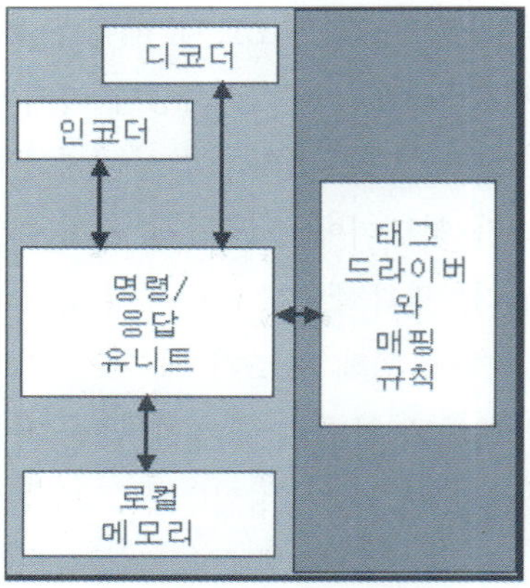

[그림 2-11] 리더의 구성

- 태그를 활성화시키기 위한 전송 전력 발생과 태그로의 전원공급
- 태그에게 데이터 전송을 위한 전송 신호의 변조
- 태그로부터 전송된 신호의 수신과 복조로 표현된다.

제어 유니트

- 애플리케이션 소프트웨어와의 통신과 애플리케이션 소프트웨어로부터의 명령실행
- 태그와의 통신 제어
- 신호의 코딩과 디코딩
- 충돌방지 알고리즘의 실행
- 태그와 리더간에 전달될 데이터의 암호화의 해독
- 태그와 리더간의 인증 수행 등의 기능을 수행한다.

RFID 리더에 필요한 기술은 기존의 무선 및 이동통신용 단말기 기술과 매우 유사하다.

이러한 단말기 기술은 크게 하드웨어 기술과 하드웨어를 제어하기 위한 펌 웨어 기술을 포함한 소프트웨어 기술로 구분할 수 있다. 그러나 RFID 리더는 기존의 무선통신 및 이동통신 단말기와 비교하여 매우 단순한 기능을 갖는다. 따라서 RFID 리더기술은 리더를 구성하는 하드웨어의 저가화, 저전력화, 고성능화, 고기능화를 제공하는 리더 칩 기술 개발에 주목하고 있다.

RFID 리더는 수동형 태그가 동작할 수 있는 전력과 명령어를 무선 반송파 신호로 태그에 전송하고 태그로부터 응답을 수신하여 신호를 복원하는 기능을 수행한다. RFID 리더 시스템은 RF/아날로그부와 디지털 신호처리 제어부로 구성된다. RF/아날로그부는 안테나로 전력과 데이터를 전달하기 위한 전력 증폭기와 주파수 상향 혼합기, 태그로부터 안테나에 수신된 응답 신호를 복원하기 위한 저잡음 증폭기(LAN : Low Noise Amplifier)와 아날로그 신호처리(Analog Baseband)부로 구성된다. 디지털 신호처리 제어부는 디코더, 인코더, 클럭 발생회로, 메모리, 프로세서 및 호스트 인터페이스부 등으로 구성된다.

이러한 RFID 리더의 RF/아날로그부와 디지털 신호처리 제어부는 주로 단일 칩 혹은 다중 칩의 형태로 구성되며, 또한 RFID 리더에서 이러한 리더 칩 이외에 안테나와 RF 정합을 위한 정합 회로부, 대역통과 필터 및 서큘레이터 등이 이외에 안테나와 RF 정합을 위한 정합 회로부, 대역통과 필터 및 서큘레이터 등이 전체 RFID 리더 시스템을 구성하고, 각각 리더 구성부가 리더의 요소 기술에 해당한다.

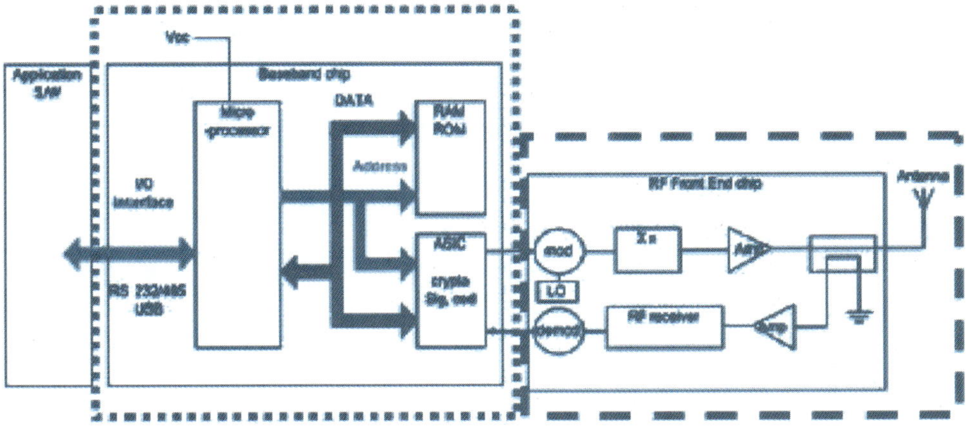

[그림 2-12] UHF 대역 RFID 리더 IC 구조

특히 860MHz~930MHz의 UHF 대역 RFID 리더 시스템에서 실제로 고주파 신호의 처리를 하는 부분은 주파수 상·하향 변화기, 전력 증폭기, 저잡음 증폭기, 국부 발진기 등이고, 대부분의 디지털 회로는 10MHz 내외의 클럭 주파수 부근의 주파수 대역에서 동작한다. 따라서, 안테나와 RF 정합을 위한 정합 회로부, 대역통과 필터 및 서큘레이터 등을 제외한 UHF RFID 리더는 CMOS 공정 기술을 이용하여 칩화 혹은 단일 SoC(System on Chip)형태의 개발이 가능하다. 이러한 RFID 리더부의 칩 공정기술에 디지털부에는 0.35μm급 CMOS 공정 기술이 사용되며, 아날로그 RF부에서는 저잡음 증폭기와 전력 증폭기의 특성 및 사양이 칩 제작 공정을 결정하는 중요한 요소로서, 데이터를 반송파로 ASK(Amplitude Shift Keying)나 FSK(Frequency Shift Keying)로 변조하여 안테나 단으로 전송해야 하는데, RFID 반송파가 UHF 주파수 대역일 경우 최대 930MHz이므로, 최소 0.25μm급 CMOS 공정 기술이 요구된다.

한 개의 단말기로 13.56MHz, UHF, 2.45GHz 대역의 RFID를 인식할 수 있는 리더, PDA 등에 부착되는 휴대형 리더, 다양한 RFID 제품을 인식할 수 있는 멀티프로토콜 리더 등 향후 복합 기능을 갖는 제품들이 등장할 것으로 전망한다.

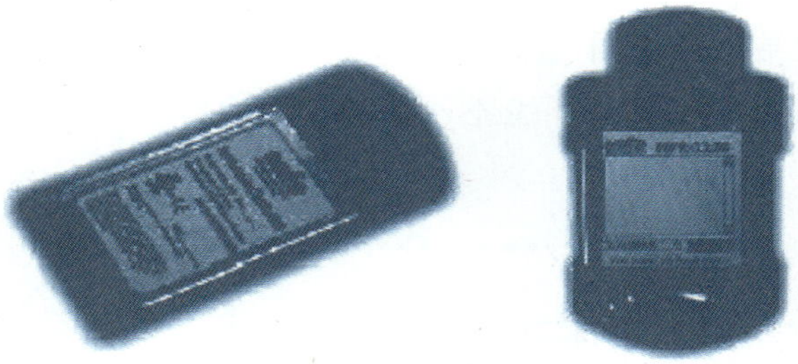

[그림 2-13] AWID의 복합기능 리더

그러나 RFID 리더는 태그와의 무선접속 방식에 따라 태그에 공급하여야 하는 RF 반송파 전력과 태그로부터 수신되는 RF 반송파 전력이 차이가 나고, 또한 인식 거리에 따라서도 이러한 RF 반송파 전력이 차이가 난다.

상호유도 방식은 근거리(1m 이내), 전자기파 방식은 중장거리용 RFID 시스템에 적용되며, 상호유도 방식은 코일 안테나를 이용하며, 전자기파 방식은 고주파 안테나를 이용해서 서로 무선접속을 한다. 상호유도 방식의 태그는 거의 수동으로 작동된다. 즉 태그의 IC 칩이 동작하는 데 필요한 모든 에너지는 리더에 의해 공급된다. 따라서 리더의 안테나 코일은 주변지역에 강한 자기장을 발생한다. 방출된 자기장의 이 부분이 리더와 떨어져 있는 태그의 코일 안테나에 유도성 전압을 발생, 정류된 후 IC를 위한 에너지로 공급된다.

이러한 리더로부터의 RF 반송파 출력 전력 레벨에 따라 디지털부와 다른 형태의 반도체 칩 공정 기술, 즉 BiCMOS나 GaAs 등과 같은 화합물 반도체 기술이 아날로그 RF부를 구현하기 위한 칩 제작 공정으로 사용될 수 있다.

리더는 RFID 태그의 동작에 필요한 고주파 전력을 송출하고, 또한 태그에 필요한 명령어를 보내고, 데이터를 기록하며, 태그로부터 반사파에 실려 온 정보를 수신하고 분석한다.

(1) 리더의 요소기술

호스트 컴퓨터와의 데이터 전송을 담당하는 리더의 요소기술은 다음과 같다.

① 고주파 회로(RF Transmitter)기술

고주파 회로기술은 태그에 고주파 전력을 송출하고 정보를 반송하기 위한 신호를 생성하는 기술로 안정된 고주파신호의 발진회로, 불필요한 전파의 송출을 억제하는 필터회로, 필요한 전력레벨까지 신호를 키워주는 증폭회로, 그리고 송출을 담당하는 안테나와의 정합회로 등으로 구성된 고주파 회로 설계기술을 요구한다.

② 변조(Modulation)기술

변조기술은 리더로부터 태그에 필요한 명령을 전달하기 위해 RF Transmitter 회로에 연결되어 리더의 CPU로부터의 데이터에 따라 송출되는 고주파전력의 출력을 On/Off하는 방식의 변조회로로 주파수 스펙트럼 외의 불필요한 전파 발사를 억제하기 위하여 필터회로 등이 부가된 요소기술이다.

③ 검출(RF Receiver)기술

검출기술은 리더의 송신부로부터 송출되어진 고주파 전력신호에 태그가 공유의 ID 정보에 따라 반사파의 신호레벨에 변화를 주어 실어 보내온 정보를 수신하고 필터링한 다음 복조(Demodulation)하는 요소기술이다.

④ 아날로그와 디지털(Analog & Digital) 기술

아날로그/디지털 기술은 RF 수신부로부터 복조된 태그의 정보를 해석하기 위한 부분으로 미약한 수신 아날로그신호를 증폭하고, 필터링하고, 트리밍하여 디지털 신호로 해석 가능하도록 정형화하여 디지털 신호로서 정보를 분석하고 CRC 등의 비교를 통하여 정확한 정보를 취득하여 저장 또는 호스트에 보내는 요소기술이다.

⑤ 호스트 인터페이스(Host Interface) 기술

호스트 인터페이스 기술은 태그로부터 수신하고 분석된 정보를 응용프로그램에서 활용될 수 있도록 호스트에 접속하는 기술로 지금까지는 주로 직렬통신방식인 RS-232나 RS-422 등의 인터페이스를 이용하여 하이퍼 터미널로 기본적인 접속이 될 수 있도록 하였지만, 앞으로는 이더넷 드라이버(Ethernet Driver) 등의 호스트 인터페이스를 제공하게 함으로써 TCP/IP 네트워크를 이용한 인터넷과의 쉬운 접속을 통한 데이터를 이용할 수 있게 하는 요소기술이다.

⑥ 충돌방지(Anti Collision)기술

충돌방지기술은 하나의 리더에서 여러 개의 태그를 동시에 인식할 수 있도록 하기 위해서는 단순한 프레임 알로하(Frame Aloha) 기법으로는 한계가 있으므로 리더에 인식을 완료한 태그에 대하여는 Silent 명령어 등을 이용하여 불필요한 정보의 송출로 다른 태그의 정보전송에 방해를 주지 못하도록 하여 최대 1,000개 이상까지도 일괄 인식할 수 있게 하는 요소기술이다.

⑦ 안테나(Antenna) 기술

안테나 기술은 리더로부터 생성된 고주파 신호를 원하는 방향에 최대의 효율로 송출하기 위한 장치로 용도에 따른 크기와 구조를 가질 수 있으며 UHF대역 이상에서는 송출되는 전파임의 지향성을 형성할 수도 있고, 수직편파, 수평편파, 원형편파 등 자유공간에 최대의 효율로 전파가 되도록 하는 특정한 파장에 대한 최대전력전달 임피던스 정합을 요구하는 요소기술이다.

대표적인 RFID 시스템의 태그 및 리더의 블록다이어그램은 [그림 2-14]와 같이 나타낼 수 있다.

RFID 시스템에서 리더는 CW 신호를 계속해서 송출하고 태그는 리더와의 통신 영역 구역 내에 도달하면 RF 전력 검출 회로에 의해 저전력 절전 모드(sleep mode)에서 정상동작 모드로 절환(wake-up)되어 자신의 존재를 알리는 데이터를 리더에 송출한다.

리더는 태그로부터 송출된 태그 존재 신호를 수신하면 변조된 RF신호를 태그에 송신하게 되고 태그는 수신된 RF 신호를 쇼트키 다이오드를 통하여 검파, 복조하여 내부의 디지털 회로부에 저장된 데이터를 전송한다.

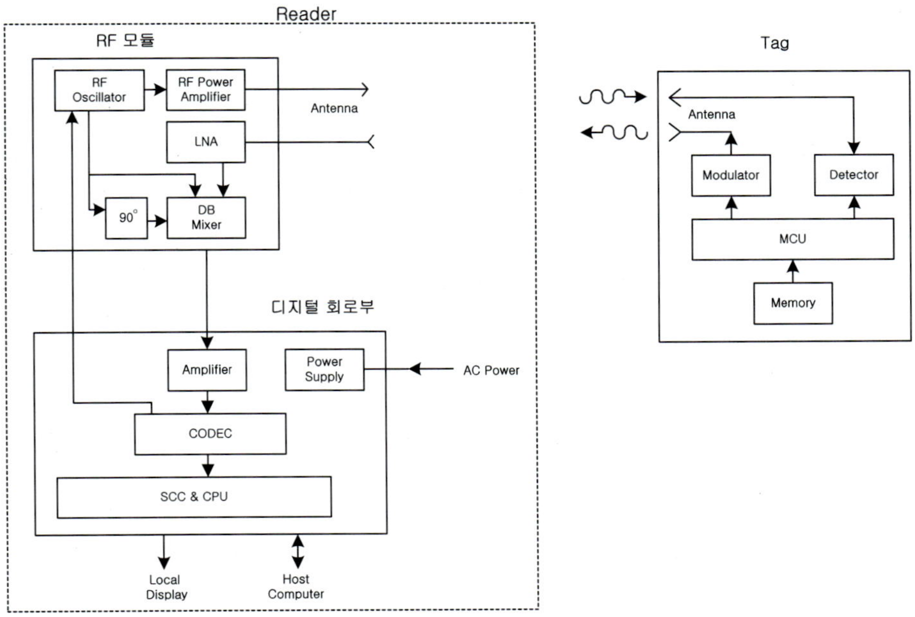

[그림 2-14] RFID 전체 시스템

이때 리더는 태그에 CW파 또는 비변조파를 조사하여 태그로부터 후방 산란되는 정보를 수신하게 된다. 이 경우에 태그의 인코더와 스위치 드라이버는 태그의 안테나 상태를 다른 상태로 부하 전환한다. 그 결과로 태그로부터 반사되는 약한 신호는 변조되며, 이 변조된 신호가 리더의 수신기에서 탐지된다.

이러한 방식으로 리더와 태그는 태그 자체의 송신기 없이 리더에서 발생되는 RF 신호만으로 상호 통신하게 된다. 즉 ID 후방 산란 신호는 리더측 마이크로스트립 패치 안테나에 의해 수신되고 ID 후방 산란 변조된 RF 신호는 리더의 쇼트키 다이오드에 의해 복조되어 디지털 회로부로 데이터를 전송한다. 디지털 회로부는 ID데이터를 디코딩하여 외부 연결 장치를 통하여 display된다.

이상과 같이 간단한 구조의 태그에 의해 상호 RF통신이 이루어지려면 통신회로 구조상 몇 가지 제약사항이 요구된다.

즉 태그 수신회로가 간단하려면 리더의 송신방식은 보통 ASK 방식이 사용된다. 태그의 변조회로는 복잡성을 피하기 위하여 단순 스위칭 회로가 사용된다. 그러므로 태그의 수신 검파회로는 쇼트키 다이오드 회로가 사용되고 변조회로는 PIN 다이오드 또는 트랜지스터

스위치 회로가 사용된다. 리더는 보통 PC에 연결되어 운용되며 응용목적에 따라 운용 소프트웨어에 의해 RFID 리더 시스템을 제어한다.

현재 대부분의 수동형 RFID 시스템은 배터리가 없이 동작하는 태그로서 주로 133kHz 저주파 RFID 시스템에서 사용된다. 저주파 RFID 시스템은 에너지와 데이터가 유도성 결합방식, 즉 자계의 에너지로 전달된다. 이 방식은 트랜스포머의 동작원리와 동일하다. 리더의 안테나가 자계를 발생하면 태그의 코일에 전압이 유기되어 에너지를 전달한다. 리더로부터 태그로의 데이터 전송은 전송 자계신호의 파라미터(세기, 주파수, 위상)를 변화시켜 전달된다. 태그로부터의 데이터 반송은 자계의 부하를 변화시켜 전송된다. 저주파 유도성 RFID 시스템이 다음에 설명하는 UHF 및 마이크로파 RFID 시스템과 다른 점은 안테나의 근거리 자계에서 동작하는 것이다. 그러므로 감지거리는 대략 전송안테나의 직경이내가 되며 이 거리 이상에서는 자계의 세기가 거리의 3승에 반비례하여 감소하며 요구되는 전송전력은 거리의 6승에 반비례하여 감소한다. UHF 및 마이크로파 RFID 시스템과 또 다른 점은 자계장은 물, 인체에 흡수되지 않기 때문에 수분에 의한 영향은 무시할 정도이나 금속재질에 의한 차폐 및 반사에 의한 영향은 크다. 자계장은 벡터 특성을 갖기 때문에 태그의 방향에 민감하므로 이러한 방향성 문제를 해결하기 위하여 전송안테나가 회전자계가 발생하도록 설계한다. 유도성 RFID 시스템에서는 리더와 태그 자계장에 의해 결합되어 있어 전송신호의 자계의 세기는 태그와 리더의 방향에 따라 1/d3 로 1/d4 로 감소한다. 수신되는 전송에너지 밀도는 주파수와는 무관하고 리더 안테나의 크기, 코일의 회전수에 비례한다.

UHF 대역 또는 마이크로파 대역 RFID 시스템은 데이터 전송방식이 무선전파이므로 전파의 자유공간 전파손실이 자계의 자유공간 전파 손실률 보다 작기 때문에 저주파 RFID 시스템보다 감지거리가 길다. UHF 및 마이크로파 RFID 시스템은 전자파에 의해 데이터 통신이 이루어지며 수동(passive) 태그에서는 전송에너지도 전자파로 전달된다. 전자파 RFID 시스템에서는 전파가 구면파 형태로 전송되는 영역에 태그가 위치한다. 진행 전자파 영역에 있는 태그는 전파영역에서 에너지를 획득한다. 태그에 가용한 에너지는 송신부에서부터 특정한 거리 d에 있는 태그의 경우에 1/d2 로 표현된다. 전파전달 공간에 있는 태그는 전파를 반사하여 태그 데이터를 리더에 전송하게 된다. 태그가 수신하는 에너지 밀도는 안테나의 개구(aperture) 크기와 관련된다. 즉 파장과 관련되어 있다. 즉, 300MHz 시스템은 600MHz 시스템보다 4배 커야 한다. 주파수가 높으면 태그의 크기를 작게 할 수 있으나 태그에서 수신하는 전파에너지는 안테나 크기, 대역폭에 따라 적절히 선정되어야 한다. 실제로 감지거리는 리더의 송신전력, 동작주파수 및 태그 안테나 크기에 의해 결정된다.

[그림 2-15]는 마이크로파 RFID 시스템 구성도로서 리더는 무선 태그가 동작영역에 들어오면 태그는 동작전원 에너지를 판독기의 반송파 RF전파 에너지를 DC로 정류하여 갖게 된다.

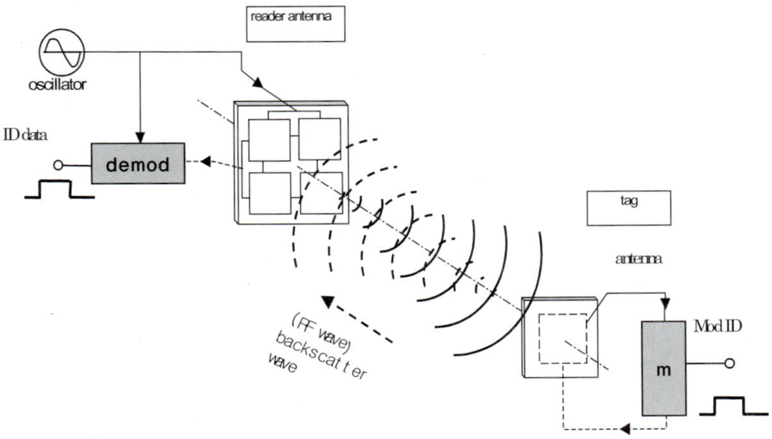

[그림 2-15] 마이크로파 RFID 시스템 구성도

(2) 리더 RF부

현재 관심을 갖고 있는 UHF, 마이크로파 대역 전파전송 방식 RFID 리더 RF부는 [그림 2-16]과 같이 마이크로스트립 안테나, RF회로부, 변복조 회로부, CPU를 포함한 디지털 보드로 구성된다.

디지털 보드는 PC와 연결되며 운영 프로그램에 의해 RFID 시스템을 제어하게 된다. RF회로부는 circulator, LNA, double-balanced mixer, 하이브리드 결합, 전력 분배기(power divider), 전력 합성기(power combiner), 오실레이터(oscillator) 및 변복조 회로부로 구성된다.

Circulator는 송신반송파가 수신부에 직접적으로 주입되는 것을 막고 적당한 isolation을 유지하기 위한 목적으로 사용되기 때문에 송수신 안테나를 겸용으로 사용할 경우에는 필히 요구되며, 송신안테나와 수신안테나를 별도로 사용하는 경우에는 제외된다. 오실레이터 또는 VCO에 의해 발생한 국부발진(LO)신호는 wilkinson power divider에 의해 분배되어 2개의 하이브리드 결합에 인가된다.

LNA에 의해 증폭된 RF 수신신호는 하이브리드 결합의 다른 단자에 LO신호와 90° 위상차를 갖도록 하여 double balanced mixer에 인가되며 180° 위상차를 갖는 출력검파신호가 2개의 혼합기(mixer)에서 출력되어 combine된 후에 IF 증폭단에 인가된다.

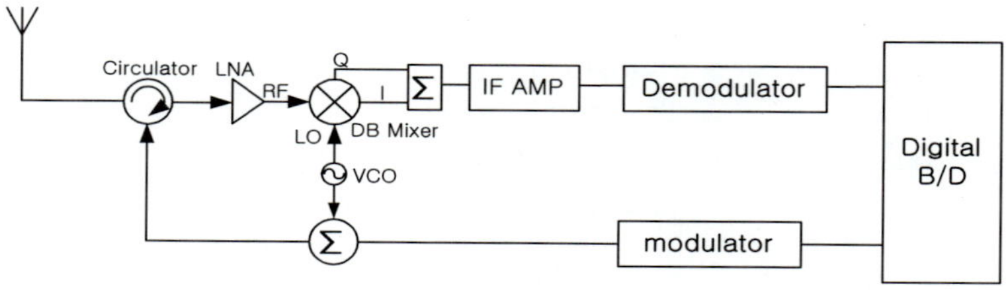

[그림 2-16] UHF, 마이크로파 대역 RFID 리더 RF 블록도

[그림 2-16]은 이러한 개념의 RFID 리더 RF front-end에 해당하는 리더 down- converter 상세 블록도를 나타낸다. RFID 리더는 매우 안정된 주파수 스펙트럼이 요구되기 때문에 LO신호 발생원으로는 주파수안정도가 우수한 VCO나 DRO가 사용되어야 한다.

Circulator는 안테나를 2개 사용할 경우에는 필요하지 않으나 1개의 안테나를 사용할 경우에 필요하며 최근에는 초소형 구조의 circulator 제품이 많아 휴대용 리더기 제작시에 필수적으로 요구된다. 수신부의 LNA, 송신부의 power amp는 개별 트랜지스터로 설계하여 제작 가능하나 최근에는 IC chip이 생산되고 있어 활용이 가능하다. VCO 또는 PLL 주파수 합성기는 위상잡음이 작은 모듈 부품을 사용해야 성능이 용이하게 구현된다.

IC부품의 기술적 내용은 생략하고 마이크로스트립 선로 설계기술이 소요되는 하이브리드 결합, 혼합기에 관하여 기술적으로 설명하면 다음과 같다.

① 하이브리드 결합기

일반적인 평행선로 결합기를 사용하여 3dB 이상의 높은 전압 결합도를 얻기 위해서는 선로 사이의 간격을 매우 좁게 만들어야 한다. 이와 같은 좁은 간격은 제조 과정 중에 발생하는 결함에 의하여 단락회로가 될 가능성이 매우 높다. 이러한 문제점을 해결하기 위해 [그림 2-17]에 보인바와 같이 90도 하이브리드 분기선 결합기를 만들면 0dB 정도까지 결합도를 높일 수 있고 이 결합기는 마이크로스트립 선로나 스트립선로를 사용하여 제조하는 경우 특히 적합하다.

[그림 2-17](a)는 일반적으로 전력 합성기 또는 분배기와 관련이 있는 구형 구조이고, [그림 2-17](b)는 혼합기 설계와 관련이 있는 원형구조이며 둘 다 모두 등가이다. 포트 사이의 간격은 결합기의 사용파장(λ)의 λ/4이다. 이와 같은 형식의 결합기에서는 포트

3의 신호와 포트 2의 신호가 서로 90도의 위상차를 갖기 때문에 이 분기선 결합기를 90도 하이브리드 결합기 또는 직각 하이브리드 결합기라 부르기도 하며, 흔히 사용하는 분기선 결합기의 결합도는 3dB이다.

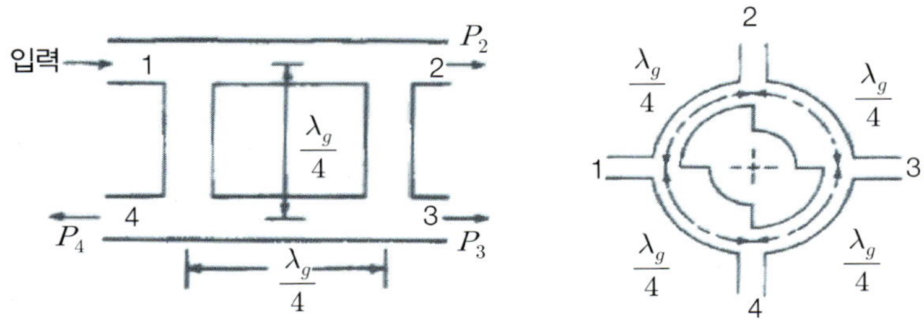

(a) 구형 분기선 결합기의 구조

(b) 원형 분기선 결합기의 구조

[그림 2-17] 분기선 결합기의 구조

[그림 2-17]에 표시된 분기선 결합기는 전력을 분배 또는 합성시키는 역할뿐만 아니라 입력과 출력 사이의 임피던스를 정합시키는 역할까지도 할 수 있는 장점을 갖고 있다. 입력과 출력 임피던스가 50Ω인 3dB 전력 결합비를 갖는 분기선 결합기를 설계할 경우, 주어진 입력과 출력의 정규화된 어드미턴스는 각각

$$Y_0 = \frac{1}{50}, \qquad Y_{n4} = \frac{\frac{1}{50}}{\frac{1}{50}} = 1$$

이고

$$P_3 = 10^{-3/10} \times P_{in} = 0.5 P_{in} = P_2$$

따라서 구하고자하는 어드미턴스 및 임피던스는

$$Y_1 = Y_0 = Y_4 = \frac{1}{50} \quad \text{또는} \quad Z_1 = 50\Omega$$

$$Y_2 = \sqrt{2}\, Y_A = \frac{\sqrt{2}}{50} \quad \text{또는} \quad Z_2 = 35.4\Omega$$

$$Y_3 = Y_0 = Y_4 = \frac{1}{50} \quad \text{또는} \quad Z_3 = 50\Omega$$

이다.

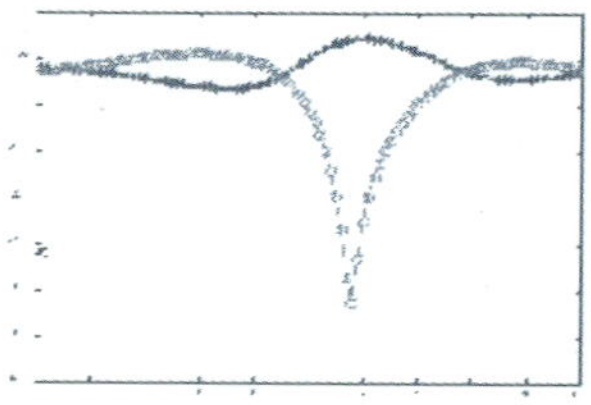

삽입손실, 반사손실 특성

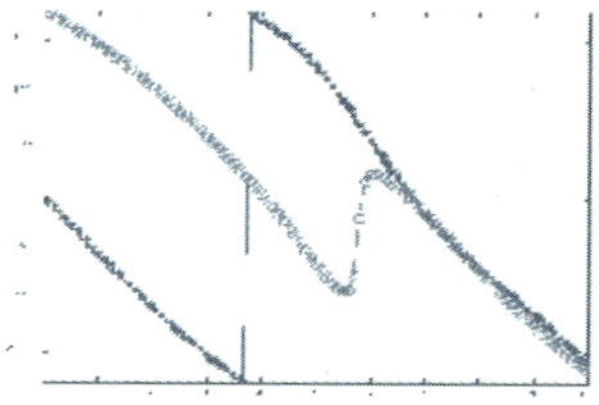

위상특성

[그림 2-18] 90° 하이브리드 결합 시뮬레이션 결과

[그림 2-18]은 상기의 설계 값으로 시뮬레이션한 일례이며 [그림 2-19]는 제작된 시제품 일례를 나타낸다. 측정결과를 참조하여 보정한 결과 포트 S21, S43간 삽입손실은 −3dB 기준 시 0.2dB 이내였고 위상오차는 15°이내였으나 반복측정오차가 6°인 것을 감안하면 양호한 편이었다. [그림 2-20]은 90° branch line 혼합기의 종단 검파부를 제외하고 90° 하이브리드 결합과 wilkinson divider/combiner 및 마이크로스트립 $\lambda/4$ 지연라인으로 구성한 형태이다.

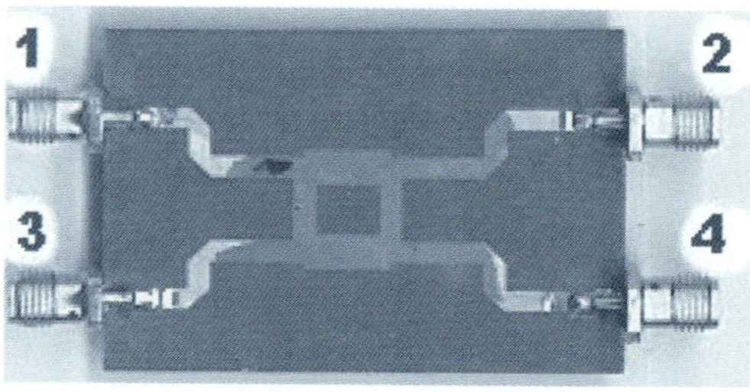

[그림 2-19] 제작된 90° 하이브리드 결합 시제품

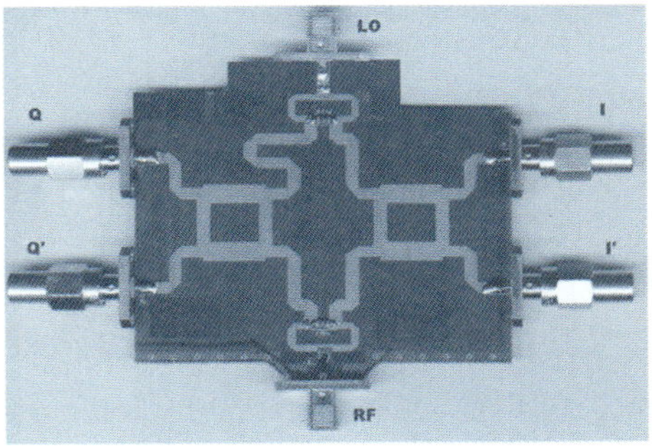

[그림 2-20] 90° branch line 혼합기용 하이브리드 결합

② 다이오드 혼합기(Mixer)

혼합기는 두 고주파 입력신호를 "믹싱(mixing)"하여 원하는 출력신호를 발생하는 주파수 변환기로 동작하는 소자이다. RF 통신기기 시스템에서 안테나로 수신된 RF 신호는 입력신호 크기가 작기 때문에 고주파 수신증폭기에 의하여 증폭된다. 증폭된 입력신호는 혼합기의 입력단자에 인가되고, 다른 경로의 국부발진신호가 혼합기의 제2단자에 인가되면 혼합기 출력은 두 입력신호 주파수의 합 또는 차주파수 및 다른 고조파성분의 신호를 발생하며, 통신시스템은 이중에서 원하는 신호로 선택하여 사용한다. 예로서 안테나에서 수신된 입력신호가 2.4GHz이고, 2.55GHz의 LO신호가 혼합기에 인가되면 150MHz의 혼합기출력신호가 발생하는데 이는 안테나에서 수신된 원래의 신호보다 주파수가 매우 낮다. 이러한 형태의 수신기는 다운컨버터(down converter)로 명명되는데, 이는 높은 주파수신호가 낮은 주파수신호로 변환되기 때문이다. 다운 컨버팅된 신호는 주파수가 낮기 때문에 베이스밴드 프로세서에서 신호처리에 매우 용이하다. 혼합기 출력 단에서의 합주파수는 고주파신호 송신을 위한 송신기에서 사용된다. 이 경우에는 RF 입력신호가 높은 주파수신호로 변환되기 때문에 업 컨버터로 동작한다. 응용분야에 따라 합, 차주파수신호 레벨을 증대시키기 위하여 매칭 및 필터회로가 사용된다. 혼합기는 기본적으로 믹싱 동작을 달성하기 위하여 반도체소자의 비선형, 스위칭 특성을 사용하는 주파수변환소자이다. 혼합기로 사용되는 여러 가지의 반도체소자, 즉 바이폴라 트랜지스터, FET 등이 사용되지만 가장 많이 사용되는 소자는 다이오드이다.

혼합기에서 두 RF 신호가 RF 단자에 동시에 인가되거나 RF 신호의 크기가 LO신호와 비교하여 무시할 수 없는 경우에는 추가적인 IM(inter modulation) 성분신호가 발생한다. 이 경우에 서로 인접한 두 가지 음성 신호가 혼합기에 인가되면 여러 주파수성분의

IM 고주파신호가 발생하는데, 발생하는 주파수 스펙트럼은 다음 식으로 표현된다.

$$f_{IM} = \pm pf_1 \pm - qf_2 \pm - nf_{LO} \qquad \langle 식\ 2\text{-}6 \rangle$$

여기서 p, q, n은 정수이며 f_1, f_2는 두 인가신호 주파수이다.

이러한 스펙트럼 성분은 f_1과 f_2가 인접한 경우에 필터로 제거하기가 어려운 원치 않는 고조파신호 성분이다. 이러한 이유 때문에 대부분의 혼합기는 선형모드로 동작하며 혼합기전후에는 필터를 보통 부착한다. Inter modulation을 억압하고 단자 간 isolation특성을 개선하기 위하여 [그림 2-21]과 같은 대칭 다이오드구조인 single-balanced 혼합기를 사용한다. Single-balanced 혼합기는 2개의 single-ended 혼합기가 연결된 구조로서 고조파성분을 크게 감소시킨다. 이 혼합기형태는 180° 하이브리드를 사용하여 고주파입력을 분리하여 혼합기에 인가되도록 한다. 180° 하이브리드는 1개의 입력신호를 신호크기는 같고 위상이 180°가 되는 2개의 신호로 분리하며 다른 단자에 신호가 동시에 인가되어 2개의 동위상 신호를 얻는 목적으로 사용된다. [그림 2-21]은 4단자 180° 하이브리드와 위상을 나타내며 초고주파대역에서는 마이크로스트립선로 180° 하이브리드가 주로 사용된다. 180° 하이브리드는 스퓨리어스 성분을 감소시키기 위하여 2개의 다이오드에서 위상차에 의한 상쇄원리를 이용한다.

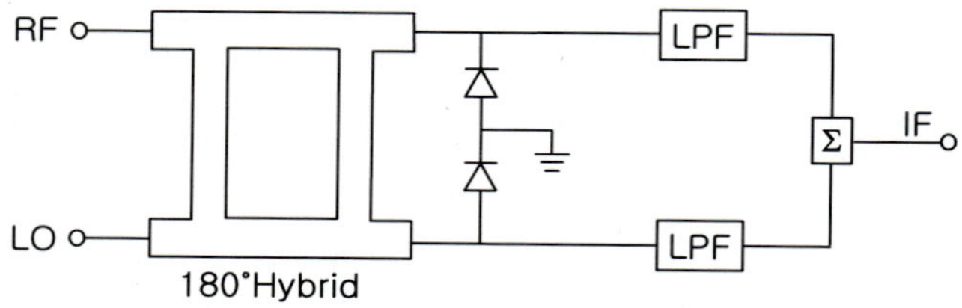

[그림 2-21] Single-balanced 혼합기

[그림 2-22]는 하이브리드에서의 이러한 고조파 상쇄효과를 나타낸다. LO 신호는 단자1에 인가되면 단자 2에는 동위상신호가 발생하며 각각의 single-ended mixer 출력단에는 180° 위상차의 신호가 발생한다. 다이오드에 인가된 위상 천이에 의하여 다음과 같은 신호억압효과가 일어난다.

- m, n가 우수인 경우의 모든(m, n) 스퓨리어스 성분이 제거된다.
- m이 우수이고 n이 기수인 모든(m, n) 스퓨리어스 성분이 제거된다. 그러나 m이 기수이고 n이 우수인 경우는 해당되지 않는다.

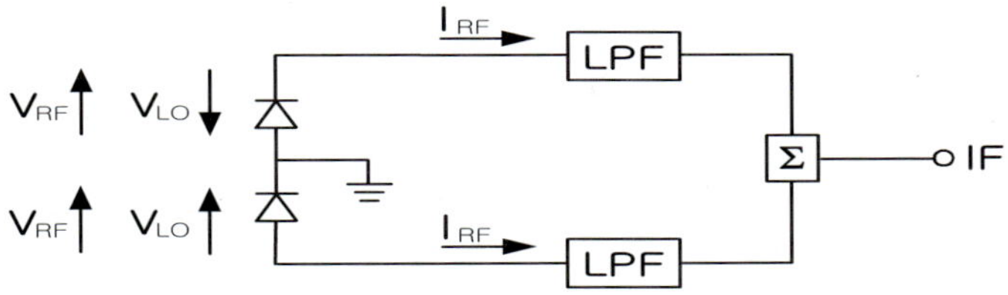

[그림 2-22] 혼합기 다이오드의 RF 및 LO신호 위상

더욱이 180° 하이브리드는 본질적으로 RF 단자와 LO 단자를 분리하는 기능을 제공하므로 RF, LO 필터 필요성이 경감된다. 이 경우에 입력신호가 하이브리드에서 2가지 동등 레벨의 신호로 나눠지기 때문에 single-ended 혼합기와 비교하여 3dB 이상의 고주파전력이 요구된다. 3dB의 추가전력 요구사항 및 회로의 복잡성에도 불구하고 이러한 구조의 single-balanced 혼합기는 스퓨리어스 억압 효과, RF-LO단에 필터가 요구되지 않는 특성 때문에 매우 광범위하게 사용된다.

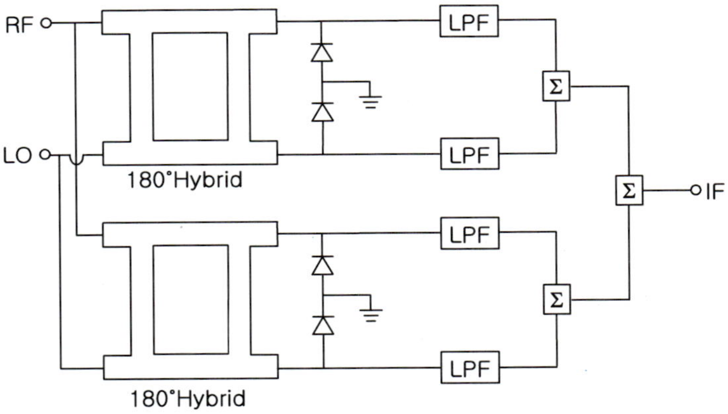

[그림 2-23] Double-balanced 혼합기

[그림 2-23]은 4개의 다이오드를 사용하여 2개의 single-balanced 혼합기를 "ring"구조를 형성한 double-balanced 혼합기 구조를 나타낸다. Double- balanced 혼합기는 2개의 하이브리드를 사용함으로써 LO-RF, RF-IF 단자간의 isolation이 더욱 개선된다. Double-balanced 혼합기는 다이오드에 인가되는 신호방식에 따라 2개의 다이오드는 on, 2개의 다

이오드는 off로 동작한다. 즉 [그림 2-23]에서 상단 2개의 다이오드가 on이면 하단 2개의 다이오드는 off로 동작하여 스위칭현상에 의해 혼합기기능을 수행한다. Double- balanced 혼합기는 2개의 하이브리드를 사용하므로 single-balanced 혼합기보다 3dB의 고주파전력이 더 요구된다. 또한 각각의 다이오드는 근접한 스퓨리어스 성분을 효율적으로 제거하기 위하여 정확한 임피던스정합이 요구되므로 보통 쌍(pair)으로서 함께 제작된 다이오드가 사용된다.

(3) 리더 디지털부

RFID 시스템은 RF 보드와 디지털 보드로 구성된다. RF 보드는 트랜스폰더에 CW반송파 신호를 송출하는 RF송신기와 트랜스폰더로부터 후방 산란된 up link 마이크로파 신호를 증폭, 검파, 복조하는 RF수신기로 구성된다. 디지털 보드는 변조된 CW반송파에 포함된 트랜스폰더 송출메시지를 디코딩하여 추출하는 복조기를 포함한다.

변조된 후방 산란방식을 사용하는 RFID 시스템에서 리더-트랜스폰더 통신은 변조 RF신호에 의해 수행된다. 변조된 후방 산란방식에 있어서 트랜스폰더 안테나는 변조신호에 의해 전기적 스위칭되어 RF 복사신호의 흡수체 또는 반사체가 된다. 보통 안테나 스위칭은 안테나에 부착된 쇼트키 다이오드 또는 다른 반도체소자와 같은 마이크로파 다이오드에 변조신호를 인가하여 바이어스 신호를 on-off함으로써 안테나를 전기적 스위칭하게 되며 트랜스폰더는 리더로부터 원래 송신된 CW 반송파신호를 후방 산란반사에 의하여 통신을 한다. 즉 트랜스폰더 자체는 송신신호를 발생하는 RF소스가 없이 리더의 RF소스를 공유하는 것이다. 이 경우에 리더로부터 트랜스폰더로 전달되는 신호흐름을 다운 링크라고 하고 트랜스폰더로부터 리더로 전달되는 신호흐름을 업 링크라고 한다. 트랜스폰더에서는 리더로부터 메시지를 수신하고 리더로 메시지를 반송하기 위하여 안테나를 사용된다.

RFID 시스템 동작은 먼저 리더에서 일정반경 영역에 CW반송파를 연속적으로 송출하고, 트랜스폰더는 통신가능영역(일정 레벨 이상의 RF 전력이 검출되는 영역)에 진입하면 CW반송파에 메시지를 실려서 리더에 전달한다.

리더는 트랜스폰더의 존재를 확인 후 트랜스폰더에 고유 ID를 송출할 것을 요구하고 트랜스폰더는 리더에게 고유 ID 또는 정보를 전달한다. 이 경우에 트랜스폰더는 리더 메시지에 대한 응답을 리더의 CW반송파 신호를 변조된 부반송파 신호에 의해 후방 산란하여 수행한다. 즉 업 링크 응답을 리더의 RF전파신호를 사용하게 되며 반사된 또는 후방 산란된 마이크로파대역 CW반송파 신호는 트랜스폰더에서 발생한 변조신호에 의해 변조된다. 변조된 신호는 베이스밴드 신호와 베이스밴드 신호로 변조한 부반송파 신호성분을 포함한다.

리더 복조부는 주로 호모다인(homodyne) 수신기 구조로서 국부발진기 신호는 트랜스폰더에 전달하는 CW반송파 신호 및 복조부의 신호 혼합용 발진 신호로 사용된다. 이 방식은 리더 수신기회로에서의 위상잡음을 크게 감소시키는 이점을 갖는다. RF신호 down-conversion에서 1개의 혼합기만을 사용하는 헤테로다인 시스템과는 달리 호모다인 수신기는 down-conversion에서 2개의 혼합기를 사용한다. [그림 2-24]에서 보는 바와 같이 2개의 혼합기, 즉 I (in-phase) 혼합기와 이와 90° 위상차를 갖는 Q(quadrature phase) 혼합기로 구성된다. Q 혼합기 입력에는 국부발진기의 90° 위상 이동기 신호가 인가된다. 트랜스폰더에서 반사된 신호는 signal splitter(wilkinson power divider)에 의해 분할되어 1/2은 I 혼합기를 구동하고 나머지 1/2은 Q 혼합기를 구동한다. 수학적으로 φ를 국부발진기와 반사된 신호의 위상차라고 하면 I 혼합기의 출력은 cos(φ)에 비례하고, Q혼합기 출력은 sin(φ)에 비례한다. 위상차 φ는 국부발진기의 주파수와 트랜스폰더와 리더간의 거리의 곱에 비례한다. 만일 I 채널 신호만을 복조하게 되면 시스템 성능은 동작주파수대역 내에서 신호크기가 0, 즉 "notch" 점이 일정한 주파수간격에 따라 나타난다. Q채널의 신호에서도 동일한 "notch" 점이 관측되게 된다. 이러한 2개의 notch점은 실제로 교대로 반복되어 나타나게 되며 결코 동시에 나타나지는 않는다. 즉 I출력의 피크 지점은 Q출력의 notch지점에 나타나며 Q출력의 피크 지점은 I출력의 notch 지점과 일치한다. 이러한 notch점은 교대적으로 나타나며 리더와 트랜스폰더의 거리에 따라 변한다.

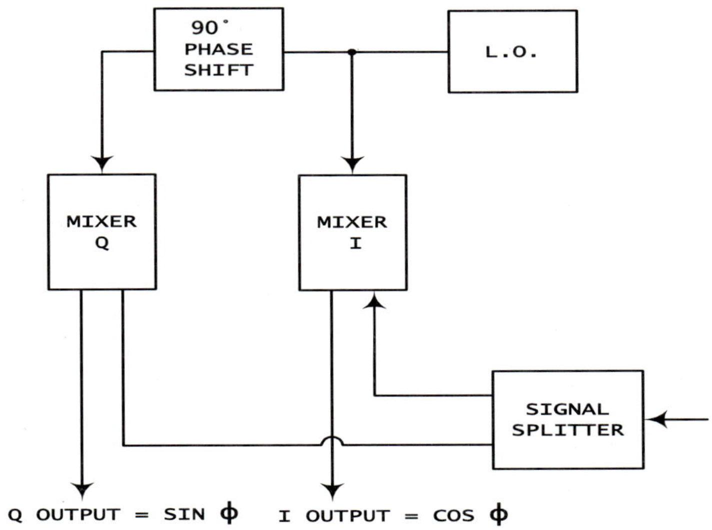

[그림 2-24] 2개의 혼합기 블록도

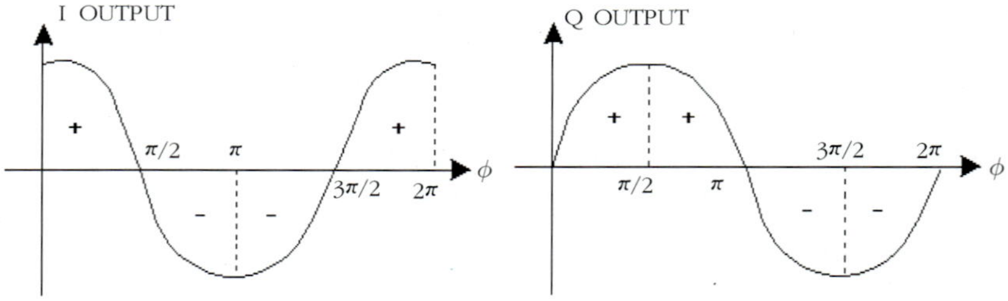

[그림 2-25] I 및 Q 혼합기 출력

[그림 2-25]는 반송파 주파수에 따라 위상에 의한 I와 Q출력을 나타낸다. I채널 출력은 위상이 90°+π의 정수배(π/2+n*π)일 경우에 0이 되는데 이는 이 각도의 cos함수가 0이 되기 때문이다. Q출력은 위상이 π의 정수배(즉 n*π) 일 경우에 0이 된다. Q출력은 I출력의 90° 위상 변위치와 같게 되는데, 결과적으로 Q출력의 notch는 I출력의 notch와 교번적으로 나타나게 되며 동시에 notch가 일치하는 경우는 없다. 이러한 주파수 notch점은 이동통신체에 있어서 다중 경로 인터페이스에 의해서도 나타난다. [그림 2-25]에서 위상이 1상한 및 3상한에 있는 경우에는 I, Q출력이 동일부호가 된다. 그러나 2상한, 4상한에 있는 경우에는 부호가 반대이므로 직접 2개의 출력을 합할 경우에는 신호가 소거된다. 이러한 문제를 해결하는 방안으로는 I, Q출력을 각각 샘플링하여 제곱한 값을 DSP적으로 처리하는 방안이 있다. 다른 방법으로는 I, Q출력을 샘플링하여 상대측보다 강한 출력을 선택하거나 디코더회로를 하드웨어적으로 구현하는 방법이다. 전자의 방법은 대체로 소프트웨어적인 기술적 처리가 요구되며 하드웨어적으로는 디코딩 회로 설계가 요구된다.

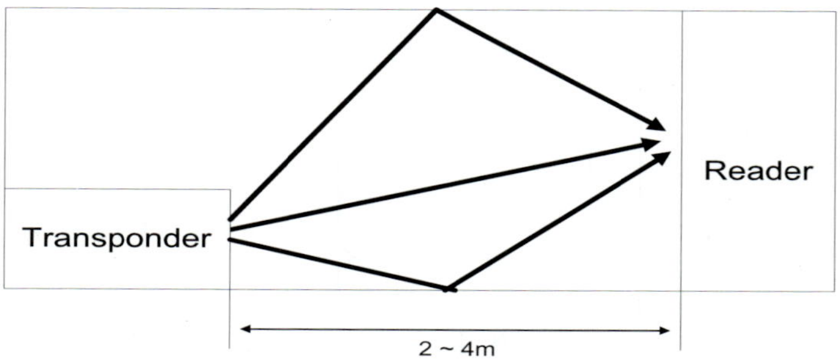

[그림 2-26] RF신호 전파 경로

[그림 2-26]은 RF 신호의 다중 경로 전파경로를 나타난다. 트랜스폰더에서 후방 산란된 신호는 직접 또는 반사경로를 거쳐 리더에 수신되는데, 전술한 바와 같이 리더와 트랜스폰더간의 교신거리, 동작주파수 및 반사 신호에 의해 RF검파신호는 영점이 발생한다. 그러므로 I, Q 데이터를 동시에 추출하여 두 데이터의 조합 또는 유효한 데이터를 선택하여 디코딩하는 기법이 요구된다.

[그림 2-27]은 ASK 송신, FSK 수신방식의 리더 전체 블록도 일례로서 수신된 RF 신호는 double balanced 혼합기에 의해 검파된 후 FM-IF 증폭기에서 중간주파수 대역 신호가 증폭된 후 복조되어 디지털보드로 전달된다.

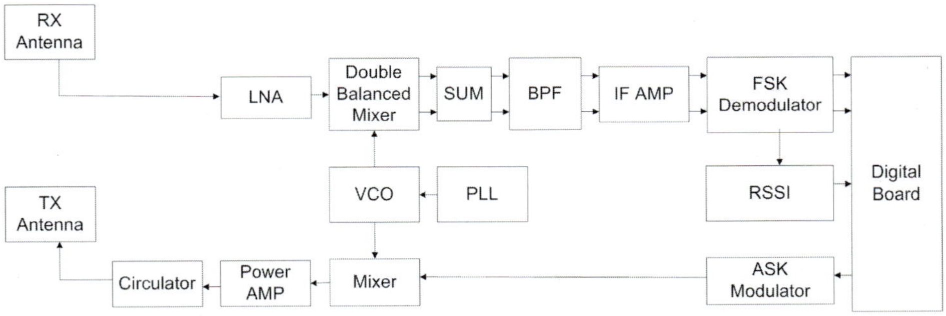

[그림 2-27] 리더 블록도

FSK 복조기는 수신된 FSK변조 신호를 '0' 또는 '1'의 디지털 정보로 변환하고, RSSI는 FSK 복조기(demodulator)로 입력되는 신호의 강도를 측정하여 I 또는 Q신호 중 어느 하나가 유효함을 디지털보드에 전송한다. 디지털보드는 FSK 복조기로부터 전송받은 데이터 프레임에서 동기신호를 추출하고 I 또는 Q경로의 데이터 프레임 중 하나를 선택하여 정보를 결정한다. 이때 선택의 기준은 I와 Q신호의 RSSI 또는 복원된 정보의 에러율로 결정된다.

3) Air interface 기술

RFID 시스템의 결합 방식은 [그림 2-28]과 같이 전자파를 이용하는 결합 방식과 자장을 이용하는 결합에 따라 동작원리가 다르다.

RFID 태그/리더 시스템은 상호유도(Inductively coupled) 방식과 전자기파(Electromagnetic wave) 방식 두 가지의 형태로 무선통신을 수행한다.

(1) 상호유도 방식

[그림 2-28]에서 자장을 이용하는 결합(magnetic coupling ; 상호유도 결합, inductive) 방식은 현재 대부분의 저주파 RFID에서 적용되는 원리로서 전원에너지 및 데이터전송이 코일 루프 안테나 전류에 의해 형성되는 자계에너지에 의해 전송된다.

즉, 구동전류에 의해 리더의 안테나에서 발생한 전력에너지는 자장을 형성하며 자장 영역에 위치한 태그는 자장의 변화에 의한 전류가 유기되어 이로 인한 전압이 발생한다. 이 경우에 태그는 요구되는 최소 전력을 리더에서 수신하게 된다. 수신된 전력에 의해 동작하는 태그는 자체 데이터 송출을 동일한 원리에 의해 리더에 전달하게 되는데 태그에 흐르는 전류는 미약 전류이므로 리더에 전송하는 거리는 매우 근거리이다. 대부분의 현재의 저주파 RFID는 이 원리에 의해 동작하므로 감지거리 또는 데이터 전송거리는 수 cm 이하로서 감지거리가 짧아 활용성이 제한적이다. 또한 이러한 저주파 RFID는 133kHz 또는 13.56MHz로서 주파수가 낮기 때문에 데이터 전송속도가 느리고 전송 데이터량이 제한적이다.

상호유도 방식은 근거리, 전자기파 방식은 중장거리용 RFID로 사용되며 상호유도 방식은 코일 안테나를 이용하며 전자기파 방식은 고주파 안테나를 이용해서 서로 무선접속을 한다. 상호유도 방식의 태그는 거의 수동 형태로 작동된다. 즉, 태그의 IC 칩이 동작하는데 필요한 모든 에너지는 리더에 의해 공급된다. 따라서 리더의 안테나 코일은 주변지역에 강한 자기장을 발생한다. 이때 방출된 자기장의 일부분이 리더와 떨어져 있는 태그의 코일 안테나에 유도성 전압을 발생, 정류된 후 IC 칩을 위한 에너지로 공급된다.

상호유도 방식의 시스템은 리더의 안테나 코일과 태그의 안테나 코일 사이에 변화기 형태 결합(Transroformer type Coupling)을 기본으로 하고 있으므로 코일 사이의 거리가 0.16λ(여기서 λ은 전파의 파장)를 넘지 않을 때만 일어난다. 만약 태그가 리더 안테나의 교류 자기장에 위치한다면 이것은 자기장으로부터 에너지를 끌어들인다.

태그에 추가된 전력은 리더의 안테나에 공급된 전류를 통해 리더안의 내부저항에서의 전압강하로 측정할 수 있다. 리더의 안테나에서 부하(load)의 스위칭 On/Off는 리더의 안테나에 전압 변화를 초래하여 진폭 변조의 효과를 갖는다.

만약, 데이터의 내용에 따라 부하저항의 스위칭 On/Off가 조절된다면, 이 자료는 태그로부터 리더로 전송될 수 있다. 이런 종류의 자료 전송을 부하변조(Load Modulation)라고 한다. 일반적으로 태그에 의한 리더의 전압 변동은 리더의 출력 전압보다 매우 적다.

태그의 추가적인 부하저항이 On과 Off 상태를 바꾸면 이러한 On/Off 시간에 의한 두 개의 스펙트럼이 리더 전송 주파수 (f0)에서 ±fs의 거리에서 생긴다. 이것은 쉽게 검색될 수 있고 이 두 개의 스펙트럼을 부반송파라고 부른다.

(2) 전자파 결합(electric coupling) 방식

[그림 2-28]의 전자파를 이용하는 결합(electric coupling ; 후방 산란 결합) 방식은 RF전파 방식으로서 전파통신, 레이더 등에서 RF 전파전달 원리를 적용한 것이다.

즉, 리더에서 전송되는 마이크로파 전자파 신호를 태그가 반사하며, 반사된 신호를 리더가 수신하는 레이더의 원리와 유사하다. 이 경우에 태그에서 반사하는 신호는 리더의 반송파 주파수신호를 태그 ID 데이터정보에 의해 변조하여 후방 산란하게 되면 리더는 변조되어 반사된 신호를 복조하여 태그의 ID정보를 해독한다.

이 경우의 RF주파수는 마이크로파대역 신호로서 데이터 전송속도가 높고 전송 데이터량도 많고 감지거리도 저주파 RFID와 달리 크게 증가한다. 태그의 동작전원은 원거리에서 수신된 RF전파를 정류하여 사용하려면 리더출력이 매우 커야 하므로 수동형으로 부적합하다.

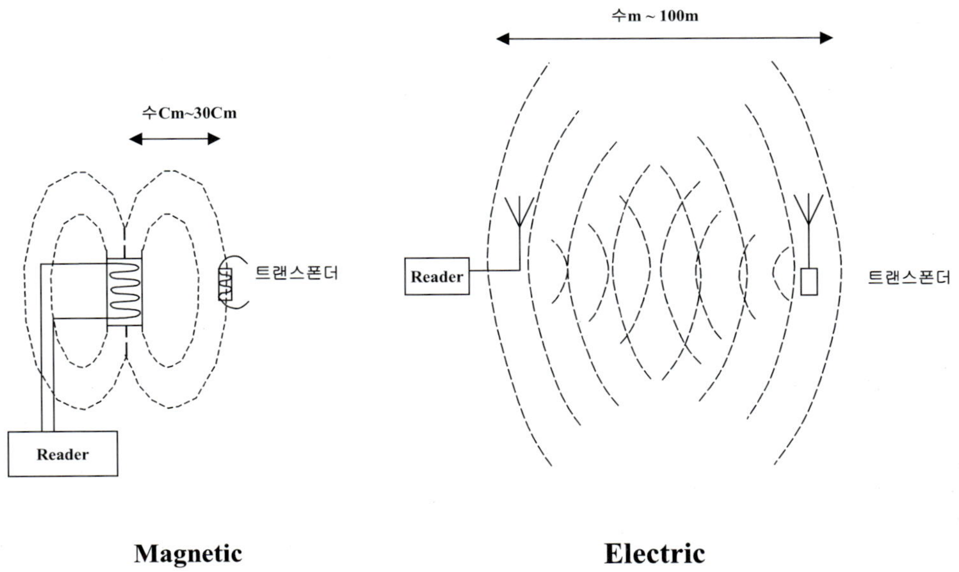

[그림 2-28] RFID 결합방식

전자기파 방식 태그는 IC 칩을 구동하기 위한 충분한 전력을 리더로부터 공급을 받지 못하므로 추가적인 전지를 포함한다. 이 전지의 불필요한 손실을 막기 위해 IC 칩은 일반적으로 전력 다운 또는 대기 모드를 갖는다. 전력 다운에서의 전력 손실은 몇 ㎂ 보다 크지 않으며, 만약 태그가 리더의 유효영역을 벗어난다면, 칩은 자동적으로 전력 다운 모드로 들어간다. IC 칩은 리더로부터 효과적인 강한 신호를 받기까지 동작하지 않고, 받으면 보통의 동작으로 돌아온다. 이러한 에너지전달 및 데이터 송수신은 상호 접속시간의 유지방식에 따라 Full Duplex, Half Duplex, Sequential 방식으로 구분된다. 전자기파 방식에서 태그의 응답은 전자기파가 파장의 반보다 큰 크기를 갖는 물질에 의해 반사된다는 RADAR(Radio Detection and Ranging) 기술을 응용한 Modulated Reflection Cross Sectio 방식(변조된 후방 산란)을 이용한다.

리더와 태그는 여러 가지 디지털 방식의 부호화를 이용하여 기저대역의 데이터를 처리한다. 그중 NRZ(Non Return to Zero), 맨체스터(Manchester), 변조된 밀러(Modified Miller) 부호화 방식이 주로 쓰인다.

NRZ 방식은 논리 상태 1을 신호의 높은 상태, 논리 상태 0을 낮은 상태로 표현하며 주로 FSK 및 PSK 변조방식과 함께 쓰이며, 맨체스터 방식은 논리상태 1을 반 비트 동안 고에서 저로의 변화로, 논리 상태 0을 반 비트 동안 저에서 고로의 변화로 표현하며 주로 태그에서 리더로의 통신에 쓰인다. 변조된 밀러 부호화 방식은 주로 리더에서 태그로의 통신에 쓰인다.

이와 같이 크게 세 가지 방식으로 태그와 리더 사이의 무선신호는 세 가지 형태의 데이터 변조방식(ASK, FSK, PSK)을 이용하여 기저신호를 고주파 신호로 변화하여 전송된다.

그러나, 특정 주파수 대역(미국의 UHF 대역)에서는 전자파의 인체영향이나 다른 통신 시스템과의 간섭을 줄이기 위하여 특정 변조방식만을 쓰도록 요구되는데 가장 많이 쓰이는 것이 주파수 확산(Spread Spectrum, SS) 방식이다.

주파수 확산 방식은 CDMA(Code Division Multiple Access) 모바일 폰이나 무선랜에 이용되는 직접 시퀀스(Direct Sequence, DS)와 블루투스에 이용되는 주파수 호핑(Frequency Hopping, FS)이 주로 사용된다.

그러나 이러한 변조방식을 태그에 적용하려면 그만큼 복잡한 회로가 필요하여 가격이 상승하므로 실제적으로는 리더만이 어떠한 변조방식을 사용하고, 태그는 주파수 확산방식의 전체 주파수를 커버하도록 광대역으로 만들어 ASK 등을 이용하여 신호를 전송한다.

기타 데이터 정보의 신뢰성을 높이기 위한 여러 신호처리가 수행되는데, CRC(Cyclic Redundancy Check) 등의 방법을 사용하는 에러율 감소 방법, 여러 개의 태그를 구별하기 위하여 무선랜 등에서 사용되는 Aloha나 CSMA(Carrier Sense Multiple Access)와 비슷한 방식을 사용하는 충돌방지(Anti Collision)방법, 데이터의 보호를 위하여 대칭 또는 비대칭 암호 알고리즘을 사용하는 데이터 보안 방법 등이 적용된다. 특히 이러한 신호처리는 태그 메모리의 기능성에 의존한다.

(3) 전자매체 방식에 따른 분류

RFID 시스템은 무선접속 방식에 따라 상호유도(Inductively coupled) 방식과 전자기파(Electromagnetic wave) 방식으로 구분되며, 상호유도 방식은 근거리(1m 이내), 전자기파 방식은 중장거리용(3~10m)으로 사용한다.

상호유도 방식은 코일 안테나를 이용하며, 태그의 IC 칩을 동작시키기 위해 필요한 모든 에너지는 리더기로부터 공급되는 수동형이다. 전자기파 방식은 고주파 안테나를 이용해서 서로 무선접속을 하며, IC 칩을 구동하기 위한 충분한 전력을 리더기로부터 공급을 받지 못하므로 장거리 인식을 위한 추가적인 전지를 포함하는 경우(능동형)도 있다.

〈표 2-4〉 전자매체에 따른 분류

항목	종류	설명
전자 매체 방식	전자결합 방식	상호유도
	정전결합 방식	정전유도
	전자유도 방식 135kHz~13.56MHz	유도전자계 • 비, 얼음, 먼지, 철분 등 악환경 조건에서도 사용 가능 • 안테나의 지향성이 넓고 교신 범위가 넓음 • 비도전체(인체 · 유리 · 목재 등)에의 침투성이 강함 • 무선랜, 블루투스와의 간섭 문제 • 금속에 의한 반사 및 물의 흡수 • 외래 노이즈에 영향을 받고 쉬움
	마이크로파 방식 433MHz 900MHz 2.45GHz	방사전자계 • 외래 노이즈가 많아, 교신 거리가 김(특히 전지 있는 경우) • 지향성이 있어, 교신에 리터의 한정이 비교적 용이 • 무선랜, 블루투스와의 간섭 문제 • 금속에 의한 반사 및 물의 흡수
	광 방식	근접 적외광선

〈표 2-5〉 결합 방식의 비교

방식	전자기 결합 방식	전자기유도 방식	마이크로파 방식	광 방식	비고
사용 주파수	400k~530 kHz 등	120k~135kHz 13.56MHz	2.45GHz	적외선 (파장 670nm)	광의에서는 전자기 결합 방식은 전자기유도 방식에 포함
최고교신거리 (수동식의 이론치)	△ (7cm 정도)	○ (70cm 정도)	◎ (1.5m 정도)	○ (30cm 정도)	주로 읽을 경우의 거리
교신속도	×	△	◎	○	기본적으로는 주파수에 의존
교신 지향성	–	저	중	고	기본적으로 주파수에 의존
반사/간섭문제	◎	△	×		리더나 태그 사이에서 간섭함
내전자기장 노이즈성	◎	△	◎	◎	인버터와 모터, 전원 등
내광 노이즈성	◎	◎	◎		태양광이나 형광등 등
내수성/내유성	◎	◎	△	×	원리 · 구조상
더러움이나 유리, 수지에 의한 차폐에의 내성	◎	◎	○	×	원리 · 구조상, 교신 거리의 감퇴를 포함함
FA현장에의 대응성	◎	△	○	○	현장 노이즈에 강한지 어떤지
국내전파법에의 대응	◎	◎		◎	UHF대역은 현재 이용할 수 없다.
해외전파법에의 대응	○	◎	○	◎	미국은 FCC, 유럽은 R&TTE 지령
주요 용도	FA 등	폭넓다	폭넓다	FA 등	

〈표 2-6〉 이용하는 주파수에 따른 비교

주파수	장파 (135kHz 이하)	단파 (13.56MHz)	UHF (860M~930MHz)	마이크로파 (2.45GHz)
방식	전자기유도 방식		마이크로파 방식	
최고 통신거리(수동식)	60cm 정도	70cm 정도	수 m 예상	1.5m 예상
수분의 투과성(수분을 포함한 물품에 부착하거나, 무선 IC 태그와 리더에 물이나 눈이 부착하거나 하는 경우)	◎	○	×	×
금속물에 의한 전파반사의 작기(예기치 않은 위치의 태그와 교신하지 않는 정도)	◎	○	×	×
동일 주파수의 노이즈의 작기(태그가 악영향을 받거나 태그가 주위에 악영향을 미치거나 하지 않는 정도)	×	○	◎	◎
국제표준규격	ISO18000-2	ISO15693, SO18000-3	ISO18000-6	ISO18000-4

4) 안테나와 패키지(Antenna& Package) 기술

일반적으로 안테나라 하면 리더에 유선으로 연결되어 있는 것이 많지만 태그의 일부분인 안테나를 뜻하는 것은 아니다. 안테나는 한 개의 리더에 여러 개가 연결되어 리더와 태그간의 전파 연락을 담당한다. 안테나는 생산될 때의 형태에 따라 다이폴 안테나, 야기우다 안테나, 평판 안테나(혹은 마이크로스트립 안테나 또는 패치 안테나로 칭함), 슬롯 안테나로 나누고 설치하는 형태에 따라 터널형 안테나도 있다.

(1) 태그용 안테나 기술

태그의 크기 또는 부착위치, 대상, 태그의 모양, 용도 등에 따라 다양한 형태의 안테나 설계기술을 필요로 하며, 특히 저가형 태그제작을 위하여 제작비용을 최소로 하는 설계를 요구하며, 필요에 따라 칩 속에 안테나를 실장하는 기술도 개발되고 있다.

(2) 패키지 기술

RFID 태그를 다양하게 만드는 기술로 소형태그, 금속 부착형 태그, 고온에서 사용되는 태그, 다양한 기후환경에 사용될 수 있는 태그 등이 개발될 수 있으며, 이때 다양한 안테나와의 탑재(Mounting) 기술, 그리고 용도에 따라 내구성 있게 칩을 보호하고 칩과 안테나의 접속부분을 보호할 수 있는 다양한 패키지 기술을 요구한다.

(3) 태그 안테나 소재

① 코일 와인딩 방식 : 구리 (주로 수입품에 의존하고 있다.)
② 에칭 방식 : 알루미늄이나 구리(가격이 비싼 구리보다는 알루미늄을 더 보편적으로 사용하고 있다.)

2.3 RFID 소프트웨어 구성요소 기술

RFID 소프트웨어 기술은 크게 표준화 객체 또는 상품에 대한 글로벌 표준 식별코드기술, RFID 미들웨어 기술, 글로벌 객체 정보 레졸루션(Resolution)구조와 제품 정보 제공을 위한 제품정보 서비스로 구성되는 객체 정보 검색 서비스 기술로 구분될 수 있다. [그림 2-29]는 소프트웨어 측면의 구성개념도를 나타낸 것이다.

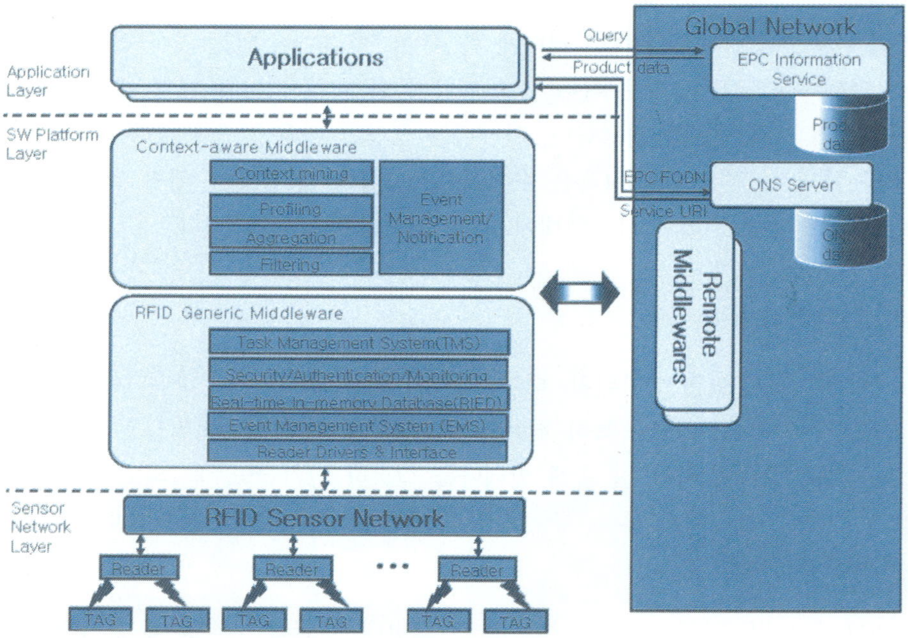

[그림 2-29] RFID 소프트웨어 플랫폼 개념도

일반적으로 리더에 읽혀진 태그 및 센서의 데이터는 유무선 네트워크를 거쳐 데이터 처리를 담당하는 호스트 컴퓨터(Server)의 미들웨어로 전달되어 처리된 후 해당 애플리케이션에 의하여 사용된다.

1) RFID 미들웨어의 특징 및 구성

미들웨어라는 용어가 의미하는 바와 같이 시스템 아키텍처 상에서 중간계층을 담당한다고 할 수 있다. 일반적으로 미들웨어란 두개 이상의 시스템 혹은 프로그램 사이에서 둘 사이를 중재하는 프로그래밍 서비스를 의미한다. 대개 애플리케이션 프로그램과 네트워크 운영체제의 중간 영역에 위치하며, 공통된 인터페이스와 서비스를 제공한다. 즉, 분산처리 시스템에서의 하부에 놓여진 복잡성이나 이질성을 감추어 준다고 말할 수 있다.

RFID 응용 소프트웨어는 성격상 분산처리 시스템이라 할 수 있고, 기업이나 산업현장에 분산되어 설치된다고 볼 수 있을 것이다. 이러한 구성은 연동되는 장치들의 이질성과 복잡성으로 인해 시스템 구축에 있어 복잡도가 증가하게 되고, 이러한 복잡도를 효과적으로 관리할 수 있는 RFID 미들웨어의 필요성이 대두된다.

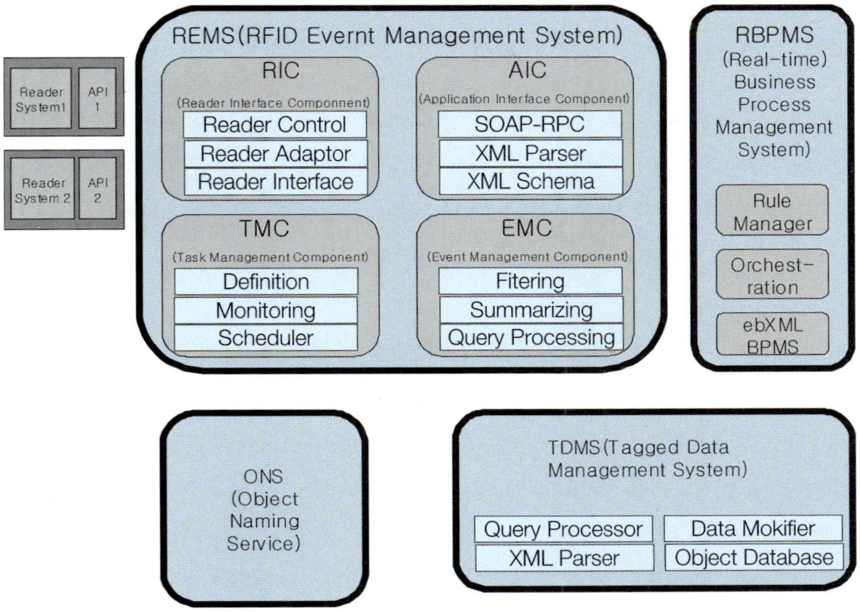

[그림 2-30] 미들웨어 구성도

RFID 미들웨어는 리더 등의 장비를 관리하거나, 이기종 RFID 환경에서 발생하는 대량의 가공되지 않은 데이터를 수집, 필터링하여 의미있는 정보로 변환하여 응용 소프트웨어 등에 필요한 정보를 제공하는 소프트웨어 플랫폼으로 정의할 수 있다.

따라서 RFID 응용에서 미들웨어는 아주 중요한 역할을 담당한다고 할 수 있다. 미들웨어의 한쪽 끝은 리더 등과 같은 하드웨어와 인터페이스하고, 다른 한쪽 끝은 기업용 솔루션과 같은 기업용 응용 소프트웨어와 연계된다고 할 수 있다. 몇몇 RFID 미들웨어는 데이터 수집 및 전달과 같은 단순한 라우터로서의 역할을 하며, 다른 RFID 미들웨어는 미들웨어의 가치를 향상시키며, 또한 기업용 애플리케이션과 인터페이스를 제공해주는 보다 지능화된 기능을 포함하기도 한다.

RFID 시스템이 기존의 환경 구조에서 사용되는 경우에는 바코드 시스템과의 통합도 염두에 두어야 할 것이다. 이러한 경우 RFID 미들웨어는 바코드 시스템과의 연계 기능도 함께 제공할 필요성이 있다. 또한 상황 인지에 따라 처리가 필요한 경우에는 다른 센서 시스템과의 인터페이스 기능도 포함하는 경우가 있다.

2) 미들웨어의 기능 및 사양

RFID 미들웨어의 기능은 다음과 같이 크게 3가지로 구분하여 생각할 수 있다.

① 리더 인터페이스층 : 리더와의 인터페이스를 제공하며, 데이터 수집과 관련된 층
② 데이터 처리층 : 데이터 필터링, 데이터 요약 및 전달 등을 담당하는 층
③ 외부 시스템 인터페이스층 : ERP, SCM, WMS와 같은 레거시(Legacy) 시스템으로의 데이터를 전달할 수 있는 고기능의 인터페이스층

시장에는 다양한 기능을 가지고 각각 다르게 포지셔닝하고 있는 여러 가지 RFID 미들웨어 제품군들이 있다. 이들은 데이터의 수집과 필터링, 이벤트 관리 등을 포함하여 워크플로우 소프트웨어를 공급하는 순수 RFID Edge Server 제품군, RFID 애플리케이션 공급업체가 제공하는 제품군, 플랫폼 및 IT Infrastructure 제공업체가 제공하는 제품군, 시스템 통합 및 EAI 전문업체가 제공하는 제품군 등으로 구분할 수 있다.

이러한 글로벌 RFID 환경에서 수집 및 활용되는 데이터는 객체에 대한 정적 데이터 및 이력 데이터, 센서로부터 얻는 실시간 데이터를 포함할 수 있으므로 애플리케이션은 이를 활용한 상황인식 기반의 지능화된 서비스를 제공할 수 있게 된다.

현재 국내외에서 글로벌 RFID 네트워크 구축을 위해 다양한 기술개발이 진행되고 있으며, 대부분의 기술개발은 RFID 미들웨어를 포함한 글로벌 RFID 소프트웨어 플랫폼에 대한 연구를 중요한 부분으로 포함하고 있다. 현재 글로벌 RFID 시스템을 위한 소프트웨어 플랫폼의 기술개발 수준은 매우 초보적인 실정이다. 기존 연구들은 유비쿼터스 환경에서의 글로벌 RFID 시스템 구축 측변에서 살펴보면 다음과 같은 문제점을 지니고 있다.

Microsoft 등의 대기업에서는 기존에 사용하던 제품군을 단순히 통합하는 패키지 형태로 RFID 시스템을 구성하고 있으며 이러한 상용화 미들웨어들은 소규모 RFID 시스템들의 통합적인 구축 및 운영에 초점을 두고 있으며. 응용 범위는 협소하다.

〈표 2-7〉 미들웨어 상세내용(선택사항)

항목	상세내용(선택)	
RFID 객체 정보 관리 기능	객체 정적 정보 저장/관리 기능	• RFID 태그 기반 객체의 정상적 /정량적 정보를 일정기간 저장 기능 • 객체 정보와 관련된 데이터 모델 설계 및 조정할 수 있는 관리 기능
	객체 이력 정보 저장/관리 기능	• RFID 태그 기반 객체의 이력 정보를 저장/관리할 수 있는 기능
	객체 정보 질의 및 처리 기능	• RFID 태그 기반 객체의 정적/이력 정보의 질의 및 처리할 수 있는 기능 • 질의를 위한 표준 인터페이스 정의 및 메시지 교환 기능 (XML-RPC, SOAP-RPC지원)
RFID 검색 서버 기능	태그 관련 정보 참조 위치 검색 기능	• 태그 ID 정보에 기반한 객체 상세 정보를 알 수 있는 Location 정보 Lookup 서비스 기능 지원
	멀티 코드 지원	• EPC 코드, Uid 코등 등 기존 RFID 코드 이외 새롭게 추가될 RFID 코드를 융통성 있게 수용할 수 있게끔 다양한 식별 코드 체계에 다른 정보 제공
	IPv6 지원	• 찾고자 하는 서비스 URL 체계가 IPv4 외, IPv6 명령 체계를 따르는 시스템도 지원
	상위 레벨 RFID 검색 서버와의 통신 기능	• 계층적 구조에 따라 요청 서버에 정보가 존재하지 않는 경우 상위 검색 서버로부터의 정보 제공 기능 • 검색 서버간의 표준 통신 프로토콜 준수
사용자 정의 작업처리 모듈 수행 및 관리 기능	사용자 정의 작업 처리 모듈 관리 기능	• 미들웨어 내부 혹은 미들웨어와 외부 애플리케이션과의 Domain 의존적인 사용자 정의 작업 처리 모듈을 정의하고 이를 미들웨어에 탑재하는 기능
	사용자 정의 작업 처리 모듈 수행 기능	• 사용자 정의 작업 처리 모듈을 초기화하고 수행 및 모니터링 기능
레거시 시스템과의 연동 및 관리 기능	리더 정보 제공 및 관리 기능 제공	• 응용 시스템과 연관된 리더 정보 제공 및 초기화/종료 등의 관리 기능 제공
	규칙기반 비즈니스 프로세스 처리 기능	• 태그 이벤트 데이터 처리를 위한 규칙 정의 및 관리 기능 • 규칙에 따라 웹서비스와 같은 형태로의 응용 애플리케이션과의 연동 기능

〈표 2-8〉 미들웨어 상세내용(필수사항)

항목	상세내용(필수)	
RFID 리더 인터페이스 기능	이기종 리더 연결 및 식별 관리 지원	• 이기종 리더 장비의 동시 연결/사용지원 • 복수 리더 장비에 대한 개별 장치, 식별 기능 지원 • 리더 통신 채널 및 시스템 정보 관리 기능 지원
	수동형/능동형 리더 및 바코드 리더 지원	• 리더의 작동에 대해 수동형/능동형 모드 지원 • RFID 태그와 바코드 라벨을 동일하게 적용하되, 독립적 혹은 동시 지원
	리더 프로토콜 호환 기능	• EPC 리더 프로토콜 및 ISO15961 지원 • 물리적 인터페이스로 이더넷, RS-232, RS485지원 • 개별 리더 프로토콜간의 호환성 제공
RFID 리더 관리 기능	리더 동작 모니터링 기능	• 리더 장치에 대한 동작 상태 모니터링 기능 • 개별 리더에 대한 네트워크 상태 모니터링 기능 제공 • 이상 발생 시, 경보 기능
	리더 설정 및 제어 기능	• 개별 리더 모드 시스템 정보 등 설정 및 제어 기능 • 실시간 및 배치 제어 기능 지원
태그 이벤트 데이터 처리 기능	태그 이벤트 데이터 수집 및 필터링 기능	• 리더로부터 전달되는 대량의 데이터 수집 기능 • 대량 데이터의 필터링 기능 • 필터 모듈 교체 및 지원 기능
	태그 이벤트 데이터 처리 모듈 관리 기능	• 유연한 태그 데이터 처리 모듈 추가/삭제 등 관리 및 설정 기능
	태그 이벤트 데이터 전달 기능	• 정제된 태그 이벤트 데이터의 내/외부 애플리케이션 전달 기능 • 다양한 데이터베이스와의 연결 지원 • XML 및 웹서비스 기반의 데이터 전달 기능
레거시 시스템과의 연동 및 관리 기능	응용 시스템과의 통신기능	• XML/SOAP 기반 웹서비스 연동 기능 지원
	미들웨어 정보 제공 및 관리 기능	• 응용 시스템과 연결된 미들웨어 정보 제공 • 미들웨어 서비스 초기화/종료를 포함한 관리 기능 제공
Security 및 Privacy 보호 기능	정보 보안 기능	• RFID 시스템 내/외로 유통되는 정보의 보안 기능
	개인 정보보호 기능	• 개인 정보 유통 방지 및 보안 기능
시스템 환경 규격	플랫폼 독립적인 아키텍처	• 시스템 적용 분야에 다른 상이한 환경에 적용이 가능하도록 플랫폼 독립적인 아키텍처 고려
	오픈 소스 환경 적용	• 도입 시의 경제적 이점 고려

외국의 대표적인 연구기관인 Auto-ID Lab에서는 EMS(Event Management System), TMS(Task Management System), RIED(Real time In memory Event Database)의 세 가지 컴포넌트로 구성된 Savant 미들웨어와 태그 식별 코드인 표준화 지향 EPC 코드 및 DNS 기반 제품정보 서비스 레졸루션 서비스 등과 같은 RFID 네트워크를 위한 소프트웨어 플랫폼을 제공하고 있다. 하지만, 그 응용 영역을 물류시스템이라는 한정적인 분야에 초점을 두고 있으므로 유비쿼터스 환경의 다양한 응용 영역에 사용하기에는 알맞지 않다.

위와 같은 제한성으로 인하여 기존의 RFID 소프트웨어 플랫폼 기술만으로는 이러한 유비쿼터스 컴퓨팅 환경에 적합한 응용 영역의 도출이 어려운 것으로 사료되므로 보다 다양하고 보편적인 유비쿼터스 응용 영역에 활용될 수 있는 글로벌 RFID 소프트웨어 플랫폼의 개발이 요청된다. 이러한 글로벌 소프트웨어 플랫폼은 다양한 사물을 인지하고 이를 가상공간에 연동시키며, 또한 상황을 인지함으로써 사용자에게 적응할 수 있는 응용의 구현에 요구되는 제반 요구 사항을 만족시킬 수 있어야 한다.

3) 글로벌 RFID 소프트웨어

이러한 글로벌 RFID 소프트웨어 플랫폼의 요구 사항은 아래와 같다. RFID 기반 USN을 위한 대표적인 소프트웨어 기술인 RFID 자동식별 미들웨어는 애플리케이션과 리더 사이에 위치하며 애플리케이션이 리더의 데이터 수집 및 가공에 요구되는 제반 기능을 제공하여 RFID 애플리케이션 구축을 용이하게 하며 성능을 향상시키는 역할을 갖는다.

(1) RFID 자동식별 미들웨어

RFID 자동식별 미들웨어는 글로벌 RFID 시스템 상에서 애플리케이션과 리더 사이에 위치하여 다양한 애플리케이션들의 구현에 공통적으로 요구되는 기능들을 제공한다.

RFID 태그를 이용하여 다양한 서비스를 제공할 경우, 발생하는 이벤트의 양이 단순히 물류시스템에서 사용되는 양보다 기하급수적으로 증가하며 이런 경우 태그 이벤트들에 대한 신속한 처리를 필요로 하게 된다. 또한 감지된 태그는 바로 이용되는 것이 아니라 상황인지 기술을 적용하여 가공된 하나의 정보로서 응용 서비스에게 제공될 필요가 있다. 이를 위해서는 고속 이벤트 처리와 더불어 상황인지형 미들웨어를 필요로 한다. 이에 따라 그 내부에서는 다양한 상황의 인지를 위해서 위치 관리 모듈과 Snapshot을 이용한 History 관리자, 프로파일(Profile) 기술 등을 필요로 한다.

이 미들웨어는 내장된 기능들에 대하여 표준화된 인터페이스를 제공하여 애플리케이션의 개발 생산성을 높이고 개발된 제품의 신뢰성을 향상시키며 상호 연동성을 제고시킨다. RFID 자동식별 미들웨어는 기능 측면에서 데이터 수집 및 라우팅 기능에 초점을 둔 원시 미들웨어(Primitive Middleware)와 이력정보 및 실시간 정보를 가공하여 상황정보 도출에 초점을 둔 상황인지 미들웨어로 구분할 수 있다.

RFID 원시 미들웨어는 RFID/USN 상에서 발생하는 대량의 EPC 데이터에 대하여 필터링, 집합화, 원시 이벤트 생성(Primitive Event Generation) 등의 기능을 통하여 응용 프로그램에서 관심을 갖는 데이터 형태로의 선처리(Preprocessing) 기능을 수행한다. 따라서 성능확장성이 필수적으로 수반되어야 한다. 그 구성은 인터페이스 부분과 리더로부터 전달되는 데이터의 처리, 관리, 보안, 인증과 관련된 코어 부분으로 구성된다. 인터페이스 부분은 리더 드라이브 및 인터페이스, 응용 인터페이스, ONS 인터페이스, EPCIS(EPC Information Service) 인터페이스 및 원격 미들웨어와의 인터페이스 부분을 포함한다. 코어 부분은 리더로부터 수집된 이벤트 데이터에 대한 처리 및 관리를 담당하고 있는 EMS, 실시간 데이터 처리 및 관리 기능을 포함한다.

한편 RFID 상황인지 미들웨어는 기본적으로 미들웨어로부터 가동된 태그 데이터와 수집한 데이터 및 정보를 시간적으로 체계화한 이력 또는 프로파일 정보, 나아가 센서로부터 수집되는 실시간 환경정보를 가공하여 상황(Context) 정보를 산출하여 응용 프로그램이 활용할 수 있도록 하는 기능을 수행한다. 또한 대규모 환경에서 효과적으로 이벤트의 생성, 모니터링, 알림(Notification) 프레임워크를 제공하여 각종 응용 서비스에서 이벤트를 효과적으로 처리할 수 있도록 하는 기능도 제공한다.

현재 이러한 미들웨어에 대한 구체적인 사양에 대한 국제 표준화는 존재하고 있지 않지만 궁극적으로 응용 프로그램이 디바이스 계층의 세부 기술적 사양에 대한 정보가 없이도 논리적으로 RFID기능을 구현할 수 있는 표준화 기반 API가 제공될 수 있을 것으로 전망된다.

RFID 자동식별 미들웨어의 주요 요소기술은 다음과 같이 요약될 수 있다.

① 표준화 기반 개방형 미들웨어 설계 기준

개방형 자동식별 미들웨어 설계 기술이란 이 기종 전자태그 환경에서 기존 자동식별 시스템의 상호 운용성을 보장하기 위하여 표준화된 코드, 정보 표현, 교환규약을 준수하고 정보 교환을 위한 메시징 기술을 적용한 것이다. 이를 위해서는 EPC(Ver 1.1), ISO 표준, 웹서비스, ebXML 등과 같은 참조 표현을 준용하고 멀티리더 프로토콜(EPC, ISO 15961, Alien 등)을 지원할 수 있는 통합 리더 인터페이스의 설계 및 구현이 요구된다.

② 실시간 이벤트 처리기술

USN상의 지능형 정보처리의 실현에 필수적으로 요구되는 주요 기술로는 산술제어, 실시간 처리기술이 있다. 사물제어란 사물의 환경정보를 바탕으로 상황 인식을 수행한 후 이를 이용하여 사물 구동 환경 또는 상태를 자율적으로 제어할 수 있는 기능을 말하며, 일반적으로 사물제어에 있어서는 상황도출 및 제어와 외부 서버에 의해 처리되는 방식과 센서 네트워크 내에서 자체적으로 처리되는 방식으로 구분된다. 이러한 사물제어의 구현을 위해서는 상황정보 수집이 선행되어야 하며, 효율적인 상황정보의 수집에는 실시간 이벤트 처리가 필수적으로 수반되어야 한다.

실시간 이벤트 처리기술은 수많은 태그와 센서로부터 발생하는 스트림 데이터의 실시간 처리를 위한 메모리 기반 데이터베이스 기술과 수집된 데이터를 효율적으로 필터링, 군집화, 요약을 통해서 양질의 이벤트를 산출할 수 있는 이벤트 처리기술로 구성된다. 실제로 이러한 기술은 고성능 RFID 자동식별 미들웨어의 필수 구성요소로서 포함되고 있다.

③ 상황인지 엔진기술

사용자의 환경을 감지하기 위해서는 상황인지 엔진기술이 선행되어야 하고, 이를 위해 상황인식(Context Awareness)기술이 개발되고 있다. 상황인식기술은 센서 노드의 주변 환경정보를 객체로 표현하여 위치, 움직임은 물론 수행중인 작업이나 현재 상태정보로 다른 센서노드, 응용계층, 센서 하드웨어가 활용할 수 있는 전달 기능을 수행한다. 상황인지 엔진은 고수준의 상황 정보를 추출하기 이전에 센서로부터 전송되는 데이터를 체계적으로 취합하고 전송하는 기능을 담당한다. 이를 위해 센서를 추상화하는 추상화 모듈, 추상화된 센서로부터 데이터를 수집하는 수집기, 이를 다시 필요한 응용이나 모듈로 전송해 주는 전송기로 구성된 기본 모듈과 상황추론 지원을 위한 모듈로 구성된다.

USN 기반의 상황추론 기법은 주로 태그 이벤트의 시공간적인 변화에 기인하여 이루어지므로 이벤트의 시간적인 변화를 다루는 컴포넌트와 공간적인 변화를 다루는 컴포넌트가 추가로 필요하게 된다. 한편 USN이 구축되고 모든 태그에 대해 개방된 정보 네트워크를 사용한다 하더라도 한 개의 RFID 태그가 주는 정보는 RFID 태그가 기존에 가지고 있던 정적인 정보에 국한된다. 이 기술은 이러한 태그들의 정보를 시 · 공간적으로 조합하여 '현재 사무실은 회의 중이다'와 같은 하나의 고수준의 상황적인 정보로 가공해 낼 수 있는 상황추론 기술이 세부기술로 요구된다.

④ 대규모 미들웨어 네트워킹 기술

글로벌 RFID 환경에서는 미들웨어 간 이벤트의 라우팅과 이벤트의 생성, 공지, 모니터링, 알림 프레임워크가 요구된다. 이러한 프레임워크를 기반으로 각종 응용 서비스에서 단말 미들웨어로부터 이벤트들을 효과적으로 처리할 수 있게 된다. 또한, RFID 리더 관리 및 태그 데이터 수집 등과 같은 하드웨어 계층의 인터페이스와 객체 정보 관리 및 검색 서비스에 대한 표준화 인터페이스를 제공하며 그 구성개념도는 [그림 2-31]과 같다.

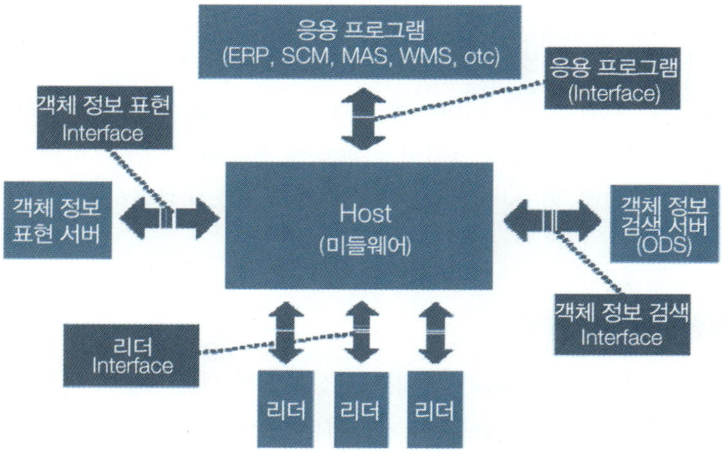

[그림 2-31] RFID 자동식별 미들웨어와 표준 인터페이스

RFID 자동식별 미들웨어를 사용할 경우 〈표 2-9〉와 같은 장점을 얻을 수 있다.

〈표 2-9〉 자동식별 미들웨어의 장점

구 분	내 용
단일 이미지 리더	다양한 애플리케이션과 다양한 리더들의 표준화된 인터페이스를 미들웨어가 제공함으로써 애플리케이션이 리더에 대해 하나의 이미지를 가질 수 있도록 해준다.
선처리 지원	지속적으로 읽혀지는 태그들에 대해 사전처리를 가능하게 해준다. 여기서 사전처리는 필터링에서 수습 등을 포함한다.
Light weight 응용	리더에 대한 액세스나 처리 및 제반 RFID 네트워크 관련 서비스들은 응용 프로그램 개발로부터 분리가 되게 되므로 개발자는 이에 대해 전혀 고려하지 않고 응용 프로그램을 개발할 수가 있게 된다.
실시간 태그 DB의 제공	리더로부터 읽혀지는 태그들은 하나의 스트림을 형성하여 계속 입력되게 되는데 이의 빠른 처리를 위해서는 미들웨어 자체적으로 고성능의 DB를 지원할 필요가 있다. 보통 메모리 DB를 사용하게 된다.
글로벌	글로벌 RFID 시스템 통합화에 기여하게 된다.

(2) 객체 정보검색 서비스

다양한 응용의 창출은 제한된 지역의 소규모 RFID 네트워크를 글로벌 규모로 광범위하게 수반되어야 한다. 이러한 글로벌 RFID 네트워크의 구현을 지원하기 위해서는 먼저, 다양한 객체들을 효율적으로 식별하여 활용할 수 있는 방안이 필요하며 이를 위해서 글로벌 객체 네이밍 및 정보 서비스 시스템의 구성을 필요로 한다. 이는 단순히 상품만을 지원하는 것이 아니라 물리·논리적으로 식별 가능한 모든 객체에 대해서 글로벌 네이밍 기술에 대한 기법을 뜻한다. 이 네이밍 기법을 기반으로 각종 객체 정보 서비스를 구축할 때 객체 정보 검색 등과 같은 서비스들의 지능성이 더욱 높아질 수 있다.

또한, 효과적으로 서비스화되어서 제공될 수 있도록 개방형태의 표준화된 해결책 제시가 필요하다.

RFID 기반 USN상에서 글로벌 네임을 갖는 객체는 객체 정보 네임서비스 기술을 바탕으로 정적 참조정보, 이력정보 또는 실시간 환경정보에 대한 검색이 가능해진다. 이러한 정보검색이 가능하기 위해서는 먼저 객체를 대상으로 한 글로벌 네임체계에 대한 기술개발이 선행되어야 하며, 이를 위한 대표적인 기술로서 URN(Uniform Resource Name)이 있다. URN(Unirorm Resource Names)체계는 URL(Uniform Resource Locator)의 문제점을 보완하고자 1995년 IETF내에 URN Working Group이 결성된 이후, 현재까지 꾸준히 표준화가 진행되고 있다. 최근에는 디지털콘텐츠 식별체계의 기반 기술로서의 URN 역할이 부각되어 URN 기반의 디지털콘텐츠 식별체계가 식별자 부분의 표준 형태로 자리잡고 있다. 실제로 국제적인 표준화 기구인 ISO TC46/SC9과 MPEG21 DII(Digital Item ID)에서 ISBN, ISSN 등을 포함한 총 11종의 식별자를 글로벌 표준으로 사용하고 있으며, IETF에는 OID, ISSN 등을 포함한 12개 분야가 URN으로 등록되어 활용되고 있다.

RFID기반 USN 상에서 가장 빨리 객체 정보검색 기술이 개발되고 있는 분야는 제품의 정적 참조정보와 이력정보에 대한 검색 서비스 기술 분야이다. 이 제품 정보검색 서비스는 시나리오를 간략하게 요약하면 각 기업은 제품사양, 카탈로그 등 각종 제품 정보를 특정 서버 상에 구축하며 외부에서는 원격 접속 또는 질의(Query) 등의 다양한 방식을 통하여 필요한 제품 정보를 얻을 수 있게 되는 것이다. 제품 정보검색 서비스는 각 기업별로 구축되어 인터넷상에 편재되며, 이 서비스들을 글로벌 환경에서 활용하기 위해서는 상품정보 교환의 표준화를 위한 상품정보 표준화 기술언어와 제품식별자로 사용될 표준 코드체계가 필수적으로 요구된다. 또한, 각 기업에서 구축한 제품 정보 서비스에 대한 접속 정보인 서비스 URI(Universa Resource Identifier)를 글로벌 환경에서 탐색할 수 있는 레졸루션 아키텍처(Resolution Architecture)의 구축이 필요하다. 이러한 제품 정보검색 서비스를 객체 정보검색 서비스라 하며, 일반적으로 객체 정보검색 서비스의 동작원리는 다음과 같다.

태그의 코드는 리더를 통해서 로컬 서버에게 전송되고, 로컬 서버는 태그의 코드를 수신한 후, 태그의 정보가 담겨진 서버의 위치를 알기 위해서, 로컬 ONS 서버(Local ONS Server)에게 질의를 보내게 된다. 로컬 ONS 서버는 전송된 태그 코드를 도메인 네임의 형태로 바꾸어서 DNS(Domaning Naming Service) 서버에 질의를 하고, 그에 응답하는 NAPTR(Naming Authority Pointer) 레코드를 수신한 후 다시 로컬 서버에게 전송한다. 레코드를 전송받는 로컬 서버는 사용자 혹은 응용이 필요한 정보 서버에게 이를 전달하게 된다. 객체 정보검색 서비스 기술은 크게 객체 네이밍 기술과 객체 정보 서비스기술로 구분할 수 있다. 먼저 객체 네이밍 기술은 객체에 대한 글로벌 식별 체계의 설계를 수반하며 이러한 네임 체계에 준하여 각 영역의 객체에 대한 글로벌 네임의 부여가 가능하게 된다. 현재 다양한 디지털콘텐츠 식별자가 영역별로 사용되고 있다. 아래 〈표 2-10〉은 국제적인 표준화 기구인 ISO TC46/SC9와 MPEG21DII (Digital Item ID)에 기술되어 있는 식별자들을 보여준다.

이러한 식별자를 표현하기 위한 식별체계로서 URN이 가장 많이 사용되고 있다. IETF에서는 URN 개념을 소개한 아키텍처를 시작으로 URN 운영과 관련된 표준들이 제정되었다. 최근에는 URN 이 실제적으로 동작하기 위해 필요한 시스템적인 기술에 관한 사항을 지원하는 표준들도 만들어지고 있다.

〈표 2-10〉 ISO TC46/SC9와 MPEG21DII에 기술된 식별자

식별자명	표준명	대상
ISBN(International Standard Book Number)	ISO2108	도서
ISSN(International Standard Serial Number)	ISO3297	연속간행물
ISRC(International Standard Recording Code)	ISO3901	음악레코딩
ISRN(International Standard Technical Record Number)	ISO10444	기술보고서
ISMN(International Standard Music Number)	ISO10957	음악출판물
ISWC(International Standard Musical Work Code)	ISO15707	음악저작물
ISAN(International Standard Audio Visual Number)	FDIS 15706	오디오 비주얼
V-ISAN(Version Identifier for Audio Visual Works)	ISO20925	오디오 비주얼
ISTC(International Standard Textual Work Code)	CD21047	–
DOI(Digital Object Identifier)	ANSI/NISO Z390.84	디지털콘텐츠
CID(Content ID)	-	디지털콘텐츠

여기에는 URN과 유사한 인터넷 자원의 이름체계인 URL이 동작하는 기반인 DNS 시스템을 기반으로 하여 보다 우수한 기술을 적용한 DDDS (Dynamic Delegation Discovery System)와 관련한 기술이 포함된다. 최근에는 식별자가 가져야 할 고유 기능 중에 URN의 중요성이 부각되면서 기존의 식별자가 URN으로 등록되고 있으며, 새로운 식별자가 정의될 경우 URN으로의 등록이 병행되고 있는 추세이다.

객체에 대한 글로벌 식별체계를 바탕으로 각 영역별 객체 정보 서비스 시스템을 구축할 수 있다. 그 사례로서 EPC 코드를 기반으로 하는 제품 영역의 객체 정보검색 서비스는 크게 제품 코드에 대한 서비스인 URI에 대한 매핑 정보를 구축한 후, 글로벌 네트워크상에서 코드에 대한 해당 매핑 정보를 변환할 수 있는 레졸루션 아키텍처와 정적 또는 동적 이력 정보를 구축하는 상품 정보 서비스로 구성된다. 제품 영역의 객체 정보검색 서비스의 개념 설명을 위하여 객체 정보검색 서비스 기능 중의 하나인 EPC 코드 기반의 정적 물품 정보검색 서비스에 대하여 시스템의 구축 및 동작 개념을 사례를 들어 설명한다. 정적 물품 정보의 검색 절차를 살펴보면 다음과 같다.

① 응용프로그램에서 주어진 〈EPC〉 코드의 물품정보를 제공하는 EPC_IS 서비스 위치(URI)를 얻기 위하여 〈EPC〉 코드로 로컬검색서버에 질의를 전송한다.
② 응용 프로그램으로부터 받은 〈EPC〉 코드를 FQDN(Fully Qualified Domain Name) 형식으로 바꾸어 국가검색서버에 질의하며, 국가검색서버는 등록된 기관네임서버정보의 포인터 값인 기관 B의 로컬검색서버로 질의를 위임한다.
③ 기관 B의 로컬검색서버는 〈EPC〉에 대한 〈NAPTR〉 데이터를 기관 A의 로컬검색 서버로 보낸다.
④ 기관 A의 로컬검색서버는 물품정보 서비스를 제공하고 있는 EPC-IS의 위치정보(Service URIs)를 응용 프로그램으로 전송한다.
⑤ 응용프로그램은 전송된 EPC-IS로 물품정보 데이터를 요청한다.
⑥ 기관 B의 물품정보 EPC-IS는 기관 A의 응용 프로그램으로 물품정보를 전송한다.

위의 정적 물품정보 검색 서비스의 개념은 향후 동적 이력정보 검색 서비스와 환경정보 검색 서비스로 확장될 것으로 전망된다. 객체 정보 검색 서비스의 요소기술은 다음과 같이 도출된다.

① 다중 코드계 지원 기술

현재 EPC Global과 ISO/IEC를 비롯한 여러 단체에서 RFID에 대한 표준을 제정 중에 있다. 그 결과로서 현재 EPC 코드, ISO 15963, uID 등 다양한 코드계가 객체에 대한 식별 코드계로 개발되고 있다. RFID 네트워크가 인터넷과 같은 글로벌 환경에서 구축되기 위해서는 여러 단체의 RFID에 대한 정보의 위치를 찾아낼 수 있는 표준화된 디렉토리 서비스가 필수적이다. 향후 식별코드는 제품, 이력, 센서, 데이터의 식별 영역 확장과 기존 업종별 식별 코드계의 효과적인 수용 방안에 준한 기술이 요구된다. 따라서 이러한 문제를 다중 코드계 지원 기술이라 하며 객체 정보 위치 레졸루션의 구현에 필수적으로 다중 코드계 지원 기술의 적용이 필요하다.

② 레졸루션 구조 기술

레졸루션 구조는 입력 EPC 코드에 대하여 등록되어 있는 서비스 URI 목록을 검색하여 제공하는 것으로 EPC로부터 서비스 URI 목록의 변환(레졸루션) 기능으로 표현되며 기존 DNS 인프라를 활용하여 구현한다. 레졸루션 아키텍처는 정적 객체 정보 서비스(EPC-IS)에 대한 정적 객체 정보 서비스의 URI 레졸루션, 이력정보 디렉토리 서비스의 URI 레졸루션, 환경정보 디렉토리 서비스의 URI 레졸루션 기능을 제공한다.

③ 이력정보 디렉토리 아키텍처 기술

이력정보검색 서비스를 위해서는 동적 정보로서 업종 또는 기관별로 이력정보의 위치를 저장하는 디렉토리와 각 기관별 이력정보를 저장하는 이력정보 서비스 기술이 필요하다. 이력정보 디렉토리는 기관별, 업종별로 다양한 형태를 가질 수 있으며 이력정보에 글로벌 연동을 위한 이력정보 포인터 등록에 관한 표준화가 요구된다. 한편 이력정보 서비스 기술은 객체 정보 서비스 기술로 구현된다.

④ 객체 정보 서비스 기술

객체 정보는 정적 객체 정보와 이력정보와 같은 동적 객체 정보, 그리고 환경 정보로 구성된다. 각 정보의 특성에 따라 해당 객체 정보는 저장 구조, 접근 방식 및 기능 등에 있어 많은 차이를 갖는다. 객체 정보 서비스의 구축은 객체의 정보를 글로벌 네트워크상에서 객체 정보 교환을 위한 객체 정보 기술 언어(Description Language)와 객체 정보 리포지터리(Repository)구축, 리포지터리 접근을 표준 인터페이스에 대한 기술이 요구된다.

4) RFID 미들웨어의 중요성

(1) 타 시스템과의 연동 및 통합의 편의성

RFID 도입이 성공을 거두기 위해서는 서로 다른 플랫폼의 엔터프라이즈 애플리케이션들이 통합되어야 하고 데이터 수집, 저장, 분석이 가능한 새로운 소프트웨어도 개발되어야 한다. RFID 미들웨어는 기존 엔터프라이즈 데이터와의 통합과 다른 애플리케이션과의 연동을 가능케 하는 기능을 수행함으로써 솔루션 통합, 데이터 처리 · 공유를 통한 부가가치 창출을 한다.

(2) 뛰어난 범용성

다양한 애플리케이션과 다양한 리더들의 표준화된 인터페이스를 미들웨어가 제공함으로써 다양한 이기종간의 리더기를 쉽게 연결할 수 있는 범용성을 가진다.

(3) 개발의 용이성

RFID 미들웨어는 컴포넌트 구조로 되어 있어 응용 서비스에 적합한 새로운 알고리즘과 기능을 손쉽게 적용, 추가할 수 있으며 리더에 대한 접근이나 처리, 제반 RFID 네트워크 관련 서비스들은 응용 프로그램 개발로부터 분리가 됨으로 개발자는 이에 대해 전혀 고려하지 않고 응용 프로그램을 개발할 수 있다.

(4) 태그로부터 수집되는 원시 데이터의 의미있는 재구성

방대한 원시 데이터를 실제 의미있는 정보와 데이터로 재구성하여 데이터량을 줄이는 기능을 수행한다. 또한, 하드웨어에 의존하지 않고 데이터를 통합, 관리하고 태그, 리더에서 수집되는 방대한 동적인 스트리밍 데이터를 효과적으로 전달하기 위한 필터링, 요약, 교환 처리 기능을 수행한다.

(5) 이벤트의 실시간 감지로 자동적인 후속작업 진행

RFID 시스템이 설치된 환경 하에서 재고부족 또는 물량의 증가 등 이러한 이벤트가 발생되면 실시간으로 미들웨어가 감지하여 대처할 비즈니스 프로세스를 자동적으로 실행하여 제어하는 기능을 수행한다.

5) RFID 미들웨어의 도입 효과

(1) 실시간 제품을 추적(trace)함으로써 현장 운영 process 혁신 효과

이는 제품 흐름을 추적함으로써 가시성을 확보함은 물론 아래와 같은 비효율적인 요소를 제거한다.

- 과잉 재고(Excessive Inventory)
- 재고 부족(Short of Stocks)
- 재고 차이(Shrinkage)
- 주문 처리 소요 시간(Order Processing Time)
- 수작업일 때 발생하는 오류(Possible Human Error)
- 과다한 서류 작업(Excessive Paper Works)

(2) 지능화된 자동 제어 효과

제품과 자동화 장비 간을 네트워크화함으로써 지능적으로 제품을 통제하며 아래와 같은 효율성을 제공한다.

- 제품 이동의 추적 및 자동제어가 가능한 Process 제공
- 이벤트에 의하여 자동적으로 전가상거래 발생
- 수요의 변화를 공급망 구성원들에게 제공
- 공급망 전체의 동기화 및 효율화 달성

(3) 기업의 비용절감 및 생산성 향상

하나의 단일 시스템으로 RFID 관련 기업 애플리케이션을 개발하는 것에 비해 이미 상용화된 RFID 미들웨어를 도입함으로써 비용을 절감하게 되고 안정화된 미들웨어 도입에 따른 생산성을 향상시킬 수 있다.

(4) 기업 RFID 시스템 인프라 확장에 대처가 용이

단일 시스템으로 구성된 RFID 시스템에 비해 RFID 미들웨어를 복수개 병렬연결함으로써 방대한 태그 데이터에 대한 처리를 가능하게 하며 이는 시스템에 가해지는 부하를 감

소시키어 시스템 인프라 확장 및 시스템 안정성 유지에 지속적인 대처가 가능해진다.

(5) RFID 시스템에 대한 유지보수 용이

RFID 미들웨어는 제공 벤더에 의해서 기능 개선 및 관리를 체계적으로 진행함으로써 단일 시스템으로 구성된 경우보다 일관적인 시스템 관리를 수행하는데 큰 이점이 있다.

6) RFID 미들웨어 선정 시 고려사항

일반적으로 RFID 미들웨어를 선정할 때 RFID 리더기와의 연결이나 기본적인 필터링 기능에 치중하고 있는데 사실은 다양한 리더기와의 연결성 및 미들웨어 자체 필터링 기능은 가장 기본적인 기능으로서 실제 필드에서 요구되는 상세한 기능에 대해서는 보다 더 집중적이고 신중한 검토가 요구된다. 이러한 요구사항을 고려치 않고 선정된 미들웨어는 결국 실제 구축 단계에서 제공되는 기능과 성능상의 문제로 전체 프로젝트 성패를 가를 수도 있는 중대한 상황에 놓이게 할 수도 있는 만큼 다음의 사항에 대한 신중한 검토를 거친 후 이에 적합한 미들웨어를 선정하는 것이 RFID 미들웨어 선택에 가장 우선하는 요소라 하겠다. RFID 미들웨어 선정 시 고려할 필수사항들은 다음과 같다.

(1) 장치 관리 분야

가장 핵심적이면서도 기본적인 분야이다. RFID 미들웨어는 기본적으로 사용자로 하여금 쉬운 유저 인터페이스로 개별 장치(리더기)에 대한 설정/모니터링/배치/작동 명령이 가능하도록 지원해야 한다. 사용자는 필요시 리더기의 On/Off 상태를 적절한 때에 제어할 수 있어야 하며 리더기의 추가적인 배치가 플러그 앤 플레이 수준으로 손쉽게 제공될 수 있어야 한다.

(2) 데이터 관리 분야

RFID 미들웨어가 리더로부터 태그에 기록된 코드 값을 읽어들이면 이 데이터를 정확하게 필터링하고 적절한 위치로 라우팅할 수 있음을 확인해야 한다. 이 기능은 미들웨어가 복수 데이터에 대한 필터링과 같은 저수준 논리와 콘텐츠 기준 라우팅과 같은 고수준 논리를 함께 갖추고 있어야 가능한 것이다. 더불어 다양한 리더로부터 들어오는 태그 데이터에 대한 수집 및 관리를 위한 툴도 기본적으로 제공됨을 확인할 필요가 있다.

(3) 애플리케이션 통합 분야

RFID 미들웨어는 RFID데이터가 기업의 레거시(Legacy)시스템(SCM, ERP, WMS, CRM 등)과 안정적으로 연동되는데 필요한 메시징, 라우팅, 연결편의성을 제공해야 한다. 특히 널리 쓰이는 WMS(Warehouse Management System)나 SCM 애플리케이션을 위한 어댑터 라이브러리가 제공되어야 하고 특히 제3의 업체 애플리케이션과 연동을 위한 API와 JMS, XML, SOAP와 같은 표준기술을 준수하는 어댑터의 지원여부가 중요하다.

(4) 협력사 통합 분야

RFID활용을 통한 가장 유력한 효과 중 하나는 수요예측과 재고관리와 같은 협력사와의 공조 프로세스 향상을 위한 RFID 데이터의 공유이다. 이러한 파트너 통합을 위해서는 RFID 미들웨어가 협력사 프로파일 관리와 같은 B2B통합 기능을 제공하고 EPCglobal와의 연동을 지원하는지를 기본적으로 파악해야 한다.

(5) 프로세스 관리 및 애플리케이션 개발 분야

보다 폭넓은 기능을 지원하는 RFID 미들웨어는 RFID 데이터를 단순히 비즈니스 애플리케이션에 라우팅하는 수준을 넘어 자동화된 재고보충 시스템과 같은 기업 내 복수의 애플리케이션들이 연관된 복잡한 프로세스들을 조정하고 관리하는 강력한 기능을 제공하게 된다. 특히 핵심 프로세스 관리나 애플리케이션 개발은 개발 과정, 역할 관리(Role management), 프로세스 자동화와 유저 인터페이스 개발 툴 등을 포함하는지 파악해야 한다.

(6) 패키지화된 RFID 콘텐츠 제공 분야

패키지화된 라우팅 로직과 제품 데이터 스키마, 그리고 물품 선적/배송/트래킹과 같은 RFID 관련 애플리케이션과 비즈니스 프로세스 연동을 위한 다양한 RFID 콘텐츠(템플릿)는 RFID 미들웨어 플랫폼의 주요한 항목 중 하나이다. 이러한 콘텐츠를 미들웨어에서 기본적으로 제공함으로써 사용자는 복잡한 RFID 프로젝트 진행에 큰 도움을 얻을 수 있게 된다.

(7) 아키텍처 확장성 및 관리 분야

RFID를 도입함으로써 수많은 데이터가 생성되게 되는데 이때 RFID 미들웨어는 안정적인 데이터 처리를 위해 가장 전면에서는 시스템이 된다. 이는 RFID 미들웨어가 복수의 서버 사이에서 고도로 유연한 로드밸런싱 기능과 서버 장애에 대비한 자동화된 리라우팅 기능을 제공해야 함을 뜻하는 것이다. 이러한 기능은 리더기와의 연동을 지원하는 네트워크 단말부터 시스템 전반에 이르는 미들웨어 전체 아키텍처에 걸쳐서 제공되어야 한다.

7) RFID 미들웨어 기능 평가 요소

RFID 미들웨어의 성공적인 도입을 위해서는 각 기업의 도입 목적과 구축 환경에 따라서 다양한 평가 요소들이 존재하게 된다. RFID 미들웨어의 기능이 많다고 해서 무조건 도입해야 되는 것은 아니지만, 도입하고자 하는 RFID 미들웨어가 기능이나 성능이 우수하다면 그만큼 성공적인 도입 가능성은 높을 것이다. 그렇다고 RFID 미들웨어의 다양한 기능들을 일일이 비교 검토해서 도입을 한다면 성공적인 도입 가능성이 높겠지만 현실적으로 수백 혹은 수천가지의 요소들에 대해 검토한다는 것은 불가능하다. 그렇다면 RFID 미들웨어 도입 시 어떠한 중요한 평가 요소를 가지고 검토를 해야 하는지가 중요하게 된다. 이에 성공적인 RFID 미들웨어 도입 시 적용해야 할 기본적인 평가 요소들은 다음과 같다.

(1) 적합성

RFID 미들웨어 도입 시 목적과 구축 환경에 대한 적합성을 제공하는지 확인한다.

- 도입 목적의 적합성 : RFID는 물류, 항만, 항공, 군사, 유통 등 사회 전반적인 각 분야에 적용된다. 각 분야별로 서로 다른 도입 목적에 따른 각각 서로 다른 다양한 요구조건이 발생하게 된다. 이에 RFID 미들웨어 도입 시 도입 목적에 따른 다양한 요구 사항에 적합한 기능을 제공하는지 확인한다.
- 구축 환경의 적합성 : RFID는 다양한 분야의 적용되므로 RFID 미들웨어에서 적용하고자 하는 구축 환경에 맞는 적합성을 지원하는지 확인한다.

(2) 표준화 및 호환성

RFID 미들웨어 도입 시 국제 공통 표준 호환성 및 다양한 이기종의 리더기에 대한 호환성을 제공하는지 확인한다.

① 국제 공통 표준 호환성 : RFID 코드는 사물을 유일하게 식별하고자 하는 목적에 대한 수단이므로 특정 지역 또는 특정 조직 내에서만 활용되는 코드 체계를 지원하는

RFID 미들웨어보다는 전 세계적으로 공통적인 표준체계를 지원하는 기능을 제공하는지 확인한다.

② 다양한 이기종의 리더기 호환성 : RFID 미들웨어 도입의 중요한 필요성 중 하나가 다양한 RFID 업체에서 출시한 리더기마다 독자적인 프로토콜을 사용하기 때문이다. 이들 이기종의 리더기간에 서로 호환성이 없으므로 RFID 구축시 문제가 발생된다. RFID 미들웨어 도입 시 이기종 리더기간의 단일한 인터페이스 기능을 제공하는지 확인한다.

(3) 효율성

RFID 미들웨어 도입 시 실시간 정보들을 효율적으로 처리하는 기능을 제공하는지 확인한다. 리더기로부터 실시간으로 발생하는 대용량의 수많은 태그/센서 스트리밍 데이터를 수집, 효율적인 필터링, 군집화, 교환하는 기능을 RFID 미들웨어에서 제공하는지 확인한다.

(4) 보안성

RFID 미들웨어 도입 시 정보의 무결성 및 보안성을 제공하는지 확인한다. 리더기로부터 수집되는 수많은 정보 중에는 정보의 성격이 매우 민감한 정보도 포함되어 있다. RFID 미들웨어는 기본적으로 이러한 정보들을 보호하는 정보보호 기능이 요구된다. 즉 RFID 미들웨어는 미들웨어 시스템 자체의 보안성뿐만 아니라 데이터 암호화 및 인증 등 정보보호 기능을 제공하는지 확인한다.

(5) 연동성

RFID 미들웨어 도입 시 기존의 미들웨어 혹은 정보 시스템과의 연동성을 제공하는지 확인한다. RFID 미들웨어는 구축 목적에 따라 다양한 미들웨어와 연동을 하게 된다. 즉 기존의 다양한 정보 시스템(ERP, CRM, SCM 등) 및 이기종의 애플리케이션과의 연동 기능을 제공하는지 확인한다.

(6) 확장성과 개방성

RFID 미들웨어 도입 시 향후 다양한 요구 사항을 수용할 수 있도록 확장성과 개방성을 제공하는지 확인한다.

- **개방성** : 향후 다양한 분야에서 적용될 RFID 표준 코드 및 비표준화된 코드 등이 등장할 수 있다. 또한 다양한 독자적인 프로토콜을 가지는 리더기도 등장할 수 있다. RFID 미들웨어에서 앞으로 등장할 다양한 분야의 RFID 코드 및 리더기 프로토콜을 유연하게 수용할 수 있는 개방성을 제공하는지 확인한다.
- **확장성** : RFID 미들웨어는 다양한 응용 분야에 따라 달라지는 요구 기능을 수용할 수 있도록 응용 서비스에 적합한 새로운 기능 및 알고리즘을 손쉽게 개발, 추가할 수 있도록 컴포넌트 기반의 확장성을 제공하는지 확인한다.

8) 시스템 구축에 적정한 RFID 미들웨어 도입조건

(1) 타 시스템과의 연동 및 통합의 편의성

RFID 도입이 성공을 거두기 위해서는 서로 다른 플랫폼의 엔터프라이즈 애플리케이션들이 통합되어야 하고 데이터 수집, 저장, 분석이 가능한 새로운 소프트웨어도 개발되어야 한다. RFID 미들웨어는 기존 엔터프라이즈 데이터와의 통합과 다른 애플리케이션과의 연동을 가능케 하는 기능을 수행함으로써 솔루션 통합, 데이터 처리 · 공유를 통한 부가가치 창출을 한다.

(2) 뛰어난 범용성

다양한 애플리케이션과 다양한 리더들의 표준화된 인터페이스를 미들웨어가 제공함으로써 다양한 이기종간의 리더기를 쉽게 연결할 수 있는 범용성을 가진다.

(3) 개발의 용이성

RFID 미들웨어는 컴포넌트 구조로 되어 있어 응용 서비스에 적합한 새로운 알고리즘과 기능을 손쉽게 적용, 추가할 수 있으며 리더에 대한 접근이나 처리, 제반 RFID 네트워크 관련 서비스들은 응용 프로그램 개발로부터 분리가 되게 됨으로 개발자는 이에 대해 전혀 고려하지 않고 응용 프로그램을 개발할 수 있다.

(4) 안정성

일반적으로 RFID 제품이 사용되는 곳은 항만, 물류센터, 조립 공장, 군사 시설 등 주로 물류에 관계된 것이다. 따라서 미들웨어에 의한 대용량의 물류 위치 추적 및 정보 제공이 정확해야 한다. RFID 미들웨어가 작업 도중 정지되거나 복구할 수 없을 정도의 상태로 되어버린다면 각 개별 물류의 정보 추적이 불가능하므로 공장이나 항만 전체의 시스템이 멈출 수밖에 없을 것이다. 그러므로 RFID 미들웨어는 최고의 안정성을 제공하여야 한다.

〈표 2-11〉 RFID 요소기술 및 목표기술

<table>
<tr><th>기술 영역</th><th colspan="2">요소기술</th><th colspan="3">2004 2006 2008 2010</th></tr>
<tr><td rowspan="7">태그(칩)</td><td colspan="2">초소형 안테나 기술</td><td>프리팅 안테나</td><td>센서태그용</td><td>On-chip형</td></tr>
<tr><td colspan="2">칩 기술</td><td>단일대역 CMOS
(Fllp Chip 기반)</td><td>초저가 CMOS
(FSA 기반)</td><td>Polymer
Chipless</td></tr>
<tr><td colspan="2">패키징 기술</td><td>Paper-thin</td><td>환경내성 패키징</td><td>응용적합</td></tr>
<tr><td rowspan="2">변복조
기술</td><td>능동</td><td>협대역 디지털 방식</td><td>임펄스 방식</td><td>가변 방식</td></tr>
<tr><td>수동</td><td>무하변조
고효율 전력 변환</td><td>저전력 변조</td><td>MEMS 스위칭</td></tr>
<tr><td colspan="2">주변정보감지 기술</td><td>사물인식</td><td>센싱기능통합</td><td>자율제어</td></tr>
<tr><td rowspan="6">리더</td><td colspan="2">안테나 기술</td><td>단일대역</td><td>다중대역</td><td>초광대역</td></tr>
<tr><td colspan="2">RF 기술</td><td colspan="2">433/900MHz/2.4GHz</td><td>초광대역</td></tr>
<tr><td colspan="2">충돌방지 기술</td><td>100태그/초
Gkbps</td><td>4 200태그/초
100kbps</td><td>300태그/초
200kbps</td></tr>
<tr><td colspan="2">변복조 기술</td><td>협대혁 디지털변조</td><td>임펄스 변조</td><td>가변변조</td></tr>
<tr><td colspan="2">간섭회피 기술</td><td>지향성</td><td>다중액세스</td><td>공간.다중 액세스</td></tr>
<tr><td colspan="2">주변정보 인식</td><td>위치형식</td><td>상황인식상</td><td>황자율대체</td></tr>
<tr><td rowspan="4">미들웨어</td><td colspan="2">기기 모니터링/관리</td><td>중앙 집중</td><td>분산 제어</td><td>지능형 제어</td></tr>
<tr><td colspan="2">데이터 모니터링/관리</td><td>ID 데이터</td><td>이력 데이터</td><td>센서 데이터</td></tr>
<tr><td colspan="2">객체 정보 관리</td><td>정적 정보</td><td>이력정보</td><td>센서 정보</td></tr>
<tr><td colspan="2">애플리케이션 통합</td><td>데이터 통합</td><td>내부프로세스 통합</td><td>B2B 프로세스 통합</td></tr>
</table>

〈표 2-11〉은 RFID 기술 영역별 요소기술 및 연도별 목표기술을 정리한 것이다.

2.4 모바일 RFID

1) 모바일 RFID 요소기술

모바일 RFID 서비스를 제공하기 위한 휴대폰 내의 소프트웨어 구조는 [그림 2-32]와 같이 이루어진다. 우리나라에서 표준화된 휴대폰의 무선인터넷 소프트웨어 실행 플랫폼은 WIPI(Wireless Internet Platform for Interoperability)이고, 이동통신 3사도 WIPI를 모두 지원하고 있으므로, 모바일 RFID 서비스의 소프트웨어 플랫폼으로 WIPI를 가정하고 있다. 따라서 RFID 리더장치에 대한 장치 드라이버가 가장 하위에 장착되고, 장치 드라이버를 WIPI HAL(Handset Adaptation Layer)이 호출하여 동작하여 WIPI API(Application Program Interface)가 모바일 RFID 응용에게 RFID 리더 관련 기능을 제공하도록 한다.

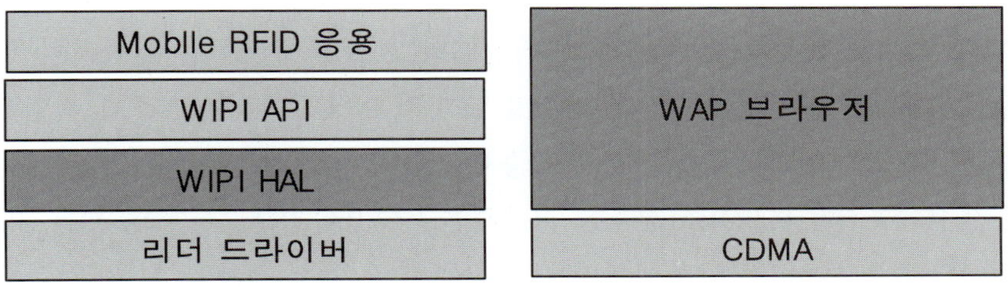

[그림 2-32] 모바일 RFID 서비스를 위한 휴대폰 내의 소프트웨어 구조

모바일 RFID 서비스를 위한 WIPI API 기능들은 [그림 2-33]과 같이 세 가지로 구성되는데, RFID 리더를 제어하여 RFID 태그를 읽거나 쓸 때를 위한 리더칩 제어기능, 태그로부터 읽은 코드가 EPC, mCode, ISO 등의 어떤 종류의 것인지를 인식하기 위한 다중코드 인식 기능, 인식된 코드로부터 코드에 대해 설정된 URL 정보를 ODS 서버로부터 찾아오는 스터브 코드해석기 등으로 구성되어 있다. 이들 기능 요소들의 동작으로부터 확보된 URL을 통해 콘텐츠 서버에 접속하여 콘텐츠를 갖고 오는 동작이 이루어진다. 이것은 모바일 RFID 응용이 직접 해당 URL로 콘텐츠를 갖고 올 수도 있고, WAP 브라우저를 이용하여 콘텐츠를 갖고 올 수도 있다.

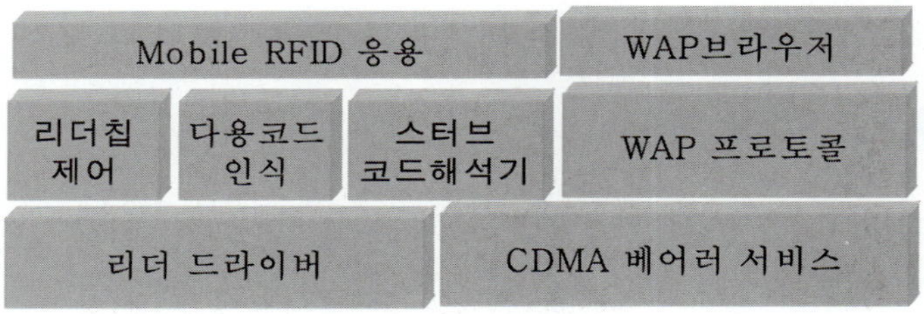

[그림 2-33] 모바일 RFID 서비스를 위한 소프트웨어 기능 구조

모바일 RFID는 국내에서 처음 착안한 서비스이기 때문에 국내외 어디에도 아직 기술 표준, 서비스 표준이란 것이 존재하지 않는다. 모바일 RFID가 보급되고 활성화되기 위해서는 무엇보다도 먼저 관련 표준이 제정되어야 한다. 일반적으로 표준에는 기술적인 목표 및 필드테스트 결과 그리고 필수 요구사항 등이 반영되기 때문에 모바일 RFID 기술에 있어서 가장 중요한 작업이 표준화 작업이라고 말할 수 있다. 관련하여 현재 국내의 여러 업체/기관의 전문가들이 각 분과별로 모바일 RFID를 위한 표준화 작업을 진행하고 있으며 일부 표준(안)의 경우 TTA에 표준제안을 해 놓은 상태이다. 일단, 모바일 RFID에서도 무선접속규격은 900MHz 신호를 사용하는 ISO/IEC 18000-6 Type C를 기본적으로 지원하며 18000-6 Type B는 옵션사항으로 지원하는 것을 전제로 하고 있다.

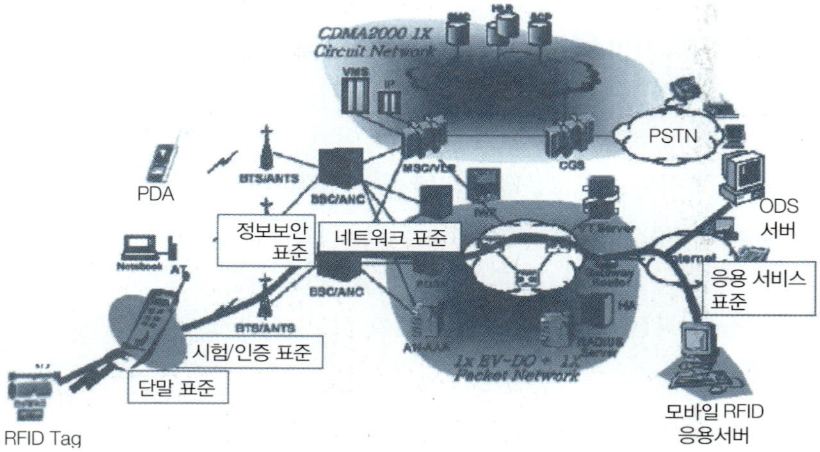

[그림 2-34] 분야별 모바일 RFID 표준

[그림 2-34]는 모바일 RFID 서비스의 통신 인프라에 대한 연결 구조와 해당되는 모바일 RFID 기술표준들의 종류를 보여주고 있다. 태그와 휴대폰 간에는 수동형 RFID의 무선접속방식에 의해 통신을 하게 되며, 휴대폰과 기지국간은 기존의 이동통신 무선접속방식 또는 무선인터넷 무선접속방식에 따르게 된다. 기지국과 모바일 RFID 응용 서버 사이에는 TCP/IP 망 유선접속방식을 따르게 될 것이다. 모바일 RFID 표준에서는 태그-휴대폰-기지국-응용 서버 간의 유무선 접속방식 모두를 표준화 대상으로 하지는 않으며, 기존의 유무선 접속방식에서 모바일 RFID를 위해 추가되어야 할 부분에 대해서만 표준화 대상으로 하고 있다.

관련하여 단말 분야에서는 휴대폰 내장 RFID 리더칩에 대한 인식 거리, 송신 전력, 주파수, 간섭, 기술기준, PIN 규격, UART 통신 인터페이스 등에 대한 내용과 리더칩을 제어하기 위한 WIP API 및 WIPI-HAL API 확장 규격에 대한 내용을 다루고 있다. 한편 모바일 RFID 단말의 미들웨어 기능은 [그림 2-35]와 같이 WIPI API의 형태로 응용 프로그램에 제공되고 있다. 여기서 'mRFID Device Driver'는 리더칩 제조회사가 제공하는 장치 드라이버 소프트웨어가 된다. 이들 모두는 모바일 RFID 서비스를 위한 표준화 대상이다.

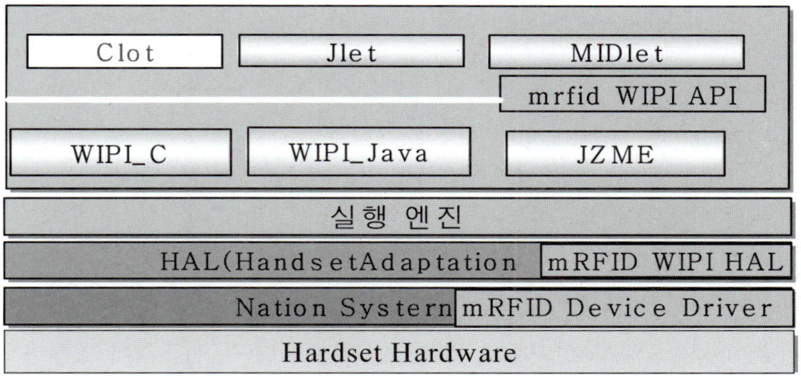

[그림 2-35] 모바일 RFID 단말을 위한 WIPI 플랫폼 구성

네트워크 분야에서는 '코드 해석'을 위한 ODS(Object Directory Service) 통신, 휴대폰 단말과 응용 서버 사이에 콘텐츠 송수신을 위한 메시지 전송, 모바일 RFID 서비스 환경을 지원하고 휴대폰 단말과 응용 서버 사이에 최적의 콘텐츠 전송이 가능하도록 하는 콘텐츠 협상, 메시지 전송 동안에 응용이 원하는 상태 정보를 생성 및 관리할 수 있도록 하는 세션 관리 등의 통신 프로토콜과 이들 통신 서비스를 지원하는 WIPI 확장 규격에 대한 내용을 다루고 있다.

정보보안 분야에서는 서비스 인프라의 통신 구간들에 대한 기밀성, 무결성, 부인봉쇄, 인증, 개인정보/사생활 보호, WIPI 확장 규격 등에 대한 내용을 다루고 있다.

시험인증 분야에서는 각종 표준들의 구현 결과에 대한 적합성 시험과 상호운용성 시험, 무선접속 기술기준에 대한 시험과 인증 등에 대한 내용을 다루고 있다.

마지막으로 응용 서비스 분야에서는 모바일 RFID 서비스를 위한 응용 모델 및 시나리오, 사용자 서비스를 위해 태그, 리더, 통신, 응용 서버 및 응용 프로그램 등 서비스 인프라가 지원해야 하는 각종 요구사항을 규정한 ARP, 태그의 사용자 데이터 영역에 대한 데이터 저장 형식, XML, PML, 웹서비스 등과 관련된 모바일 RFID 서비스 콘텐츠 표현 및 처리, WIPI 확장 규격 등에 대한 내용을 다루고 있다.

위와 같이 각 분야에서 모바일 RFID를 위한 표준화 작업이 이루어지고 있으며, 동시에 작업에 참여하고 있는 업체/기관을 중심으로 관련 기술개발도 진행되고 있다. 이 중 소프트웨어 기술은 이미 개발이 거의 완료되어 모바일 RFID 서비스에 적용할 단계이다. 하지만 하드웨어기술은 칩을 포함하여 여러 가지 구현상의 어려움이 있기 때문에 다소 기술개발이 지연될 전망이다. 특히 칩의 경우 국내외 어디에도 모바일 RFID용 칩이 없기 때문에 독자적인 규격을 가지고 개발하고 있으며, 관련하여 단말분과에서는 이를 위한 무선규격 기술표준을 제정하고 있다.

2) 모바일 RFID 무선규격

모바일 단말기에 RFID 리더를 내장할 경우, 리더 칩 및 주변회로의 구성도는 [그림 2-36]과 같이 나타낼 수 있다. 리더 칩의 내부는 Host/RFID 프로토콜을 처리하는 디지털부와 기저대역신호 및 900MHz RF신호를 처리하는 아날로그부로 나눌 수 있다.

이중 아날로그부를 설계하기 위해서는 이를 위한 무선규격이 있어야 하며, 현재의 국내외 표준(안)에서는 무선규격까지 규정하고 있지 않기 때문에, 우선적으로 국내의 RFID 주파수, 셀 반경, 채널할당 그리고 전파법규, 기술기준 등을 참조하여 모바일 RFID를 위한 국내의 무선규격을 작성하였다. 일반적으로 수동형 RFID 태그에서 수신되어야 할 최소 전력은 −10dBm (100uW) 정도이다. 반면 모바일 RFID 단말은 태그에 대한 접근성이 좋기 때문에 1m 정도의 인식거리이면 모바일 RFID 서비스에 적용하기에 충분하다고 한다. 따라서 −31.5dB 정도의 링크손실, 2dBi 이하의 태그안테나 이득, 0dBi 이하의 내장형 리더 안테나 이득 등을 감안하여 모바일 RFID 단말에서 20dBm 이상 출력되어야 한다는 것을 계산하였다. 그렇지만 모바일 RFID에서는 휴대폰 배터리의 전력을 사용해야 하므로 고정형 리더처럼 큰 출력을 방사할 수 없다.

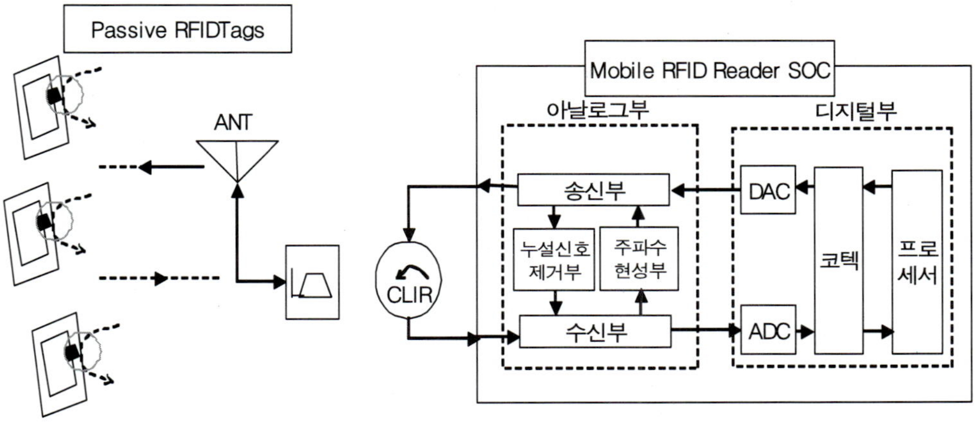

[그림 2-36] 모바일 RFID SoC 구성도

따라서 무선 규격에서는 링크분석에 의한 최소전력, CMOS 전력증폭기의 한계, 그리고 휴대폰 배터리 전력 등을 고려하여 송신부 출력을 결정하였다. 한편, 모바일 RFID는 리더의 이동성에 초점을 맞췄기 때문에 대용량 태그를 한꺼번에 인식할 필요는 없다. 따라서 수 개의 태그 인식 코드 정보를 요청, 전송하면 되기 때문에 40kbps 정도의 전송속도로도 충분히 필요한 응용 서비스를 만들 수 있다. 국내에서 RFID 용도로 분배된 주파수 대역은 908.5MHz~914MHz이며 이 대역에서 고속데이터 전송속도(640kbps)까지 지원하는 RFID 기기는 제한된 영역에서 넓은 채널대역폭을 사용하는 경우에만 통신이 가능하기 때문에, 모바일 RFID처럼 불특정 다수에 의해 사용되어야 할 기기에는 적합하지 않다. 따라서 모바일 RFID에서는 40kbps정도의 전송속도를 기본으로 하여, 200kHz 채널대역폭을 전제로 하였다. 이상과 같은 기본 전제를 사용하여 모바일 RFID 리더의 최소성능규격을 결정하고 관련된 무선규격 기술표준(안)을 〈표 2-12〉와 같이 작성하였다.

RFID 시장은 USN으로의 발전 과정이며 'Ubiquitous' 산업의 핵심 요소가 될 것이기 때문에 향후 시장의 규모가 지속적으로 증대될 것이고, 획기적인 시장 변화 및 확대가 예상된다. 이미 13.56MHz 대역의 주파수를 사용하는 RFID 시스템이 10km이내의 근거리 accessibility를 갖는 서비스 영역에서 활용되어 왔으나 미미하였지만 NFC포럼이 Nokia와 Philips, Sony의 주도하에 결성되면서 900MHz의 UHF RFID와 많은 부분에서 경쟁 구도로 부상되고 있다. 13.56MHz RFID 태그는 주요 특성인 보안 인증의 장점을 가지고 있으나 안테나 및 칩의 복잡도가 UHF대역보다 높고 생산의 정교성을 요구하고 있어 RFID 태그

가격이 높아 버스 카드와 같은 스마트 카드 영역에 한정되어 발전할 것으로 보인다. 13.56MHz의 문제점을 해결할 수 있는 기술은 UHF RFID 태그가 될 것으로 보인다. UHF RFID 태그는 안테나 구조가 간단하고 생산 방식이 다양하여 가격 대 성능(cost performance)이 높고 인식 거리도 휴대폰에 리더기를 내장할 경우 1m에서 수 km까지 조절이 가능하기 때문에 응용 분야가 다양하다는 것이다.

〈표 2-12〉 모바일 RFID 리더의 기술표준안

파라미터		values	Others
1. 주파수밴드		860MHz~930MHz	(한국) 908-5~914MHz
2. 채널공간		200kHz	
3. 채널밴드폭		200kHz	
4. 변조		DSB-ASK, SSB-ASK, PR-ASK	
5. 전송기	Output Power	20dBm/30dBm	안테나 포토
	Spurious Emission	ISO18000-6C	
	Spurious Emission	Local Regulation	
6. 수신기	Sensitivity	−70dBm	링크 여유 =10dB
	System Noise Figure	39dB	최대허욕 NF
	Channel Selectively	+5/+18dBC@1CH +35/+47dBC@2CH +45/+47dBC@3CH +55/+47dBC@4CH	using Multi/Dense Reader Spectrum Mask
	Input IP3	-18dBm	
	Input Pl dB	-28dBm	
	Dynamic Range	〉42dBm	
7. PLL/Syn	Frequency Stability	±10ppm(±20ppm)	−25(−40)~45(65)
	Phase Noise	−73/−88dBc/Hz alt 200kHz −106/−118dBc/Hz alt 400kHz	Multi/Dense Reader

RFID 태그가 학문적으로 제시된 것은 지금으로부터 50여 년 전의 일이고 산업에 적용하기 위해 여러 주파수 대역이 검토되어 왔으나 빛을 보지 못하였다. 그런 노력의 결실이 단방향으로 리더기가 RFID 태그를 읽어들이는 기술에서 읽고 쓸 수 있는 양방향의 NFC 기술까지 13.56MHz 대역을 중심으로 발전되었다.

모바일 RFID 서비스의 개념은 휴대폰이 RFID 태그를 스캔(Scan)한 후 이동통신망 접속을 통하여 RFID 태그 정보위치 URL 요청을 ODS로 하고 URL 접속을 통하여 OIS로부터

RFID 태그정보를 받아서 휴대폰에서 해당 정보를 표시하게 한다.

[그림 2-37]은 모바일 RFID 서비스에 대한 상세 동작 과정이다. 첫 번째 과정은 휴대폰의 RFID 리더가 태그로부터 RFID 코드를 읽어들이는 과정이고, 두 번째 과정은 읽어들인 코드에 대해 URL을 찾아내는 코드 레졸루션 과정이며, 세 번째 과정은 콘텐츠 획득 과정이다. [그림 2-38]은 세부적인 메시지 흐름 및 절차에 대해 나타낸 그림이다.

[그림 2-37]의 상세 동작 과정에서 코드 레졸루션은 다음의 [그림 2-38]의 상세 동작 과정으로 이루어지는데, 이것은 DNS 인프라에서 IP 주소에 대해 도메인 이름을 찾아내는 역방향 탐색 과정과 똑같이 동작하는 모델이다. 다만 IP 주소에 대한 역방향 탐색은 PTR 레코드 탐색을 통해 이루어지고, 코드 레졸루션 과정은 NAPTR 레코드 탐색을 통해 이루어진다.

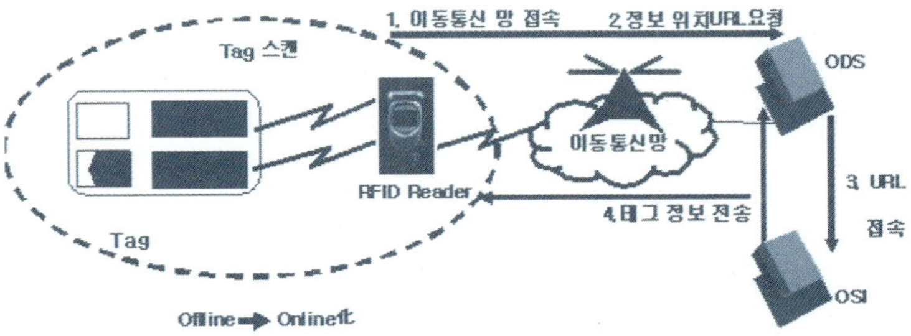

[그림 2-37] 모바일 RFID 서비스 개념도

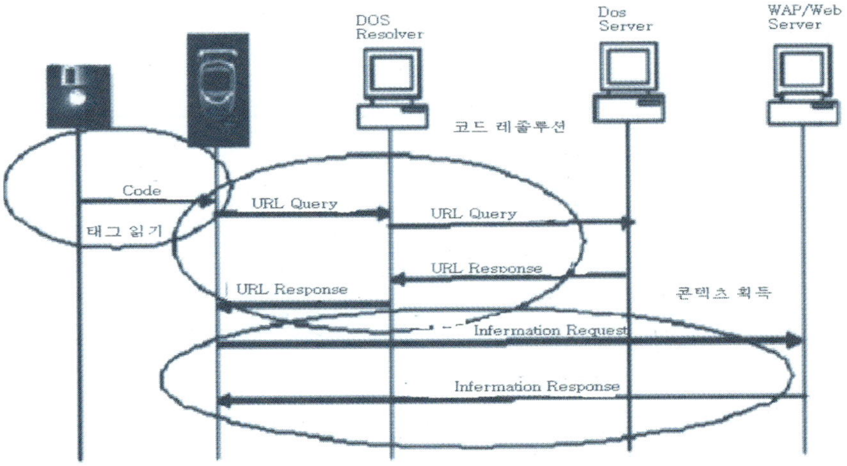

[그림 2-38] 모바일 RFID 상세 동작 과정

앞으로 900MHz대역의 기술도 현재는 단방향 기술만 나와 있지만 리더기에 RFID 태그의 기능을 갖는 기술로 발전되고 양방향으로 통신이 가능하도록 개발되는 것은 시장의 필요에 따라 급속히 발전될 것이다.

태그로부터 코드를 읽어들이면 '0100110110...'과 같이 이진 숫자열로 응답을 받게 되고, 이것이 EPC, ucode, mCode 등 어떤 종류의 어떤 체계로된 코드인지 알아내고, 해석된 숫자 형태의 코드를 '이름' 형태로 유일하게 식별할 수 있도록 하기 위하여 URN 형태로 변환하는 과정이 진행되고 예를 들어, urn:mcode:type-a:1.20.300.9876, URN에서 코드 부분만 떼내어 FQDN 형태로 바꾸어서 [그림 2-39]에서 300.20.1.odsroot.org - DNS 프로토콜을 이용하여 ODS 서버에게 코드에 대응하는 URL 정보를 얻기 위해 NAPTR 레코드 요청을 하게 되고, 통신사업자측에 있는 ODS 리졸버는 코드 레졸루션에 대한 요청을 받으면, Root ODS와 국가 ODS 및 로컬 ODS 서버에 이르기까지의 계층적인 코드 위임관리 체계를 따라 반복적인 질의/응답을 DNS 프로토콜을 이용하여 처리한 후에 최종적인 응답을 받아 클라이언트에게 전달한다.

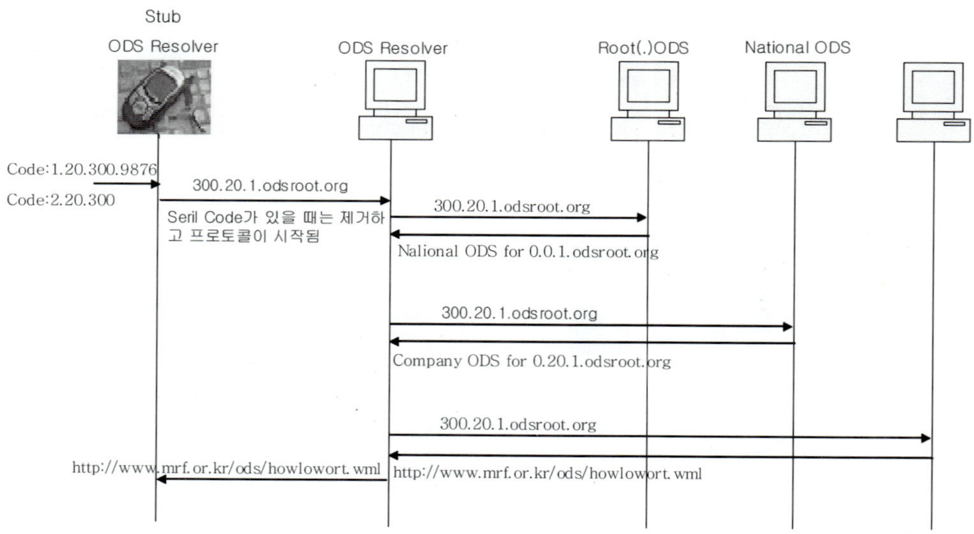

[그림 2-39] 코드 레졸루션 상세 동작 과정

[그림 2-39]에서 코드는 어떤 사물에 대해 일련번호까지 포함하고 있는 경우가 있고, 일련번호는 없이 사물에 대해서만 식별하는 경우가 있다. 즉, 예를 들어 새우깡을 식별하는 코드에 덧붙여 수많은 새우깡에 대해 일련번호를 붙여서 각각을 식별하고자 하는 경우에

코드는 품명에 대해서만 부여할 때와 각각의 개별 사물에 대한 일련번호까지 함께 가지는 두 가지 형태의 코드가 있을 수 있는 것이다. [그림 2-39]의 코드 레졸루션 과정에서 일련번호에 대해서는 제거하여 코드 레졸루션이 진행된다.

그 이유는 일련번호 각각에 대해 코드 레졸루션을 한다고 하면, 예를 들어 100만개의 새우깡에 대해 각기 개별적인 코드 레졸루션을 위해 DNS 서버는 100만개의 NAPTR 레코드 정보를 갖고 있어야 한다는 뜻이다. 이러한 방법보다는 새우깡에 대한 코드만으로 새우깡의 세부 정보 서비스를 제공하는 서버 시스템의 URL을 획득하여 이 서버에게 각각의 개별 새우깡에 대한 정보를 획득하는 것이 보다 효율적인 수단이 된다.

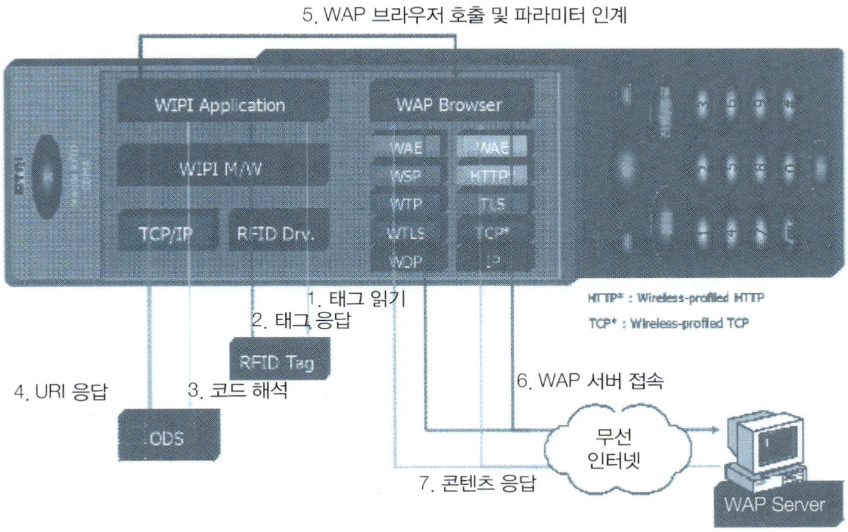

[그림 2-40] 휴대폰 단말 내의 메시지 흐름도

[그림 2-40]의 휴대폰 단말 내에서 이루어지는 메시지 흐름은 다음과 같다.

① 모바일 RFID 서비스를 제공하는 WIPI 응용 프로그램은 WIPI API를 호출하고, 이것이 RFID 리더 장치 드라이버를 구동하여 RFID 태그 읽기기능을 동작시킨다.

② 태그는 응답을 RFID 리더에게 보내고 최종적으로 모바일 RFID 응용 서비스 프로그램에게 전달된다.

③ 위 ②번 과정을 통해 읽어들인 RFID 코드는 이진 데이터 형식으로서 어떤 종류의 코드인지 알 수 없는 상태이다. 그러므로 어떤 종류의 코드이고 어디서부터 어디까

지가 국가, 기업, 상품 등의 코드 영역인지 판단하여야 하고, 이것이 [그림 2-40]에서 보여주고 있는 다중코드 인식 기능이다. [그림 2-40]에서 3번 절차로서 코드 레졸루션 과정을 거치기 전에 다중코드 인식의 절차가 진행되어야 한다. 어떤 종류의 코드인지 인식된 후에 3번에 해당하는 코드 레졸루션 과정이 시작된다. 코드 레졸루션 과정은 RFID 코드에 대응되는 URL 정보를 ODS 서버로부터 DNS 프로토콜을 통해 해석하는 과정이다.

④ ODS 서버는 DNS 프로토콜의 응답을 통해 RFID 코드에 대응하는 URI 또는 URL 응답을 보내준다. 이를 통해 최종적으로 WIPI 기반의 모바일 RFID 응용 서비스 프로그램은 URI 또는 URL 정보를 획득한다.

⑤ URI 또는 URL 정보가 획득되면 해당하는 응용 서비스 또는 콘텐츠 서버로부터 해당 서비스 또는 콘텐츠를 갖고 와야 한다. 이를 위하여 WIPI 응용 서비스 프로그램은 확보된 URL 정보를 넘겨주면서 WAP 브라우저를 실행시킨다. 이러한 절차를 거치는 이유는 WIPI 응용 서비스 프로그램이 획득한 URL을 이용하여 직접 콘텐츠 서버에 접속하여 콘텐츠를 획득할 수도 있으나 확보한 콘텐츠가 HTML, XML, 또는 WML로 이루어져 있을 때 WIPI 응용 서비스 프로그램은 이들 콘텐츠 표현 언어들을 처리할 수 있는 능력이 있어야 하는데, 이것은 새로운 콘텐츠 브라우저가 있어야 한다는 뜻이다. 이런 용도를 위하여 WAP 또는 Web 브라우저가 존재하는 상황에서 또 다른 콘텐츠 브라우저가 존재한다는 것은 결코 바람직한 선택이라 할 수가 없다. 그러므로 획득한 URL을 통해 콘텐츠를 갖고 오고자 할 때 자체적으로 처리하는 것보다는 기존의 콘텐츠 브라우저를 재활용하는 것이 보다 바람직한 선택이며, 이런 용도로서 기존의 WAP 브라우저가 쓰이게 된다. 이러한 이유로 그림의 5번 단계에서 WAP브라우저가 호출되면서 앞서 획득한 URL 정보가 넘겨지게 된다.

⑥ WAP 브라우저는 넘겨받은 URL 정보를 이용하여 최종적인 콘텐츠 서버에 접속하여 해당 콘텐츠를 요청하게 된다.

⑦ 콘텐츠 서버는 ⑥번 과정에 대한 적절한 응답으로서 해당 콘텐츠를 응답하게 된다. ⑥번과 ⑦번에서 나타나는 두 가지 경로는 WAP 프로토콜의 개정판 종류에 따라 다른 경로를 이루는 것을 나타내는 그림이다.

제3장
RFID의 표준화 및 보안

3.1 RFID 관련 표준화 조직과 표준화

본 장에서는 RFID와 관련한 세계적 표준화 동향을 파악하고 대응하기 위하여 세계 전파의 현황, RFID 관련 표준화 조직과 표준화 대상, RFID의 표준화 현황 등에 관한 내용을 살펴본다.

물품의 유통을 생각하면 국내에서 생산된 물품이 세계로 수출되거나 세계 다른 곳의 물품이 수입되는 것이 현실이다. 이러한 세계적 물품 유통 관리에 RFID 태그를 이용할 경우, 모든 국가에서 통용 가능한 RFID 태그에 대한 이용 규격의 표준화가 요구된다. 국제 표준화는 각 국가나 지역 상황을 배경으로 주파수에 관한 조정이 이루어지게 된다. 또한 전파법/규정으로서는 미국은 연방통신위원회(FCC)의 규격(FCC Part15)이 있고, 유럽은 R&TTE 지령이나 ERC/RFC 70-03이 있다. 일본은 총무성이 규정하는 전파법과 민간규격으로서 (주)전파산업회(ARIB)가 규정하는 규격(ARIB STD-XX)이 있다. 이들을 기준으로 각국이 자국의 전파법을 규정하고 있다. 이와 같이 각국이 자국의 사정에 맞추어 해당 지역에 적합한 전파법을 규정하고 있기 때문에 세계적으로 완전히 같은 규정을 가진 나라는 없다고 할 수 있다.

RFID 관련 국제표준은 태그, 리더 등 기기에 대한 표준과 RF 태그에 저장되는 코드 표준으로 크게 구분할 수 있다. 기기 표준은 자사 제품과 타사 제품 간 호환성을 확보케 하여 중복 투자로 인한 비용을 절감하고 기술 개발 촉진 및 시장 확대가 가능하다. RFID 태그가 별도 표준안이 없이 고가형의 RFID가 되면 RFID 확산에 대한 저해요인이 될 것이다. 따라서, RFID 태그는 최소 비용을 목표로 무전력의 단순한 구조의 제품으로 개발되어야 한다. RFID의 표준화가 완료되면 관련 신기술, 특허, 공통 인프라의 구축, 기술 개방화에 대한 방안도 선명하게 될 것이다. 코드의 경우 다른 코드는 응용 분야가 제한적인 경우가 많으나 EPCglobal이 보급하고 있는 EPC 코드는 유통, 물류를 중심으로 전 산업에 적용 가능하며, 이미 바코드와 함께 산업계에서 널리 활용되고 있는 EAN, UCC 식별 코드도 EPC 코드에서 수용 가능하다.

1) 국제표준화 추진 체계

RFID만을 위한 표준은 따로 없고 자동인식(Automatic Identification & Data Capture) 표준에 RFID가 포함되어 관련한 국제표준화기구로 ISO (International Organization for Standardization, 국제표준화기구), IEC (International Electrotechnical Commission, 국제전기표준회의), CEN (European Committee for Standardization, 전기 및 전자공학 제외 분야의 유럽 표준 취급) 등이 있다. [그림 3-1]처럼 국제표준화기구가 구성되어 있다.

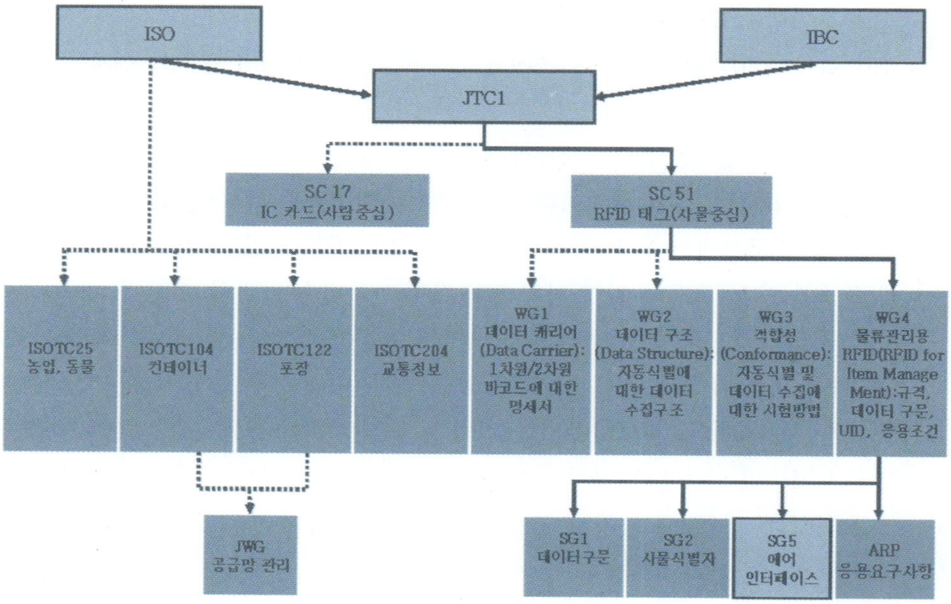

[그림 3-1] 표준화 관련 조직

이들 조직의 역할 및 구성을 간략하게 살펴보면 다음과 같다.

ISO는 상품 및 서비스의 국제적 교환을 촉진하고, 과학·기술·지적·경제적 활동 분야에서 협력을 증진하고 세계의 표준화 및 관련 활동을 촉진시킨다. ISO의 회원가입 현황은 현재 정회원(Member body) 92개국, 통신회원(Correspondent Member) 36개국, 간행물

구독회원(Subscriber Member) 12개국 등 총 140개국이 가입하여 활동하고 있다.

한국은 (前)공업진흥청 표준국이 KBS(Korean Bureau of Standards)라는 명칭으로 한국을 대표하여 1963년에 최초로 ISO의 정회원으로 가입하였다. 한국은 정부조직 개편에 따라 1997년 국립기술품질원(Korean National Institute of Technology and Quality : KNITQ)으로 회원기관 명칭을 변경하였다. 1999년 이후로는 기술표준원(Korean Agency for Technology and Standards : KATS)이 정회원으로 활동하고 있다.

- IEC는 전기 및 전자분야의 규격 준수를 촉진시키고 확인한다. 표준화에 대한 현안 및 관련 사항에 대한 국제간 협력과 이해를 증진시킨다. IEC는 각 회원국의 의사를 집결한 IEC 규격을 권고형식의 간행물로 발행하여, 각국의 국가 규격에 반영시킨다. IEC의 회원가입 현황은 2001년 8월 현재 정회원(full member) 52개국, 준회원(associate member) 9개국 등 61개국이 가입하고 있으며, 가맹회원(affiliate member)으로 4개국이 등록되어 있다. 한국은 (前)공업진흥청 표준국(KBS)이 한국을 대표하는 National Committee로서 1963년에 최초로 가입하였다. 정부 조직개편에 따라 1997년 국립기술품질원(KNITQ), 1999년 이후로는 기술표준원(KATS)이 한국의 National Committee를 담당하는 기관으로 등록되어 있다.
- CEN은 유럽내 각국들과의 상호협력을 통해 무역장벽을 허물 뿐만 아니라 자국의 산업보호를 증진시키고 상품과 시스템 그리고 서비스의 상호연동성과 일반 기술적인 이해를 돕는 역할을 한다. CEN은 특히 ISO와 IEC의 표준화 활동에 관한 유럽의 입장과 의견을 협의, 조정한다. 회원은 EU와 EFTA(European Free Trade Association, 영국, 오스트리아, 덴마크, 노르웨이, 포루투갈, 스웨덴, 스위스 등) 나라들과 체코슬로바키아 공화국의 국가 표준 기구들이다.

  바코드 및 RFID 등의 자동인식 및 데이터 획득 시스템에 대한 AIDC(Automatic Identification and Data Capture) 기술은 상품 공급망 활동에서 사람의 작업이나 판단을 궁극적으로 배제하고 상품이 갖는 정보를 자동적으로 취득하여 온라인으로 관련 정보를 처리하는 자동처리 시스템 기술이다.

  국제적으로 AIDC 기술 표준화를 주도하는 양대 공적표준화기구인 ISO와 IEC는 1996년 3월 JTC(Joint Technical Committee, 합동기술위원회)1내에 AIDC 기술표준화를 위한 SC31번째 분과위원회를 설립하고 바코드 및 물품관리용 RFID에 대한 국제 표준화 활동에 착수하였다. 현재 물품관리용 RFID 표준화는 ISO를 주축으로 국제 표준화 기구인 IEC, ANSI 등의 지역 표준화 단체와 AIM Global Network, EAN International(국제 EAN 협회), UCC(Uniform Code Council Inc., 미국 · 캐나다 상품

관리기구), MIT Auto-ID 센터 등의 민간표준화 추진협의회가 협력하여, 물리계층 · 무선접속 · 통신 프로토콜 등 무선 시스템에 대한 논의뿐만 아니라 사용 주파수 대역의 전세계적 통일에 관한 논의를 진행하고 있다.

정보전달의 고속화를 위해서는 컴퓨터에 대한 정보입력 수단의 자동화가 불가결하다. 또한 물품입수의 고도화는 발주 · 생산 · 물류 · 납입 등의 모든 생산활동 자동화를 요구한다. 이러한 생산활동의 고도화를 실현하는 기술인 AIDC 기술에는 바코드 · 2차원 심볼 · RFID · 자기카드 · IC카드 · 바이오메트릭스 등이 있다.

(1) ISO/IEC JTC1/SC31/WG4

RFID의 국제표준화는 ISO와 IEC가 공동으로 구성한 합동기술위원회 (JTC1) 산하 31번째 SC31를 설립하고 WG4가 중심이 되어 물품관리 관련 RFID에 대한 국제표준화를 활발히 진행한다. ([그림 3-2] 참조)

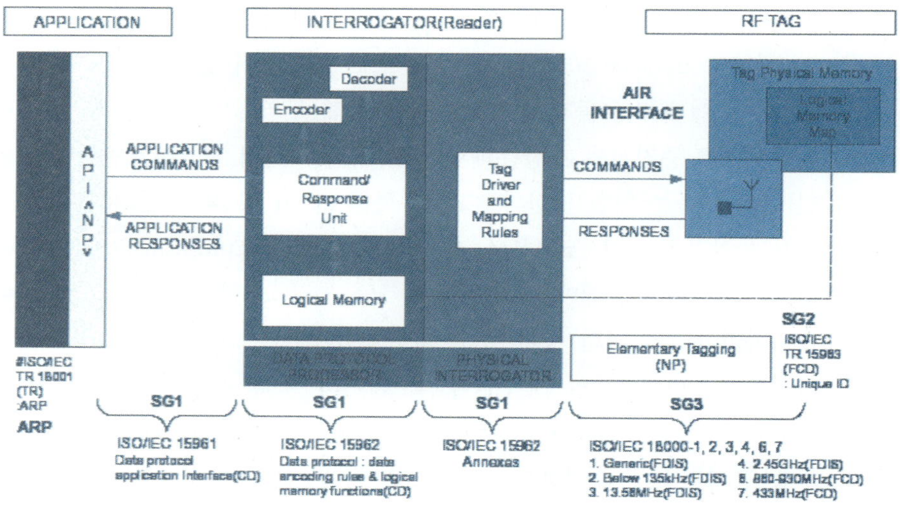

[그림 3-2] ISO 표준화 범위

- 현재, RFID 기술 표준화는 이 SC31의 워킹그룹 중 WG4에서 추진한다. 세부적으로는 SC31/WG4 내에 다시 4개의 서브그룹(SG)이 있어 분야별로 표준화가 진행한다.
- RFID 시스템의 핵심인 주파수 대역별 통신규약(Air Interface)의 표준화는 SG3에서 진행되고 그 외 시스템 간 인지할 수 있는 데이터 프로토콜 표준화는 SG1에서,

RFID 태그의 유일식별을 위한 번호부여 방법 표준화는 SG2에서 각각 진행한다.

- 또한, RFID 활용을 위한 요구사항을 명확하게 하기 위해 별도의 ARP(Application Requirement Profile)그룹이 있어 표준적 응용조건도 논의 중이다.
- JTC1/SC31의 WG4에서는 진행 중인 총 12개의 표준안은 2003년 5종, 2004년 5종, 2005년 2종을 제정하는 것을 목표로 하고 있으며, 한국은 2001년부터 표준화 작업에 참여하여 활동하고 있고 향후 국제표준 제정 후 국가표준화 방향도 연계하여 적극적으로 대응 중이다.

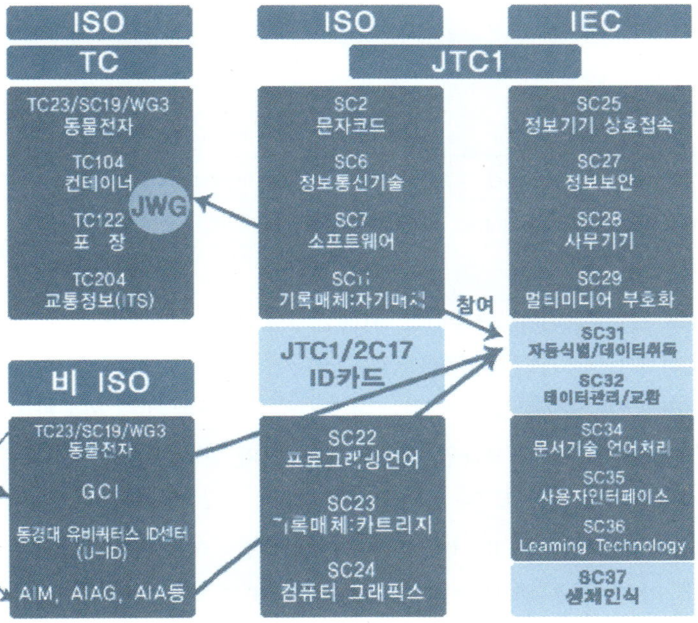

[그림 3-3] ISO/IEC의 RFID 관련 표준화 추진 조직개요

- [그림 3-3]은 SG 그룹별, 표준안별 13종(1종은 작업철회)의 국제표준안을 요약하여 정리한 것으로, 여기서 TR이라 명명된 2종은 기술보고서(Technical Report)를 나타낸다.
- Air Interface의 ISO/IEC 18000 시리즈의 UHF 대역 433MHz(Active 방식)는 미국의 테러방지용 컨테이너실 등에 적용이 검토되고 있고, 한국, 일본이 아마추어 무선용으로 이미 사용, 향후 수용에 대안 대책이 필요하다.
- UHF 대역의 경우 최근에는 일본이 제안한 950~956MHz 대역을 ISO 국제표준 주파수로 받아들였으며 국내의 경우 910~914MHz 대역을 RFID용으로 분배되었다.

〈표 3-1〉 ISO 표준화 현황

그룹	그룹명	ISO/IEC	프로젝트 명	비고
SG1	Data syntax	15961	Application Interface	리더에서의 데이터 처리
		15962	Encoding rules	
SG2	UID	15963	Unique 태그 식별	태그 ID 식별
SG3	Air interface	18000-1	General parameters	일반사항
		18000-2	~134MHz	FA, 동물 인식
		18000-3	13.56MHz	IC카드, 신분증
		18000-4	2.45MHz	위치 추적
		18000-5	5.8GHz	철회
		18000-6	UHF860~960MHz	유통 물류 등
		18000-7	UHF 433MHz 능동형	컨테이너
ARP	적응요건	18001	Application 요구 사항	Technical report

*ISO : 국제표준화기구, IEC : 국제전기표준회의

SCM의 물품 관리에 사용되는 AIDC 기술의 표준화를 ISO/IEC JTC1가 담당하고 있다. ISO/IEC JTC1/SC31에서는 WG1~3이 리니어 심볼과 2차원 심볼의 표준화를, WG4가 물품관리용 RFID의 표준화를 담당하고 있다. 즉, WG4에서는 물품관리용 RFID의 경우도 기존 AIDC 기술인 바코드와 2차원 심볼의 데이터와 같이 취급할 수 있도록 표준화를 추진하고 있다. 이들 관련 조직들은 〈표 3-1〉과 같다.

한편, 시장에서는 OCR · 바코드 · 2차원 심볼 · 자기카드 · IC카드 등이 혼재되어 사용되고 있다. RFID의 통신방법이 기기 제조업체별로 다르면 사용하기 어렵다. 때문에, OCR · 바코드 · 2차원 심볼 · 자기카드 · IC카드 등에 대한 여러 종류의 데이터 캐리어의 리더 또는 리더/라이터와 호스트 컴퓨터 사이에서 데이터 교환이 가능해야 한다. 이와 같이 주어진 시장 환경을 수용하기 위한 물품관리용 RFID 기술은 다음 두 가지 측면에서 표준화가 고려되어야 한다.

- RFID 태그와 판독에 이용하는 기기의 규격
- 태그에 입력되는 정보의 코드 체계, 혹은 데이터 정의와 데이터의 운용

위의 두 가지 측면에 대한 자연스러운 표준화가 확립되어야 RFID의 범용적 활용이 가능해진다.

현재 ISO/IEC JTC1 SC31/WG4 RFID Air Interface 전파표준은 주파수 대역, 통신 프로토콜 등 핵심적인 내용에 관한 국제표준 제정을 추진하고 있으며 각 주파수별로 전파의 세기 등은 각국의 자율적인 전파규정에 의하여 결정하도록 하였으나 다음의 CEPT, ETSI, ITU 권고 수준을 반영하도록 하고 있다.

다음은 각 주파수별 통신규약(Air Interface) 표준을 요약한 내용이다.

① 135~148kHz

ERC Rec 70-03은 135에서 148kHz까지의 넓은 주파수 범위를 갖는다.

② 0.135~30MHz

135kHz에서 30MHz에서 방사 한계는 −5dBuA/m이다. UWB 제품에 적용을 막기 위해서 단일 장치에 RF 대역폭은 50kHz(혹은 1%)로 제한되었다. 〈표 3-2〉는 ISO/IEC CD18000-2(135kHz 이하)의 주파수 사양이다.

〈표 3-2〉 ISO/IEC CD18000-2(135kHz 이하)의 통신규약(Air Interface)

	Type A	Type B
리더기에서 발신		
전송 주파수	125kHz	134.2kHz
AM 변조도	ASK 100%	ASK 100%
통신 속도	3.7~5.7kbps	0.5~4.0kbps
부호화 방식	PWM	PWM
태그에서 발신		
통신 방식	부가 변조방식	용량 재방전방식
부전송도	없음	134.2/124.2kHz
통신 속도	4kbps	9kbps
변조 방식	OOK	FSK
부호화 방식	맨체스터	RZ
충돌방지방식	시간	시간
선택 조건	binary(부전송도 : 62.5kHz)	

③ 13.56MHz

13.56MHz에서 트랜스미터 레벨은 42에서 60dBuA/m로 증가하는 안을 검토하여 최근에 SE24에서 승인되었다. 〈표 3-3〉에 ISO/IEC CD18000-3(13.56MHz) 주파수 사양을 표시했다.

〈표 3-3〉 ISO/IEC CD18000-3 (13.56MHz)의 통신규약(Air Interface)

	Mode 1	Mode 2
	ISO/IEC 15693	Magellan 사
리더기에서 발신 전송 주파수 AM 변조도 통신 속도 부호화 방식	 13.56MHz ± 7kHz ASK 100% ± 10% 26.48kbps 1.65kbps PPM	 13.56MHz±7kHz PJM 424kbps DFMFM
태그에서 발신 통신 방식 부전송도 통신 속도 변조 방식 부호화 방식	 부가 변조방식 423.75kHz 혹은 484.28kHz & 423.75kHz 26.48/6.62kbps 혹은 26.69/6.67kbps OOK & FSK 맨체스터	 8(969, 1233, 1507, 1808, 2086, 2465, 2712, 3013kHz) 106kbps×8(848kbps) BPSK MFM
충돌방지방식	time slot	FTDMA
Option	field strength	-

* PPM : Pulse Position Method, PJM : Phase Jitter Modulation
* DFMFM : Double Frequency Modified Frequency Modulation
* FTDMA : Frequency and Time Division Multiple Access

④ 2.45GHz

〈표 3-4〉에 나와 있는 모드 1과 모드 2는 호환성이 없다. 모드 1은 Intermec사부터 제안된 방식으로 FHSS 방식을 채용하고 있다. 무전지를 전제하고 있기 때문에 통신거리는 수 10cm~1m 정도로서 작은 물건이 대상이다.

한편 모드 2는 Siemens/Nedap 사로부터 제안되어진 방법으로 FHSS를 채용한 점은 모드 1과 같지만 전지사용방식이기 때문에 수 m~10m 정도이고 큰 물건이 대상이다.

〈표 3-4〉 ISO/IEC CD18000-4 (2.45GHz)의 통신규약(Air Interface)

	Mode 1	Mode 2
	배터리 사용안함	배터리 사용
리더기에서 발신	2.45GHz	2.45GHz
전송 주파수	FHSS	FHSS
방 식	20~40kbps	384kbps
통신 속도	OOK	Differential GMSK
변조 방식	맨체스터	Fire Code
부호화 방식	0.5MHz	0.77MHz
태그에서 발신	없음	153.6kHz
부 전송도	20~40kbps	384kbps
통신 속도	OOK	Differential BPSK
변조 방식	FM0	맨체스터
부호화 방식	0.5MHz	1MHz

⑤ 433MHz

ITU-R에 규정되어 있어 지역 3(아시아/오세아니아 지역)에 있어서 ISM 헤드에 지정되어 있지 않기 때문에 일본에는 주로 아마추어 무선용에 할당되어 있어 현재 RF 태그 용도에 허가되어 있지 않아 반대하고 있다.

⑥ 865-868MHz

UHF 대역은 아직 SE24에서 논의 중이다(unit densities/km2 : 20 for 2W, 60 for 500mW, 90 for 100mW).

〈표 3-5〉는 UHF 대역(433과 860~930MHz)의 전파규정에 관한 국제표준그룹에 제시한 잠정적 내용을 나타내며 〈표 3-6〉은 RF 최대출력 실태를 나타낸다.

〈표 3-5〉 433과 860-930MHz의 특성표

주파수대역	860~930MHz	433.92MHz
전송매체	Passive	Active
최소 대역폭	채널당 200kHz, 최소 2MHz	500kHz
Recommended Band	900MHz 근접 ISO/IEC 18000-6에서 정의된 860~930MHz에 존재.	433~435MHz
최소 파워 레벨	4W EIRP 혹은 2W ERP	0.1W(50% duty cycle)/ 0.01W(100% duty cycle)
Narrow band or Spread Spectrum	Spread Spectrum	Narrow band
Recommended Modulation	AM	FSK
Recommended Bit Rate	40kbps	27.7kbps
Recommended Minimum Duty Cycle	30% (1시간의 주기 측정값)	50%(0.1W)/100%(0.01W)

〈표 3-6〉 RF 최대출력 실태

주 파 수	지 역	Max. Power EIRP
433.05~434.79MHz	유 럽	25mW
865~868MHz	유 럽	4W FHSS(ETSI)
868~870MHz	유 럽	500mW(논의 중)
870~875.4MHz	유 럽	4W FHSS(ETSI)
902~928MHz	미국/캐나다	50mW/m(3m) 단일 주파수 시스템
	미국/캐나다	4W spread spectrum에서 사용
	미국/캐나다	30W FCC Part 90, LMS
918~926MHz	호 주	1W
915~915.6MHz	남아프리카	15W
915~921MHz	유 럽	4W FHSS(ETSI)
2.4~2.4835MHz	유 럽	25mW
	유 럽	500mW spread spectrum
	미국/캐나다	50mW/m(3m)

다음 〈표 3-7〉과 유럽 및 일본에서 검토하고 있는 2.45GHz 전파규정의 세부사항을 나타내었다.

〈표 3-7〉 2.45GHz 전파규정 세부사항

	[A] Narrow band	[D] FHSS	[B] Narrow band	[C] FHSS
시스템	Backscatter 태그와 Sweep		Backscatter 태그와 Sweep	Backscatter 태그와 Sweep
사용자인증	필요		불필요	불필요
주파수	2427~2470.75MHz		2427~2470.75MHz	2400~2483.5MHz
안테나파워	Max. 300mW		Max. 10mW	Max. 10 혹은 3mW
전파형태	NON, AID, FID, F2D, G1D		NON, AID, FID, F2D, G1D	
주파수 허용한계	Max. 5.5MHz	Max. 43.75MHz	Max. 5.5MHz	Max. 83.5MHz
불요파 전파 강도	Max. 100μW	Max. 2.5μW/MHz	Max. 100㎼	Max.2.5μW/MHz (〈2387MHz〉2496.5MHz) Max. 25μW/MHz (2387~2400MHz, 2483.5~2496.5MHz)
안테나이득	Max. 20dBi		Max. 20dBi	Max. 6dBi

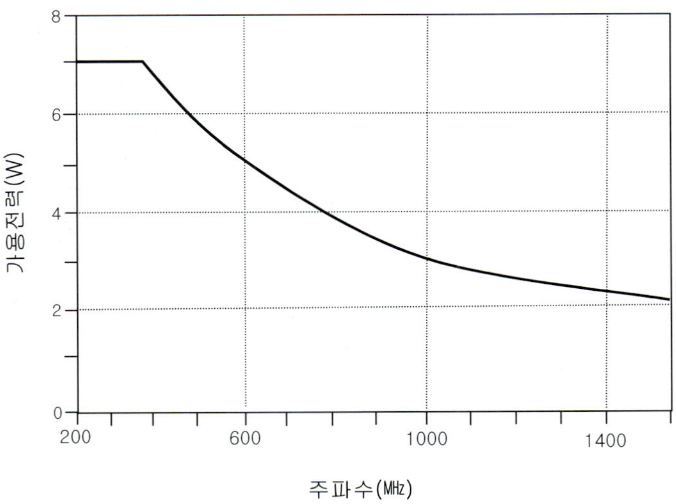

[그림 3-4] IEEE 표준 RF출력 안전레벨

미국의 IEEE 표준인 IEEE C95.1-1991에 의하면 3kHz에서 300GHz까지 RF 전자기장에 인간이 노출되는 것을 규정한 IEEE 표준 안전레벨을 규정하였다. 이 표준은 다양한 상태에서 인간에게

RF 방사 시 노출 가능한 안전레벨을 설정하였는데 이는 안전기준의 10배에 해당하는 규정으로서 [그림 3-4]와 같다.

13.56MHz에 대해 ISO 표준화를 검토한 Magellan사(호주)의 기술의 특징과 실제 시스템에 대해 소개하면 역의 출·개찰 시스템과 빌딩의 입·퇴실 시스템에는 이용자가 스스로 비접촉 IC를 리드라이터에 가까이 하는 것으로 통신을 하고 있다. 한편, 물류 시스템은 화물에 장치를 두고 RF 태그를 사람이 리더라이터를 조작해서 통신시키는 것으로 사람 없이도 통신하는 것을 실현하기 위해 개발되었다. Magellan 방식에 최대 장점은 사람이 조작하는 리더라이터에 더해서 사람 없이 통신하는 터널형 리더라이터를 개발하였다. 이것은 다음과 같은 성능을 가지고 있다. 화물의 방향감지, 복수의 물품을 꾸려진 채로 동시에 리더라이터할 수 있고, 최고속도 3.6m/sec의 고속타입과 문서 같은 것을 2mm 간격으로 100장 정도 겹친 상태에서 리더라이터할 수 있는 적층타입이 있다.

Magellan 방식은 다음과 같은 요소기술을 개발했다. 방향과 위치에 관계없이 전원을 확실히 받을 수 있게 균일한 전자기장을 생성시키는 3개의 안테나를 직교방향으로 배치하였고, 캰세라라 불리는 금속 구조체를 전후의 개구부에 배치하여 누수 전자기장을 감쇠시키고, PSK 변조방식과 주파수 호핑 방식을 사용하였다.

[그림 3-5] Magellan 사의 Tunnel RFID 리더

Magellan 방식을 사용한 예로 항공 수화물의 처리의 생력화, 효율화, 테러와 납치 방지를 위해 미국연방 항공국 FAA는 수화물과 승객의 완전일치를 확인하는 PPBM 시스템을 제창해 도입을 위해 실험하였다. 2000년 4월 알래스카 항공과 싱가포르 항공은 이 시스템

을 사용, 실험하였다. RF 태그를 항공 수화물에 장치, 출발 시와 도착 시에 합계 3회 읽기, 쓰기를 행해 Magellan사의 리더 [그림 3-5]는 대단히 높은 인식률을 얻었다. 실험의 결과 RFID 기술에 의한 PPBM 시스템의 실용화가 가능하다고 판단되었고 Magellan사의 방식이 적극 도입되었다.

전자인증 시스템은 거의 20년 전부터 재고 유지에 사용되어져 왔고 현재에도 유럽에서 사용된다. 자동 사료공급과 생산성 계산에서 사용되는 응용뿐만 아니라 이런 시스템은 유행성 전염병 관리, 품질 보증, 동물 혈통 조사 등의 응용에도 사용되어지고 있다. 사용되어지는 유니 데이터전송과 코딩 방법은 ISO 11784, 11785(1996)에서 표준으로 정해졌다. 사용 주파수는 134.2kHz이고 FDX와 SEQ 송수신기를 사용한다.

2) 응용별 ISO 국제표준화

컨테이너, 포장, 차량 등 유통물류의 공급망에 관련되어 있는 ISO의 TC104(컨테이너), TC122(포장), TC204(교통정보) 등 ISO의 응용 분야 기술위원회에서 응용 산업별 국제표준화 추진하고 있다.

각 TC들은 JTC1/SC31과 긴밀한 상호협력관계를 유지하고 있으며, ISO는 유통물류 분야의 사실상 표준화를 주도하고 있는 EPCglobal 등과도 협력관계를 갖고 Air Interface 등 RFID 핵심 표준화 분야에서 유기적인 협력관계를 지속한다.

이러한 범용적 기술 요건과 더불어 시스템 전반에 대한 표준화를 추진하기 위하여 ISO/IEC JTC1/SC31 WG4는 RFID 태그 활용에 대한 포괄적 표준화의 대상을 응용(Application 혹은 Host) · 리더(Interrogator, Reader/Writer) · RFID 태그로 구성되는 시스템적 프레임을 전제로 하고 있다. 구체적으로, ISO/IEC JTC1/SC31 WG4는 물품관리용 RFID 태그에 대한 응용 요구 프로파일, 응용 명령/응답, 로직메모리/태그 드라이버, 에어 인터페이스, 성능시험방법, 일치성시험방법, 고유식별자 등을 표준화의 심의 대상으로 하고 있다. [그림 3-6]은 RFID 태그 시스템 표준화 프레임으로 RFID 태그와 리더/라이터, 호스트머신 등에 관련한 표준 심의대상의 규격번호를 매핑한 것이다.

물품관리용 RFID 태그는 ISO/IEC JTC1/SC17 WG8에서 심의된 비접촉형 카드모양의 RFIC (Radio Frequency Integrated Circuits) 객체를 제외한 라벨모양 · 코인모양 · 큐브모양 · 실린더모양이나 휴대단말 등에 내장된 IC 칩 등의 모든 태그형의 RFID 객체를 의미한다. 따라서, 물품관리용 RFID는 물리적으로 분류 혹은 규정하기가 불가능하기 때문에 응용으로 분류한다.

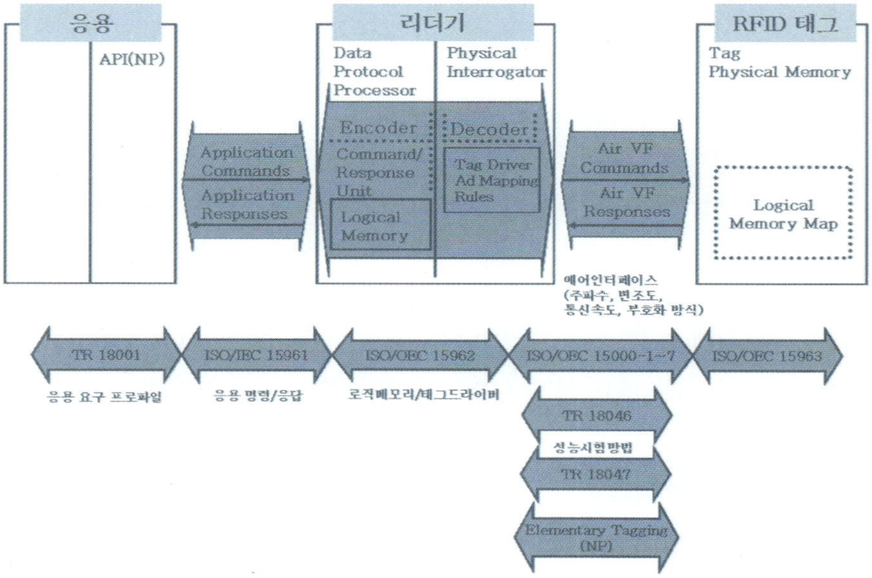

[그림 3-6] ISO/IEC JTC1/SC31 WG4의 RFID 태그 시스템 표준화 프레임과 대상

〈표 3-8〉 RFID와 관련된 응용별 ISO 표준

용 도	규격표시	명 칭	심의 현황	심의단체
동물관리용	ISO 11784	RFID of Animals-Code structures	1998년완료	ISO TC23/ SC19/WG3
	ISO 11785	RFID of Animals-Technicalconcept		
	ISO 14223	RFID of Animals advanced transponders -Air interface	2001년 완료	
해상 컨테이너용	ISO 10374	Freight containers-Automatic identification	1991년 완료	ISO TC104/ SC4/WG2
	ISO 10185	Electronics Seals for Shipping containers	2002년 제안	
공구관리용	ISO 69873	Data carriers for tools and containing devices		ISO
차량관리용	ISO 14815	Road transport and traffic telematics-Automatic vehicle and equipment identification -System Specification		ISO
	ISO 14818	Road transport and traffic telematics-Automatic vehicle and equipment identification-Numbering and Data Structures	2000년 완료	
카드용	ISO 14443A, B, (C)	Identification cards-Contactless integrated circuits cards -Proximity card	2001년 완료	ISO/IEC JTC1/SC17
	ISO 15693	Identification cards-Contactless integrated circuits cards-Vicinity cards	2000년 완료	

지금까지 물품관리 용도로 사용되는 RFID 태그와 더불어 국제표준으로 되어 있는 분야는 비접촉형 IC카드(ISO/IEC 10536, 14443, 15963, 10373-6, 10373-7), 동물관리용 RFID(ISO 11784, 11785), 공구관리용 RFID(ISO 69873), 컨테이너 식별용 RFID(ISO 10374), 차량/화물의 자동인식용 RFID(ISO 14815, 14816)가 있다. 물품관리용 RFID 표준화는 에어 인터페이스(무선통신규격), 프로토콜(통신절차) 및 데이터 콘텐츠(정보내용)나 데이터 포맷(정보의 구성) 규정이 중심이 된다. ISO/IEC JTC1/SC31 WG4에서 심의되고 있는 물품관리를 위한 RFID 표준화의 핵심인 에어 인터페이스는 응용의 특성에 따라 다른 주파수를 사용하는 편이 적합할 수도 있다는 시장의 요구에 따라 5가지 무선주파수 대역을 중심으로 30여 종의 표준안을 심의하고 있다.

① 동물관리용 RFID

ISO 11784, 14223은 134kHz 대역의 동물관리용 RFID의 규격을 규정하고 있다. 동물식별에서는 무선주파수에 의한 동물식별 코드 구성(ISO 11784) 및 동물식별 기술지침(ISO 11785)이 규격화되어 있다. 동물관리용 식별코드는 모두 64비트로 구성된다. 기술지침인 ISO 11784에서는 RFID 태그의 활성화 방식이나 전송방식을 규정하고 RFID의 메모리 영역에 대한 기입코드를 〈표 3-9〉와 같이 규정하고 있다.

〈표 3-9〉 RFID의 메모리 영역에 대한 기입코드(ISO 11784)

bit번호	정 보	조합 수
1	동물용(1) 또는 비동물용(0) 식별 플러그	2
2~15	예비코드	16,384
18	보충 데이터 블록 있음(1) 또는 없음(1) 식별 플러그	2
17~26	국가 코드(10bit, ISO 3166으로 규정)- 시험용 코드 999	1,024
27~64	인식코드(38bit)- 동물의 종류나 사육사 등 국가가 자유롭게 설정	27,877,906,944

또한, ISO 11785에서는 반이중(HDX)과 전이중(FDX-B)의 두 가지 통신방식을 규정하여 리더/라이터측에 양방향의 통신 기능을 갖게 함으로써 통신의 호환성을 보증하고 있다. ISO 14223은 ISO 11784 및 ISO 11785와 함께 사용하는 것을 전제로 한다. ISO 14223은 ISO 11784 및 ISO 11785와의 호환성을 유지하면서 메모리 용량의 증가에 대응하기 위한 확장코드 구조나 암호처리에 관한 확장코드도 규정하고 있다.

동물관리용 RFID는 광우병 등과 같이 돌연히 병이 발병한 가축의 이력파악이나 은폐

방지, 농장의 자동화에 매우 효과적이다. 또한 길 잃은 애완동물 수색에도 위력을 발휘한다. 최근에는 동물의 건강관리나 번식에도 활용하고 있다.

② 해상 컨테이너용 RFID

ISO 10374는 구체적으로 부호화 방식이나 RFID 태그를 판독하는 데이터 시퀀스로서 소유자 코드나 컨테이너 형식 · 길이 · 높이 · 폭 · 적재중량 · 공적중량 등을 규정하고 있다. ISO 10374는 915MHz 대역과 2.45GHz 대역을 사용하는 RFID 시스템의 규격을 규정하고 있으며, 태그는 860MHz~930MHz 대역 및 2.4GHz~2.5GHz 대역에서 리더/라이터로부터의 신호에 응답해야 한다. 또한, 해상에서의 악천후에 견딜 수 있도록 완전방수나 내열 · 내충돌 · 진동구조 · 전자환경 속에서도 동작하는 등의 물리적 특성도 배려한 규격이다. 통신특성으로서는 최대 13m의 통신 영역 내를 태그가 130km/h로 통과할 경우에도 올바른 판독이 가능해야 한다(〈표 3-10〉 참조).

등록번호나 화물주 등이 기입된 해상 컨테이너용 RFID 태그를 해상운송용 컨테이너에 부착함으로써 항만이나 육상 수송중인 컨테이너의 위치나 적재물의 내용 등에 관한 정보를 실시간으로 취득할 수 있고, 수송효율의 향상에 도움을 줄 수 있다.

〈표 3-10〉 통과속도와 통신거리(요구치)

통과속도 (km/h)	통신거리 (m)	태그간 거리 (m)	부착허용각도 (m)	환경조건(요구치)		
				동작온도범위	보존온도범위	온도
130	1~13	10	± 20	−50℃~± 80℃	−70℃~± 85℃	95%RH (결빙 없음)
80	1~13	5	± 90			
30	1~13	12	± 70			
0	0.1~2	15	± 90			

한편, ISO 18185는 해상 컨테이너 봉인용 RFID에 대한 주파수는 UHF 대역(433.92MHz, 915MHz, 862MHz~928MHz)에서만 규정하고 있고, ISO 10734에서 규정된 2.4GHz~2.5GHz대역은 제외되어 있다.

③ 공구관리용 RFID

ISO 69873에서 공구의 치수나 태그의 부착위치 등의 공구식별에 대한 규격을 규정하고 있다.

④ 차량관리용 RFID

ISO 14815는 차량/화물관리 시스템 규격과 넘버링을 규정하고, ISO 14816은 데이터 구조에 대해 규정하고 있다.

⑤ 카드용 RFID

비접촉형 IC카드의 표준화 작업은 1985년 워싱턴회의에서 표준화에 대한 대응정책이 결정되었다. 당시는 접점형 IC카드의 문제점으로서 접점의 접촉 불량 등을 해결하여 '정전기에 의한 IC의 파괴방지', '카드의 삽입방향에 대한 자유도 확보', '비접촉형인터페이스 가능' 등의 요구를 실현할 목적으로 비접촉화의 검토가 시작되었다.

최초로 접점을 전자결합으로 교체하는 '밀착형'에 대하여 심의하였다. 그 후 1994년 4월의 고베회의에서 더욱 편리한 사용을 위해서 전송거리를 늘릴 수 있는 비접촉형 카드의 표준화 제안을 채택하였다. 이때 비접촉형 카드 기술을 채택한 제품을 이미 보급하고 있던 유럽의 국가로부터 많은 제안이 나왔다. 심의가 진행됨에 따라 비접촉형 카드는 제품에 대한 기술적 차이, 특히 통신거리의 차이에 따라 밀착형 · 근접형 · 근방형의 3종류로 분리되었다(〈표 3-11〉 참조).

〈표 3-11〉 IC카드의 국제 표준화

형식	접점형	비접촉형		
		밀착형	근접형	근방형
표준서 번호	ISO/IEC7816	ISO/IEC10536	ISO/OEC14443	ISC/IEC15963
통신거리	접촉통신	~2mm	~10cm	~70cm
통신 주파수	3.57MHz	4.92MHz	13.56MHz	13.56MHz
초기통신속도	9.6kb/s~	9.6kb/s~	106kb/s~	~26kb/s
파트 1	물리적 특성	물리적 특성	물리적 특성	물리적 특성
파트 2	단자의 형식과 위치	결합영역의 치수 및 위치	전파출력과 신호 인터페이스	전파 인터페이스
파트 3	전기신호와 전송 프로토콜	전기신호 및 리셋 절차	초기화와 충돌방지	충돌방지와 전송 프로토콜
파트 4	공통 코멘트	-	전송 프로토콜	공통 코멘트
시험방법	ISO/IEC 10373-3	ISO/IEC 10373-1.3 의 부속서	ISO/IEC 10373-6	ISO/IEC 10373-3

비접촉형 IC카드는 기술적으로는 RFID 태그와 동일하지만 사람의 식별에 이용되기 때문에 RFID 태그와는 다른 분과위원회(ISO/IEC JTC1/ SC17WG8)에서 심의되었다. 카드용

RFID의 규격은 물품관리용 RFID 규격과 보완 관계에 있다.

비접촉형 IC카드의 국제표준은 다음과 같다.

- ISO/IEC 10536은 밀착형(Close Coupled Integrated Circuit Card : CCICC) IC카드로 통신거리 2mm이며 전송주파수 4.92MHz, 전원결합 또는 정전결합으로 통신한다.
- ISO/IEC 14443은 근방형(Proximity Integrated Circuit Card : PICC) IC카드로 통신거리 10cm이며 전송주파수 13.56MHz, 전자유도로 통신한다. 타입은 타입 A와 타입 B의 규격이 있으며, 리더/라이터는 두 타입 모두에 대응해야 한다. 한편, JR 동일본의 'Suica'카드는 일본 국내 규격인 JIS × 6322, 6305로 규격화하였다. 일본은 'Suica' 카드를 타입 C로 제안하였다. 응용 분야로는 스마트카드의 형태로 결재, 다목적 인증, 데이터 저장 등을 들 수 있다. 실용화 사례로서는 타입 A는 Phillips사의 제품으로 한국의 버스카드, NTT의 텔레폰카드, 오오사카의 CITY카드 등이 있다. 타입 B는 Motorola사의 제품으로 미국, 네덜란드, 독일에서 적용한 사례가 있다. 타입 C는 Sony사의 제품으로 일본의 JR 동일본의 'Suica'카드, 홍콩의 오크도버스, 한국의 교통카드와 같은 현금충전카드에 적용되었다.
- ISO/IEC 15963은 근방형(Vicinity Integrated Circuit Card : 원격카드(VICC)) IC카드로 통신거리 70cm이며 전송주파수 13.56MHz 전자유도로 통신한다. 물품관리 등에 사용하는 비접촉형 RFID 태그를 상정하여 제안된 규격이기 때문에 IC카드로서의 제품은 적다. 응용 분야로는 인증용 출입증, 증명서, 키 등을 들 수 있다.
- ISO/IEC 10373은 외부단자 없는 IC카드에 대한 테스트 방법으로 근접형 테스트 방법과 근방형 테스트 방법을 규정하고 있다.

  비접촉형 IC카드의 ISO/IEC 표준안은 'ISO/IEC-XXXXX-Y'로 표기한다. 여기서 Y는 파트(part) 번호를 나타낸다. 모든 비접촉형 IC카드의 표준안의 파트 1이 물리특성, 파트 2가 전기적 규격, 파트 3, 4는 상위의 통신 프로토콜이나 커멘드에 대하여 규정하고 있다. 비접촉형 IC카드의 시험방법은 식별 카드의 시험방법만을 모은 시리즈인 ISO/IEC 10373-6, 7에서 규정하고 있다.

⑥ 물품관리용 RFID

ISO/IEC JTC1/SC31 WG4의 심의대상은 SCM과 관련된 물품관리용 RFID로서, 선행한 ISO/IEC JTC1/SC17(IC카드)이나 ISO TC204(고도 교통 시스템) 등과 보완 관계로 협조적으로 심의를 추진하고 있다.

현재 WG4는 응용을 조사하는 ARP 그룹이나 전파법 제도를 조사하는 레귤러 트리그룹 이외에 데이터 구문을 심의하는 SG1, 고유식별자를 심의하는 SG2, 주파수나 변조도 등의 통신규약(Air Interface)를 심의하는 SG3이 설치되어 12항목의 IS 또는 TR (Technical Report, 기술 리포트)를 담당하고 있다. 물품관리용 RFID 태그는 ID와 정보 저장 영역을 보유하는 다목적용과 ID만 가지는 저가의 단일 기능용으로 구분할 수 있다 (〈표 3-12〉 참조).

〈표 3-12〉 객체의 특성 비교

	RFID 태그 (사물 대상-모든 형태 포함, 카드형태 제외)	비접촉형 RFIC 카드 (사람 대상-카드 모양에 국한)	
데이터 Read/ Write형	• ID 입력 영역 • 데이터 입력 영역(저장기능) (Standalone 리더로도 R/W 가능) • ISO/IEC18000-2, 3, 4, 6 참조	• 결재, 인증 등의 복수 응용 • 데이터 저장 영역 • 스마트카드 • ISO/IEC14443 참조	다목적 활용
데이터 Read Only형	• 바코드 기능 • ID 입력 영역(저가격화 추구) • 서버 필요 • ISO/IEC18000-4, 6, 7 참조	• 인증, 증명서, 키 등의 단일 기능 • ISO/IEC15963 참조	단일 기능

CPU와 운영체제를 가진 능동형 서버 RFIC 객체 혹은 고기능 RFID 객체는 IP 부여가 요구된다. 그래서, RFID 태그와 IPv6와의 연동 기술을 언급하는 경우가 자주 발견된다.

IPv6는 컴퓨터중심의 네트워크뿐만 아니라 IPv6에 의한 자동인식에 대한 새로운 영향력에 대해서도 고려되어야 한다. 기존의 유무선 통신망을 통한 컴퓨터 사이의 접속 이외에도 IPv6에 의한 다양한 객체와의 접속이 이루어지고 있다. 그 중 하나가 RFID에 의한 물류 등을 위한 사물의 연결이다. 이 경우, 수동형의 클라이언트 RFID 객체는 IP 기반이 아니고 사물전자코드인 EPC 기반으로 활용될 것이며 Ad-Hoc 네트워크의 활용도 요구될 것이다. 따라서, 서버 기능을 가지는 초소형 RFIC와 단순히 바코드 수준의 수동형 터미널로 활용될 RFID 태그는 구별되어야 한다(〈표 3-13〉 참조).

또한, RFID 태그가 별도 표준안이 없이 고가형의 RFIC가 되면 RFID 확산에 대한 저해요인이 될 것이다. 따라서, RFID 태그는 최소 비용을 목표로 무전력의 단순한 구조의 제품으로 개발되어야 할 것이다.

한편, RFID의 표준화가 완료되면 관련 신기술, 특허, 공통 인프라의 구축, 기술 개방화에 대한 방안도 선명하게 될 것이다.

〈표 3-13〉 RF 객체의 구분

구 분	특 성	비 고
클라이언트형 RFID 객체	• 자체 정보(ID) 전달 위주로 동작 • CFU 및 전원 없음 • 근거리 무선통신 • 단일 기능 • ISO/IEC18000-2, 3, 4, 6 참조 • ISO/IEC15963 참조	• 참조사례1 : MIT Auto-ID 센터의 RFID 태그 • 참조사례2 : 히타치 제작소의 뮤칩
서버형 RFIC 객체	• 자체 정보 및 상황정보의 전달 • 주변장치 제어 가능 • CPU 및 전원 내장 • 복수 응용 • 무선인터넷 및 근거리 무선통신 • ISO/IEC18000-4, 6, 7 참조 • ISO/IEC14443 참조	• 참고사례1 : 한국과학기술원(KAIST) 미세정보 시스템 연구센터의 양방향 무선통신이 가능한 동전 크기의 미세 원격정보 시스템 "마이크로스(MICROS)" • 참조사례2 : HP 쿨타운 프로젝트에서 제시된 200KB 인터넷 서버

현재 RFID의 국제표준 제정단계 현황을 〈표 3-14〉에 나타내었다.

〈표 3-14〉 RFID의 국제표준 제정단계 현황

그룹	그룹명	ISO/OEC	작 업 명	현단계	비고
SG1	Data 구문표준	15961	Tag Commands	CD	데이터 프로토콜
		15962	Data Syntax	CD	
		19789	API	NP	
SG2	태그 식별	15963	Tag 식별자	FCD	유일 태그 식별
SG3	Air Interface (통신)	18000-1	Ganeric Paramerers	FDIS	파라미터 규정
		18000-2	below 135kHz	FDIS	가축관리
		18000-3	13.56MHz	FDIS	도축관리
		18000-4	2.45GHz	FDIS	뮤칩응용
		18000-5	5.8GHz	철회	ITS
		18000-6	UHF 860-930MHz	FCD	유통물류
		18000-7	UHF 433MHz(Active)	FCD	컨테이너(100m)
		TBA	Elementary Tag Func.	NP	Read only(EPC)
ARP	적용기술	TR18001	Application 요구사항	IS(TR)	적용조건 조사

다음은 RFID 관련 데이터 표준, 품질표준, 애플리케이션 표준이다.

① 데이터 표준

ISO/IEC 15418-Application Identifiers & Data Identifiers

ISO/IEC 15434-Syntax

ISO/IEC 15459-Transport License Plate

ISO/IEC 24721-Unique Identification

ISO/IEC 15961-Data Protocol ; Application Interface

ISO/IEC 15962-Data Protocol ; Data Encoding Rules and Logical Memory Functions

② 품질 표준

ISO/IEC 18047-RFID device conformance test methods

Part2-125-150MHz

Part3-13.56MHz

Part4-2450MHz

Part6-860-960MHz

Part7-433.92MHz(active)

③ 애플리케이션 표준(Radio Frequency Identification Open Standards)

ISO 10374－항공컨테이너－자동식별,

ISO 18185－항공컨테이너－전자seal(무선통신 프로토콜)

ISO 11785－무선동물인식－기술적인 개념

AIAG B-11－타이어 및 바퀴 인식 표준

ISO 122/104/ JWG-RFID를 이용한 공급망관리 응용

(ISO 17363－항공 컨테이너, 17364－운송관련 반환 물품, 17365－운송관련 물품,

ISO 17363－제품포장, 17364－제품 Tagging)

〈표 3-15〉 표준안별 상세 내용

그룹명	ISO/IEC	작업명	내 용
데이터 구문표준	15961	태그 명령어	컴퓨터 호스트와 리더간의 명령어와 데이터 형식을 제안 상호통신은 ASN.1(추상구문표기법 type1)을 option으로 채용하고 데이터 프로토콜 프로세서에서 프로토콜을 정의
	15962	데이터 Syntax	리더의 로컬 메모리와 태그 드라이버를 규정
태그 식별	15963	태그 식별자	각종 Unique ID를 통합 수용할 수 있는 체계를 규정한다. 고유 ID는 IC의 품질관리 이력 및 태그의 이력 파악이나 복수 안테나 설치 시 복수 태그의 충돌방지 등에 필요
주파수 대역별 통신규약 (Air Interface)	18000-1	Generic Parameters	독일 DIN에서 상품 공급망의 상품인식 개념구조를 제안하고 표준화가 필요한 파라미터를 규정
	18000-2	below 135kHz 이하	독일 DIN에서 제안되어 Type A/B의 두 가지 사양이 검토 리더는 Type A/B의 태그를 모두 통신할 수 있어야 한다. 통신거리는 수 10cm 정도이다.
	18000-3	13.56MHz	모드 1/2의 두 가지 사양으로 모드 1은 IC카드 규격(ISO/IEC 15693)에 Tagsis사의 충돌방지식을 Option으로 추가하고 있고 모드 2(Magellan사 제안)
	18000-4	2.45GHz	Active 방식으로 통신거리가 수m~10m정도이다
	18000-5	5.8GHz	Q Free사가 제안한 Passibve 방식이다. 주요국가들이 반대하여 (ITS와의 부정합성)작업이 철회되었다.
	18000-6	UHF 860-930MHz	Philips, TI 등 5개사가 제안한 것으로 유통물류에 가장 널리 적용될 것으로 전망된다. 한국, 일본이 자국내 전파사정으로 최초 반대입장을 표명하였으나, 유통물류 산업의 국제화를 위해 검토가 필요하다.
	18000-7	UHF 433MHz (Active)	SAVI사가 제안한 것으로 한국, 일본 등이 아마추어 무선용으로 사용하고 있어 적극 반대하고 있다. Active 태그에 의한 컨테이너 인식용으로 100m의 인식도 가능하다.
적용기술	TR18001	응용 요구사항	RFID 시스템 적용조건을 조사한 기술보고서이다.

3) 민간 국제표준 담당기구(EPCglobal)

EPCglobal(www.epcglobalinc.org)은 상품코드의 국제표준 개발/관리 기구인 EAN 인터내셔널과 UCC의 통합으로 탄생한 GS1이 2003년 11월에 설립한 자회사로서 EPC 코드와

EPCglobal 네트워크의 표준개발과 더불어 전 세계 보급을 총괄하고 있는 국제 민간 기구이다.

EPCglobal은 EAN 인터내셔널과 UCC가 지난 30년간 바코드 및 전자문서 표준 보급을 통해 구축한 업계와의 협력 관계를 바탕으로 사용자 중심의 EPCglobal 네트워크 표준을 개발/보급함으로써 공급체인을 이동하는 상품의 가시성을 높여 기업의 효율성 제고에 이바지함을 목적으로 하고 있다. ISO와 EPCglobal의 관계는 사안에 따라 EPCglobal이 개발한 표준을 ISO에 제출하여 국제표준으로 인증받으며, 반대로 ISO 표준이 EPCglobal 표준에 활용되기도 한다. 〈표 3-16〉은 EPCglobal과 ISO의 차이점을 나타내었다.

〈표 3-16〉 EPCglobal과 ISO의 차이

EPCglobal	ISO
정책 입안은 EPCglobal의 필요에 의함	정책 입안은 전(全)산업의 필요에 의함
많은 제조업체의 지원을 얻고 홍보됨	지난 수년 동안 큰 홍보 없이 일이 진행됨
세계적으로 공인된 표준이 아님	공인된 표준
Generation 2(860-960MHz)는 2004년 12월 결정됨. Class IV(433MHz)는 아직 미정	18000-6(860-960MHz)는 2004년 6월 시행 18000-7(433MHz)은 2004년 6월 시행
소매에 관한 표준 외에는 없음	ISO 기술 표준 (ISO/IEC 18000), 데이터 표준 (ISO/IEC15434, 15459, 15961,15962), 품질 표준 (ISO/IEC18046 and 18047), 애플리케이션 표준은 전(全)산업에 적용할 수 있음
EPCglobal 이 비영리 재단이라고 하나 소비재 제조업체가 30만 달러 투자한 Auto_ID센터가 전신이므로 그 쪽의 이익에 편향될 수 있음	ISO는 100개국 이상의 대표기관으로 전(全)산업을 대표하므로 공정함
애플리케이션 표준을 제정하려는 계획이 없음	애플리케이션 표준이 개발 중임
표준 적용 시 회비나 저작권 사용료를 지불	무료

(1) EPCgolbal 표준 개발 조직

EPCgolbal 표준 개발 조직은 [그림 3-7]처럼 EPCglobal 본부, EPCglobal 각국 보급기관 Auto-ID Lab 등으로 구성되어 있다.

① EPCglobal 본부

- EPC 관리자 코드의 발급, 관리 및 ONS 등록 총괄
- EPCglobal 네트워크 표준 개발 및 보급
- 브랜드 관리 및 마케팅
- 개인정보보호, 지적재산권 관련 정책 결정

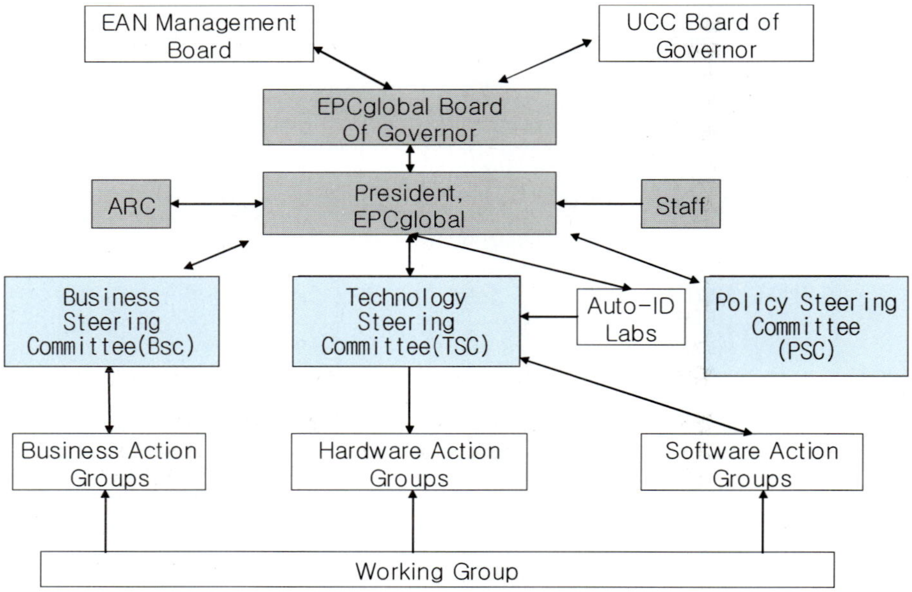

[그림 3-7] EPCgolbal 표준 개발 조직

② EPCglobal 각국 보급기관

- 보급 대상 신산업 발굴
- 도입지원(교육, 컨설팅 및 가이드라인 발급)
- 자국내 회원관리(회원모집 및 EPC 관리자코드 발급)

③ Auto-ID Lab

- EPCglobal 네트워크를 기반으로 한 응용모델 개발 및 보안, 통신기술, 제어기술 등 RFID 관련 연구개발 수행
- 다음 〈표 3-17〉처럼 MIT, 캠브리지 등 전세계의 대학에 Auto ID Lab이 위치하고 있다.

〈표 3-17〉 Auto-ID Lab 분소

대학교	기술 분야	지역
MIT	태그, 리더, Savant, PML	미국
University of Adelaide	RFID 인식 및 프로토콜	호주
Cambridge University	공장자동차 기술	영국
Keio University	유비쿼터스 네트워크	일본
Fudan University	칩 설계 및 생산 기술	중국
Gallen University	비즈니스 모델 및 경제성 평가	스위스
ICU	태그, 리더 등	한국

(2) EPC 코드

EPC 코드는 EAN, UCC 코드와 마찬가지로 상품을 식별하는 코드이다. EAN 바코드와 EPC의 관계는 EPC 코드는 현재 사용되고 있는 EAN 코드를 모두 수용할 수 있도록 고안되었다. 현재 EAN 바코드를 사용하고 있는 업체는 자사의 업체코드(국가코드 포함)를 그대로 EPC Manager(관리자 코드)로 사용할 수 있는 선택권을 갖고 있다. 차이점은 바코드가 품목단위의 식별에 한정된 반면, EPC 코드는 동일 품목의 개별상품까지 원거리에서 식별할 수 있다. 이를 통해 위조품 방지, 유효기간 관리, 재고 관리 및 상품 추적 등 공급체인에서 다양한 효과를 누릴 수 있다. 구체적인 코드 구조는 〈표 3-19〉와 같다.

〈표 3-18〉 EPC 코드의 구조

헤더 (Header)	업체코드 (EPC Mnager)	상품코드 (Object Class)	일련번호 (Serial Number)
H1 H2	M1 M2 M3 M4 M5 M6 M7	O1 O2 O3 O4 O5 O6	S1 S2 S3 S4 S5 S6 S7 S8 S9

① 헤더(Header)

헤더는 EPC 코드의 전체 길이, 식별코드 형식 및 필터 값을 정의한다. 헤더는 가변 길이 값을 가지는데, 현재 2비트와 8비트 값의 헤더가 정의되어 있다. 2비트 헤더는 3개의 값을 가지며 (01, 10, 11), 8비트 헤더는 63개의 값을 가진다. 헤더는 판독기로 하여금 태그의 길이를 쉽게 판단할 수 있도록 돕는 기능을 한다.

② 업체코드(EPC Manager)

EAN 바코드의 업체코드에 해당하며 각국 EAN 회원기관이 할당한다. 28비트의 용량으로 7개의 숫자(0~9) 및 문자(A~F)를 조합하여 약 2억 6천만 개 업체코드를 할당할 수 있다.

③ 상품코드(Object Class)

바코드의 상품 품목 코드에 해당하며 사용 업체가 할당한다. 24비트의 용량으로 6개의 숫자와 문자를 조합하여 약 1천 6백만 개 상품에 코드를 부여할 수 있다.

④ 일련번호 (Serial Number)

동일상품에 부여되는 고유한 식별번호로서 사용 업체가 할당한다. 36비트로 8개의 숫자와 문자를 조합하여 680억개의 상품에 코드를 부여할 수 있다.

〈표 3-19〉 96비트 EPC 코드

		Version Number	Domain Manager	Object Class	Serial Number
EPC-64	Type I	2	21	17	24
	Type II	2	15	13	34
	Type III	2	25	13	23
EPC-96	Type I	8	28	24	36
EPC-256	Type I	8	32	56	192
	Type II	8	64	55	128
	Type III	8	128	56	64

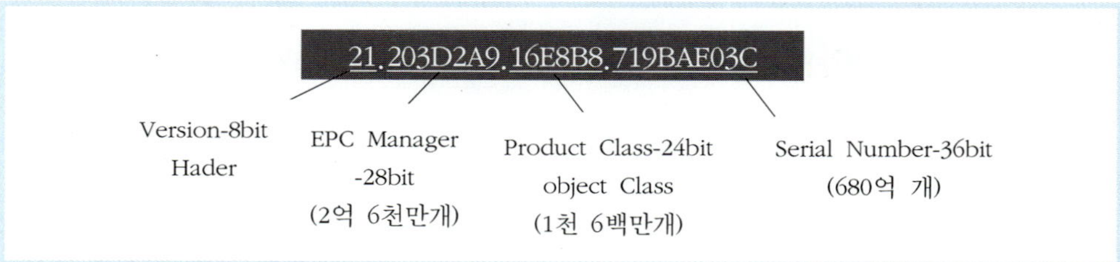

(3) GTIN과의 호환

EPC 코드는 기존 바코드(GTIN)를 EPC 코드로 사용할 수 있도록 고안되어 있다.

(4) EPCglobal 네트워크

① 개념

EPCglobal 네트워크는 RFID 기술을 이용하여 상품을 자동으로 식별하고 식별된 상품 정보를 인터넷을 통하여 거래업체들과 공유함으로써 국내외 상품 이동 현황을 실시간 추적 조회할 수 있는 시스템이다. 기업은 EPCglobal 네트워크를 활용함으로써 상품 이동 정보를 실시간으로 파악할 수 있게 되어 재고 최소화, 상품 손실 최소화, 주문의 신속한 처리, 소비자 기호 변화에 따른 대응능력 향상 등의 효과를 거둘 수 있다.

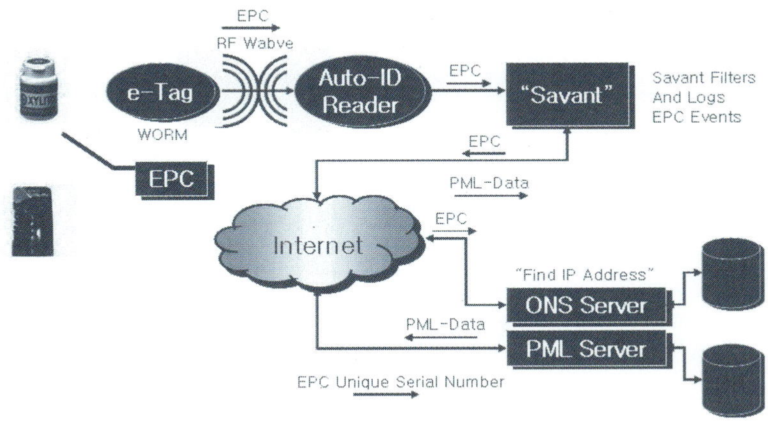

[그림 3-8] EPC 글로벌 네트워크

EPC Gen2란 EPCglobal이 제정한 UHF 대역의 태그-리더 간 통신 프로토콜 Version 2를 말한다. 초창기 개발되었던 Version 1.0과는 기능 및 성능면에서 크게 개선되었기 때문에 2세대 (Generation2)라는 별칭이 붙게 된 것이다.

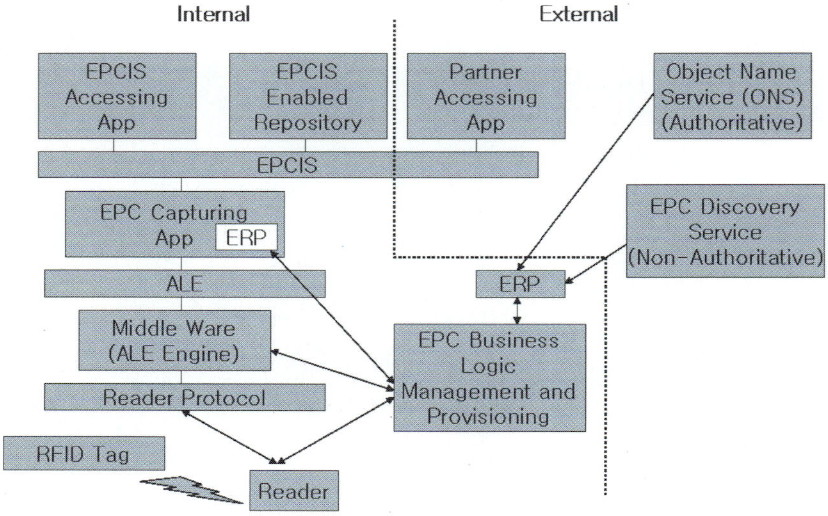

[그림 3-9] EPC 네트워크 구조도

② 구성요소

〈표 3-20〉은 EPC 글로벌 구성요소에 따른 기능을 설명하였다.

〈표 3-20〉 EPC 글로벌 구성요소

구성요소	기 능
EPC	공급체인상의 특정 물품의 고유 식별 번호
ID 시스템	ID 시스템은 EPC 태그와 리더로 구성된다. EPC 태그는 마이크로칩과 안테나로 구성되어 있으며 박막으로 덮여 있음. EPC 코드는 이 태그에 담겨 케이스 팔레트 또는 단품에 부착. EPC 태그는 RFID를 이용하여 EPC 코드를 리더에 전송. 리더는 EPC 태그와 전파를 통해 교신하며 EPC 미들웨어를 이용, 기업 정보 시스템에 정보를 전달.
EPC 미들웨어	EPC 미들웨어는 실시간 판독 동작 및 정보를 관리하고 경고음을 발생하며 EPC IS와 기업의 기타 정보시스템에 전송할 기본 판독 정보를 관리. EPCglobal은 정보시스템과 판독기 단독 또는 네트워크 판독기 간의 데이터 교환을 위한 소프트웨어 인터페이스 표준을 개발 중.
디스커버리 서비스	사용자가 특정 EPC 코드에 대한 데이터를 찾아 그 데이터에 대한 접속 승인을 요청할 수 있도록 지원하는 종합 서비스를 의미. ONS는 디스커버리 서비스의 일부임.
EPC IS	EPC IS는 사용자가 EPC 코드 관련 데이터를 EPCglobal 네트워크를 통해 거래 업체와 교환할 수 있게 함.

③ 시스템 동작

RFID 기술과 네트워크 기술을 결합하여 무선 태그를 붙인 상품과 팔레트 등을 공급망 전체에서 무선 스캐너로 식별하는 것과 동신에 무선 태그에 쓰여 있는 해당 상품의 EPC 코드를 Key로 하여 인터넷을 경유하여 관련 DB에 접근하여 그 상품의 속성정보를 즉시 알 수 있게 하는 시스템이다.

- 제조업체 상품에 EPC 태그를 부착
- 제조업체 상품정보(제조일자, 유효기간, 로케이션 등)를 EPC IS에 기록
- 제조업체의 EPCIS : EPC 디스커버리 서비스에 EPC 정보를 등록
- 제조업체 상품을 유통업체로 배송
- 유통업체 상품 수령 사실을 EPCIS에 기록
- 유통업체의 EPCIS : 해당 상품 정보를 디스커버리 서비스에 등록
- 유통업체 Root ONS에 조회하여 제조업체 로컬 ONS의 위치 파악
- 유통업체 제조업체의 로컬 ONS에 조회하여 EPCIS의 위치 파악
- 유통업체 제조업체의 EPCIS로부터 해당 상품 정보 조회

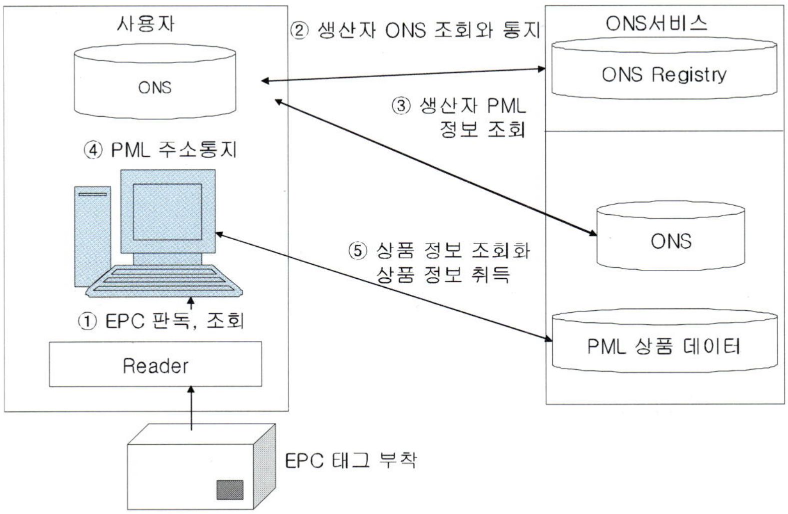

[그림 3-10] EPC 시스템 개요

제3장

④ EPCglobal 네트워크 활용효과

EPCglobal 네트워크는 전 세계적 또는 지역적으로 유통되는 물자(상품, 원자재 및 부품)의 흐름을 실시간으로 파악할 수 있고, 공급체인을 이동하는 개별 상품에 일련번호가 부여되어 동일한 품목 내에서도 개별 상품의 유통기한 관리 등이 가능하게 된다. 또한 팔레트나 박스 등에 적재된 상품을 한꺼번에 판독할 수 있어 입출고 시에 소요되는 시간을 대폭 절감할 수 있다. 그리고 판독된 상품 정보가 인터넷을 통해 거래 당사자에게 실시간으로 통보되어 실시간 재고 관리와 자동 상품 보충 등을 실행할 수 있다.

EPCglobal 네트워크 활용에 따른 구체적인 효과를 〈표 3-21〉과 같다.

〈표 3-21〉 EPC 글로벌 네트워크 활용 효과

공장	완제품 창고	물류 센터	판매점 및 진열대
• 정확한 재고 파악(완제품 포함) • 회계 및 자재 부서에 정확한 출고 정보를 자동으로 집계	• 입고, 정리, 찾기 및 출고 작업 인력절감 • 운송 과정에서의 소유 증명 • 역수송, 반송 및 클래임 감소 • 운송 및 결제 속도 개선 • 재고 감소로 서비스 향상	• 입고 및 결제 효율 제고 • 인건비 절감 • 오배송, 반송품 감소 • 재고 감소 • 비인기상품의 신속한 처분	• 재고 감소(예비창고, 바안가성품 감소) • 예비창고 및 진열대에 있는 상품 파악 용이 • 도난 방지 • 상품진열 확인 가능 및 품절 감소(상품 보충 프로세스 개선) • 노동생산성 향상 • 방어적 판매에서 벗어나 판매고 향상

4) 모바일 RFID 표준화

RFID 시스템에 대한 표준화가 전세계적으로 활발히 진행되고 있다. 미국의 경우 EPC global을 중심으로 클래스 0와 클래스 1의 업체 표준을 제정하였고, 국제표준인 ISO 18000-6에서는 Type A와 Type B의 규격이 제정된 상태이다.

이러한 다양한 표준의 혼재에 따른 호환성의 문제 및 기존 규격의 단점인 낮은 인식률의 문제를 해결하기 위하여 최근 EPC global에서는 클래스 1의 규격을 개정하여 클래스 1 Gen. 2 규격을 제정하였고 이를 ISO 18000-6의 Type C로 제출한 단계로, 향후 Gen. 2를 중심으로 전세계 표준이 될 것으로 예상되고 있다. Gen. 2의 경우 기존 RFID 규격이 초당 100개 정도의 태그를 인식하는데 반하여 수 백개 이상의 태그를 인식할 수 있으며, 다양한 환경변화에 능동적으로 주파수 대역별 통신규약(Air Interface)을 가변할 수 있는 장점이 있기 때문에, 기존 RFID의 활성화에 장애가 되어 온 다양한 기술적인 문제점을 해결할 수 있을 것으로 기대되고 있다.

그러나 Gen. 2의 도입 환경인 유통물류 환경과 모바일 RFID 환경은 기본적으로 그 적용 환경이 다르므로 Gen. 2 규격을 모바일 RFID의 표준으로 바로 적용하기는 한계가 있다. 따라서 태그의 도입은 Gen. 2 규격을 사용하고 이를 인식하는 모바일 RFID 리더의 규격은 Gen.2의 규격 중에서 기본 기능을 수용하고 단순화시키는 지혜가 필요하다. 현재 모바일 RFID 표준화 포럼에서는 Gen.2를 기초로 표준화안을 만들고 있으므로, 휴대폰 제조사 및 RFID 생산업체의 적극적인 참여를 통하여 현 기술 수준 및 기대되는 서비스에 맞는 표준화를 추진하여야 한다(〈표 3-22〉 참조).

〈표 3-22〉 모바일 RFID 주파수별 통신규약(Air Interface) 표준화 규격비교

Items		EPC Global class 0	EPC Global class 1	ISO 18000-6 Type A	ISO 18000-6 Type B	ISO 18000-6 Type C(Gen 2)
제안 회사		Matrics	Alien	Tagsys TI Bistar	Intermec Philips	EPC Global HAG
리더기	비율(kbps)	80 (slow=16)	70.18 (EU:15)	33	10~40	40~160
	변조방식	ASK (20 or 100%)	ASK 90% (EU:50%)	ASK 27~100%	ASK 18% or 100%	DSB-ASK SSB-ASK PR-ASK
	코딩	Pulse Width		PIE	Manchester	PIE
태그	비율(kbps)	80 (slow=40)	140.35 (EU:30)	40		5~640
	변조방식	Bi-state Amplitude Modulation				
	코딩	FM0				
충돌방지		Binary Tree		ALOHA	Binary Tree	ALOHA with permission

RFID 기술은 ISO/IEC JTC1 SC31에서 주로 표준화가 진행되고 있고 JTC1은 이와는 별도로 각 용도별 태그의 구조에 대한 표준화를 진행하고 있는데, ISO/IEC 15961과 15962에서 응용과 RFID 리더 사이에 필요한 데이터 프로토콜을 정의하고 있으며, RFID 리더와 태그 사이의 에어인터페이스 프로토콜은 각 주파수별 ISO/IEC18000 시리즈에서 정의하고 있다. ISO/IEC 15961 및 15962는 2004년 10월에 국제표준으로 출판되었으며, ISO/IEC

18000 시리즈도 이미 표준이 완료되었다. 최근 태그에 각종 센서 및 센서를 지원하기 위한 배터리를 추가하기 위해 ISO/IEC18000 시리즈가 수정될 계획으로 있으며, ISO/IEC18000-6에 EPCglobal의 통신규약 프로토콜인 Class1 Gen2 ver1.0.8을 type C로 반영할 계획으로 있다. EPCglobal은 물류유통의 전 과정을 네트워크로 연결하는 EPC 네트워크의 개념을 수립하여 Wired 통신규약 프로토콜뿐만 아니라 각 컴포넌트 및 컴포넌트간의 프로토콜들에 대해서도 표준화를 진행하고 있다.

(1) 모바일 RFID 기술 및 표준화 동향

모바일 RFID는 휴대폰에 소형 RFID 리더를 탑재하여 휴대폰으로 RFID 태그를 읽었을 때 여러 가지 서비스를 이동통신망을 이용하여 제공하는 서비스로 국내에서 처음으로 시도하는 서비스이며 2005년부터 표준화가 진행 중에 있다. 모바일 RFID가 제공할 수 있는 서비스의 범위는 무한히 넓고 다양할 것으로 예상되나, 현재까지는 휴대폰의 성능 및 비즈니스 모델의 제약으로 인해 RFID 태그를 하이퍼텍스트 대용으로 사용하는 개념인 오프라인 하이퍼(Offline-Hypertext) 서비스 시나리오들이 제시되어 있는 상황이다. 오프라인 하이퍼텍스트로써 모바일 RFID 서비스를 위한 네트워크 구조는 [그림 3-11]과 같다.

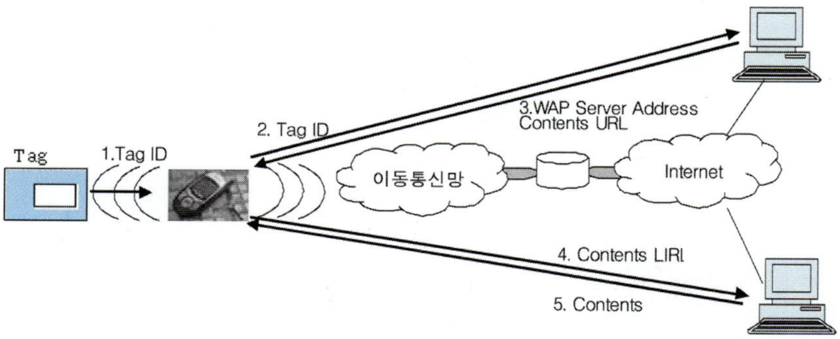

[그림 3-11] 모바일 RFID 네트워크 구조

RFID 리더가 탑재된 휴대폰으로 모바일 RFID 서비스 용도로 곳곳에 부착된 태그를 읽고, 이 태그 정보를 이용해 태그 ID와 URL의 매핑 정보를 가지고 있는 ODS로 콘텐츠의 URL을 요청하게 된다. ODS는 관련 콘텐츠의 URL을 반환하고, 휴대폰은 반환된 URL을 이용하여 해당 콘텐츠 서버에 해당 콘텐츠를 요청한다.

900MHz 대역의 RFID 리더를 칩 형태로 휴대폰에 탑재함으로써 새로운 모바일 RFID 서비스를 위한 신규시장 확보를 목적으로 지난 2005년 2월, 국내에 모바일 RFID 포럼이 구성되었으며, 포럼 산하에 단말분과, 네트워크 분과, 응용 서비스 분과, 정보보호 분과, 시험 · 인증 분과를 각각 구성하고, 모바일 RFID 서비스를 위한 국내 표준 규격을 개발하고 있다.

모바일 RFID 포럼은 국내 RFID/USN 협회에서 사무국 역할을 수행하고 있으며, 한국전자통신연구원 표준연구센터에서 모바일 RFID 서비스를 위한 국내 규격 작업을 총괄하고 있다. 모바일 RFID 포럼에서는 5개 분과의 각 표준 규격 작업 간의 상호조율 목적과 모바일 RFID 포럼 내에서의 지적재산권 관리정책 수립, 이들 규격작업 결과를 국제표준화에 반영하기 위한 목적으로 '표준화 전략 TFT'를 구성하고, 각 분과별로 진행되고 있는 표준 규격작업을 하나로 묶기 위한 모바일 RFID 서비스 구조를 규격화하고 있으며, 각 분과별 규격작업을 위한 양식개발 노력을 추진하고 있다.

① 단말분과에서는 RFID 리더 칩이 휴대폰내에 탑재 시 요구되는 하드웨어 인터페이스 규격과 휴대폰의 기존 미들웨어 플랫폼인 WIPI와의 연계를 위한 WIPI HAL 확장규격과 휴대폰 Form Factor 등의 단말규격 개발을 포함한 RFID 태그와 휴대폰 내의 리더간 에어 인터페이스 표준을 개발하고 있으며, 특히 무선구간의 에어 인터페이스 표준은 표준인 ISO/IEC 18000-6을 채택한 바 있다. ISO/IEC 18000-6는 기존의 type A와 B를 포함하고, 최근 JTC1에 제출된 EPCglobal Class 1 Gen2를 type C로 포함하는 규격을 의미한다.

② 응용 서비스 분과에서는 지금까지 도출된 서비스 시나리오를 중심으로 모바일 RFID 서비스 종류별 응용 요구사항(ARP)을 작성 중에 있으며, 여기에는 영화 포스터 안내 서비스, 주류 마케팅 서비스, 버스노선 안내 서비스, 물품정보 조회 서비스, 지하철 주변 정보안내 서비스, 문화재 정보제공 서비스 등이 있다.

③ 네트워크 분과에서는 모바일 RFID 서비스를 제공하기 위한 네트워크 표준 규격을 작성 중에 있으며 대표적인 표준 규격으로는 네트워크 서비스를 위한 WIPI API 확장 규격, 모바일 RFID 콘텐츠 협상 프로토콜, 모바일 ODS 규격, 모바일 OIS 규격, 모바일 OTS(Object Tracking Service) 규격 등을 표준화하고 있다.

④ 정보보호 분과에서 추진하고 있는 국내표준 규격에는 물류유통에서의 프라이버시 보호 규격, 오프라인 하이퍼텍스트 기반 프라이버시 보호 규격, 태그가 부착된 물품 구매에서의 프라이버시 보호 규격을 작성 중에 있다.

⑤ 시험-인증 분과에서는 향후 모바일 RFID 서비스 구현을 위해 요구되는 시험 · 인증규격

을 작성 중에 있다.

포럼 차원의 지적재산권 정책수립과 함께 국내 규격작업 결과를 국제표준화에 반영하기 위한 표준화 창구개설 노력을 경주하고 있다.

(2) 모바일 RFID의 국제표준화 추진현황

모바일 RFID 서비스는 기존의 유통물류 중심의 RFID 기술과 달리 이동통신 네트워크와 연계되어 동작하는 서비스로써 관련 국제표준화는 아직 진행되고 있지 않다. 그러나 최근 ITU-T 등의 국제표준화 기구에서 RFID와 통신이 결합된 형태의 기술들에 대한 중요성이 부각되고 있으며, 관련 표준화 활동이 시작될 움직임을 보이고 있다.

ITU-T에서는 ITU-TTSAG(ITU-T 표준화 자문 위원회) 회의에서 RFID 기술의 중요성에 대해 인식하고 향후 ITU-T의 표준화활동 방향을 수립하기 위해 RFID CG(Correspondent Group)를 구성하였다. 이 CG에서는 ITU-T의 각 SG뿐만 아니라 JTC1과 같은 외부 표준화 기구를 포함하는 구성원들로부터 ITU-T의 RFID 표준화 활동에 필요한 의견을 수집할 계획으로 있다.

ITU-T SG11과 SG13에서도 네트워크 기반의 RFID 기술에 대한 표준화의 중요성이 언급되었으며, ITU-T 내에서 어떤 형태로든 RFID 관련 표준화 작업이 진행될 것으로 예상되고 있어 국내 모바일 RFID 서비스를 위한 규격 작업결과가 ITU-T를 통한 국제표준화로 이어질 수 있도록 세심한 노력이 요구되고 있다.

아시아 · 태평양 지역의 정보통신 표준화 협의체인 ASTAP에서는 RFID 전문가그룹(EG)이 구성되었으며, 이 그룹에서는 기존의 유통물류중심의 RFID 뿐만 아니라 통신망과 연계된 RFID 기술에 대해 연구를 진행할 계획으로 있다.

Nokia에서는 13.56MHz 대역의 RFID 리더를 휴대폰에 탑재한 새로운 서비스를 선 보인바 있으나, 900MHz 대역의 RFID 리더 기술을 휴대폰에 탑재시킨 사례는 전세계적으로 전무한 상태이다.

우리나라는 기존 13.56MHz 대역의 RFID 기술보다 월등한 이점을 갖는 900MHz 대역의 RFID 기술을 조기 개발함과 동시에 이들 기술을 국내 휴대폰에 탑재시킴으로써 새로운 시장 창출을 도모하고 있으며, 이를 위한 표준 규격작업을 마무리할 계획이다.

또한 모바일 RFID 서비스를 위한 국내 규격 작업결과를 국제표준화로 유도하기 위한 국제표준화 창구개설 노력을 함께 경주하고 있어 명실상부 국내 선행 규격작업 결과가 국제표준화 규격으로 발돋움할 수 있는 좋은 사례가 될 것으로 전망되고 있다.

5) 국내 RFID 표준화

국내에서도 2003년 이후 RFID 기술 도입에 대한 관심이 늘어나면서 관련 기술의 표준화 및 활성 보급을 위한 기구들이 형성되기 시작하였고 현재 〈표 3-23〉처럼 국내 표준화를 활발히 추진하고 있다.

〈표 3-23〉 국내 RFID 표준화 활동

단체	한국정보통신기술협회	한국 RFID/USN협회	RFID 산업화 협의회 & 한국표준협회
RFID 관련 표준화 그룹 및 세부 분과	RFID/USN프로젝트그룹(PG311) • RFID 무선접속 실무반(WG3111) • RFID 네트워크 연동 실무반(WG3112) • RFID 응용 및 정보보호 실무반(WG3113) • USN 실무반(WG3114)	RFID/USN 발전 협의회 • 하드웨어분과 • 네트워크 분과 • 소프트웨어 분과 • SI 분과 • 애플리케이션 분과(건설/교통, 물류, 유통, 제조)	RFID 표준화 분과 위원회 • SG1(로드맵, 용어표준화 소분과) • SG2(무선 인터페이스 표준화 소분과) • SG3(응용산업 표준화 소분과)
	USN 표준화 포럼 • 기술분과(시스템, 미들웨어, 시험인증, USN) • 응용분과(물류/유통, 사회문화, 교통/환경) • 네트워크 분과(ONS,ONS 연동) • 정보보호 분과(RFID보안, USN 보안)	Mobile RFID 포럼 • 단말분과 • 네트워크분과 • 응용 서비스 분과 • 정보보호 분과 • 시험/인증 분과	

RFID 기술에 대한 국제 표준화 및 세계 시장동향에 따라 국내 산업 조기 활성화, 세계 시장 선정 기반 구축을 목표로 RFID 관련 기술 및 인프라 구축 그리고 표준에 대하여 정부 차원에서 육성 노력을 적극적으로 진행하고 있다. 특히 RFID 기술 및 응용 분야의 조기 구축을 통한 관련 기술 발전 및 세계 시장 진출의 기회 확보를 위하여 국내에서는 UHF 대역 신규 주파수 할당을 포함하는 RFID용 주파수 관련 제반 규정을 표준에 부합하도록 정비할 필요성이 대두되었다.

국내는 정보통신부, 산업자원부 등을 중심으로 주파수 분배 등의 법제도화 및 표준화 작업과 기술개발 계획이 수립 및 진행되고 있다. 정부 차원의 RFID에 대한 국제표준화 및 세계시장 동향에 따라 국내 산업 조기 활성화, 세계시장 선점 기반 구축을 목표로

RFID 관련 기술 및 인프라 구축 등을 육성하기로 방침을 정하였다.

산업자원부는 RFID 산업 활성화를 위해 유통물류 시범사업, 시스템 및 핵심 부품 기술 개발, 표준화, 산업 활성화 센터설립 등의 지원정책을 추진 중에 있으며, 정보통신부는 RFID 산업 활성화의 기반을 구축하기 위해 RFID 주파수 연구반 활동을 토대로 2004년 7월 UHF 대역 신규 주파수 분배, 기술기준 정발, 시범사업, 대학 ITRC 지원 등의 RFID 관련 지원정책을 추진 중에 있다.

현재는 한국정보통신기술협회에서 정보통신부의 IT839 전략 표준화작업에서 RFID와 USN 기술 분야에 대한 표준화의 목표 설정, 핵심 표준화 대상 기술 분야 신정, 표준화 전략 수립 등과 같은 표준화관련 작업이 진행되고 있다.

RFID 주파수 연구반에서 수행한 RFID용 주파수 이용 정책 연구를 통해 미국, 유럽, 미국 등의 RFID를 위한 주파수별 제도를 조사 연구 내용과, 이에 근거하여 우리나라에 적합한 규격을 제시함으로써 우리나라의 RFID용 주파수 정책 기초 자료가 정립하였고, 다음과 같은 RFID 각 주파수별 표준화 대안 및 방안을 제시하고 있다.

(1) 국내 RFID 주파수 배분에 관한 표준화

① 135kHz 이하 대역의 RIFD

ISO/IEC 18000-2의 표준에 따른 RFID 주파수는 135kHz 이하 대역을 사용하는 매우 낮은 주파수로서 표준에서 측정거리로 제시하는 3m 또는 10m의 거리는 초근거리장($\lambda/2\pi \gg$ 측정거리)에 해당된다.

따라서 실제 측정값은 매우 큰 값으로 측정되나 거리가 멀어질수록 급격한 감소 특성을 나타내는 주파수이다.

또한, 유럽 기술기준 경우에 자계강도 값은 ISO/IEC18000-2의 표준과 같고 미국의 경우에는 10m 및 3m 거리에서 자계강도 환산 값은 유럽보다 2.5dB 정도 낮다 . 국가별로 다소간의 차이는 있지만 3m 거리에서의 이론적인 환산 값으로는 유럽, 미국, ISO표준은 거의 같은 레벨이고, 이 값은 우리나라의 기술기준인 전파법 시행령 30조 1호보다는 53.1dB 이나 높은 값인 것이다.

따라서, 이 주파수 대역에서 RFID의 국내 산업 활성화나 국내제조사의 국제경쟁력을 위해서는 국제 표준에 맞게 관련법령을 개정해야 할 것으로 판단된다. 이에 따른 관련 법령의 개정은 전파법 시행령 30조 1호에 예외 조항을 신설하든지 별도의 기술기준을 마련하면 가능할 것으로 보인다.

② 13.56MHz 대역의 RFID

현재 일본 및 유럽 등은 13.56MHz 대역의 RFID의 국내 산업 활성화를 위해서 별도의 법령개정을 통해 최대 1m 거리에서도 이용할 수 있도록 하고 있다.

현재 전파법 시행령 제30조에 제시된 국내의 전계강도에 관한 기술기준은 200μV/m(500m 기준, 10m 기준으로 환산 시 80.8 dB μV/m)이고, 일본은 93.5dB μV/m(10m 기준), 유럽은 93.5dB μV/m 이상을 상승시켜 줄 것을 요구하고 있는 설정이다.

따라서 13.56MHz 대역의 RFID 서비스의 활성화를 위해서 우리나라의 전파법 시행령 또는 기술기준 등을 제·개정하여 현재 기술기준과 동일한 전계강도를 사용할 수 있도록 하는 관련 볍령 및 기술기준 등의 개정을 제시하였다.

③ 433MHz 대역의 RFID

433.92MHz 대역에 대해서는 18000-7의 표준안만이 문제가 아니라 ISO TC 104(컨테이너) 기술위원회에서 작업 중인 ISO 18185(Electronic seals for freight containers)에서도 논란이 되고 있는 상황이다. 미국에서는 9.11 테러 이후 자국 내의 항구로 입항하는 컨테이너에 대한 안전검사 (Security Check)를 위해 컨테이너 Key의 Seal로 RFID 태그를 붙여 불법으로 개봉된 경우 그 이력이 태그에 남을 수 있도록 하는 장치를 요구하고 있다.

이를 반영한 것이 현재 논의되고 있는 ISO 18185 표준안이며, 여기에 포함된 RFID 태그는 모두 UHF 대역(433.92MHz, 915MHz 862~928MHz Multi 315, 중국 등 여러 국가에서 반대하여 ISO의 FDIS 투표 단계를 통과하지 못하고 있어 (ISO 투표는 Consensus가 조건이므로 1/4 이상 반대 시 부결됨) TC104내에 서도 향후 처리문제가 큰 현안으로 부각되고 있다. 또한, 18000-7은 한국과 일본 등 몇 개 국가의 반대하고 있지만, 이미 국제표준으로 제정되었다.

국내에서는 433MHz 대역의 RFID 주파수에 대하여 주파수 분배 공청회에서 433.67 MHz~434.17MHz(500kHz) 주파수 대역과 미국 FCC 기술기준(Part 153.240)에 준비하는 내용에 대한 검토를 수행하였으며, 관련 기관 및 업계의 의견 수렴을 끝내고 있다.

④ 860MHz~930MHz 대역의 RFID

국내의 900MHz 대역에 대한 주파수는 이미 분배되었다. 894MHz ~942MHz 주파수 대역은 RFID/USN K90B 부분에서 주파수 분배 내용을 다루고 있고, K90B는 908.5MHz~914MHz 대역은 신고하지 아니하고, 개설할 수 있는 무선국 중 RFID/USN

용으로 사용할 수 있음을 고시하고 있으며, 인접대역으로부터의 전파 간섭을 수용하고 동일 대역 내에서의 전파 간섭을 상호 수용하는 것을 조건으로 하고 있다(〈표 3-24〉 참조).

〈표 3-24〉 국내 900MHz RFID 기술기준 요약

항목 \ 방식	FHSS 방식		LBT 방식
	FHSS 방식	송신전 감지기능 추가	
전파형식	NON, A1D, A7D		
주파수 허용편차	$\pm 20 \times 10^{-6}$ 이하		
사용주파수 대역	910~914MHz	908.5~914MHz	
공중선 전력	1W(4W EIRP) 이하		
점유주파수 대역폭	200kHz 이하		
불효발사기준	사용주파수 대역 바깥쪽의 주파수에서 측정 다만, 그 주파수 대역의 양끝으로부터 500kHz 범위는 RBW 3kHz로 측정 1GHz 미만 : −36dBm/100kHz(RBW) 1GHz 이상 : −30dBm/1MHz(RBW)		
호핑채널수	중첩하지 않은 15개 이상		−
체류시간(Dwell Time)	한 채널당 0.4초 이내		−
감지레벨	−	−96dBm 이하	P〈50mW : −83dBm 50mW 이상~250mW 미만 : −90dBm 250mW~1W : −96dBm
감지요구시간	−	−	최소 5ms 이상의 시간 동안
전 채널 송신 최대시간	−	호핑채널수×0.4초 이내 (예 : 15개 채널인 경우 6초 이내)	4초 이내
M기타사항	• 다른 기기가 채널을 이미 사용하고 있는 것과는 상관없이 채널 이용	• 기존 FHSS 방식에 송신전 감지기능을 추가하여 이미 사용 중인 채널은 보호 • LBT에 대한 기술기준과는 별도 사항	• 송신전 감지기능으로 이미 사용중인 채널은 보호하며 현재 탐지하고 있는 채널뿐만 아니라 다른 채널로도 전환할 수 있는 기능(AFA 기능도 포함)

이와 함께 기술기준안이 발표되었으며, 주파수 대역에서의 사용 데이터 전송률은 40kbps, 통신 방식은 송신전 감지기능을 추가하여 FHSS(Frequency Hopping Spread Spectrum)과 LBT(Listen Before Talking)를 모두 허용하고 있다. 점유 주파수 대역폭은 200kHz 이하로 제시하였다.

⑤ 2.4GHz 대역의 RFID

국내 2.4GHz 대역 RFID 기술기준(안)으로 제안된 내용을 살펴보면 주파수 대역은 2400~2483.5MHz, 주파수 허용편차는 ±50ppm, 변조방식으로는 주파수 호핑 방식, 점유 주파수 대역폭은 83.5MHz 이하, 공중선 전력은 10mW/MHz 이하로 총 전력 260mW 이하, 공중선 이득은 6dB이하, 공중선 허용편차는 +20%, −80%, EIRP 환산치는 30dBm(1W)정도의 값을 기술기준으로 채택하는 것이 타당함을 나타내었으며, 별도의 기술기준을 제정하거나 용도부분에 "RFID"를 포함하고 전파형식도 추가한다.

(2) 국내 RFID 표준화 활동 및 추진방향

RFID 기술의 핵심 표준화 요소 기술인 주파수별 통신규약(Air Interface) 분야 중 가장 중요한 핵심 요소기술의 도출 및 발굴은 USN의 핵심 스마트 센서, 리더 노드간의 통신망 연동을 포함하거나 확장 가능한 방향으로 진행되어야 한다.

이를 위해서는 Ad-hoc망의 주파수 간섭 분석 기술 및 RFID/USN 결합모듈에 대한 주파수 간섭 기술에 대한 정확한 분선이 선행되어 이를 바탕으로 한 Ad-hoc망의 주파수 및 간섭 표준화를 정립하고, 이를 토대로 한 경쟁력있는 RFID/USN 주파수 관리를 위한 저전력 통신 기술 방안이 마련되어야 한다.

이러한 기술 방안에는 기존의 무선 통신 서비스와의 간섭문제 해결 및 단말기 적용 리더 시스템과 같은 기존의 무선 통신 서비스와 연동 기술을 개발하기 위한 표준화 작업도 포함된다.

따라서, RFID 기술 중 주파수별 통신규약 분야의 표준화 대상 기술로는 크게 리더 및 태그, 센서 노드 사이의 주파수별 통신규약 기술, 리더간의 간섭 최소화 및 효율적인 통신을 위한 주파수별 통신규약 기술, 리더간의 간섭 최소화 및 효율적인 통신을 위한 주파수별 통신규약 기술, 그리고 기존 무선통신 서비스와의 간섭 해결 및 무선 연동을 위한 주파수별 통신규약 기술이 핵심 표준화 요소기술로 대두된다.

기술표준원은 ISO의 RFID 핵심 워킹 그룹에 2001년부터 우리나라 대표단을 파견하여 대응해 오고 있고, 정부는 RFID 주파수 발굴 연구반을 구성하고 RFID 주파수 분야에 빠르게 대응하여 기술기준을 마련하였다.

- RFID 관련 전파법 기술기준은 UHF(908.5~914MHz) 대역과 Active(433.92MHz) 대역의 용도지정 및 기술기준이 확정 고시되었고, 13.56MHz 대역은 용도지적 미약전파에서 RFID/USN용으로 용도변경 고시되고 국제선진국 수준의 향상된 새로운 기술

기준을 현재 제정 중에 있어 곧 고시될 전망이며, 135kHz 이하는 용도지정 및 기술기준을 제정하였다.

- RFID 기반기술 관련 국제표준이 확정됨에 따라 기술표준원의 국내 RFID 산업의 표준화 및 발전을 위하여 RFID 관련 국가표준(KS) 12종〈표 3-25〉를 제정하고 공표하였고, 국가표준 16종을 추가로 제정하였다.

〈표 3-25〉 RFID 국가표준(KS)

NO	규격명	관련국제표준
1	용어-AIDC	ISO/IEC 19762-1
2	용어-RFID	ISO/IEC 19762-3
3	데이터 프로토콜 응용 인터페이스	ISO/IEC 15691
4	데이터 프로토콜 부호화 규칙	ISO/IEC 15692
5	무선인식 태그의 고유식별	ISO/IEC 15693
6	에어인터페이스-일반 파라미터	ISO/IEC 18000-1
7	에어인터페이스-below 135kHz	ISO/IEC 18000-2
8	에어인터페이스-13.56MHz	ISO/IEC 18000-3
9	에어인터페이스-2.45GHz	ISO/IEC 18000-4
10	에어인터페이스-UHF 860-960MHz	ISO/IEC 18000-6
11	에어인터페이스-UHF 433MHz	ISO/IEC 18000-7
12	응용요구조건(ARP)	ISO/IEC 18001

RFID 기반기술에 관한 모든 주파수 대역의 국제표준(ISO)이 확정되었고, UHF 대역 RFID 태그에 대해서는 ISO 18000-6DP 의해 2가지 타입(type A와 type B)과 RFID 국제표준단체인 EPC글로벌에서 ISO와 다른 클래스 0과 클래스 1의 태그를 사용해오다 EPC 글로벌은 클래스 0과 클래스1 태그를 통합해 최신기술을 반영한 EPC 클래스 1 Generation2 태그에 대한 표준화를 완성하고, EPC C1 Gen2 태그에 대한 표준을 ISO의 18000-6 type C로 제정하였다.

- RFID의 2세대 표준기술로 주목을 받아온 EPC의 클래스 1 Gen 2를 ISO의 정식 표준인 '18000-6 type'로 하기 위한 투표 결과, 모두 170여 개의 이견과 지적 사항이 도출됐고, 이를 해결하기 위한 회의(Ballot Resolution회의)가 싱가포르에서 열려 RFID 태그의 글로벌 통합 표준을 확정하고, 향후 형식적으로 두 차례의 투표를 거

친 뒤 ISO 공식표준이 되었다.

- RFID 기술 관련 국제표준화는 현재 유통물류 등 응용 분야별 표준화작업이 활발히 진행되어 환성되었거나 완성 중에 있으며, 기반기술인 에어인터페이스와 관련된 국제표준(ISO/IEC 18000-x)도 센스 파라미터 등의 추가를 위한 개정하였다.

RFID 미들웨어 및 소프트웨어 관련 표준화 작업은 USN과 연동되어 진행되고 있으며, 그 표준화 대상 핵심 요소기술 분야는 USN의 아키텍처를 구성하는 다음과 같은 핵심적인 요소로 정리되었다.

첫 번째로 BcN과의 연동이 유비쿼터스 서비스를 위한 필수 항목이다. 추후 USN에서 수집되는 데이터는 빠르고 안정적인 서비스를 위하여 IPv6기반의 BcN과 연동되어 Wireless/Wired network를 통해 전달될 것이다.

이를 위해 데이터의 수집과 전달을 담당하는 Open Gateway 기술이 필요하며 보안 및 인증에 관한 기술도 필요하다. Access Network로 이용될 WLAN, WiBro, WPAN, Cellular 네트워크와의 연동을 위한 표준화가 필수적이다.

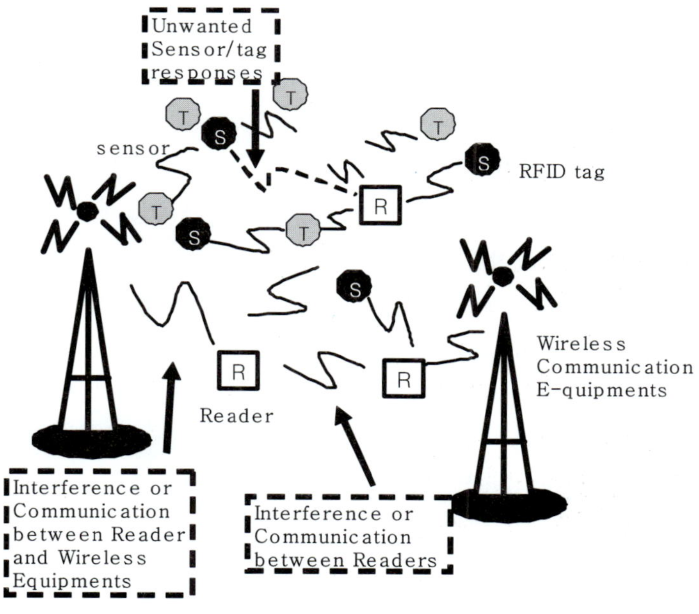

[그림 3-12] 국내 RFID의 표준화 대상 핵심 요소기술

제 3 장

두 번째는 센서 노드의 OS 기술이 필요하다. 센서 네트워크는 하나의 네트워크 Field에 많은 수의 노드가 존재하므로 하나하나의 프로세스는 작지만 그 수가 많을 것으로 예상된다. 일반적인 임베디드 OS와는 차별화된 OS 기술이 필요하다. 센서 네트워크의 네트워크 프로토콜과 미들웨어 등 애플리케이션을 위한 기반이 포팅되어 사용할 수 있도록 적절한 인터페이스의 표준 또한 필요하다.

세 번째로 센서 네트워크 Field를 이루는 센서 노드들의 네트워크 프로토콜로 MAC과 라우팅 프로토콜이 필요하다.

그리고 센서 노드의 크기 제약으로 배터리가 작아서 에너지 소모량이 가장 큰 문제가 되므로, 네트워크 프로토콜의 최우선 순위 목표는 에너지 효율성이 된다. 센서는 이용 목적에 따라 다르지만 5mm³에서 1mm³로 매우 작으며 작은 크기일수록 이용 가치가 높다. 따라서 작은 크기의 배터리가 중요한 문제로 주목받고 있으며, 에너지 소모의 주범인 통신 에너지를 줄이기 위해서는 네트워크 프로토콜이 적절하게 설계되어야 한다.

3.2 RFID의 정보보호

1) RFID 정보의 특징

RFID 시스템 및 네트워크상에서 활용되는 정보는 기존의 인터넷 환경의 정보와 많은 차이점이 있다. 기존 인터넷환경의 시스템에서는 개인정보, 부가정보, 관리정보가 생성 시부터 거의 변함이 없는 정보이므로 보안 기술 및 정보자체 보호에 초점인 반면 RFID 시스템에서는 RFID 태그를 활용하면서 생성되는 자료가 정보효력을 가지므로 이 시점부터 정보보호의 대상이 된다. 〈표 3-26〉은 기존 시스템과 RFID 시스템과의 정보 차이점을 나타내었다.

〈표 3-26〉 기존의 시스템과 RFID 정보의 차이점

구 분	기존 시스템	RFID 시스템
정보접근 매개 요소	• User name, Password, 공인인 증서	• RFID 코드 ID
정보생성 주체	• 개인 • 서비스(업무) 관련 업체	• 제조업체(개인과 무관) • ID 이력, 실시간 정보관리 시스템
정보	• 개인신상정보(개인) • 부가정보 : 개인의 성향 등 • 관리정보(관리자)	• 물품정보, 제조업체 정보 • 이력정보 • 실시간 정보
정보의 특성	• 정보 매개요소와 정보 자체는 개인과 직접 관련됨	• 개인과 직접 연관성 없는 정보 매개 요소의 개인화된 정보의 생성 및 변화

〈표 3-27〉 기존의 시스템과 RFID 시스템 정보 규제의 차이점

구 분	기존 개인정보에 대한 규제	RFID 내의 정보에 대한 규제
특징	• 개인의 신상정보 또는 부가정보(ID/PW 등)	• 원칙적으로 개인정보가 아닌 물품 자체에 대한 정보
	• 정보 주체가 정보수집에 대한 인 식을 하고, 이에 동의 여부를 결정	• 정보 주체가 정보수집 상황에 대하여 인식하기 어려움

〈표 3-27〉은 기존 인터넷 환경 하에서 정보보호 규제와 RFID 시스템 정보 규제의 차이점을 정리하였다. 규제의 측면에서 RFID 시스템의 정보는 기존 시스템에서의 직접적인 개인 혹은 사업자와 같이 정보주체가 명확한 것과는 달리 명확히 규명하기 힘들 상황이기 때문에 기존 시스템과의 정보보호 규제의 틀이 많은 차이점이 있다.

RFID 네트워크에서 다루어지는 정보의 특징 및 발생가능한 문제점, 침해유형을 〈표 3-28〉에 나타내었다. 현 시점은 RFID 기술도입에 따른 부작용은 그리 심각하지 않지만 오히려 부작용의 우려로 인하여 기술도입에 걸림돌이 될 수 있으므로 기술 진화 수위에 따른 적당한 대응 방안이 마련되어야 한다. 인터넷 환경처럼 글로벌 환경의 RFID 정보보호 대책과 더불어 RFID 보급 활성화를 위해 반드시 필요하다.

〈표 3-28〉 RFID 정보의 특징

수 집	• RFID 정보 주체의 인식 여부에 관계없이 무제한 수집 가능
정보 변화	• RFID 태그 정보는 태그가 부착된 물품이 사업자간의 교환 및 소비자에게 이동했을 경우 해당 태그 정보 변화 가능
개인정보화	• RFID 태그 정보와 개인정보의 융합시 개인 프라이버시 침해 우려
발생 가능한 문제점	• 개인신상정보 노출 • 개인의 물품 보유 현황 노출 • 위치정보 노출 • 개인의 구매 패턴 및 선호도 노출 • 타 정보와의 결합을 통한 개인정보화 • 개인의 의사와 무관하게 불법적인 거래
태그 정보의 침해 유형	• 부적절한 접근과 수집 • 부적절한 분석 • 부적절한 정보의 이전 • 원하지 않는 영업행위

2) RFID 정보보호

RFID와 관련된 개인정보보호 이슈는 RFID 태그가 부착된 상품을 구매한 소비자의 상품구매 내역을 원거리 리더를 통해 3자가 알아내어 범죄 등에 악용하거나, 업체가 특정 고객의 구매 패턴 등을 알기 위해 개인 정보를 수집하여 사생활이 침해받는 것 등에 대한 우려가 제기되고 있다. 개인정보보호를 위해 현재 세계적으로 RFID 적용에 대한 법제화 등이 추진되고 있다.

RFID가 향후 국가 기간사업을 떠받치는 기반 및 생활 속의 IT 인프라로 자리잡기 위하여서는 정보보안 및 프라이버시 보호 문제를 극복해야 한다. 일본의 경우 자국의 국가안보를 위한 미국의 '홈랜드 시큐리티'와 관련된 주요 산업데이터의 모니터링을 방지하기 위하여 미국 주도의 EPC ID 체계도입을 거부하고 독자 ID 체계를 추진한다.

우리나라도 국내 산업관련 정보보호를 위한 ID 체계구축에 대한 고려가 절실하며, 또 RFID를 통한 개인정보 유출에 의한 사생활 침해를 대비한 표준 ID 코드관리 체계의 구축도 중요히 고려되어야 할 것이며, 안전한 RFID 기반의 시스템 운용과 서비스 제공 환경을 위한 각 시스템 계층별 정보보호 기술의 개발의 필요하다.

2003년 1월 영국 거점의 슈퍼마켓 체인점인 Tesco, Wal-Mart, Gillette는 면도기 및 관련 제품에 마이크로 칩을 탑재한 '스마트 선반'을 도입을 계획하였다가 7월에 그 시범 운용을 중단하였다. 또한 네덜란드의 필립스사는 이탈리아의 세계적 의류업체인 베네통사의 모든 의류에 I-CODE 반도체 기술을 이용한 '스마트 라벨 도입 프로젝트' 를 진행하고 있음을 발표하였으나 한 달 뒤 베네통은 RFID 기술 도입을 위한 테스트는 실시하지 않겠다는 발표하였다. 이는 몇몇의 시민단체들이 소비자 프라이버시 보호의 관점에서 RFID 기술을 비판하고 나섰기 때문으로, 미국의 CASPIAN(Consumers Against Supermarket Privacy Invasion and Numbering)은 베네통의 RFID 도입계획의 발표에 대해 동사 상품의 세계적 보이콧을 주장한다.

이들은 제품 추적 태그를 사용하여 점포 내뿐만 아니라 가정까지 개인을 추적할 수 있게 된다면 악용될 가능성이 많을 것이라고 염려하고 있다.

RFID 기술의 지지자들은 RFID 센서의 도입으로 모든 상점의 상품들을 시스템으로 추적함으로써 정산 업무의 자동화와 쇼핑 시간의 단축 등 다양한 효과를 얻을 수 있다고 주장하고 있다.

그러나 아직까지 소매 상품의 바코드를 대체할 정도로 RFID 칩의 가격이 낮지 않으며 컴퓨터의 처리 능력에도 한계가 있을 뿐만 아니라 그를 운용할 회사들의 반응 역시 완전히 긍정적이라고 볼 수 없기 때문에 RFID의 완전한 시장 진입까지는 상당한 진통과 시간이 소요될 것이라 예상한다.

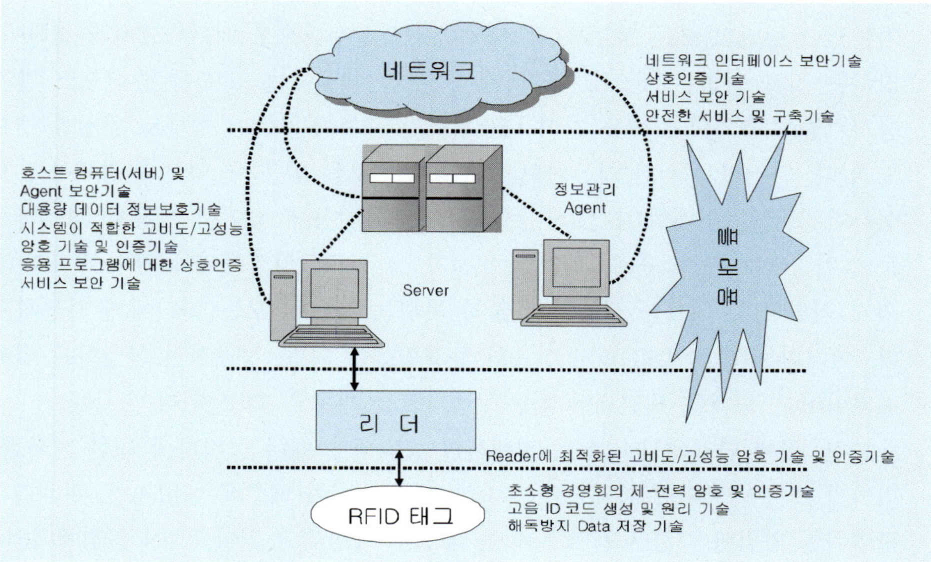

[그림 3-13] RFID 정보보호 시스템 개념도

이와 같은 메이저급 프로젝트의 도입 지연에 대한 그 배경에는 제품의 도난과 제품의 처리 및 판매과정, 그리고 통계 등의 자동화를 통한 매출에서의 상당히 큰 효과를 볼 수 있는 경제성 향상의 장점에도 불구하고 개인의 사생활 보호라는 사회적 이슈로 인하여 시장 진입에 제한을 받는 것으로 볼 수 있다. 이러한 문제점을 해결하기 위해서 현재로서는 거의 전무한 RFID의 개인 프라이버시 보호와 같은 기술적 보안 장치에 대한 연구 개발이 선행되어야 할 것이다. 그 이후에 적극적인 마케팅 및 홍보를 통한 사회적 공감대 형성과 타협이 필요하며 소비자들이 원하는 프라이버시 보호의 측면과 제조업자 및 소매업자들의 이익사이에 균형을 맞출 수 있도록 적정 수준의 규제방안을 모색해야 할 것이다.

EPCglobal은 '태그 부착 사실의 공지', '판매 후 태그 제거' 등을 골자로 하는 개인정보보호 가이드라인을 제정하였다. 일본에서도 경산성이 중심이 되어 개인정보보호 정책을 발표하였으며, 우리나라에서도 정보보호진흥원에서 RFID와 관련된 개인정보보호 정책을 수립하였다. 자동화되고 손쉽게 정보를 얻을 수 있는 RFID/USN 환경에서는 보안에 심각한 위협을 가져오며, 반대로 RFID 등의 제약된 자원에 의해 기존 정보보호 기법을 그대로 사용하기 어렵게 된다. 따라서 새로운 경량화 정보보호 기법이 연구되고 있으며, 또한 QoSS(Quality of Security Service)를 통해 제약된 자원의 활용도를 최대화시키고자 하는 연구중이다.

RFID/USN란 필요한 모든 것(곳)에 RFID를 부착하고 이를 통하여 사물의 인식정보를 기본으로 주변의 모든 정보를 탐지하여 이를 실시간으로 네트워크에 연결하여 정보를 관리하는 것을 말하는 것으로 먼저 인식정보를 제공하는 RFID를 중심으로 발전하고 이에 감지기능이 추가되고 이들 간의 네트워크가 구축되는 USN 형태로 발전할 것으로 전망되고 있다. 그러나 이러한 자동화되고 손쉽게 정보를 얻을 수 있는 환경에서는 보안에 있어 심각한 결과를 초래할 수 있다. RFID 태그의 사용에 있어서 사용자 개인의 프라이버시 문제(위치정보 또는 구매이력 노출 등)가 심각하게 인식하여야 하며, RFID 태그의 ID는 쉽게 식별되며, 태그는 사용자가 알지 못하는 사이에 모든 리더에게 자동적으로 응답한다. 이러한 우려들이 RFID의 상용화에 걸림돌이 되며, 성공적인 산업화를 위해서는 제반 프라이버시 문제를 해결해야 하는 것이 선결 과제로 되고 있다.

또한, 현재 단계에서 USN 환경에서의 공격의 형태나 공격자에 대한 명확한 추정은 아직까지 센서 네트워크 자체가 미성숙한 단계에 있기 때문에 어렵지만, 현재의 공격보다는 광범위한 범위와 대상을 목표로 하는 것으로 예상되고 있다. USN 환경에서의 공격(침해) 대상은 기존 환경의 컴퓨터에 저장된 정보 또는 통신 정보만이 아닌, 사물이나 신체 등 개인의 모든 정보가 되며 공격 범위는 기존의 개인의 컴퓨터에 국한되지 않고, 개인의 사적인 모든 공간이 된다. 따라서 공격에 대한 피해 범위는 이러한 공격범위 확대 및 공격의 용이함에 의해 매우 확대될 것이다.

3) RFID 정보보호 기술

(1) RFID 보안과 프라이버시

보안(security)과 프라이버시(privacy)의 차이점은 [그림 3-14]와 같이 보안이 요구되는 개인 및 비즈니스의 데이터를 정부기관이나 사업파트너에 의하여 인증이 허가된 접근을 통하여 오용되고 있는 것은 프라이버시 침해이고 해커나 도둑에 의하여 인증되지 않은 접근과 사용으로 개인이나 비즈니스에 손해를 끼치는 경우를 보안침해로 구분할 수 있다.

프라이버시 문제의 초점은 개인 또는 기업의 프라이버시 침해로 야기하는 불법 사용자에 의한 데이터의 오용에 관한 것이고 프라이버시 침해는 보안 침해 때문에 발생할 수 있다. RFID 시스템의 특성 때문에 프라이버시 문제에 대한 인식이 더욱 요구된다. 즉 RFID는 소비자에게 오해를 일으킬 소지가 있는 신기술이고 소비자와 소비자의 행동에 대한 많은 데이터를 수집하고 추적할 수 있는 잠재력이 있기 때문이다. 이런 이유에서 RFID는 강력한 오용 수단이 될 수 있기 때문이다.

보안 문제는 취약성 및 불법적인 접근, 조작으로부터 비밀 데이터를 보호하기 위한 해법에 초점이 맞추어져 있다. RFID 시스템의 보안 문제는 컴퓨터 시스템과 네트워크의 보안 문제와 비슷하지만 RFID 시스템에서의 통신방법은 도청하기 쉬운 비접촉 무선 방식이고 태그의 계산 능력과 프로그램 능력의 문제 및 태그 비용의 문제 때문에 보안기능이 한정적일 수밖에 없다.

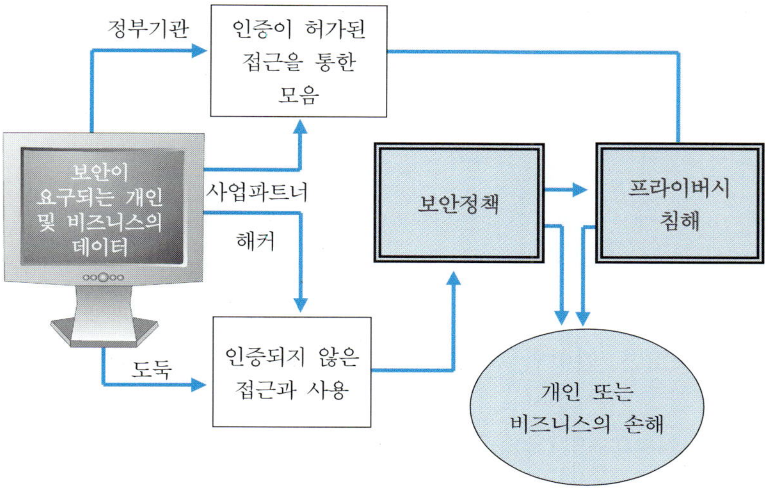

[그림 3-14] 프라이버시와 보안의 차이점

(2) RFID의 네트워크 공격 유형

RFID 네트워크를 공격하는 유형은 악의적으로 공격자가 태그의 정보를 얻고자 시도하는 공격, 리더와 태그 사이의 데이터를 공격자가 엿듣는 도청, 공격자가 정상적인 데이터를 위조하여 리더와 태그를 혼란시키는 공격, 태그와 관련된 데이터를 입수하기 위하여 정보 서버에 불법적으로 접근해 해킹하는 경우, 인증되지 않는 DoS 트래픽을 공격하는 경우이다.

① 도 청

RFID 시스템은 바코드 시스템과 달리 효율성을 높이기 위해 수 미터의 범위 내에서도 리더와 태그 간에 통신이 가능하도록 되어 있다. 이러한 특징은 악의적인 사용에 의해 보안 문제점을 노출시킨다. 공격자가 리더를 갖고 태그를 스캐닝하는 적극적 공격과, 리더와 태그 간 통신을 RF 수신하는 수동적 공격이 있다.

② 트래픽 분석

리더와 태그 간 통신 중 트래픽 분석을 통한 위협이 존재한다. 공격자가 어떤 특정 지역 내지 특정 태그에서 리더와 태그간의 트래픽을 분석할 수 있다면, 그 지역에서 어느 정도의 트래픽이 존재하는지, 어느 정도의 물품이 존재하고 빠져나가는지에 대해서 알 수 있다. 또한, 트래픽 분석을 통해서 위치 추적이 가능하다. 아무리 패킷내용이 암호화되어 있을지라도 같은 비트(bit) 패턴의 태그가 이동하는 것을 알 수 있기 때문에 개인의 움직임을 알 수 있다. 더 나아가 개인의 신상정보까지 노출될 수 있는 위험이 존재한다.

③ 위 조

태그에는 메모리에 데이터 항목이 존재한다. 이 항목은 항상 공격자의 대상이 될 수 있다. 공격자는 데이터 항목을 지우거나 대신할 수 있는 방법을 사용할 수 있다. 이것은 리더와 태그간의 통신에 잘못된 데이터를 서로 교환가능하게 되므로 치명적인 위험이 존재한다. 또한, 리더의 위조는 태그의 데이터 항목을 읽히는 위험이 있다.

④ 서비스 거부(DoS, Denial of Service) 공격

리더와 태그 간에 질의와 반응의 메커니즘이 존재한다. 이러한 특징을 이용하여 공격자가 리더를 가지고 수많은 질의를 리더 및 태그에게 보낸다면 리더와 태그는 많은 질의에 대해서 일일이 반응해야 된다. 이는 너무 많은 계산이 요구되고, 리더와 태그가 정상적인 기능을 못하게 만드는 결과를 초래한다. 서비스 거부 공격은 RFID 시스템이 작동을 못하도록 하는 위협이다.

(3) RFID의 보안 필수 요소

이러한 공격을 막기 위해 다음과 같은 4가지 기술적 보안 필수 요소를 고려해야 한다.

① 인 증

RFID 태그와 리더 사이의 상호인증은 태그를 잠그는 Lock동작과 해지하는 Unlock동작이 요구되는 상황에서 반드시 선행되는 요구사항이다. RFID 네트워크를 구성하는 요소인 ODS, 정보서버, 리더 등 사이의 상호인증도 보장되어야 한다.

② 암호 알고리즘

RFID 태그와 리더는 기존의 암호화 알고리즘인 TEA(Tiny Encryption Algorithm)도 하드웨어적으로 200~2000개의 게이트를 사용함으로써 RFID 태그는 그대로 사용할 수 없으므로 제한적인 환경에서도 충분한 보안성을 가지는 충분히 효율적인 알고리즘이 필요하다.

③ 보안 프로토콜

RFID 태그와 리더 사이에서는 데이터를 암호화나 디지털 서명 기법을 적용하는 것은 쉬운 일이 아니므로 silent tree walking과 randomized tree walking 등의 보안 프로토콜로 제안되었다. 이 제안은 리더가 보내는 신호의 전달거리와 태그가 보내는 신호의 전달거리가 서로 차이가 난다는 것에 착안한 방법이다.

④ 네트워크 인프라 공격 대응

RFID 네트워크의 DoS 공격은 태그의 데이터를 읽어들이는 리더에 대한 공격과 RFID 인프라에 대한 공격이다. 리더에 대한 DoS 공격은 불법적인 태그를 위장하여 리더가 처리할 수 없을 정도의 데이터를 보내거나 처리하더라도 잘못된 정보이므로 처리가 지연되는 공격이고 RFID 인프라 시스템에 대한 공격은 웹서버처럼 자신을 지키기 위한 IP대역을 차단하듯 리더를 차단할 수 없으므로 RFID 백 엔드 시스템은 항상 합법적인 리더가 요구하는 모든 데이터를 처리해 줄 수 있어야 한다. 그러므로 RFID 네트워크 설계시 정상과 비정상 데이터를 구분할 수 있는 DoS 톨러런트(Tolerant) 정보기술을 추가하여 BcN 네트워크와 RFID 네트워크와 연동하여 DoS공격의 영향을 줄 수 있는 취약성을 원천적으로 차단해야 한다.

〈표 3-29〉 정보보호 방법론의 차이점

구 분	기존 시스템	RFID 시스템
보안장비의 능력	• 컴퓨팅 능력이 충분함	• 태그의 연산, 기억 능력은 제한적
기술 적용 대상	• 웹상의 신상정보를 가지고 있는 서버와 클라이언트의 인증 • 호스트와 호스트간의 통신	• 기존 네트워크의 보안 문제 포함 • 제한적 알고리즘만이 사용가능 • 도청, 위조, DoS, 트래픽 분석
보안을 위한 기술적 사항	• 상호간의 인증을 통한 방법 • PKI, WPKI, SSL, Access Control	• 태그·리더간의 통신 보안 • 다양한 보안 메커니즘 보안

그러므로 기존 통신망 환경하의 시스템과 RFID 시스템의 환경하의 정보보호 방법론적인 차이점을 〈표 3-29〉에 정리하였다.

〈표 3-30〉 적용 가능한 보안 방법

구 분	기존 방법	RFID 시스템
특징	• 사용자 단말과 서버간의 정보보호	• RFID는 구간별로 구분하여 적용 가능
적용 기술	• 사용자와 서버 : PKI • 무선단말 사용자와 서버 : WPKI, WLAN 보안기술 • 응용 서비스의 단대단 통신 : SSL • DNS : DNSSEC • 서버 : Access Control	• 태그와 리더 : Blocker 태그, 해시로크 등 • 리더와 서버 : 무선구간에서는 WPKI 방법 및 WLAN 보안기술 적용 가능 • 서버와 서버 : PKI와 같은 상호 보안 • ODS : SSL, TSIG, DESSEC 등 • 정보 서버 : XML 보안 알고리즘 및 Access Control

〈표 3-30〉에는 기존 방법과 RFID 시스템과 비교하여 적용 가능한 보안 방법을 정리하였다.

〈표 3-31〉 RFID 네트워크 영역

RFID 네트워크 구간	RFID 정보보호 기술
태그와 리더 구간	• 도청방지 기술 • 불법적인 리더의 접근방지 기술
리더와 로컬 서버 구간	• 리더와 로컬 서버간의 접속 환경(무선 환경)
유선 네트워크 구간	• 네트워크 인프라 보안기술 적용
ODS(Object Directory Service)	• DNS 시스템 보안 방법 도입
정보 서버	• 정보 서버에 저장된 데이터 • 실질적인 RFID 정보보호의 핵심 내용 • 시스템 보안 방법 도입의 필요

RFID 네트워크 구간별 정보보호 기술은 〈표 3-31〉에 정리하였다. 수동형 태그는 능동형에 비해 매우 가볍고 가격도 저렴하면서 반영구적으로 사용가능하지만 리더에서 발생하는 전파를 전력으로 이용하기 때문에 연산 능력이 매우 미흡하며 통신의 동기를 리더의 신호에 의존하므로 연산능력과 통신 능력의 제한으로 인해 통신과정 과정에서 정보를 보호하기 위한 능력이 매우 낮으므로 현재의 수동형 RFID태그는 이를 수행할 능력이 없으므로 기존 방법으로는 메시지를 암호화시키는 데 제약이 있어 새로운 방법

이 필요하다.

(4) RFID 보안 요구 사항

RFID 보안 문제들을 해결하기 위하여 RFID는 RF 태그와 보유자 및 리더 등 구성 환경에 대해 다음과 같은 사항을 고려해 보안 목표를 설정할 수 있다.

- 태그는 태그 소유자의 프라이버시를 손상 또는 위협하지 말아야 한다.
- 정보는 인증이 되지 않은 리더로 유출이 되서는 안 되며, 태그와 그 소유자 사이에 긴 기간 동안의 추적(long-term tracking)이 불가능해야만 한다.
- 추적을 막기 위해서 소유자는 그들이 보유한 태그를 감지하거나 사용불가로 만들 수 있어야만 한다.
- 공개적으로 사용 가능한 태그의 결과는 랜덤화되거나 태그와 소유자 사이의 장기간 관련성(long-term association)을 회피하기 위해 쉽게 수정이 가능해야만 한다.
- 비공개적인 태그의 내용은 접근 제한 기법(access control)에 의해 질의 채널(interrogation channel)이 안전하지 않다고 예상된다면 암호화되어야 한다.
- 태그와 리더는 모두 상호 신뢰해야만 한다.
- 태그와 리더 어느 쪽이든 스푸핑(spoofing)이 어려워야 한다.
- 접근제한 기법의 제공 이외에도 태그와 리더 사이에는 상호인증(mutual authentication)이 신뢰의 척도로서 제공된다.
- 전원의 중단이 프로토콜을 손상시키거나 가로채기공격(hijack) 시도에 대한 창구를 열어놓지 말아야만 한다.
- 태그와 리더 모두 재생공격(replay attack) 및 공격자 중간 공격(man-in-the-middle attack)에 저항력이 있어야만 한다.

(5) RFID 보안 거술

RFID 환경에 적합한 공개키 알고리즘의 하드웨어적인 구현은 2004년 Rabin, NTRU, ECC 등의 공개키 알고리즘에 대한 구현 결과 제시에 의해 NTRU의 경우 20μW의 저전력에 3000개의 게이트만 필요하며, 경량화된 센서 노드에 탑재 가능한 것으로 알려져 있다. 그러나 현재는 기존의 알고리즘을 개선하여 사용하고 있으며 향후에는 새로운 알고리즘 개발이 요구된다.

USN 환경의 그룹키 관리의 경우 대칭키 방식은 RFID의 경우 리더와 태그간의 키를 공유해야 하며, 각 태그마다의 유일한 키를 관리하는 등의 많은 계산 양 때문에 사용하기 어려우며, 또한 키의 유출에 의한 태그 무력화, 또한 장기간의 사용에 대한 노출 가능성 증가 등의 문제가 있다. 또한, 센서 노드에 암호키를 탑재하는 방식은 에칭(etching), 탐침, TEMPEST 등의 물리적 공격에 취약하며 암호키의 노출 가능성이 있다.

버클리 대학의 SmartDust 프로젝트에서 채택한 센서 네트워크의 보안 프로토콜인 SPIN (Security Protocols for Sensor Network)은 μTESLA와 SNEP로 구성되어 있으며 메시지 인증, 무결성, 기밀성, 적시성 등의 서비스를 제공하고 있다.

랜덤키 사전 분배방식은 키 DB을 선택하고 무작위로 키를 선택하여 센서 노드에 할당하며, 두 개의 노드는 자신의 키 DB을 탐색하여 상대방이 같은 공통키를 소유하고 있으면 이 키를 세션 키로 사용하는 방식이다.

① 암호 기술을 사용하지 않는 정보보호 대책

RFID 태그 중 가장 널리 보급될 것으로 보이는 수동형 저가 태그의 경우 하드웨어 자원이 크게 열악하여 정보보호에 사용할 수 있는 부분은 기껏해야 수천 게이트 이하로 예상된다. 따라서 기존의 표준 암호 알고리즘을 이용한 정보보호는 더 이상 가능하지 않을 것으로 판단되어 RFID 정보보호 연구의 초기 단계에서 물리적인 보안 대책이 다수 제안되었다.

가. 킬(kill) 명령어

태그에 kill 명령어를 전송하면 태그가 영구적으로 비활성화되는 방식으로 현재 EPCglobal의 표준으로 채택되어 있다. 이 방식을 쓰면 한번 비활성화된 태그의 내용은 영원히 재활용할 수 없게 되어 활용도가 크게 떨어진다. 예를 들면, 구매시 비활성화된 태그는 스마트 가전 등에서 자동화된 기능을 활용하지 못한다. 킬 명령어는 태그가 이러한 명령을 받아들여 사용 불가능하게 되도록 고안된 것이다. 태그는 킬 명령어를 수신하자마자 기능을 멈추고 데이터를 수신하거나 전송할 수 없게 된다. 차폐와 킬 명령어는 태그를 판독할 수 없게 되므로 상품을 반품하는 경우 태그가 예전에 판매될 때 기능을 잃어버려서 재고, 공급망 관리 등은 킬 명령어 사용 시 종료되는 단점이 있다.

나. 블로커(Blocker) 태그 기법

블로커 태그 기법은 블로커 태그라고 불리는 전용 IC태그를 소비자가 소지함으로써 가까이에 있는 IC태그의 ID를 읽을 수 없게 만드는 것으로 블로커라는 명칭의 뜻은 "읽을 수 없다"라는 표현으로 이 세상에 존재할 수 있는 모든 IC 태그(ID가 64비트라면 약 10의 19승개)가 그 장소에 있는 것처럼 보이는 것이다.

리더의 모든 질의에 두 가지 응답을 동시에 하는 특수 태그를 블로커 태그라 하며 이를 이용하여 리더기의 동작을 방해하는 방식이다. 태그의 정보를 읽을 때 이진 트리 검색을 하도록 구성된 시스템에만 적용 가능하며 랜덤한 읽기 방식인 Aloha 기법에는 적용되지 못한다.

다. Faraday Cage

금속성 박막으로 태그를 막아 무선 신호의 전달을 방해하는 방법으로 사용범위는 극히 제한적이다. 오히려 상품절도 등에 악용될 소지가 있다.

라. Jamming

강한 방해 신호를 보내어 불법적인 리더기의 접근을 막는 방식으로 근방의 적법한 리더기의 기능도 방해하게 되어 용도가 제한적인 방법이다.

암호 기술을 사용하지 않은 물리적인 방식의 보안은 대체로 필요한 정보보호 기능을 충실히 제공하지 못한다. 현재는 킬(Kill) 태그 기법만이 표준에 반영되었으며 블로커 태그 기법이 비교적 현실적인 대책으로 받아들여지고 있다.

② 암호 기술을 이용한 정보보호 대책

일반적으로 기밀성, 인증 등의 서비스를 제공하기 위해서는 블록(또는 스트림) 암호, 해쉬함수, 공개키 암호가 모두 필요하다. 하지만, RFID 태그의 경우 이를 모두 수용할 수 없기 때문에 새로운 정보보호 방식의 개발이 요구된다. 현재까지 발표된 주요 정보보호 기법을 간략히 소개하면 〈표 3-32〉와 같다.

이 밖에도 많은 인증기법이 개발되고 있으나 〈표 3-32〉의 기법들의 변형으로 안전성을 높이기 위하여 복잡한 암호연산을 사용하거나 통신량이 많이 소모되는 제안들이 대부분이다. 학술적인 연구로만 가치부여가 가능한 기술들이 주를 이루고 있다고 볼 수 있다.

RFID 시스템에서 사용자 프라이버시의 보호를 위한 많은 연구는 해쉬 락(Hash Lock) 기법, 랜더마이즈드(Randomized) 해쉬 락 기법, XOR 기반 원타임 패드 기법, 외부 재암호화 기법, 해쉬 체인(Hash-Chain) 기반 기법 등이 있다.

〈표 3-32〉 정보보호 기법

정보보호 기법	제안자(연도)	내 용
Hash Lock	Weis (2003)	• 저장된 ID를 보호하기 위하여 해쉬함수 H로 metalID=H(ID)를 만들어 전송 • ID는 보호할 수 있으나 위치 추적의 문제는 해결하지 못함
Randomized Hash Lock	Weis (2003)	• Hash lock 기법을 개선하여 난수를 교환하는 "질의응답"방식 인증으로 위치 추적 문제를 해결 • 하나의 태그로부터 정보를 얻기 위해 모든 태그 ID에 대한 해쉬 값을 계산해야 함
Hash Chain	Chkubo (2003)	• 해쉬를 반복 적용한 값을 계속 태그에 저장하고 다른 해쉬를 적용한 값을 리더기에 전달하는 방식 • Forward security를 주는 안전한 기법이나 태그의 개수에 비례하여 DB 연산 증가
Reencryption	Juels (2003)	• 공개키 암호를 이용하는 기법으로 유로화 지폐에 적용할 목적으로 개발 • 복잡한 프로토콜을 사용하며 통신 오류에 대한 대책이 미흡하여 취약점이 발견됨
Pseudonym Rotation	Juels (2004)	• ID의 노출을 막기 위하여 다수의 Pseudonym을 사용하는 방식 • XOR 연산을 이용하여 이를 매번 갱신하는 기법이 제안되었으나 통신량이 많으며 정확한 security level의 설정에 어려움이 있음
HB+	Juels (2005)	• 1 비트 인증을 반복하는 방식인 HB를 개선하는 프로토콜 • 다수를 태그를 사용하는 환경에 적용하기에 무리가 있음

가. 해쉬 락(Hash Lock) 기법

해쉬 락(Hash Lock) 기법은 현재의 RFID태그는 연산 능력이나 자원 면에서 기존 접근제어 메커니즘을 적용하기 어려우므로 one-way 해쉬 함수를 기반으로 하는 접근 제어 메커니즘을 사용하고 있다. 이 방법을 사용하기 위해 태그에 해쉬 함수가 구현되어 있어야 하며 임시적으로 메탈 ID(metal ID)를 저장할 수 있는 메모리 공간이 요구된다. 태그는 잠김 상태와 풀림 상태로 동작이 가능하고 태그가 풀림 상태가 되면 인접한 리더에 자신의 완전한 기능을 수행할 수 있다.

나. 랜더마이즈드(Randomized) 해쉬 락 기법

랜더마이즈드 해쉬 락 기법을 사용하는 것은 태그가 추적되는 문제를 방지하기 위해 사용하는데 추가적인 연산이 필요하므로 이 방법에서 태그가 잠김 상태가 되면 태그는 부적절한 사용자에 대하여 응답하지 않고 적법 사용자에게는 식별이 가능해야 하고 적은 수의 태그를 사용하는 사용자에게 적합한 방법이다. 이 방법을 사용하기 위해서는 태그가 one-way 해쉬 함수뿐만 아니라 난수 생성기를 가지고 있어야 하고, 적법한 리더는 태그를 스캐닝하기 이전에 자신이 가지고 있는 태그들을 알고 있다고 가정하고 태그를 잠그기 위한 다른 절차가 필요 없고 리더의 간단한 명령을 통해 잠긴 상태로 들어 갈 수 있다. 이 방법은 리더가 잠근 태그가 많을수록 태그 잠긴 상태를 해제하는데 많은 시간이 걸리기 때문에 많은 수의 태그를 가진 경우에 사용하기에는 부적합하다. 이 방법에서 부적절한 리더가 태그에 질의를 하는 경우에 태그는 난수를 이용해서 항상 다른 결과를 전달하므로 해쉬 락 방법이 가지고 있는 사용자 추적 문제가 해결된다.

다. XOR(Exclusive OR) 기반 원타임 패드 기법

XOR 기반 원타임 패드 기법은 비용 상의 이유로 인하여 태그가 복잡한 연산을 이용한 암호를 사용하기 힘들지만 XOR(⊕)와 같은 간단한 연산을 무리없이 이용할 수 있다. 우선 태그는 리더에게 자신이 발생한 비밀키 K를 전송한 후 리더는 태그에게 자신이 전달하는 모든 메시지에 K를 XOR를 하여 전달하고 이를 받아들인 태그는 다시 K에 대하여 XOR를 수행하여 원래의 메시지를 복원하게 된다.

라. 외부 재암호화 기법

외부 재암호화 기법은 하나의 암호문을 관련성이 식별 불가능할 정도로 다른 암호문으로 다시 생성처리를 의미한다. 넓은 의미는 암호문을 한번 복호하여 평문에 다른 난수열을 부가한 것을 다시 암호화하는 방법으로 다시 말하면 타원 ElGamal 암호 등을 일부 공개 열쇠 암호에는 암호문을 평문으로 되돌리는 일없이 다른 암호문을 생성할 수 있으며 재암호화의 횟수에 관계없이 1회의 복호에 의해 평문을 얻는 것이 가능한 재암호화라는 기법이다.

마. 가변비익 ID 방식

가변비익 ID 방식은 비용이 많이 드는 재암호화 회로와 난수생성 회로 등을 IC태그 안이 아니라 외부 컴퓨터에 실장하는 것으로 최대한 비용을 낮추었다. IC태그는 EEPROM 등의 재입력 가능한 불휘발성 메모리를 탑재하는 것만으로 충분하다.

바. 해쉬 체인(Hash Chain) 기반 기법

해쉬 체인 기반 기법은 IC태그의 비용을 낮추면서 외부 컴퓨터에 의존하지 않고 인식 요구마다 다른 비익 ID를 송출할 수 있는 안전성 높은 방식이다. 비익 ID의 갱신처리에 고가의 공개 열쇠 암호를 사용하는 것이 아니라 비교적 염가로 실장할 수 있는 해쉬함수를 사용한다. 재암호화 회로가 100k-200k게이트가 필요한 것에 비해 해쉬회로는 수k

게이트 정도로 실현가능하다. 가장 최근에 연구되고 있는 프라이버시 보호를 위한 해쉬 체인 기법 등의 연구는 RFID의 보안 요구사항을 어느 정도 만족하고 있다.

재암호방식은 안정성과 서버의 스케러빌리티가 우수하지만 IC태그의 코스트가 높고 가변비익 ID 방식은 IC태그의 코스트가 낮고 서버의 스케러빌리티는 높지만 안정성에 과제가 있고 해쉬 체인방식은 안정성과 IC태그의 코스트면에서는 우수하나 서버의 스케러빌리티에 문제가 있다.

RFID 관련 프라이버시 보호에 대한 핵심 연구주제 중 하나는 낮은 비용으로 암호화 프로세스가 가능한 RFID를 개발하고 구현하는 것이다. 여기에는 해쉬함수, 난수 생성기 그리고 대칭키 암호, 비대칭키 암호(공개키 암호) 등의 경량화 연구가 포함된다.

RFID의 보안 요구 사항으로 태그 정보의 보호, 임의의 태그에 대한 추적방지 등이 제시되고 있다. 따라서 보안에 대한 기술적 접근과 더불어 RFID 보안 연구에 있어 표준화 작업도 다각적으로 전개될 전망이다.

③ 초경량 암호 구현 기술 동향

Weis는 RFID 태그에 탑재 가능한 초경량 해쉬함수가 있으면 구현 가능한 기술로서 해쉬 락을 제안하였다. 공개키 암호를 요구하는 일반적인 인증 방식에 비해서는 해쉬함수의 구현이 경량화하기에 적합하지만, 표준 SHA 계열의 해쉬함수를 하드웨어로 구현하면 2만 게이트 이상이 소요된다.

따라서 수천 게이트 정도의 자원만 사용 가능한 RFID 태그에서의 해쉬함수 구현은 현재로선 불가능하여 해쉬함수 기반 인증 방식도 현실적으로는 의미가 없다.

블록 암호의 경우 고속 구현에는 수만 게이트가 소요되지만 최근 미국 표준 블록 암호 AES를 3,600게이트 구현에 성공한 사례가 발표되었다. 저속인 문제점이 있지만 수동형 RFID 태그에 구현되어 외부로부터 공급되는 20㎼ 이하의 전력에서도 동작 가능하며 이를 이용하면 일방향 인증이 가능하다. AES 암호가 범용으로 개발되었으나 고속 소프트웨어 환경에서 주로 사용됨을 고려할 때 이는 매우 놀라운 결과이다.

또한 공개키 암호 NTRU의 경우 57비트급 안전성을 제공하는 파라미터를 사용하면 비록 4kbps 속도이기는 하나 3,000 게이트 이하로 구현 가능하다는 연구 결과도 발표되었다. RSA나 타원곡선 암호의 경우 수만 게이트를 사용하는 것에 비하면 상당히 실용화에 근접한 기술로 평가되고 있다.

스트림 암호의 경우 일반적으로 블록 암호보다는 경량 하드웨어에 유리하지만, 현재 널리 사용되고 있는 RC4 알고리즘의 경우 소프트웨어용으로 개발되어 하드웨어 구현시 내부 상태값의 저장에만 2만 게이트 이상이 소요된다. 스트림 암호의 경우 충분히 경량화 가능한 여지가 있으나 표준으로 제정되거나 표준화 단계에 있는 스트림 암호 대부분은 고속 소프트웨어용으로 RFID 시스템에는 적합하지 않다.

그러나 연산량의 줄이는 방법, 초경량 해쉬함수의 구현문제 사항들이 더욱 연구되어야만 한다. 또한, 재기록이 가능한 태그(rewritable tag)에 대한 무결성 보장 등도 연구주제로 진행되고 있다. 아직까지는 표준화된 RFID의 보안 요구사항에 대한 정의 및 정형화된 기법은 존재하지 않고 있다.

학회에서는 RFID 프라이버시 보호용으로 널리 알려진 해쉬함수(Haval, MD4, MD5) 등 이 해독되는 사례가 발표되어 새로운 해쉬함수의 설계가 요구된다.

④ 초경량 암호 알고리즘 연구 동향

현재 널리 사용되고 있는 표준 암호 알고리즘은 RFID 시스템의 정보보호를 위하여 태그에 탑재하기에는 적합하지 않다. 실제로 RFID 태그에 들어 있는 정보의 크기는 매우 작기 때문에 고속 암호가 필요하지 않으며 안전성 측면에서도 설계 요구조건이 재검토되어야 한다. 예를 들면, 태그의 정보를 보호하는데 많은 수의 선택 평문을 이용한 블록 암호 공격 기법 등은 고려될 필요가 없을 것이다. 따라서 제공되는 서비스의 종류에 따라 현재 사용되는 암호와 설계사상이 다른 초경량 암호 알고리즘의 개발이 요구되고 있다.

2000년 미국 표준 블록 암호 AES를 선정하기 위한 공모사업을 통하여 블록 암호의 설계 기술은 비약적인 발전을 이루었다. Rijndael 알고리즘이 AES로 선정된 이후 새로운 블록 암호의 설계는 많지 않다. 최근 AES 공모사업의 후보 알고리즘인 Cryption을 경량화한 블록 암호 mCryption이 발표되었다.

유럽에서는 ECRYPT 프로젝트의 일부로 스트림 암호 공모사업 eSTREAM이 추진 중에 있으며 30여개 알고리즘이 제안되어 공개 검증이 수행되고 있다. 이 공모사업은 고속 소프트웨어 환경용과 제한적인 하드웨어 환경용의 두 가지 분야로 진행되고 있으며, 특히 제한적인 하드웨어 분야에 제안된 알고리즘들은 RFID 태그에 탑재가 가능할 것으로 예상되고 있다. 이 분야에는 10여개의 알고리즘이 제안되었으며 5,000게이트 이하의 구현이 가능한 알고리즘이 다수 포함되어 있다.

해쉬함수의 경우 Weis가 초경량 해쉬함수의 설계를 위한 암호 논리를 몇 가지 제안하였으나 아직까지 이를 이용한 해쉬함수의 설계는 이루어지지 않았다. 초경량 해쉬함수의 개발이 가능하면 해쉬함수 기반 정보보호 방식의 구현이 가능하여 활용될 수 있음에도 불구하고 해쉬함수 설계 기술의 진보는 매우 느리다. 최근 Wang의 공격으로 표준 해쉬함수 SHA의 안전성에 문제가 발견되어 미국 NIST는 해쉬함수 워크샵을 개최하여 해쉬함수의 안전성을 강화하는 방안을 논의하는 자리를 마련하였다. 여기에서 해쉬함수의 정의, 설계 요구조건, 압축함수의 설계기법 등에 대하여 심도있는 재검토가 필요하다는 공감대가 형성되었으며 장기적으로 용도에 따라 다양한 해쉬함수를 개발해야 한다는 쪽으로 논의가 진행되었다. 향후 RFID용 해쉬함수의 설계도 자연스럽게 전개될 것으로 예상된다. 현재의 암호 알고리즘을 적용하여 RFID 시스템의 정보보호를 구현하는 것은 분명히 한계가 있는 것으로 인식되고 있으며 새로운 암호 프리미티브가 개발되고 이를 기반으로 정보보호 방식의 개발이 추진될 것으로 예상된다.

(6) RFID 보안 서비스 품질

RFID는 USN에 비해 좀 더 경량화되고, 저비용의 기법이 요구된다. 따라서, 위에 제시된 기법들은 용도에 따라 선택적으로 사용되는 것을 방법으로 하며, 성능 및 용도에 따라 사용되는 기법들에 대한 정량적인 구분을 위해 보안서비스를 미리 정의된 기준으로 평가하여 나타나는 보안서비스 품질인 QoSS 및 등급 분석을 하게 된다. QoSS를 통해 다음과 같은 기대효과를 얻을 수 있다.

- USN 환경내 개별 개체의 상이한 보안 요구사항에 부합되는 다양한 등급의 보안서비스 제공 가능
- 보안을 통해 효율적인 자원의 스케줄링으로 장비 효율성 증가
- 상황에 따른 선택으로 개체의 서비스 사용비용 감소
- 기존 QoS가 제공할 수 있는 가용성, 예측 가능성, 효율성을 더욱 향상시키고, 더불어 보안성을 제공

〈표 3-33〉은 RFID 시스템에서 제공하고자 하는 보안 서비스 및 보안 서비스별 정보보호 요구사항을 정의하고 있다. 이러한 서비스에 대한 요구 사항에 맞추기 위해 가변 보안이 사용된다.

〈표 3-33〉 RFID의 보안서비스 및 정보보호 요구사항

보안서비스	요구사항
기밀성	• 태그 유저는 권한이 있는 유저에 의해서만 태그가 읽히길 요구하며, 태그 유저는 태그에 쓰여진 데이터를 암호화할 수 있어야 한다. • 태그는 태그의 설계 또는 구조의 간섭없이 암호화된 데이터를 읽고 쓸 수 있어야 한다. 이러한 특성은 유저가 선택할 수 있어야 한다.
익명성	• 태그 내의 정보 또는 정보와 별도의 태그 식별 정보에 대한 익명성이 보장 • 정보를 이용한 사물 및 개인에 대한 위치추적, 경로추적 및 감시가 이루어지지 않도록 인증된 적법한 사용자가 제어할 수 있다.
무결성	• 태그는 잠김 데이터를 알려진 데이터의 변경이나 삭제를 막을 수 있어야 한다. • 태그 제조사들은 사용자에 관련되지 않는 제조사와 관련된 데이터의 저장소와 식별에 대한 태그 데이터를 잠글 수 있는 기능을 가져야 한다.
인증성	• 태그 데이터의 저장소와 전송 프로토콜은 태그 데이터를 읽기에 앞서 결의자의 권한에 대한 인증의 요구에 대해서 사용자가 제어 가능한 옵션을 제공한다. • 태그 아이디를 읽는 것만으로 인증을 요구하지 않는다.
침해대응성	• 서비스 거부공격 대응 • 시스템 보호 제공 • 네트워크 보호 제공 • 해킹, 바이러스 침입 공격 등에 대한 대응

〈표 3-34〉 보안 서비스 및 태그 유형별 보안 도구

보안 서비스	공격 유형		위험 사례	보안 도구									
보안 서비스	능동	수동		Hash	대칭키	비대칭키	전자서명	인증 프로토콜	키관리	기능정지		기타	물리적 보안
										영구	영시		
기밀성		○	도청 가로채기		○	○			○	○	○		○
익명성	○	○	트래픽 분석 태그 추적 스캐닝	○					○	○	○	재암호화, 난수 생성 등	
무결성	○		내용변조	○	○	○	○		○			DES-CBC 등	○
인증성	○	○	코드위장 코드변조 인증부인 순서수정	○	○	○	○	○	○			원타임 패드, DES-CBC, 상호 인증 등	
DoS 방지	○	○	DoS 시간수정	○	○	○	○	○	○			방화벽, IDS, IPSec 등	

이에 대해 〈표 3-34〉와 같은 태그 분류와 함께 제공하고자 하는 보안 서비스에 따라 제공되는 보안도구를 통해 사용자(USN의 개체)는 적절한 보안수준을 선택할 수 있게 된다.

QoSS를 통해 RFID/USN 환경에서 사용자의 선택적인 보안 요구사항을 실제 메커니즘으로 할당하는 할당표를 작성하고, 이를 보안 정책 서버나 RMS(Resource Management System) 내부 관리 테이블로 보관하여 사용자가 요청 시 해당 메커니즘을 수행하도록 한다.

〈표 3-35〉와 〈표 3-36〉은 RFID 시스템에서 제공하고자 하는 보안 서비스에 따라서 임의 등급의 태그를 선택했을 경우 제공 가능한 서비스의 등급을 분류하고, 고려되는 가변 보안요소(Variable Security Factor)로써 보안 벡터의 암호학적 보안 도구의 상세 할당을 보여준다. 실제 시스템 구성에서는 각각에 맞는 설정이 필요하다.

〈표 3-35〉 EPC Global의 태그 등급

규격		방식	메모리	주요 특징
0	EPC0	수동	읽기 전용 EPC : 64bit	사물인식 Kill 코드 24bit
1	EPC1	수동	읽기 전용(한번 입력 가능) EPC : 64bit	사물인식 Password 8비트
2	EPC2	수동 능동	읽기/쓰기	Data Loging
3	Sensor Tag	능동	읽기/쓰기	환경정보 센싱
4	Comm Tag	능동	읽기/쓰기	Ad-Hoc 네트워킹
5	Reader형 Tag	능동	읽기/쓰기	리더 기능을 갖는 태그

〈표 3-36〉 보안 선택 범위별 할당

보안서비스	태그 유형	보안 요구 수준		
		하	중	고
기밀성	0	무결성	Kill Command	Blocker Tag
	1	Kill Command	Blocker Tag	Blocker Tag
	2	Blocker Tag	DES-64	DES-64
	3	DES-64	DES-64	AES-128
	4	AES-128	AES-128	AES-256/RSA-1024
	5	AES-256/RSA-2048	AES-256/RSA-2048	AES-256/RSA-2048

RFID/USN의 정보 활용의 유용성은 반대급부로 정보의 노출이라는 보안 취약점을 야기시키며, RFID/USN 환경에서의 정보노출은 기존의 컴퓨터 정보의 유출만이 아닌 위치, 건강상태, 활동방식 등 우리의 전반적인 생활정보의 유출을 의미하게 된다.

또한, RFID/USN의 정보보호는 현재 USN의 미성숙한 단계에서는 가시적으로 정의하기 어렵다. 그러나 매우 가변적인 네트워크에 대한 보호를 위한 라우팅 보호 프로토콜, 부채널 공격에 대한 RFID 칩 보안기술 등의 연구가 활발하게 진행되고 있다.

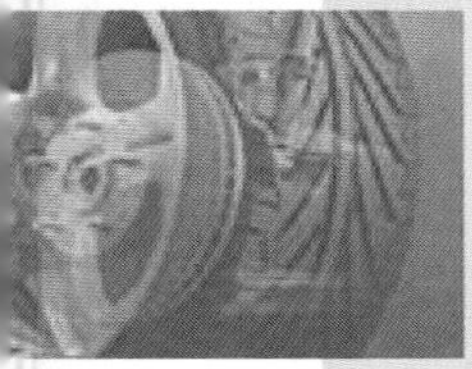

PART Ⅱ

RFID 시스템의 환경설정

제4장 RFID 시스템의 장비설정

제4장 RFID 시설의 장비설정

본 교재에서 사용되는 RFID 시스템은 저주파 128kHz와 고주파 13.56MHz 모듈을 연결시스템인 DS-1410에 해당 실습 모듈을 장착하여 구현실습을 할 수 있다. 이때 PC기반 계측장비인 CBIS-1400을 이용하여 다양한 제어 및 계측을 용이하도록 구성하였다.

4.1 RFID 시스템의 환경설정

1) 연결시스템(DS-1410)의 개요

(1) DS-1410 장비의 개요

DS-1410은 전기전자, 통신 등과 같은 실습 모듈을 PC와 연동하여 실험실습을 할 수 있도록 제공하는 장비로써 자체적으로 2채널 함수발생기와 AC 및 DC 전원공급기와 가변저항을 내장하고 있어 실습에 용이하도록 구성되어 있다.

DS-1410은 CBIS-1400(PC기반 계측장비)과 함께 사용할 경우 모든 실험실습을 PC로 사용하여 제어 및 계측을 할 수 있을 뿐 아니라 계측된 데이터를 PC에서 분석 및 보고서 작성이 매우 용이해진다. 또한, DS-1410은 CBIS-1400을 사용하지 않고도 기존에 보유하고 있는 계측기기(전원공급기, 함수발생기, 주파수카운터, 멀티미터)를 연결하여 사용할 수 있으며, DS-1410에 장착된 실습 모듈에 대한 스위치 제어 및 외부에 연결된 계측기기들에 대한 단자 위치들을 PC에서 제어할 수 있다.

(2) DS-1410 장비의 특징

실험보드 상의 자동계측 지점을 100포인트 이상 제공하며, +15V, −15V, +5V, AC 0~50V의 자체 전원을 내장되어 별도의 전원공급기가 필요 없다.

- 10Hz~100kHz의 2CH 함수발생기(Function Generator) 내장
- 3개의 대역별 VR 내장(실험의 편의성)
- 그래픽 LCD 채택으로 현재의 동작을 모니터링 가능
- PC와 통신을 위한 RS-232C 포트 내장

(3) DS-1410의 사양

〈장비 규격〉

① 자체 내장 전원공급기

- 가변 AC 출력 : 0~50V 출력 가능
- DC +5V 출력 : 최대. 500mA 출력가능
- DC ±15V 출력 : 최대. 500mA 출력가능
- 그래픽 LCD : 128×64 도트

② 함수발생기 모듈

- 2채널 제공
- 10Hz~100kHz의 출력 범위
- 출력파형 : 사인파, 구형파
- 출력 레벨 : 1V, 10V 2단계

③ 내장 VR 모듈

- 1kΩ, 10kΩ, 100kΩ(실험 시 회로 내 분배저항용)

④ 계측 접점 사양

- DSO : CH 1, CH 2 채널당 16계측 지점 설정 가능
- 주파수 카운터 접점 : 8 포인트 이상
- 함수발생기 : CH 1, CH 2 채널당 4 포인트 이상
- 디지털 멀티미터 : 저항측정 8 포인트, 전압측정 8 포인트, 전류측정 4 포인트

- 가변전원 공급 : CH 1, CH 2 채널당 4 포인트
- 아날로그 입력 : 16 포인트 이상
- 아날로그 출력 : 4 포인트 이상

(4) 사용 전 주의 사항 및 사용 절차

① 사용 전 주의 사항

- DS-1410은 AC 220V 전압 전용으로 설계되어 있다.
- 실험 보드는 전원을 OFF한 상태에서만 삽입 또는 분리를 해야 한다.
- 전원공급기의 출력정격 이상 부하를 가하지 말아야 한다.
- CBIS-1400에 연결되어지는 모든 케이블은 전원을 OFF한 상태에서만 체결해야 한다.
- 본사에서 공급한 정해진 연결케이블만을 사용해야 한다.
- 디지털 입력/출력 : 24 포인트 이상

② 사용 절차

- 전원 스위치가 OFF 상태인지를 확인 후 AC 220V 전원 플러그를 콘센트에 삽입한다.
- 계측기와 연결되는 모든 연결단자에는 장비 구입 시 제공한 케이블로 위치가 바뀌는 일이 없도록 정확히 연결한다.
- 실험 단원에 맞는 테스트 보드 모듈을 삽입한다.
- 메인 전원 스위치를 ON으로 한다.
- 이후의 장비 제어는 PC에서 행한다.
- 실험 종료 후 PC에서 컨트롤 패널 종료 후 DS-1410의 메인 전원 스위치를 OFF로 한다.

(5) RFID의 모듈 구성

① 고주파 RFID 모듈(13.56MHz)

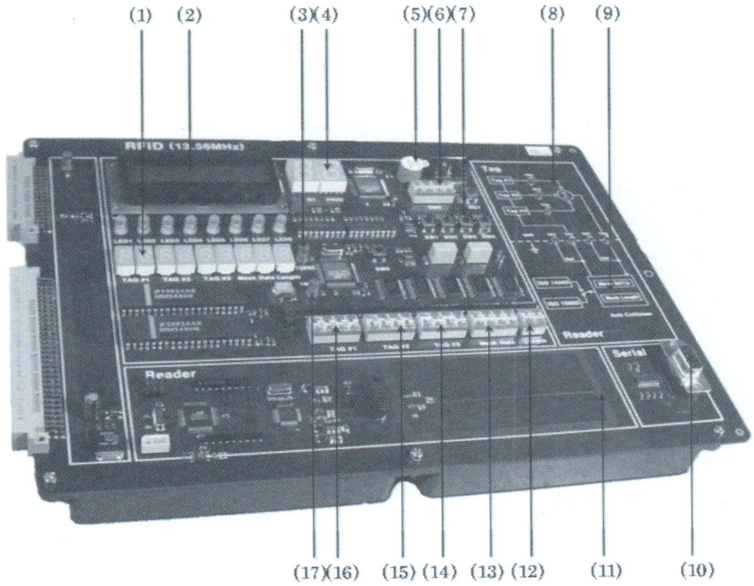

(1) FND : 12, 13, 14, 15, 16번 SW의 값 표시
(2) LCD : 태그 상태 등을 표시하는 LCD
(3) LED(ISO 15693) : ISO 15693모드 표시 LED
(4) FND : 펌웨어 실습용 FND
(5) 부저 : 펌웨어 실습용 부저
(6) Dip 스위치 : 펌웨어 실습용 Dip 스위치
(7) Tactile 스위치 : 펌웨어 실습용 Tactile 스위치
(8) 태그(TP3, 4, 5) : Tag Data 출력 TP
(9) 리더기(TP1, 2, 6, 7) : 리더기 데이터 출력 TP
(10) 직렬 9핀 커넥터 : PC와 연결하여 실습하기 위한 커넥터
(11) 안테나 : 13.56MHz용 태그를 읽기 위한 안테나
(12) 4핀 Dip 스위치 : Mask Length를 위한 Dip 스위치
(13) 8핀 Dip 스위치 : Mask Data를 위한 Dip 스위치
(14) 8핀 Dip 스위치 : 태그 데이터 #3을 위한 Dip 스위치
(15) 8핀 Dip 스위치 : 태그 데이터 #2를 위한 Dip 스위치
(16) 8핀 Dip 스위치 : 태그 데이터 #1을 위한 Dip 스위치
(17) LED(ISO 14443) : ISO 14443모드 표시 LED

② 저주파 RFID 모듈(125kHz)

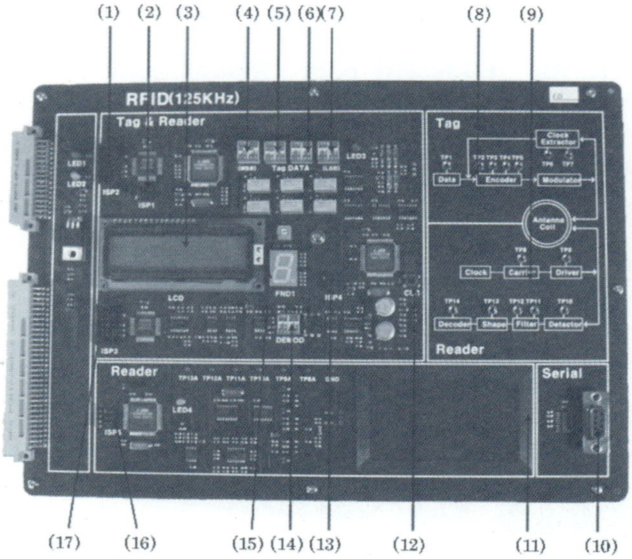

(1) ISP 10P 커넥터 : ISP 10P 커넥터
(2) ISP 6P 커넥터 : ISP 6P 커넥터
(3) LCD : 상태 표시 LCD
(4) 4핀 Dip 스위치 : 64Bit 데이터를 위한 Dip 스위치
(5) 4핀 Dip 스위치 : 64Bit 데이터를 위한 Dip 스위치
(6) 4핀 Dip 스위치 : 64Bit 데이터를 위한 Dip 스위치
(7) 4핀 Dip 스위치 : 64Bit / 8Bit를 위한 Dip 스위치
(8) 태그(TP1, 2, 3, 4, 5, 6, 7) : 태그 데이터 출력 TP
(9) 리더기(TP8, 9, 10, 11, 12, 13, 14) : 리더기 데이터 출력 TP
(10) 시리얼 9핀 커넥터 : PC와 연결하여 실습하기 위한 커넥터
(11) 안테나 : 13.56MHz용 태그를 읽기 위한 안테나
(12) Tactile 스위치 : 리셋 스위치
(13) ISP 6P 커넥터 : ISP 6P 커넥터
(14) Tactile 스위치 : Demodulation 스위치
(15) FND : 8Bit 데이터 표시를 위한 FND
(16) ISP 6P 커넥터 : ISP 6P 커넥터
(17) ISP 10P 커넥터 : ISP 10P 커넥터

③ RFID 시스템의 연결구성도

- DS-1410을 CBIS-1400과 함께 사용하지 않는 경우

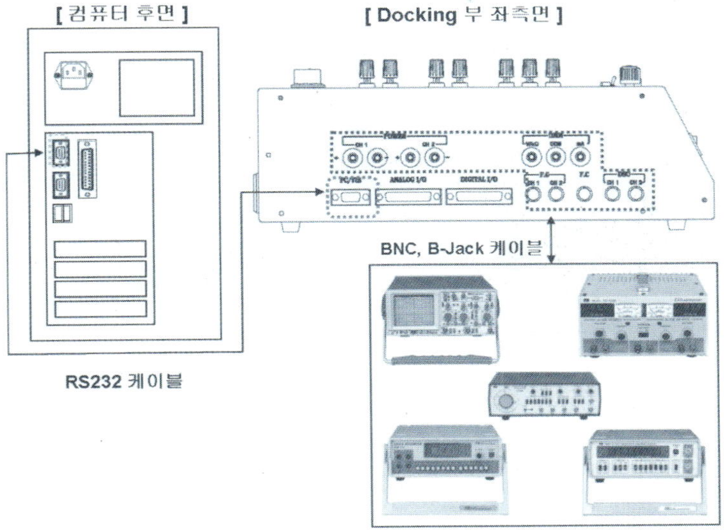

- DS-1410을 CBIS-1400과 함께 사용하는 경우

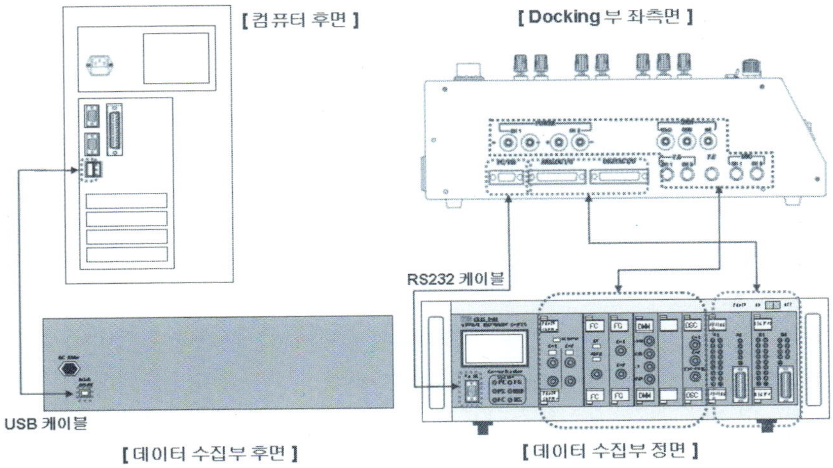

2) 연결시스템(DS-1410)의 구성

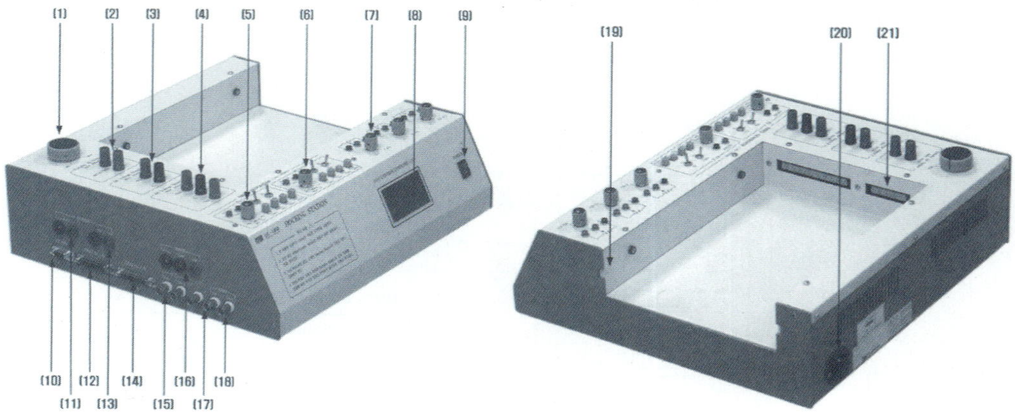

(1) AC 0~50V 출력전압 조절 노브 : 2번 단자에서 출력되는 AC전압 조절단자
(2) AC 전압 출력단자 : 1번 노브에서 조절한 AC전압 출력단자
(3) 정전압 5V 출력단자와 GND 단자 : DS-1410 내장 정전압 5V 출력단자
(4) 정전압 +15V, −15V 출력단자 : DS-1410 내장 정전압 +15, −15 출력단자
(5) 0~100kHz 함수발생기 1 : 함수발생기 1에 대한 제어 스위치 블록
(6) 0~100kHz 함수발생기 2 : 함수발생기 2에 대한 제어 스위치 블록
(7) 1k, 10k, 100k 가변저항 실험의 편의성을 위한 내장 VR 블록
(8) DS-1410 상태표시 LCD 접점 설정 등 실험 상태를 표시하는 LCD
(9) 메인 전원 스위치 DS-1410 주전원 스위치
(10) PC or DS-1400과 통신 port 실험실습을 위한 명령어 제어 포트
(11) 가변전원공급기 CH 1 입력 실험실습에 사용되는 외부 전원 연결단자
(12) 디지털 입출력 연결단자 : 실험실습에 사용되는 DIO 연결단자
(13) 가변전원공급기 CH 2 입력 : 실험실습에 사용되는 외부 전원 연결단자
(14) 아날로그 입출력 연결단자 실험실습에 사용되는 AIO 연결단자
(15) 외부 함수발생기 입력단자 실험실습에 사용되는 외부 FG 연결단자
(16) DMM 연결단자 : DMM 측정 프로브 연결단자
(17) FC 연결단자 : FC 측정 프로브 연결단자
(18) 디지털 저장 오실로스코프 연결단자 : DSO 입력 연결단자
(19) 실험 보드 분리단자 : 좌우로 당기는 보드 분리단자
(20) 메인 전원 입력단자 : AC220V 입력과 퓨즈박스
(21) 실험 보드와 DS-1410의 계측 포인트 연결 커넥터

3) 통합계측장비(CBIS-1400)의 개요

통합계측장비(CBIS-1400)는 전기전자 실험실습 및 연구개발에 필요한 필수 계측기를 PC 중심으로 통합한 종합 계측기이다.

계측기를 PC 기반으로 통합 구성했을 경우 발생하는 이점은 계측되는 모든 데이터들을 PC에서 분석 및 보고서 작성이 매우 용이해지므로 실험실습과 연구수행능력의 극대화를 가져올 수 있다.

또한 네트워크로 통합되어 원격지에서도 동일한 실험실습의 모니터링이 가능하며, 시간과 공간을 초월하여 연구수행 과정과 성과를 공유할 수 있다.

(1) 통합계측장비(CBIC-1400)의 특징

- 전기전자 실험실습 및 연구개발에 필요한 필수 계측장비들을 PC 기반으로 통합한 종합 계측장비
- 2채널 동시 50MS/s 샘플링비를 갖은 전용 디지털 오실로스코프(Digital Storage Oscilloscope) 제공
- 디지털 오실로스코프를 이용한 스펙트럼 분석기 기능 제공
- 실험에 필요한 가변전원공급기(VPS), 함수발생기(FG), 아날로그 출력, 디지털 출력 등을 제공
- 수집된 데이터를 디지털 오실로스코프(DSO), 디지털 멀티미터(DMM), 주파수카운터(FC), 아날로그 입력, 디지털 입력 모듈을 통해 컴퓨터에서 분석 가능
- 실시간 측정 분석된 데이터를 수치 및 그래프의 형태로 표시하며 이 결과를 토대로 데이터 처리 및 응용학습이 가능
- USB를 사용한 간편한 PC 인터페이스 제공

(2) CBIS-1400 사양

① PC 및 S/W 계측기 사양

<table>
<tr><th>No</th><th colspan="2">항 목</th><th>사 양</th></tr>
<tr><td rowspan="4">1</td><td colspan="2" rowspan="4">PC 권장 사양</td><td>Pentium Ⅳ 1.7GHz, RAM 512M</td></tr>
<tr><td>HDD chleo 500Mbyte(Free space)</td></tr>
<tr><td>USB 2.0 호환</td></tr>
<tr><td>Windows 98, NT4.0, 2000, XP</td></tr>
<tr><td rowspan="13">2</td><td rowspan="13">소프트웨어 계측기사양</td><td rowspan="4">전용 디지털 오실로스코프</td><td>2채널 파형 확인, 측정, 저장, 프린트</td></tr>
<tr><td>스펙트럼 분석기</td></tr>
<tr><td>X-Y 스코프</td></tr>
<tr><td>측정항목
• 주파수, 전류, 최대/최소, 피크에서 피크, RMS</td></tr>
<tr><td rowspan="3">가변전원공급기</td><td>2채널 전원공급기(0~25V)</td></tr>
<tr><td>전류 제한 설정 가능</td></tr>
<tr><td>CC 모드, CV 모드 기능</td></tr>
<tr><td>디지털 멀티미터</td><td>저항/전압/전류/다이오드/Continuity</td></tr>
<tr><td rowspan="2">주파수 카운터</td><td>Reset, Attenuation, Triggering</td></tr>
<tr><td>Calibration 기능</td></tr>
<tr><td rowspan="2">함수발생기</td><td>2채널 삼각파/구형파/사인파 출력</td></tr>
<tr><td>Sweep 기능</td></tr>
</table>

② 계측기 사양

No	항 목		사 양
1	전용 디지털 오실로스코프	채널	2채널, 2 BNC (AC/DC 커플링) + 1 외부 트리거
		샘플링비	50MS/s (2채널 사용시)
		대역폭	25MHz
		분해능	12 비트
		정확도	± 1%
		입력 임피던스	1MΩ
		과부하 보호	±100V
		버퍼크기	128K
		인터페이스	USB
2	가변전원공급기	출력 채널수	2 CH
		출력	가변 파워 공급 (2 x 0~25V, 1A)
		내부저항	〈 15mΩ
		안정도	〈 2.5mV
		복구시간	〈 80μs
		부하변동률	〈 0.05
		온도상수	0.1%/ ℃
		리플과 노이즈	〈 5mV
		출력전류	Max 1A
		전류제한	조정가능한 전류제한기(10mA to 1000mA)
		분해능	100mV, 10mA
		인터페이스	USB
3	디지털 멀티미터	DC 전압	범위 : 400mV, 4V, 40V, 400V, 1000V
			분해능 : 10μV, 100μV, 1mV, 10mV, 100mV
			정밀도 : 2V to 1000V : ± 0.5%
			최대 입력전압 : 1000V for 40V, 400V와 1000V 범위, 380Vp for 400mV, 4V 범위
			입력 임피던스 : 10MΩ ∣∣ 70pF
			입력전류 : Max. 10pA(23℃)
		DC 전류	범위 : 40mA, 400mA, 4A, 10A
			분해능 : 1μA, 10μA, 100μA, 1mA
			정밀도 : 40mA to 400mA : ±1%, 4A to 10A : ±1.5%

No	항 목		사 양
		AC 전압	범위 : 400mV, 4V, 40V, 400V, 750V
			분해능 : 10μV, 100μV, 1mV, 10mV, 100mV
			정밀도 : 400mV to 40V : ± 2% at 40Hz~10kHz, ± 3% at 10kHz~20kHz 400V and 750V : ± 2% at 40Hz~100Hz
			최대 입력전압 : 1000V for 40V, 400V와 750V 범위, 380Vp for 400mV, 4V 범위
			입력 임피던스 : 10MΩ ∣∣ 70pF
		AC 전류	범위 : 40mA, 400mA, 4A, 10A
			분해능 : 1μA, 10μA, 100μA, 1mA
			정밀도(at 40Hz to 100Hz) : 40mA to 400mA : ± 2%, 40mA to 10A : ± 3%
		저항	범위 : 400Ω, 4kΩ, 40kΩ, 400kΩ, 4MΩ, 40MΩ
			분해능 : 10mΩ, 100mΩ, 1Ω, 10Ω, 100Ω, 1kΩ
			정밀도 : ± 1%(± 1.5% for 40MΩ)
		인터페이스	USB
4	주파수 카운터	채널수	1 CH
		측정범위	0~200MHz
		입력특성	0~200MHz(DC coupled), 10Hz~200MHz(AC coupled)
		감도 (사인파)	60mV(1Hz ~ 10MHz), 80mV(10MHz~200MHz)
		측정기능	Period, Pulse Width High/Low (averaged)
		최소 펄스폭	5ns
		입력 노이즈	〈100uV, Typical
		커플링	AC or DC(스위치 선택가능)
		감쇠자	x1, x20(스위치 선택가능)
		입력 임피던스	1MΩ ∣∣ 40pF
		최대 입력전압	250V(DC+AC peak) from 0~440Hz Down to 8Vrms at 1MHz
		LSD	100ns to 10ps
		게이트 시간	범위 : 100ms to 10s in 3 steps
		주파수 표준	10MHz TCXO

No	항 목		사 양
		정밀도	±1x10-6 (10℃ ~ 40℃)
		인터페이스	USB
5	함수발생기	출력 채널수	2 CH
		주파수 범위	Sine : 1Hz~5MHz, Square : 1Hz~1MHz, Triangle : 1Hz~1MHz
		분해능	0.1Hz
		출력전망	20Vp-p(10Vp-p into 50Ω)
		감쇠자	최대 60dB
			2step : 20dB±0.5dB, Variable : 0~20dB
		DC 옵셋	±5V(±2.5V into 50Ω Load)
		Sweep	Mode : Linear
			Sweep 속도 : 20ms~5s
			Sweep 범위 : Approx. 1:100
		신호형태	Sine, Square, Triangle
		진폭	CH1/CH2 : 0 ~ 20VP-P
		인터페이스	USB
6	멀티 기능카드	아날로그 입력	입력 채널수 : 8 채널
			분해능 : 12비트
			입력 범위 : ±10V
		아날로그 출력	출력 채널수 : 2채널
			출력 전압 : 0~5V
			출력 전류 : 5mA
		디지털 입력	입력 채널수 : 12 채널
			입력 레벨 : TTL 로직 레벨
		디지털 출력	입력 채널수 : 8 채널
			출력 레벨 : TTL 로직 레벨
		인터페이스	USB

4) 사용 전 주의 사항 및 사용 순서

① CBIS-1400(PC 기반 종합 계측기기)은 AC220V 전압 전용으로 설계되어 있다.

② 전원공급기의 정격출력 이상 부하를 가하지 말라.

③ DS-1410과 통신케이블 및 연결 케이블 연결은 모든 전원이 OFF 인 상태에서 한다.
④ 전원 스위치가 OFF 인가를 확인 후 AC220V 전원 플러그를 콘센트에 삽입한다.
⑤ 장비의 각 연결단자에 케이블 접속할 때 본사에서 제공한 것을 사용하며 정확한 위치에 연결한다.
⑥ 메인 전원 스위치를 ON으로 한다.
⑦ 이후의 장비 제어는 개별 장비 세부 매뉴얼을 참고한다.
⑧ 실험 종료 후 장비의 전원 OFF는 PC에서 컨트롤 패널 종료 후 메인 전원 스위치를 OFF로 한다.

※ CBIS CD에 포함되어 있는 내용

- CBIS-1400 PC 인터페이스 드라이브
- CBIS-1400 응용 프로그램
- 전자 교과서 설치 프로그램(DS-1410, ED-1420 설치시)

※ PC 권장 사양

CBIS-1400을 운용하기 위해서는 다음과 같은 사양의 PC가 권장된다.

- Microsoft Windows 2000, Windows NT 4.0, Windows 98, Windows XP.
- 펜티엄 Ⅳ 1.7GHz 이상
- 하드 디스크에 빈 공간이 500MB 이상
- RAM 512MB
- CD-ROM 드라이브.
- 마우스나 기타 호환 가능한 입력 디바이스
- USB 2.0 통신 포트(Port)

5) CBIS-1400 패널의 구성 및 특징

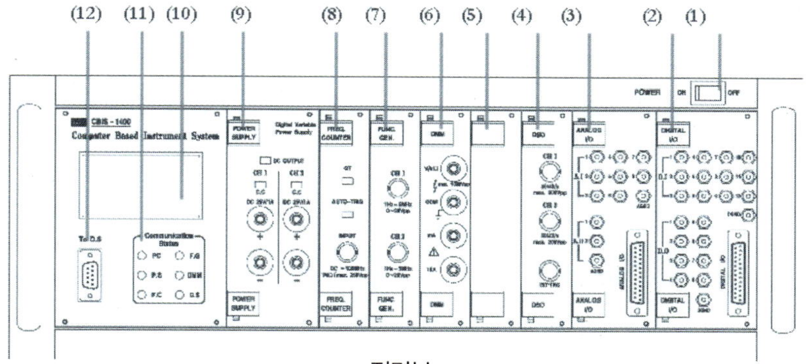

전면부

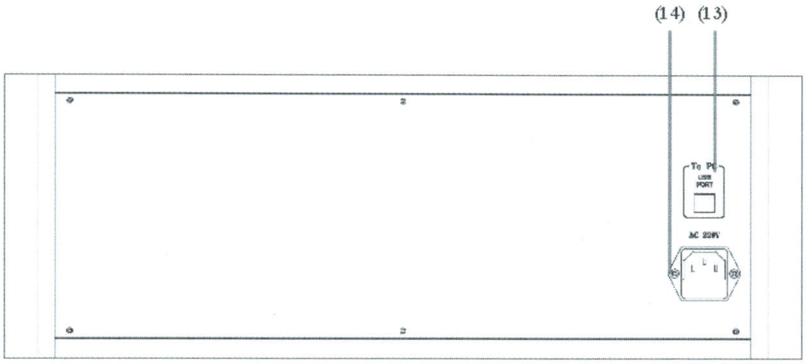

후면부

(1) CBIS-1400 메인 전원 스위치
(2) 디지털 I/O 카드
(3) 아날로그 I/O 카드
(4) 전용 디지털 오실로스코프 카드
(5) Reserved 카드
(6) 디지털 멀티미터 카드
(7) 함수발생기 카드
(8) 주파수 카운터 카드
(9) 디지털 전원공급기 카드
(10) 상태표시 그래픽 LCD
(11) 통신장애 LED
(12) DS-1410과 통신 포트
(13) PC와 통신하는 USB 포트
(14) AC220V 입력 커넥터

4.2 소프트웨어 설치

통합계측장비(CBIS-1400)를 운용하기 위하여 오실로스코프, 멀티기능카드 드라이버, CBIS-1400PC 인터페이스 드라이버, CBIS-1400 프로그램을 설치하기 위하여 다음과 같은 사양의 PC가 권장된다.

※ PC 권장 사양

- Microsoft Windows 2000, Windows NT 4.0, Windows 98, Windows XP
- 펜티엄 Ⅳ 1.7GHz 이상
- 하드디스크에 빈 공간이 500MB 이상
- RAM 512MB
- CD-ROM 드라이브
- 마우스나 기타 호환 가능한 입력 디바이스
- USB 2.0 통신 포트

1) 오실로스코프 드라이버(Oscilloscope Driver) 설치

① 제공된 CD 안의 Driver 폴더 내의 OSC 폴더에서 PicoFull_r5_16_2.exe를 실행한다.

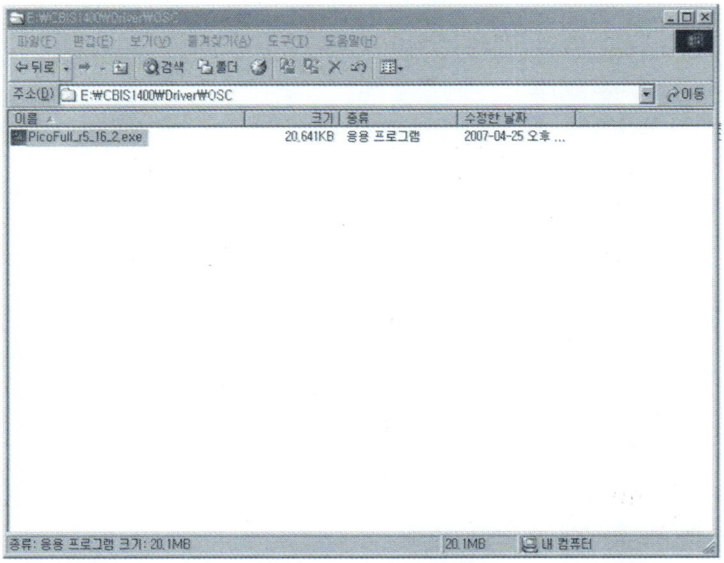

② Language를 English로 선택한 후 OK를 클릭한다.

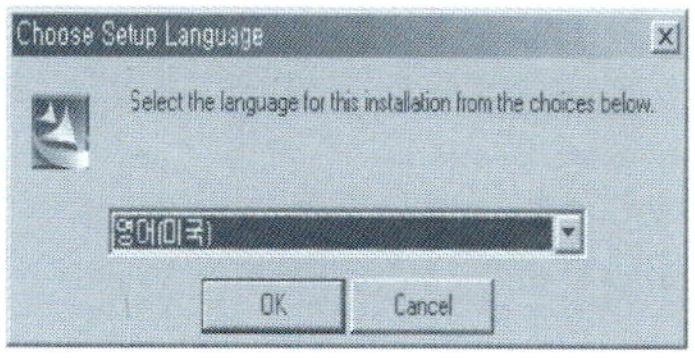

③ InstallShield Wizard 창이 뜨게 되면 Next를 클릭한다.

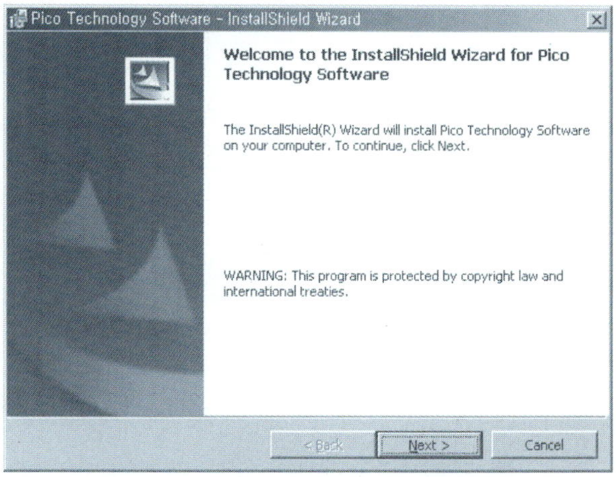

④ License Agreement에 I Accept를 클릭한 후 Next를 클릭한다.

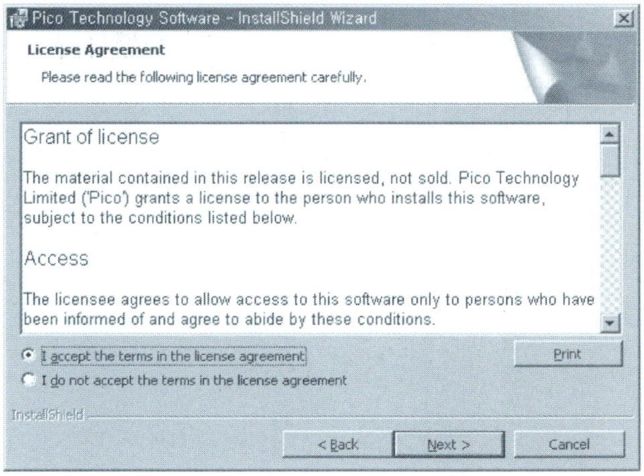

⑤ Device Selection 창이 뜨게 되면 사용 Device, Port를 입력한 후 Next를 클릭한다.

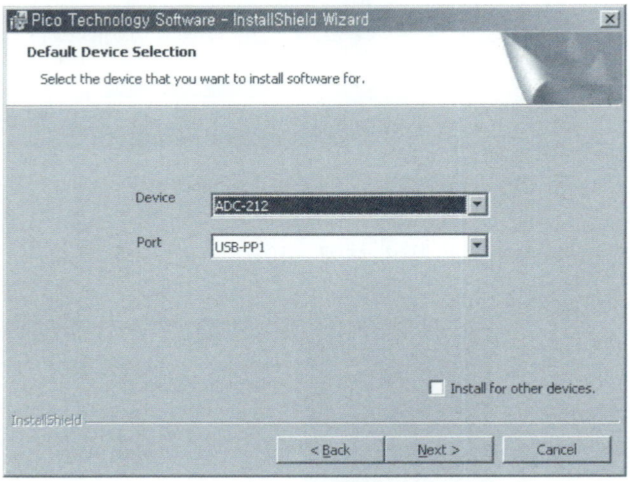

- Device : ADC-212로 선택
- Port : USB-PP1으로 선택

⑥ Setup Type 창이 뜨게 되면 Typical을 클릭한 후 Next를 클릭한다.

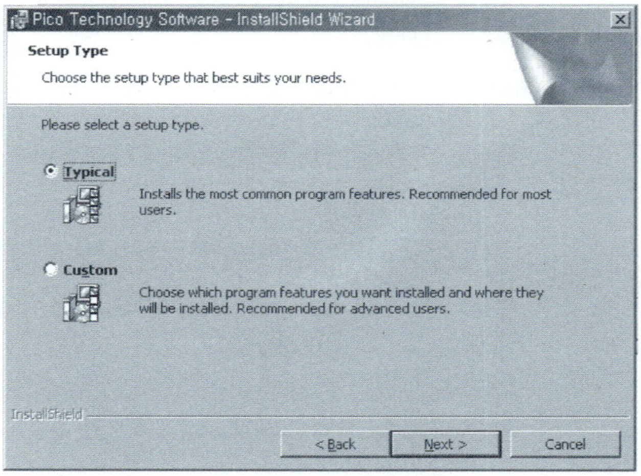

⑦ Install Program 창이 뜨게 되면 Install을 클릭한다.

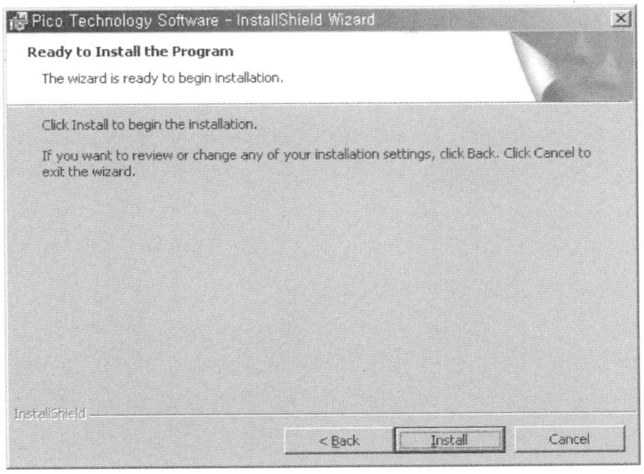

⑧ InstallShield Wizard Completed 창이 뜨게 되면 Finish를 클릭한 후 컴퓨터를 리부팅 한다.

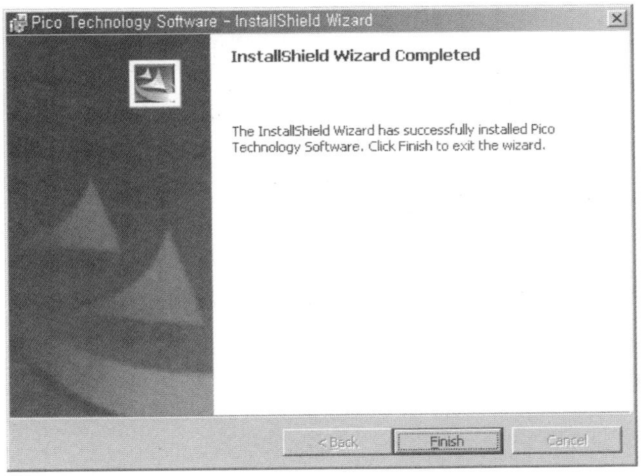

2) 멀티기능 카드 드라이버 설치

① 제공된 CD 안의 Driver폴더 내의 MFC 폴더에서 U12SetupV120.exe를 실행한다.

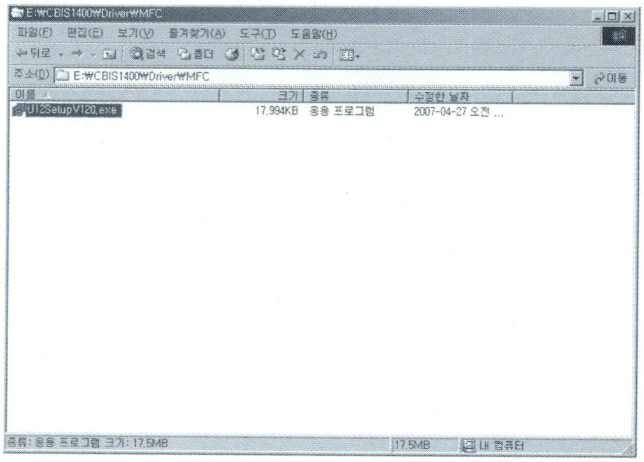

② Installation Wizard 창이 뜨게 되면 Next를 클릭한다.

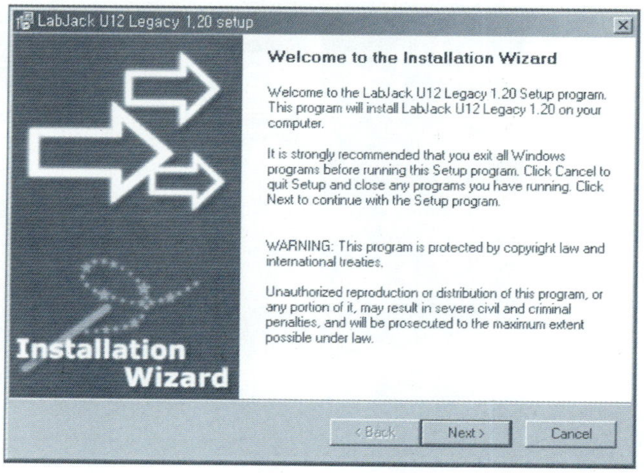

③ Destination Folder 창이 뜨게 되면 Next를 클릭한다.

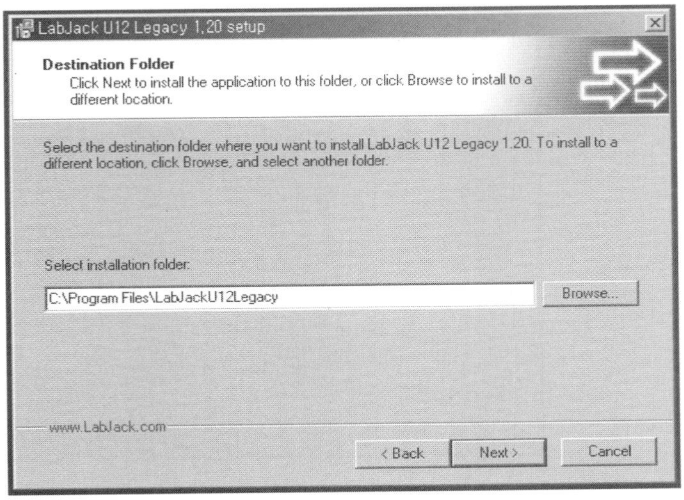

④ Program Group 창이 뜨게 되면 Next를 클릭한다.

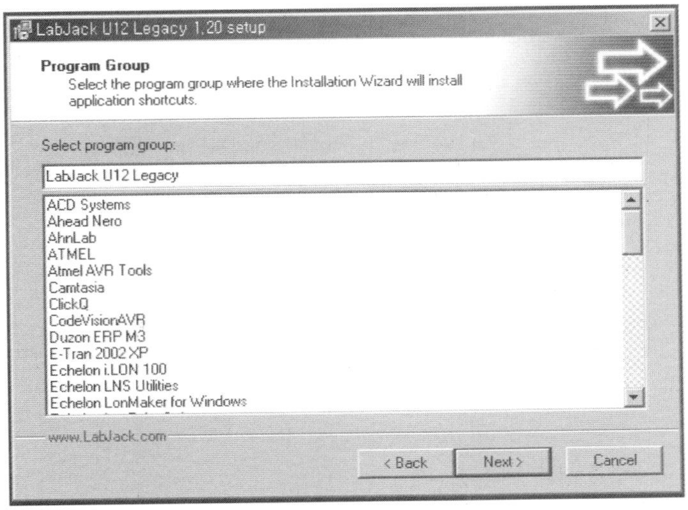

⑤ Install Program 창이 뜨면 Next를 클릭한다.

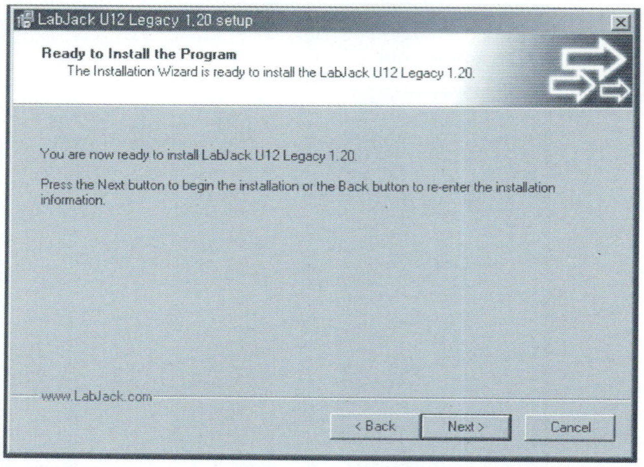

⑥ LabVIEW RTE Install 창이 뜨게 되면 Install LabVIEW RTE 6.0.2 창을 클릭하여 비활성화시킨 후 Next를 클릭한다.

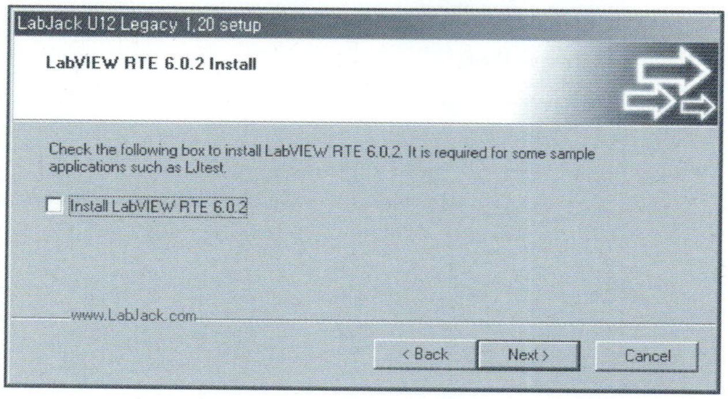

⑦ Installation Complete 창이 뜨게 되면 Finish를 클릭한 후 컴퓨터를 리부팅한다.

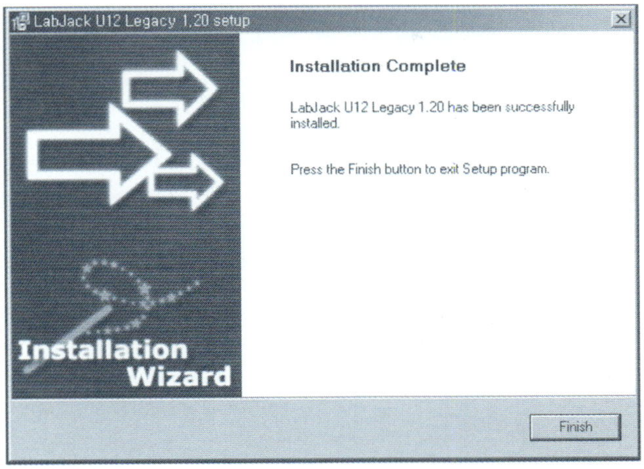

3) CBIS-1400 PC 인터페이스 드라이버 설치

① S/W 설치 및 Driver 설정은 Microsoft Windows XP 기준으로 설명한다.

② 시스템 설정 안정성을 위하여 실행 중인 모든 윈도우 애플리케이션을 닫는다.

③ 제공된 CD 안의 Driver 폴더 내의 USB 1.1 TO RS232 Cable\PC Driver 폴더에서 setup.exe를 실행한다.

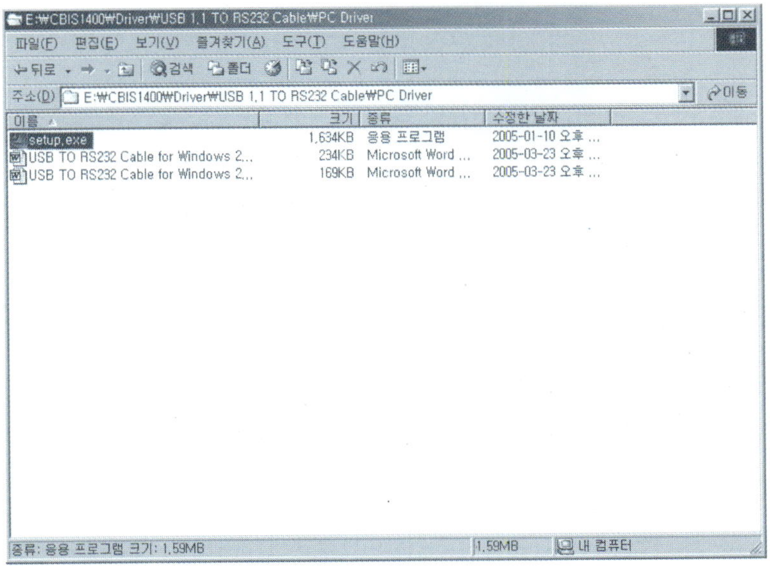

제4장

④ Installation Wizard 창이 뜨게 되면 Next를 클릭한다.

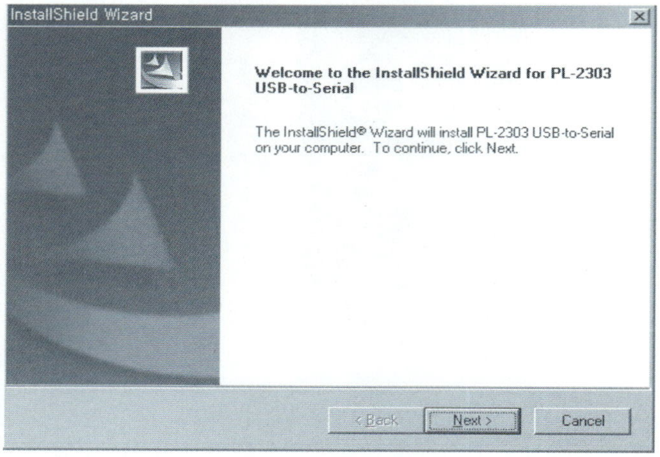

⑤ InstallShield Wizard Complete 창이 뜨게 되면 Finish를 클릭한 후 컴퓨터를 리부팅한다.

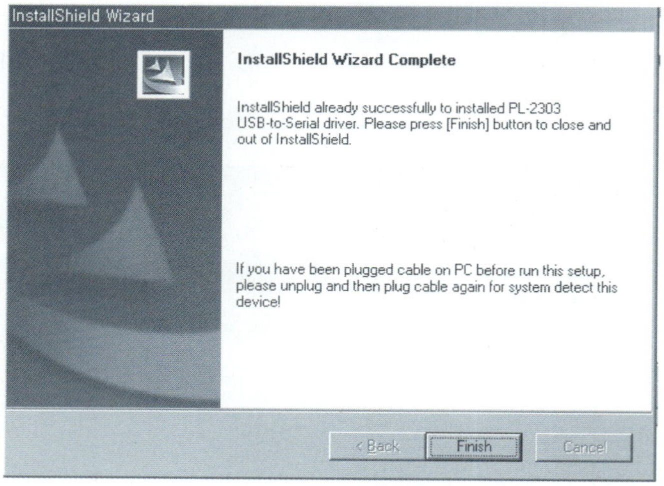

⑥ 장비의 전원을 켜고 제공된 USB cable을 이용하여 CBIS-1400 장비와 PC를 연결한다.

⑦ 장비와 연결이 되면 새 하드웨어를 발견했다는 메시지가 뜨고 USB Hub를 설치한다.

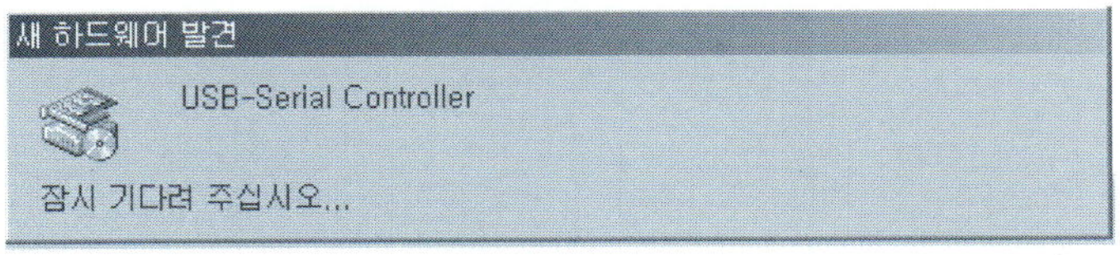

⑧ 다시 새 하드웨어 검색 마법사가 뜨고 새 하드웨어 장치 드라이버를 설치한 후 하드웨어 설정이 완료된다.

⑨ 설치가 완료되면 제어판 → 시스템 → 장치 관리자에 들어가서 드라이버가 제대로 설치가잘 되었는지를 확인해본다.

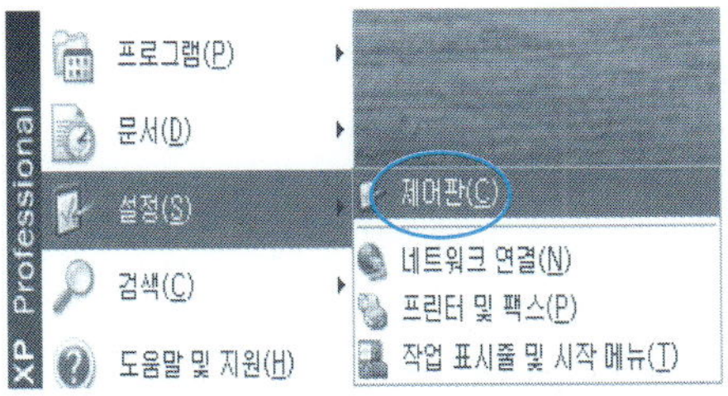

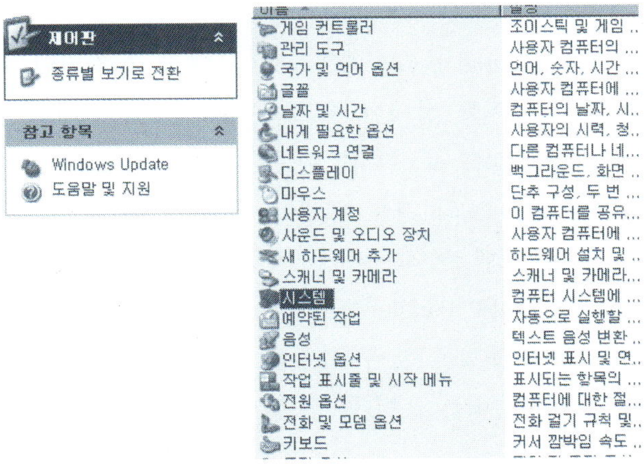

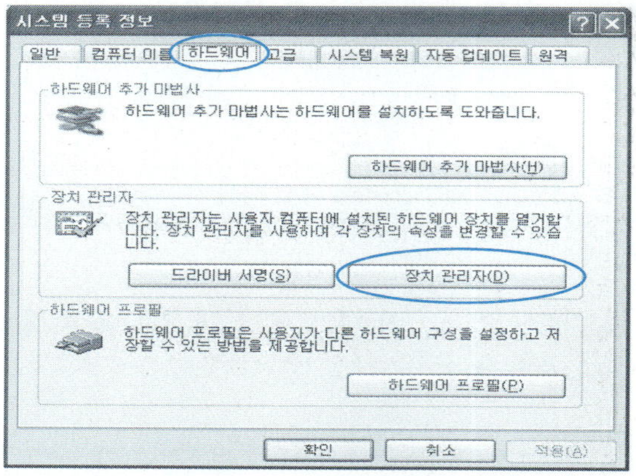

- 만약 USB to Serial Port가 COM15 이상으로 설정되었을 경우 Prolific USB-to Serial Comm Port 장치를 선택한 후 등록정보－포트설정－고급－COM Port 번호에 들어가서 COM3~COM15로 설정하여준다.
- 모뎀이 설치된 PC의 경우 모뎀이 COM3가 아닌 Port 로 바꾸어준다. (위 참조)
- 제어판 → 시스템 → 하드웨어 → 장치 관리자 → 범용 직렬 버스 컨트롤러를 확인하여 Pico USB-PP Parallel Port가 보이지 않을 경우 장비가 제대로 설치되지 않은 경우이므로 리부팅을 한 후 확인을 해보거나 기타 장치 또는 USB 루트허브를 제거(마우스 오른쪽 버튼 클릭)한 후 하드웨어 변경사항 검색(마우스 오른쪽 버튼 클릭)을 수행한다.

4) CBIS-1400 프로그램 설치

① 제공된 CD 안의 CBIS-1400 Setup Program 폴더에서 Setup.exe 파일을 실행한다.

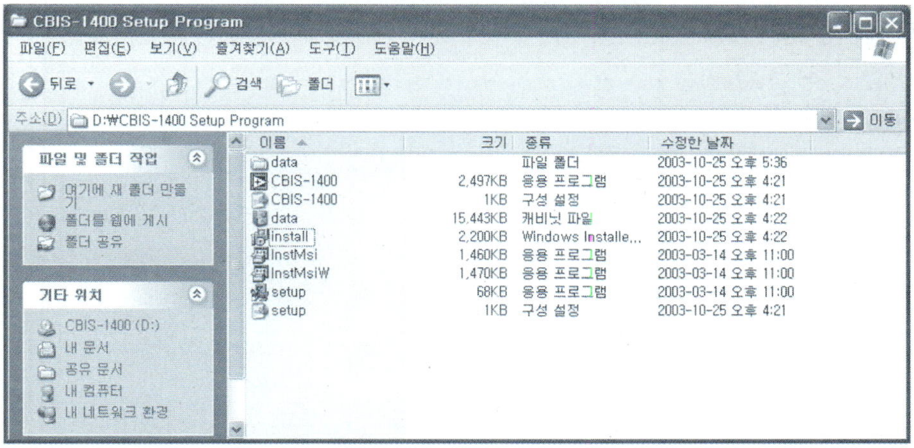

② 초기 Setup 화면이 뜨면 Next를 눌러서 설치를 시작한다.

③ 설치 경로를 설정해주는 창이 뜨면 Next를 눌러서 진행을 계속한다.
(이 때 설치 경로를 변경하지 않고 기본으로 설정된 경로로 설치한다)

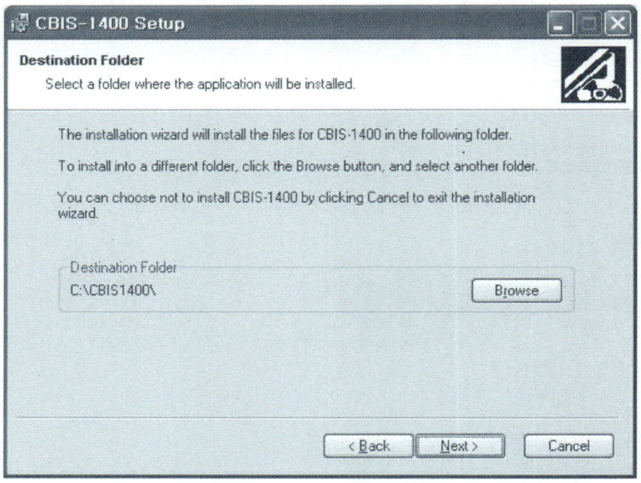

④ Application Install이 준비가 되면 Next를 눌러서 설치를 시작한다.

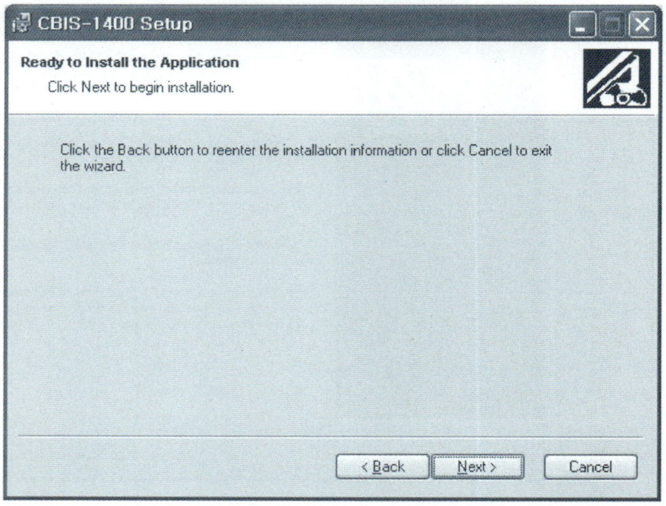

⑤ Finish를 눌러서 설치를 완료한다.

5) USB 케이블 재설치

① USB cable을 뽑았다가 다시 꽂았을 경우에나 전원을 껐다가 다시 켰을 경우에는 다음과 같은 메시지가 뜰 경우가 있다.

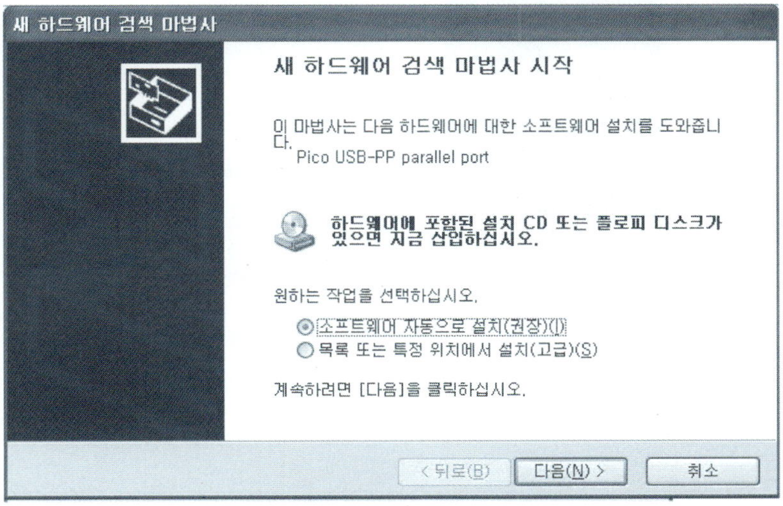

② 다음을 클릭한 후 다시 대화 창이 뜨게 되면 계속을 눌러서 하드웨어를 다시 설치한다.

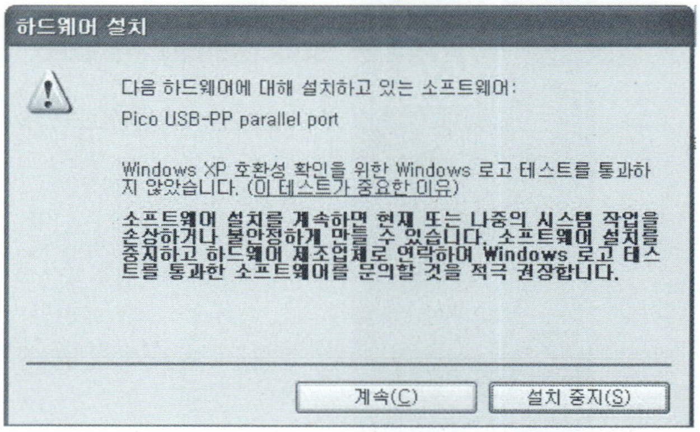

③ 마침을 눌러서 다시 잡힌 하드웨어의 설치를 마무리한다.

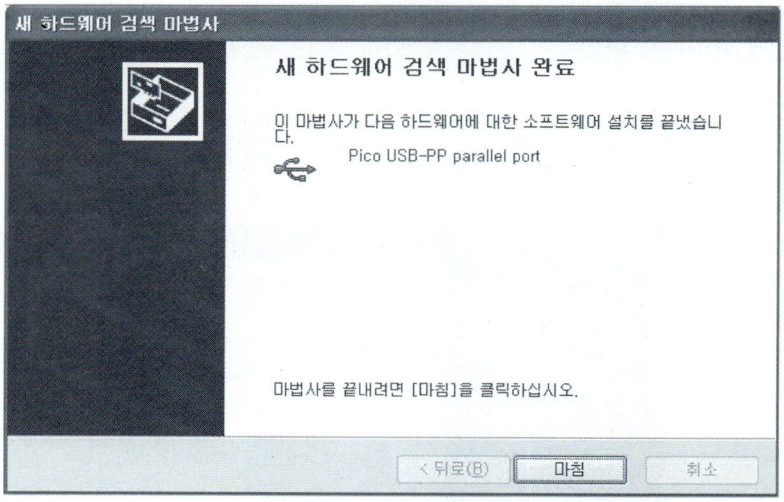

4.3 CBIS-1400 전자교과서 환경설정

1) 교수용 프로그램 설치

교수용 전자교과서와 학생용 전자교과서는 동일한 PC에 같이 설치해서는 안 된다.

① PC 부팅 후 CD-ROM 드라이브에 CD를 삽입하고, CD-ROM 안에 '전자교과서 Setup' 폴더 안에서 setup.exe를 더블 클릭한다. 잠시 후 아래의 화면이 나타나면 '다음(N)〉'을 클릭한다.

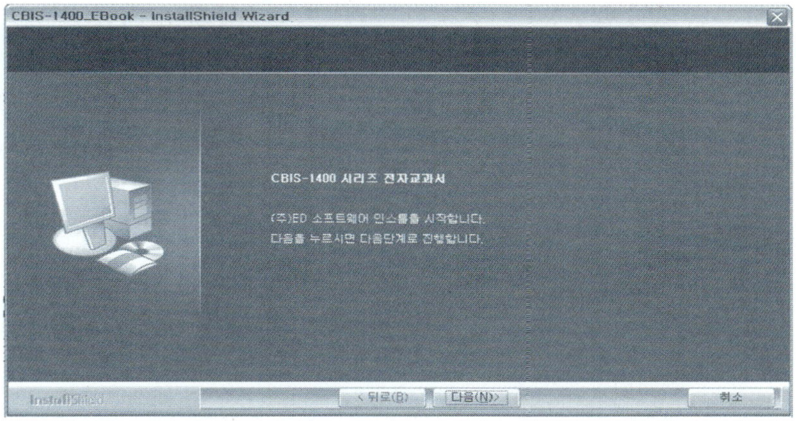

② 잠시 후 사용자 정보 입력을 묻는 아래의 화면이 나타나면 이름(U), 회사(C)를 입력한 후 화면상에서 '다음(N)〉'을 클릭한다.

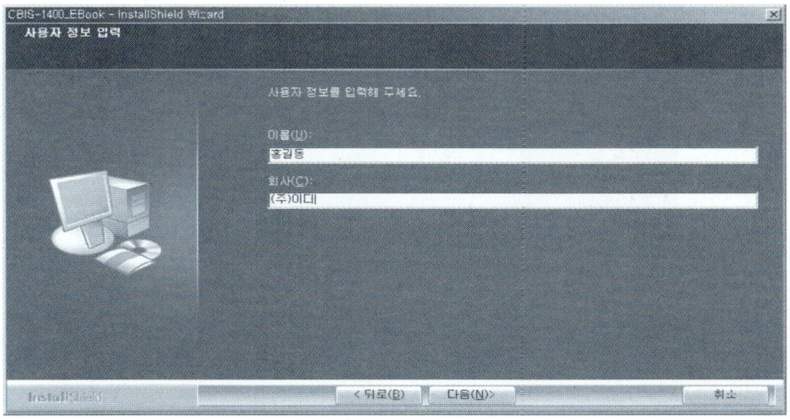

③ 전체 설치 혹은 사용자 설치 항목 중에서 원하는 설치를 선택한 후 '다음(N)〉'을 클릭한다.

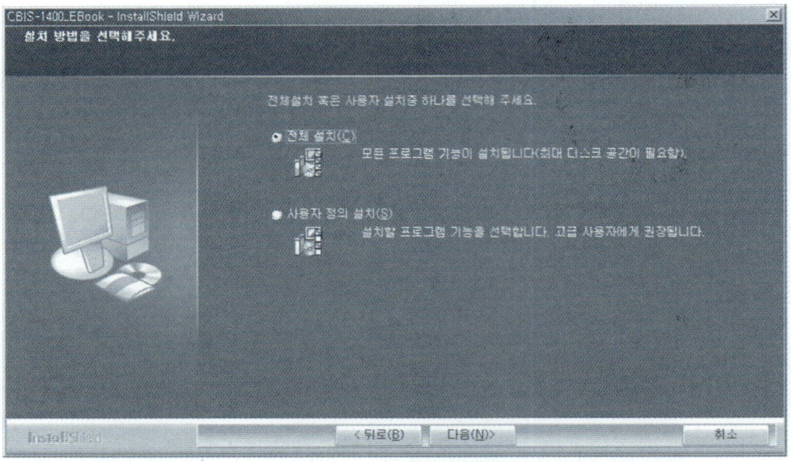

④ 사용자 설치 항목을 선택했을 경우(전체 설치를 선택했을 경우 5번 화면이 나타난다.)

설치될 파일 컴포넌트(전자교과서 설치 목록)를 선택한 후 '다음(N)〉'을 클릭한다.

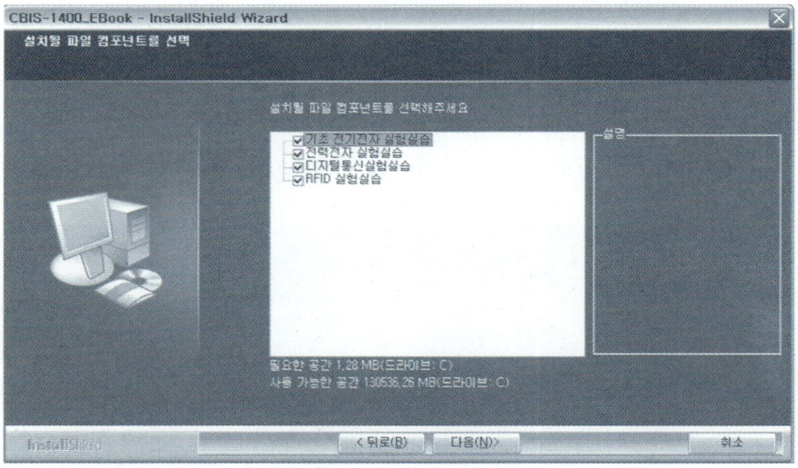

⑤ 설정 완료 화면이 나오면 설치(I)를 클릭하여 Install을 시작한다.

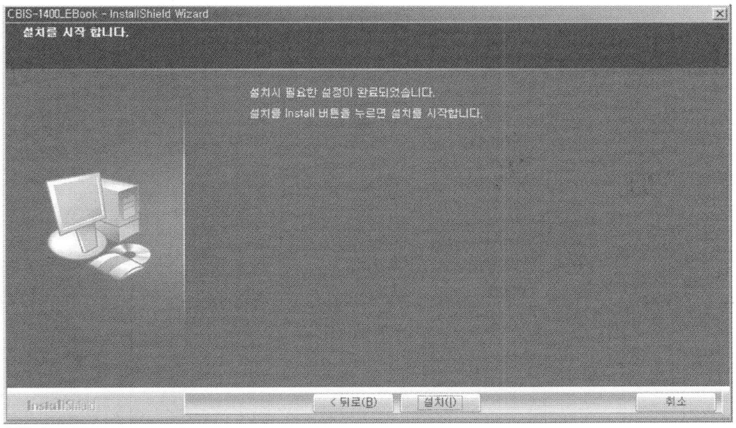

⑥ 잠시 후 아래와 같은 전자교과서 Install을 시작한다.

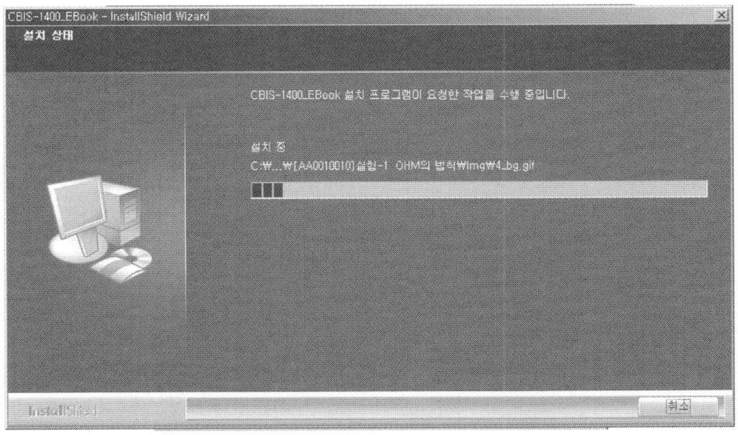

⑦ 잠시 후 아래의 화면이 나타나면 '교사용 컴퓨터 세팅'을 클릭한다.

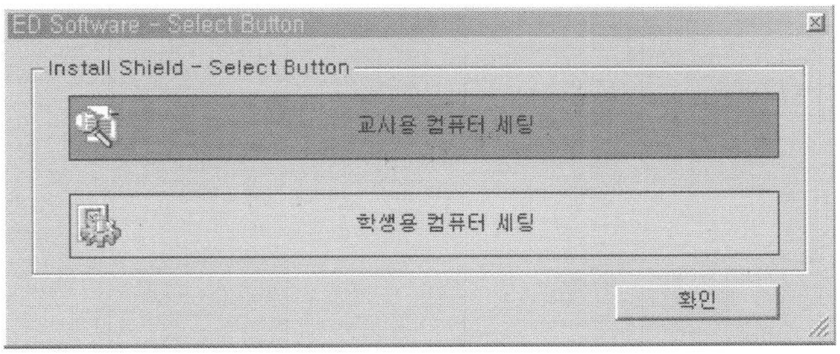

⑧ 아래의 화면이 나타나면 'Next〉'를 클릭한다.

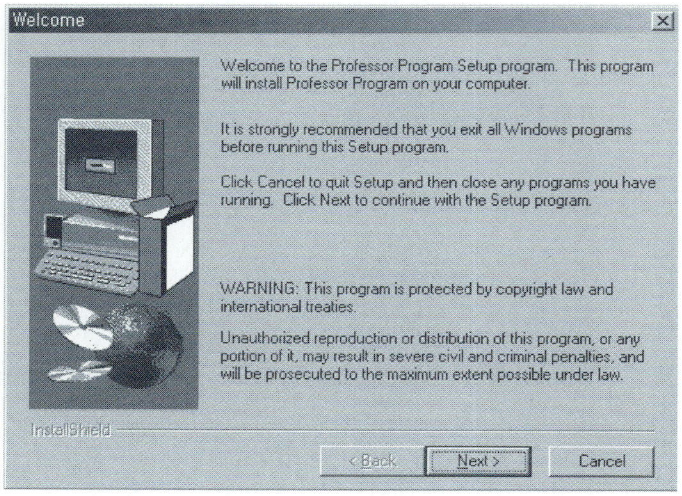

⑨ 잠시 후 사용자 정보 입력을 묻는 아래의 화면이 나타나면 이름(Name), 회사(Company)를 입력한 후 화면상에서 'Next〉'를 클릭한다.

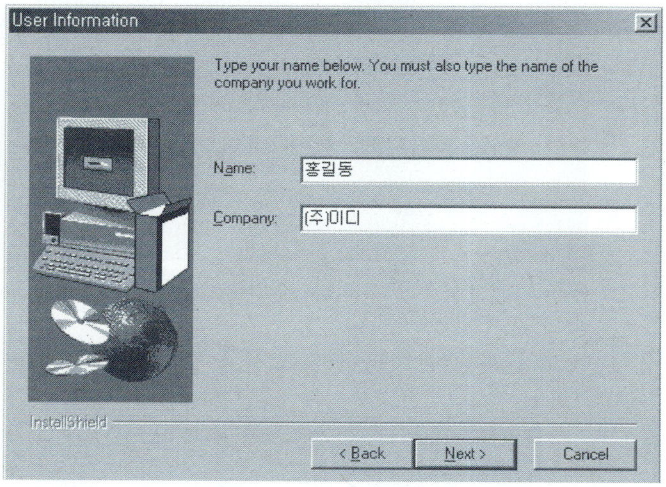

⑩ 전자교과서를 설치할 위치를 묻는 창이 나타나면 위치를 변경하지 말고 화면상에서 'Next〉'를 클릭한다.

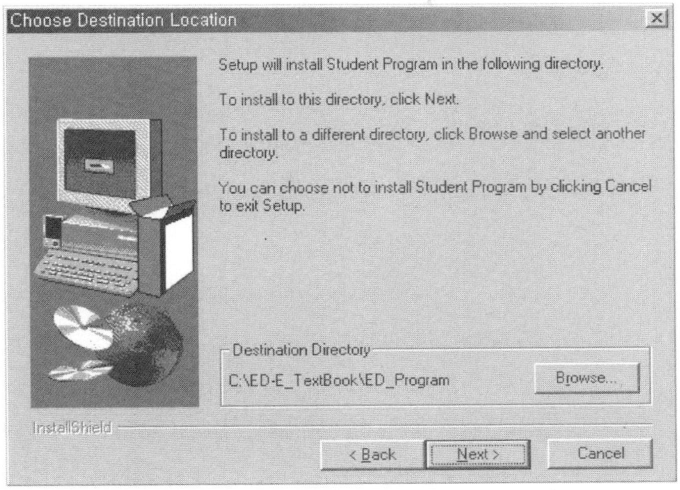

⑪ 전자교과서 Program Folder를 묻는 창이 나타나면 원하는 폴더를 선택한 후 화면상에서 'Next〉'를 클릭한다.

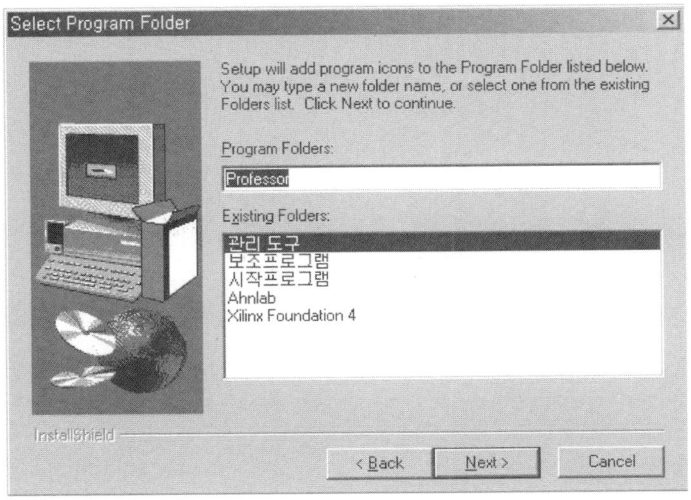

⑫ 아래와 같이 Start Copying Files 화면이 나타나면 'Next〉'를 클릭한다.

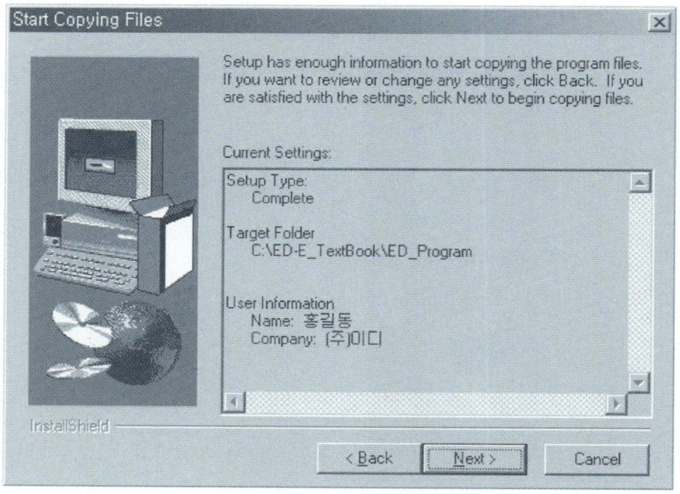

⑬ 잠시 후 전자교과서 설치 완료 화면이 나타나고 화면에서 'Finish'를 클릭하면 교수용 전자교과서 설치가 완료된다.

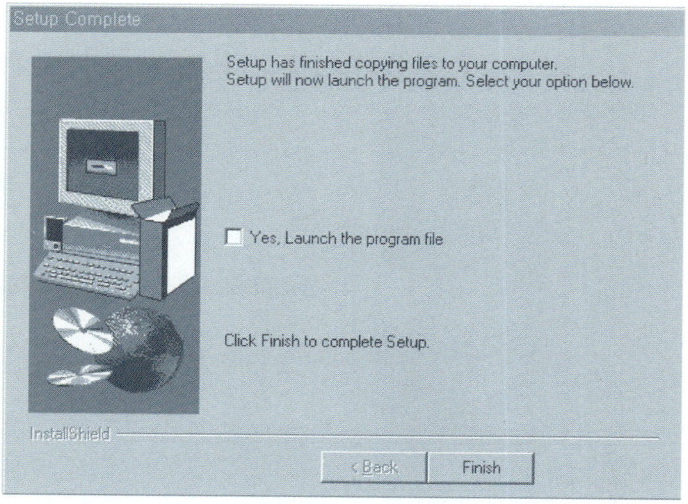

2) 학생용 프로그램 설치

교수용 전자교과서와 학생용 전자교과서는 동일한 PC에 같이 설치해서는 안 된다.

① PC 부팅 후 CD-ROM 드라이브에 CD를 삽입하고, CD-ROM 안에 '전자교과서 Setup' 폴더 안에서 setup.exe를 더블 클릭한다. 잠시 후 아래의 화면이 나타나면 '다음(N)〉'을 클릭한다.

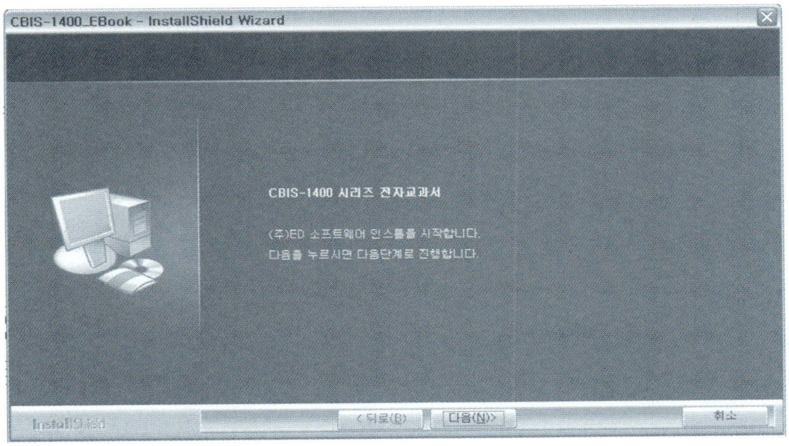

② 잠시 후 사용자 정보 입력을 묻는 아래의 화면이 나타나면 이름(U), 회사(C)를 입력한 후 화면상에서 '다음(N)〉'을 클릭한다.

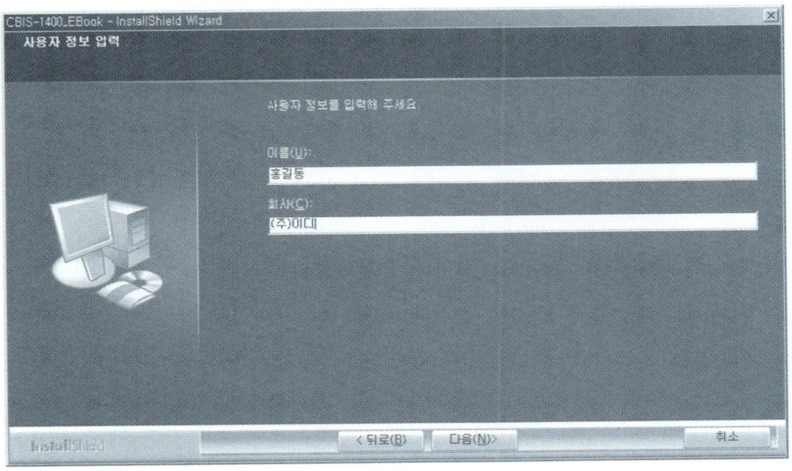

③ 전체 설치 혹은 사용자 설치 항목 중에서 원하는 설치를 선택한 후 '다음(N)〉'을 클릭한다.

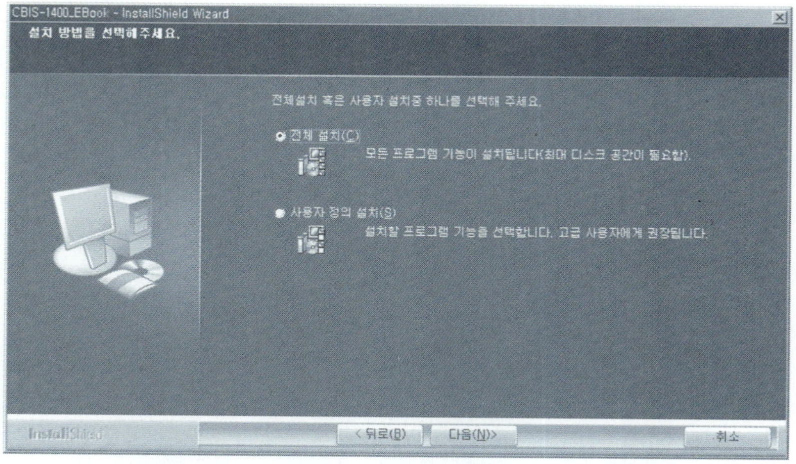

④ 사용자 설치 항목을 선택했을 경우(전체 설치를 선택했을 경우 5번 화면이 나타난다.)

설치될 파일 컴포넌트(전자교과서 설치 목록)를 선택한 후 '다음(N)〉'을 클릭한다.

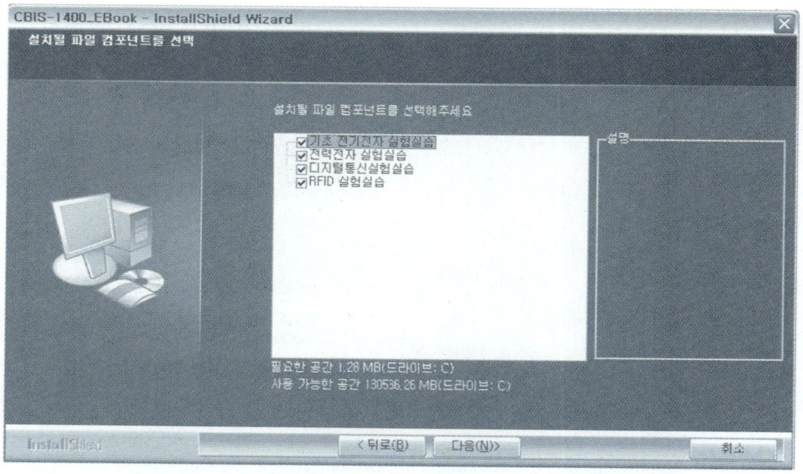

⑤ 설정 완료 화면이 나오면 설치(I)를 클릭한다.

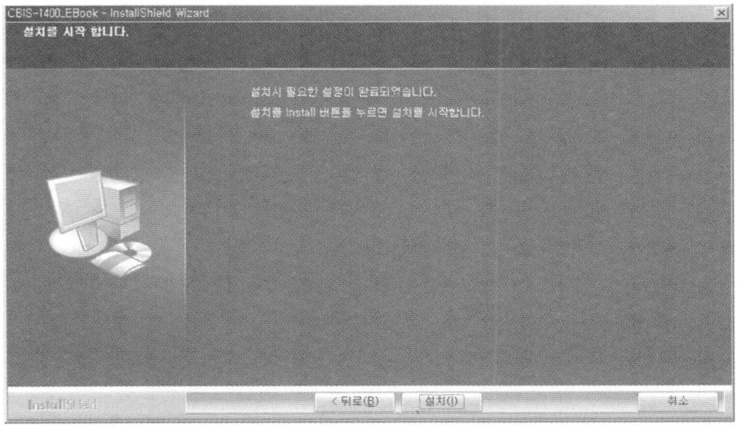

⑥ 잠시 후 아래와 같은 전자교과서 Install을 시작한다.

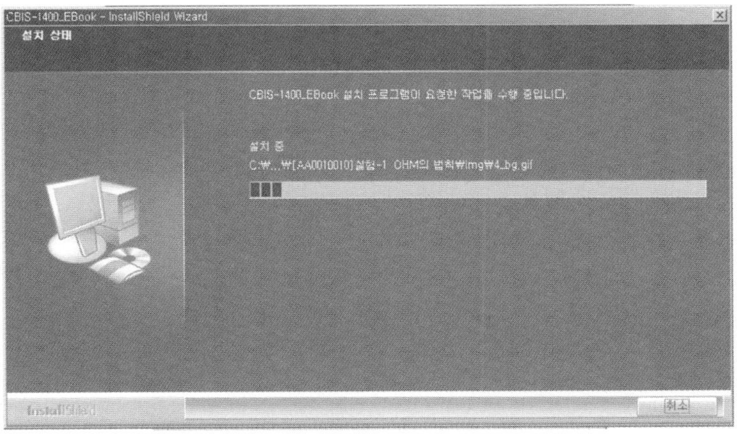

⑦ 잠시 후 아래의 화면이 나타나면 '학생용 컴퓨터 세팅'을 클릭한다.

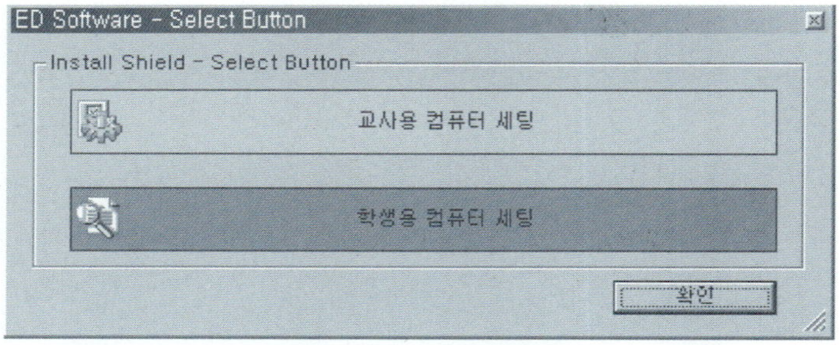

⑧ 아래의 화면이 나타나면 'Next>'를 클릭한다.

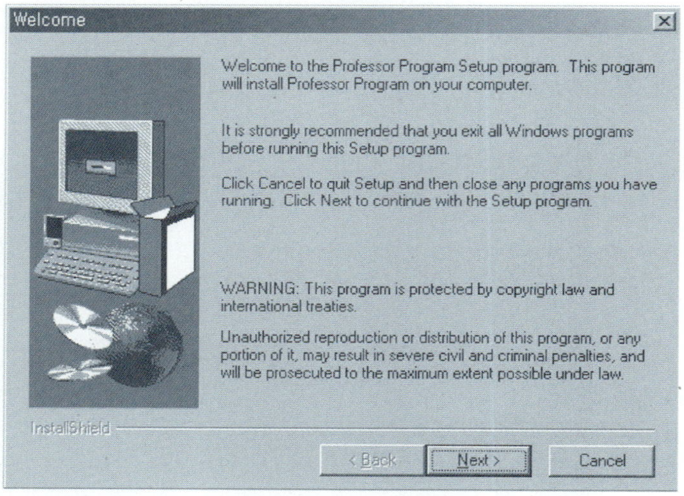

⑨ 잠시 후 사용자 정보 입력을 묻는 아래의 화면이 나타나면 이름(Name), 회사(Company)를 입력한 후 화면상에서 'Next〉'를 클릭한다.

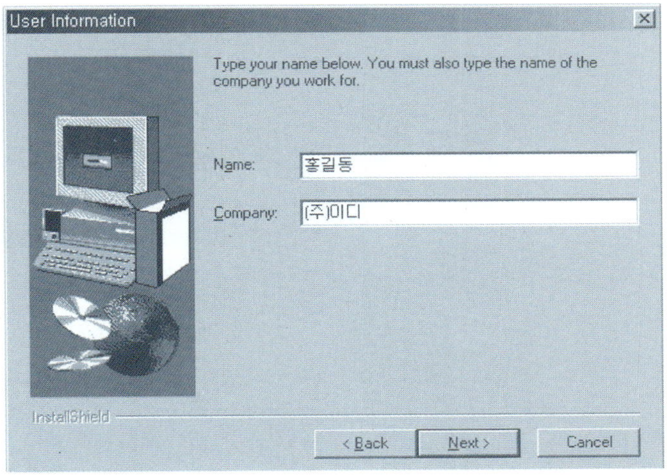

⑩ 전자교과서를 설치할 위치를 묻는 창이 나타나면 위치를 변경하지 말고 화면상에서 'Next〉'를 클릭한다.

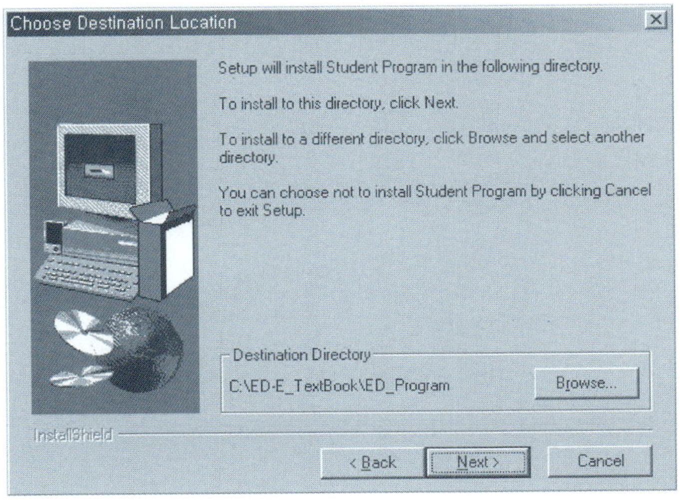

⑪ 전자교과서 Program Folder를 묻는 창이 나타나면 원하는 폴더를 선택한 후 화면상에서 'Next>'를 클릭한다.

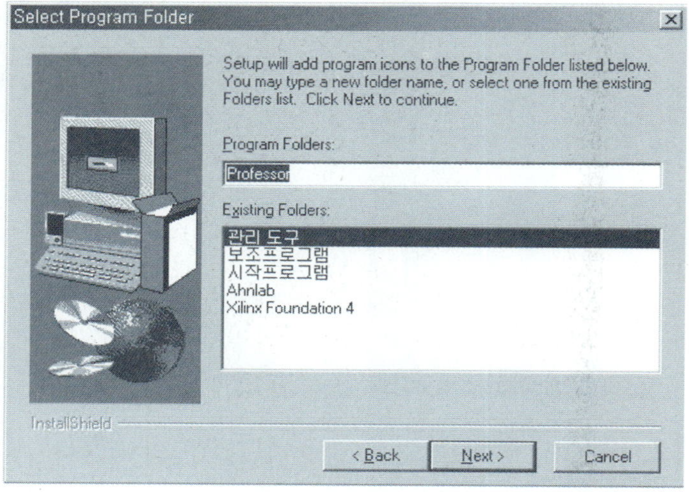

⑫ 아래와 같이 Start Copying Files 화면이 나타나면 'Next>'를 클릭한다.

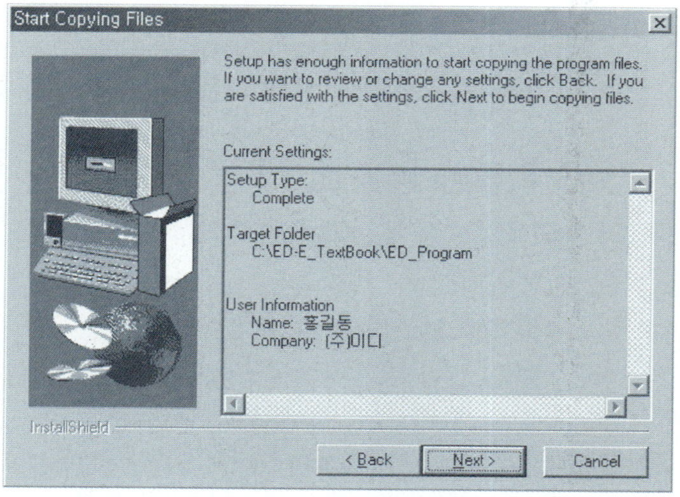

⑬ 잠시 후 전자교과서 설치 완료 화면이 나타나고 화면에서 'Finish'를 클릭하면 교수용 전자교과서 설치가 완료된다.

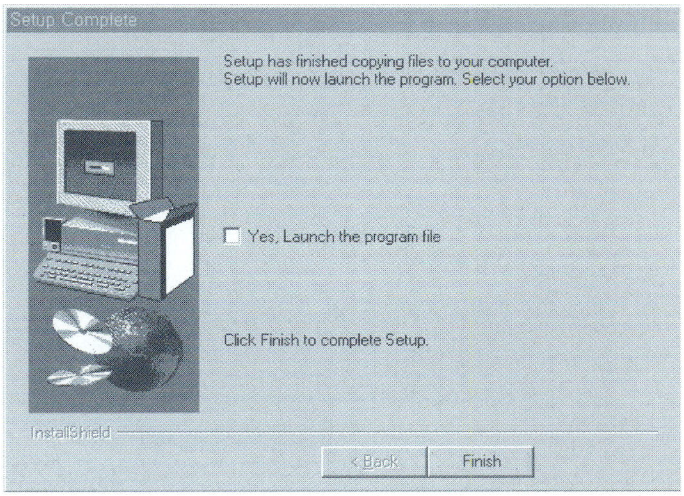

※ 교수용 전자교과서와 학생용 전자교과서는 동일한 PC에 같이 설치되지 않는다.

3) 학생용, 교수용 프로그램 제거

① PC 부팅후 CD-ROM 드라이브에 CD를 삽입하고, CD-ROM 안에 '전자교과서 Setup' 폴더 안에서 setup.exe를 더블 클릭한다. 잠시 후 아래의 화면이 나타나면 제거를 선택한 후 '다음(N)〉'을 클릭한다.

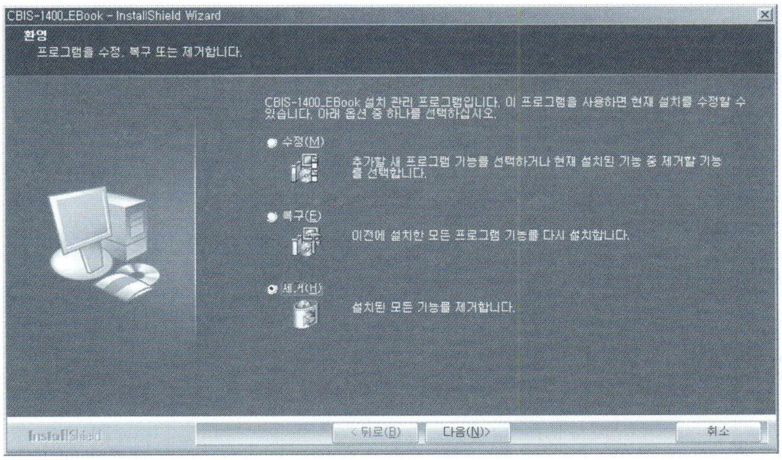

② 잠시 후 제거 확인 창이 나타나면 화면상에서 '예(Y)'를 클릭한다.(만약 프로그램을 제거하고 싶지 않다면 '아니오(N)'를 선택한다.)

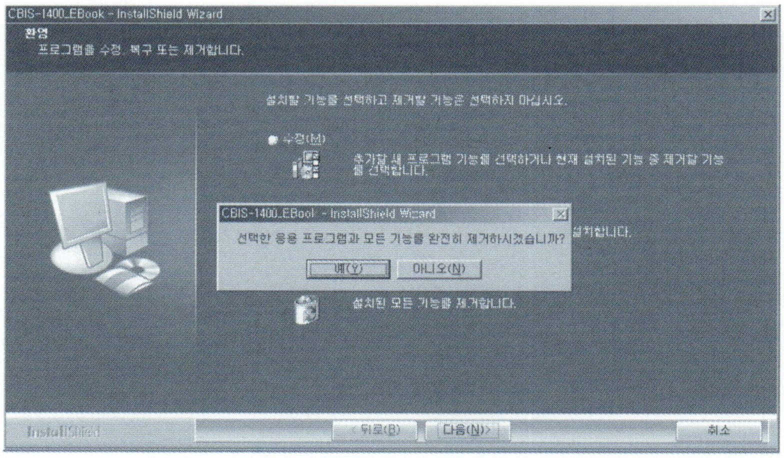

③ 프로그램 제거를 선택하면 아래와 같은 프로그램 제거 화면이 나타난 후 프로그램이 제거된다.

4.4 전자교과서 구성 및 활용

1) 교수용 전자교과서의 구성

본 교수용 전자교과서는 실험실습의 효과를 극대화하고 교육 현장에서의 편리성과 사용성을 바탕으로 제작된 프로그램이다.

(1) 최초 실행

교수용 프로그램을 최초 실행하면 아래와 같이 교수등록 화면이 나온다.

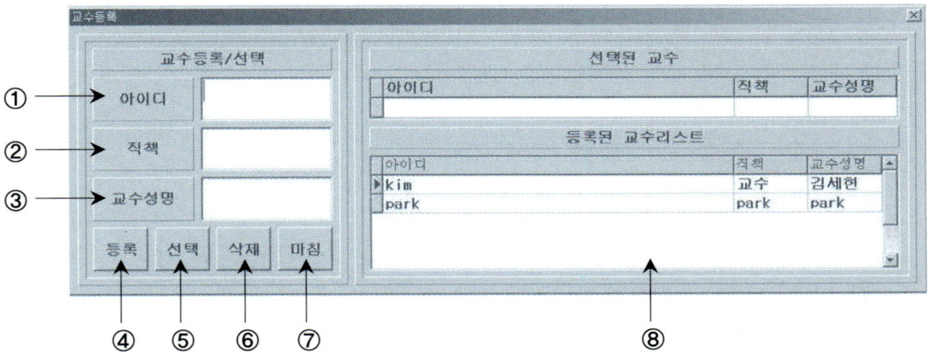

최초 프로그램 실행 시 에는 등록된 교수를 선택하여야 하며 등록된 교수가 없는 경우에는 사용교수를 등록한 후 교수를 선택하여야만 프로그램을 사용할 수 있다.

※ 아이디 입력은 한 교수가 여러 반을 대상으로 강의할 수 있으니 반드시 아이디를 달리하여 구분을 한다.

① 아이디 입력 : 40자 이내의 영문 및 숫자 조합, 20자 이내의 한글을 입력한다.

② 직책 : 해당 직책을 입력한다.

③ 교수 성명 : 등록 교수의 성명을 입력한다.

④ 등록 : 모든 입력사항 입력 후 등록을 누른다. 등록을 누르면 (8)의 등록교수 리스트에 교수가 등록된다.

⑤ 선택 : 교수등록 후 ⑧에서 해당 교수를 클릭하면 영문 아이디, 직책, 교수성명이 자동 입력된다. 그 후 ⑤를 누르면 교수가 선택된다.

⑥ 삭제 : 삭제 시에는 삭제하고자 하는 교수를 ⑧에서 선택 삭제를 누르면 된다.

⑦ 마침 : 교수가 선택 되어진 후 마침을 누르면 프로그램을 사용할 수 있다.

※ 이미 등록된 교수라면 ⑧에서 해당 교수를 클릭 영문 아이디, 직책, 교수성명이 자동 입력된 후 ⑤를 누르면 선택이 되어진다.

⑧ 아래 모든 과정이 끝난 후 선택되어진 상태

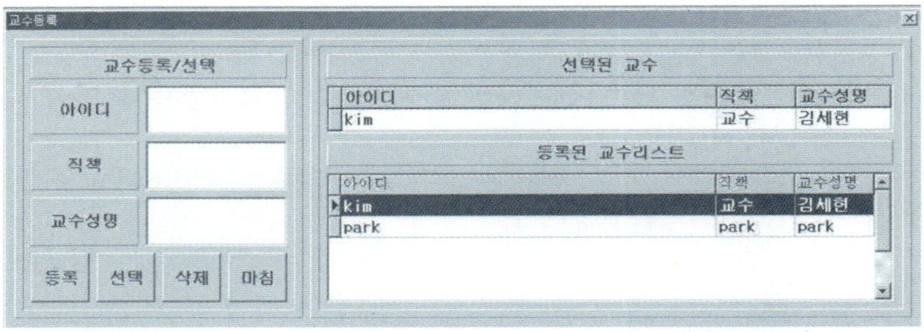

⑨ 이 상태에서 마침을 누르면 프로그램이 실행된다.

(2) 교수용 전자교과서의 실행

A. 실 행

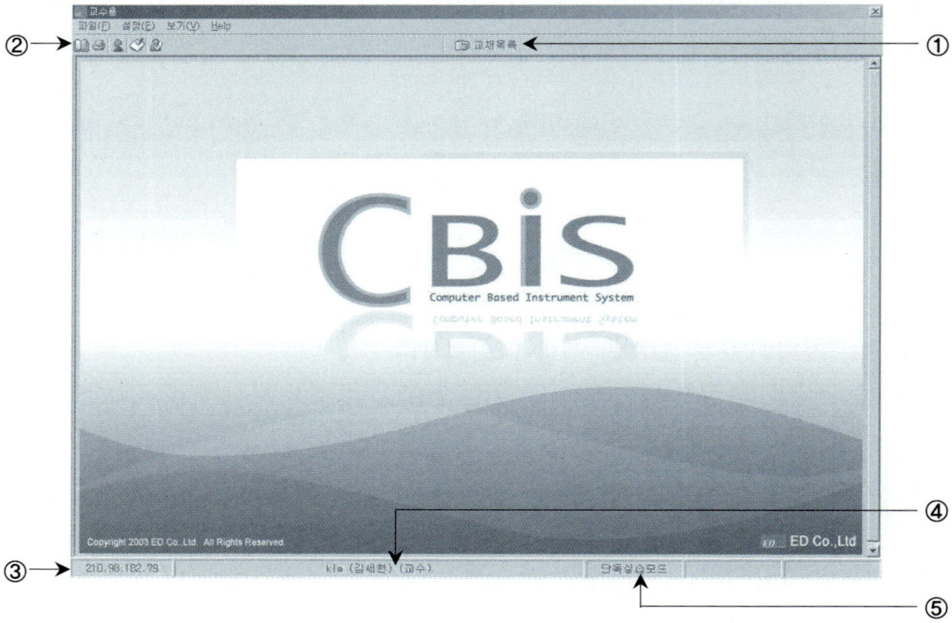

① 교재목록

② 책 모양 아이콘

③ 현재 교수용 컴퓨터의 IP번호

④ 현재 프로그램 사용시 선택되어진 사용자 교수 정보

⑤ 현재 모드 상태

B. 교재보기

①의 교재목록을 클릭한다.

②의 책모양 아이콘 or 파일메뉴의 교재열기를 클릭한다.

교수용 전자교과서 실행화면은 다음과 같다.

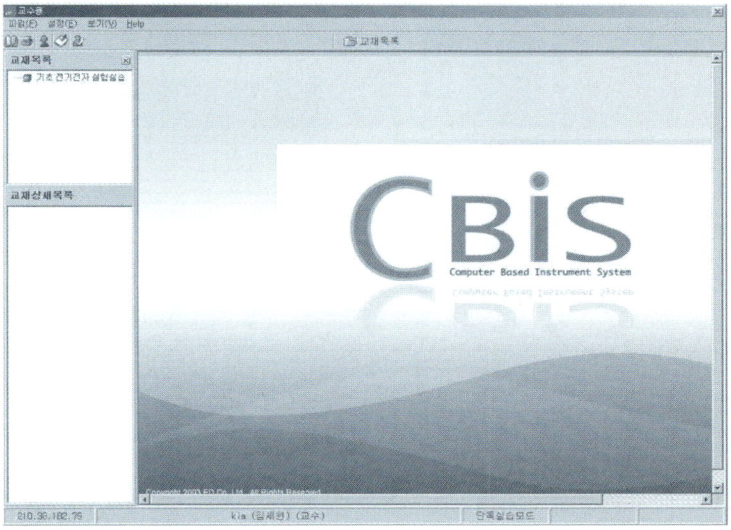

교재열기 후 등록된 ①교재 선택 시 실행화면은 다음과 같다.

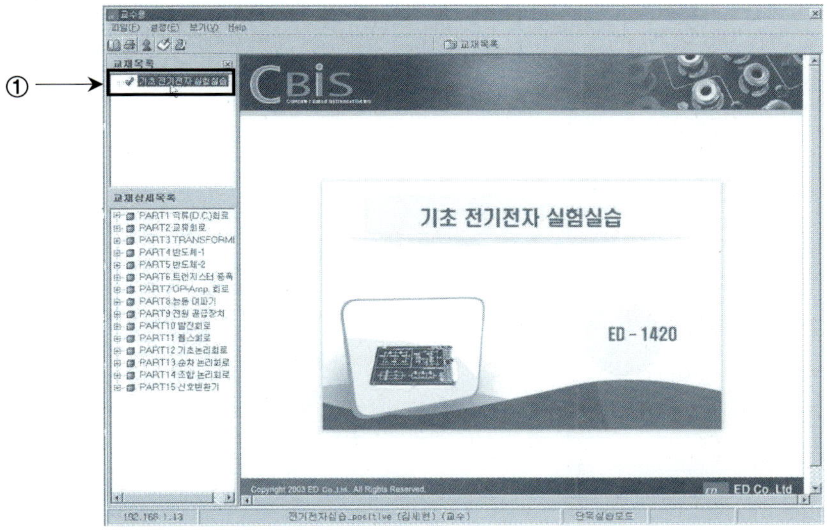

교재 선택 후 교재의 상세 ①교재상세 목록 선택 시 실행화면은 다음과 같다.

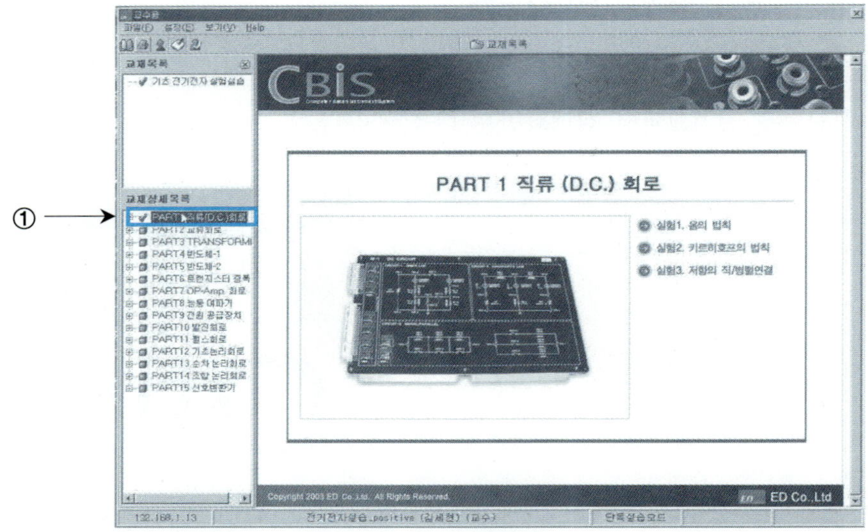

(3) 실험목적, 실험이론, 실험실습 보기

교재상세목록에서 하부 실험 ①을 선택하면 ②처럼 메뉴가 생긴다.
실험목적, 실험이론, 실험실습이 메뉴를 클릭하여 각 실험마다 교재를 볼 수 있다.

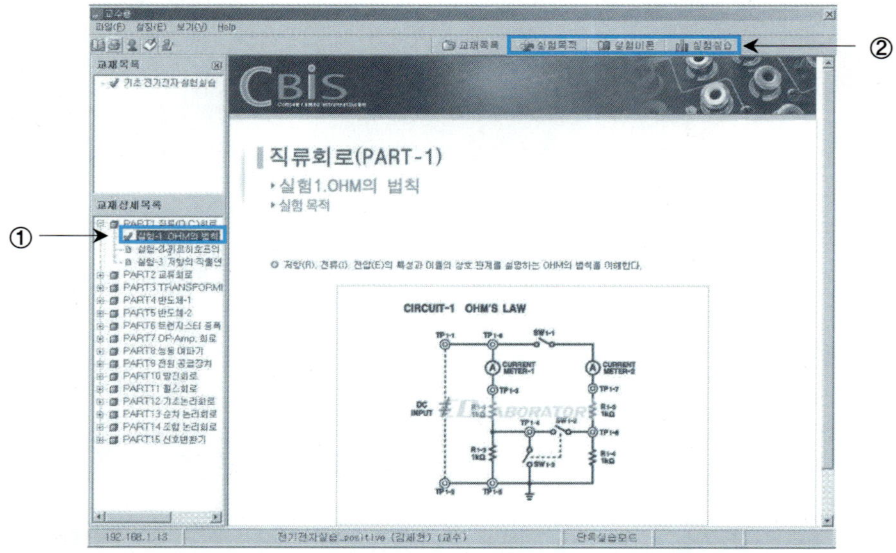

(4) 파 일

파일 항목에는 교재열기, 인쇄, 종료가 있다.

① 교재열기 : 등록된 교재를 연다.
② 인쇄 : 현재 보여지는 화면을 인쇄한다.
③ 종료 : 프로그램을 종료한다.

(5) 교수용 전자교과서 환경설정

A. 교수등록/선택

프로그램 사용자를 등록하면 선택한다.

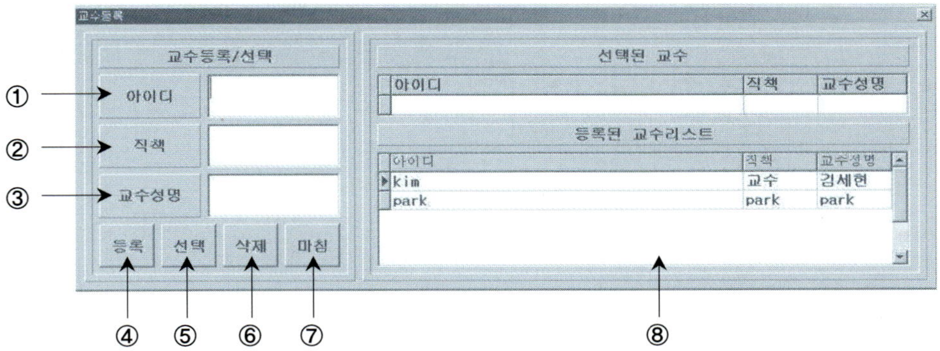

최초 프로그램 실행 시에는 등록된 교수를 선택하여야 하며, 등록된 교수가 없는 경우에는 사용교수를 등록한 후 교수를 선택하여야만 프로그램을 사용할 수 있다.

※ 아이디 입력은 한 교수가 여러 반을 대상으로 강의할 수 있으니 아이디를 달리하여 구분을 한다.

① 아이디 입력 : 40자 이내의 영문 및 숫자조합, 20자 이내의 한글을 입력한다.
② 직책 : 해당 직책을 입력한다.
③ 교수 성명 : 등록 교수의 성명을 입력한다.
④ 등록 : 모든 입력사항 입력 후 등록을 누른다. 등록을 누르면 ⑧의 등록교수 리스트에 사용자 교수가 등록된다.
⑤ 선택 : 교수등록 후 ⑧에서 해당 교수를 클릭하면 영문 아이디, 직책, 교수성명이 자동 입력된다. 그 후 ⑤를 누르면 교수가 선택된다.
⑥ 삭제 : 삭제 시에는 삭제하고자 하는 교수를 ⑧에서 선택 삭제를 누르면 된다.
⑦ 마침 : 교수가 선택되어진 후 마침을 누르면 프로그램을 사용할 수 있다.
※ 이미 등록된 교수라면 ⑧에서 해당 교수를 클릭하면 영문 아이디, 직책, 교수성명이 자동 입력 된 후 ⑤를 누르면 선택이 되어진다.

아래 모든 과정이 끝난 후 선택되어진 상태로 표시한다.

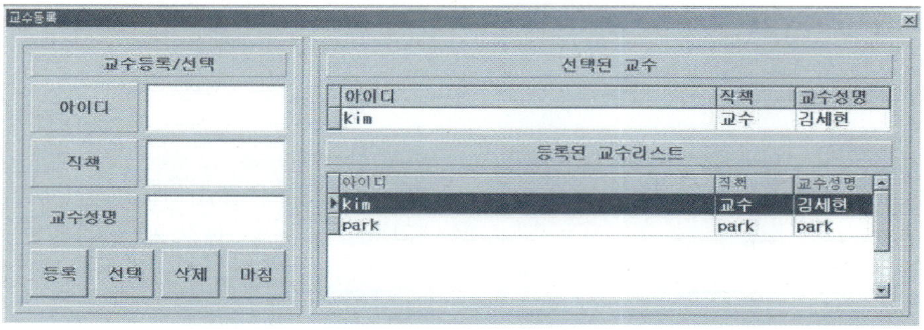

B. 모드선택

모드 선택기는 단독실습 모드와 동시실습 모드로 구분된다.

① 단독실습 모드 : 학생들이 자유롭게 교재를 볼 수 있게 설정한다.
교수용/학생용 최초실행 단독실습 모드로 실행된다.
② 동시실습 모드 : 학생들이 자유롭게 교재를 선택할 수 없게 프로그램을 제어한다.

동시실습 모드 실행시 교수용과 학생을 프로그램은 다음과 같다.

- 교수용 프로그램

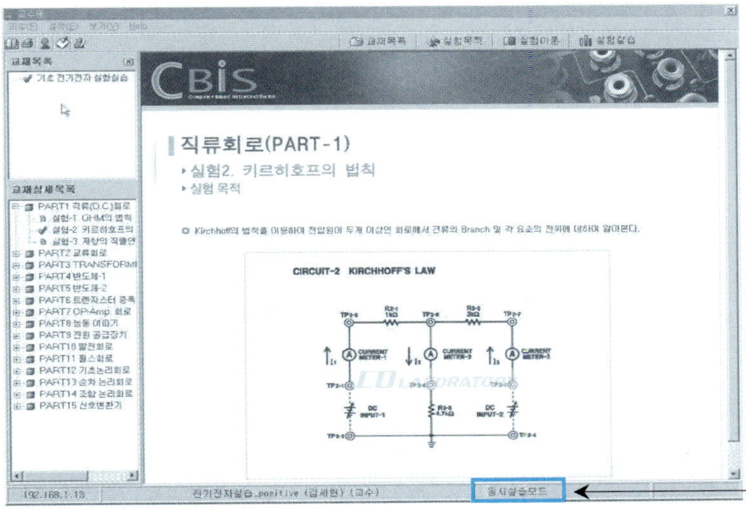

①

①은 동시실습 모드시(교수용) 프로그램 표시

- 학생용 프로그램

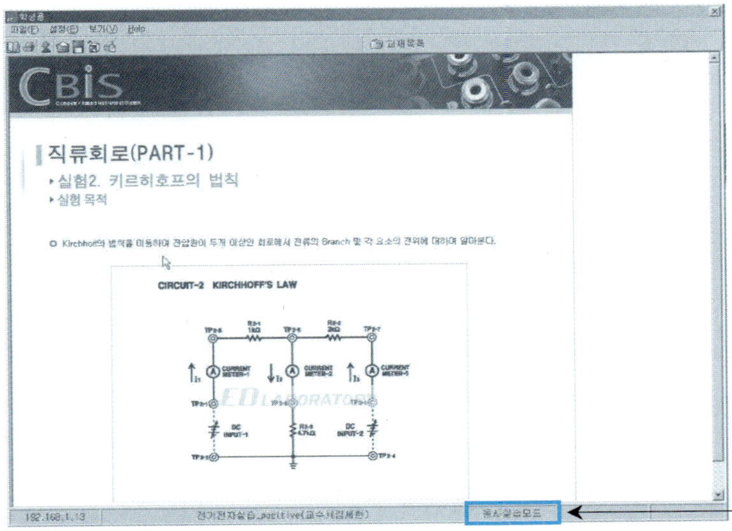

①

①은 동시실습 모드시 표시(학생용)한다.

(6) 교수용 전자교과서 내용

A. 실험목적

교재 상세목록에서 선택된 실험의 실험목적을 보여준다.

B. 실험이론

교재 상세목록에서 선택된 실험의 실험이론을 보여준다.

C. 실험실습

교재 상세목록에서 선택된 실험의 실험실습을 보여준다. 실험실습 절차에 따라 실험실습을 하게 된다.

실험실습 실행 시 화면은 다음과 같다.

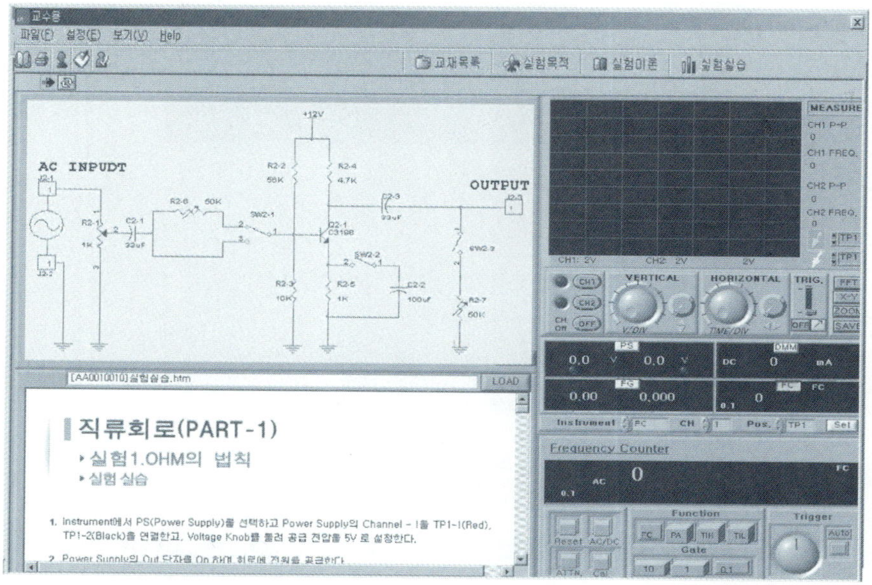

D. 레포트

① 레포트 보기/채점 : 제출된 레포트를 보여준다.

② 레포트 보기 화면

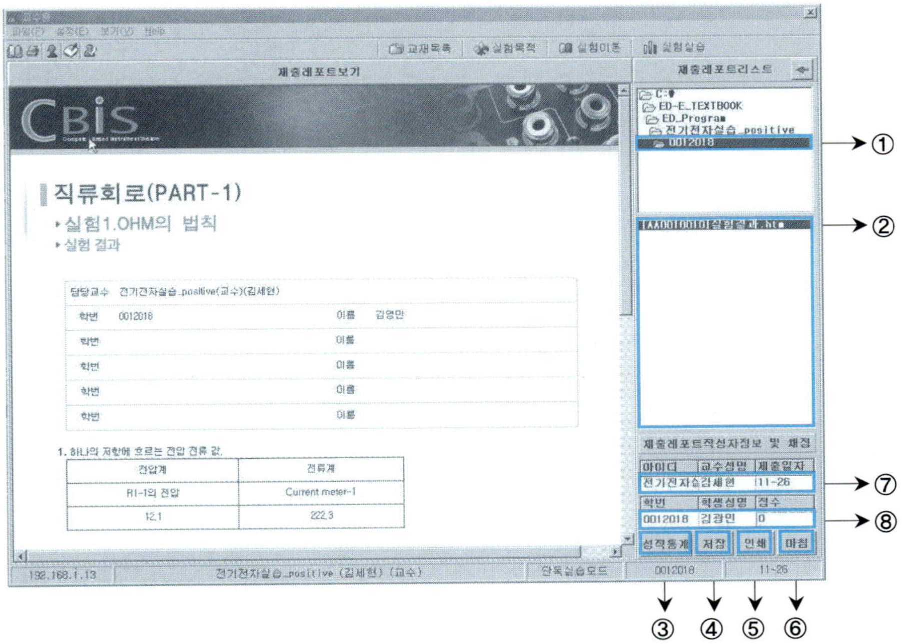

① 날짜 폴더

② (날짜 폴더) 클릭 포함된 리스트

③ 성적통계 : 리포트를 선택하고 ⑧에서 점수를 입력 ④저장한 후 성적통계를 클릭하면 성적통계화면이 나온다(지금까지 채점한 학생들의 점수가 보여짐). 보여지는 학생의 기준은 리포트를 보낸 학생들 기준이며 점수채점을 한명도 하지 않았을 시는 점수란은 공란으로 비어 있다.

④ 저장 : 점수 기입 후 저장을 누르면 성적통계에 적용된다.

⑤ 인쇄 : 현재 보이는 화면 인쇄

⑥ 마침 : 레포트 보기 종료

⑦ 교수아이디, 교수성명, 제출일자 : 현재 선택된 교수정보 교수아이디, 교수성명, 제출일자 나타남

⑧ 학번, 학생성명, 점수 : 선택되어 열려진 리포트의 학번, 학생성명 점수는 입력 후 ④ 저장을 클릭하면 점수가 저장된다.

E. 성적통계 화면

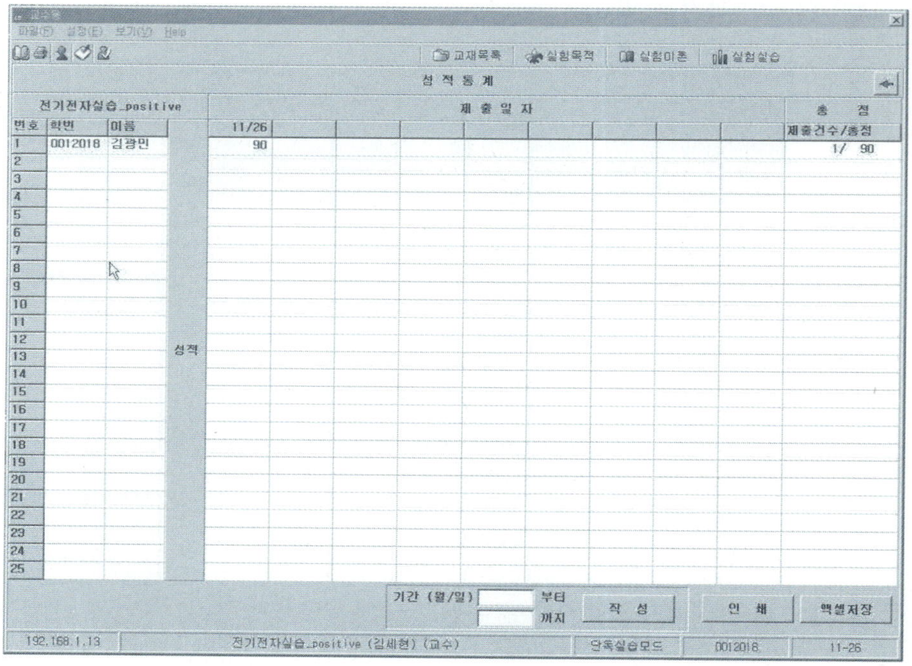

현재까지 적용된 학생들의 성적을 볼 수 있다.

기능 : 기간별 점수보기 기능, 인쇄 기능, Excel 저장 기능

F. 출 석

① 출석 보기 : 학생들의 출석현황을 보여준다.

현재 해당 월을 보여주면 1년 기준으로 초기화시킨다.

① 삭제 : 다른 교수의 학생이 등록되었을 시 삭제한다.
② 인쇄 : 등록된 기본프린트로 정해진 폼에 맞게 인쇄한다.

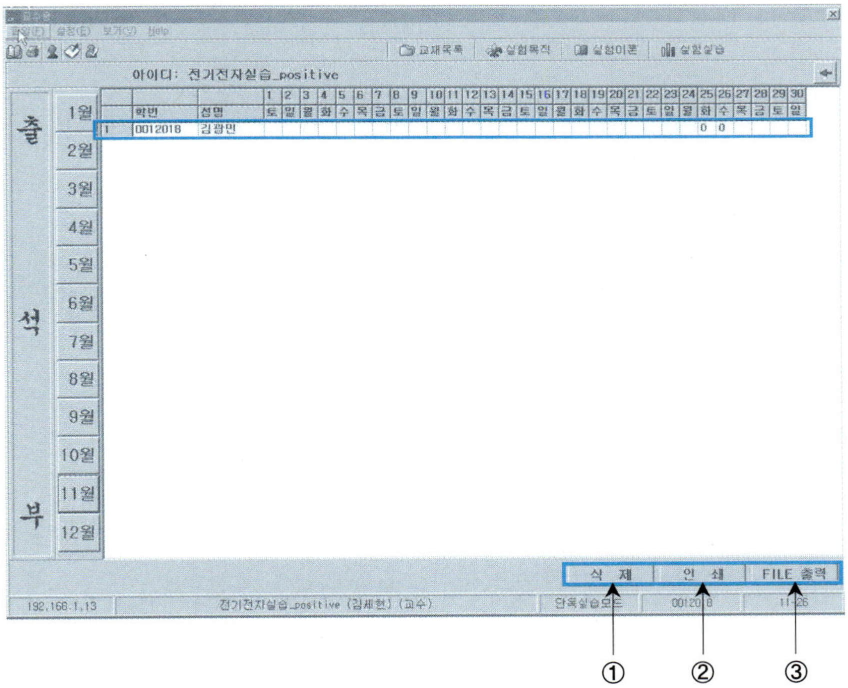

③ File 출력 : Excel용 문서로 저장을 한다.
(확장자는 csv이며 excel 프로그램에서 불러옴)
예) 파일명→출석부로 정하였을 시(위치는 지정되지 않아서 사용자 임의로 저장)
출석부.csv : Excel 프로그램에서 불러와진다.

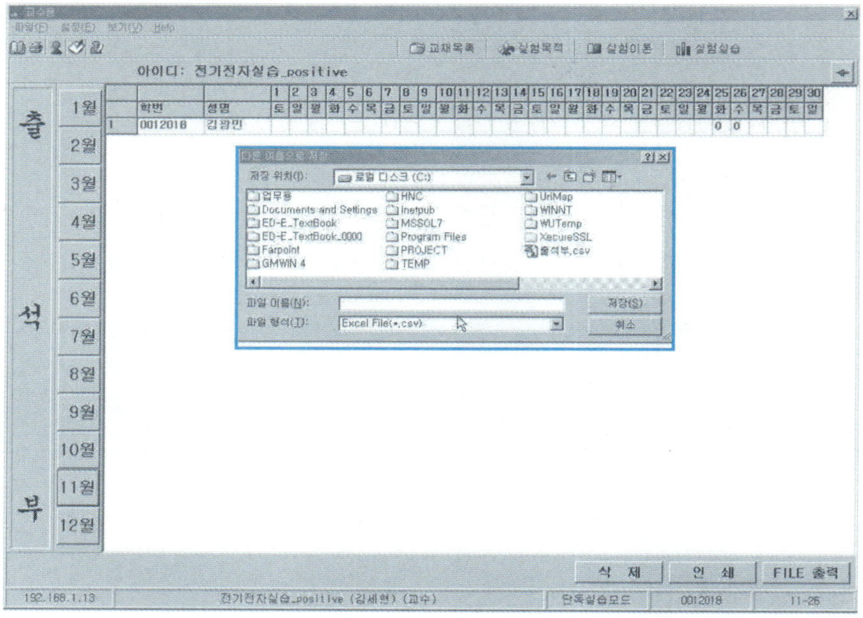

2) 학생용 전자교과서의 구성

본 전자교과서는 학생용 실험실습의 효과를 극대화하고 교육 현장에서의 편리성과 사용성을 바탕으로 제작된 프로그램이다.

(1) 최초 실행

학생용 프로그램은 실행하기 전 교수용 컴퓨터에 접속을 먼저 하여야 한다.

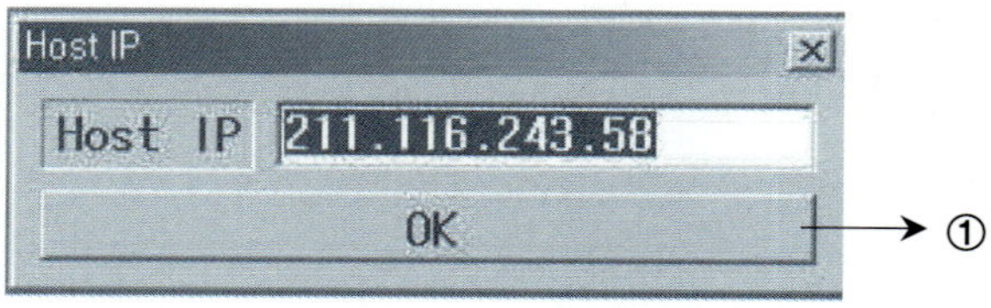

HostIP.exe 실행(항상 최초 실행)

실행하지 않을 시는 학생용 프로그램 오동작 출석과 리포트 제출에 문제가 발생한다.

교수용 컴퓨터의 아이피를 자동으로 찾아서 보여 준다.(학생용 프로그램 실행 전 실행) HostIP.exe 실행 후 학생용 프로그램을 실행하면 아래와 같이 학생등록 화면이 나온다.

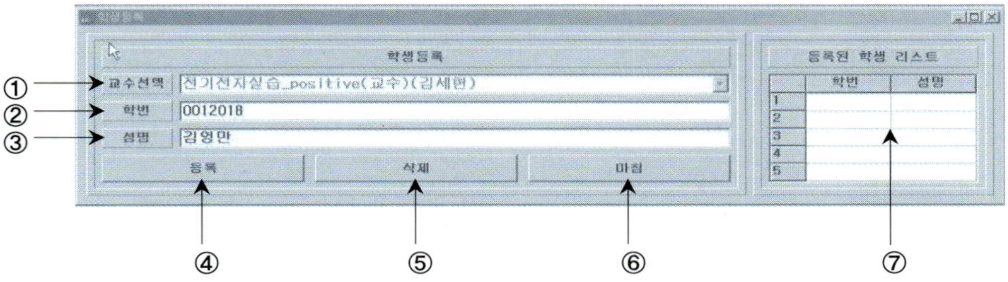

최초 프로그램 실행 시 에는 교수용 프로그램이 먼저 실행이 되어 있어야 정상적으로 프로그램이 작동한다.

① 교수 선택 : 담당교수가 자동으로 표시된다.
② 학번 : 자신의 학번을 입력 한다 숫자만 입력가능하며 5~10 자 이내로 작성한다.
③ 성명 : 등록할 학생의 성명을 입력한다.
④ 등록 : 모든 입력사항 입력 후 등록을 누른다. 등록을 누르면 ⑦ 등록된 학생리스트에 학생이 등록된다.
⑤ 삭제 : ⑦의 등록된 학생리스트에서 삭제하고자 하는 학생을 클릭하면 ①, ②, ③에 학생의 정보가 자동입력되며, ⑤삭제를 누른다.
⑥ 마침 : 학생이 모두 등록된 후 마침을 누르면 프로그램을 사용할 수 있다.
※ 학생은 5명까지 등록가능하며 이 정보는 레포트 제출과 출석에 필요하므로 필히 입력하여야 한다.

학생등록 후 화면은 다음과 같다.

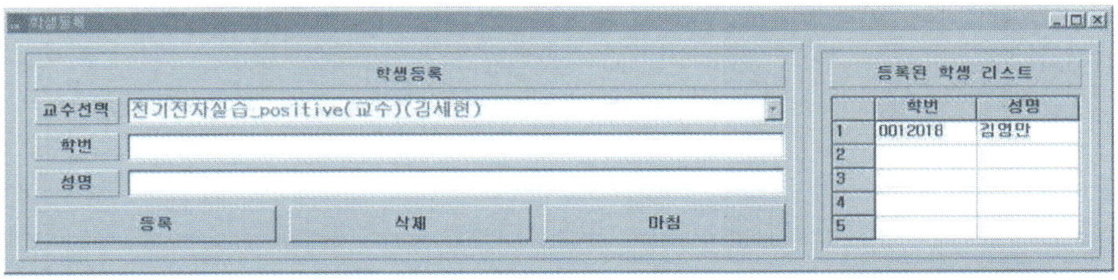

(2) 학생용 전자교과서의 실행

A. 실행된 후의 화면

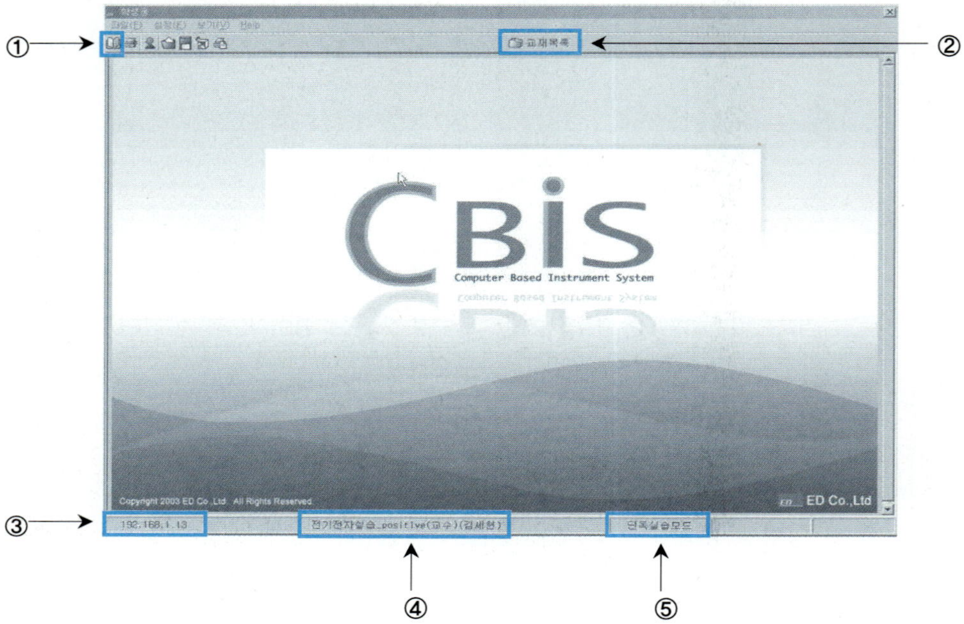

① 교재목록

② 책모양 아이콘

③ 학생용에서 접속된 교수용 컴퓨터 IP정보

④ 현재 선택된 교수

⑤ 현재 모드 상태

B. 교재보기

①의 폴더를 클릭한다.

②의 책모양 아이콘 or 파일메뉴의 교재열기를 클릭한다.

학생용 전자교과서 실행화면은 다음과 같다.

교재열기 후 등록된 ① 교재 선택 시 실행화면은 다음과 같다.

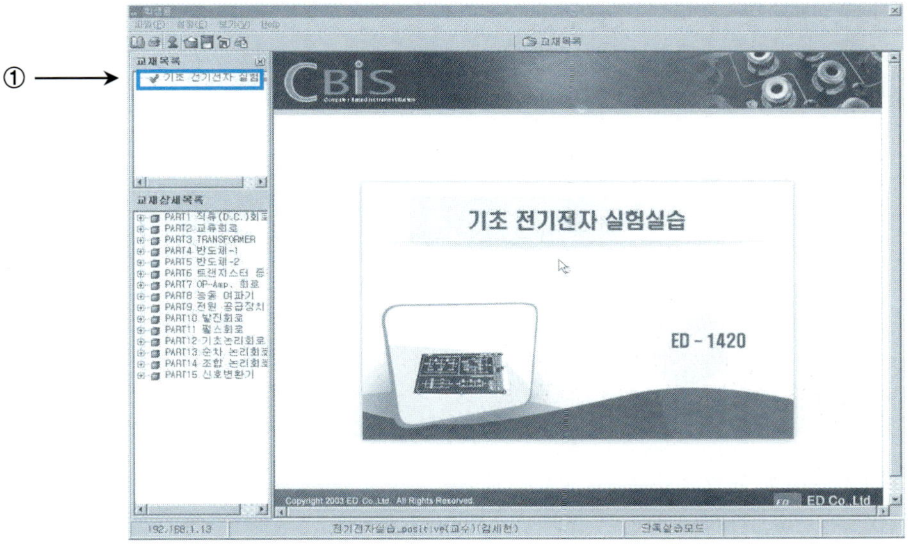

교재 선택 후 ① 교재 상세 목록 선택 시 실행화면은 다음과 같다.

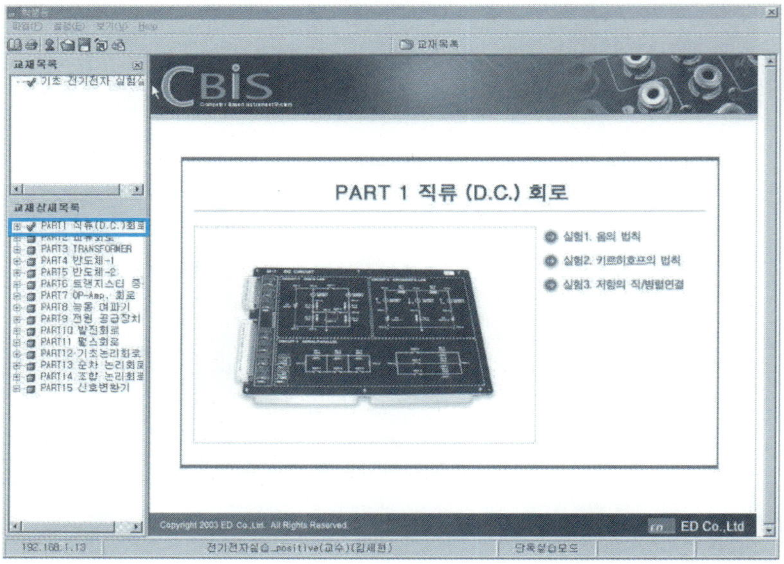

(3) 실험목적, 실험이론, 실험실습 보기

교재상세목록에서 하부 실험 ①을 선택하면 ②처럼 메뉴가 생긴다.
실험목적, 실험이론, 실험실습 메뉴를 클릭하여 각 실험마다 교재를 볼 수 있다.

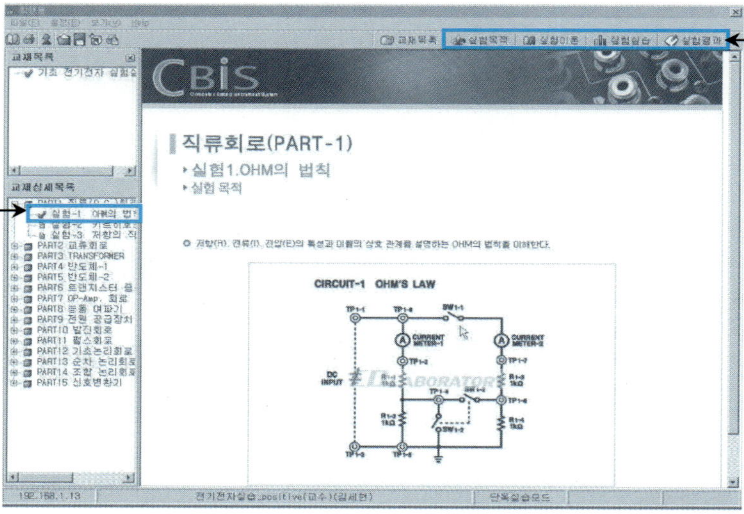

(4) 파 일

① 교재열기 : 등록된 교재를 연다.

② 인쇄 : 현재 보여지는 화면을 인쇄한다.

③ 종료 : 프로그램을 종료한다.

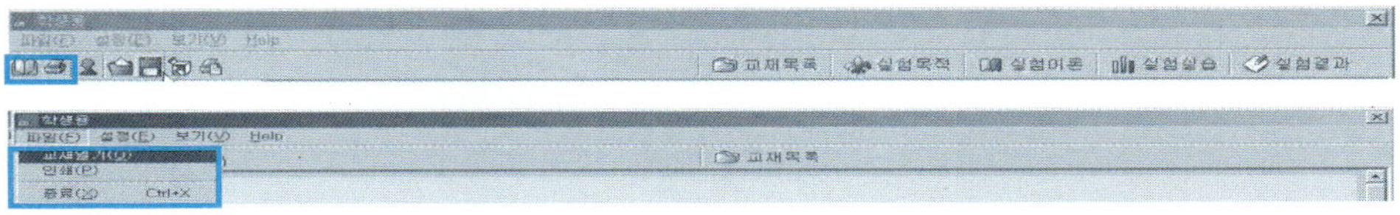

(5) 학생용 전자교과서 환경설정

A. 학생등록

프로그램 사용학생을 등록한다.

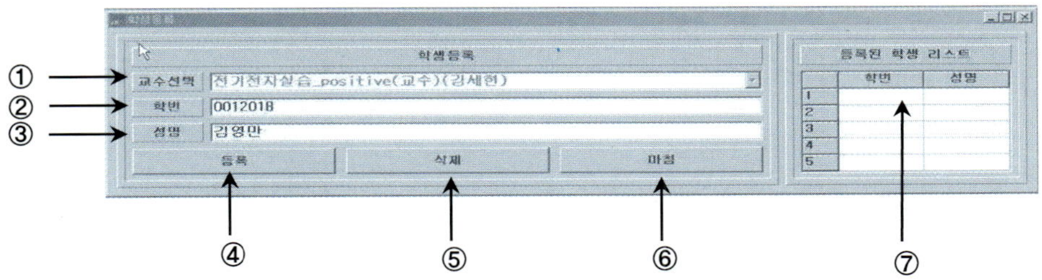

① 교수 입력 : 담당교수가 자동으로 표시된다.

② 학번 : 자신의 학번을 입력한다. 숫자만 입력가능하면 5~10자 이내로 작성한다.

③ 성명 : 등록할 학생의 성명을 입력한다.

④ 등록 : 모든 입력사항 입력 후 등록을 누른다. 등록을 누르면 ⑦의 등록된 학생리스트에 학생이 등록된다.

⑤ 삭제 : ⑦의 등록된 학생리스트에서 삭제하고자 하는 학생을 클릭하면 ①, ②, ③에 학생의 정보가 자동입력되며, ⑤삭제를 누른다.

⑥ 마침 : 학생이 모두 등록된 후 마침을 누르면 프로그램을 사용할 수 있다.

※ 학생은 5명까지 등록가능하며 이 정보는 레포트 제출과 출석에 필요하므로 필히 입력하여야 한다.

교수자 프로그램이 먼저 실행되지 않은 상태에서 학생등록을 하고 마침을 누르게 되면 교수용 프로그램이 동작 중인지 확인하라는 경고 창이 나오고 교수용 프로그램이 실행되지 않은 상태에서 사용을 하려면 오프라인을 누른 후 프로그램을 사용하면 사용이 가능해진다.

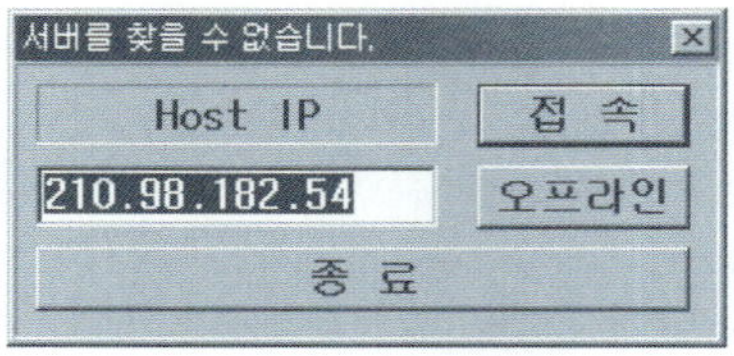

B. 모드선택(학생용에서는 선택할 수 없다)

① 단독실습 모드 : 학생들이 자유롭게 교재를 볼 수 있게 설정한다. 교수용/학생용 최초실행 단독실습 모드로 실행된다.

② 동시실습 모드 : 학생들이 자유롭게 교재를 선택할 수 없게 프로그램을 제어한다.

동시실습 모드 실행 시 교수용과 학생용 프로그램은 다음과 같다.

- 교수용 프로그램

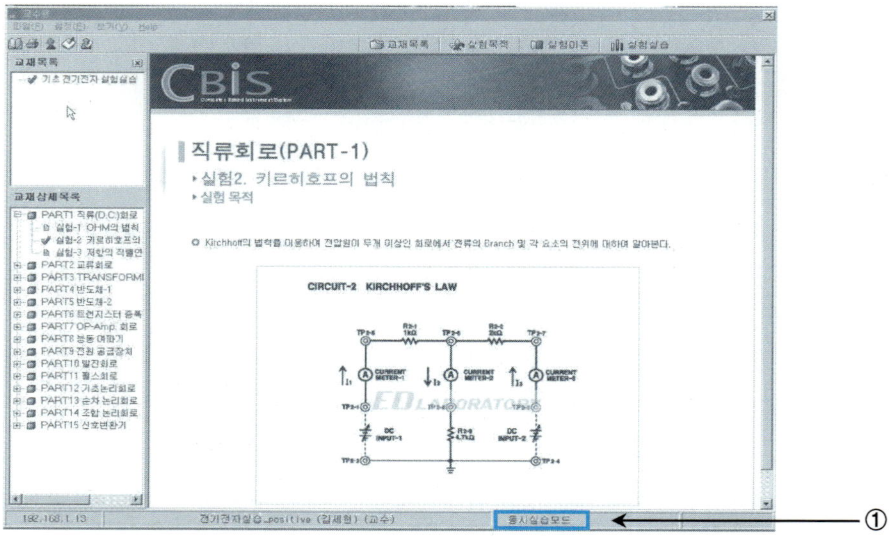

①은 동시실습 모드 시 표시(교수용)

• 학생용 프로그램

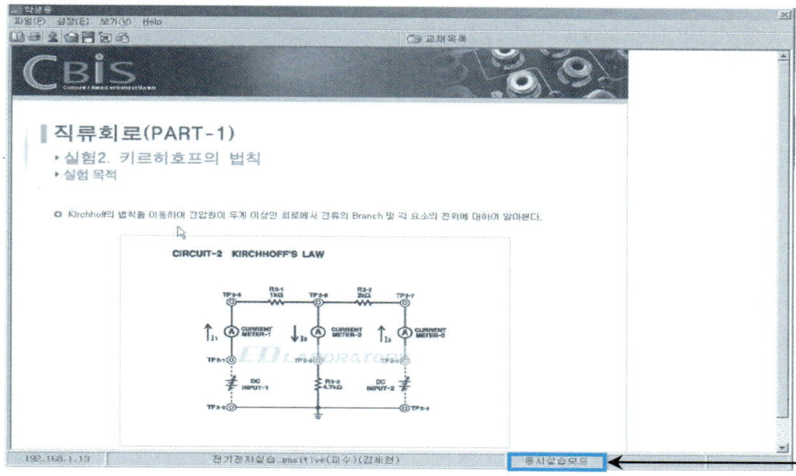

①

①은 동시실습 모드 시 표시(학생용)

(6) 학생용 전자교과서 내용

A. 실험목적

교재 상세목록에서 선택된 실험의 실험목적을 보여준다.

B. 실험이론

교재 상세목록에서 선택된 실험의 실험이론을 보여준다.

C. 실험실습

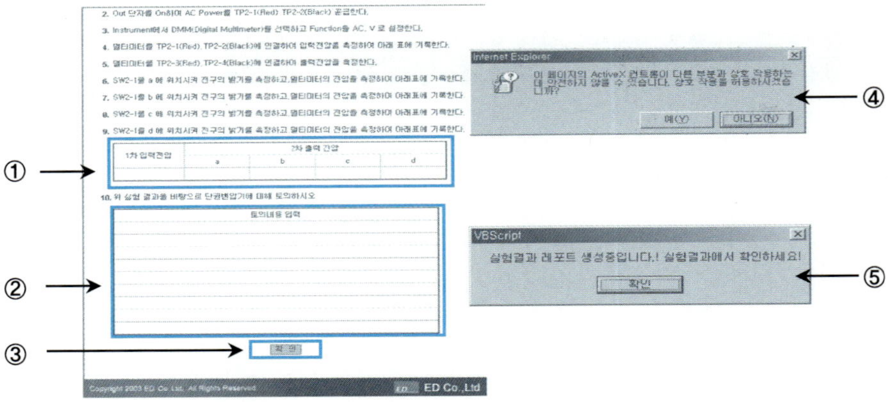

교재 상세목록에서 선택된 실험의 실험실습을 보여준다. 실험실습 절차에 따라 실험한다.

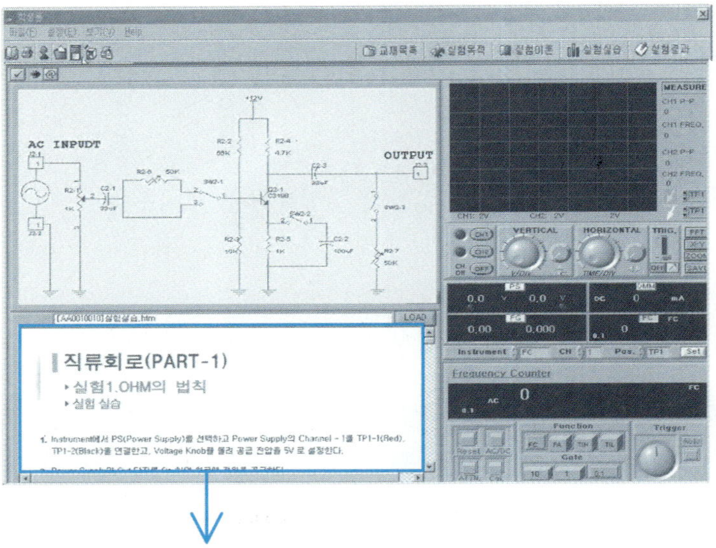

실험실습 페이지 작성하여 실험결과 만들기

①, ②에 해당 실습 결과 값을 입력하고 ③의 확인을 클릭하면 ④의 경고 창이 나온다. 예를 클릭한다.('아니오'를 클릭했을 시는 실험결과 페이지를 생성할 수 없으므로 실험실습 페이지를 재실행시켜서 작업을 진행한다).

다음 ⑤의 알림창이 나온다. 확인을 클릭했을 시 정상적으로 실험결과 페이지를 생성할 수 있다.

생성된 실험결과 페이지 확인은 다음과 같다.

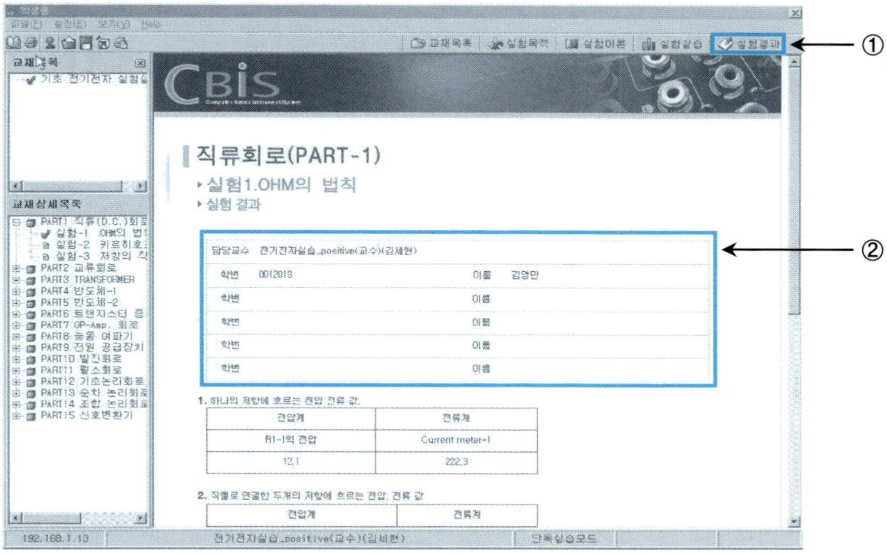

①을 클릭시 생성된 실험결과 페이지를 볼 수 있다

②의 정보는 등록된 학생정보를 기준으로 생성된다.

D. 실험결과

실험실습시 실습에 대한 결과 입력 후 생성되는 페이지 아래 생성된 실험결과 페이지

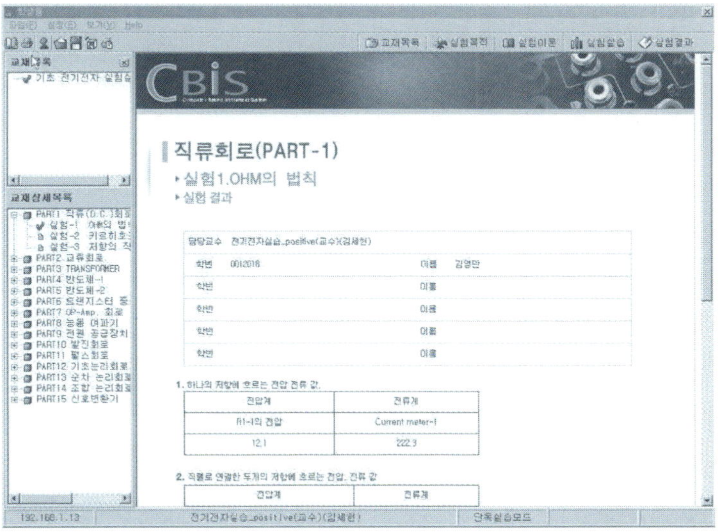

E. 레포트

① 온라인 제출 : 생성된 실험결과 페이지를 담당교수에게 제출한다.

② 인쇄 : 생성된 실험결과 페이지 인쇄

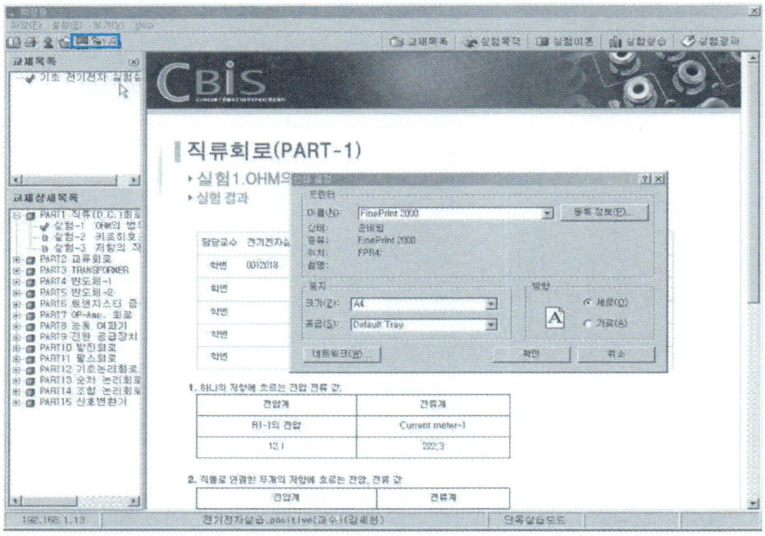

③ 레포트 열기 : 임의로 저장한 실험결과 페이지를 연다.

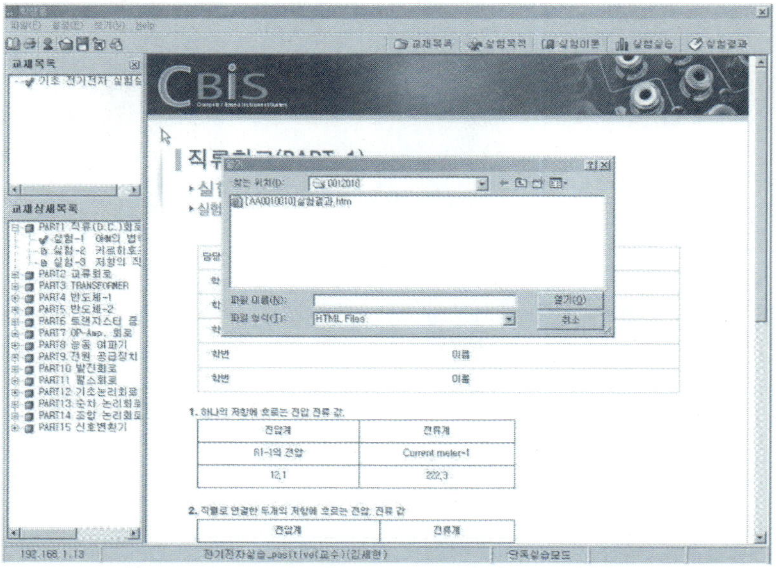

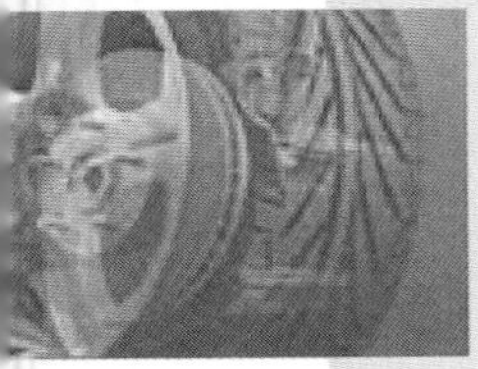

PART Ⅲ 저주파 RFID 시스템

제5장
저주파 RFID 시스템의 부호화 및 복호화

5.1 디지털 신호 부호화와 복호화

1) 개 요

① 데이터 통신에 사용되는 주요한 디지털 신호 부호화 방법들을 알 수 있다.

② NRZ, RZ, 맨체스터, Biphase 부호 데이터의 발생과 이들의 2진 표현 방법을 설명할 수 있다.

③ 부호화된 NRZ, RZ, 맨체스터, Biphase 데이터를 NRZ 데이터로 복호화하는 방법을 설명할 수 있다.

2) 디지털 신호의 부호화 방법

디지털 신호가 기저대역이나 광대역 방법으로 전송되든지 간에 데이터가 매체로 전송되기에 앞서, 데이터는 일반적으로 매체와 호환성을 이루게 하거나 전송과 관련된 어떤 원하는 연산을 용이하게 하기 위해서 몇 가지 방법으로 부호화된다. 데이터 통신에 사용되는 주요한 부호화 방법들은 다음과 같다.

(1) 단극성 NRZ(Non Return to Zero)

단극성 NRZ(Non Return to Zero) 부호화 방법에서 신호는 전체 비트 시간 동안에 할당된 이진 레벨로 남아 있다. [그림 5-1](a)는 단극성(unipolar) NRZ를 보이며 논리 레벨은 0과 +5V이다. 이진수 1을 전송하고자 할 때 신호는 전체 비트 간격 동안 +5V에 머문다. 이진수 0을 보내고자 할 때 신호는 총 비트 시간 동안 0V에 머문다. 다시 말하면, 전압은 이진수 1인 구간 동안에는 0으로 돌아가지 않는다.

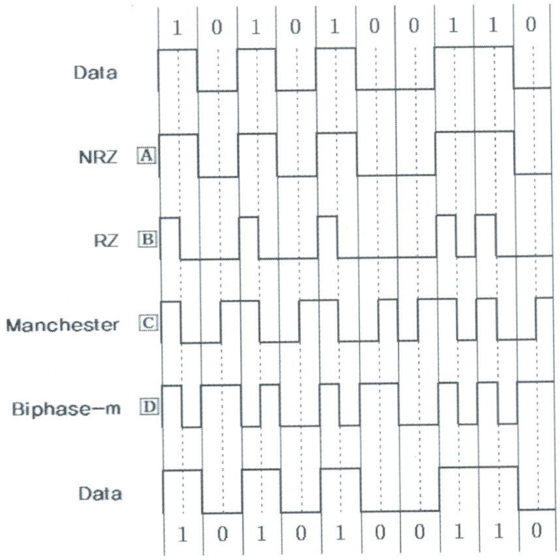

A 단극성 NRZ, B 단극성 RZ, C 맨체스터, D Biphase-M

[그림 5-1] Binary Line Codes

단극성 NRZ에서 신호는 단지 양의 극성만 가진다. 양극성(bipolar) NRZ 신호는 그림에는 없지만 단극성 NRZ와 같은 파형이지만 양과 음의 두 개의 극성을 가진다. 전압 레벨은 +12V와 −12V이다. 대중적인 RS-232 직렬 컴퓨터 인터페이스는 양극성 NRZ을 사용한다. 여기서 이진수 1은 −3∼−25V 사이의 음 전압이고, 이진수 0은 +3∼+25V 사이의 양의 전압이다.

NRZ 방법은 일반적으로 비동기식 전송이 사용될 때 저속으로 컴퓨터 내부에서 발생된다. 이진수 1과 0의 긴 순차열이 있을 때 전압 또는 레벨의 변화가 없기 때문에 동기식 전송에는 인기가 없다. 만일 신호 변화가 없다면 수신기가 한 비트가 끝나고 다음 비트가 시작되는 곳을 결정하기가 어렵다. 만일 동기 시스템에서 전송된 데이터로부터 클록을 복원하려면 훨씬 더 빈번한 변화, 가급적이면 비트당 한번 변화가 있어야 한다. 동기식 전송을 위해 NRZ는 대개 RZ나 맨체스터(Manchester)와 같은 다른 형태로 변환된다.

(2) RZ(Return to Zero)

[그림 5-1]Ⓑ와 같이 RZ(Return to Zero)부호화에서는 이진수 1 레벨에 할당된 전압 레벨이 비트 구간 동안 0으로 되돌아간다. 단극성 RZ를 [그림 5-1]Ⓑ에 도시하였다. 이진수 1 레벨은 비트 구간의 50% 동안에 발생하고, 나머지 비트 구간은 0이다. 단지 하나의 극성 레벨만이 사용된다. 이진수 1이 전송될 때만 펄스가 발생한다. 즉 이진수 0에 대해 펄스가 발생하지 않는다.

양극성 RZ는 그림에서는 나와 있지 않지만 단극성과 같이 비트 구간의 50% 동안 +3V 펄스가 이진수 1인 동안에 전송되고, 이진수 0에 대해 −3V가 전송된다.(본 실험에서는 단극성 RZ신호를 사용하고 있음에 유의한다.) 비트당 분명하게 식별할 수 있는 펄스가 단지 한 개가 있으므로, 전송된 데이터로부터 클록을 유도하기가 아주 쉽다. 그 이유로 단극성 RZ보다 양극성 RZ를 선호한다.

양극성 RZ의 대중적인 변형은 AMI(Alternative Mark Inversion)으로 불린다. 비트 간격 동안 이진수 0은 펄스가 없이 전송된다. 마크(mark)라고도 불리는 이진수 1은 양과 음이 교대로 하여 전송된다. 하나의 이진수 1은 양의 펄스로 전송되고, 다음 이진수 1은 음의 펄스로, 그 다음의 이진수 1은 양의 펄스가 되도록 하여 전송된다. AMI에 대해서는 다루지 않는다.

(3) 맨체스터 (Manchester)

2상 부호화(biphase encoding)로도 불리는 맨체스터 부호화(Manchester encoding)는 단극성 또는 양극성일 수 있다. 맨체스터 부호화는 LAN에 널리 사용되며, [그림 5-1]Ⓒ에 도시되었다. 맨체스터 시스템에서 이진수 1은 비트 구간의 1/2 동안 양의 펄스로 먼저 전송되고, 나머지 비트 구간 동안 음의 펄스로 전송된다. 이진수 0은 비트 구간의 처음 1/2 동안 음의 펄스로, 두 번째 비트 구간의 1/2 동안 양의 펄스로 전송된다. 각 0과 1의 중간에서 천이가 있는 것은 클록 복원을 매우 쉽게 한다. 그러나 각 비트의 중간에서 천이가 있기 때문에 맨체스터로 부호화된 신호의 주파수는 NRZ 신호의 2배로 되며, 2배의 대역폭이 요구된다. 사용이 매우 쉬워 모든 통신에서 자주 사용되므로 잘 익혀두길 바란다.

(4) Biphase

맨체스터 부호화(Manchester encoding)와 비슷한 파형을 보이는 Biphase는 형태에 따라 Biphase-M과 Biphase-S가 있는데, [그림 5-1]D의 Biphase는 Biphase-M의 형식을 도시한 것이다. Biphase-S에서 이진수 1은 이전상태의 값에 대해서 천이하여 펄스가 시작되며 이진수 0은 이전상태의 값에 대해서 천이하여 펄스가 시작하고 비트구간의 1/2후에 다시 천이한다. 그와 반대로 Biphase-M에서 이진수 1은 이전상태의 값에 대해서 천이하여 펄스가 시작하고 비트구간의 1/2후에 다시 천이하며 이진수 0은 이전상태의 값에 대해서 천이하여 펄스가 시작되어 한 비트구간동안 값을 유지하는 특징을 갖는다. Biphase도 맨체스터와 마찬가지로 각 비트의 중간에서 천이가 발생하기 때문에 부호화된 신호의 주파수는 NRZ 신호의 2배가 되며 2배의 대역폭이 요구되는 특징을 갖게 된다.

(5) 부호화 방법의 선택

부호화 방법의 선택은 응용에 따라 결정된다. 동기식 전송의 경우, 클록을 복원하기 쉽기 때문에 RZ와 맨체스터를 선호한다. 또 다른 고려사항은 전송선로에서 축적되는 평균 DC 전압이다. 단극성 모드를 사용할 때 선로 커패시턴스의 충전으로 인하여 바람직하지 않은 평균 DC 전압이 선로에 축적될 수 있는 가능성이 있다. 이 문제를 제거하기 위해서 양극성 모드가 사용된다. 여기서 양의 펄스가 음의 펄스를 상쇄하고, DC 전압은 평균적으로 0이 된다. 만일 DC 축적이 문제라면 양극성 RZ이나 맨체스터를 선호한다.

DC 축적은 항상 문제가 되지는 않는다. 일부 응용에서 평균 DC 값이 신호 알림의 목적으로 사용된다. 한 예가 이더넷(Ethernet) LAN으로, 2개 이상의 위치에서 동시에 전송하려고 할 때 탐지를 위해 DC를 사용한다.

다른 부호화 방법들이 있지만 여기서 기술된 것들처럼 널리 사용되지 않는다. 자기 플로피와 하드디스크에 기록된 직렬 데이터를 부호화하는데 사용된 부호화 방법들도 한 예이다.

3) 디지털 신호의 부호화와 복호화 실험 절차

(1) 디지털 신호의 부호화와 복호화

① 컴퓨터, CBIS-1400 그리고 DS-1410을 준비하고, CBIS-1400과 DS-1410의 사용 설명서를 읽고 충분히 숙지한 후 실험을 시작한다.

② DS-1400에 125kHz RFID 모듈(M-Module)을 탑재한다.

③ 계측기 패널에서 DSO를 다음과 같이 설정한다.

- TIME/DIV 500[μs]
- CH-1 VOLT/DIV1 2.5 [V/Div]
- CH-2 VOLT/DIV1 2.5 [V/Div]
- TRIGGER MODE ON
- SELECT CHANNEL CH-1
- SELECT CHANNEL CH-2
- SLOPE ↘
- INPUT COUPLING DC

④ 탑재한 125kHz RFID 모듈(M-Module)의 TAG Data의 맨 하위 Nibble Dip SW를 '1011'로 설정한다. 데이터가 전송될 때 Header로 '1100'이 붙는다는 것을 참고하자.

⑤ 계측기 패널에서 왼쪽 상단의 8bit/64bit 선택 스위치의 위치를 8bit가 선택되어지도록 설정한다.

⑥ 계측기 패널에서 DSO1의 CH-1 입력 프로브를 Tag의 Data Output TP1 단자에 접속하고, DSO2의 CH-2 입력 프로브를 Tag의 Encoder TP2 단자에 접속한다. 패널 왼쪽 아랫부분의 Coding Mode에서 NRZ에 체크를 한 후, Data Start 버튼을 눌러 전송을 시작한다. [그림 5-2]와 같이 파형이 나오는 것을 확인한다.

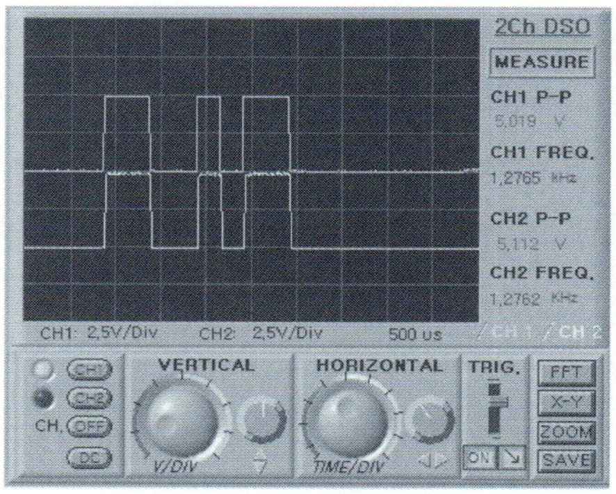

[그림 5-2] TP1(상)과 TP2(하)의 파형

☞ NRZ Coding 방식에 대하여 확인한다.

⑦ Data Start 버튼을 눌러 데이터의 전송을 끝낸다. 계측기 패널에서 DSO1의 CH-1 입력 프로브를 Tag의 Data Output TP1 단자에 접속하고, DSO2의 CH-2 입력 프로브를 Tag의 Encoder TP3 단자에 접속한다. 패널 왼쪽 아랫부분의 Coding Mode에서 RZ에 체크를 한 후, Data Start 버튼을 눌러 전송을 시작한다. [그림 5-3]과 같이 파형이 나오는 것을 확인한다.

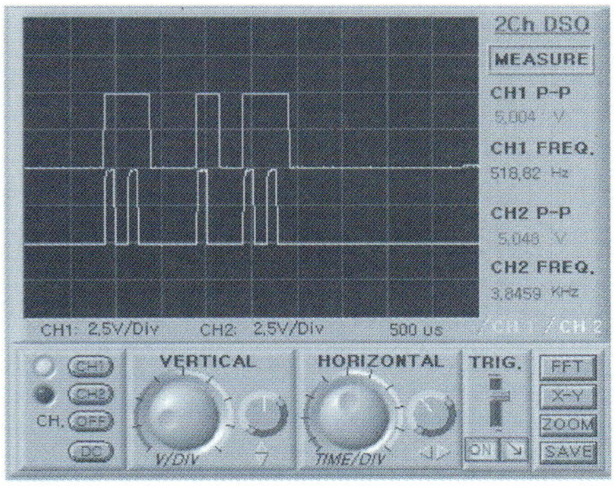

[그림 5-3] TP1(상)과 TP2(하)의 파형

☞ RZ Coding 방식에 대하여 확인한다.

⑧ Data Start 버튼을 눌러 데이터의 전송을 끝낸다. 계측기 패널에서 DSO1의 CH-1 입력 프로브를 Tag의 Data Output TP1 단자에 접속하고, DSO2의 CH-2 입력 프로브를 Tag의 Encoder TP4 단자에 접속한다. 패널 왼쪽 아랫부분의 Coding Mode에서 Manchester에 체크를 한 후 Data Start 버튼을 눌러 전송을 시작한다. [그림 5-4]와 같이 파형이 나오는 것을 확인한다.

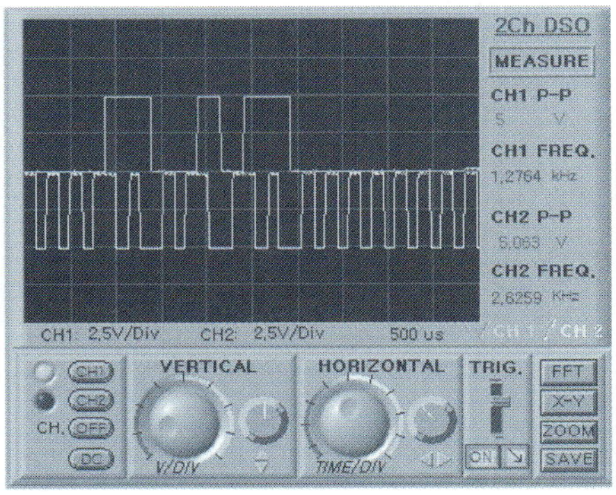

[그림 5-4] TP1(상)과 TP2(하)의 파형

☞ Manchester Coding 방식에 대하여 확인한다.

⑨ Data Start 버튼을 눌러 데이터의 전송을 끝낸다. 계측기 패널에서 DSO1의 CH-1 입력 프로브를 Tag의 Data Output TP1 단자에 접속하고, DSO2의 CH-2 입력 프로브를 Tag의 Encoder TP5 단자에 접속한다. 패널 왼쪽 아랫부분의 Coding Mode에서 Biphase에 체크를 한 후, Data Start 버튼을 눌러 전송을 시작한다. [그림 5-5]와 같이 파형이 나오는 것을 확인한다.

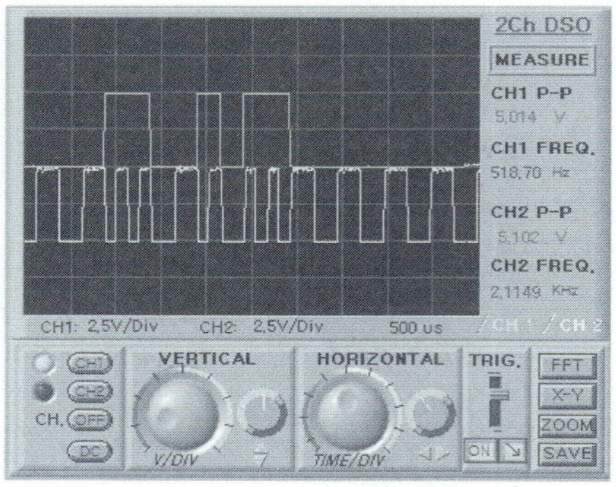

[그림 5-5] TP1(상)과 TP2(하)의 파형

☞ Biphase Coding 방식에 대하여 확인한다.

⑩ Data Start 버튼을 눌러 데이터의 전송을 끝낸다. 계측기 패널에서 DSO1의 CH-1 입력 프로브를 NRZ Mode로 Encoding되어진 TP2 단자에 접속하고, DSO2의 CH-2 입력 프로브를 Clock Extractor의 TP6 단자에 접속한다. 패널 왼쪽 아랫부분의 Coding Mode에서 NRZ에 체크를 한 후, Data Start 버튼을 눌러 전송을 시작한다. [그림 5-6]과 같이 파형이 나오는 것을 확인한다.

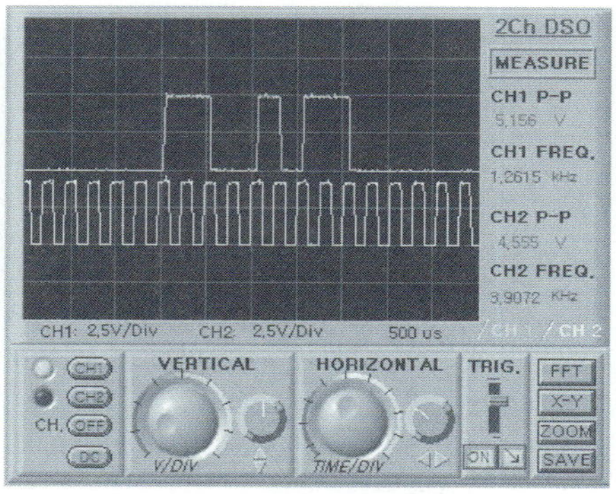

[그림 5-6] TP2(상)와 TP6(하)의 파형

☞ TP2에서 출력된 NRZ 파형을 Clock과 비교하여 확인한다.

⑪ Data Start 버튼을 눌러 데이터의 전송을 끝낸다. 계측기 패널에서 DSO1의 CH-1 입력 프로브를 RZ Mode로 Encoding되어진 TP3 단자에 접속하고, DSO2의 CH-2 입력 프로브를 Clock Extractor의 TP6 단자에 접속한다. 패널 왼쪽 아랫부분의 Coding Mode에서 RZ에 체크를 한 후, Data Start 버튼을 눌러 전송을 시작한다. [그림 5-7]과 같이 파형이 나오는 것을 확인한다.

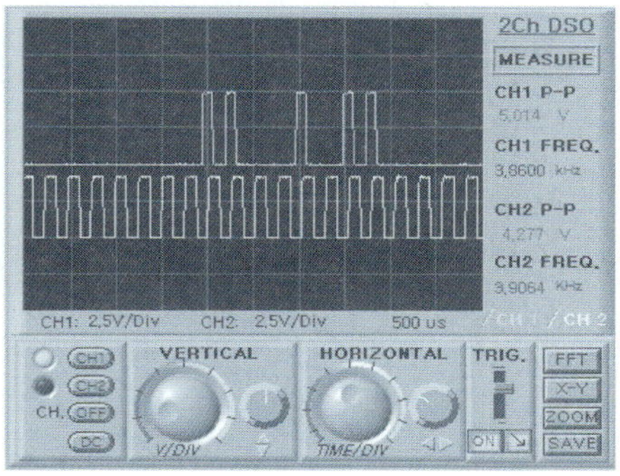

[그림 5-7] TP3(상)와 TP6(하)의 파형

☞ TP3에서 출력된 RZ 파형을 Clock과 비교하여 확인한다.

⑫ Data Start 버튼을 눌러 데이터의 전송을 끝낸다. 계측기 패널에서 DSO1의 CH-1 입력 프로브를 Manchester Mode로 Encoding되어진 TP4 단자에 접속하고, DSO2의 CH-2 입력 프로브를 Clock Extractor의 TP6 단자에 접속한다. 패널 왼쪽 아랫부분의 Coding Mode에서 Manchester에 체크를 한 후, Data Start 버튼을 눌러 전송을 시작한다. [그림 5-8]과 같이 파형이 나오는 것을 확인한다. 파형을 제대로 확인하기 어렵다면 TIME/DIV를 200[㎲]로 설정하고 확인한다.

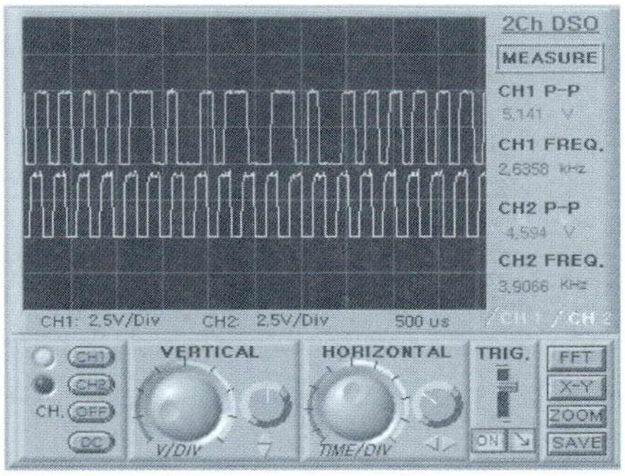

[그림 5-8] TP4(상)와 TP6(하)의 파형

☞ TP4에서 출력된 Manchester 파형을 Clock과 비교하여 확인한다.

제
5
장

⑬ Data Start 버튼을 눌러 데이터의 전송을 끝낸다. 계측기 패널에서 DSO1의 CH-1 입력 프로브를 Manchester Mode로 Encoding 되어진 TP5 단자에 접속하고, DSO2의 CH-2 입력 프로브를 Clock Extractor의 TP6 단자에 접속한다. 패널 왼쪽 아랫부분의 Coding Mode에서 Biphase에 체크를 한 후, Data Start 버튼을 눌러 전송을 시작한다. [그림 5-9]와 같이 파형이 나오는 것을 확인한다.

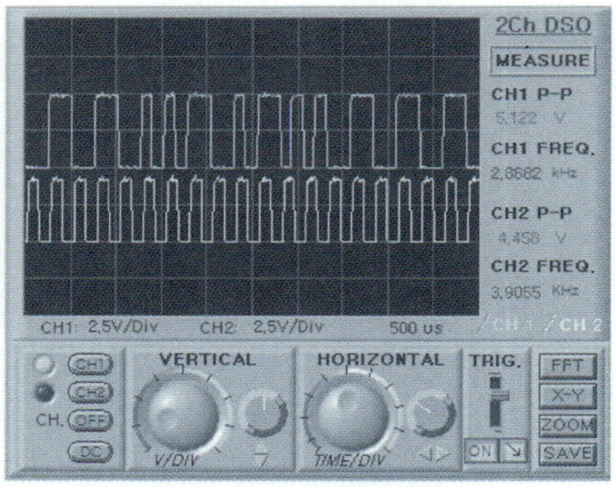

[그림 5-9] TP5(상)와 TP6(하)의 파형

☞ TP5에서 출력된 Biphase 파형을 Clock과 비교하여 확인한다.

〈표 5-1〉에 주어진 데이터에 대한 파형을 각각의 Binary Line Code로 변환하여 그려서 설명한다.

〈표 5-2〉 Binary Line Codes

	1	0	0	1	1	1	0	1	0	1
Data										
NRZ										
RZ										
Manchester										
Biphase-m										

⑭ 계측기 패널에서 DSO1의 CH-1 입력 프로브를 NRZ Mode로 Encoding되어진 TP2 단자에 접속하고, DSO2의 CH-2 입력 프로브를 Reader의 Decoder TP14에 접속한다. 패널 왼쪽 아랫부분의 Coding Mode에서 NRZ에 체크를 한 후, Data Start 버튼을 눌러 전송을 시작한다. [그림 5-10]과 같이 파형이 나오는 것을 확인한다.

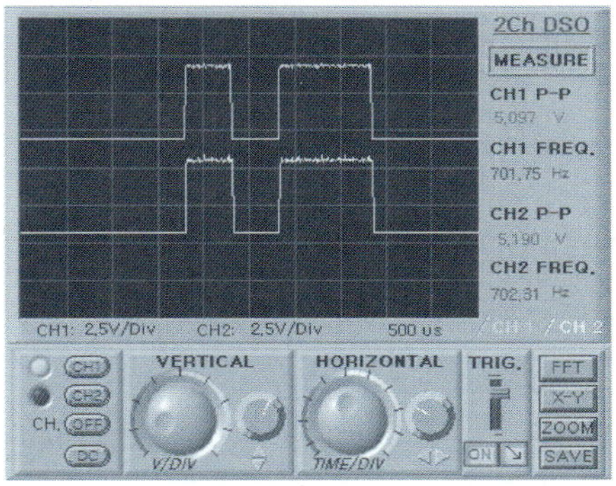

[그림 5-10] TP2(상)와 TP14(하)의 파형

☞ Data가 Encode되어 Decode되는 과정을 블록다이어그램으로 확인한다.

⑮ 전원을 OFF하고 저주파 125kHz RFID 모듈을 Docking Station DS-1400으로부터 제거한다.

4) 검토 사항(자기진단)

① 통신에서 부호화하는 이유를 설명하시오.

② Binary Line Code의 종류에 대하여 열거하고 특징을 설명하시오.

③ 데이터를 부호화하여 복호화되기까지를 설명하시오.

④ 우리 생활 주변에서 부호화 및 복호화를 사용하는 예를 드시오.

5) 부호화 방법에 따른 이해

① NRZ(Non Return to Zero) 이해
NRZ Coding 방식에 대하여 설명한다.

② RZ(Return to Zero) 이해
RZ Coding 방식에 대하여 설명한다.

③ Manchester 이해
Manchester Coding 방식에 대하여 설명한다.

④ Biphase 이해
Biphase Coding 방식에 대하여 설명한다.

⑤ Clock과 비교한 NRZ 이해
TP2에서 출력된 NRZ 파형을 Clock과 비교하여 설명한다.

⑥ Clock과 비교한 RZ 이해
TP3에서 출력된 RZ 파형을 Clock과 비교하여 설명한다.

⑦ Clock과 비교한 Manchester 이해
TP4에서 출력된 Manchester 파형을 Clock과 비교하여 설명한다.

⑧ Clock과 비교한 Biphase 이해
TP5에서 출력된 Biphase 파형을 Clock과 비교하여 설명한다.

⑨ Data를 여러 Binary Line Code로 Encoding 과정 이해
〈표 5-2〉에 주어진 데이터에 대한 파형을 각각의 Binary Line Code로 변환하여 그려서 설명한다.

〈표 5-2〉 Binary Line Codes

	1	0	0	1	1	1	0	1	0	1
Data										
NRZ										
RZ										
Manchester										
Biphase-m										

⑩ Data의 Encode 과정과 Decode 과정 확인

Data가 Encode되어 Decode되는 과정을 블록다이어그램으로 설명한다.

단원 테스트

[문제 1] 다음 중 비트 시간 동안에 할당된 이진 레벨로 남아 있는 부호화 방식은?

① 맨체스터 방식　② 단극성 RZ
③ 단극성 NRZ　④ 양극성 RZ-AMI

[문제 2] 일반적으로 RS-232 직렬 컴퓨터 인터페이스에 사용되는 부호화 방식은?

① 단극성 NRZ　② 양극성 NRZ
③ 단극성 RZ　④ 양극성 RZ

[문제 3] 비트 구간의 50%를 이진수 0과 1로 할당하는 부호화 방식은?

① 단극성 NRZ　② 양극성 NRZ
③ 단극성 RZ　④ 양극성 RZ-AMI

[문제 4] 비트 구간의 1/2 동안 양의 펄스, 나머지 비트 구간 동안 음의 펄스를 전송하는 부호화 방식은?

① 양극성 NRZ　② 맨체스터
③ 단극성 RZ　④ 양극성 RZ-AMI

[문제 5] 다음 중 LAN에 널리 사용되는 부호화 방식은?

① 맨체스터　② 양극성 NRZ
③ 단극성 NRZ　④ 양극성 RZ

제6장
저주파 RFID 태그 및 리더 시스템의 원리

6.1 개 요

- 상보대칭 증폭기(Complementary Amp)의 원리를 이해한다.
- 진폭변조(Amplitude Modulation) 및 복조에 대하여 이해한다.
- 필터(Filter)의 원리에 대하여 이해한다.
- Amplitude Shift Keying에 대하여 이해하고 설명할 수 있다.

6.2 저주파 RFID 태그 및 리더 시스템의 원리

1) 상보대칭 증폭기(Complementary Amp)

(1) 상보대칭(2대의 전원 공급기)

상보대칭 회로는 같은 특징을 가진 트랜지스터를 2대 사용한다. 그러나 하나는 PNP이고 다른 하나는 NPN이다. [그림 6-1]은 이상적인 상보대칭 push-pull 증폭기이다. Q_2는 NPN이고 Q_3는 PNP 트랜지스터이며, 각각은 에미터가 서로 연결된 에미터 폴로워(Emitter Follower)이다. 에미터 회로의 부하 RL은 Q_2와 Q_3에 공통이며 Q_2의 콜렉터는 정(+)극성전원 $+V_{CC}$로 가고 Q_3의 콜렉터는 부(−)극성 전원 −VCC로부터 직류 전압을 받는다.

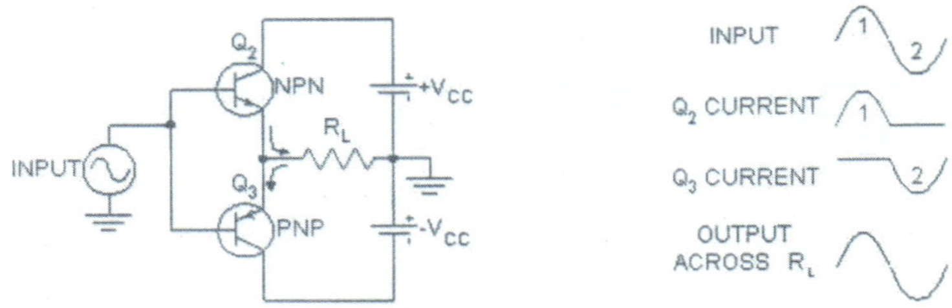

(a) 이상적인 상보대칭 푸시-풀 증폭기 (b) 전류파형

[그림 6-1] RFID 기술의 발전 방향

Q_2와 Q_3은 차단상태가 되도록 직류 바이어스된다고 가정한다. 정(+)극성 변화 (1)동안 Q_2의 베이스는 에미터에 비해 양으로 구동되고, NPN 트랜지스터 Q_2는 turn on된다. 이 정(+)극성 변화(1) 동안 Q_2는 ON이 되며 Q_2의 전류 파형은 [그림 6-1](b)와 같다. 양의 변화 동안 PNP 트랜지스터 Q_3는 역방향 바이어스이고 차단 상태이며, 음(−)의 변화(2) 동안에는 Q_2가 차단될 때 Q_3는 순방향 바이어스가 되어 turn on된다. [그림 6-1]의 (b)는 Q_3의 전류방향이 Q_2전류의 반대임을 보여준다. 이것은 Q_2는 NPN, Q_3는 PNP 트랜지스터이기 때문이다. [그림 6-1](a)의 화살표는 Q_2, Q_3 및 부하 R_L의 전자 전류방향을 나타낸다.

결국 R_L양단의 전압은 입력과 같이 정현파이다. Q_2와 Q_3의 동작은 각각 수행되고 대칭이기 때문에 [그림 6-1](a)는 상보대칭이라 부른다. 상보대칭 회로는 콜렉터 공통과 마찬가지로 에미터 공통으로 할 수도 있다. 상보대칭 증폭기는 열폭주나 전력 트랜지스터의 파괴를 방지하기 위해 주의해서 설계되어야 한다. 전력 트랜지스터의 불균형이나 누설은 오차를 배가시킬 수도 있다. 대개는 다이오드에 의한 안정화 열보상법을 이용한다. 이러한 조건은 주로 구동단과 출력단을 연결하여 사용한다.

(2) 상보대칭(1대의 전원공급기)

[그림 6-2]의 Push-Pull 상보대칭 증폭기에서는 1대의 전원만 사용한다. 회로의 대칭은 2개의 같은 전압 분배기 R_1과 R_2에 의해 유지된다. 위쪽 구동단은 Q_2에 순방향 바이어스를 아래쪽 구동단은 Q_3에 순방향 바이어스를 제공하며, 각 트랜지스터의 크로스오버 왜곡을 제거하기 위해 낮은 유휴전류가 흐르게 한다.

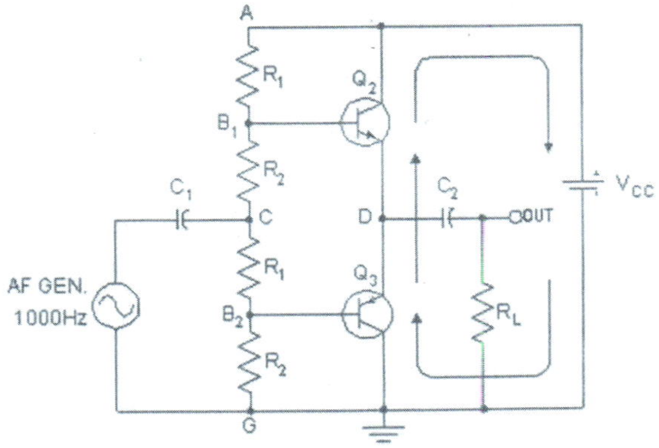

[그림 6-2] 1대의 전원공급기를 사용한 상보 대칭 푸시-풀 B급 증폭기

[그림 6-2]의 화살표는 Q_2와 Q_3의 외부회로에서 이러한 유휴전류의 경로를 나타낸 것이다. 유휴전류의 경로는 Q_3, Q_2 및 전원공급기까지 포함된다. Q_2와 Q_3이 동일한 특성을 가진 것으로 가정하기 때문에 D점은 회로의 직류전압 중간점, 즉 VAD = ADG = $V_{CC}/2$이다. 마찬가지로 R_1들의 저항 값은 같고 R_2의 저항값도 같으며 Q_2과 Q_3이 동일한 특성을 가진다면 C점은 점 A와 G사이의 전압 분배기 중간점이 될 것이다. 그러므로 점 C와 D에 연결된 직류 전압계는 C와 D가 접지에 대해 같은 직류 전위에 있기 때문에 0V가 될 것이다. 위쪽 R_1 및 R_2의 전압 분배작용에 의해 점 B_1은 점 C와 점 D보다 양의 값이다. 그렇기 때문에 Q_2 베이스(B1)는 에미터(D)에 비해 양이고 Q_2(NPN)에 낮은 유휴전류가 흐르도록 순방향 바이어스를 제공한다.

R_1과 R_2의 비는 Q_2와 Q_3에 낮은 유효전류가 흐르도록 순방향 바이어스를 설정하는데 중요한 요소이다. 입력신호는 Q_2와 Q_3의 베이스에 C_1로 연결되고 각 베이스에 같은 신호를 제공한다. 커패시터 C_2는 R_L에 직류전류가 흐르는 것을 막아준다. Q_2는 신호의 정(+)극성 변화에 의해 순방향 바이어스되며 이때 전류 흐름은 R_L 양단에 정(+)극성으로 나타난다. Q_3는 신호의 부(−)극성에 의해 순방향 바이어스되며 양단에 부(−)극성이 나타난다. [그림 6-2]에서 다른 부품의 동작은 두 개의 전원공급기를 사용하는 경우와 같다.

상보대칭 Push-Pull 증폭기는 고출력 오디오증폭기의 출력단에 사용된다. 이러한 시스템에서 스피커 음성코일은 부하로 작용하며 R_L의 위치에 둔다. 회로에서 커패시터 C_2를 제거하고 부하가 바로 에미터와 접지 사이에 연결되도록 설계할 수도 있다. 이것은 에미터 플로워 설계의 출력 임피던스가 낮기 때문에 가능하다.

2) 진폭 변조(Amplitude Modulation) 복조

변조 신호는 송신하는 음성 또는 음악을 말한다. 반송파는 송신기로부터 수신기에 이르기까지 변조 신호를 전송할 때만 필요하다. AM 신호가 수신되었을 때 반송파의 역할은 끝난다. 수신기에는 반송파로부터 변조 신호를 분리하는 특수한 회로가 있는데 이 회로를 복조기(demodulator)라 부른다.

복조하는 것은 변조된 원래의 신호로 되돌리고, 또는 변조된 신호에서 원래의 정보를 얻어내는 과정이므로 원리적으로는 변조의 역조작을 행하는 것을 말한다.

즉, 복조과정은 단순히 변조 과정의 반대이다. AM 신호는 전송될 저주파 소리 신호의 진폭에 따라 진폭이 변하는 고주파 캐리어인 변조된 신호이다. 수신기에서 소리 신호를 복구하기 위해 AM 신호로부터 소리 신호를 뽑아낼 필요가 있다. 변조된 신호로부터 변조 신호를 뽑아내는 과정을 복조 혹은 검파라고 하며, [그림 6-3]에 나타내었다.

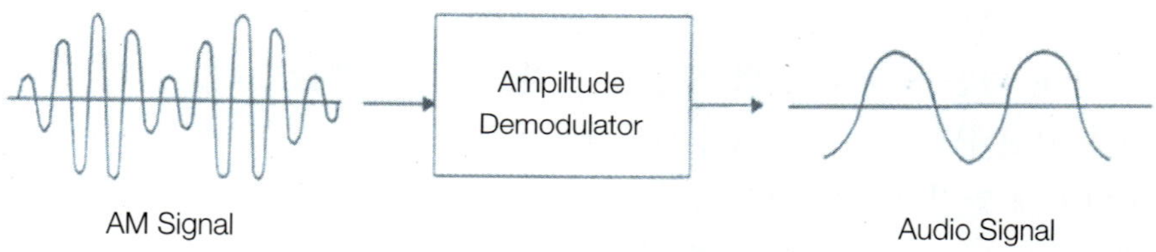

[그림 6-3] 진폭 복조의 이해

일반적으로 검파기는 두 가지 형태로 구별될 수 있으며 동기식(synchronous) 검파기와 비동기식 검파기 이 두 가지 형태의 AM 검파기를 다룰 것이다.

(1) 다이오드 검파기

AM 변조된 신호는 캐리어 진폭이 변조 신호의 진폭에 따라 변하는 신호이기 때문에, 복조기는 AM 신호로부터 원래의 변조 신호를 뽑아내는데 사용된다.

[그림 6-4]에 있는 다이오드 검파기의 블록도는 전형적인 비동기식 검파기이다. 양의 반쪽 포락선(envelope)파와 음의 반쪽 포락선파를 가지고 있는 AM 변조된 신호가 정류기의 입력에 가해진다. 정류된 출력 신호는 양의 반쪽 포락선에 dc level이 더해진 것이며 이것은 저역통과 필터에 가해져서 dc level이 가해진 원래의 변조 신호가 되어 출력된다. 그러면 직류 전압을 제거함으로써 변조 신호가 복구된다.

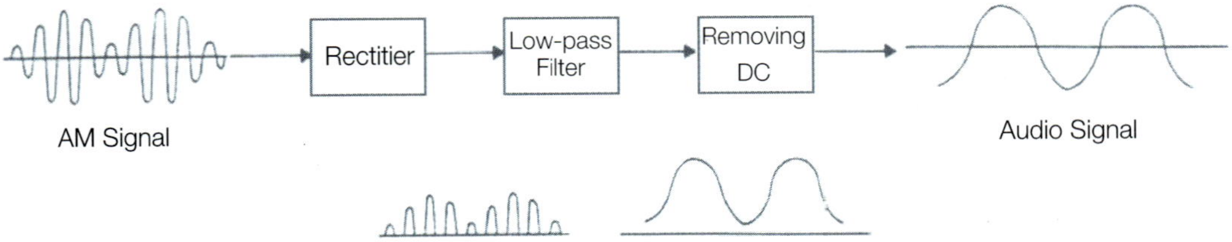

[그림 6-4] 정류된 복조기의 블록도

AM파를 검파하는데 가장 일반적으로 사용되고 있는 것은 [그림 6-5](a)의 직선 검파기(line diode detector : 다이오드 검파기)이다. 이 회로의 동작을 그림 (b)에 나타내었으며 여기서 우선 다이오드는 Vi 〉 VL되는 기간에만 ON 상태로 되고 Vi 〈 VL일 때 OFF 상태에 있음을 염두에 둘 필요가 있다.

Vi가 (+)의 피크 가까이 올라갔을 때 다이오드는 ON이 되고 다이오드를 거쳐서 콘덴서 C가 충전된다. 만일 콘덴서의 용량 C가 충분히 크다고 가정한다면 Vi가 내려가더라도 C의 단자 전압은 그대로 유지될 것이므로 Vi 〈 VL로 되어 다이오드는 OFF가 된다. 이 상태에서서는 C의 전하는 저항 R을 거쳐서 방전하며 단자 전압은 지수함수적으로 서서히 떨어진다.

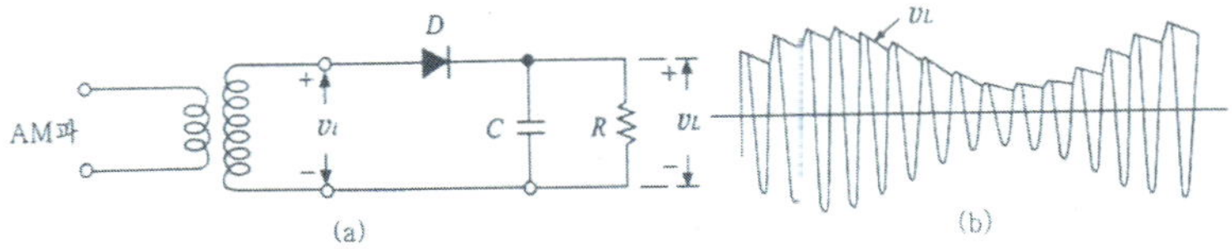

[그림 6-5] 직선검파 회로

다시 Vi가 (+)의 피크로 올라가서 Vi 〉 VL로 되면 다이오드는 다시 ON되어 콘덴서가 충전된다. [그림 6-5]의 (b)는 이러한 과정이 되풀이 되었을 때 출력 전압이 나타내는 파형을 보인 것이다. 출력 전압 VL이 입력 전압의 포락선, 즉 신호파와 비슷한 모양을 나타내고 있음을 본다. 이 회로를 직선 검파라고 하는 것은 여기서 온 말이다. 실제로 반송파의 주파수 fc가 신호의 주파수 fm에 비해 훨씬 크다. 따라서 실제의 VL의 파형은 [그림 6-5](b)에서 보다 훨씬 매끈함을 알 수 있다.

(2) 다이어거널 클리핑(Diagonal Clipping)

[그림 6-5]의 (b)에서 입력 전압의 키프가 증대하는 기간을 생각해 보면 이 기간에 출력 전압이 입력 전압의 포락선에 충실하게 따르도록 하려면 다이오드가 OFF되는 기간

동안의 출력 전압의 변화가 되도록 적어야 한다. 이것으로부터 시정수(time constant) R, C를 되도록 크게 할 필요가 있음을 알 수 있다. 그러나 R, C가 너무 크면 입력 전압의 피크가 감소하는 시기에 출력 전압이 포락선을 따르지 못하는 일이 생기게 되는데 [그림 6-6]은 이 경우를 나타낸 것이며, 이로 인한 일그러짐을 다이어거널 클리핑(diagonal clipping)이라고 한다.

그러므로 시정수 R, C의 값을 정하고자 할 때 이러한 일그러짐이 발생하지 않도록 할 수 있는 적절한 값으로 택해야 하며 이러한 클리핑 현상을 고려하면 깨끗한 파형을 얻을 수가 있다.

[그림 6-6] 다이어거널 클리핑

(3) 네거티브 클리핑(Negative Clipping)

[그림 6-5]의 회로에서 출력 전압은 변조 신호와 같이 직류 성분도 포함하고 있다. 그러므로 신호를 증폭하기 위해서 검파 출력을 다음 증폭단에 걸어줄 때 직류 성분이 증폭단의 바이어스에 영향을 미치지 않도록 하기 위해서 R, C 결합을 하는 것이 보통이다. [그림 6-7]에 이것을 나타내었다.

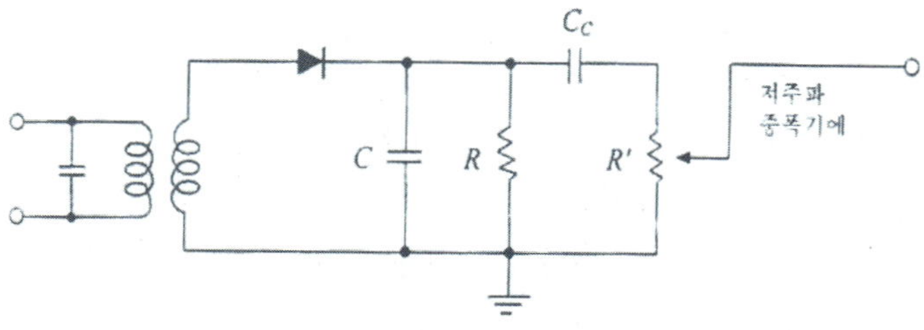

[그림 6-7] 검파출력을 저주파 증폭기에 R_c 결합한 회로

이 경우 검파 회로는 C, R뿐만 아니라 결합 콘덴서 Cc와 R'를 포함하는 것이 되므로 그 동작은 [그림 6-5]의 경우와는 달라진다. 이러한 차이는 다이오드쪽에서 본 직류 저항이 R이나 변조 신호 성분에 대한 임피던스가 Cc의 임피던스를 무시한다고 가정할 때 R ∥ R'이기 때문에 오는 것이다. 변조도에 따르는 네거티브 클리핑의 영향을 [그림 6-8]에 나타내었다.

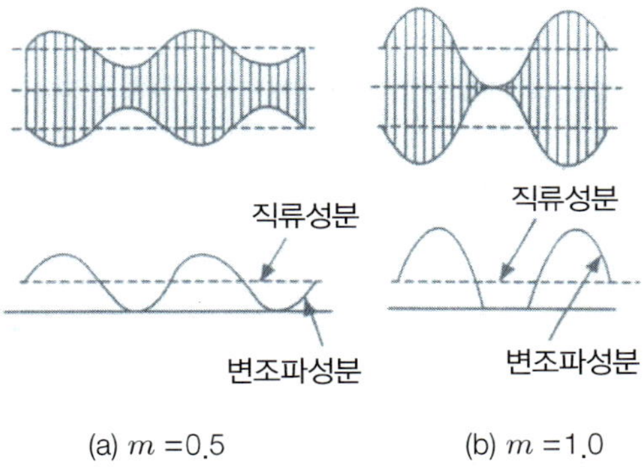

[그림 6-8] 네거티브 클리핑

(4) 곱셈 검파기(Envelope-Detector)

일반적인 AM 검파에 가장 보편적으로 사용되고 있는 방식으로 방송의 AM 수신기에는 이 포락선 검파기는 간단하고 포락선을 직접 검파하는 것으로 효율이 좋다는 이유 때문에 많이 사용되고 있다. 이러한 복조기를 동기식 검파기 또는 곱셈 검파기라 부른다. 포락선 검파기 원리는 정류 검파기와 비슷한 것처럼 보이며 [그림 6-9]에 나타낸 것과 같이 우선 반파정류를 하고 동기검파의 앞 단계와 비슷한 과정으로 검파하게 된다. 이 결과의 스펙트럼에 주목하여 원래 신호의 스펙트럼을 필터로 추출하는 동기검파의 방식과는 달리 필터 대신에 그림과 같이 RC의 시정수에 의한 충방전을 이용하여 정류된 반파의 포락선을 추적하는 비선형처리를 하는 것이다.

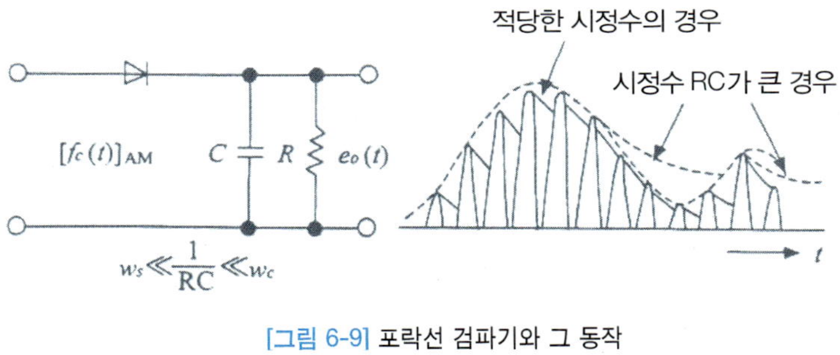

[그림 6-9] 포락선 검파기와 그 동작

제 6 장

출력 파형이 왜곡되지 않도록 하려면 RC의 시정수가 주파수 W_C에 대해 적당한 값이 되어야 한다. 만일 시정수가 RC가 커지게 되면 반송파의 반파의 최대점부터 저하되어 가는 파형을 추종할 수 없는 경우가 생기며 파형 왜곡의 원인이 된다. 역으로 시정수 RC가 W_C의 반복률에 비해 적어지만 리플(ripple)이 심해지고 평균치로 출력되는 값이 감소하여 효율이 떨어진다. 원래의 신호 f(t)에 포함된 최고 주파수를 W_S라 하면 시정수 RC는 다음의 범위가 되어야 하는 점이 중요하다.

$$w_s \ll \frac{1}{RC} \ll w_c \tag{1}$$

시정수가 적당하게 선택되면 그 출력 $e_0(t)$는 리플의 평균치가 되고, AM 변조파의 포락선에 거의 가깝게 된다. 즉,

$$e_0(t) = A_c + f(t) \tag{2}$$

이것에 대하여 앞서 설명한 정류 검파 경우의 출력은 푸리에 변환의 계산결과가

$$e_0 = \frac{1}{\pi}[A_c + f(t)] \tag{3}$$

가 되어 포락선 검파기는 정류 검파기보다 π배만큼 효율이 좋다.

전압 $e_0(t)$의 DC성분은 차단(blocking) 콘덴서에 의해 저지되고 이 전압은 수신기의 입력단에 귀환되어 자동볼륨제어(AVC; automatic volume control) 전압으로 사용된다. 출력이 입력 신호의 포락선에 따르는 어떤 회로라도 포락선 검파기로 제공될 수 있다. 포락선 검파기의 가장 간단한 형태는 빠른 충전 시간과 느린 방전 시간을 가지는 비선형의 충전 회로이다. 이것은 [그림 6-10]의 (b)에서 보듯, 커패시터와 직렬로 연결된 다이오드를 사용하여 쉽게 구성될 수 있다. 저항은 방전 시정수(time constant)를 제어하도록 커패시터와 병렬로 저항을 걸었다. 다양한 방전 시정수에 따른 효과를 [그림 6-10]의 (c), (d), (e)에 보였다.

포락선 검파기의 작동은 다음과 같다. 입력 신호의 반주기 동안 파형의 최대값으로 커패시터 C에 충전한다. 입력 신호가 최대값 밑으로 떨어짐에 따라 다이오드는 꺼진다. 이것은 입력 신호가 커패시터 전압보다 커서, 다이오드가 다시 개통되는 다음 양(+)의 반주기가 올 때까지 저항을 통한 커패시터의 느린 방전이 뒤따른다. 다음 양(+)의 주기에 커패시터는 새로운 최대값 등으로 충전된다.

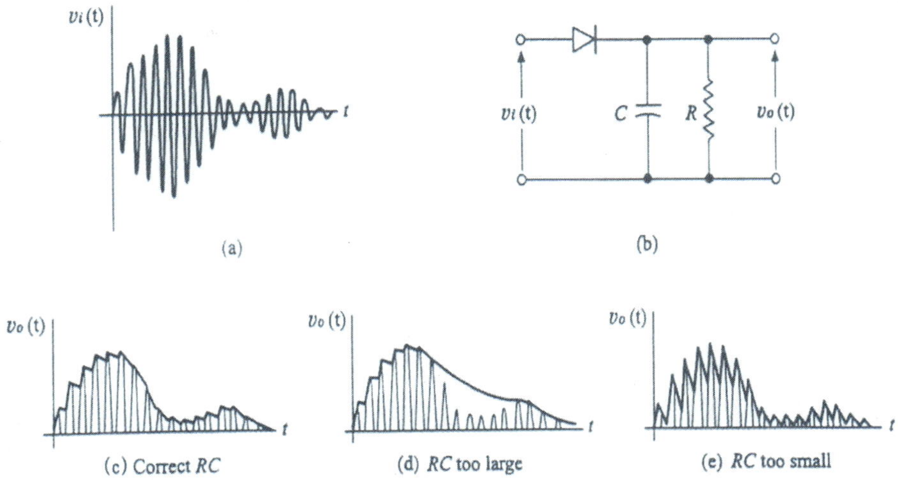

[그림 6-10] 포락선 검파기

최상의 동작을 위해 방전 시정수 RC는 포락선의 최대 하강속도가 지수적으로 감소하는 방전 속도보다 커지지 않도록 조정되어야 한다. 만일 시정수가 너무 크다면, 포락선 검파기는 반송파의 몇몇 양의 반주기들을 잃어버릴 것이고 이로써 믿을 수 있는 포락선을 재생해낼 수 없을 것이다. 만일 시정수가 너무 작다면, 포락선 검파기는 검파의 효용성을 대부분을 잃어버린 매우 울퉁불퉁한 파형을 생성한다. 결과적으로 검파된 파형은 불필요하게 혼합된 요소를 제거하기 위해 저역통과 필터를 보통 통과하게 된다. 결합 커패시터는 반송파에 의해 진행된 직류레벨을 없애는데 사용된다. 이러한 직류레벨의 존재의 결과로, 만일 W = 0으로 떨어지는 f(t)에 대한 주파수 응답이 요구된다면 DSB-LC 방법들은 적합하지 못하다.

포락선 검파기는 간단하고 효율적이며, 제작비가 적게 든다. DSB-LC 신호들을 검파하기 위한 목적으로 일반적으로 사용하는 방식이다.

포락선 검파기를 사용함에 있어 용이성과 단순성은 이 기술이 DSB-SC 신호 검파에 적용될 수 있음을 나타낸다. 그러한 신호들에서는 반송 파형이 없기 때문에, 충분한 반송파가 포락선 검파를 하기 위해 수신기에서 더해줄 수 있다. 이것은 때때로 수신기 설계를 간단하게 하는데, 이러한 형태의 수신기를 주입된 반송파(injected-carrier)형 수신기라 일컫는다. 물론, 가장 중요한 문제는 정확한 주파수로 주입된(injected) 반송파를 유지하는 것이고 이런 시스템은 동기화 문제를 또한 갖는다.

3) 필터(Filter)

(1) 저역통과 필터(LPF ; Low Pass Filter)

가장 간단한 2차 저역통과 여파기는 VCVS(Voltage Controlled Voltage Source) 회로인데, 그 회로는 [그림 6-11]과 같다. 이 회로에 대한 차단주파수는 다음과 같다.

$$f_c = \frac{1}{2\pi\sqrt{R_1 R_2 C_1 C_2}}$$

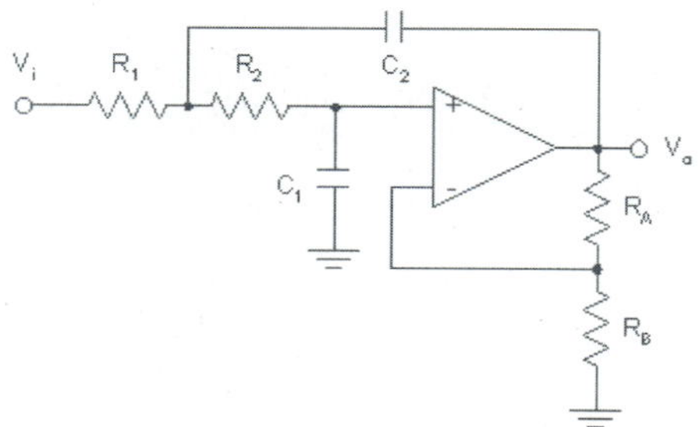

[그림 6-11] 2차 VCVS 여파기

이 여파기의 설계 시 고려해야 할 사항은 두 개의 저항과 두 개의 콘덴서에 대한 값의 결정이다. 가장 쉬운 방법은 R_1과 R_2를 같게 하고, C_1과 C_2를 같게 하는 것으로 이때 차단주파수는 다음과 같다.

$$f_c = \frac{1}{2\pi RC}$$

이것은 동치소자(Equal Component) 저역통과 여파기라고도 한다. 통과대역의 이득은 2차 버터워즈(Butter Worth) 응답인 경우, 1.586(4dB)으로 고정되고 이것은 이 회로에 적용되는 유일한 이득이다. 차단주파수는 여파기응답이 통과대역 응답보다 3dB로 떨어지는 응답이 된다. 차단주파수 이하에서 응답은 12dB/Octave 혹은 20dB/decade로 감소한다. 이 여파기는 비반전 입력단자에서 OP-Amp를 사용하기 때문에 귀환 저항 R_B는 전압이득이 1.586으로 되게 하기 위해서 입력저항 R_A값의 0.586배가 되어야 한다. ±5%의 저항을 사용하면 [그림 6-12]와 같이 이들 저항에 대한 선택은 각각 27kΩ, 47kΩ으로 된다.

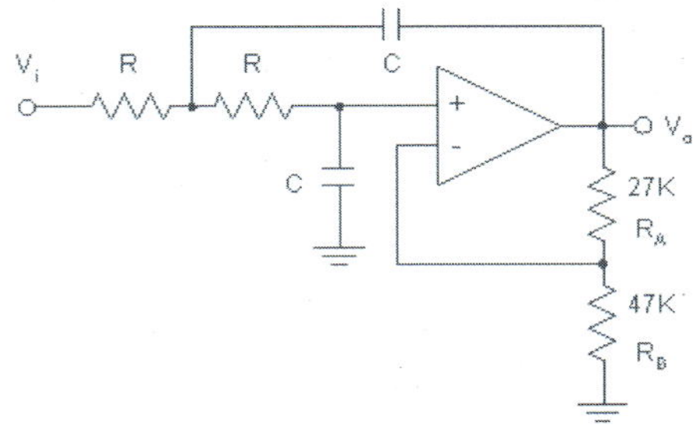

[그림 6-12] 동치 VCVS 저역통과 여파기

(2) 고역통과 필터(HPF ; High Pass Filter)

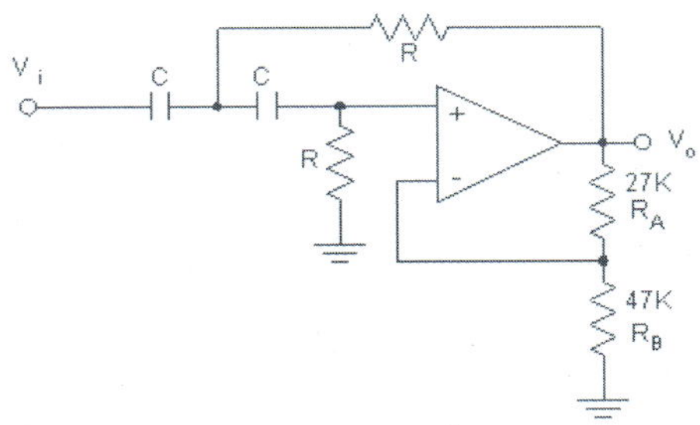

[그림 6-13] 동치 버터워즈 고역통과 여파기

[그림 6-13]에서 보여주듯이 VCVS 고역통과 여파기는 동치 VCVS 저역통과 여파기에서 저항과 콘덴서의 위치를 바꾸어 놓은 형태의 회로로써 통과대역의 이득이나 회로의 차단 주파수는 저역통과 여파기와 같다. 통과대역의 이득은 1.586, 즉 +4dB이다.

$$f_c = \frac{1}{2\pi RC}$$

(3) 대역통과 필터(BPF ; Band Pass Filter)

[그림 6-14]와 같이 기본적인 다중귀환 대역통과 여파기에서의 Q는 약 10 이하가 적합하다. 다중귀환이라 함은 귀환경로가 하나 더 부가되어 있기 때문이다. 다시 말하면 OP-Amp의 입력은 반전단자에 연결된다. 이 회로에 대해서 중심주파수는 다음과 같은 관계식에서 결정된다.

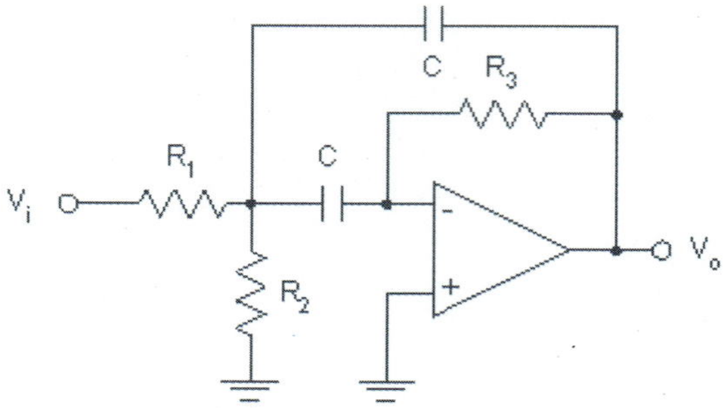

[그림 6-14] 다중귀환 대역통과 여파기

$$f_o = \frac{1}{2\pi C} \cdot \sqrt{\frac{1}{R_3} \cdot \frac{R_1 + R_2}{R_1 R_2}}$$

그러나 3개의 저항결정은 다음 식에 의해서 간단하게 구해질 수 있다.

$$R_1 = \frac{Q}{2\pi f_o G_o C}, \qquad R_2 = \frac{Q}{2\pi f_o (2Q^2 - G_o)}, \qquad R_3 = \frac{1}{\pi f_o C}$$

위 식을 합성하면 다음과 같이 G_o를 얻을 수 있다.

$$G_o = \frac{R_3}{2R_1}$$

또한 Q와 G_o의 관계를 유도할 수 있다.

$$Q > \sqrt{\frac{G_o}{2}}$$

일반적으로 C에 대한 적당한 값을 선정한 후에 Q, G_o와 f_o에 대한 필요조건에 바탕을 두는 3개의 저항에 필요한 값을 계통적으로 계산한다.

(4) 상태변수 필터(State Variable Filter)

3개의 OP-Amp를 적당히 결선하여 동시에 2차 저역통과와 고역통과 그리고 대역통과 여파기의 출력을 얻을 수가 있다. 이러한 여파기는 [그림 6-15]와 같고, 이것을 상태변수 여파기 혹은 만능여파기라고 한다. 회로에서 볼 수 있듯이 기본적으로 하나의 차

동증폭기(A_1)와 동일한 두 개의 적분기(A_2, A_3)로 구성된다. 이러한 여파기에 대해서 중심주파수와 차단주파수는 다음 식에 의해 주어지는 것과 같이 동일한 값이 된다.

$$f_o = f_c = \frac{1}{2\pi RC}$$

여파기의 Q는 저항 R_A와 R_B에 의해서 결정된다.

$$R_A = (3Q-1)$$

저역통과와 고역통과 출력에 대한 통과대역의 이득은 "1"이다. 대역통과 출력에 대해서는 중심주파수의 이득은 Q의 값과 같게 된다.

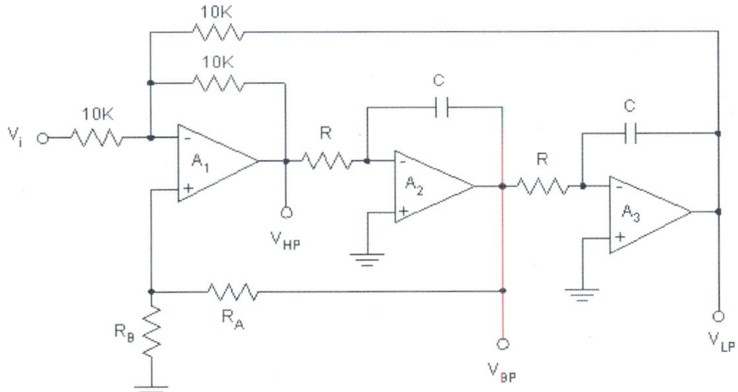

[그림 6-15] 변수(만능)여파기

이러한 회로가 저역통과와 고역통과의 두 출력에 대한 2차 응답을 가질 때 이 회로는 3개의 모든 출력을 동시에 얻을 수 있는 최적의 성능을 갖지는 못한다. 저역통과나 고역통과 버터워즈(Butter worth) 응답 중의 어느 하나에 대해서 Q는 0.707과 같아야 한다. 결과적으로 대역통과 응답은 제대로 나오지 않는다. 즉, 2차 3dB 체비세브(Chevychev) 여파기의 응답에 대해서 Q는 1.3으로서, 그것은 적절한 응답이 되지 못한다. 2차 버터워즈 저역통과, 고역통과 응답(Q=0.707) 혹은 높은 Q의 대역통과 응답 중에서 하나를 설계하여야 한다.

⑤ 대역소거 필터(Notch Filter)

[그림 6-16]의 상태변수 여파기의 한 장점은 저역통과, 고역통과 출력을 동시에 똑같

이 얻을 수 있다는 점이다. 그래서 대역소거 여파기를 만들 수가 있다. 이러한 여파기는 음향신호에 60Hz의 험(Hum)의 존재를 최소화하는데 매우 유용하다. 필요한 것은 동일 이득을 가지는 두 입력 가산기 회로이다.

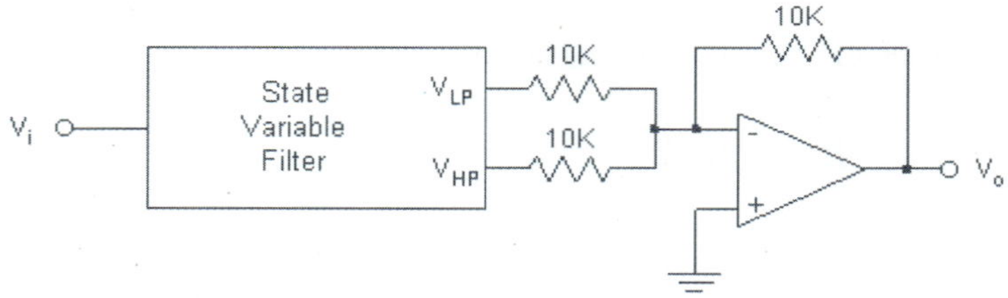

[그림 6-16] 상태변수 대역소거 여파기

4) ASK(Amplitude Shift Keying) 변조

아날로그 진폭변조(AM)에서 반송파 신호가 $s_c(t) = A\cos 2\pi f_c t$이고, 변조신호 $s(t)$가 단극 NRZ 기저대역 디지털 신호인 특별한 경우를 고려하자. 이때 AM 신호 파형은 다음식과 같은 형태로 주어질 것이다.

$$
\begin{aligned}
s(t) &= [A \pm V]\cos 2\pi f_c t \qquad \text{(식 6-1)} \\
&= A\left[1 \pm \frac{V}{A}\right]\cos 2\pi f_c t \\
&= A[1 \pm m]\cos 2\pi f_c t
\end{aligned}
$$

여기서 V/A을 변조지수(index of modulation, m)로 정의한다. 그러므로 각 비트 구간 안에서 입력 비트가 1 또는 0에 따라서 $A[1+m]$이나 $A[1-m]$와 같은 크기를 갖는 정현파 버스트(sinusoidal burst)를 보낸다. 전형적인 파형을 [그림 6-17]에 보였다.

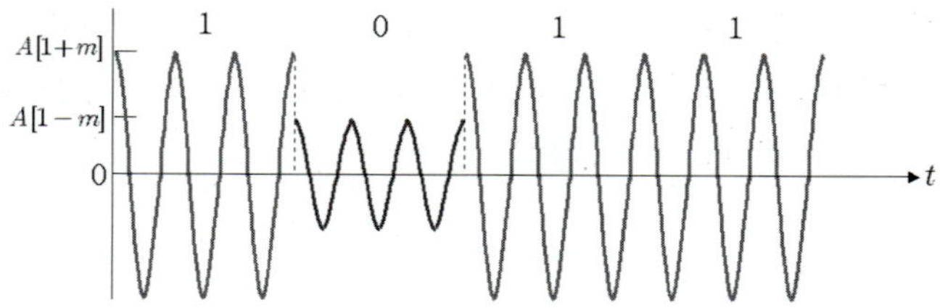

[그림 6-17] 2진열에 대한 AM 파형

m이 1보다 크다고 한다면 진폭 $A[1-m]$은 음수가 된다. 편의상 진폭은 항상 음이 아닌 값으로 가정되므로, 결국 음의 진폭은 180° 위상천이로 나타난다. 이와 같은 경우는 진폭 변조로 볼 수 없으므로 m은 항상 1보다 작거나 같은 경우만을 고려한다.

진폭변조를 사용하여 2진 기저대역 디지털 신호를 전송할 때 진폭은 두 레벨 사이를 천이한다. 이와 같은 전송방식을 진폭천이 키잉(ASK, Amplitude Shift Keying)이라 한다. 특히, 키잉(Keying)이라는 단어는 점(dot)과 선(dash)을 전송하기 위해서 사용되었던 전보 시대로부터 유래되었다.

변조지수가 100%라고 가정한다면 진폭은 $2A$와 0사이를 천이하여 [그림 6-18]과 같이 나타날 것이다. 이때 2진수 '1'을 전송하기 위해서는 진폭 $2A$의 정현파 버스트를, '0'을 전송하기 위해서 신호발생기를 동작시키기 않는 이와 같은 시스템을 OOK(On-Off Keying)이라 한다. 시스템의 성능은 $m=1$일 경우가 성능이 가장 우수하다. 몇 가지 이유 때문에 m을 다른 값으로 선택하기도 하지만, 특별하게 언급되지 않는 한 일반적으로 ASK라고 하는 것은 OOK를 의미한다.

ASK란 디지털 신호에 따라 반송파의 진폭을 변화시키는 방식으로서, 2진 신호 '1'에 대해서는 정현파 신호가 존재하고 2진 신호 '0'에 대해서는 정현파 신호가 존재하지 않는 디지털 변조 방식이다.

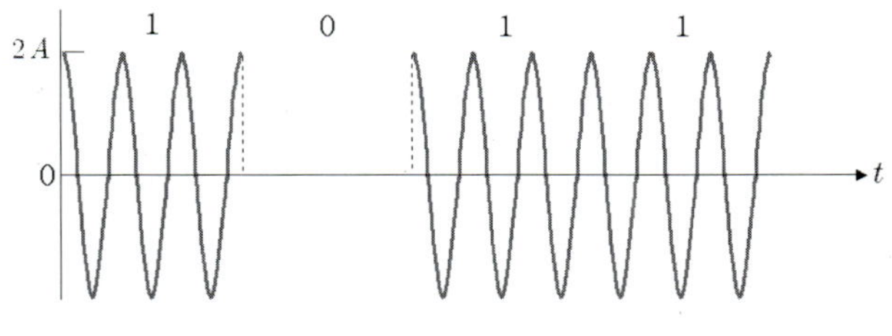

[그림 6-18] m=1일 경우 ASK

ASK 변조방식의 개념과 원리를 [그림 6-19]에 나타내었다. 이 변조 방식은 [그림 6-19]의 (a)에서 알 수 있듯이 스위칭에 의한 반송파의 단속을 나타내므로 일명 OOK라고도 한다. 일반적으로, 2진 신호를 전송하는 속도는 데이터 전송속도와 변조속도로 나누어 말한다. 데이터 전송속도는 1초 동안에 전송할 수 있는 비트수를 나타내며, 단위는 bps(bit per second)이다. 또한, 변조속도는 1초 동안에 몇 회 변조를 수행하는가를 나타내는 척도로서 단위는 보오(baud)로 표기한다. 이러한 관점에서 ASK 변조 방식은 [그림 6-19]의 (b)에서 알 수 있듯이 1회의 진폭변조로 1비트의 2진 신호 '1' 또는 '0'을 나타내므로 데이터 전송속도와 변조속도가 동일한 변조방식이다.

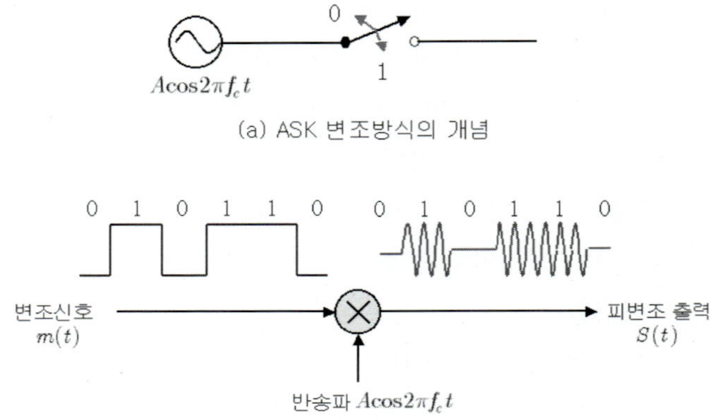

(a) ASK 변조방식의 개념

(b) ASK 변조방식의 원리

[그림 6-19] ASK 변조방식의 개념과 원리

ASK 변조된 출력신호를 수식으로 표현하면 다음과 같다.

$$s_1(t) = A\cos 2\pi f_c t \quad (\text{단, } 0 \leq t \leq T)\ ;\ \text{2진 신호가 '1'인 경우} \qquad (\text{식 6-2})$$

$$s_0(t) = 0 \quad (\text{단, } 0 \leq t \leq T)\ ;\ \text{2진 신호가 '0'인 경우}$$

(1) ASK 스펙트럼

랜덤 데이터와 OOK를 고려해 보자. 식 6-2로부터 반송파 진폭은 A이므로, 반송파 전력 P_c는 $A^2/2$임을 알 수 있다. 전송된 전력이 2진수 '1'이 보내지는 동안은 $2A^2$이고, '0'이 보내지는 동안은 0이라는 사실을 알고 있으므로 ASK 신호의 총 평균 전력을 구할 수 있다.

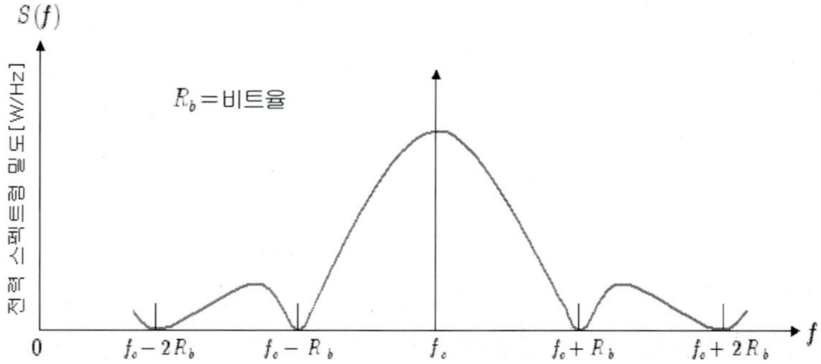

[그림 6-20] OOK 전력 스펙트럼 밀도

만일 '1'과 '0'이 동일하게 발생한다면 평균 전송전력은 A^2이다. 이것의 반이 반송파 전력이고, 나머지 $A^2/2$은 측대파 대역 안에 있는 전력 P_i이다. 이 양은 전력 스펙트럼 밀도곡선의 연속적인 부분 아래의 면적과 같다. 전력 스펙트럼 밀도를 [그림 6-20]에 보였다. 전송된 반송파 AM의 형태와 같이 반송 주파수에서는 충격파로 표시되고 있음에 유의한다.

(2) ASK 복조

ASK 복조로 일반적으로 사용하는 방식은 포락선 검파와 동기검파의 두 종류가 있으나, 이외에도 주파수 검파, 지연검파 등의 각 방식 등이 있다. 이 중에서 동기검파(coherent detection)를 제외한 각 방식을 모두 비동기검파(noncoherent detection)라고 한다. 동기검파와 비동기검파의 주요한 차이는 동기검파가 송신측의 반송파의 주파수와 위상을 정확하게 알고 있어야 한다는 전제조건이 필요한 반면 비동기검파는 이와 같은 정보가 없이 검파하는 방식이다. 물론 주파수에 대해서는 어느 정도 알지 못하면 검파를 할 수 없으나 정확하게 주파수를 맞추지 못하는 경우에는 비동기검파가 사용된다. 동기검파에서는 수신신호에 관한 정보를 갖고 있으므로 수신특성이 일반적으로 비동기검파보다 우수하다.

① 비동기검파

ASK의 포락선 검파기(envelope detector)의 동작원리를 설명하면 [그림 6-21]과 같다. 기저대역 신호를 검출하기 위해서 먼저 수신신호가 반파 또는 전파 정류기에 인가된다. 그러면 음(−)의 부분 신호는 제거되고, 양(+)의 부분 신호만 통과하게 되며, 이 신호가 저역통과필터(LPF)를 통과하게 되면 변조된 신호의 정현파의 첨두(peak) 부분만 연결한 포락선(envelope) 파형을 얻을 수 있어서 원하는 기저대역 신호를 재생할 수 있다.

검파기의 입력에는 원하는 변조신호 이외에 잡음이 도래한다. 잡음 안테나에서 혼합되는 것과 수신기 내부에서 발생하는 열잡음이 있다. 따라서 검파기의 출력에는 원래의 기저대역 신호 성분뿐만 아니라 잡음성분도 포함된다. 잡음을 포함한 기저대역 파형으로부터 송신정보를 판정하는 방법은 먼저 판정기에 입력된 각 심벌 파형의 중앙에서 표본한 값과 판정기에 인가한 기준전압(threshold voltage) V_{th}라 부르는 직류전압과 비교하는 것이다. 예를 들면, 기준전압을 심벌 '1'에 대응하는 기저대역 파형의 약 1/2 전압 정도로 선택하여 판정기의 입력을 이것과 비교하여 정보신호를 결정하는 것이다. 즉 입력 파형의 표본값이 이 기준전압보다 크면 정보의 심벌은 '1'이 되고, 그 이하가 되면

'0'이 되는 것이다.

[그림 6-21] ASK의 비동기검파 회로(포락선 검파기)

② 동기검파

동기검파는 ASK뿐만 아니라 여러 검파방식으로 널리 사용되는 매우 중요한 방식이다.

동기검파의 수신 블록다이어그램을 [그림 6-22]에 나타내었다.

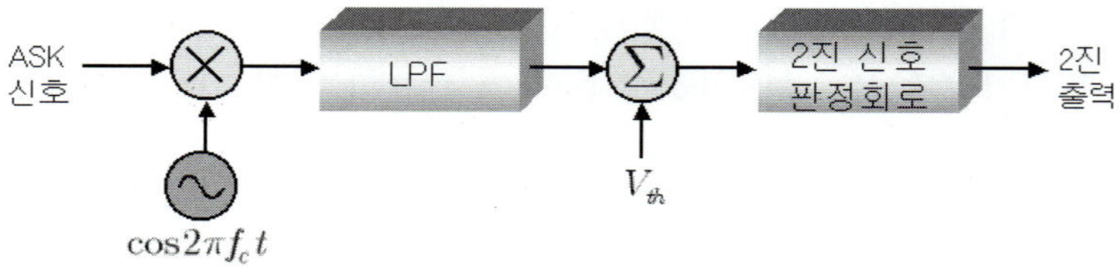

[그림 6-22] ASK의 동기검파

송신측에서 사용한 반송파와 동일한 주파수와 위상을 갖는 정현파를 수신기의 국부발진기에서 발생하여 수신신호에 곱(mixer)한 다음 저역통과필터(LPF)를 통과시키면 원래의 기저대역신호가 재생된다. 지금 수신기에 도착한 ASK 신호가 잡음이 없다고 가정하면 수신 신호는 식 6-3과 같다.

$$s(t) = u(t)[\cos(2\pi ft + \phi)] \qquad \text{(식 6-3)}$$

여기서 $u(t) = 0, 1$이다.

식 6-3에 수신기의 발진기에서 발생한 반송파와 동일한 정현파를 곱하면 식 6-4와 같이 된다.

$$u(t)[\cos(2\pi ft+\phi)][\cos(2\pi ft+\phi)] = u(t)1+\cos 2(2\pi ft+\phi)/2 \qquad \text{(식 6-4)}$$

$$= \frac{1}{2}u(t)+\frac{1}{2}u(t)\cos 2(2\pi ft+\phi)$$

식 6-4가 저역통과필터(LPF)를 통과하면 우측 제2항 성분이 제거되므로 u(t)/2만이 남게 되어 원래의 기저대역 파형이 재생된다. 기저대역 파형이 재생되면 포락선 검파의 경우와 마찬가지로 기준전압 V_{th}을 인가하여 이진신호를 판정한다.

6.3 저주파 RFID 태그 및 리더 시스템의 원리 실습

(1) 컴퓨터, CBIS-1400 그리고 DS-1410을 준비하고, CBIS-1400과 DS-1410의 사용설명서를 읽고 충분히 숙지한 후 실험을 시작한다.
(2) DS-1400에 저주파 125kHz RFID 모듈(M- Module)을 탑재한다.
(3) 계측기 패널에서 DSO를 다음과 같이 설정한다.

• TIME/DIV	500[μs]
• CH-1 VOLT/DIV1	2.5 [V/Div]
• CH-2 VOLT/DIV1	2.5 [V/Div]
• TRIGGER MODE	ON
• SELECT CHANNEL	CH-1
• SELECT CHANNEL	CH-2
• SLOPE	
• INPUT COUPLING	DC

① 탑재한 저주파 125kHz RFID 모듈(M-Module)의 TAG Data의 Dip SW를 '1010', '1011', '1100', '1101'로 설정한다. 데이터가 전송될 때 총 64Bit (8Byte, 16Chracter)가 전송되지만 사용자가 설정하여 전송할 수 있는 Data는 16Bit (2Byte, 4Chracter)만 가능하다는 것을 참고한다.

② 계측기 패널에서 패널의 왼쪽 윗부분을 살펴보면 8Bit와 64Bit를 선택할 수 있도록 SW가 있는데, 이 SW를 64Bit로 설정한다.

③ 계측기 패널에서 DSO1의 CH-1 입력 프로브를 Tag의 Data Output TP1 단자에 접속하고, DSO2의 CH-2 입력 프로브를 Tag의 Encoder TP2 단자에 접속한다. 패널 왼쪽 아랫부분의 Coding Mode에서 NRZ에 체크를 한 후, Data Start 버튼을 눌러 전송을 시작한다. [그림 6-23]과 같이 파형이 나오는 것을 확인한다.

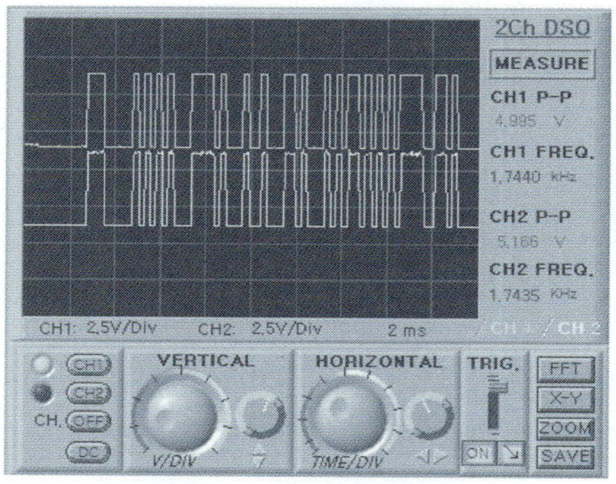

[그림 6-23] TP1(상)과 TP2(하)의 파형

☞ NRZ Coding 방식에 대하여 확인한다.

④ Data Start 버튼을 눌러 데이터의 전송을 끝낸다. 계측기 패널에서 DSO1의 CH-1 입력 프로브를 Tag의 Data Output TP1 단자에 접속하고, DSO2의 CH-2 입력 프로브를 Tag의 Encoder TP3 단자에 접속한다. 패널 왼쪽 아랫부분의 Coding Mode에서 RZ에 체크를 한 후, Data Start 버튼을 눌러 전송을 시작한다. [그림 6-24]와 같이 파형이 나오는 것을 확인한다.

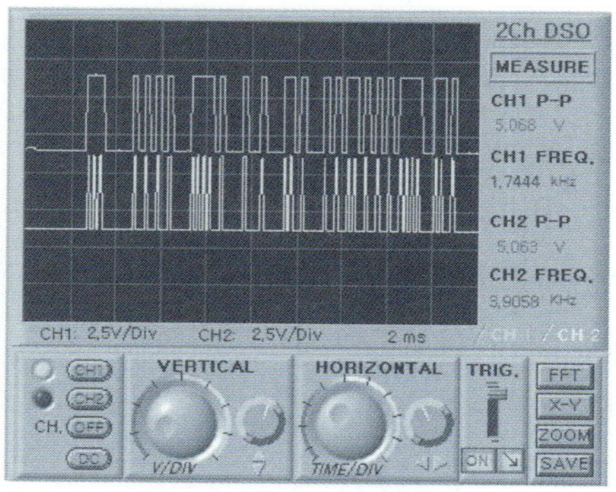

[그림 6-24] TP1(상)과 TP2(하)의 파형

☞ RZ Coding 방식에 대하여 확인한다.

⑤ Data Start 버튼을 눌러 데이터의 전송을 끝낸다. 계측기 패널에서 DSO1의 CH-1 입력 프로브를 Tag의 Data Output TP1 단자에 접속하고, DSO2의 CH-2 입력 프로브를 Tag의 Encoder TP4 단자에 접속한다. 패널 왼쪽 아랫부분의 Coding Mode에서 Manchester에 체크를 한 후, Data Start 버튼을 눌러 전송을 시작한다. [그림 6-25]와 같이 파형이 나오는 것을 확인한다.

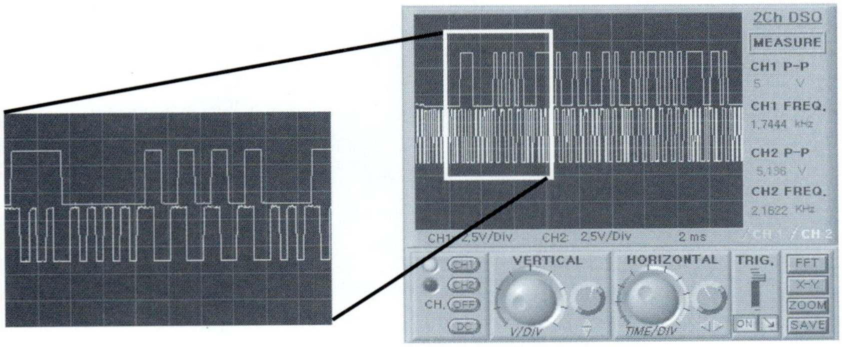

[그림 6-25] TP1(상)과 TP2(하)의 파형

☞ Manchester Coding 방식에 대하여 확인한다.

⑥ Data Start 버튼을 눌러 데이터의 전송을 끝낸다. 계측기 패널에서 DSO1의 CH-1 입력 프로브를 Tag의 Data Output TP1 단자에 접속하고, DSO2의 CH-2 입력 프로브를 Tag의 Encoder TP5 단자에 접속한다. 패널 왼쪽 아랫부분의 Coding Mode에서 Biphase에 체크를 한 후, Data Start 버튼을 눌러 전송을 시작한다. [그림 6-26]와 같이 파형이 나오는 것을 확인한다.

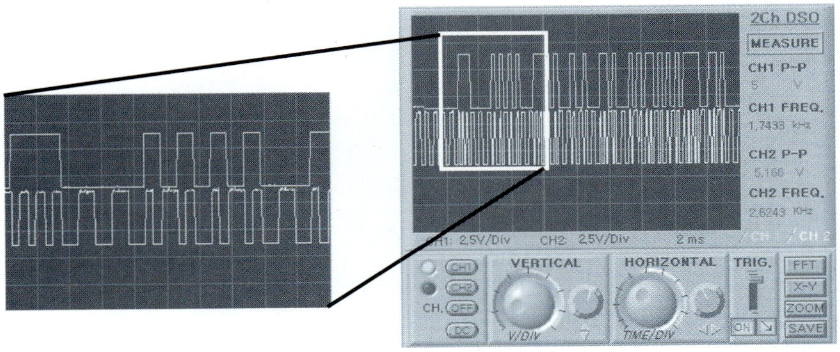

[그림 6-26] TP1(상)과 TP2(하)의 파형

☞ Biphase Coding 방식에 대하여 확인한다.

⑦ Data Start 버튼을 눌러 데이터의 전송을 끝낸다. 계측기 패널에서 DSO1의 CH-1 입력 프로브를 125kHz가 32분주되어진 Clock(3.906kHz) TP6 단자에 접속하고, DSO2의 CH-2 입력 프로브를 Tag에 전원을 공급해주는 TP7 단자에 접속한다. [그림 6-27]과 같이 파형이 나오는 것을 확인한다.

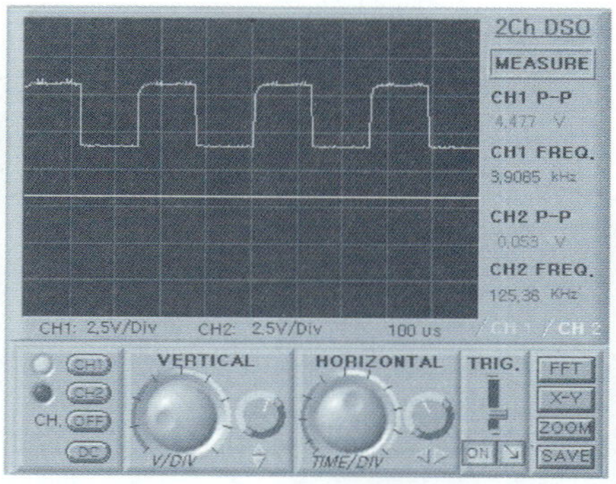

[그림 6-27] TP6(상)과 TP7(하)의 파형

☞ 3.906kHz의 Clock TP6이 하는 역할을 확인한다.

☞ TP7의 역할을 확인한다.

⑧ Data Start 버튼을 눌러 데이터의 전송을 끝낸다. 계측기 패널에서 DSO1의 CH-1 입력 프로브를 Reader의 Carrier TP8 단자에 접속하고, DSO2의 CH-2 입력 프로브를 Reader의 Driver의 TP9 단자에 접속한다. [그림 6-28]과 같이 파형이 나오는 것을 확인한다. TIME/DIV는 5[μs]로 설정한다.

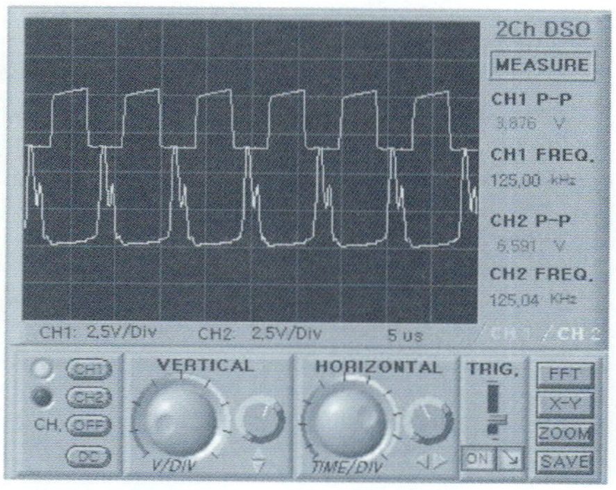

[그림 6-28] TP8(상)와 TP9(하)의 파형

☞ TP9에서 출력된 125kHz의 Driver가 하는 역할을 확인한다.

⑨ 계측기 패널에서 DSO1의 CH-1 입력 프로브를 NRZ Mode로 Encoding되어진 TP2 단자에 접속하고, DSO2의 CH-2 입력 프로브를 Reader의 Detector TP10에 접속한다. 패널 왼쪽 아랫부분의 Coding Mode에서 NRZ에 체크를 한 후, Data Start 버튼을 눌러 전송을 시작한다. [그림 6-29]와 같이 파형이 나오는 것을 확인한다.

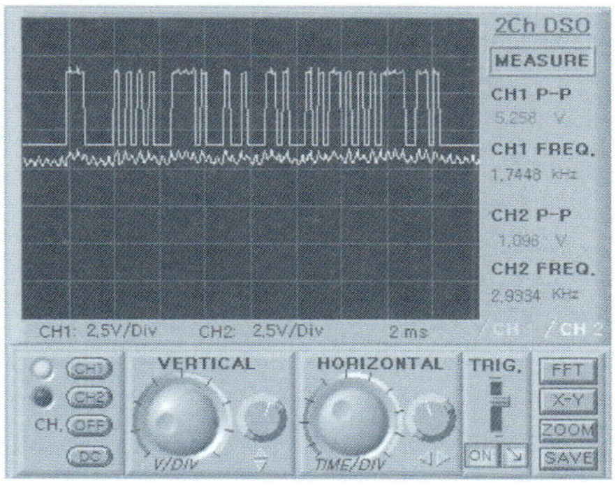

[그림 6-29] TP2(상)와 TP10(하)의 파형

☞ Detector(AM 검파)가 하는 역할을 확인한다.

⑩ 계측기 패널에서 DSO1의 CH-1 입력 프로브를 NRZ Mode로 Encoding되어진 TP2 단자에 접속하고, DSO2의 CH-2 입력 프로브를 Reader의 Filter 입력측 TP11에 접속한다. 패널 왼쪽 아랫부분의 Coding Mode에서 NRZ에 체크한 후, Data Start 버튼을 눌러 전송을 시작한다. [그림 6-30]과 같이 파형이 나오는 것을 확인한다. 이어서 DSO2의 CH-2 입력 프로브를 Reader의 Filter 입력측 TP12에 접속한다. [그림 6-31]과 같은 파형이 나오는 것을 확인한다.

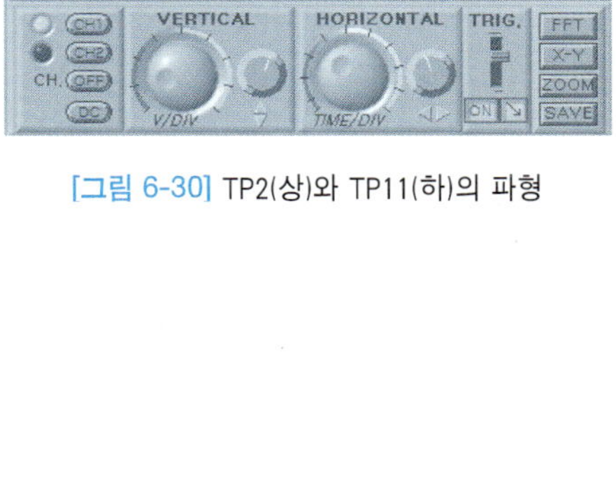

[그림 6-30] TP2(상)와 TP11(하)의 파형

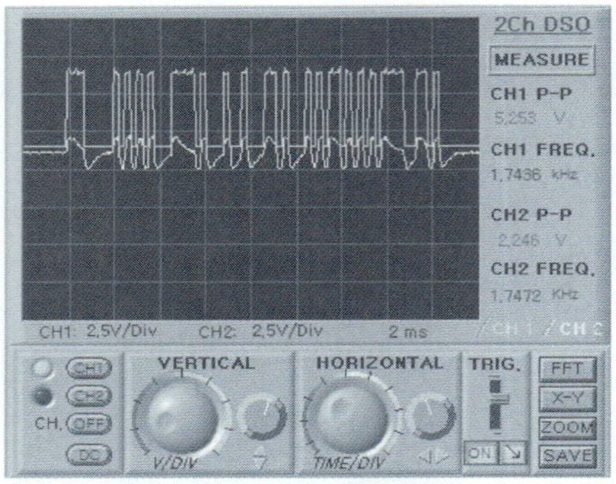

[그림 6-31] TP2(상)와 TP12(하)의 파형

☞ Filter의 역할에 대해 확인한다.

⑪ 계측기 패널에서 DSO1의 CH-1 입력 프로브를 NRZ Mode로 Encoding되어진 TP14 단자에 접속하고, DSO2의 CH-2 입력 프로브를 Reader의 Shape TP13에 접속한다. 패널 왼쪽 아랫부분의 Coding Mode에서 NRZ에 체크를 한 후, Data Start 버튼을 눌러 전송을 시작한다. [그림 6-32]와 같이 파형이 나오는 것을 확인한다.

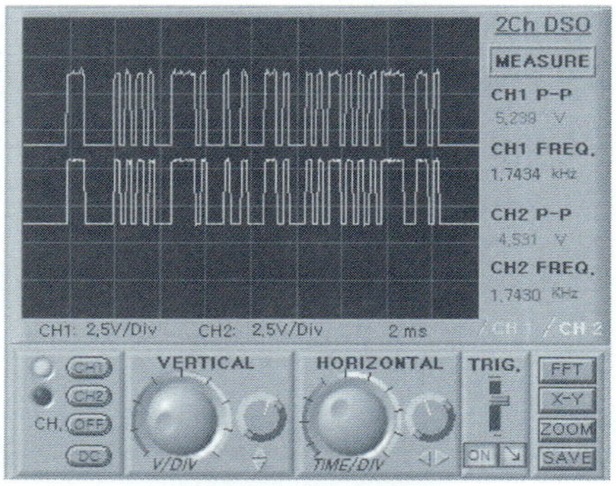

[그림 6-32] TP2(상)와 TP13(하)의 파형

☞ Data가 Encode되어 Decode되는 과정을 블록다이어그램으로 확인한다.

⑫ 전원을 OFF하고 125kHz RFID 모듈을 Docking Station DS-1400으로부터 제거한다.

6.4 자기진단

① 리더(Reader)에 대하여 설명하시오.

② 태그(Tag)의 종류에 대해 설명하시오.

③ 리더에서 태그로 전송되는 캐리어주파수는 얼마인가?

④ 우리 생활 주변에서 RFID를 사용하는 예를 드시오.

6.5 RFID의 태그 및 리더 실습의 결론

1. NRZ(Non Return to Zero) 이해
   NRZ Coding 방식에 대하여 설명한다.

2. RZ(Return to Zero) 이해
   RZ Coding 방식에 대하여 설명한다.

3. Manchester 이해
   Manchester Coding 방식에 대하여 설명한다.

4. Biphase 이해
   Biphase Coding 방식에 대하여 설명한다.

5. Tag로의 전원공급과 Tag Data 출력속도 이해
   3.906kHz의 Clock TP6이 하는 역할을 설명한다.

   TP7의 역할을 설명한다.

6. Complemently AMP. 이해
   TP9에서 출력된 125kHz의 Driver가 하는 역할을 설명한다.

7. AM 검파의 이해
   Detector(AM 검파)가 하는 역할을 설명한다.

8. Filter 이해
   Filter의 역할에 대해 설명한다.

9. Data의 Encode와 Decode 과정 이해
   Data가 Encode되어 Decode되는 과정을 블록다이어그램으로 설명한다.

단원 테스트

[문제 1] 125kHz에서 사용되는 부호화 방법에는 몇 개의 유형이 있는가?

① 1가지 ② 2가지
③ 3가지 ④ 4가지

[문제 2] 125kHz에서 Tag로부터 전송되는 신호의 변조 방식은 무엇인가?

① ASK(Amplitude Shift Keying)
② FSK(Frequency Shift Keying)
③ PSK(Phase Shift Keying)
④ QAM(Quadrature Amplitude Modulation)

[문제 3] 리더기에서 태그로 전송되어진 125kHz의 동기신호는 태그에서 32분주되어 기준 클럭으로 사용되어진다. 이 클럭은 몇 Hz 인가?

① 125kHz ② 15.625kHz
③ 7.8125kHz ④ 3.90625kHz

[문제 4] 125kHz에서 8Bit 프레임 형식 중에서 Header(1100) Bit 이후에 전송되는 4개 Bit에서 가장 먼저 전송되는 Bit는?

① MSB ② LSB
③ Parity Bit ④ SOF

[문제 5] Tag로부터 전송된 변조 신호에서 변조신호를 검출하는 과정은 무엇인가?

① AM 검파 ② FM 변조
③ 위상검출기(Phase Detector) ④ 변조(Modulation)

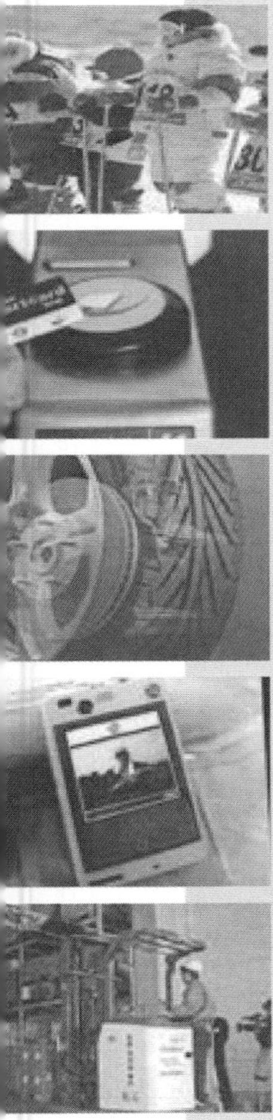

PART Ⅳ
고주파 RFID 시스템

제7장
카드형 고주파 RFID 태그 시스템의 구성 및 원리

7.1 카드형 RFID의 표준

비접촉형 IC카드의 표준화 작업은 1985년 워싱턴회의에서 표준화에 대한 대응정책이 결정되었다. 당시는 접점형 IC카드의 문제점으로서 접점의 접촉 불량 등을 해결하여 '정전기에 의한 IC의 파괴방지', '카드의 삽입방향에 대한 자유도 확보', '비접촉형 인터페이스 가능' 등의 요구를 실현할 목적으로 비접촉화의 검토가 시작되었다.

〈표 7-1〉 IC카드의 국제 표준화

형식	접점형	비접촉형		
		밀착형	근접형	근방형
표준서 번호	ISO/IEC7816	ISO/IEC10536	ISO/OEC14443	ISC/IEC15693
통신거리	접촉통신	~2mm	~10cm	~70cm
통신 주파수	3.57MHz	4.92MHz	13.56MHz	13.56MHz
초기통신속도	9.6kb/s~	9.6kb/s~	106kb/s~	~26kb/s
파트 1	물리적 특성	물리적 특성	물리적 특성	물리적 특성
파트 2	단자의 형식과 위치	결합영역의 치수 및 위치	전파출력과 신호 인터페이스	전파 인터페이스
파트 3	전기신호와 전송 프로토콜	전기신호 및 리셋 절차	초기화와 충돌방지	충돌방지와 전송 프로토콜
파트 4	공통 코멘트	-	전송 프로토콜	공통 코멘트
시험방법	ISO/IEC 10373-3	ISO/IEC 10373-1.3의 부속서	ISO/IEC 10373-6	ISO/IEC 10373-3

최초로 접점을 전자결합으로 교체하는 '밀착형'에 대하여 심의하였다. 그 후 1994년 4월의 고베회의에서 더욱 편리한 사용을 위해서 전송거리를 늘릴 수 있는 비접촉형 카드의 표준화 제안을 채택하였다. 이때 비접촉형 카드 기술을 채택한 제품을 이미 보급하고 있던 유럽의 국가로부터 많은 제안이 나왔다. 심의가 진행됨에 따라 비접촉형 카드는 제품에 대한 기술적 차이, 특히 통신거리의 차이에 따라 밀착형 · 근접형 · 근방형의 3종류로 분리되었다(〈표 7-1〉 참조).

비접촉형 IC카드는 기술적으로는 RFID 태그와 동일하지만 사람의 식별에 이용되기 때문에 RFID 태그와는 다른 분과위원회(ISO/IEC JTC1/ SC17WG8)에서 심의되었다. 카드용 RFID의 규격은 물품관리용 RFID 규격과 보완 관계에 있다.

비접촉형 IC카드의 국제표준은 다음과 같다.

- ISO/IEC 10536은 밀착형(Close Coupled Integrated Circuit Card : CCICC) IC카드로 통신거리 2mm이며 전송주파수 4.92MHz, 전원결합 또는 정전결합으로 통신한다.
- ISO/IEC 14443은 근방형(Proximity Integrated Circuit Card : PICC) IC카드로 통신거리 10cm이며 전송주파수 13.56MHz, 전자유도로 통신한다. 타입은 타입 A와 타입 B의 규격이 있으며, 리더/라이터는 두 타입 모두에 대응해야 한다. 한편, JR 동일본의 'Suica'카드는 일본 국내 규격인 JIS X 6322, 6305로 규격화하였다. 일본은 'Suica' 카드를 타입 C로 제안하였지만, 현재 국제표준으로는 채택되지 못하였다. 응용 분야로는 스마트카드의 형태로 결재, 다목적 인증, 데이터 저장 등을 들 수 있다. 실용화 사례로서는, 타입 A는 Phillips사의 제품으로 한국의 버스카드, NTT의 텔레폰카드, 오오사카의 CITY카드 등이 있다. 타입 B는 Motorola사의 제품으로 미국, 네덜란드, 독일에서 적용한 사례가 있다. 타입 C는 Sony사의 제품으로 일본의 JR 동일본의 'Suica'카드, 홍콩의 오크도버스, 한국의 교통카드와 같은 현금충전카드인 Edy에 적용되었다.
- ISO/IEC 15693은 근방형(Vicinity Integrated Circuit Card : 원격카드(VICC)) IC카드로 통신거리 70cm이며 전송주파수 13.56MHz 전자유도로 통신한다. 물품관리 등에 사용하는 비접촉형 RFID 태그를 상정하여 제안된 규격이기 때문에 IC카드로서의 제품은 적다. 응용 분야로는 인증용 출입증, 증명서, 키 등을 들 수 있다.
- ISO/IEC 10373은 외부단자 없는 IC카드에 대한 테스트 방법으로 근접형 테스트 방법과 근방형 테스트 방법을 규정하고 있다.

비접촉형 IC카드의 ISO/IEC 표준안은 'ISO/IEC-XXXXX-Y'로 표기한다. 여기서 Y는 파트(part) 번호를 나타낸다. 모든 비접촉형 IC카드의 표준안의 파트 1이 물리특성, 파트 2가 전기적 규격, 파트 3, 4는 상위의 통신 프로토콜이나 코멘드에 대하여 규정하고 있다. 비접촉형 IC카드의 시험방법은 식별 카드의 시험방법만을 모은 시리즈인 ISO/IEC 10373-6, 7에서 규정하고 있다.

7.2 카드용 RFID 표준의 개요

① ISO 14443에 대해 이해한다.
② 데이터 프레임(Data Frame)에 대하여 이해한다.
③ 데이터 코딩(Data Coding) 방식에 대하여 이해한다.
④ 충돌(Collision)의 발생과 충돌방지(Anti-Collision)의 방법을 이해한다.

7.3 카드형 RFID 표준의 원리

ISO 14443은 ID 카드－근접 집적회로 카드로 표시되며 비접촉 근접결합 스마트카드의 동작방법과 동작 파라미터들을 명시한다. ISO 14443 ID 카드는 티켓 발매 분야에 압도적으로 많이 사용되고 있으며 국내에서도 버스카드에 적용되고 있다. 인접 거리 7~15cm의 비접촉 스마트카드를 가르킨다. ISO 14443의 내용은 다음과 같은 부분으로 구성되어 있다.

1) 물리적 특성

ISO 표준 14443의 Part 1에서는 10㎝ 이내 전자 유도적 접촉이 가능한 근접 카드의 물리적 특성을 정의하였다. 집적회로(Integrated Circuit), 비접촉(Contactless : 전지를 사용하지 않고 카드에 전원을 공급하고 신호 교환을 이루는 것), 비접촉 집적회로 카드(Contactless integrated circuit card), 근접 카드(Proximity Card : PICC), 근접 커플링 장치(Proximity Coupling Device : PCD) 등의 용어에 대하여 정의하였고, ID Card의 치수에 대하여는 ISO 7810에 규정된 값 85.72mm×54.03mm×0.76mm라고 정의하였다. 뿐만 아니라 RFID가 사용 가능한 모든 환경, 즉 자외선, X-rays, 휨 응력, 비틀림 응력, 교류식 자기 필드, 교류식 전자 필드, 정전기, 정적 자기 필드, 작동 온도 등에 대한 물리적 특성들을 정의하였다.

2) RF 인터페이스 전원과 신호 인터페이스

ISO 표준 14443의 Part 2에서는 근접식 카드 단말기(PCD)와 근접식 카드(PICC) 사이에 전원과 양방향 통신이 제공된 분야의 필드(자기장)에 대한 것들에 대하여 정의하였다. 또한 ISO 14443에서 사용하는 약어 및 용어, 기호 등에 대하여 정의하였다.

PCD와 PICC 사이의 초기 통신은 다음과 같은 연속 동작 절차에 의해서 수행되며 ISO 14443의 RF 전력과 신호 인터페이스의 규정에 따른다.

① PCD의 RF 동작(RF Operating) 필드에 의한 PICC의 활성화
② PICC는 PCD로부터의 명령 대기
③ PCD에 의한 명령 전송(transmission)
④ PICC에 의한 응답 전송

ISO 14443에서 규정한 전력의 공급은 PICC는 PCD와 10㎝ 이내에 비접촉으로 결합하여 결합(Couple)하는 에너지 차원의 RF 자기장을 생성하여야 하며, 이것은 통신을 위해 변조되어진다. ISO 14443에서 사용하는 RF 동작 주파수(fc)는 13.56MHz±7kHz이다.

(1) 신호 인터페이스

ISO 14443에서 사용되어지는 통신신호 인터페이스는 2가지 유형(Type A, Type B)이 있으며, PCD는 Type A 또는 Type B 두 종류의 PICC 존재 여부를 감지하기 전에 아이들링(Idling) 상태에서 두 변조 방식을 교대로 동작시켜야 한다. 통신 기간 중에 PCD에 의한

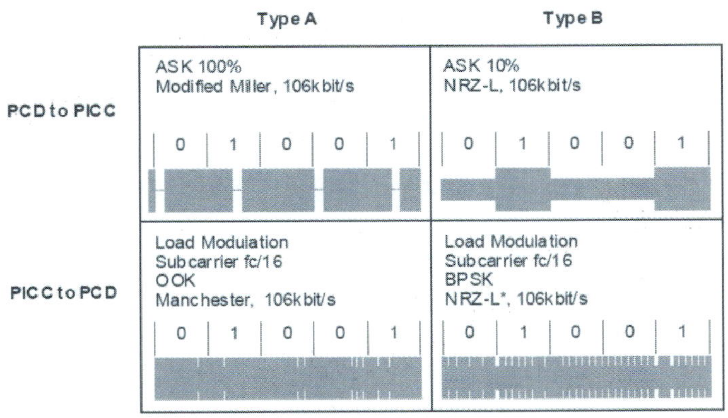

[그림 7-1] ISO 14443 Type A와 Type B 인터페이스에 대한 통신 신호

〈표 7-1〉 Type A의 특징

PCD → PICC

데이터 비율	fc/128(~106kbps)
시퀀스	X : 비트 지속 시간의 1/2 시간 경과 후 'Pause' 생성 Y : 비트 지속 시간 동안 변조가 일어나지 않는다. Z : 비트 지속 시간의 초기에 'Pause' 생성
논리 '0', '1'	'1' : Sequence X '0' : Sequence Y (아래 두 경우 제외) a) 두 개의 '0'이 연속되면, Sequence Z는 두 번째 '0'에 사용 b) SOF 이후 첫째 비트가 '0'이면, Sequence Z는 이와 같은 경우와 다음에 나오는 '0'에 대해서 사용된다.
S	Sequence Z
E	Sequence Y 다음 Logic '0'이 따라온다.
No information	적어도 두 개의 Sequence Y
PICC → PCD	
데이터 비율	fc/128(~106kbps), Subcarrier : fc/16(~847kHz)
시퀀스	D : Carrier는 bit duration의 처음 50% 동안 Subcarrier로 변조 E : Carrier는 bit duration의 다음 50% 동안 Subcarrier로 변조 F : Carrier는 1 bit duration동안 변조하지 않는다.
논리 '0', '1'	'1' : Sequence D '0' : Sequence E
S	Sequence D
E	Sequence F
No information	No Subcarrier

(※ S : Start of Communication, E : End of Communication)

비활성화 또는 PICC가 제거될 때까지 단자 하나만의 통신 신호 인터페이스만 활성화될 수 있다. [그림 7-1]은 Type A와 Type B 인터페이스에 대한 통신 신호에 대하여 나타낸 것이며, 〈표 7-1〉은 Type A에 대한 특징을 나열한 것이다.

[그림 7-2]는 Type A와 Type B를 스마트 카드에 각각 적용하여 변조하는 과정에 대하여 나타내는 것이다.

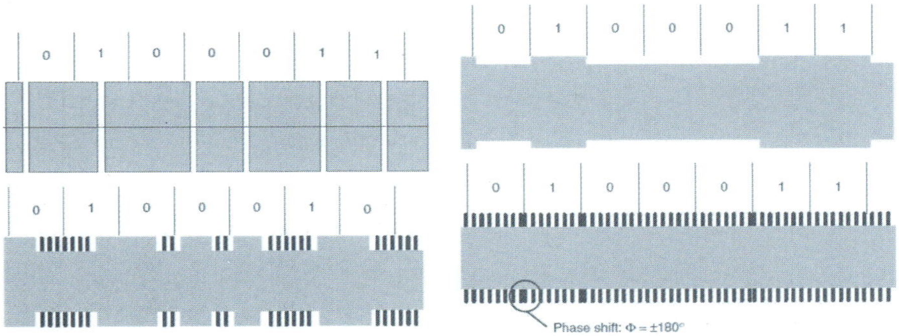

ISO 14443 스마트카드 변조과정 (TYPE A)   ISO 14443 스마트카드 변조과정 (TYPE B)

[그림 7-2] Type A와 Type B에 따른 데이터 변조

3) 초기화와 충돌방지(Anti-Collision) - Type A

(1) 프레임 형식

단축 프레임(Short Frame)은 통신의 초기화에 사용되고, 통신의 시작(S : Start of communication)과 LSB부터 전송되는 7개 비트 그리고 통신의 종료(E : End of communication)까지의 내용을 담는 프레임으로서 [그림 7-3]과 같다.

	LSB					MSB	
S	b1	b2	b3	b4	b5	b6 b7	E

↑
First bit transmitted

[그림 7-3] 단축 프레임

표준 프레임(Standard Frame)은 데이터 교환에 사용되고, 통신의 시작과 데이터 그리고 통신의 종료까지의 내용을 담는 프레임으로서 [그림 7-4]와 같이 구성되어 있다. 데이터는 n*(8 data bit +홀수 패리티, n≥1)개의 데이터로 구성되어 각 데이터 바이트의 LSB가 우선 전송되며, 뒤에는 홀수 패리티 비트가 추가된다. 패리티 비트 P는 1의 숫자가(b1~b8) 홀수일 때 설정된다.

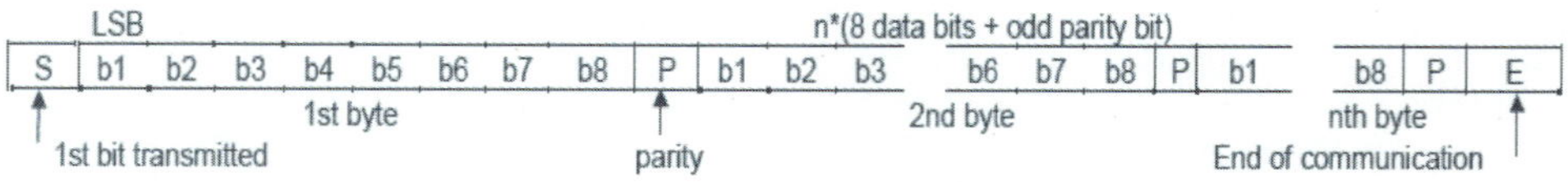

[그림 7-4] 표준 프레임

두 개 이상의 PICC가 서로 다른 비트 패턴을 PCD로 전송할 때 충돌(Collision)이 검출되면 Carrier는 적어도 한 비트에 대하여 전체 비트 시간동안 Subcarrier로 변조된다. 비트 지향 충돌방지 프레임(Bit Oriented Anit-Collision Frame)은 해당 루프동안에만 사용되는 7데이터 바이트 길이를 가진 표준 프레임을 의미하며, 데이터의 길이에 대한 규칙과 데이터 위치 분할에 따라 [그림 7-5]와 [그림 7-6]으로 구분되어진다. 데이터 분할이 발생했을 경우 다음과 같이 정의하여 전송을 하게 된다.

- Full Byte : 데이터 바이트 완료후 분할 part 1의 마지막 비트 뒤에 패리티 추가
- Split Byte : 데이터 바이트 중간 분할 part 1의 마지막 비트 뒤에 패리티 없음

각각의 그림에서 part 1은 PCD에서 PICC로 전송을 위한 Frame이고, part 2는 PICC에서 PCD로 전송을 위한 Frame이다. 또한 part 1과 part 2의 길이에 대한 규칙은 다음과 같다.

- 규칙 1 : 데이터 비트의 합은 총 56비트(7Byte)를 넘지 않는다.

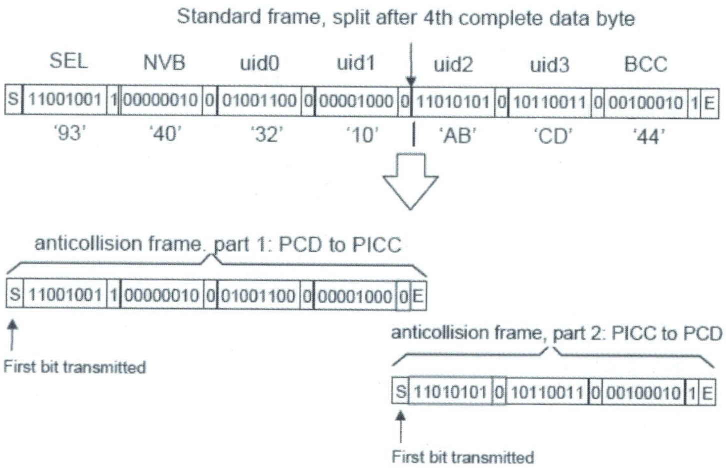

[그림 7-5] Full byte일 때 충돌방지 비트 프레임의 구성 및 전송

- 규칙 2 : part 1의 최소 길이는 16비트(2Byte)이다.
- 규칙 3 : part 1의 최대 길이는 55비트이다.

따라서 part 2의 길이는 최소 1비트에서 최대 40비트사이가 된다.

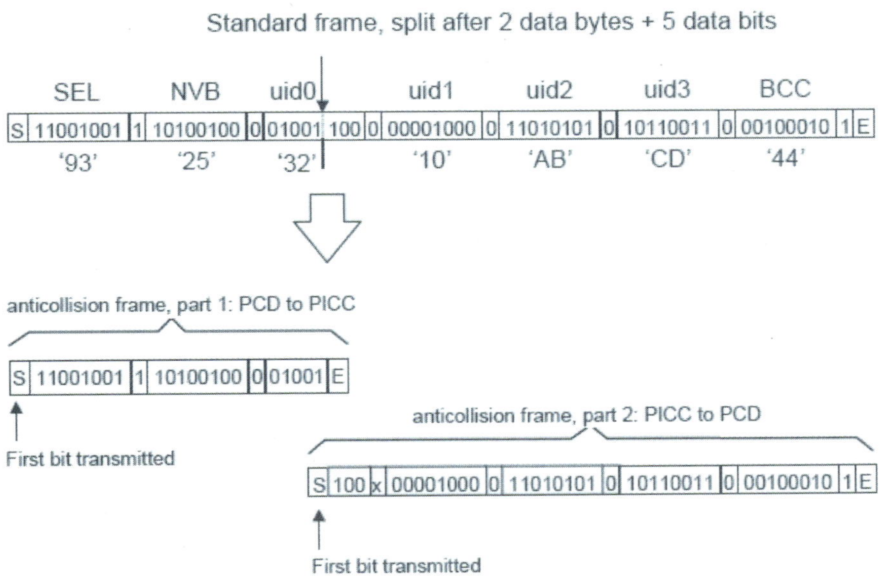

[그림 7-6] Split byte일 때 충돌방지 비트 프레임의 구성 및 전송

〈표 7-2〉는 위의 데이터 프레임 중 SEL(Select)에 대한 의미를 나타낸 것이다.

〈표 7-2〉 SEL의 코드화

b8	b7	b6	b5	b4	b3	b2	b1	의미
1	0	0	1	0	0	1	1	0x93 : 연속 레벨 1 선택
1	0	0	1	0	1	0	1	0x95 : 연속 레벨 2 선택
1	0	0	1	0	1	1	1	0x97 : 연속 레벨 3 선택
1	0	0	1	위를 제외한 나머지				RFU

〈표 7-3〉은 위의 데이터 프레임 중 NVB(Number of Valid Bits)에 대한 의미를 나타낸 것이다.

〈표 7-3〉 NVB의 코드화

<table>
<tr><th>b8</th><th>b7</th><th>b6</th><th>b5</th><th>b4</th><th>b4</th><th>b3</th><th>b2</th><th>b1</th><th>의 미</th></tr>
<tr><td>0</td><td>0</td><td>1</td><td>0</td><td>바이트 카운트 = 2</td><td>0</td><td>0</td><td>0</td><td>0</td><td>비트 카운트 = 0</td></tr>
<tr><td>0</td><td>0</td><td>1</td><td>1</td><td>바이트 카운트 = 3</td><td>0</td><td>0</td><td>0</td><td>1</td><td>비트 카운트 = 1</td></tr>
<tr><td>0</td><td>1</td><td>0</td><td>0</td><td>바이트 카운트 = 4</td><td>0</td><td>0</td><td>1</td><td>0</td><td>비트 카운트 = 2</td></tr>
<tr><td>0</td><td>1</td><td>0</td><td>1</td><td>바이트 카운트 = 5</td><td>0</td><td>0</td><td>1</td><td>1</td><td>비트 카운트 = 3</td></tr>
<tr><td>0</td><td>1</td><td>1</td><td>0</td><td>바이트 카운트 = 6</td><td>0</td><td>1</td><td>0</td><td>0</td><td>비트 카운트 = 4</td></tr>
<tr><td>0</td><td>1</td><td>1</td><td>1</td><td>바이트 카운트 = 7</td><td>0</td><td>1</td><td>0</td><td>1</td><td>비트 카운트 = 5</td></tr>
<tr><td colspan="5" rowspan="3">그 외의 경우 의미 없음</td><td>0</td><td>1</td><td>1</td><td>0</td><td>비트 카운트 = 6</td></tr>
<tr><td>0</td><td>1</td><td>1</td><td>1</td><td>비트 카운트 = 7</td></tr>
<tr><td colspan="5">그 외의 경우 의미 없음</td></tr>
</table>

〈표 7-4〉는 위의 데이터 프레임 중 UID(Unique ID)의 사이즈에 대한 의미를 나타낸 것이다.

〈표 7-4〉 UID Size

연속레벨	UID Size	Number of UID Bytes
1	Single	4
2	Double	7
3	Triple	10

[그림 7-7]은 연속레벨과 UID의 사용에 대하여 나타낸 것이다.

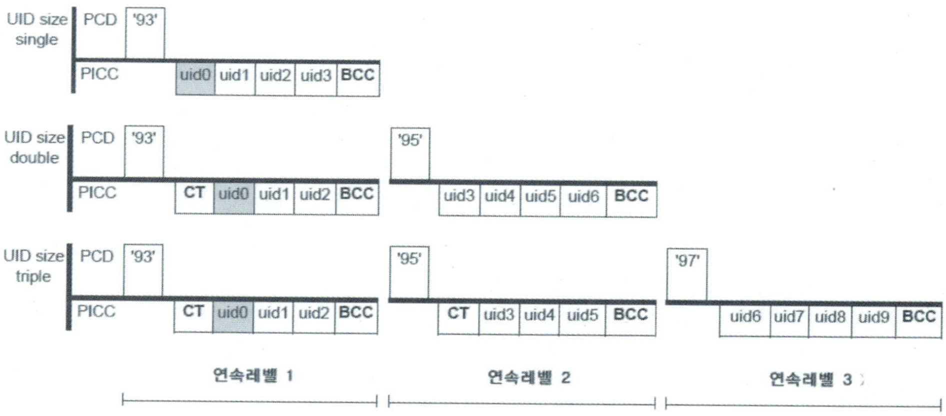

[그림 7-7] 연속레벨의 이용

(2) 충돌방지(Anti-Collision)

[그림 7-8]은 ISO 14443에서 사용하는 충돌방지 알고리즘에 대하여 나타낸 순서도이며, 〈표 7-5〉는 순서도의 순서 레벨에 대한 정의를 나타낸 것이다.

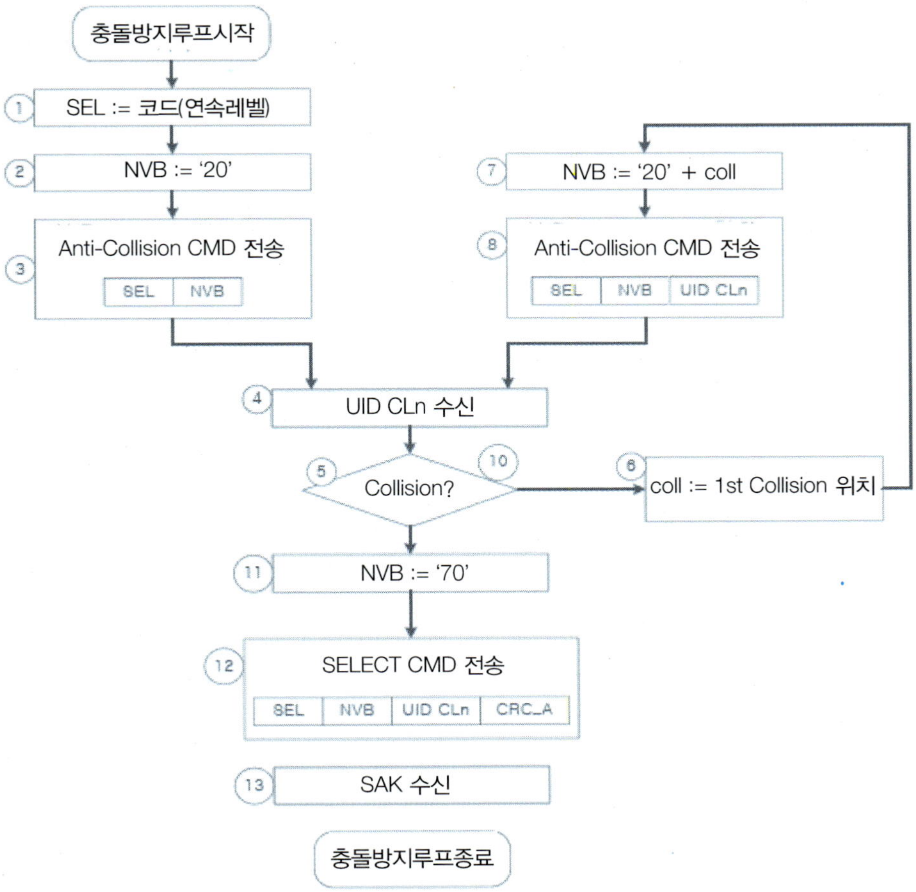

[그림 7-8] 충돌방지 루트 순서도

〈표 7-5〉 충돌방지 루프 순서도 레벨 정의

단계 1	PCD는 선택된 충돌방지 유형과 연속레벨에 대한 코드를 SEL에 할당한다.
단계 2	PCD는 NVB에 '20'을 할당한다.
단계 3	PCD는 SEL과 NVB를 전송한다.
단계 4	필드 내의 모든 PCD는 완전한 UID CLn으로 응답한다.
단계 5	필드 내의 PICC가 고유한 일련번호를 가지고 있다고 가정했을 때 하나 이상의 PICC가 응답하면 충돌이 발생하게 된다. 만일 충돌이 일어나지 않으면 단계 6에서 단계 10은 수행하지 않는다.
단계 6	PCD는 첫 번째 충돌 위치를 인지한다.
단계 7	PCD는 UID CLn의 유효한 비트수로 명기된 값을 NVB에 할당한다. 유효한 비트는 충돌이 일어나기 전에 수신된 UID CLn의 부분이고, PCD에 의해 결정되는 (0)b 또는 (1)b가 추가된다. 일반적으로 (1)b가 추가된다.
단계 8	PCD는 SEL과 NVB를 전송하고, 유효한 비트를 추가한다.
단계 9	PCD에 의해 전송된 유효한 비트와 동일한 UID CLn을 갖는 PICC만이 UID CLn을 제외한 나머지 부분을 전송한다.
단계 10	다른 충돌이 발생하면 단계 6에서 단계 9가 반복된다. 이 루프는 최대 32회 반복된다.
단계 11	더 이상의 충돌이 발생하지 않으면 PCD는 NVB에 '70'을 할당한다.
단계 12	PCD는 SEL과 NVB를 전송하고, 40비트의 완전한 UID CLn과 CRC_A ChackSum값을 추가하여 전송한다.
단계 13	UID CLn 40비트가 모두 일치하는 PICC는 자신의 SAK로 응답한다.
단계 14	만약 UID가 완전하다면 PICC는 클리어 연속 비트를 포함한 SAK를 전송하고 READY 상태에서 ACTIVE 상태로 또는 READY* 상태에서 ACTIVE* 상태로 전환한다.
단계 15	PCD는 SAK의 연속 비트가 증가된 연속 레벨을 갖는 충돌방지 루프를 결정하기 위해 Set 되었는지 검사한다.

4) 전송 프로토콜(Protocol)

스마트카드(PICC)가 리더(PCD)의 통신영역(field)로 들어가면 리더와 스마트카드와의 통신이 시작된다. 통신은 리더(READER)에서 읽기와 쓰기, 데이터(DATA) 처리를 위한 명령이 카드로 전송된다. 프로토콜(Protocol)은 리더(PCD)와 카드(PICC) 사이에 오류 없이 데이터(DATA)를 전달하기 위한 약속을 정의해 놓은 것이다.

〈표 7-6〉은 프로토콜의 활성화 절차에 대하여 나타낸 것이며, [그림 7-9]는 프로토콜의 활성화를 순서도로 나타낸 것이다.

〈표 7-6〉 프로토콜의 활성화 절차

단계	내용
단계 1	시작시에 SAK 바이트는 ATS의 유용성을 위해 조사되어야 한다.
단계 2	PICC는 어떤 ATS도 유용하지 않은 경우 ISO 14443에 정의된 HLTA 명령어를 사용하여 HALT 상태로 Set된다.
단계 3	RATS는 ATS가 유용할 때 SAK 수신 이후의 다음 명령어로서 PCD에 의해 보내진다.
단계 4	PICC는 RATS에 대한 응답으로 PICC의 ATS를 보낸다. PICC는 RATS가 선택이후에 직접적으로 수신된 경우에만 RATS에 응답한다.
단계 5	만일 PICC가 ATS에서 변화 가능한 매개 변수들을 지원한다면, PICC요청은 매개 변수를 변화시키는 ATS 수신 이후의 다음 명령어로서 PCD에 의해서 사용된다.
단계 6	PICC는 PPS 요청에 대한 응답으로 PPS 응답을 보낸다.
단계 7	PICC가 ATS에서 어떠한 변화 가능한 매개 변수들을 지원하지 않는다면 PICC는 PPS를 실행할 필요가 없다.

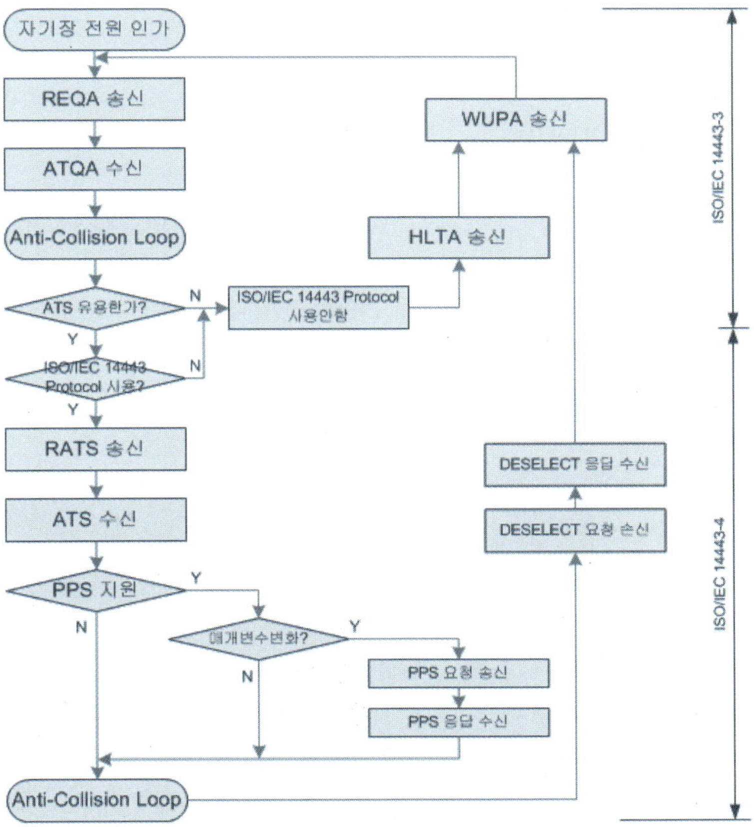

[그림 7-9] 프로토콜 활성화 절차

7.4 카드형 RFID 표준의 원리의 실험

컴퓨터, CBIS-1400 그리고 DS-1410을 준비하고, CBIS-1400과 DS-1410의 사용 설명서를 읽고 충분히 숙지한 후 실험을 시작한다.

DS-1400에 13.56MHz RFID 모듈(M-Module)을 탑재한다.

계측기 패널에서 DSO를 다음과 같이 설정한다.

TIME/DIV	20[ms]
CH-1 VOLT/DIV1	2.5[V/Div]
CH-2 VOLT/DIV1	2.5[V/Div]
TRIGGER MODE	ON
SELECT CHANNEL	CH-1
SELECT CHANNEL	CH-2
SLOPE	↘
INPUT COUPLING	DC

보드의 태그와 리더기 블록에서 ISO14443 LED가 켜지도록 SW6을 누른다. 만약 15693 LED가 켜져 있으면 SW6을 한 번 누르면 14443 LED가 켜진다. 계측기 패널에서 DSO의 CH-1 입력 프로브를 리더기의 TP1 단자에 접속하고, CH-2 입력 프로브를 리더기의 TP2 단자에 접속한다. VERTICAL 단자와 HORIZONTAL 단자를 조절하여 [그림 7-10]과 같이 표시되는 화면의 중간에 파형이 나타나도록 설정한다.

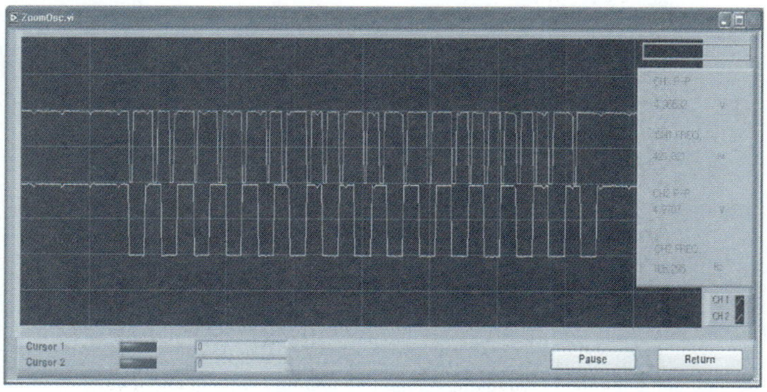

[그림 7-10] TP1(상)과 TP(하)의 파형

Mask Data와 Mask Length에 해당하는 DIP SW의 값을 각각 '00000000'과 '1000'으로 설정하면 [그림 7-11]과 같이 나타날 것이다. TIME/DIV를 20[ms]로 설정한다. 자세하게 보려면 TIME/DIV를 10[ms]로 설정한다.

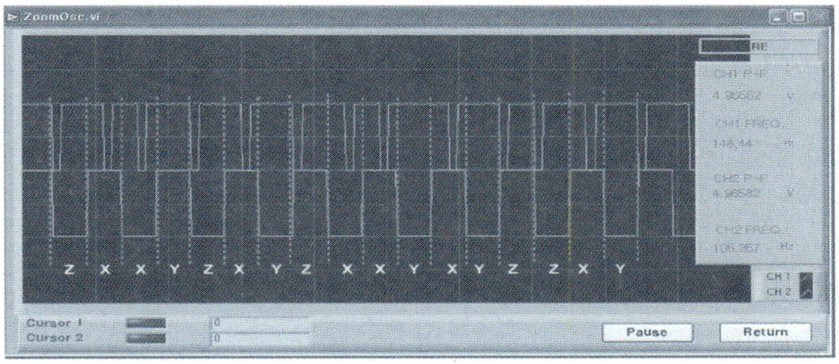

[그림 7-11] TP1(상)과 TP2(하)의 파형

☞ ISO 14443의 Sequence X, Y, Z에 대하여 설명한다.

☞ 출력된 파형을 Sequence X, Y, Z로 해석하여 Data로 표현한다.
ex) 01100011……10

Mask Data와 Mask Length에 해당하는 DIP SW의 값을 각각 '11100100'과 '0010'으로 설정한다. [그림 7-12]에서 두 파형은 DIP SW를 해당 Bit로 설정하여 나온 결과이다. 이 때 TIME/DIV는 20[ms]로 설정한다. 자세히 보려면 TIME/DIV를 10[ms]로 설정한다.

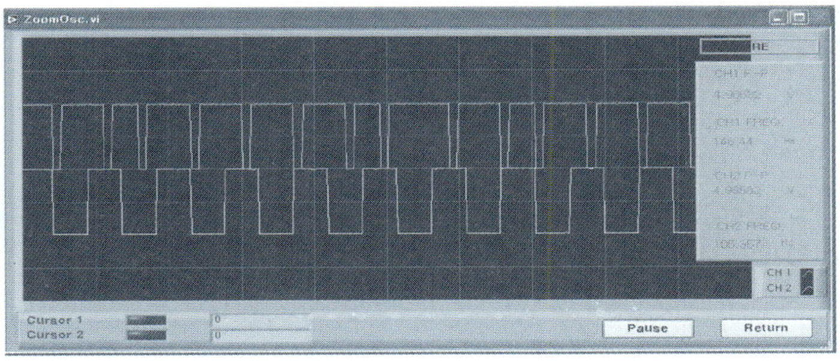

[그림 7-12] TP1(상)와 TP2(하)의 파형

☞ 출력된 파형을 SOF + SEL + NVB + UID + EOF 형식의 Frame에 대하여 각 비트가 어떠한 Sequence로 표현되었는지 〈표 7-7〉을 채우고 설명한다.
(표현되지 않은 Bit에 대해서는 '-'로 표시하도록 한다.)

〈표 7-7〉 Sequence로 표현된 프레임

- SOF(Start Of Frame) + SEL(SELect code)

SOF	Bit 0	Bit 1	Bit 2	Bit 3	Bit 4	Bit 5	Bit 6	Bit 7	Parity

- NVB(Number of Valid Bits)

Bit 0	Bit 1	Bit 2	Bit 3	Bit 4	Bit 5	Bit 6	Bit 7	Parity

- UID(Unique IDentifier) + EOF(End Of Frame)

Bit 0	Bit 1	Bit 2	Bit 3	Bit 4	Bit 5	Bit 6	Bit 7	Parity	EOF

☞ 출력된 파형을 SOF + SEL + NVB + UID + EOF 형식의 프레임에 대해 각 비트의 값이 무엇인지 〈표 7-8〉을 채우고 설명한다.
(표현되지 않은 Bit에 대해서는 '-'로 표시하도록 한다.)

〈표 7-8〉 Binery로 표현된 프레임

- SOF(Start Of Frame) + SEL(SELect code)

SOF	Bit 0	Bit 1	Bit 2	Bit 3	Bit 4	Bit 5	Bit 6	Bit 7	Parity

- NVB(Number of Valid Bits)

Bit 0	Bit 1	Bit 2	Bit 3	Bit 4	Bit 5	Bit 6	Bit 7	Parity

- UID(Unique IDentifier) + EOF(End Of Frame)

Bit 0	Bit 1	Bit 2	Bit 3	Bit 4	Bit 5	Bit 6	Bit 7	Parity	EOF

TAG #1, TAG #2, TAG#3을 각각 '10100101', '01010101', '10101001'으로 설정한다. Mask Data를 '01010101', Mask Length를 '0000'로 설정한다. 계측기 패널에서 DSO1의 CH-1 입력 프로브를 덧셈기 출력 Ref. TP7에 접속시키고, DSO2의 CH-2 입력 프로브를 데이터 덧셈기의 출력 TP4 단자에 접속한다. VERTICAL 단자와 HORIZONTAL 단자를 이용하여 화면의 가운데 파형이 위치하도록 조절하면 [그림 7-13]과 같이 출력될 것이다. 이 때 TIME/DIV를 20[ms]로 설정한다.

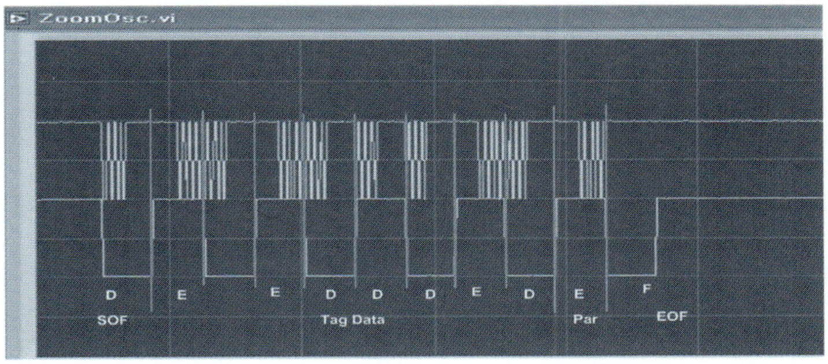

[그림 7-13] TP7(상)과 TP4(하)의 파형

☞ ISO 14443의 Sequence D, E, F에 대하여 설명한다.

☞ 출력된 파형을 Sequence D, E, F로 해석하여 Data로 표현한다.

ex) 01100011......10

TAG DATA를 이전과 같이 설정하고 Mask Data를 '01010101', Mask Length를 '0000'으로 설정한다. 계측기 패널에서 DSO1의 CH-1 입력 프로브를 덧셈기 출력 Ref. TP7에 접속시키고, DSO2의 CH-2 입력 프로브를 데이터 덧셈기의 출력 TP6 단자에 접속한다. VERTICAL 단자와 HORIZONTAL 단자를 이용하여 화면의 가운데 파형이 위치하도록 조절하면 [그림 7-14]와 같이 출력될 것이다. 이 때 TIME/DIV를 20[ms]로 설정한다.

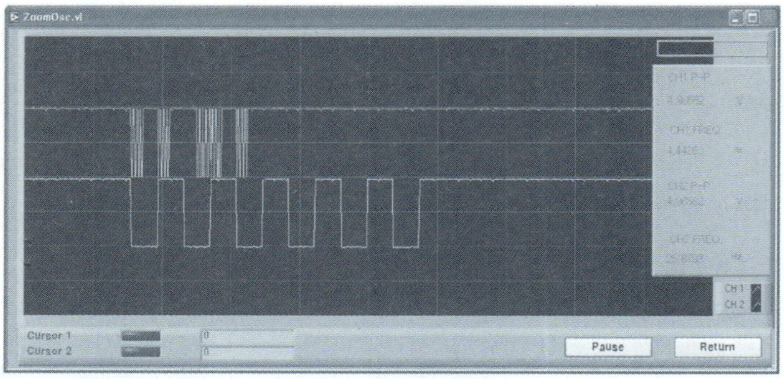

[그림 7-14] TP7(상)과 TP6(하)의 파형

☞ 충돌(Collision)에 대하여 설명한다.
☞ 충돌방지(Anti-Collision)에 대하여 설명한다.

TAG #1, TAG #2, TAG#3을 각각 '10100101', '01010101', '10101001'로 Mask Data를 '01010101'로 설정한다. Mask Length를 '0000', '0001', '0010',.....,'1000'로 설정한다. DSO2의 CH-2 입력 프로브를 TP3에 접속한다. [그림 7-15]와 같은 파형이 나오는 것을 확인한다. 이러한 순서로 TP4와 TP5에 접속하여 Mask Length의 변화에 따른 파형을 관찰한다. Data의 식별을 위해 패널의 우측하단부에 있는 ZOOM 버튼이나 TIME/DIV를 설정하여 확인하도록 한다.

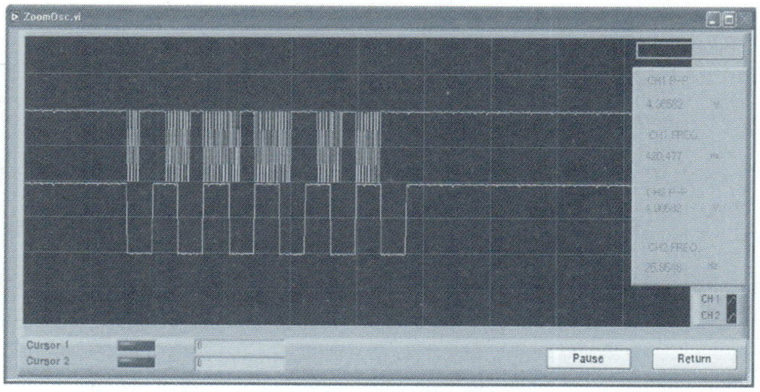

[그림 7-15] TP7(상)과 TP6(하)의 파형

☞ Mask Length의 변화에 대한 각각의 TAG 출력 파형을 관찰하고 〈표 7-9〉, 〈표 7-10〉, 〈표 7-11〉을 채우고 Data를 설명한다(TAG Data에 아무런 데이터가 없으면 '-'를 표시하고, Data의 LSB와 MSB를 구분한다).

〈표 7-9〉 Mask Length에 따른 TP3의 데이터

Mask Length	SOF	Bit 0 (LSB)	Bit 1	Bit 2	Bit 3	Bit 4	Bit 5	Bit 6	Bit 7 (MSB)	Parity Bit
'0000'										
'0001'										
'0010'										
'0011'										
'0100'										
'0101'										
'0110'										
'0111'										
'1000'										

〈표 7-10〉 Mask Length에 따른 TP4의 Data

Mask Length	SOF	Bit 0 (LSB)	Bit 1	Bit 2	Bit 3	Bit 4	Bit 5	Bit 6	Bit 7 (MSB)	Parity Bit
'0000'										
'0001'										
'0010'										
'0011'										
'0100'										
'0101'										
'0110'										
'0111'										
'1000'										

〈표 7-11〉 Mask Length에 따른 TP5의 데이터

Mask Length	SOF	Bit 0 (LSB)	Bit 1	Bit 2	Bit 3	Bit 4	Bit 5	Bit 6	Bit 7 (MSB)	Parity Bit
'0000'										
'0001'										
'0010'										
'0011'										
'0100'										
'0101'										
'0110'										
'0111'										
'1000'										

☞ Parity Bit에 대하여 설명한다.

☞ Mask Data와 Length에 따른 TAG 데이터의 출력 값의 관계를 설명한다.

TAG #1, TAG #2, TAG#3을 각각 '10100101', '01010101', '10101001'로 Mask Data를 '01010101'로 설정한다. Mask Length를 '0000', '0001', '0010',.....,'1000'로 설정한다. DSO2의 CH-2 입력 프로브를 TP6에 접속한다. [그림 7-16]과 같은 파형이 나오는 것을 확인한다. Data의 식별을 위해 패널의 우측하단부에 있는 ZOOM 버튼이나 TIME/DIV를 설정하여 확인하도록 한다.

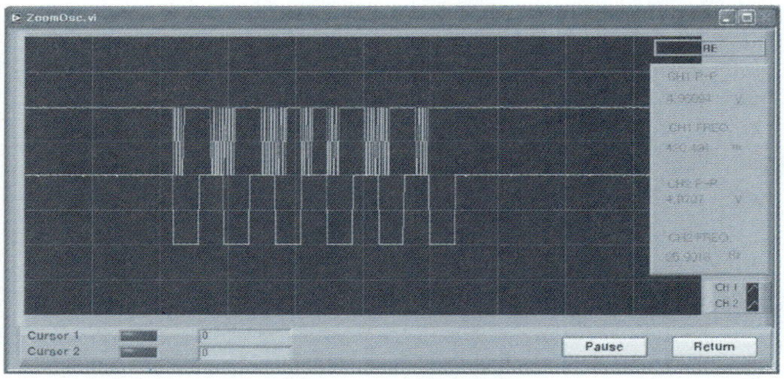

[그림 7-16] TP7(상)과 TP6(하)의 파형

☞ Sum된 Data의 출력 파형을 확인하고 〈표 7-12〉를 채운다.
(충돌이 발생한 Bit는 '—'으로 표시한다.)

- Mask Length에 따른 TP7의 Data

〈표 7-12〉 Mask Data와 Length에 따른 SUM Data 출력값

Mask Length	SOF	Bit 0 (LSB)	Bit 1	Bit 2	Bit 3	Bit 4	Bit 5	Bit 6	Bit 7 (MSB)	Parity Bit
'0000'										
'0001'										
'0010'										
'0011'										
'0100'										
'0101'										
'0110'										
'0111'										
'1000'										

☞ 위 표 4가지(〈표 7-9〉~〈표 7-12〉)를 봤을 때 충돌이 발생하지 않는 Mask Length는 언제부터인가?

☞ 위의 결과로부터 충돌방지와 Mask Length의 관계에 대하여 설명한다.

TAG #1, TAG #2, TAG#3을 각각 '11100100', '00100111', '11001100'으로 설정한다. Mask Data와 Mask Length는 모두 '0'으로 설정한다. DSO1의 CH-1 입력 프로브를 TP4에 접속하고, DSO2의 CH-2 입력 프로브를 TP6에 접속한다. [그림 7-17]과 같은 파형이 나오는 것을 확인한다. Data의 식별을 위해 패널의 우측하단부에 있는 ZOOM 버튼이나 TIME/DIV를 설정하여 확인하도록 한다.

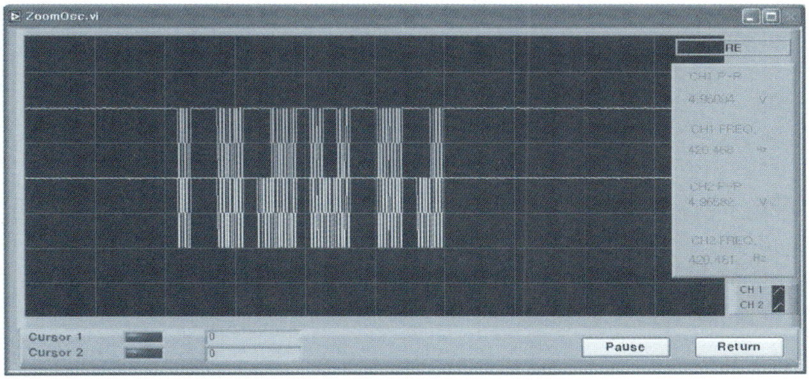

[그림 7-17] TP4(상)과 TP6(하)의 파형

- ☞ TP6에서 충돌(Collision)이 발생하였는가?
- ☞ TAG #2를 선택하기 위한 충돌방지(Anti-Collision)의 방법을 설명하라.
- ☞ TAB #2가 출력하도록 설정한 Mask Data와 Mask Length는 무엇인가?
  (Mask Data와 Mask Length는 MSB....LSB의 순으로 나열한다.)

전원을 OFF하고 13.56MHz RFID 모듈을 연결 시스템 DS-1400으로부터 제거한다.

7.5 자기진단

① ISO 14443의 시퀀스(Sequence)에 대하여 설명하시오.

② ISO 14443의 프레임(Frame)에 대하여 설명하시오.

③ ISO 14443에서 충돌(Collision)이 발생했을 때 어떻게 확인할 수 있는지 설명하시오.

④ 충돌(Collision)이 발생했을 때 충돌방지(Anti-Collision)를 수행하는 과정을 블록다이어그램을 그리고 설명하시오.

7.6 결 론

① ISO 14443의 Sequence
ISO 14443의 Sequence X, Y, Z에 대하여 설명한다.
출력된 파형을 Sequence X, Y, Z로 해석하여 Data로 표현한다.
ex) 01100011……10

② 13.56MHz Data Frame (ISO 14443 Format)
출력된 파형을 SOF + SEL + NVB + UID + EOF 형식의 Frame에 대하여 각 비트가 어떠한 Sequence로 표현되었는지 〈표 7-13〉을 채우고 설명한다.
(표현되지 않은 Bit에 대해서는 '–'로 표시하도록 한다.)

〈표 7-13〉 Sequence로 표현된 Frame

- SOF(Start Of Frame) + SEL(SELect code)

SOF	Bit 0	Bit 1	Bit 2	Bit 3	Bit 4	Bit 5	Bit 6	Bit 7	Parity

- NVB(Number of Valid Bits)

Bit 0	Bit 1	Bit 2	Bit 3	Bit 4	Bit 5	Bit 6	Bit 7	Parity

- UID(Unique IDentifier) + EOF(End Of Frame)

Bit 0	Bit 1	Bit 2	Bit 3	Bit 4	Bit 5	Bit 6	Bit 7	Parity	EOF

출력된 파형을 SOF + SEL + NVB + UID + EOF 형식의 Frame에 대해 각 비트의 값이 무엇인지 〈표 7-14〉를 채우고 설명한다.
(표현되지 않은 Bit에 대해서는 '–'로 표시하도록 한다.)

제 7 장

〈표 7-14〉 Binary로 표현된 Frame

- SOF(Start Of Frame) + SEL(SELect code)

SOF	Bit 0	Bit 1	Bit 2	Bit 3	Bit 4	Bit 5	Bit 6	Bit 7	Parity

- NVB(Number of Valid Bits)

Bit 0	Bit 1	Bit 2	Bit 3	Bit 4	Bit 5	Bit 6	Bit 7	Parity

- UID(Unique IDentifier) + EOF(End Of Frame)

Bit 0	Bit 1	Bit 2	Bit 3	Bit 4	Bit 5	Bit 6	Bit 7	Parity	EOF

③ TAG Data Frame Coding 방식
Manchester Coding 방식에 대하여 설명한다.

④ Mask Length의 변화에 따른 출력 파형의 변화
출력되는 데이터 파형이 실험(6)의 결과 파형과 다른 점을 설명한다.

⑤ 에러 발생 검출 및 검색
Collision에 대하여 설명한다.

Anti-Collision에 대하여 설명한다.

⑥ Mask Length에 따른 Data 변화
Mask Length의 변화에 대한 각각의 TAG 출력 파형을 관찰하고 〈표 7-15〉를 채우고 Data를 설명한다.
(TAG Data에 아무런 데이터가 없으면 '–'를 표시하고, Data의 LSB와 MSB를 구분한다.)

〈표 7-15〉 Mask Length에 따른 TP3의 데이터

Mask Length	SOF	Bit 0 (LSB)	Bit 1	Bit 2	Bit 3	Bit 4	Bit 5	Bit 6	Bit 7 (MSB)	Parity Bit
'0000'										
'0001'										
'0010'										
'0011'										
'0100'										
'0101'										
'0110'										
'0111'										
'1000'										

〈표 7-16〉 Mask Length에 따른 TP4의 데이터

Mask Length	SOF	Bit 0 (LSB)	Bit 1	Bit 2	Bit 3	Bit 4	Bit 5	Bit 6	Bit 7 (MSB)	Parity Bit
'0000'										
'0001'										
'0010'										
'0011'										
'0100'										
'0101'										
'0110'										
'0111'										
'1000'										

〈표 7-17〉 Mask Length에 따른 TP5의 데이터

Mask Length	SOF	Bit 0 (LSB)	Bit 1	Bit 2	Bit 3	Bit 4	Bit 5	Bit 6	Bit 7 (MSB)	Parity Bit
'0000'										
'0001'										
'0010'										
'0011'										
'0100'										
'0101'										
'0110'										
'0111'										
'1000'										

Parity Bit에 대하여 설명한다.

Mask Data와 Length에 따른 TAG Data의 출력 값의 관계를 설명한다.

⑦ Mask Length에 따른 Data 변화
Sum된 Data의 출력 파형을 확인하고 〈표 7-18〉을 채운다.
(Collision이 발생한 Bit는 '–'으로 표시한다.)

Mask Length에 따른 TP7의 Data

〈표 7-18〉 Mask Data와 Length에 따른 SUM Data 출력값

Mask Length	SOF	Bit 0 (LSB)	Bit 1	Bit 2	Bit 3	Bit 4	Bit 5	Bit 6	Bit 7 (MSB)	Parity Bit
'0000'										
'0001'										
'0010'										
'0011'										
'0100'										
'0101'										
'0110'										
'0111'										
'1000'										

〈표 7-18〉을 봤을 때 충돌이 발생하지 않는 Mask Length는 언제부터인가?

위의 결과로부터 충돌방지와 Mask Length의 관계에 대하여 설명한다.

⑧ 충돌 발생 확인과 TAG 선택
TP6에서 Collision이 발생하였는가?

TAG #2를 선택하기 위한 충돌방지의 방법을 설명하라.

TAB #2가 출력하도록 설정한 Mask Data와 Mask Length는 무엇인가?
(Mask Data와 Mask Length는 MSB....LSB의 순으로 나열한다.)

단원 테스트

[문제 1] ISO 14443에서 사용되는 통신 신호 인터페이스는 몇 개의 유형이 있는가?

① 1가지 ② 2가지
③ 3가지 ④ 4가지

[문제 2] Type A에서 PCD(Reader)에서 PICC(Tag)로 전송시 사용하는 변조방식은?

① ASK(Amplitude Shift Keying)
② FSK(Frequency Shift Keying)
③ PSK(Phase Shift Keying)
④ QAM(Quadrature Amplitude Modulation)

[문제 3] Data Frame에서 UID Size가 Single일 때 UID의 Byte의 수는 얼마인가?

① 1 Byte ② 4 Byte
③ 7 Byte ④ 10 Byte

[문제 4] Type A에서 PICC(Tag)에서 PCD(Reader)로 전송시 사용하는 Coding 방식은?

① NRZ ② RZ
③ Manchester ④ Biphase

[문제 5] Type A에서 단축프레임(Short Frame)은 통신의 초기에 사용되는데 프레임형식 중에서 Start Bit 이후에 전송되는 7개 Bit에서 가장 먼저 전송되는 Bit는?

① MSB ② LSB
③ Parity Bit ④ SOF

제8장
근방형 고주파 RFID 태그 시스템의 구성 및 원리

8.1 근방형 고주파 13.56MHz RFID 태그 시스템의 구성 및 원리

1) 근방형 고주파 13.56MHz RFID의 개요

- 13.56MHz의 표준인 ISO 15693의 Frame에 대해 이해한다.
- Data Coding 방식에 대하여 이해하고 설명할 수 있다.
- 충돌(Collision)의 발생과 비충돌(Anti-Collision)방법을 이해한다.
- 태그와 리더기 동작의 전체적인 흐름을 이해한다.

2) 근방형 고주파 13.56MHz RFID의 표준 및 구성

- 13.56MHz의 표준인 ISO/IEC 15693은 근방형(Vicinity Integrated Circuit Card : 원격카드(VICC)) IC카드로 통신거리 70cm이며 전송주파수 13.56MHz 전자유도로 통신한다. 물품관리 등에 사용하는 비접촉형 RFID 태그를 상정하여 제안된 규격이기 때문에 IC카드로서의 제품은 적다. 응용 분야로는 인증용 출입증, 증명서, 키 등을 들 수 있다.

ISO/IEC 15693 표준 규격은 다음과 같은 Part들로 구성되어 있다.

- Part 1 : 물리적 특성
- Part 2 : 인터페이스와 초기화(Initialization)
- Part 3 : 충돌방지와 전송프로토콜(Protocol)

(1) 물리적 특성

ISO 표준 15693의 Part 1에서는 1m 이내 근접 카드(원격카드(VICC))의 물리적 특성을 정의하였다. 집적회로(Integrated Circuit), 비접촉(Contactless), 비접촉 집적회로 카드(Contactless integrated circuit card), 근접카드(Vicinity Card : 원격카드(VICC)), 근접 커플링 장치(Vicinity Coupling Device : VCD) 등의 용어에 대하여 정의하였고, ID Card의 치수에 대하여는 ISO 7810에 규정된 값 85.72mm×54.03mm×0.76mm라고 정의하였다. 뿐만 아니라 RFID가 사용가능한 모든 환경, 즉 자외선, X-rays, 휨 응력, 비틀림 응력, 교류식 자기 필드, 교류식 전자 필드, 정전기, 정적 자기 필드, 작동 온도 등에 대한 물리적 특성들을 정의하였다.

(2) 인터페이스와 초기화(Initialization)

ISO 표준 15693의 Part 2에서는 원격 커플링 장치(VCD)와 원격카드(VICC)) 사이에 전원과 양방향 통신이 제공된 분야의 성질에 대하여 정의하였다. 또한 ISO 15693에서 사용하는 약어 및 용어, 기호 등에 대하여 정의하였다.

원격 커플링 장치(VCD)와 원격카드(VICC), 하나 혹은 그 이상의 원격카드(VICC)가 동시에 나타남) 사이의 다이얼로그는 다음에 나오는 연속적인 동작을 통해 실행된다.

- 원격 커플링 장치(VCD)의 RF 조작 필드에 의한 원격카드(VICC)의 활성화
- 원격카드(VICC)는 원격 커플링 장치(VCD)로부터 명령을 기다린다.
- 원격 커플링 장치(VCD)에 의한 명령의 전달
- 원격카드(VICC)에 의한 응답의 전달

ISO 15693에서 원격카드(VICC)로의 전력이동은 원격 커플링 카드(VCD)와 원격카드(VICC)에 연결 안테나를 통한 라디오 주파수(13.56MHz ± 7kHz)에 의해 실행된다. 원격 커플링 카드(VCD)에서 원격카드(VICC)로 전원을 공급하는 RF 운영 필드는 원격 커플링 카드(VCD)에서 원격카드(VICC)로의 통신을 위해 이동되며, 여기서 RF 운영 필드의 주파수 fc는 운영 필드 13.56MHz ± 7kHz이다.

ISO 15693에서는 원격카드(VICC)에 대한 통신 신호 인터페이스를 정의하였으며, 〈표 8-1〉은 ISO 15693의 변조와 코딩 방식에 대하여 설명한 것이다.

〈표 8-1〉 ISO 15693 변조와 코딩 방식

파라미터	값	비고
전원	13.56MHz±7kHz	Inductive coupling
〈Data transfer reader → card〉		
변조(Modulation)	10% ASK, 100% ASK	Card supports both
비트 코딩 (Bit coding)	'Long distance mode' : '1 of 256' 'Fast mode' : '1 of 4'	Card supports both
보오드 비율 (Baud rate)	'Long distance mode' :1.65kbit/s 'Fast mode' : 26.48kbit/s	
〈Data transfer card → reader〉		
변조(Modulation)	Load modulation with subcarrier	
비트 코딩 (Bit coding)	Manchester, subcarrier is modulated with ASK(423kHz) or FSK(423/485kHz)	
보도드 비율 (Baud rate)	'Long distance mode' : 6.62kbit/s 'Fast mode' : 26.48kbit/s	Selected by the reader

① 데이터 코딩 모드

가. 1 OUT OF 256

하나의 단일 바이트의 값은 한 펄스의 위치로 표시된다. 256/fc(~18.88㎲)의 256 연속 타임 기간 중 1에서의 펄스의 위치는 바이트의 값을 결정한다. 이 경우 한 바이트의 송신은 ~4.833ms가 걸리고 결과 데이터 비율은 1.65kbits/s이다. 그 프레임의 마지막 바이트는 EOF(End Of Frame)가 원격 커플링 카드(VCD)에 의해 전달되기 전 확실히 전송된다.

[그림 8-1]은 1 out of 256의 여기 펄스 포지션 변조 테크닉을 설명한다.

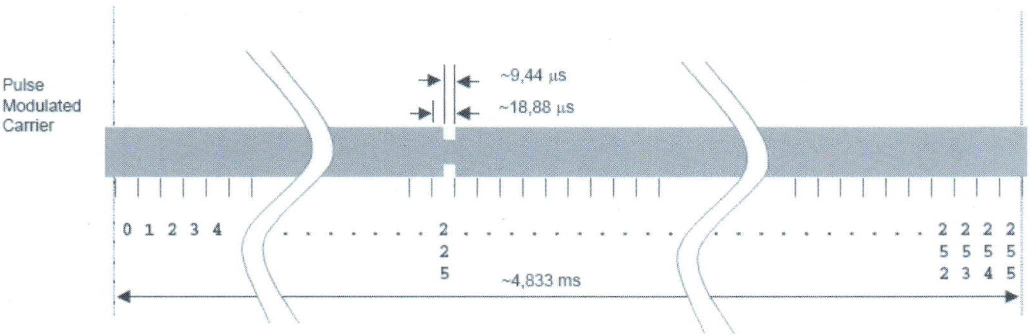

[그림 8-1] DATA CODING MODE - 1 OUT OF 256

[그림 8-1]에서 E1 = (11100001)b = 225는 원격 커플링 카드(VCD)에 의해서 원격카드(VICC)로 보내지는 것을 보여준다. 또한 [그림 8-2]는 한 펄스의 후반에서 중단이 일어나 Data에 대한 값을 결정하게 된다.

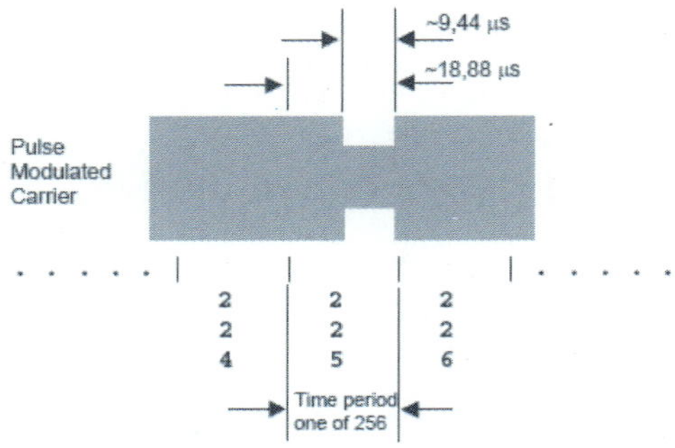

[그림 8-2] Detail of 1 Time Period

(b) 1 OUT OF 4

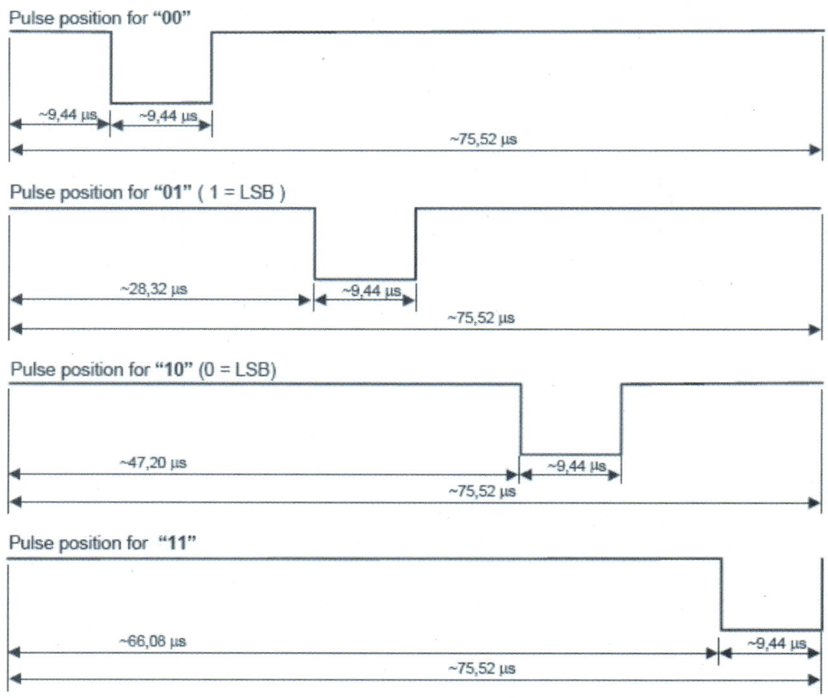

[그림 8-3] DATA CODING MODE – 1 OUT OF 4

1 out of 4의 포지션은 타임당 2 비트를 결정한다. 최하위 비트(LSB)가 한 쌍이 먼저 보내질 때 비트의 4개의 성공적 한 쌍들은 하나의 바이트를 형성한다. 결과 데이터 비율은 26.48kbits/s (fc/512)이다. [그림 8-3]은 한 바이트를 구성하는 비트들의 위치에 따른 변조 테크닉을 묘사해 놓은 것이다.

예로 [그림 8-4]에서 E1의 트랜스미션 = (11100001)b = 원격 커플링 카드(VCD)에 의한 225를 보여준다.

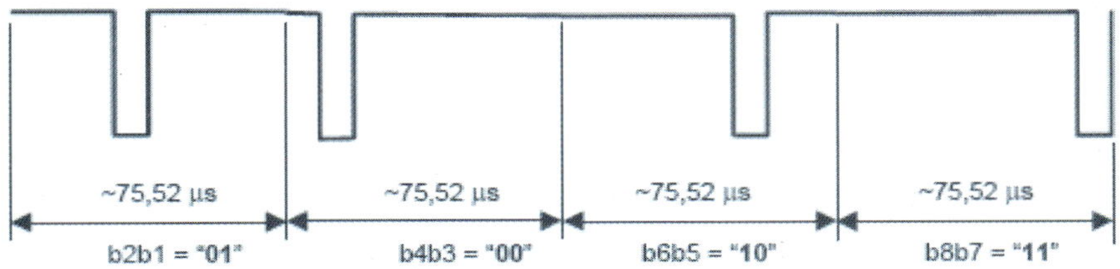

[그림 8-4] E1에 대한 1 OUT OF 4의 코딩 예

② 프레임(Frame)

프레임은 프로토콜의 동기화와 독립성의 편리를 위해 선택되어져 왔다. ISO 15693에서 시작 프레임(SOF)과 끝 프레임(EOF)에 의해 결정된 프레임은 Code Violation을 도구로 사용한다. 사용하지 않는 옵션들은 추후 사용을 위해 보류된다.

가. SOF(Start Of Frame)

[그림 8-5]에서 묘사되어 있는 SOF Sequence는 1 out of 256 데이터 코딩 모드를 선택한다.

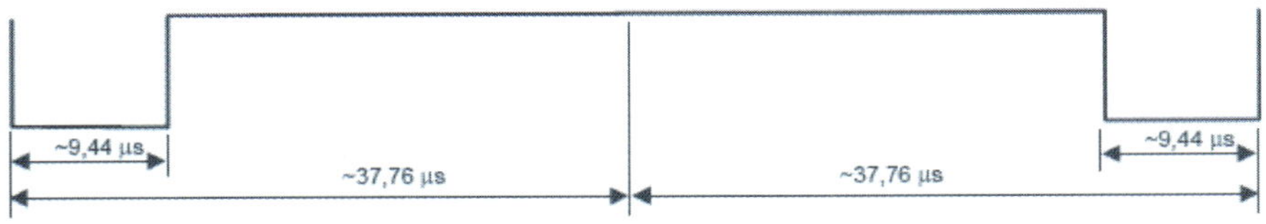

[그림 8-5] SOF Signal - 1 OUT OF 256

[그림 8-6]에서 묘사되어 있는 SOF Sequence는 1 out of 4 데이터 코딩 모드를 선택한다.

제 8 장

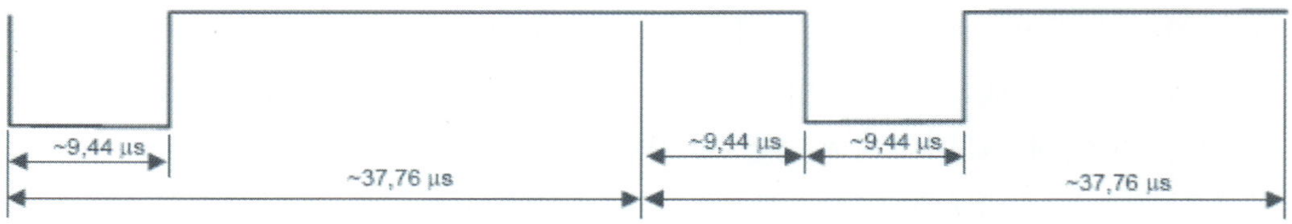

[그림 8-6] SOF Signal - 1 OUT OF 4

나. EOF(End Of Frame)

EOF의 코딩 모드를 위한 시퀀스(Sequence)는 [그림 8-7]에 묘사되어 있다.

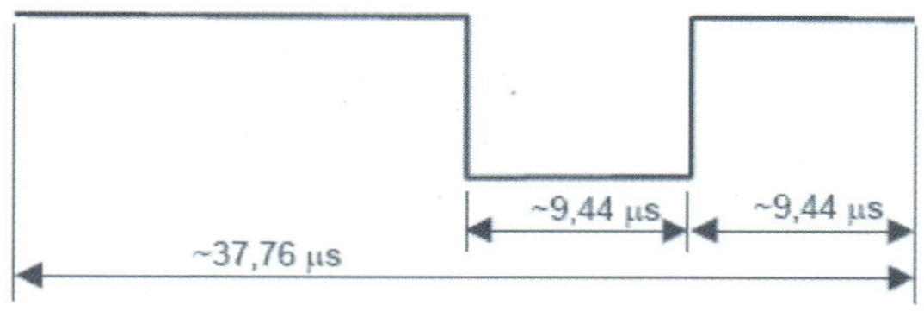

[그림 8-7] EOF Signal - 1 OUT OF 4, 256

③ 원격카드(VICC)에서 원격 커플링 카드(VCD)로의 통신 신호 인터페이스

가. 노드변조(Load Modulation)

원격카드(VICC)는 반송파가 fs 주파수를 가지고 부반송자(Subcarrier)를 생성하기 위해서 로드되는 유도결합영역을 통하여 원격 커플링 카드(VCD)로 통신할 수 있다. 그 반송파는 원격카드(VICC)에서 로드 스위칭하여 생성되어야 한다. 로드 변조폭은 측정 때 최소한 10mV는 되어야 한다.

나. 부반송자(SubCarrier)

하나 또는 두 개의 부반송자(Subcarrier)는 프로토콜 헤더에서 첫 번째 비트를 사용하는 원격 커플링 카드(VCD)에 의해서 선택되어 사용된다. 원격카드(VICC)는 두 가지 방식을 다 지원한다.

하나의 부반송자(Subcarrier)를 사용할 때 부반송자(Subcarrier) 로드 변조의 fs1 주파수는 fc/32(423.75kHz)이어야 한다. 두 개의 부반송자(Subcarrier)를 사용할 때 fs1 주파수는 fc/32(423.74kHz)이어야 하며, fs2 주파수는 fc/28(484.28kHz)이어야 한다.

만약 두 개의 부반송자(Subcarrier)가 존재할 때 그들 사이에서의 연속적인 페이저 관계가 성립되어야 한다.

다. 데이터 비율(Data rate)

데이터 비율(Data rate)은 프로토콜 헤더에 있는 두 번째 비트를 사용하므로 원격 커플링 카드(VCD)에 의해서 선택될 것이다. 원격카드(VICC)는 〈표 8-2〉에서 보여준 데이터 비율을 지원한다.

〈표 8-2〉
Data Rates

데이터 비율	신호 부반송자(Single Subcarrier)	듀얼 부반송자(Dual Subcarrier)
Low	6.62kbits/s (fc/2048)	6.67kbits/s (fc/2032)
High	26.48kbits/s (fc/512)	26.69kbits/s (fc/508)

라. 비트의 표현과 코딩

- 하나의 부반송자(Subcarrier)를 사용할 때의 비트 코딩

논리(Logic) 0은 [그림 8-8]과 같이 fc/32(423.75kHz)의 8개의 펄스(Pulse)로 시작하고 뒤에 256/fc(~18.88㎲)의 변조되지 않은 신호가 따라온다.

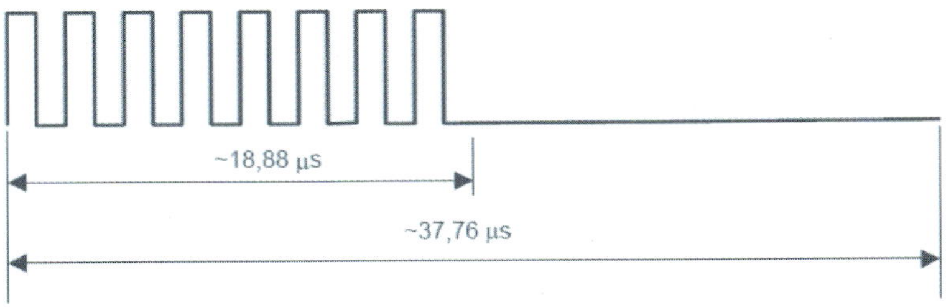

[그림 8-8] Logic 0

논리(Logic) 1은 [그림 8-9]와 같이 256/fc(~18.88㎲)의 변조되지 않은 시간 뒤에 8개의 펄스(Pulse)가 따라온다.

제 8 장

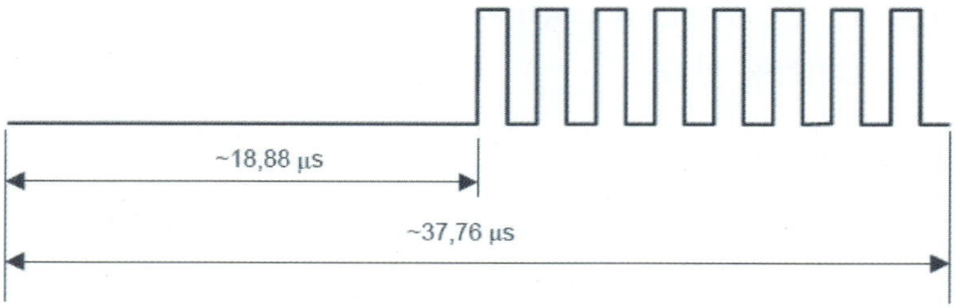

[그림 8-9] Logic 1

- 두 개의 부반송자(Subcarrier)를 사용할 때의 비트 코딩

  논리 0은 [그림 8-10]과 같이 fc/32(423.75kHz)의 8개의 펄스로 시작하고 뒤에 fc/28(484.28kHz)의 9개의 펄스가 따라온다.

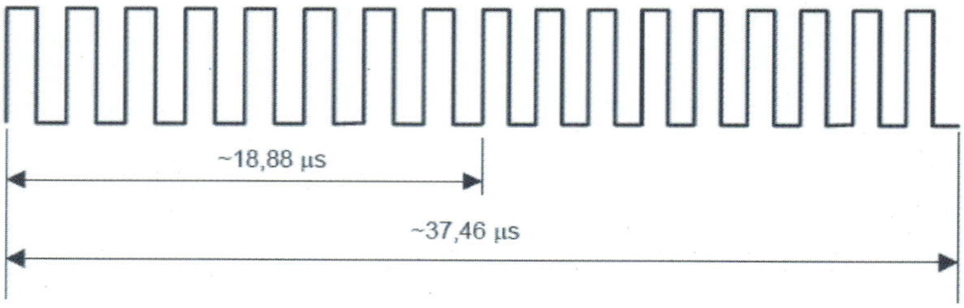

[그림 8-10] 논리 0

논리 1은 [그림 8-11]과 같이 fc/28(484.28kHz)의 9개의 펄스로 시작하고 뒤에 fc/32(423.75kHz)의 8개의 펄스가 따라온다.

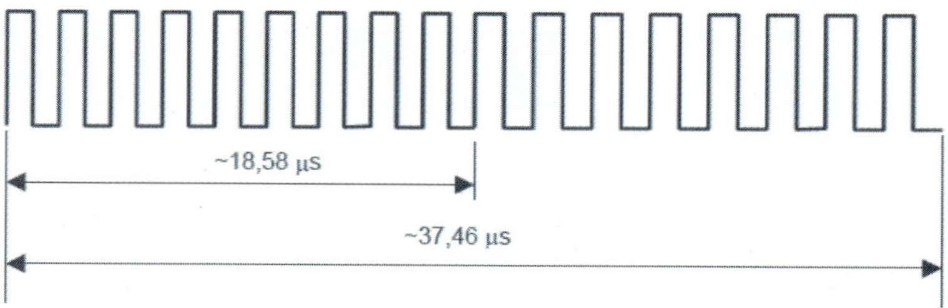

[그림 8-11] 논리 1

라. 원격카드(VICC) to 원격 커플링 카드(VCD) 프레임 : 프로토콜의 동조와 독립을 정의

프레임들은 SOF와 EOF에 의해서 범위가 정해지고 Code Violation에 의해서 실행된다. 아래 보여진 모든 Timing은 원격카드(VICC)로부터 원격 커플링 카드(VCD)까지의 High data rate를 제공한다. Low data rate동안 같은 부반송자(subcarrier) 주파수 또는 주파수들이 사용될 경우 Timing과 Pulse의 수는 4배가 되어야 한다.

원격 커플링 카드(VCD)는 원격카드(VICC)로 프레임이 보내진 후 300㎲이내에 원격카드(VICC)로부터 프레임을 받을 준비가 되어야 한다.

- 1개의 부반송자(Subcarrier)를 사용할 때의 SOF([그림 8-12] 참조)
  - 768/fc(~56.64㎲)의 변조되지 않은 Time
  - fc/32(~423.75kHz)의 24펄스
  - Logic 1, (fc/32(~423.75kHz)의 변조되지 않은 8펄스를 따라오는 256/fc (~18.88 ㎲)의 변조되지 않은 Time)

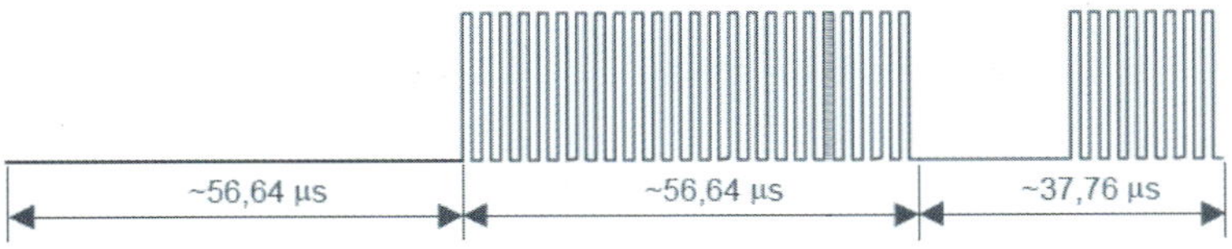

[그림 8-12] 1 부반송자를 사용했을 때의 SOF

- 2개의 부반송자(Subcarrier)를 사용할 때의 SOF([그림 8-13] 참조)
  - fc/28(~484.28kHz)의 펄스
  - fc/32(~423.75kHz)의 24펄스
  - Logic 1(fc/32(~423.75kHz)의 8펄스를 따라오는 fc/28(~484.28kHz)의 9펄스)

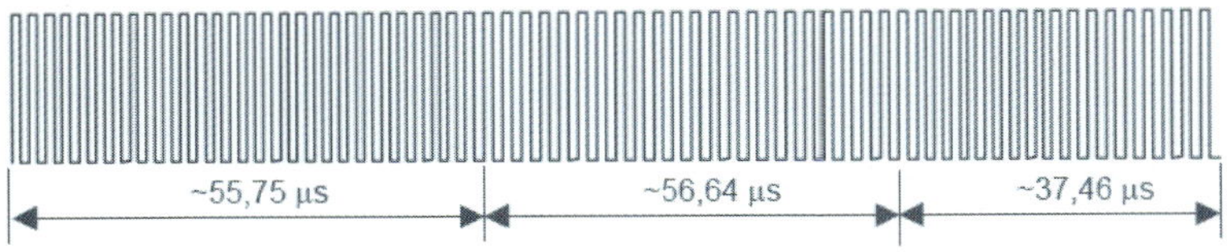

[그림 8-13] 2 부반송자를 사용했을 때의 SOF

- 1개의 부반송자를 사용할 때의 EOF : [그림 8-14] 참조
  - Logic 0, (256/fc(~18.88㎲)의 변조되지 않은 Time을 따라오는 fc/32(~423.75kHz)의 8펄스)
  - fc/32(~423.75kHz)의 24펄스
  - 768/fc(~56.64㎲)의 변조되지 않은 Time

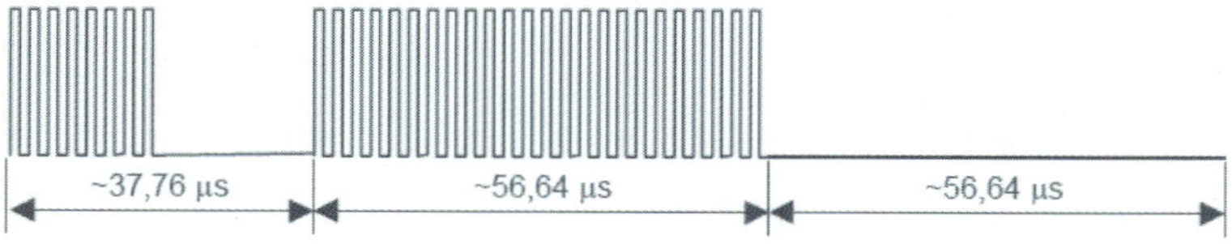

[그림 8-14] 1 부반송자를 사용했을 때 EOF

- 2개의 부반송자를 사용할 때의 EOF : [그림 8-15] 참조
  - Logic 0, (fc/28(~484.28kHz)의 8펄스를 따라오는 fc/32(~423.75kHz)의 9펄스)
  - fc/32(~423.75kHz)의 24펄스
  - fc/28(~484.28kHz)의 27펄스

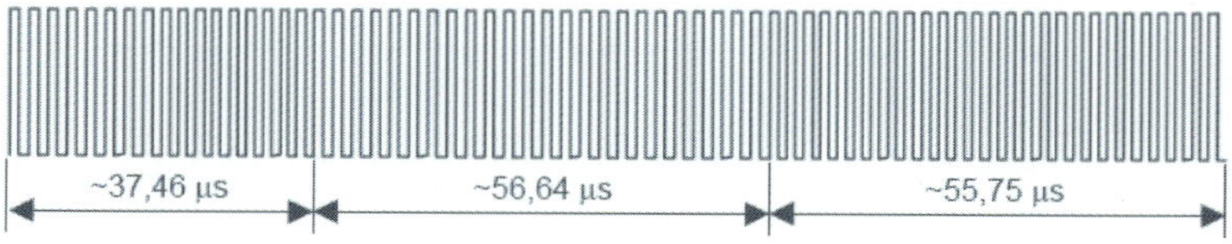

[그림 8-15] 2 부반송자를 사용했을 때 EOF

(3) 충돌방지(Anti-Collision)와 전송프로토콜(Protocol)

카드(CARD)가 리더(READER)의 통신영역 내로 들어가면 리더와 카드(CARD)와의 통신이 시작된다. 이때 하나 이상의 스마트카드가 리더(READER)의 통신영역 내에 있고 이미 다른 카드와 통신을 하고 있다면 충돌방지(Anti-Collision)를 고려해야 한다. 충돌방지(Anti-Collision)의 목적은 원격카드(VICC)의 고유한 ID(UID : Unique ID)에 의해 원격 커플링 카드(VCD) 필드에 존재하는 원격카드(VICC)의 Inventory를 만들기 위한 것인데, 원격 커플링 카드(VCD)는 하나 또는 다중의 원격카드(VICC)를 갖는 통신의 주장치이다. Inventory 요청을 시작으로 카드 통신을 초기화한다.

① 매개변수 요청

Mask Length는 Mask Value의 Significant bits의 수를 나타낸다. Mask Length는 byte(8bit) 중에서 정수를 담으며, Significant bits의 수를 가리킨다. 모든 Data는 LSB가 처음 전송된다.

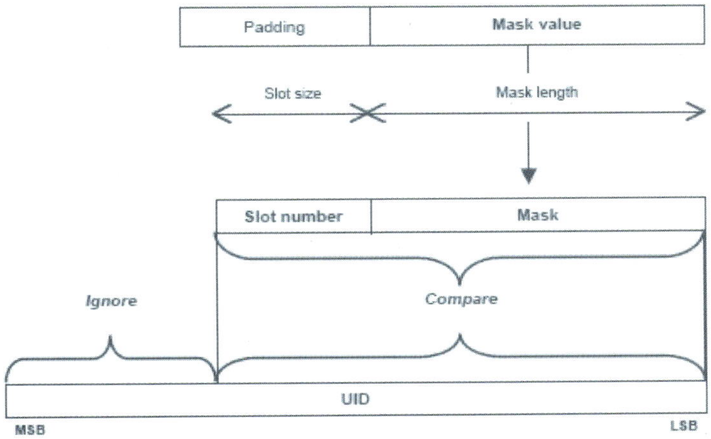

[그림 8-16] Mask Value, Slot number, UID 사이의 비교원칙

[그림 8-16]은 Frame 전송시 Mask Data, Mask Length 사이의 비교에 대하여 나타낸 것이다. Frame에서 Mask는 UID와 직접적으로 비교가 되며, Slot number는 비교할 Mask bit를 담고 있어서 LSB부터 MSB까지 차례대로 비교하여 조건에 해당하는 UID는 전송한다.

Collision의 발생여부는 아래 [그림 8-17]과 [그림 8-18]을 통해 알 수 있다.

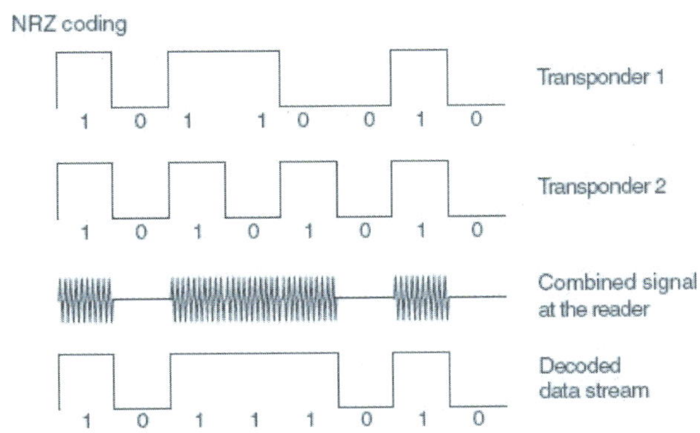

[그림 8-17] NRZ 방식에서의 데이터 충돌 (감지 못함)

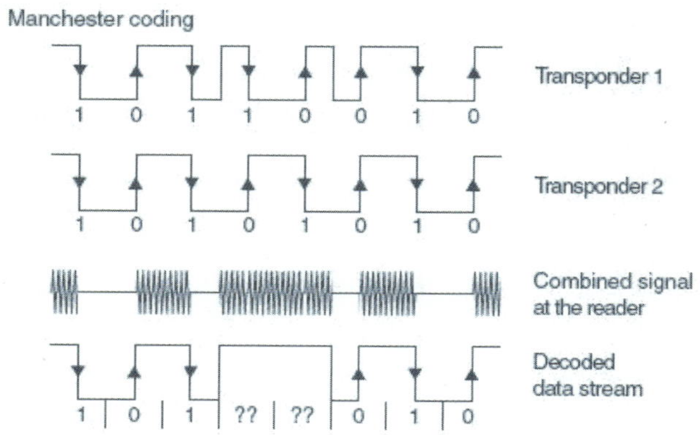

[그림 8-18] Manchester 방식에서의 데이터 충돌 (감지 가능)

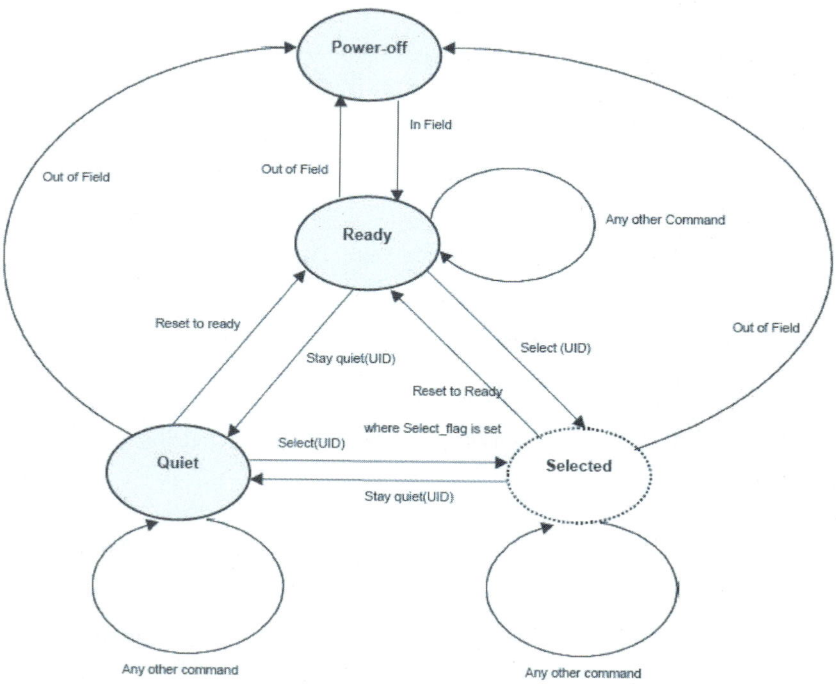

[그림 8-19] 원격카드(VICC) 상태 변이 다이어그램

[그림 8-19]는 원격카드(VICC)의 상태에 대하여 다이어그램으로 나타낸 것이다.

8.2 근방형 고주파 13.56MHz RFID 시스템의 구성 및 원리의 실험

1) ISO 15693 실험

① 컴퓨터, CBIS-1400 그리고 DS-1410을 준비하고, CBIS-1400과 DS-1410의 사용설명서를 읽고 충분히 숙지한 후 실험을 시작한다.

② DS-1400에 13.56MHz RFID 모듈(M-Module)을 탑재한다.

③ 계측기 패널에서 DSO를 다음과 같이 설정한다.

TIME/DIV	100[ms]
CH-1 VOLT/DIV1	2.5 [V/Div]
CH-2 VOLT/DIV1	2.5 [V/Div]
TRIGGER MODE	ON
SELECT CHANNEL	CH-1
SELECT CHANNEL	CH-2
SLOPE	↘
INPUT COUPLING	DC

④ 보드의 Tag & Reader Block에서 ISO15693에 LED가 켜져있는지 확인한 후(만약 14443 LED가 작동하고 있으면 SW6을 눌러 15693 LED가 켜지도록 한다.) 계측기 패널에서 DSO의 CH-1 입력 프로브를 Reader의 Mask Output TP1 단자에 접속하고, CH-2 입력 프로브를 Reader의 Mask Output Ref. TP2 단자에 접속한다. VERTICAL 단자와 HORIZONTAL 단자를 조절하여 [그림 8-20]과 같이 Display되는 화면의 중간에 파형이 나타나도록 설정한다.

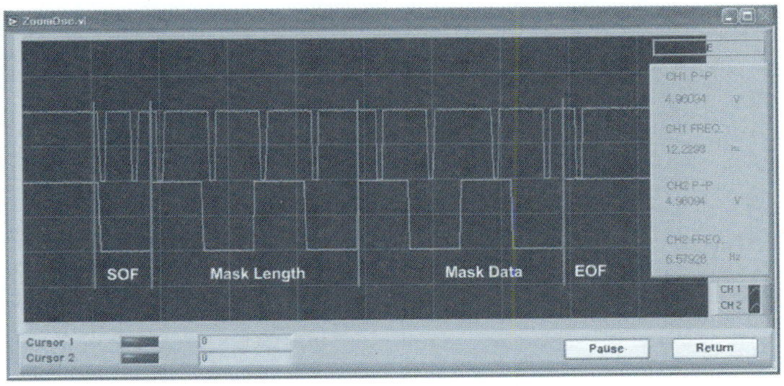

[그림 8-20] TP1(상)과 TP2(하)의 파형

⑤ Mask Data와 Mask Length에 해당하는 DIP SW의 값을 각각 '10100101'과 '0000'으로 설정하면 [그림 8-21]과 같이 나타날 것이다. TIME/DIV를 100[ms]로 설정한다.

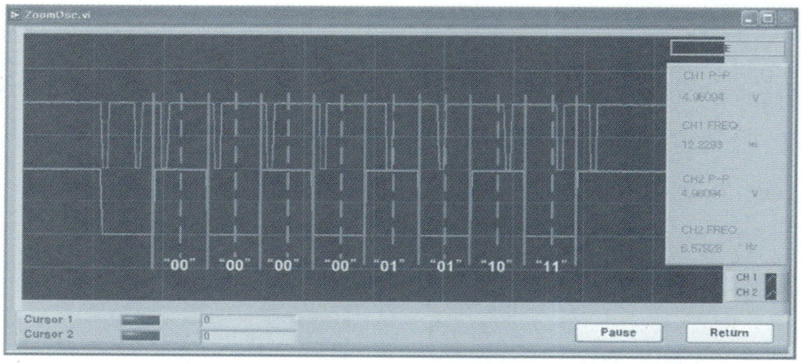

[그림 8-21] TP1(하)와 TP2(상)의 파형

☞ Data Frame에 대하여 설명한다.

☞ 출력된 파형을 SOF + DATA + EOF 형식의 Frame으로 그려 설명한다.

⑥ Mask Data와 Mask Length에 해당하는 DIP SW의 값을 각각 '11100100'과 '0001'로 설정하면 [그림 8-22]와 같이 나타날 것이다. TIME/DIV를 100[ms]로 설정한다.

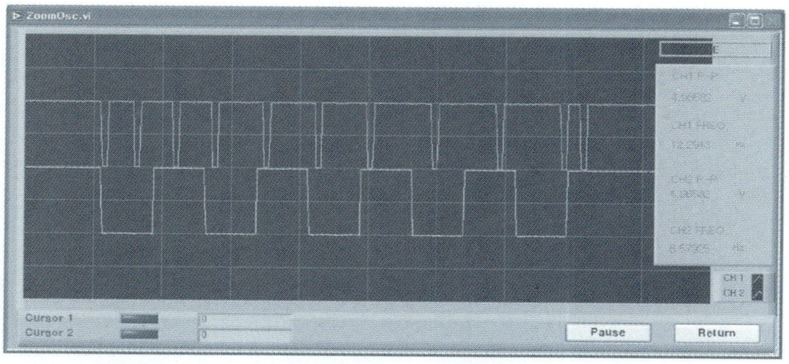

[그림 8-22] TP1(하)와 TP2(상)의 파형

☞ 1 out of 4 형식에 대하여 파형을 확인하고 설명한다.

☞ 설정한 DIP SW의 설정 값과 파형으로 나타날 때 MSB와 LSB를 데이터 값과 비교하여 설명한다.

⑦ TAG #1, TAG #2, TAG#3을 각각 '10101010', '01010101', '10010110'으로 설정한다. Mask Data를 '10101010', Mask Length를 '1000'으로 설정한다. 계측기 패널에서 DSO의 CH-1 입력 프로브를 TP6 단자에 접속시키고, DSO2의 CH-2 입력 프로브를 TP7에 접속한다. VERTICAL 단자와 HORIZONTAL 단자를 이용하여 화면의 가운데 파형이 위치하도록 조절하면 [그림 8-23]과 같이 출력될 것이다. 이 때 TIME/DIV를 100[ms]로 설정한다.

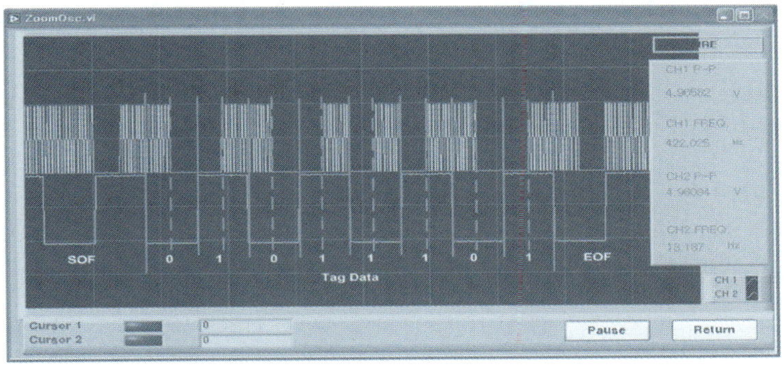

[그림 8-23] TP7(상)과 TP6(하)의 파형

☞ 출력되는 데이터 파형과 Ref. 파형을 비교하여 Data가 어떠한 방식으로 Coding되었는지 설명한다.

☞ 출력된 Data의 값은 얼마인가?
(Data의 식별을 위해 패널의 우측하단부에 있는 ZOOM 버튼이나 TIME/DIV를 설정하여 확인하도록 한다.)

D7	D6	D5	D4	D3	D2	D1	D0

⑧ 위와 같은 상황에서 Mask Length를 '0010'으로 설정하면 [그림 8-24]와 같이 나타날 것이다. 계측기 패널에서 DSO의 CH-1과 CH-2의 입력프로브를 실험⑥의 과정과 동일하게 설정한다.

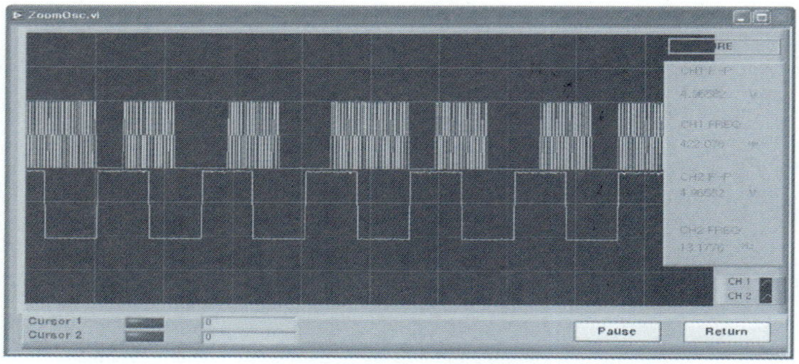

[그림 8-24] TP6(상)과 TP7(하)의 파형

☞ 출력되는 데이터 파형이 실험⑥의 결과 파형과 다른 점을 설명한다.

⑨ TAG #1, TAG #2, TAG#3을 각각 '10101010', '01010101', '10011010'으로 설정한다. Mask Data를 '10101010', Mask Length를 '0100'으로 설정한다. 계측기 패널에서 DSO의 CH-1 입력 프로브를 데이터 덧셈기의 출력 TP6 단자에 접속시키고, DSO2의 CH-2 입력 프로브를 덧셈기 출력 Ref. TP7에 접속한다. VERTICAL 단자와 HORIZONTAL 단자를 이용하여 화면의 가운데 파형이 위치하도록 조절하면 [그림 8-25]와 같이 출력될 것이다. 이 때 TIME/DIV를 100[ms]로 설정한다.

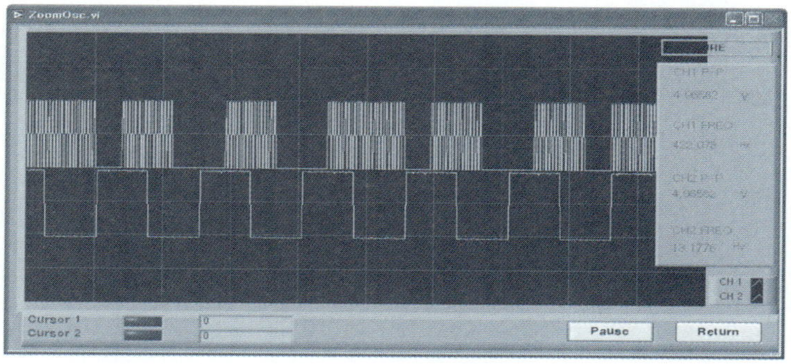

[그림 8-25] TP7(상)과 TP6(하)의 파형

☞ Collision이 발생하였는가?

⑩ DSO의 CH-1을 TP3과 TP4 그리고 TP5에 차례대로 접속하면 [그림 8-26], [그림 8-27], [그림 8-28]과 같이 출력될 것이다. TIME/DIV는 100[ms]로 설정한다.

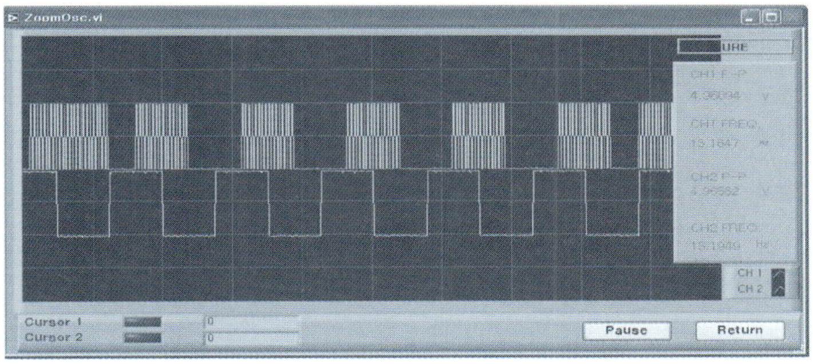

[그림 8-26] TP7(상)과 TP3(하)의 파형

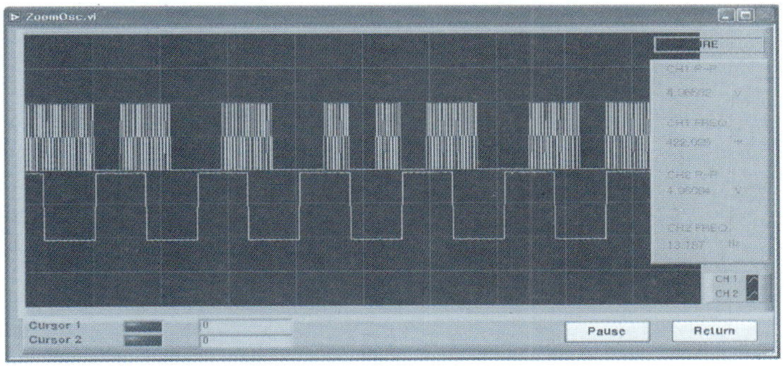

[그림 8-27] TP7(상)과 TP4(하)의 파형

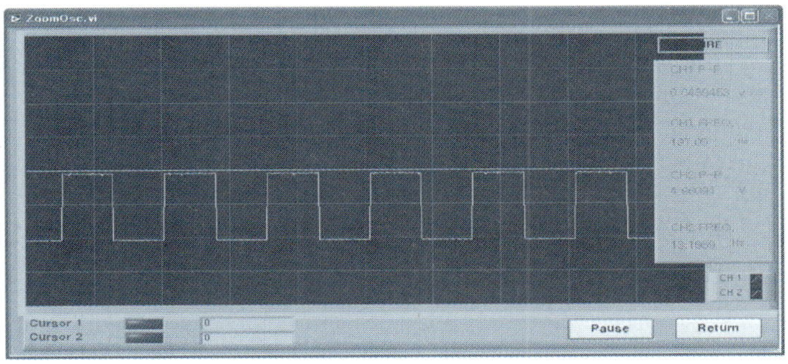

[그림 8-28] TP7(상)과 TP5(하)의 파형

☞ Collision을 유발한 TAG는 어떤 TAG인가?
☞ Collision이 발생한 Bit는 몇 번째 Bit인가?

⑪ 계측기 패널에서 DSO의 CH-1의 입력프로브를 TP3에 접속하고, CH-2의 입력프로브를 TP5에 접속한다.

☞ 위에서 답한 Collision 발생 Bit와 Display 패널에서 확인하는 Collision Bit는 몇 번째이며 일치하는가?

⑫ 위와 같은 상황에서 Mask Length를 '0101'로 설정하면 [그림 8-29]와 같이 나타날 것이다. 계측기 패널에서 DSO의 CH-1과 CH-2의 입력프로브를 실험⑧의 과정과 동일하게 설정한다.

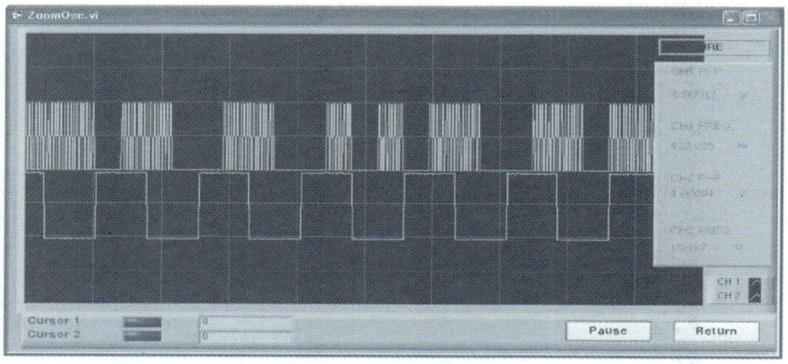

[그림 8-29] TP7(상)과 TP6(하)의 파형

☞ Collision이 발생하였는가?
☞ 선택된 Data는 어떤 TAG인가?

⑬ TAG #1, TAG #2, TAG#3을 각각 '00110010', '01011010', '10011011'으로 설정한다. Mask Data를 '01011010', Mask Length를 '0010'으로 설정한다. 계측기 패널에서 DSO의 CH-1 입력 프로브를 데이터 덧셈기의 출력 TP6 단자에 접속시키고, DSO2의 CH-2 입력 프로브를 덧셈기 출력 Ref. TP7에 접속한다. VERTICAL 단자와 HORIZONTAL 단자를 이용하여 화면의 가운데 파형이 위치하도록 조절하면 [그림 8-30]과 같이 출력될 것이다. 이 때 TIME/DIV를 100[ms]로 설정한다.

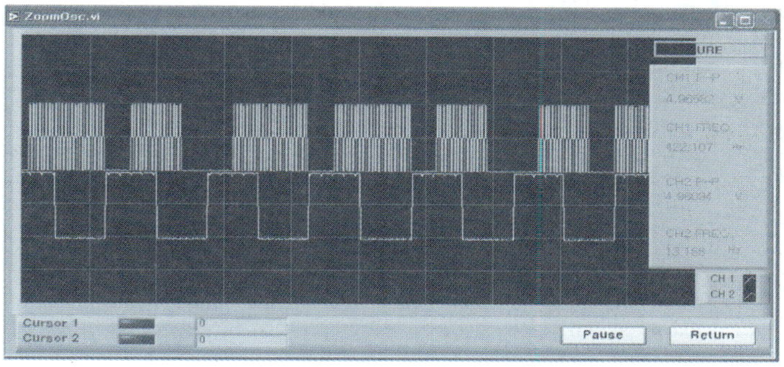

[그림 8-30] TP1(상)과 TP5(하)의 파형

☞ Collision이 발생하였는가?

☞ Anti-Collision을 하기 위해서는 Mask Length를 어떻게 설정해야 하는가?

⑭ 위의 실험과정 ⑫에 이어서 Anti-Collision을 위해 Mask Length를 찾아 설정하고 TP3, TP4, TP5를 차례대로 접속하여 파형을 확인하고 TP6을 접속한다.

☞ TP3, TP4, TP5 중에서 Mask Length를 올바르게 설정했을 때 출력되는 TP는 어느 것인가?

☞ TP6에서 출력되는 Data를 SOF + DATA + EOF 형식의 Frame으로 그려라.

⑮ 전원을 OFF하고 13.56MHz RFID 모듈을 Docking Station DS-1400으로부터 제거한다.

8.3 자기진단

① RFID의 장 · 단점에 대하여 설명하시오.

② Data Frame에 대하여 설명하시오.

③ Collision이 발생했을 때 어떻게 확인할 수 있는지 설명하시오.

④ Collision이 발생했을 때 Anti-Collision을 수행하는 과정을 블록다이어그램을 그리고 설명하시오.

8.4 결 론

1. Data Frame

   Data Frame에 대하여 설명한다.

   출력된 파형을 SOF + DATA + EOF 형식의 Frame으로 그려 설명한다.

2. 13.56MHz Data Frame(ISO 15694 Format)

   1 out of 4 형식에 대하여 파형을 확인을 하고 설명한다.

   설정한 DIP SW의 설정 값과 파형으로 나타날 때 MSB와 LSB의 데이터 값을 비교하여 설명한다.

3. TAG Data Frame Coding 방식

   출력되는 데이터 파형과 Ref. 파형을 비교하여 Data가 어떠한 방식으로 Coding되었는지 설명한다.

   출력된 Data의 값은 얼마인가?

   (Data의 식별을 위해 패널의 우측하단부에 있는 ZOOM 버튼이나 TIME/DIV를 설정하여 확인하도록 한다.)

D7	D6	D5	D4	D3	D2	D1	D0

4. Mask Length의 변화에 따른 출력 파형의 변화

   출력되는 데이터 파형이 실험⑥의 결과 파형과 다른 점을 설명한다.

5. Collision 발생의 확인

   Collision이 발생하였는가?

6. 중복된 TAG Data Bit와 Collision의 관계
   Collision을 유발한 TAG는 어떤 TAG인가?
   Collision이 발생한 Bit는 몇 번째 Bit인가?

7. Mask Data와 Mask Length를 이용한 TAG Data 선택
   위에서 답한 Collision 발생 Bit와 Display 패널에서 확인하는 Collision Bit는 몇 번째이며 일치하는가?

8. Collision 발생 확인과 TAG 선택
   Collision이 발생하였는가?
   선택된 Data는 어떤 TAG인가?

9. Anti-Collision을 위한 Mask Length 설정
   Collision이 발생하였는가?
   Anti-Collision을 하기 위해서는 Mask Length를 어떻게 설정해야 하는가?

10. 구분된 Mask Data와 Length를 이용하여 해당 Data 구별
    TP3, TP4, TP5 중에서 Mask Length를 올바르게 설정했을 때 출력되는 TP는 어느 것인가?

    TP6에서 출력되는 Data를 SOF+DATA+EOF 형식의 Frame으로 그려라.

단원 테스트

[문제 1] 다음 중 Frame에 대한 설명으로 옳은 것은?

① 여러 데이터 중 한 비트를 부르는 용어이다.
② 4Bit가 여러 개 있을 때 부르는 용어이다.
③ Frame은 Header + Data + Tail로 이루어져 있다.
④ Frame은 길이가 총 64Bit이다.

[문제 2] 1 out of 4 형식의 Data Frame을 사용하는 ISO는?

① ISO 15693 ② ISO 14443
③ ISO 9001 ④ ISO 14001

[문제 3] 부반송파(SubCarrier)의 설명 중 틀린 것은?

① 두 개의 SubCarrier 사용시 로드변조 주파수는 fc/32와 fc/28이다.
② 하나의 SubCarrier의 Data Rate는 fc/512를 사용한다.
③ 하나의 SubCarrier를 사용시 로드변조 주파수는 fc/32이다.
④ 두 개의 SubCarrier의 Data Rate는 fc/2048을 사용한다.

[문제 4] 충돌방지(Anti-Collision)에 대한 설명으로 옳은 것은?

① 충돌방지란 카드(Card) 1장을 읽을 때 고려해야 한다.
② 충돌(Collision)의 발생여부는 NRZ방식에서 알 수 있다.
③ Inventory 요청시에는 충돌방지를 고려할 필요가 없다.
④ 충돌(Collision)의 발생은 Manchester 방식에서 알 수 있다.

[문제 5] ISO 15693의 데이터 코딩모드에 대한 설명이 틀린 것은?

① 1 out of 256을 사용한다.
② 1 out of 4를 사용한다.
③ Long Distance 모드일 때 1 out of 256을 사용한다.
④ Tag의 전원 공급은 125kHz에 의해 이루어진다.

제 8 장

제9장
고주파 RFID 리더기 시스템

9.1 RFID 리더기 시스템의 개요

① RFID READER 시스템을 이해한다.
② RFID READER와 Tag 사이의 통신에 대하여 이해한다.
③ ISO 14443 Protocol을 이해한다.
④ ISO 15693 Protocol을 이해한다.

9.2 RFID 리더기 시스템의 표준단체

1) 국제표준화기구(ISO : International Organization for Standardization)

지적 활동이나 과학 · 기술 · 경제활동 분야에서 세계 상호간의 협력을 위해 1946년 설립한 국제기구

〈표 9-1〉 ISO(International Organization for Standardization)

설립년도	1947년 2월 23일
목　적	지적활동, 과학, 기술, 경제활동 분야에서 세계 상호간의 협력 발전
주요 활동	공업규격 조정, 통일, 물자 및 서비스의 국제적 교류 원활
가입 국가	139개 회원국(2002)
본부소재지	스위스 제네바

ISO는 처음 1926년 ISA(International Federation of the National Standardizing Associations)라는 이름의 기구를 설립하여 기계공학 분야에서부터 표준화를 시작하였다. 그러던 중, 제 2차 세계대전으로 기구의 활동은 잠시 중단되었었으나 1946년 런던에서 25개국이 참가한 가운데 모임을 재개하였고 1947년 2월 23일부터 현재의 이름(ISO)으로 공식적인 업무를 시작하게 되었다. ISO의 조직은 총회, 이사회, 기타 전문부회가 있으며 기술적인 업무는 2,850개의 기술위원회, 하부 위원회와 업무수행 그룹이 맡아 시행하도록 되어 있다. 모든 표준화 업무에는 산업 각 분야, 조사 학회 회원, 정부 관계자, 사용자 단체, 국제기구 등이 참가하며, 해마다 모임에 참가하는 전문가의 수는 3만 명에 이른다. 이러한 모임의 목적은 주로 각국의 공업규격을 조정 · 통일하고, 물자와 서비스의 국제적 교류를 유도하며, 과학적 · 지적 · 경제적 활동 분야의 협력을 증진하는 것으로서 매년 활발한 활동을 하고 있다. ISO에서 다루는 주 분야는 IEC(International Electrotechnical Commission)의 담당 분야인 전기와 전자 공학 분야를 제외한 모든 부문에 걸쳐 다뤄지며, 담당 분야는 아닐지라도 규격에 필요한 부분에서는 IEC, 세계무역기구(World Trade Organization : WTO) 등의 전 세계 500개 지역 기관들과 협력하며 업무를 맡고 있다. ISO는 1987년 최초로 ISO 9000시리즈를 제정하였으며, 그 이후로 설립 이래 2000년 1만 2000건 이상의 광범위한 분야의 국제표준을 제정, 공포하였으며 현재 더욱더 많은 분야에 걸쳐 국제표준을 제정, 공포하고 있다.

국제표준은 산업 분야에서 필요한 표준화 작업이 필요할 때 해당 국가의 단체에서 충분한 의견 수렴과 협의를 통해 ISO에 제안되게 되고, ISO는 해당 제안을 분과위원회와 기술위원회에서 심의를 하게 하여 최종적으로 총회 정원의 찬 · 반을 통해 국제표준으로 결정되게 된다. 이 때 총회 정원의 75% 이상이 찬성을 해야 국제규격(IS : International Standard)으로 승인되며, 'International Standards'에 실리게 된다.

ISO의 내부 재정은 80%정도를 회원들의 기부를 통하여, 20% 정도를 기관에서 정한 표준과 다른 출판물들의 판매로 발생한 이익을 통해 충당하고 있다.

ISO에는 한 나라에서 오로지 한 기관만이 회원으로 가입할 수 있으며, 2002년, 139개국이 회원국으로 가입을 하였고, 현재 본부는 스위스의 제네바에 있다.

2) 미국표준협회

미국표준협회(ANSI : American National Standards Institute)는 미국의 모든 공업제품들에 대한 표준을 통일하기 위하여 설립된 협회이다.

구 분	공업표준단체
설립연도	1969년
소 재 지	미국 워싱턴
설립목적	공업제품의 통일된 규격의 제시
주요활동	공업제품의 규격 발표
규 모	회원단체 1,000여 개(2000)

ANSI(American National Standard Institute)는 1967년에 처음으로 조직되었는데, 그 당시 'USA Standards' 또는 'USAS'라 부르고 있었다. 그러다 USAS 조직은 USASI(United States of America Standards Institute)로 변경되었다가 다시 1969년에 기구의 이름을 ANSI Inc.(American National Standards Institute Incorporated)로 변경하였고 규격의 명칭도 ANSI로 바꾸었다. ANSI는 ISO(International Organization for Standardization : 국제표준화기구)의 회원으로 가입하였으며 IEC(International Electrotechnical Commission : 국제전기표준회의)의 일원이다. ANSI는 한국에서 사진필름의 감도에 관련된 규격표시로 널리 알려져 있다. 2000년 ANSI는 1,000여 개의 단체가 회원으로 가입하였으며, ANSI의 본부는 현재 미국 워싱턴에 자리잡고 있다.

3) 국제전기표준회의

국제전기표준회의(IEC : International Electrotechnical Commission)는 전기(電氣)와 관련된 모든 관계에 대하여 국제 표준화를 목적으로 설립된 국제단체이며, 각국을 대표하는 표준화 기관으로 구성되어 있다. 1904년 미국 세인트루이스에서 개최된 국제전기회의에서 전기기기에 관한 용어와 규격의 표준화 필요성이 제창되어, 1908년 영국 런던의 회의에서 13개국이 참가하여 국제전기표준회의(IEC)를 발족시켰다. IEC는 국제표준화기구(ISO)와 마찬가지로 의결권을 갖는 회원은 1국가 1단체 또는 기관으로 국한되어 있다.

IEC는 전문 분야별로 기술위원회(TC), 분과위원회(SC), 또는 작업그룹(WG)을 설치하고 IEC 국제표준(IEC Publication)을 작성, 발표하여 각국에서 국가표준을 정할 때 통일된 표준을 준거하도록 권고하고 있다.

IEC 국제 표준은 약 3,000건에 달한다. 1961년에는 TC 83(정보기기) 등을 설치하여 정보기술 분야의 표준화를 추진해 왔는데, ISO와 TC 97(컴퓨터와 정보처리)의 활동 분야와 중복되는 점을 감안하여 ISO와 합의하여 두 TC를 합병한 ISO/IEC JTC 1을 설치했다. 그래서 IEC는 ISO와 합동으로 정보기술 분야의 표준화를 추진하고 있다.

9.3 고주파 RFID 리더기 시스템의 송수신 실험

1. 실험에 필요한 준비를 마치고 컴퓨터, CBIS-1400 그리고 DS-1410을 준비하고, CBIS-1400과 DS-1410의 사용설명서를 읽고 충분히 숙지한 후 실험을 시작한다.
2. DS-1400에 13.56MHz RFID 리더기 모듈을 탑재한다.
3. 전원을 공급하지 않은 상태에서 RS232 케이블을 PC의 직렬 포트(Serial Port)에 연결한다.
4. PC의 전원을 켠다.
5. 제공된 응용 프로그램을 다음과 같은 방법으로 설치한다.

① [그림 9-1]과 같은 Setup.exe 아이콘을 더블클릭하여 실행한다.

[그림 9-1] 응용 프로그램의 아이콘

② [그림 9-2]와 같은 응용 프로그램의 Wizard가 시작되면 Next 버튼을 눌러 다음으로 넘어간다.

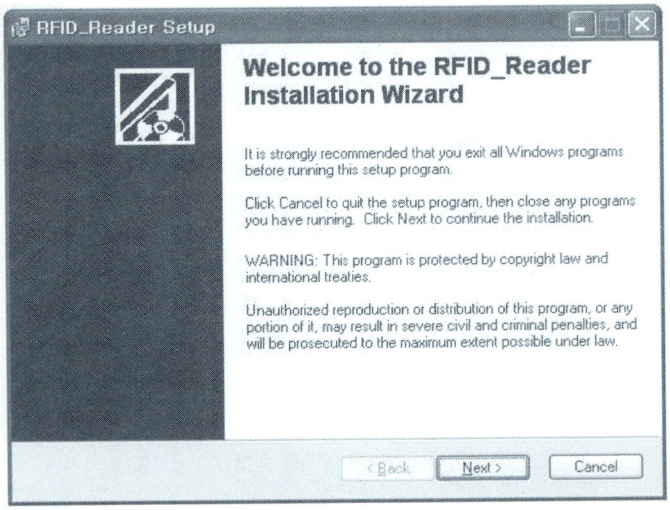

[그림 9-2] 응용 프로그램의 실행 후 첫 화면

제 9 장

③ 설치할 폴더를 선택하고 Next 버튼을 클릭한다.

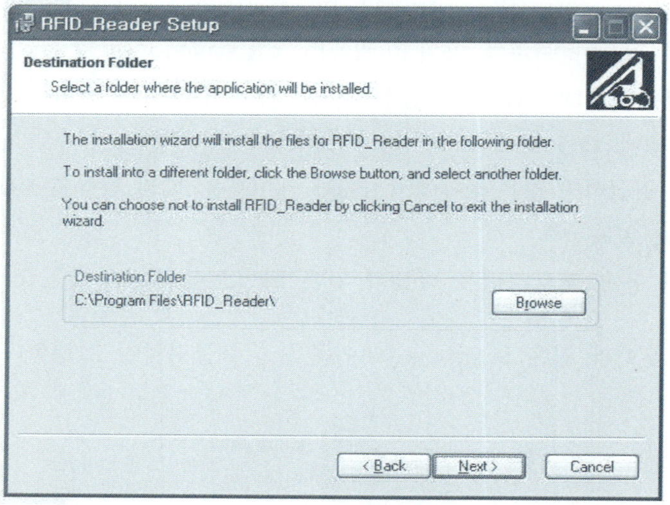

[그림 9-3] 사용자 정의 폴더 설정 화면

④ Next 버튼을 클릭하여 설치를 시작한다.

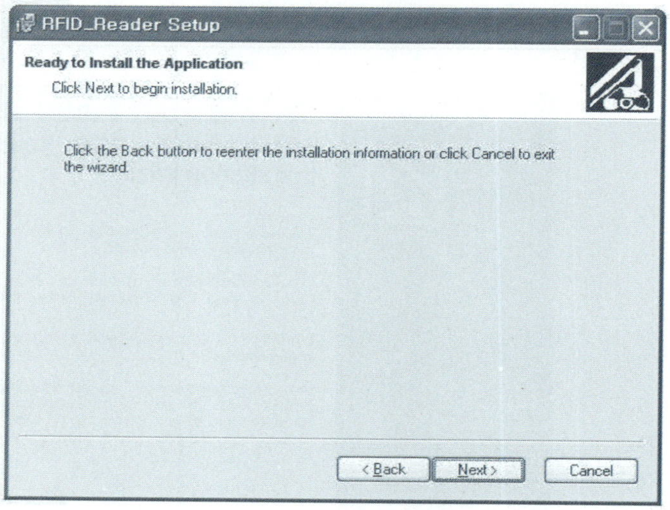

[그림 9-4] 응용 프로그램 설치를 묻는 화면

⑤ 설치할 폴더를 선택하고 Next 버튼을 클릭한다.

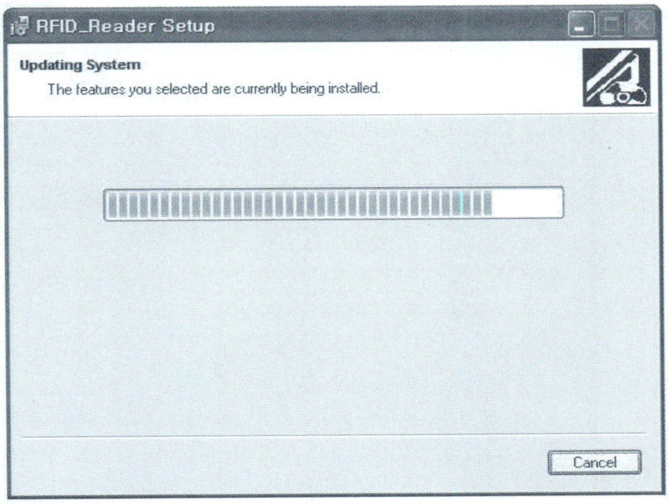

[그림 9-5] 설치 진행중인 화면

⑥ 설치를 완료하기 위해 FINISH 버튼을 클릭한다.

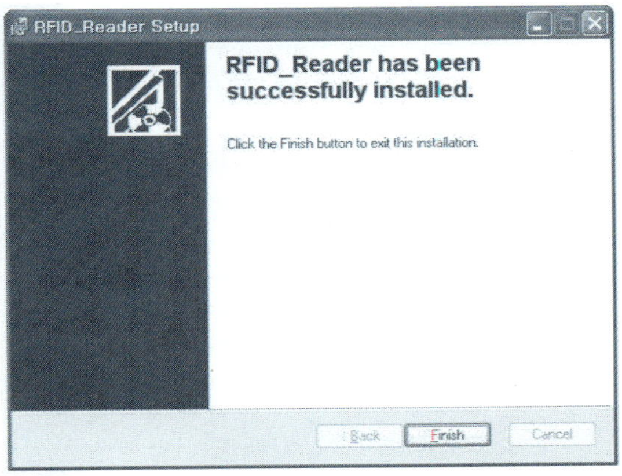

[그림 9-6] 설치의 완료를 알리는 화면

⑥ 윈도우 좌측 하단에 위치한 '시작' 버튼을 누른 후 '모든 프로그램'을 선택하고 'RFID_Reader' 프로그램을 실행한다.

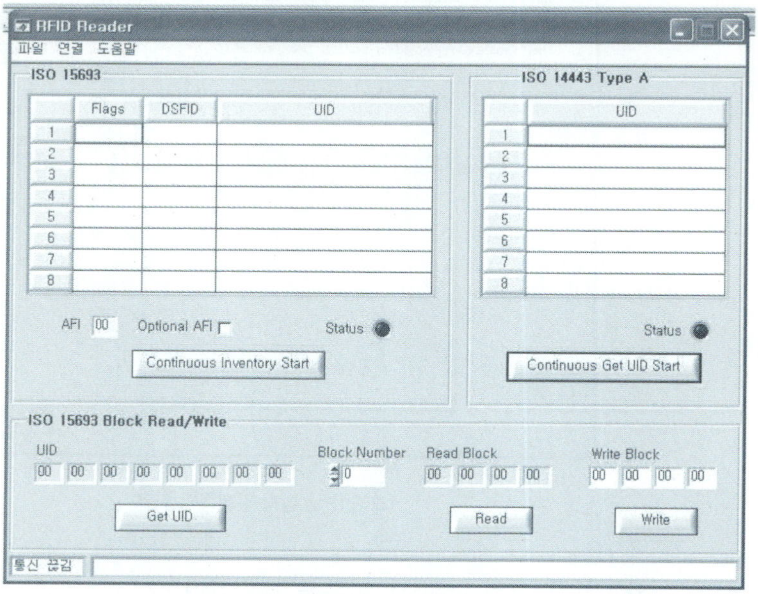

[그림 9-7] 응용 프로그램 실행화면

⑦ [그림 9-8]은 ISO 14443 Type A에 대하여 실습하는 것을 나타내고 있다.

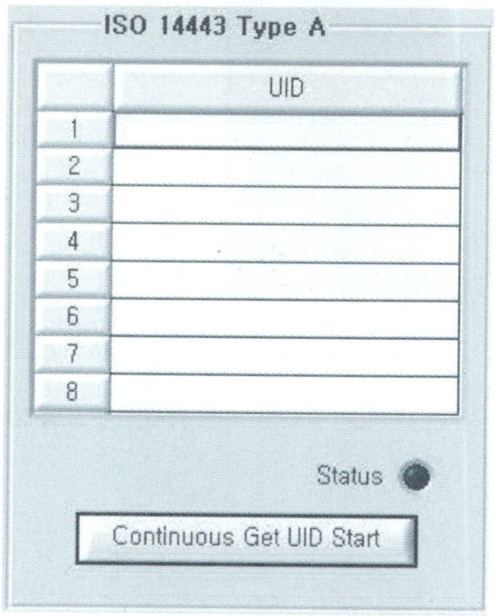

[그림 9-8] ISO 14443의 Interface

⑧ [그림 9-9]와 [그림 9-10]은 ISO 15693에 대하여 실습하는 것을 나타내고 있다.

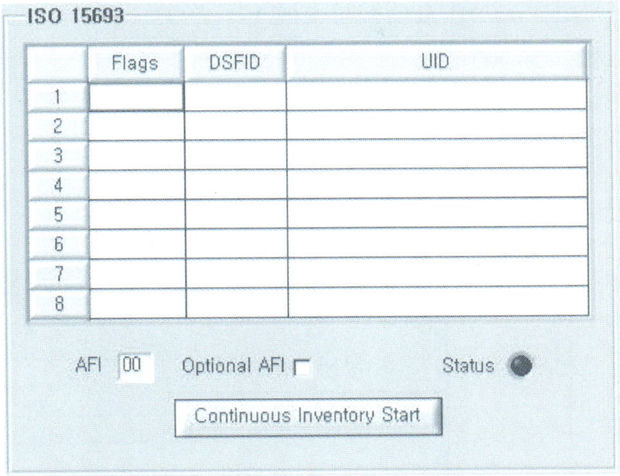

[그림 9-9] ISO 15693 Interface

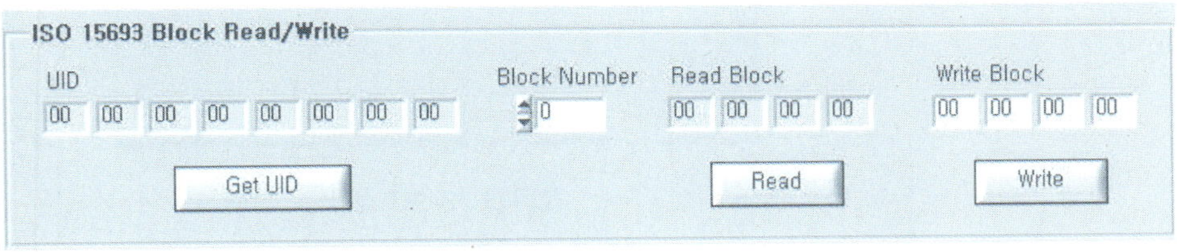

[그림 9-10] ISO 15693 Interface

⑨ RFID_Reader 프로그램 메뉴 상단에 [그림 9-11]과 같이 '연결' 메뉴를 누르면 포트설정이 가능하도록 메뉴가 나오는데, 포트설정을 클릭하여 통신에 필요한 포트를 설정하도록 한다. 클릭한 후에 '포트 설정'을 클릭한다.

[그림 9-11] 포트설정 화면

⑩ 아래 [그림 9-12]와 같이 포트를 설정한다.

- 통신 포트 : COM1 (PC 마다 다름)
- 비트/초 : 38,400
- 데이터 비트 : 8
- 패리티 : 없음
- 정지 비트 : 1

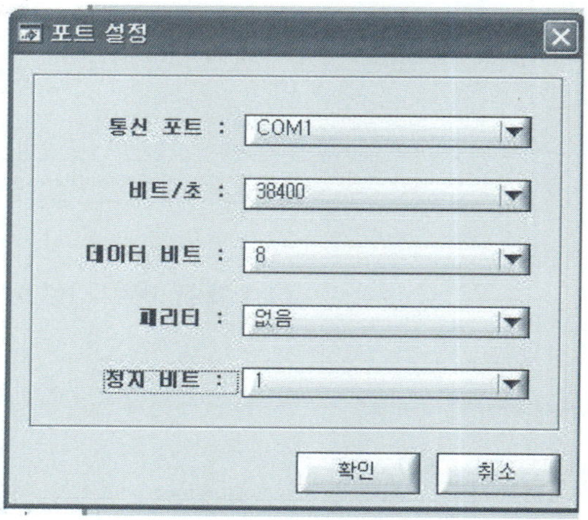

[그림 9-12] 포트설정

⑪ [그림 9-12]의 하단에 있는 확인을 눌러 설정을 확인한다.

⑫ [그림 9-13]과 같이 RFID_Reader 프로그램 메뉴 상단에 위치한 '연결' 버튼을 클릭한 후에 '연결'을 클릭한다.

[그림 9-13] 연결하기

가. ISO 15693 UID(Unique Identifier) 읽기

⑬ 장비에서 제공되는 ISO 1569(Tag) 1개를 안테나에 가까이 대고 [그림 9-14]에 있는 ISO 15693 칸에 있는 'Continuous Inventory Start'를 누른다.

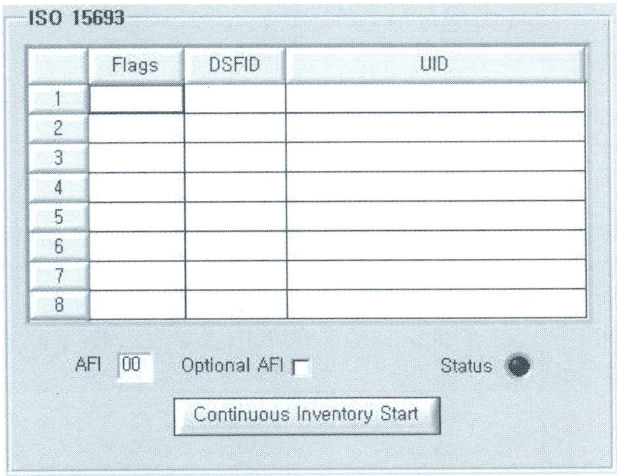

[그림 9-14] ISO 15693 Tag Test

⑭ [그림 9-15]와 같이 ISO 15693 태그(Tag) 값이 화면에 표시되는 것을 확인한다.

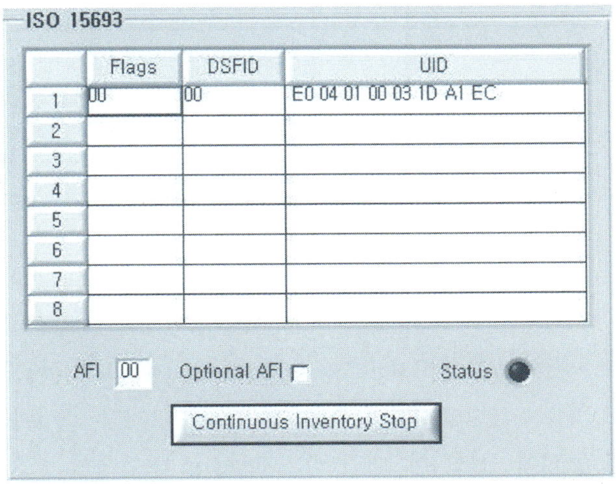

[그림 9-15] Tag 1개를 댔을 때 응용 프로그램의 상태

[그림 9-14]에서 보여진 Data(UID : Unique Identifier)의 값은 'E0 04 01 00 03 1D A1 EC'이다. 이 UID의 의미를 살펴보면,

- E0 : 8비트 할당 클래스(Class)
- 04 : IC Manufacturer Code
- 01 ~ EC : IC Manufacturer Serial Number

Flags 값은 00이며, DSFID도 00이다.

참고 상기 값은 실습 시에 태그(Tag)가 다르기 때문에 다른 값이 나타남.

⑮ [그림 9-15]는 제공된 ISO 15693 태그(Tag) 2개를 동시에 안테나에 댔을 때의 결과를 나타내는 것이다.

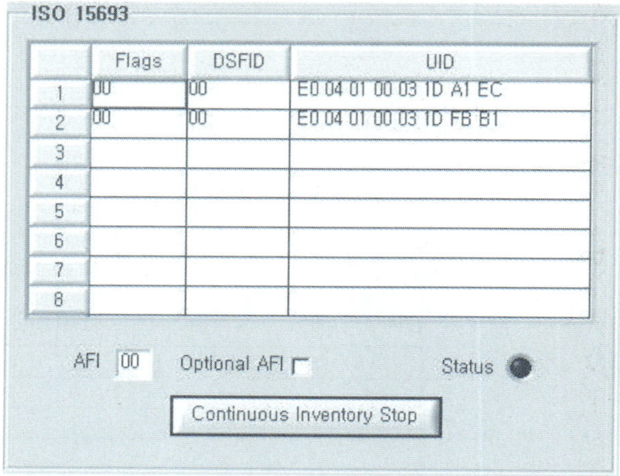

[그림 9-15] Tag 2개를 댔을 때 응용프로그램의 상태

[그림 9-15]에서 보여진 Data(UID : UniquIdentifier)의 값은 각각 'E0 04 01 00 03 1D A1 EC'와 'E0 04 01 00 03 1D FB B1'이며 Data는 2개가 동시에 나타난다. ISO 15693 태그(Tag) 2개를 동시에 안테나에 대면 리더(Reader) 내부에서 충돌방지(Anti-Collision) 프로그램이 작동하여 UID(Unique Identifier)를 1개씩 읽어서 화면에 표시하게 된다.

참고 | 상기 값은 실습 시에 태그(Tag)가 다르기 때문에 다른 값이 나타남.

⑯ [그림 9-16]은 제공된 ISO 15693 태그(Tag) 3개를 동시에 안테나에 댔을 때의 결과를 나타낸 것이다. ISO 15693 태그(Tag) 3개를 동시에 안테나에 대면 리더(Reader) 내부에서 충돌방지(Anti-Collision) 프로그램이 작동하여 UID(Unique Identifier)를 1개씩 읽어서 화면에 표시하게 된다.

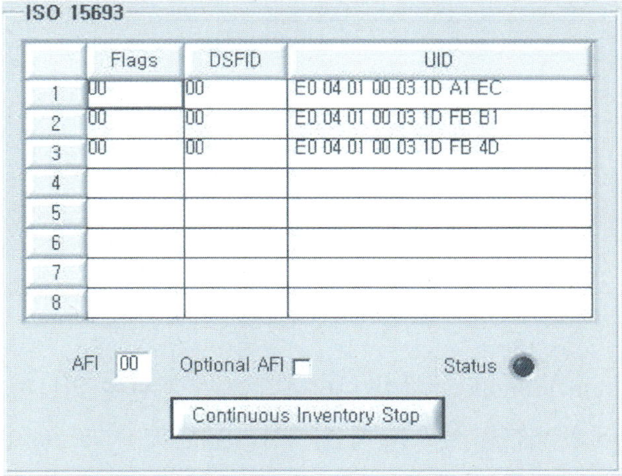

[그림 9-16] Tag 2개를 댔을 때 응용 프로그램의 상태

UID(Unique Identifier) 값은 'E0 04 01 00 03 1D A1 EC'와 'E0 04 01 00 03 1D FB B1', 'E0 04 01 00 03 1D FB 4D' 3개가 동시에 나타난다.

참고 | 상기 값은 실습 시에 태그(Tag)가 다르기 때문에 다른 값이 나타남.

⑰ 제공된 ISO 15693 태그(Tag)를 안테나에서 멀리 한다. 그리고 ISO 15693 칸에 있는 'Continuous Inventory Stop'을 누른다.

⑱ 제공된 ISO 15693 태그(Tag) 읽기가 중단된다.

⑲ [그림 9-17]은 제공된 ISO 15693 태그(Tag) 1개를 안테나에 가까이 댔을 때의 결과를 나타낸 것이다.

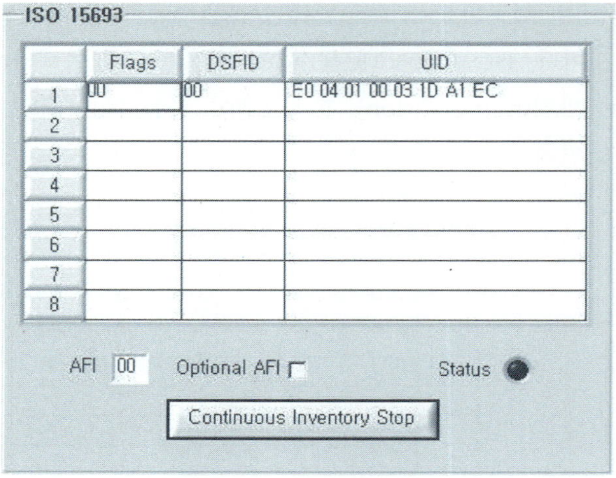

[그림 9-17] Reader가 읽은 Tag 데이터

⑳ UID(Unique Identifier) 값이 나타나면 화면 하단에 위치한 'Get UID' 버튼을 누른다. [그림 9-18]은 버튼을 눌렀을 때 위에서 나타난 UID 'E0 04 01 00 03 1D A1 EC'가 똑같이 나타나는 것을 보여주는 것이다.

[그림 9-18] Get UID

㉑ 제공된 ISO 15693 태그를 움직이지 않게 고정한 후 [그림 9-19]처럼 화면 하단 중앙에 있는 'READ' 버튼을 누른다.

[그림 9-19] Read

[그림 9-19]의 현재 표시된 내용을 살펴보면 Block Number 는 '0'이며 '0' 블록에 저장된 내용은 '00 00 00 00'이다.

㉒ Block Number '0' 내용을 '00 11 22 33'으로 바꾼 후, 화면 우측 하단에 있는 Write Block 에 있는 두 번째 칸의 '00'을 마우스로 클릭한 후 '00' 숫자를 지우고 '11'로 수정한다. 위 과정을 반복하여 [그림 9-20]처럼 세 번째 칸에는 '22' 네 번째 칸에는 '33'을 입력한다.

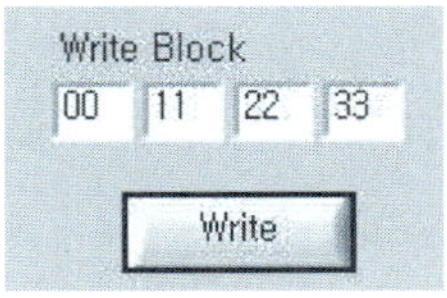

[그림 9-20] Write Block 수정

㉓ Block Number 는 '0' 내용을 '11 22 33'으로 바뀌었는지 확인하기 위해서 ISO 15693 태그(Tag)를 움직이지 않게 고정하고 화면 중앙 하단에 있는 'READ' 버튼을 누른다. [그림 9-21]처럼 나타나면 Block Number 쓰기가 성공적으로 이루어진 것이다.

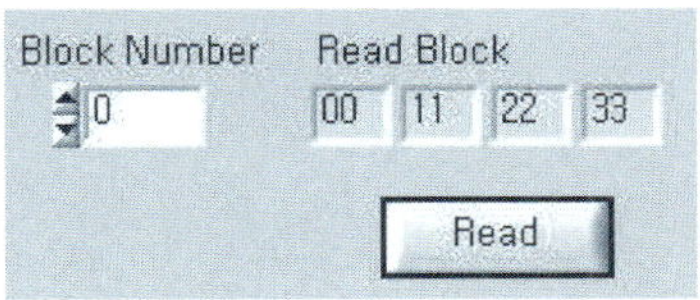

[그림 9-21] 성공한 Block Number 쓰기

나. ISO 14443 UID(Unique Identifier) 읽기

㉔ [그림 9-22]와 같이 RFID READER 화면 우측에 위치한 ISO 14443 Type A 칸 하단에 있는 'Continuous Get UID Start' 버튼을 누르고, 제공된 ISO 14443 태그(Tag) 1개를 안테나 가까이 댄다.

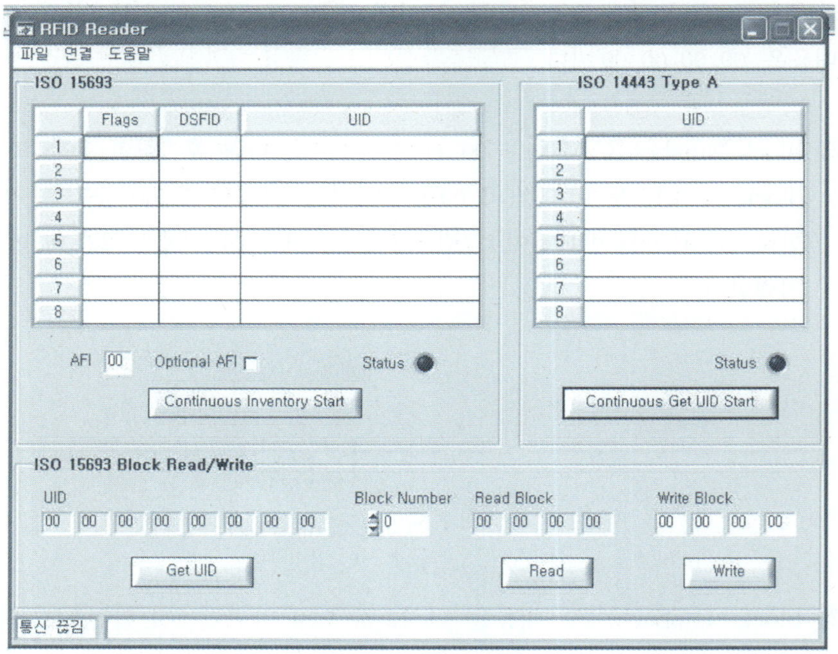

[그림 9-22] 응용 프로그램의 전체 모습

참고 | 상기 값은 실습 시에 태그(Tag)가 다르기 때문에 다른 값이 나타남.

㉕ [그림 9-23]과 같이 ISO 14443 Type A의 UID(Unique Identifier)를 읽을 수 있다.

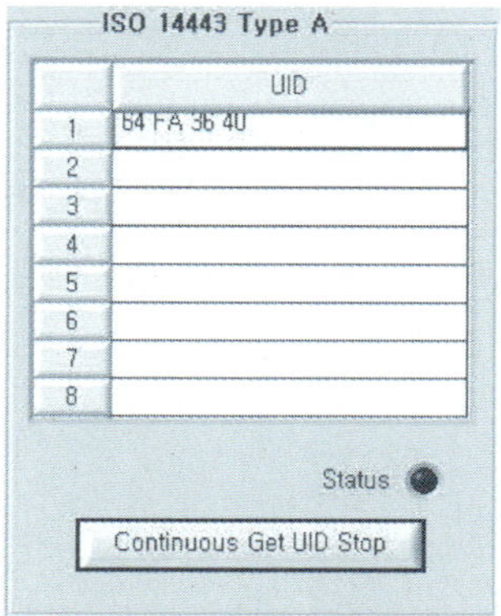

[그림 9-23] UID(Unique Identifier) 1개 읽기

㉖ [그림 9-24]와 같이 제공된 ISO 14443 태그(Tag) 2개를 동시에 안테나 가까이 댄다.

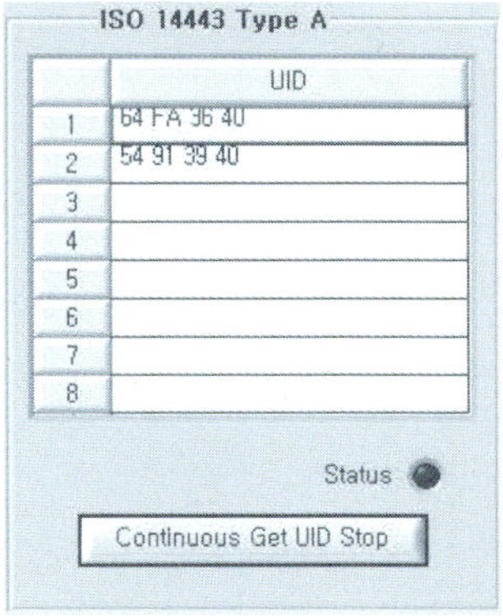

[그림 9-24] UID(Unique Identifier) 2개 읽기

ISO 14443 태그(Tag) 2개를 동시에 안테나에 가까이 대면 리더(Reader) 내부에서 충돌 방지(Anti-Collision) 프로그램이 작동하여 UID(Unique Identifier)를 1개씩 읽어서 화면에 표시하게 된다.

참고 | 상기 값은 실습 시에 태그(Tag)가 다르기 때문에 다른 값이 나타남.

㉗ 모든 실험이 끝나면 [그림 9-25]와 같이 RFID_Reader 프로그램 메뉴 상단에 위치한 '연결' 버튼을 클릭한 후에 '연결 끊기'를 클릭하여 프로그램을 종료한다.

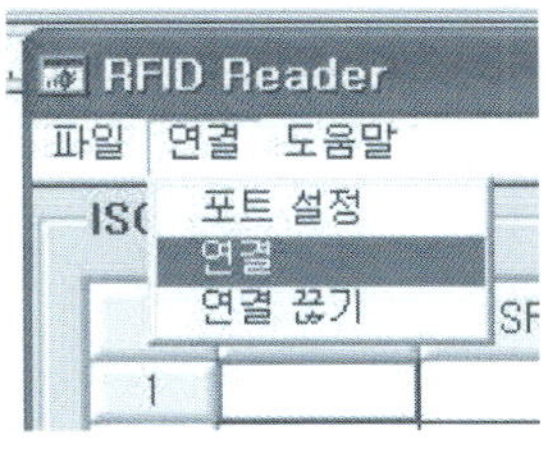

[그림 9-25] 연결하기

㉘ 전원을 OFF하고 13.56MHz RFID 모듈을 Docking Station DS-1400으로부터 제거한다.

PART V

RFID 시스템의 프로그램

제10장 RFID 시스템의 프로그래밍

10.1 RFID 시스템의 프로그램 개요

① 컴파일러를 설치하고 프로그래밍 툴을 익힌다.
② 마이크로 프로세서를 이해하고 프로그램을 한다.
③ 임베디드 시스템에 대하여 이해하고 응용할 줄 안다.
④ C언어를 이해하고 응용할 줄 안다.

10.2 RFID 시스템의 프로그램 구성

1) 컴파일러(Compiler)

고급언어로 쓰여진 프로그램이 컴퓨터에서 수행되기 위해서는 컴퓨터가 직접 이해할 수 있는 언어로 바꾸어 주어야 한다. 이러한 일을 하는 프로그램을 컴파일러라고 한다. 예를 들어 원시언어가 파스칼(Pascal)이나 코볼(Cobol)과 같은 고급언어이고, 목적언어가 어셈블리 언어나 기계어일 경우 고급언어를 목적언어로 변환해야 하는데 이를 번역해 주는 프로그램을 컴파일러라 한다.

컴파일을 하기 위하여 입력되는 프로그램을 원시 프로그램이라 하고 이 프로그램을 기술한 언어를 원시언어(source language)라 한다. 또 번역되어 출력되는 프로그램을 목적 프로그램이라 하고 이 프로그램을 기술한 언어를 목적언어(object language 또는 target language)라 한다. 한 프로그램을 컴파일하여 목적 프로그램으로 바꾸어 놓으면, 원시 프로그램을 수정하지 않는 한 계속 반복해서 수행할 수 있다.

크로스 컴파일러(cross-compiler)라는 것은 원시 프로그램을 컴파일러가 수행되고 있는 컴퓨터의 기계어로 번역하는 것이 아니라, 다른 기종에 맞는 기계어로 번역하는 컴파일러를 말한다. 이 밖에 다른 번역기를 살펴보면 어셈블러(assembler), 인터프리터(interpreter), 그리고 프리프로세서(preprocessor) 등을 들 수 있다.

어셈블러는 어셈블리 언어로 쓰여진 프로그램을 입력으로 받아 기계어 프로그램으로 바꾸어 주는 번역기이며, 어떤 번역기는 원시언어를 특수한 형태의 중간언어로 변환하는데 인터프리터는 이러한 중간언어를 입력으로 받아 목적언어로 변환하지 않고 직접 수행하는 프로그램이다.

고급언어로 쓰여진 프로그램의 의미를 수행하는데 있어서 컴파일러는 그와 동등한 의미를 갖는 목적 프로그램으로 바꾸어 목적 프로그램을 수행함으로써 결과를 얻고, 인터프리터는 원시 프로그램의 의미를 직접 수행하여 결과를 얻는다. 원시 프로그램의 수정 없이 계속 반복 수행하는 응용 시스템에서는 컴파일러가 효율적이며, 개발 시스템이나 교육용 시스템에서는 인터프리터가 더 능률적이다.

즉, 컴파일러란 고급언어로 쓰여진 프로그램을 그와 의미적으로 동등하며 컴퓨터에서 즉시 실행될 수 있는 형태의 목적 프로그램으로 바꾸어 주는 번역 프로그램이라고 요약할 수 있다.

2) CodeVision 설치 및 사용

(1) CodeVision 다운로드

① CodeVision 개발사 홈페이지인 http://www.hpinfotech.ro/html/download.htm에 접속(그림 10-1)하여 다운로드한다.

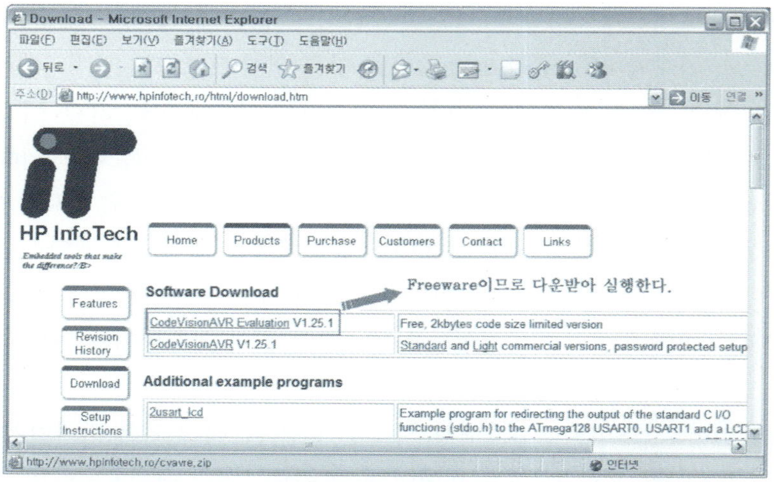

[그림 10-1] CodeVision을 제공하는 HPInfoTech사의 홈페이지

CodeVisionAVR Evaluation V1.25.1은 프리웨어로서 누구나 사용이 가능하므로 임의의 폴더에 다운로드한다.

② 다운로드한 파일의 압축을 임의의 폴더에 Setup.exe를 실행시킨다. [그림 10-2]는 CodeVision 설치를 위해 응용 프로그램을 실행했을 때 나타나는 화면이다. Next를 클릭하여 다음으로 넘어간다.

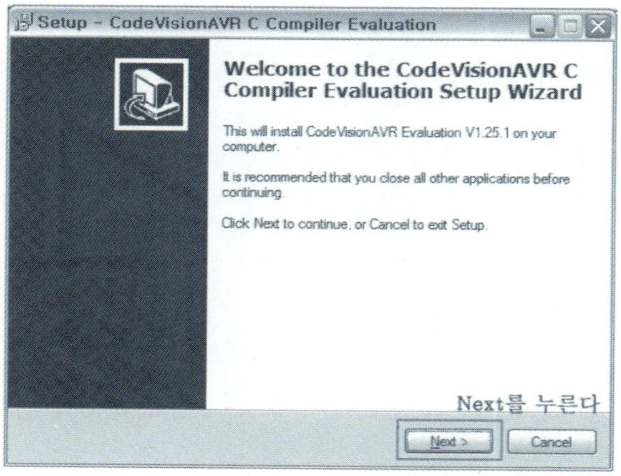

[그림 10-2] CodeVision Wizard

③ [그림 10-3]과 같이 I Accept the agreement에 체크하고 Next를 클릭하여 다음으로 넘어간다.

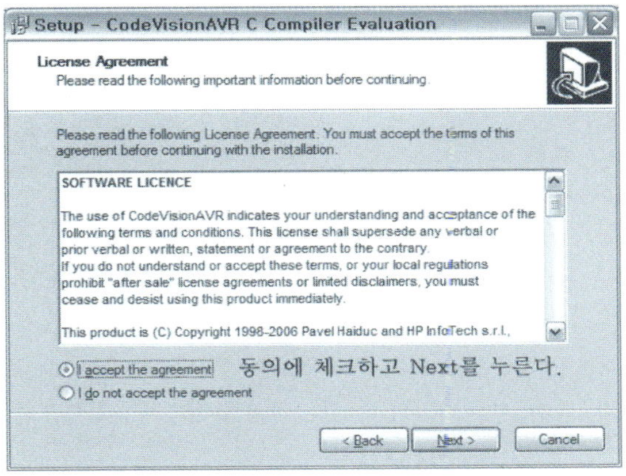

[그림 10-3] 프로그램 설치 동의

④ [그림 10-4]는 설치할 폴더에 대하여 설정하는 것인데 Default로 놔둔다. Next를 눌러서 다음 순서로 넘어간다.

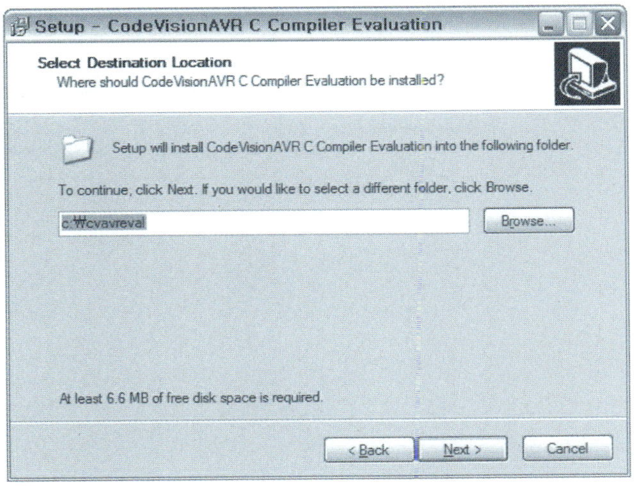

[그림 10-4] 설치 폴더 설정

⑤ [그림 10-5]는 Start Menu에 나올 폴더명을 설정하는 곳인데, 특별히 설정할 일은 없으므로 default로 놔두고, Next를 클릭하여 다음으로 넘어간다.

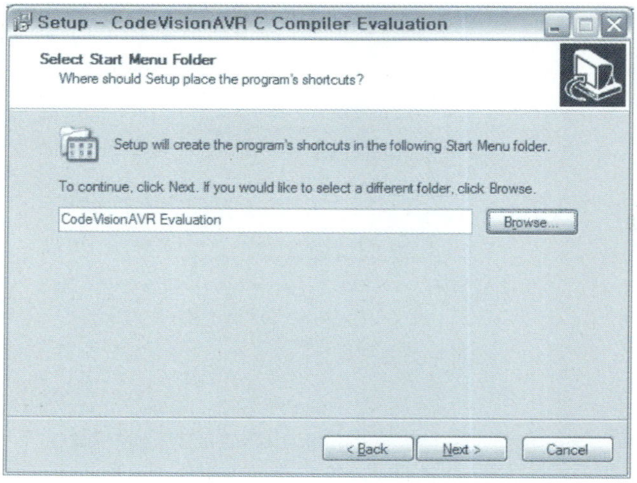

[그림 10-5] 시작메뉴 설정

⑥ [그림 10-6]은 모든 설정 내용을 확인하는 것으로서 모든 설정을 확인 후에 맞으면 Install을 눌러 설치를 시작한다.

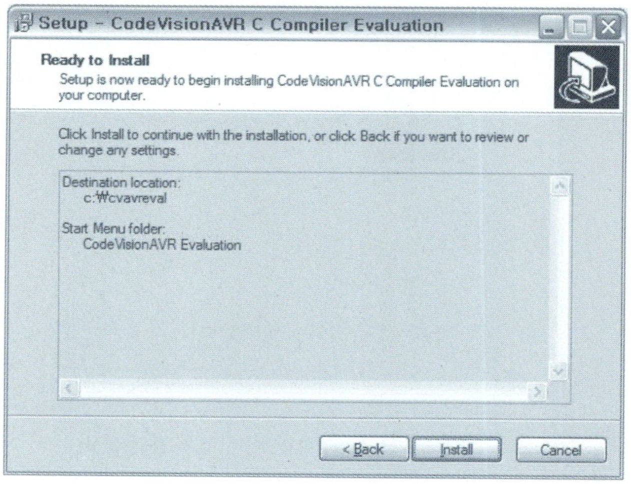

[그림 10-6] 설정 확인

⑦ Install이 완료되면 [그림 10-7]과 같은 화면이 나타나는데, 설치와 관련된 Information을 확인하고 Next 버튼을 누른다.

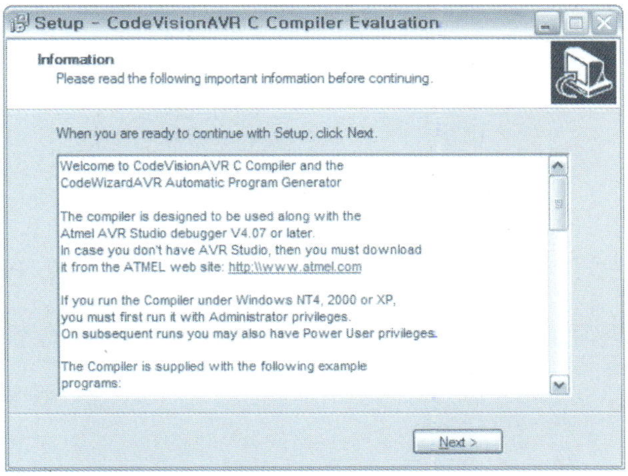

[그림 10-7] Information

⑧ Setup이 완료된 내용을 확인한 후 [그림 10-8]의 Finish를 눌러 CodeVision을 실행한다.

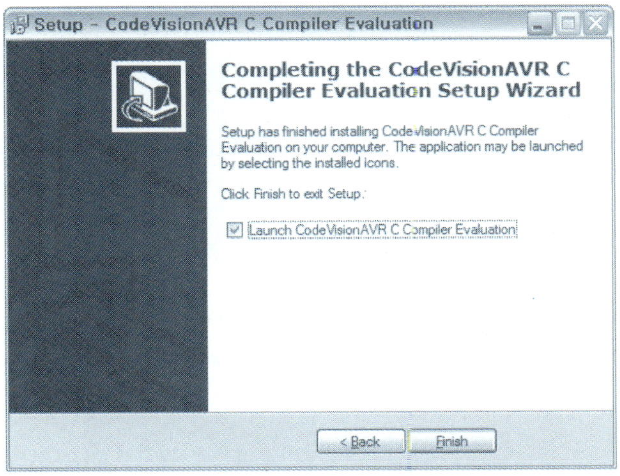

[그림 10-8] Finished Setup

(2) CodeVision 사용하기

① Install이 완료되면 [그림 10-9]와 같은 아이콘이 생긴다.

[그림 10-9] CodeVision Icon

② 아이콘을 더블클릭하여 실행하면 [그림 10-10]과 같은 Program이 시작된다.

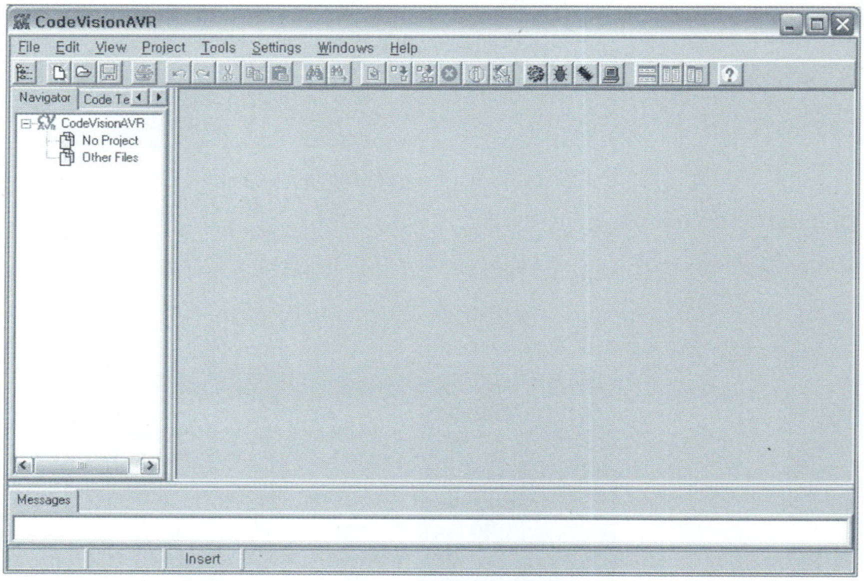

[그림 10-10] CodeVision 실행화면

③ File 메뉴의 New를 클릭하면 [그림 10-11]과 같은 팝업창이 뜨게 되는데, File Type을 Project로 놓고 확인을 눌러 프로젝트를 수행한다.

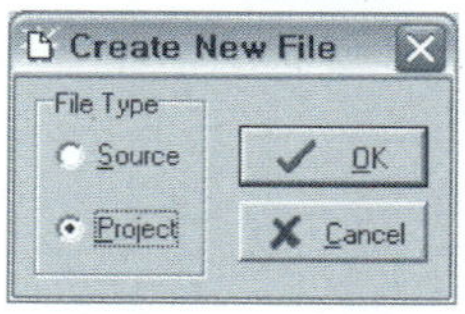

[그림 10-11] Create New File

④ 다음으로 [그림 10-12]와 같은 Confirm 창이 뜨면, No 버튼을 눌러 Project를 시작한다.

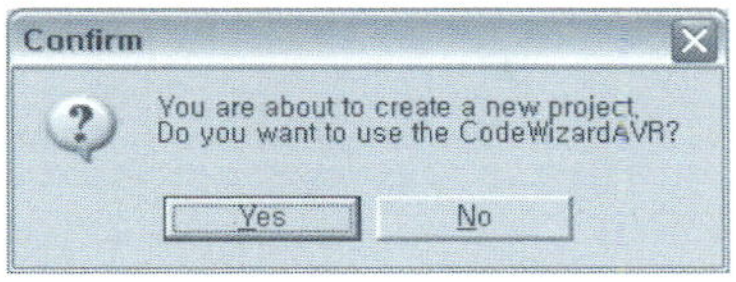

[그림 10-12] 마법사 실행여부 확인

⑤ [그림 10-13]과 같이 Create New Project 창이 뜨면 프로젝트명을 정해서 저장한다.

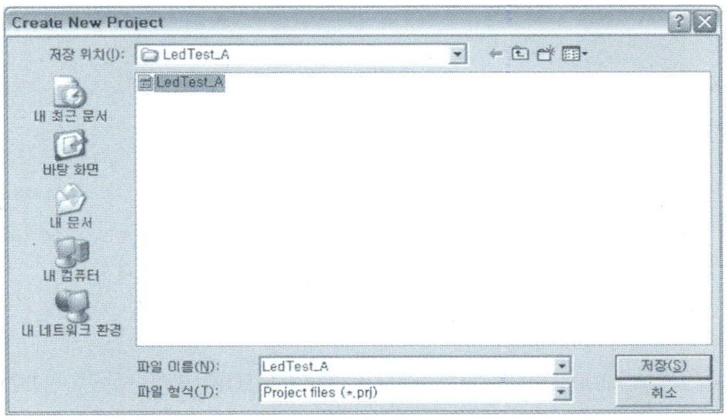

[그림 10-13] Project 생성

⑥ [그림 10-14]와 같이 Configure 창이 나타나면 C Compiler의 설정을 주어진 환경에 맞게 Setting한다.

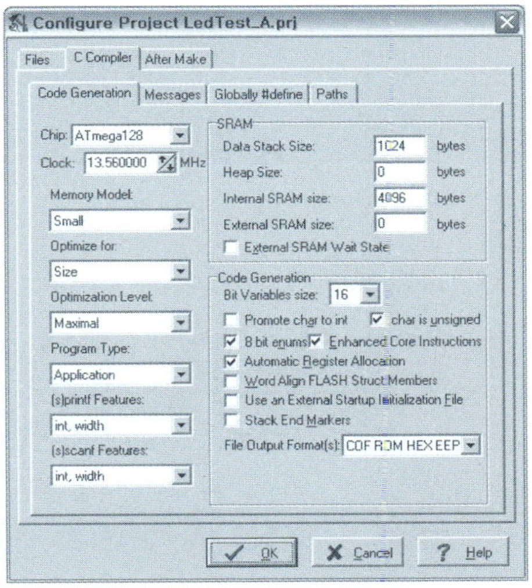

[그림 10-14] Project의 속성 설정

⑦ [그림 10-15]처럼 File에서 New를 눌러 Source를 눌러 창을 생성하고 코드를 입력한 다음 파일명을 정해 저장한다.

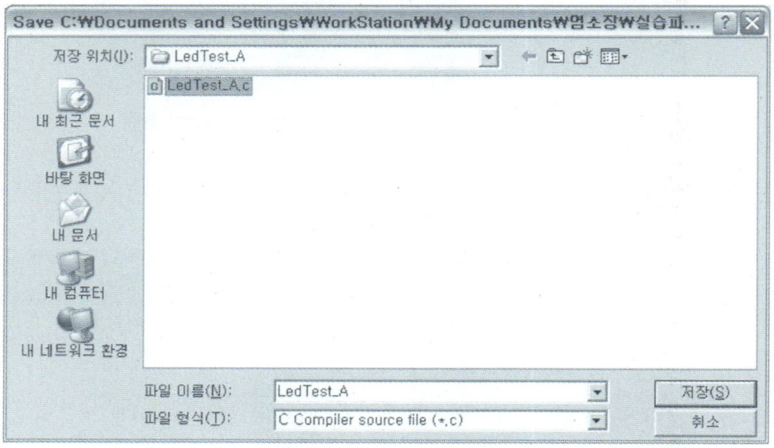

[그림 10-15] Source 저장

⑧ Project 메뉴의 Configure를 누르면 [그림 10-16]과 같은 창이 뜨는데 Files의 Add를 눌러 코딩한 파일을 추가하도록 한다.

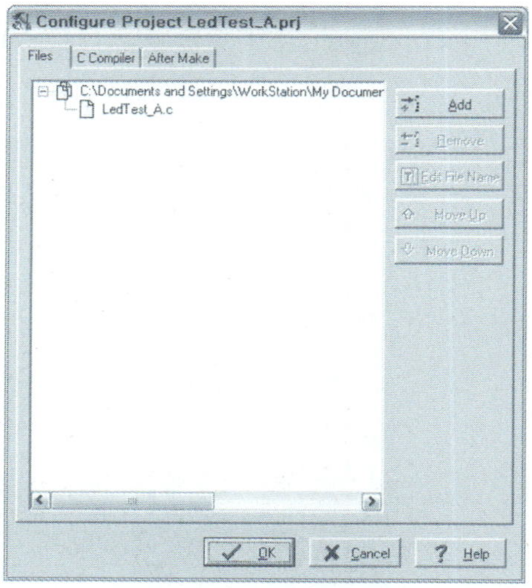

[그림 10-16] 파일 추가

⑨ [그림 10-17]에 보이는 네모칸 안의 Compile과 Make 버튼을 눌러 Hex 파일을 만든다.

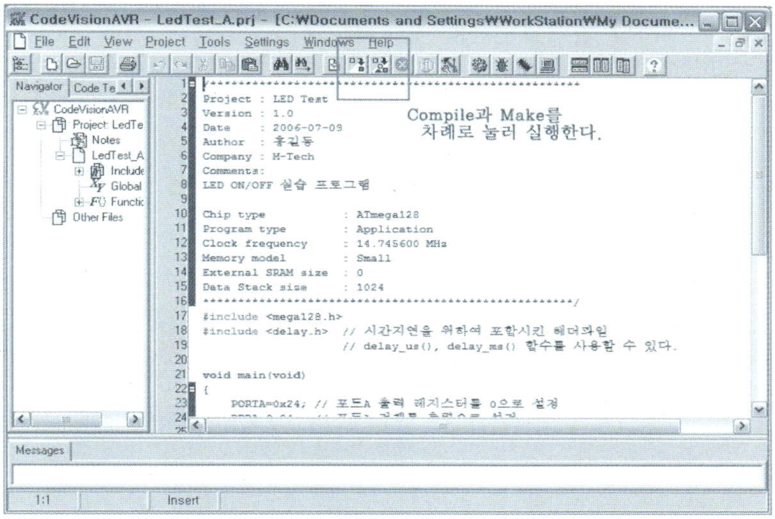

[그림 10-17] Compile과 Make하기

⑩ 설정한 폴더에 파일이 만들어졌는지 확인한다. 만들어진 파일은 [그림 10-18]과 같이 폴더 안에서 확인할 수 있다.

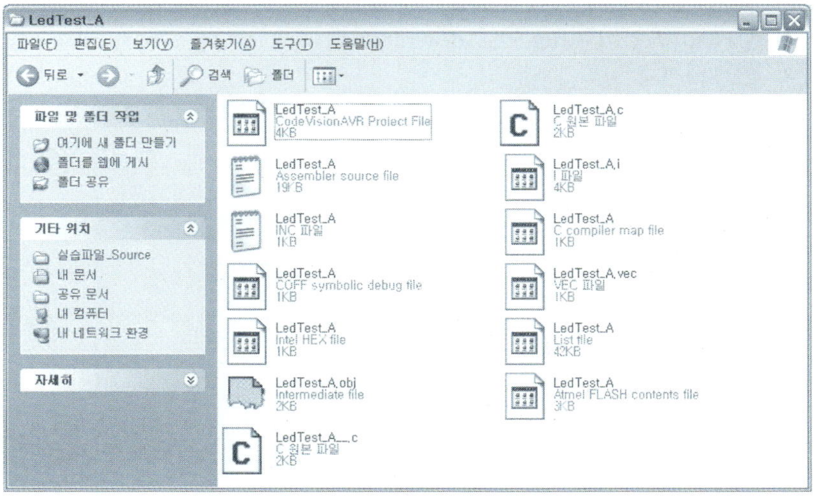

[그림 10-18] 폴더 안에 생성된 파일

⑪ 만들어진 Hex 파일을 ISP를 이용하여 ATmega128에 다운로드하고자 한다면 IC처럼 생긴 아이콘을 눌러서 Chip과 Clock을 Setting한다. [그림 10-19]는 IC처럼 생긴 아이콘을 눌러서 생성된 팝업창으로 프로그램을 다운로드하기 위해 사용한다.

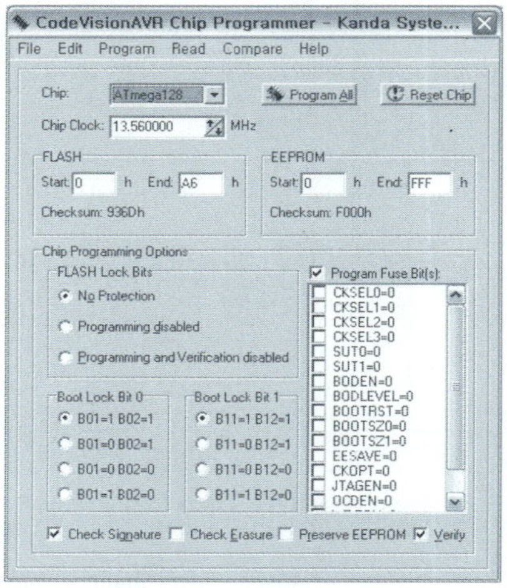

[그림 10-19] Program Download하기 위한 팝업창

⑫ Program에서 Erase Chip을 눌러 ATmega128안에 있는 프로그램을 지우고 Hex 파일을 선택한 후, FLASH 버튼을 클릭하여 Download한다. [그림 10-20]에서 보는 것처럼 Program 〉〉 Erase 하면 Chip안의 Flash 내용이 다 지워지며 Program 〉〉 Flash하면 생성된 Hex 파일이 Chip으로 download된다.

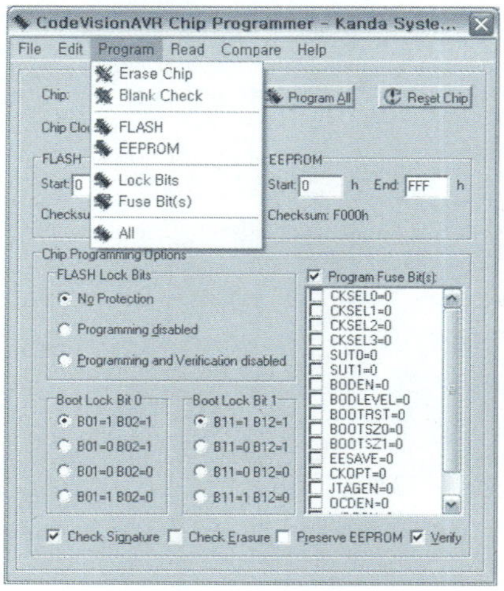

[그림 10-20] Program Menu

⑬ Download가 되면 하드웨어에 나타내고자 했던 결과를 볼 수 있을 것이다. Download가 되지 않고 [그림 10-21]과 같은 경고창이 뜬다면 연결이나 ISP 등을 다시 한 번 살펴보고 시도해보길 바란다.

[그림 10-21] 경고창

(3) CodeWizard를 사용한 Project 생성하기

먼저 CodeVisionAVR을 실행시키고 File 메뉴에 New를 선택하면 다음 그림과 같은 Create New File 창이 뜬다.

여기서 Project를 선택하고 OK 버튼을 누른다. OK 버튼을 누르면 코드 위자드를 이용하여 프로젝트를 생성할 것인지를 물어오는데 YES 버튼을 클릭한다.

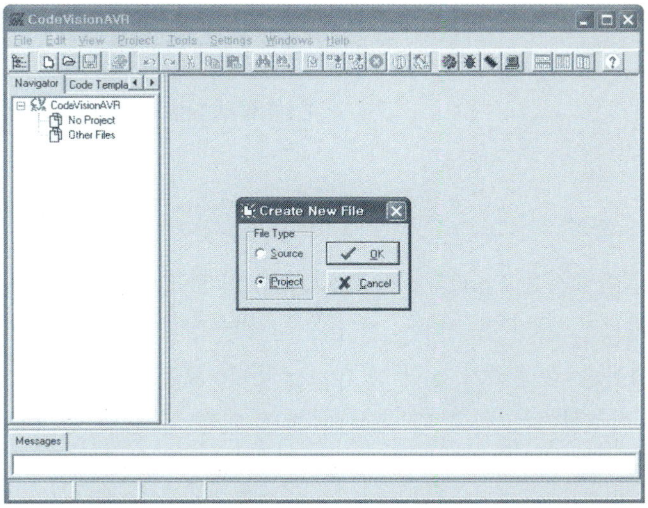

[그림 10-22] CodeWizard

YES 버튼을 클릭하면 [그림 10-22]와 같은 CodeWizardAVR 팝업창이 생기는데 이것은 AVR 칩의 여러 기능들을 초기화하기 위한 것이다.

① AVR Chip 설정

CodeWizardAVR을 이용하여 프로젝트를 생성하기 위해서는 AVR 칩을 먼저 선택해야 한다. AVR 칩을 어떤 것을 선택하느냐에 따라 CodeWizardAVR의 창의 항목이 바뀐다. 이는 AVR 칩의 종류에 따라 가지고 있는 기능에 차이가 있기 때문이다. 실습보드에는 ATmega128이 사용되므로 [그림 10-23]과 같이 Chip 선택 박스에서 ATmega128을 선택하고 Clock은 디폴트 상태로 16MHz로 설정하도록 한다.

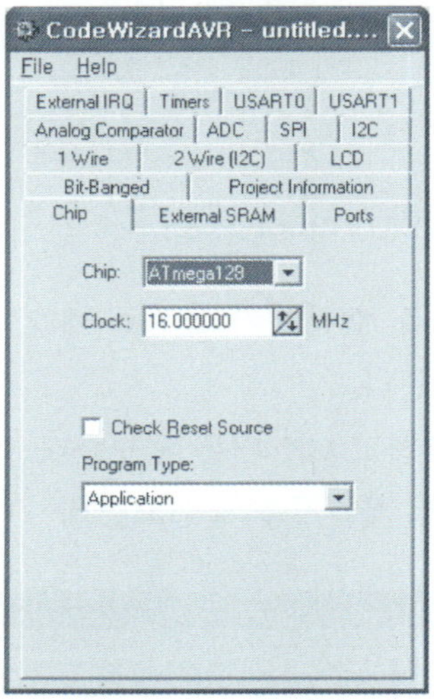

[그림 10-23] Chip 설정

② Ports 설정

기초실습에서는 Port를 이용하여 LED 및 FND를 제어하는 프로그램을 실습할 것이다. 그러므로 여기서는 다른 기능은 디폴트 상태로 두고 Ports 항목만 설정할 것이다. Ports 항목을 설정하기 전에 실습보드의 각 포트들의 회로 연결 상태를 알아야 한다. 첨부된 회로를 참고하고 각 포트의 회로 연결 상태 및 설정은 다음 〈표 10-1〉과 [그림 10-24], [그림 10-25]와 같다.

〈표 10-1〉 Port 설정

Port	Bit	Data Direction	Pullup/Output Value	연결	기능
A	0	Out	0	LED 1	ULN2803 IN 1
	1	Out	0	LED 2	ULN2803 IN 2
	2	Out	0	LED 3	ULN2803 IN 3
	3	Out	0	LED 4	ULN2803 IN 4
	4	Out	0	LED 5	ULN2803 IN 5
	5	Out	0	LED 6	ULN2803 IN 6
	6	Out	0	LED 7	ULN2803 IN 7
	7	Out	0	LED 8	ULN2803 IN 8
B	0	Out	0	×	-
	1	Out	0	×	-
	2	Out	0	×	-
	3	Out	0	×	-
	4	Out	0	BUZZER	BUZZER On/Off, 0:Off, 1:On
	5	Out	0	×	-
	6	Out	0	FND_EN1	FND_G On/Off, 0:Off, 1:On
	7	Out	0	FND_EN2	FND_P On/Off, 0:Off, 1:On
C	0	Out	0	LCD_D0	LCD Data Pin 0
	1	Out	0	LCD_D1	LCD Data Pin 1
	2	Out	0	LCD_D2	LCD Data Pin 2
	3	Out	0	LCD_D3	LCD Data Pin 3
	4	Out	0	LCD_D4	LCD Data Pin 4
	5	Out	0	LCD_D5	LCD Data Pin 5
	6	Out	0	LCD_D6	LCD Data Pin 6
	7	Out	0	LCD_D7	LCD Data Pin 7
D	0	IN	P	DIP_0	DIP_0 On/Off, 0:Off, 1:On
	1	IN	P	DIP_1	DIP_1 On/Off, 0:Off, 1:On
	2	IN	P	DIP_2	DIP_2 On/Off, 0:Off, 1:On
	3	IN	P	DIP_3	DIP_3 On/Off, 0:Off, 1:On
	4	IN	P	DIP_4	DIP_4 On/Off, 0:Off, 1:On
	5	IN	P	DIP_5	DIP_5 On/Off, 0:Off, 1:On
	6	IN	P	DIP_6	DIP_6 On/Off, 0:Off, 1:On
	7	IN	P	DIP_7	DIP_7 On/Off, 0:Off, 1:On
E	0	Out	0	×	-
	1	Out	0	×	-
	2	Out	0	×	-
	3	Out	0	×	-
	4	IN	P	SW1	SW1 On/Off, 0:Off, 1:On
	5	IN	P	SW2	SW2 On/Off, 0:Off, 1:On
	6	IN	P	SW3	SW3 On/Off, 0:Off, 1:On
	7	IN	P	SW4	SW4 On/Off, 0:Off, 1:On
F	0	Out	0	FND 1	ULN2803 IN 1
	1	Out	0	FND 2	ULN2803 IN 2
	2	Out	0	FND 3	ULN2803 IN 3
	3	Out	0	FND 4	ULN2803 IN 4
	4	Out	0	FND 5	ULN2803 IN 5
	5	Out	0	FND 6	ULN2803 IN 6
	6	Out	0	FND 7	ULN2803 IN 7
	7	Out	0	FND 8	ULN2803 IN 8
G	0	Out	0	LCD_RS	LCD RS
	1	Out	0	LCD_RW	LCD Read/Write
	2	Out	0	LCD_E	LCD Enable
	3	Out	0	×	-
	4	Out	0	×	-

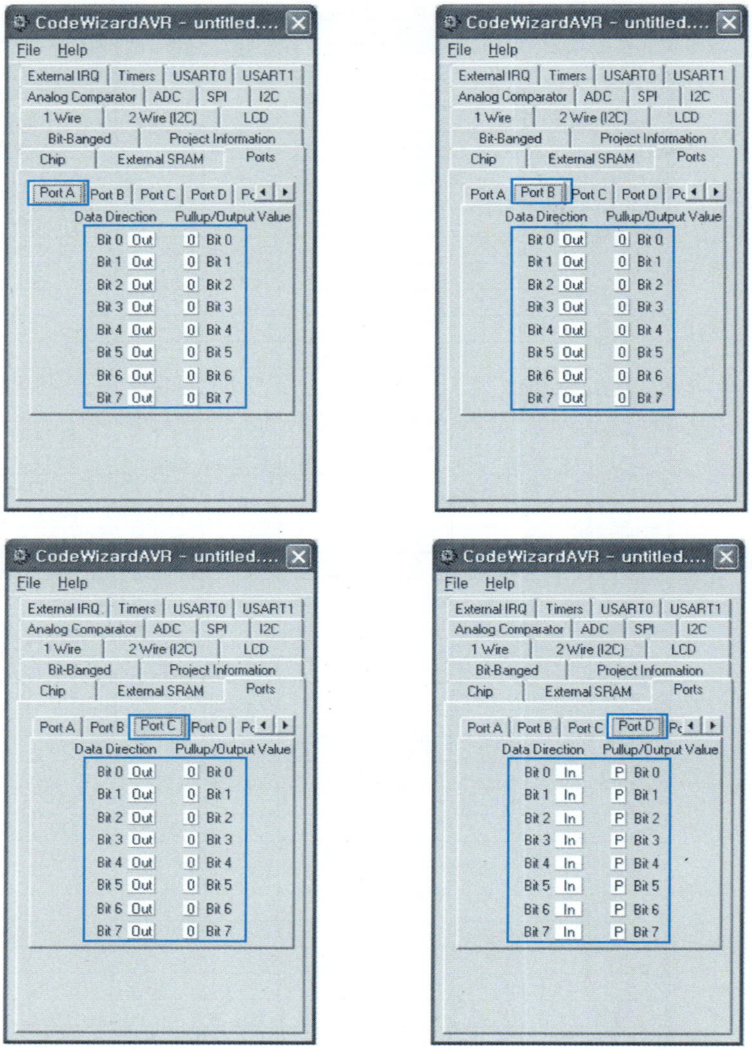

[그림 10-24] 포트 A, B, C, D 설정

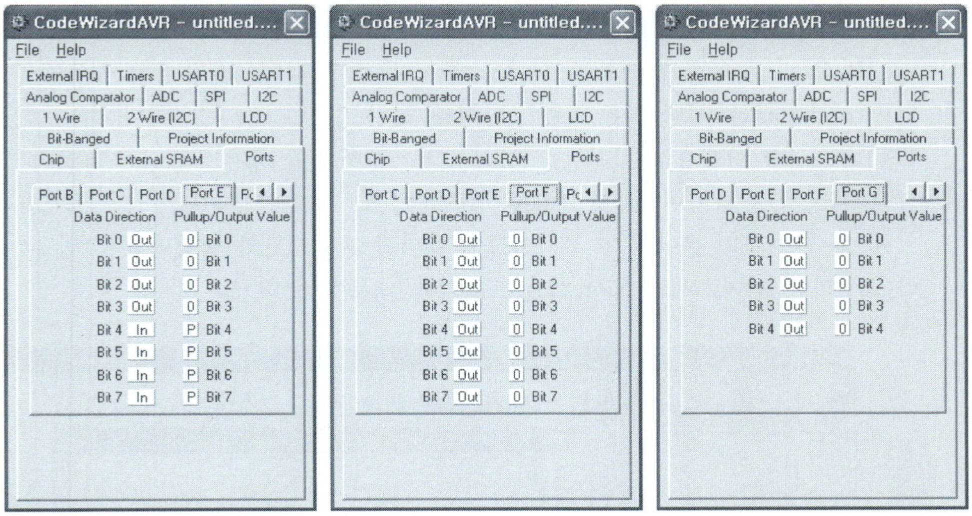

[그림 10-25] 포트 E, F, G 설정

③ 프로젝트 정보 입력

[그림 10-26]과 같이 Project Information 탭을 클릭하고 프로젝트 관련 정보를 입력한다. 입력되는 정보는 프로젝트명과 프로그램의 버전, 작성날짜, 작성자, 프로그램의 설명을 입력할 수 있도록 되어 있다. 프로그램과 별로 상관은 없지만 차후에 여러분이 큰 프로젝트를 수행할 경우에는 중요한 정보가 되므로 지금부터 항상 입력하는 습관을 들이는 것이 좋다.

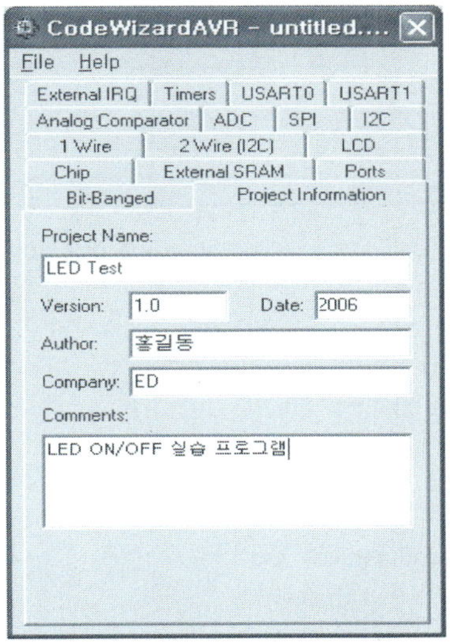

[그림 10-26] Project Information 입력

④ 코드생성

나머지 기능 설정은 디폴트 상태로 두고 CodeWizardAVR의 File 메뉴에서 Generate, Save and Exit를 선택하여 새로운 폴더를 하나 만들고 저장을 한다.

이때 3개의 파일을 저장하는데 하나는 *.c 확장자를 가지는 C 소스파일이고 나머지는 프로젝트 관련 파일이다. 모두 같은 파일명으로 저장하면 된다.

이 때 확장자는 붙이지 말 것. 저장이 끝나면 프로젝트가 생성되고 [그림 10-27]과 같이 C 소스파일 창이 CodeVisionAVR 프로그램 내부에 뜬다.

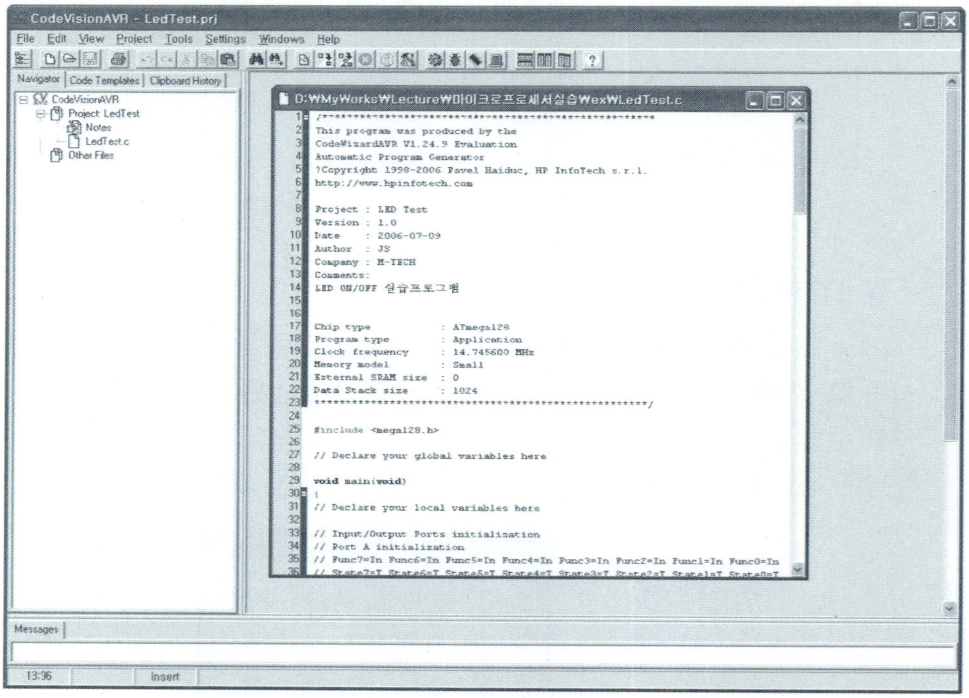

[그림 10-27] Wizard를 이용하여 생성한 Source 창

⑤ 생성된 코드 살펴보기

```
/*****************************************************
This program was produced by the
CodeWizardAVR V1.24.0 Standard
Automatic Program Generator
```

```
?Copyright 1998-2003 HP InfoTech s.r.l.     // HP InfoTech에서 코드위자드로 생성될 때
http://www.hpinfotech.ro                    // 입력되는 문장이다. 지워도 상관없다.
e-mail:office@hpinfotech.ro

Project : LED Test                          // 코드위자드에서 입력한 프로젝트 정보
Version : 1.0
Date    : 2006
Author  : 홍길동
Company : ED
Comments:
LED ON/OFF 실습 프로그램

Chip type           : ATmega128             // 코드위자드에서 입력한 AVR Chip 정보
Program type        : Application
Clock frequency     : 16.000000MHz
Memory model        : Small
External SRAM size  : 0
Data Stack size     : 1024
*********************************************/

#include <mega128.h> // ATmega128을 사용할 경우 기본적으로 사용되는 헤더파일

// 나중에 전역변수를 사용할 경우 여기에 선언한다.

void main(void)  // 메인함수, C프로그램이 실행되기 위해서는 꼭 있어야 하는 기본함수
{
// 메인함수 내에서 변수를 사용하려면 여기에 선언한다.


// 코드위자드에서 AVR Chip의 기능을 설정한 내용이 여기부터 작성되어 있다.
// 우리는 설정된 내용 중에서 필요한 부분만 남기고 나머지는 삭제할 것이다.

// Input/Output Ports initialization
// Port A initialization
// Func0=Out Func1=Out Func2=Out Func3=Out Func4=Out Func5=Out Func6=Out Func7=Out
// State0=0 State1=0 State2=0 State3=0 State4=0 State5=0 State6=0 State7=0
PORTA=0x00;
DDRA=0xFF;

// Port B initialization
// Func0=Out Func1=Out Func2=Out Func3=Out Func4=Out Func5=Out Func6=Out Func7=Out
// State0=0 State1=0 State2=0 State3=0 State4=0 State5=0 State6=0 State7=0
PORTB=0x00;
```

```
DDRB=0xFF;

// Port C initialization
// Func0=Out Func1=Out Func2=Out Func3=Out Func4=Out Func5=Out Func6=Out Func7=Out
// State0=0 State1=0 State2=0 State3=0 State4=0 State5=0 State6=0 State7=0
PORTC=0x00;
DDRC=0xFF;

// Port D initialization
// Func0=In Func1=In Func2=In Func3=In Func4=In Func5=In Func6=In Func7=In
// State0=P State1=P State2=P State3=P State4=P State5=P State6=P State7=P
PORTD=0xFF;
DDRD=0x00;

// Port E initialization
// Func0=Out Func1=Out Func2=Out Func3=Out Func4=In Func5=In Func6=In Func7=In
// State0=0 State1=0 State2=0 State3=0 State4=P State5=P State6=P State7=P
PORTE=0xF0;
DDRE=0x0F;

// Port F initialization
// Func0=Out Func1=Out Func2=Out Func3=Out Func4=Out Func5=Out Func6=Out Func7=Out
// State0=0 State1=0 State2=0 State3=0 State4=0 State5=0 State6=0 State7=0
PORTF=0x00;
DDRF=0xFF;

// Port G initialization
// Func0=Out Func1=Out Func2=Out Func3=Out Func4=Out
// State0=0 State1=0 State2=0 State3=0 State4=0
PORTG=0x00;
DDRG=0x1F;

// Timer/Counter 0 initialization
// Clock source: System Clock
// Clock value: Timer 0 Stopped
// Mode: Normal top=FFh
// OC0 output: Disconnected
ASSR=0x00;
TCCR0=0x00;
TCNT0=0x00;
OCR0=0x00;

// Timer/Counter 1 initialization
```

```
// Clock source: System Clock
// Clock value: Timer 1 Stopped
// Mode: Normal top=FFFFh
// OC1A output: Discon.
// OC1B output: Discon.
// OC1C output: Discon.
// Noise Canceler: Off
// Input Capture on Falling Edge
TCCR1A=0x00;
TCCR1B=0x00;
TCNT1H=0x00;
TCNT1L=0x00;
OCR1AH=0x00;
OCR1AL=0x00;
OCR1BH=0x00;
OCR1BL=0x00;
OCR1CH=0x00;
OCR1CL=0x00;

// Timer/Counter 2 initialization
// Clock source: System Clock
// Clock value: Timer 2 Stopped
// Mode: Normal top=FFh
// OC2 output: Disconnected
TCCR2=0x00;
TCNT2=0x00;
OCR2=0x00;

// Timer/Counter 3 initialization
// Clock source: System Clock
// Clock value: Timer 3 Stopped
// Mode: Normal top=FFFFh
// OC3A output: Discon.
// OC3B output: Discon.
// OC3C output: Discon.
TCCR3A=0x00;
TCCR3B=0x00;
TCNT3H=0x00;
TCNT3L=0x00;
OCR3AH=0x00;
OCR3AL=0x00;
OCR3BH=0x00;
OCR3BL=0x00;
```

```
OCR3CH=0x00;
OCR3CL=0x00;

// External Interrupt(s) initialization
// INT0: Off
// INT1: Off
// INT2: Off
// INT3: Off
// INT4: Off
// INT5: Off
// INT6: Off
// INT7: Off
EICRA=0x00;
EICRB=0x00;
EIMSK=0x00;

// Timer(s)/Counter(s) Interrupt(s) initialization
TIMSK=0x00;
ETIMSK=0x00;

// Analog Comparator initialization
// Analog Comparator: Off
// Analog Comparator Input Capture by Timer/Counter 1: Off
// Analog Comparator Output: Off
ACSR=0x80;
SFIOR=0x00;
// 여기까지가 코드위자드에서 설정한 AVR Chip의 기능을 설정한 부분이다.

while (1)
      {
      // Place your code here          // 프로그램은 여기에 작성한다.
      };
}
```

3) PonyProg2000을 통한 프로그램 다운로드

(1) PonyProg2000 설치하기

① PonyProg2000의 개발사 홈페이지(http://www.lancos.com/ppwin95.html)에 접속하여 [그림 10-28]과 같이 v2.06f BETA를 다운로드한다.

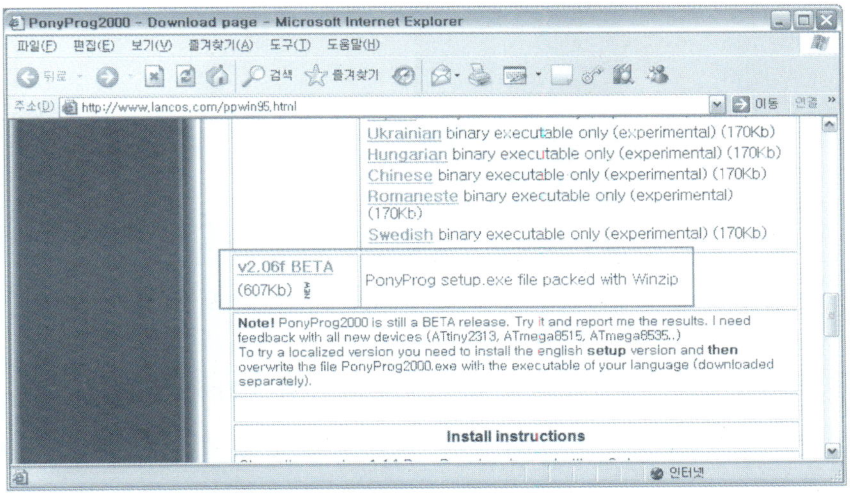

[그림 10-28] Download

② Setup.exe를 더블클릭하면 [그림 10-29]와 같은 창이 뜨는데, '예'를 눌러 설치를 진행한다.

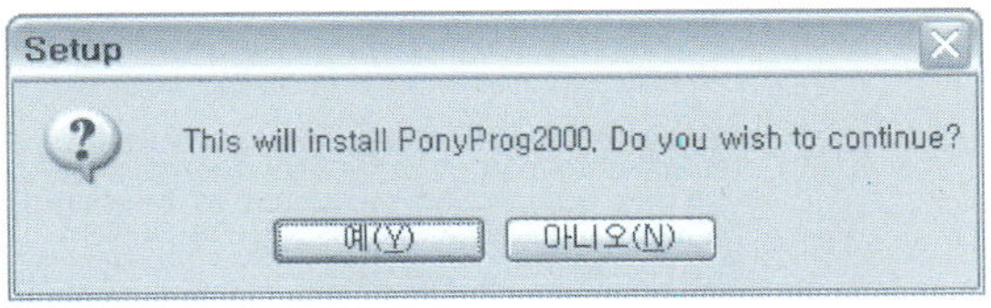

[그림 10-29] Setup.exe 실행시 설치 여부를 묻는 창

③ [그림 10-30]에서 설치를 계속해서 진행하고자 한다면 Next를 누른다.

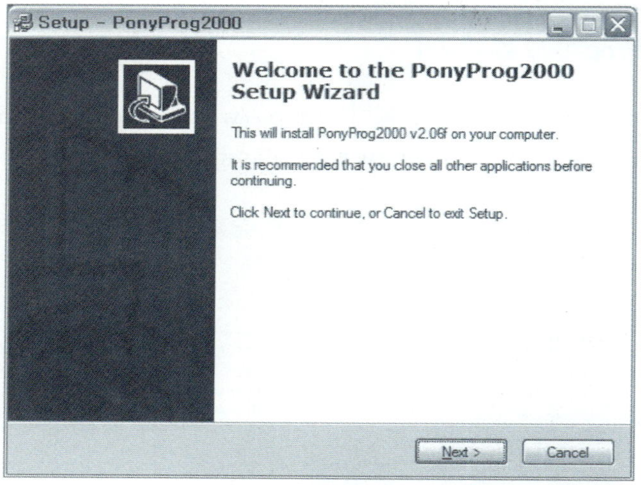

[그림 10-30] PonyProg2000의 설치 여부를 묻는 창

④ [그림 10-31]과 같이 설치에 동의한다면 동의하는 칸에 체크하고 Next 버튼을 눌러 다음으로 진행한다.

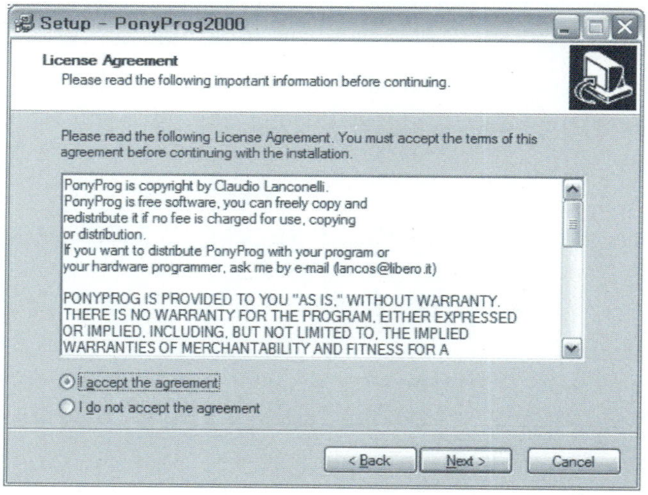

[그림 10-31] License Agreement 확인

⑤ [그림 10-32]처럼 설치하고자 하는 임의의 폴더를 설정해 준 뒤 Next 버튼을 눌러 설치를 계속 진행한다.

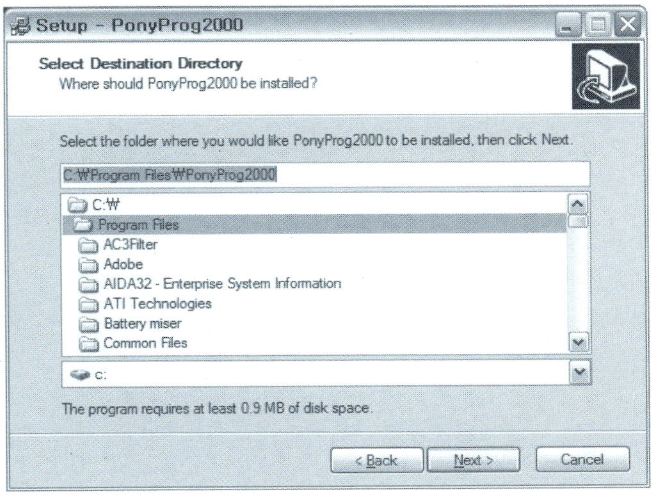

[그림 10-32] 설치 폴더 설정

⑥ [그림 10-33]과 같이 Start Menu Folder를 설정한 뒤 Next 버튼을 눌러 설치를 진행한다.

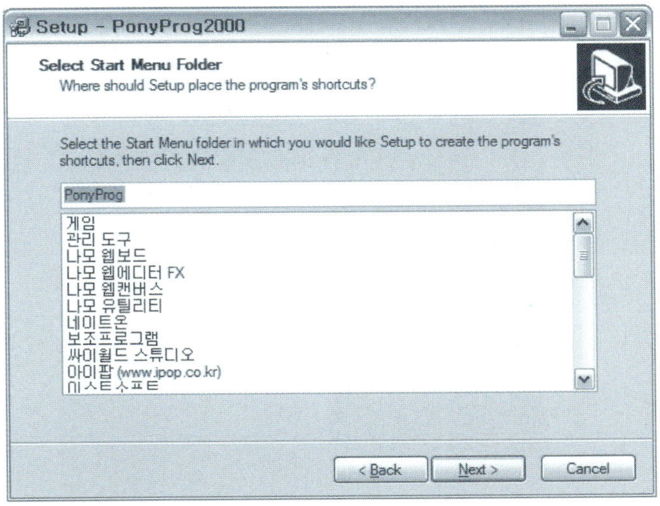

[그림 10-33] Start Menu Folder 설정

⑦ [그림 10-34]와 같이 지금까지 설정했던 사항들이 맞는지 확인한 후에 올바르게 설정이 되었다면 Install 버튼을 눌러 설치를 시작한다.

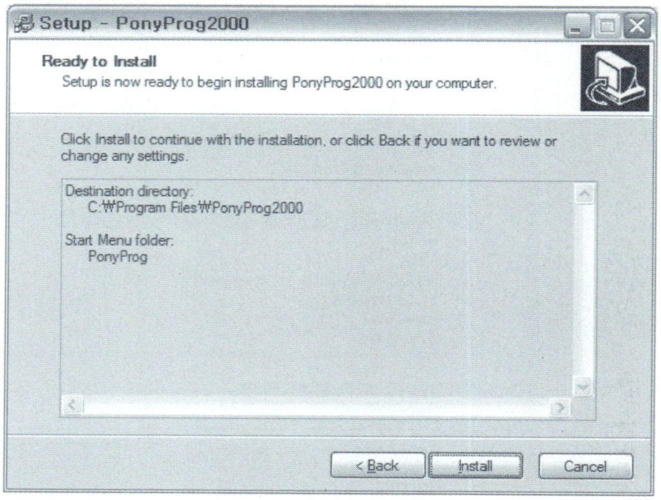

[그림 10-34] 설정 사항 확인

⑧ 설치가 완료되면 [그림 10-35]와 같은 화면이 나타날 것이다.

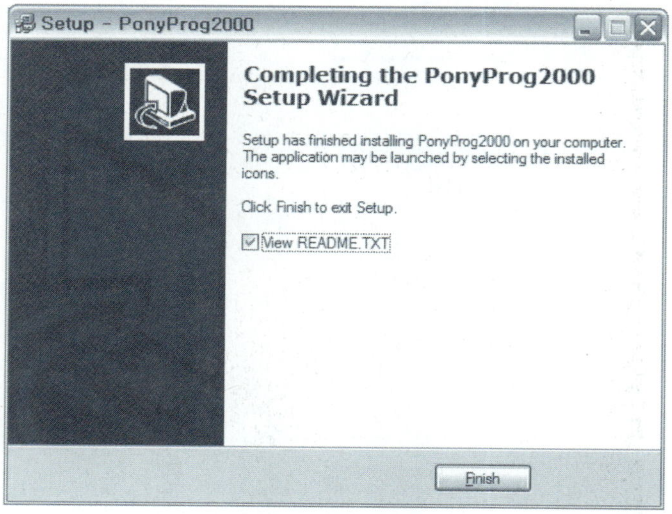

[그림 10-35] 설치 완료

⑨ Finish 버튼을 눌러 설치를 끝내고 프로그램을 시작한다.

(2) PonyProg2000 기본 설정 및 Download하기

① [그림 10-36]과 같은 아이콘을 더블클릭하여 프로그램을 실행한다.

[그림 10-36] PonyProg2000 실행 아이콘

② 실행하게 되면 아래와 같은 팝업창이 뜨며 말울음소리가 들릴 것이다. OK 버튼을 눌러 팝업창을 없앤다. 다음부터 말울음소리를 듣지 않으려면 [그림 10-37]과 같이 Disable sound에 Check하면 된다.

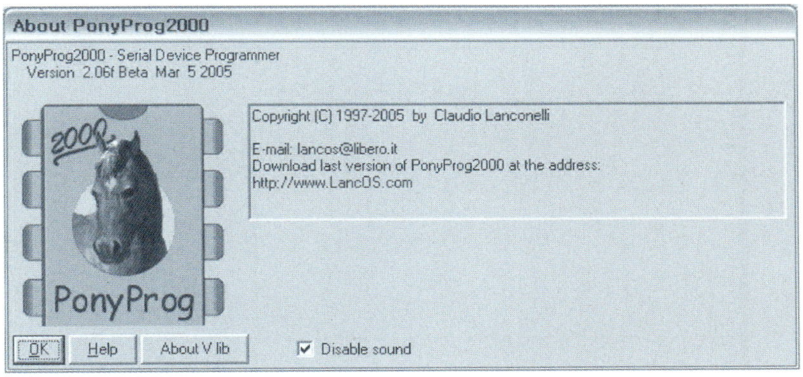

[그림 10-37] 실행 후 첫 화면

③ [그림 10-38], [그림 10-39]와 같은 Notice 창이 뜨면 이것은 기본적인 Setting이 되어 있지 않기 때문에 생기는 것이므로 OK를 눌러 없애고 환경설정을 하도록 한다.

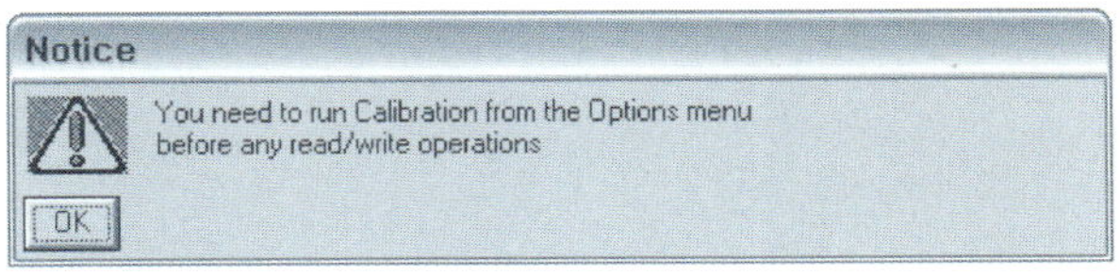

[그림 10-38]

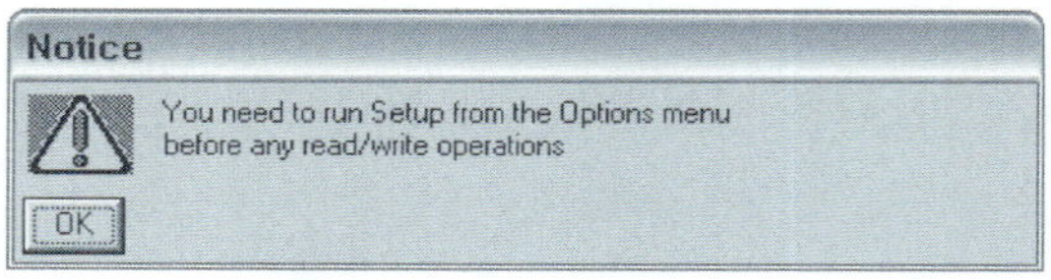

[그림 10-39]

④ [그림 10-40]은 아무런 Setting이 되지 않은 기본적인 프로그램 메인화면이다. 이제부터 자신의 개발환경에 맞도록 Setting을 하도록 한다.

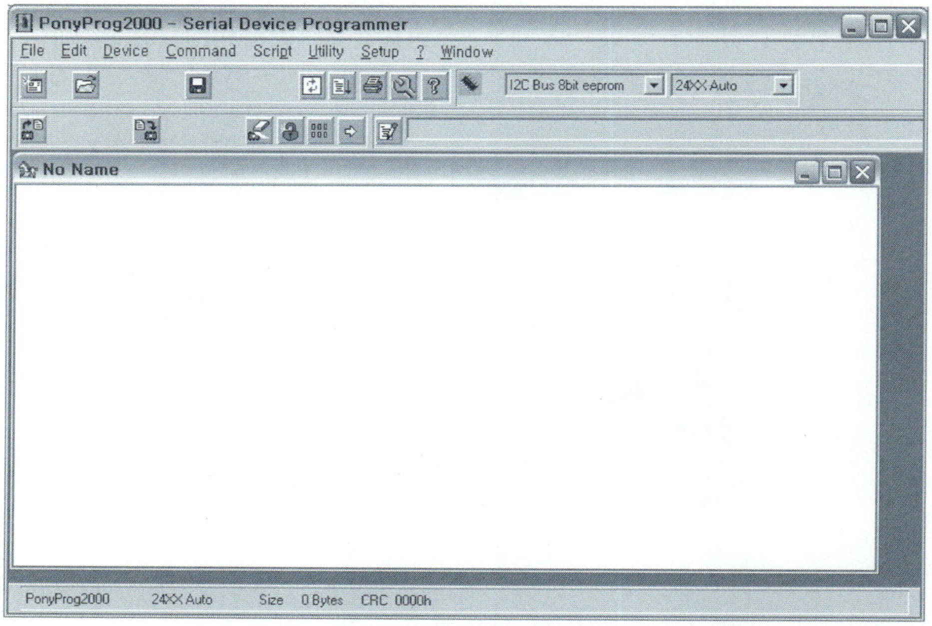

[그림 10-40] PonyProg2000 메인화면

⑤ AVR계열인 ATmega128이라는 MCU를 사용할 것이므로 [그림 10-41]과 같이 AVR micro를 선택하고 세부항목으로 ATmega128을 선택한다.

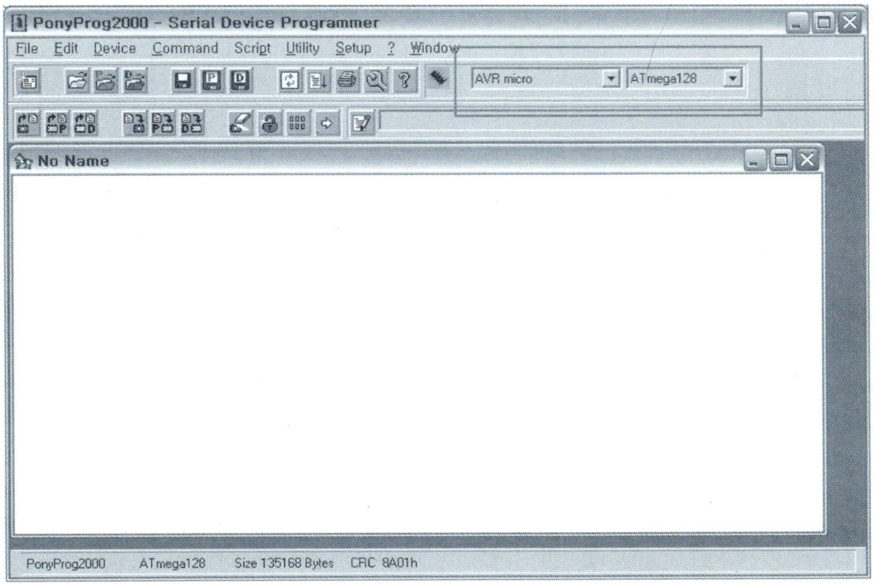

[그림 10-41] MCU 설정

⑥ 다음으로 Setup 메뉴에서 Interface를 [그림 10-42]와 같이 설정하고, Calibration을 눌러 실행하도록 한다.

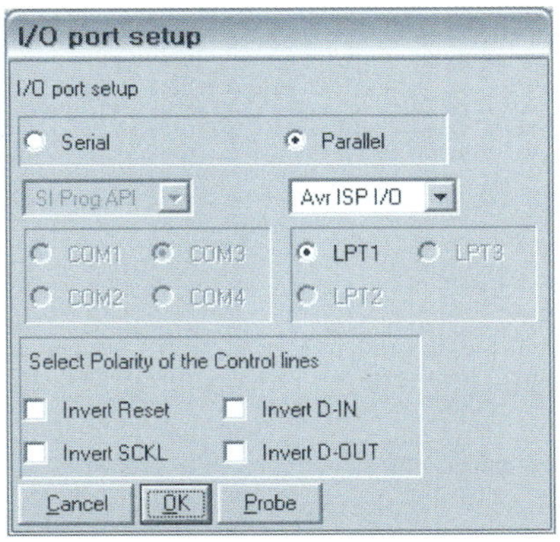

[그림 10-42] Calibration 설정

⑦ 기본적인 Setting이 끝났다면 이제 Download를 위해 Hex 또는 Rom 파일을 불러오도록 한다. 우리가 사용하는 Codevision에서 컴파일해서 만들어지는 확장자는 Hex이므로 버튼을 눌러 아래 [그림 10-43]과 같이 Hex 파일을 찾아 Open한다.

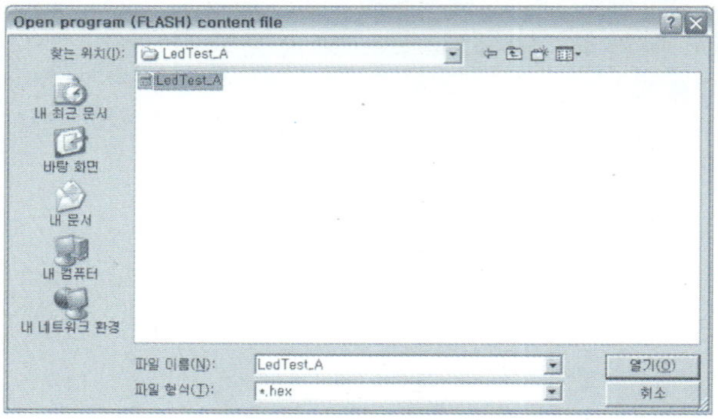

[그림 10-43] Open File

⑧ [그림 10-44]는 LedTest_A라는 파일을 Open한 내용이다. 좌측에 붉은 색으로 써진 숫자는 어드레스 주소를 의미하며, 가운데 녹색으로 써진 숫자는 Data를 오른쪽의 보라색으로 써진 내용은 Data와 대응되는 ASCII값을 나타낸다.

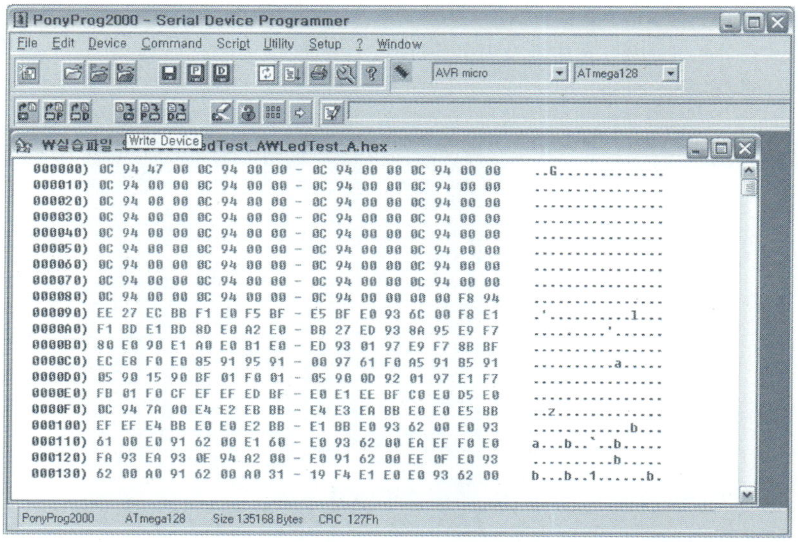

[그림 10-44] LedTest_A.hex를 Load한 화면

⑨ Open한 데이터를 ATmega128에 Download하기 위해 버튼을 누른다.

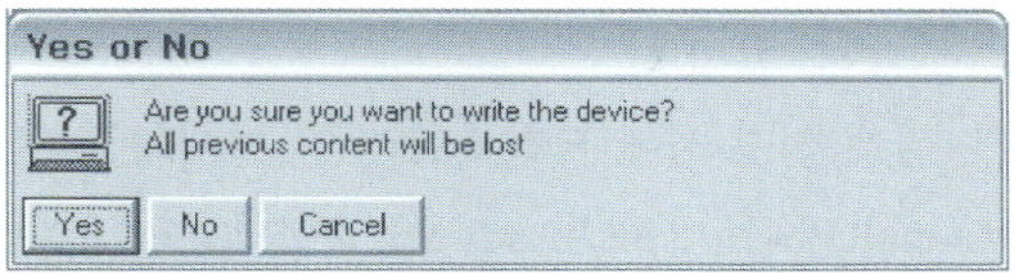

[그림 10-45] Download 진행여부 확인

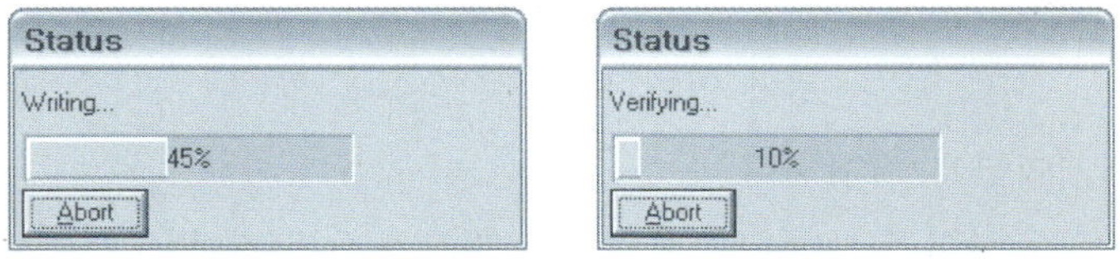

[그림 10-46] Download시 생성되는 창들

[그림 10-45]와 같이 이전의 Data가 사라진다는 메시지가 나오면 Yes를 눌러 프로그램을 실행시킨다. 이 때 MCU안에 지우면 안 되는 Data가 있다면 No를 눌러 실수로 지워지는 일이 없도록 해야 한다.

Download를 하면 [그림 10-46]과 같은 창들이 생성되는데 Verifying 단계가 상당히 오랜 시간이 걸려 Download가 된다는 것을 알 수 있을 것이다.

혹시 Download를 했는데도 원하는 결과가 나타나지 않는다면 CodeVision을 이용하여 Debugging을 하며, 원하는 결과를 얻도록 한다.

4) ATmega128

(1) AVR이 갖고 있는 특징

① 8Bit RISC(Reduced Instruction Set Computer) 구조로 명령어가 간단하며, 동작 속도는 빠르다.

② 1MHz당 약 1MIPS(Million Instruction Per Second)의 성능을 보인다.

③ 10Bit ADC 내장하고 있다.(일부 패밀리)

④ 다른 마이크로 컨트롤러에 비해 큰 SRAM을 가지고 있다.

㉥ AT90S8515(512B), Mega103(4KB)

⑤ Flash memory의 내장으로 프로그래밍이 용이하다.

⑥ EEPROM을 내장하고 있어서 데이터 백업이 가능하다.
(EEPROM의 크기는 SRAM과 동일)

⑦ C언어에 최적화된 설계
(실제로 칩 설계와 동시에 C컴파일러를 설계하였다.)

⑧ UART, SPI(Serial Pheriperal Interface), PWM(Pulse Width Modulation) 등을 내장함.

⑨ 8Bit 및 16Bit 타이머를 내장하고 있다.

⑩ 소비전력이 적다.

⑪ Tiny계열, AT90S계열, Mega계열이 있다.

- Tiny 시리즈 : RAM이 없거나 적은 모델이 대부분, 핀 수 또한 적어서 간단한 애플리케이션에 적합하다.
- AT90S 시리즈 : RAM의 크기는 보통으로 8051과 비슷하거나 더 나은 성능을 제공한다.
- Mega 시리즈 : 플래시 메모리와 램의 용량이 크고 핀 수 또한 많아서 복잡한 애플리케이션에 적합하다.

(2) ATmega128의 특징

① 고성능, 저전력 형태의 8Bit 컨트롤러

② 향상된 RISC 구조

③ 133개의 명령어

④ 32개의 8Bit 레지스터와 수많은 제어 레지스터

⑤ 128kByte의 프로그램 메모리

⑥ 4kByte의 EEPROM

⑦ 4kByte의 SRAM 내장

⑧ JTAG 인터페이스

⑨ 온칩 디버깅 가능

⑩ 사용자 코드 다운로드

⑪ 두 개의 8Bit 타이머/16Bit 타이머

⑫ 리얼타임클럭(RTC)을 위한 분리된 카운터

⑬ 6개의 PWM 채널, 2개의 8Bit PWM 채널

⑭ 8채널 10Bit A/D converter, 아날로그 비교기

⑮ SPI, TWI 직렬 통신 포트

⑯ 2개의 USART

⑰ 6개의 슬립모드 제공

IDLE, ADC Noise Reduction, Power-save, Power-down, Standby, Extended Standby

⑱ 내부 RC 발진회로 내장

⑲ Atmega 103과의 호환모드

⑳ 동작전압

- ATmega128L : 2.7~5.5V
- ATmega128 : 4.5~5.5V

21. System Clock

- ATmega128L : 0~8MHz
- ATmega128 : 0~16MHz

ATmega128을 사용하여 위의 특징들 중 몇 가지를 실습하고자 한다.

(3) ATmega128

① ATmega128의 핀 배열도

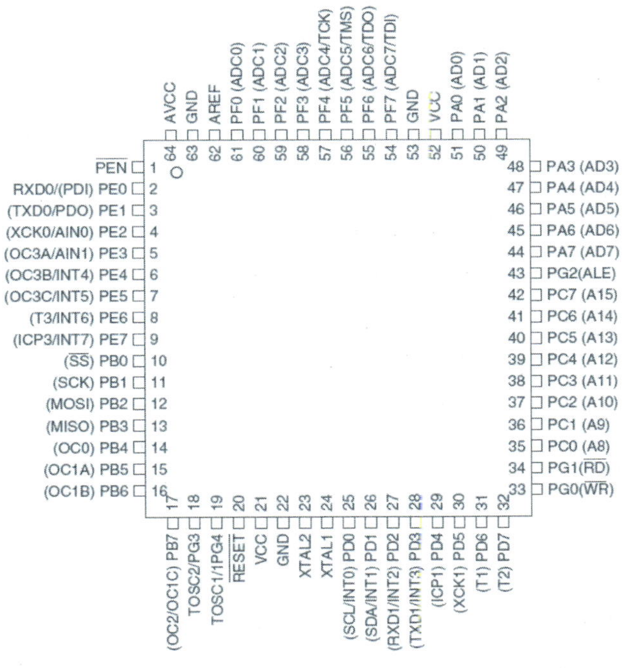

[그림 10-47] ATmega128의 핀 배열

② ATmega128 핀 기능

〈표 10-2〉 ATmega128 핀 기능

Name	Pin Num	Function	활성
PORT A - PORT G	-	외부 입출력 I/O	–
ALE	43	Address Latch Enable	H
RD	34	Read Strobe	L
WR	33	Write Strobe	L
RESET	20	CPU Reset	L
PEN	1	Program Enable	–
SCK/PDI/PDO	11/2/3	ISP/SPI 관련 시그널	–
TCK/TMS/TDO/TDI	54/55/56/57	JTAG 관련 시그널	–
XTAL1/XTAL2	23/24	크리스털/오실레이터 입력	–
AREF	62	ADC Reference Voltage	–
INT0-7	-	External Interrupt	–
TXD0/TXD1	3/28	UART0/1 Transmit	–
RXD0/RXD1	2/27	UART0/1 Receive	–
SS/SCK/MOSI/MISO	-	SPI 관련 시그널	–
T1/T2/T3	-	Timer/Counter 입력 시그널	–
OCx	-	Timer/Counter 출력 시그널	–
IC1/IC3	29/9	Timer/Counter Input Capture	–
ADC0/7	-	ADC Voltage Input	–
AIN0/1	4/5	Analog Comparator +/– Input	–

ATmega128은 위와 같이 64개의 핀들이 있지만 한 개의 핀이 두 가지 이상의 기능을 하는 것도 있는 것을 확인할 수 있다. 이 책에서는 모든 기능들에 대해서 다루지 못하고 교육용 Kit에서 필요한 부분들(PORT I/O)에 대해서만 다루므로 더욱더 자세한 사항들은 다른 전문 서적을 이용하여 공부하길 바란다.

(4) 레지스터의 기능 및 설정

우리가 ATmega128을 자유자재로 컨트롤하기 위해서는 각 핀들의 기능에 대해서 알고 있어야 하지만, 그보다 우선 레지스터를 이해해야 할 필요가 있다. 이 장의 처음 부분에서는 ATmega128의 특징들에 대해 소개하였다. 그 특징들 중에 "32개의 8Bit 레지스터와 수많은 제어 레지스터"라는 특징이 있었음을 독자들은 보았을 것이다. 이 부분에서는 바로 그 레지스터에 대해 짚고 넘어가려고 한다.

레지스터에 대한 사전적 의미는 산술적 · 논리적 연산이나 정보 해석, 전송 등을 할 수 있는 일정 길이의 2진 정보를 저장하는 중앙처리장치(CPU) 내의 기억 장치이다. 그렇다면 우리가 왜 레지스터에 대하여 공부해야 하는 것일까? 우리가 어떠한 프로그램을 실행시켜서 우리의 목적에 맞게 다루기 위해서는 환경설정을 해야 하는 것처럼 ATmega128의 많은 기능들 중에서 우리의 목적에 맞는 작업을 수행하게 하기 위해서는 ATmega128 내부의 기능을 Setting해줘야 한다. 여기서 말하는 Setting이 바로 레지스터를 설정하는 것을 의미한다. 우리가 궁극적으로 교육용 Kit로 실험하고자 하는 LED 제어, Toggle Switch를 이용한 Key 입력제어, FND 제어 등을 하고자 할 때 ATmega128 내부의 레지스터들을 올바르게 제어해야만 우리가 원하는 결과를 확인할 수 있게 되는 것이다. 〈표 10-3〉은 MCUCR이라는 레지스터이다. 잠시 레지스터의 사용법과 동작에 대해 알아보도록 하자.

- MCUCR(MCU Control Register) : MCU 제어 레지스터

〈표 10-3〉 MCUCR 레지스터

Bit	7	6	5	4	3	2	1	0
MCUCR	SRE	SRW10	SE	SM1	SM0	SM2	IVSEL	IVCE
RD/WR	RD/WR	RD/WR	RD/WR	RD/WR	RD/WR	RD/WR	RD/WR	RD/WR
초기값	0	0	0	0	0	0	0	0

이 레지스터는 외부 메모리와 관련이 있는데 관련있는 Bit의 기능은 다음과 같다.

① Bit 7 : SRE(External SRAM/XMEM Enable ; 외부 메모리 사용 인에이블)

설정을 1로 하면 외부 데이터 메모리 영역의 인터페이스 신호 AD0~AD7, A8~A15, ALE, RD, WR가 액티브되며, 0으로 하면 외부 메모리 인터페이스 신호가 아니라 일반 I/O 핀으로 동작하게 된다.

예를 들면, MCUCR = 0×70으로 설정하게 되면 SRE Bit만 1로 세팅이 된다. 16진수 값 0×70을 2진수로 표현하면 10000000이므로 7Bit만 1로 세팅이 되는 것이다.

② Bit 6 : SRW10(웨이트 사이클수 설정 Bit)

XMCRA 레지스터의 SRW11 Bit와 조합하여 외부 데이터 메모리 영역을 액세스할 때 부여하는 웨이트 사이클수를 설정하는데 사용된다.

이 외에도 Bit 5~Bit 0까지 6개의 Bit에 대한 설정과 설명이 더 있지만 생략하기로 한

다. ATmega128에서는 32개의 범용 레지스터와 64개의 I/O 레지스터, 160개의 확장 I/O 레지스터를 제공하고 있다. 그 레지스터들의 기능과 역할들에 대하여 모두 알고 있다면 프로젝트를 수행할 때 상당히 편할 것이다. 하지만 그 많은 레지스터들의 기능을 다 알고 기억하고 있기엔 너무 자료가 방대하기 때문에 모두 다 알고 있기에는 힘든 면이 있을지도 모른다. 전자소자들은 모두 그 소자들의 Spec.에 대해 나와 있는 Datasheet라는 것이 있는데, 혹시 독자들 중에서 ATmega128의 레지스터들에 대하여 공부하고 싶거나 알고 싶은 생각이 있다면 아래의 참고사이트에 접속하여 데이터 시트를 다운로드하여 공부하길 바란다.

- 참고사이트

http://www.alldatasheet.com/datasheet-pdf/pdf/56260/ATMEL/ATMEGA128.html
http://www.atmel.com/dyn/products/datasheets.asp?family_id=607

(5) ATmega128의 I/O PORT

우리가 I/O PORT에 대하여 이해하기 위해서는 컴퓨터의 구조에 대하여 아는 것이 좋은 예가 될 것이다. 우리가 사용하는 컴퓨터는 외형적으로 세 가지 Part로 나눌 수 있을 것이다. 모니터, 본체, 키보드(마우스)가 그것인데, 이들의 하는 역할을 살펴보면 키보드(마우스)를 이용하여 어떠한 데이터를 입력하게 되면 본체에서는 입력된 데이터를 연산하는 작업을 하게 된다. 그리고 연산이 마무리 되면 그 연산된 데이터를 모니터에 보내서 우리가 눈으로 확인할 수 있게 한다. 여기서 알 수 있듯이 I/O PORT는 데이터를 입력 혹은 출력할 때 사용하는 PORT인 것이다. I/O PORT에 대해 알기 쉽게 설명하기 위해서 컴퓨터를 예로 들었지만, 우리가 사용하는 ATmega128의 입출력은 외형적으로만 보면 컴퓨터와 같이 간단하지만 실질적으로 내부를 들여다보면 그렇지가 않다.

[그림 10-48]은 ATmega128의 Internal Logic을 나타낸 그림이다. 그림을 보면 느낄 수 있겠지만 언뜻 어떤 구조인지 이해하기 힘들 것이다. 이렇듯 ATmega128은 복잡한 구조로 구성되어 있다.

하지만 우리가 복잡한 내부 구조를 모두 다 알고 있을 필요는 없다. 위에서도 잠깐 언급했지만 Datasheet를 참고하면 굳이 외우고 있지 않더라도 구조에 대하여 알 수 있기 때문이다. 위에서 주목해서 봐야 할 것은 네모 점선 밖으로 화살표가 삐져나온 부분이다.

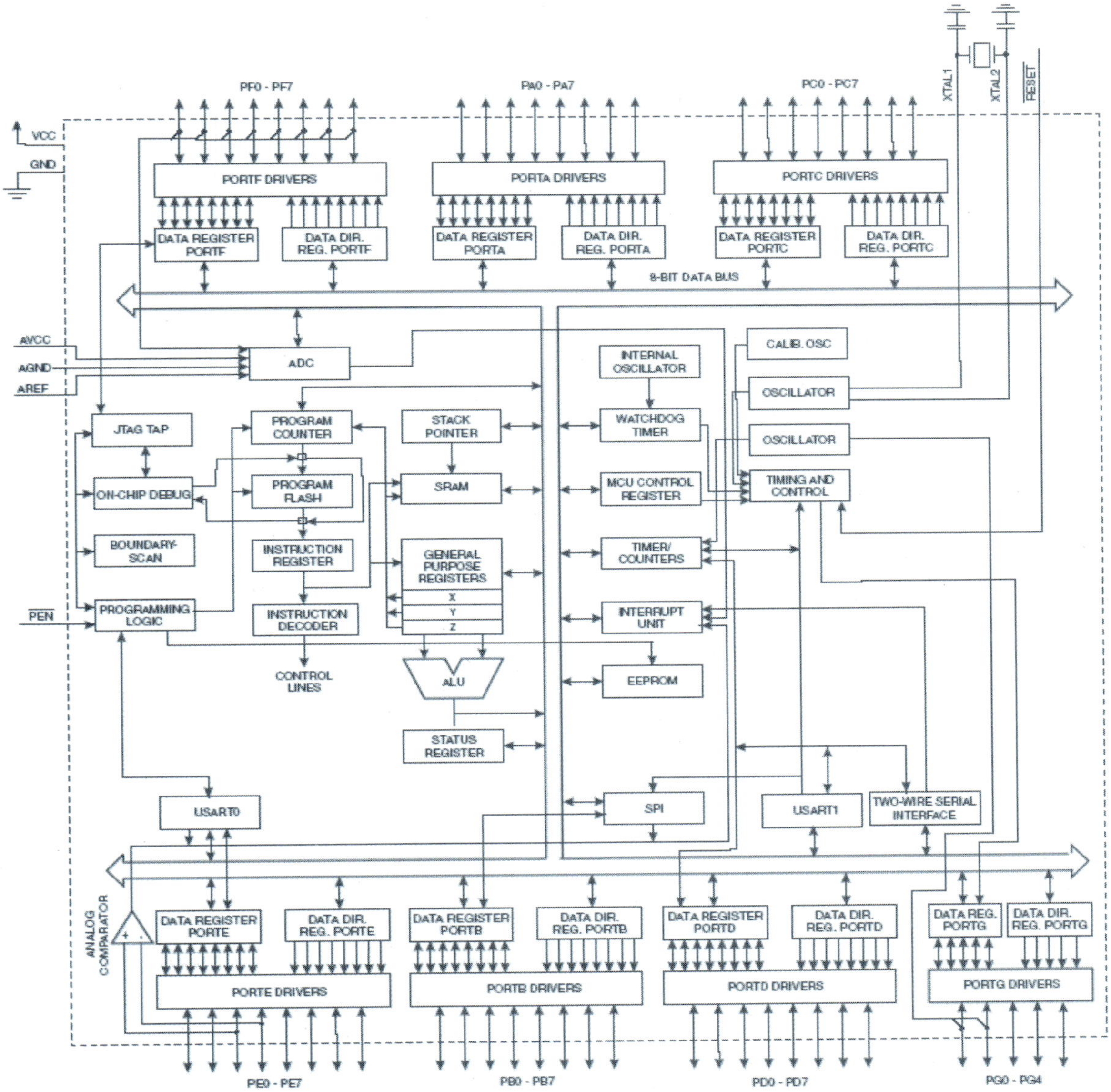

[그림 10-48] ATmega128 Logic

각각 PA(PORT A)~PG(PORT G)까지 8(0-7)Bit로 구성된 PORT들인데, 우리가 교육용 Kit를 통해 제어하고자 하는 LED, Key, FND 모두 PORT를 제어하여 프로그래밍해야 하는 것이다. 또한 제어를 할 때 레지스터를 설정해야 한다. 프로그래밍은 뒤에서 좀 더 자세히 다루기로 하고 I/O PORT에 대해 더욱더 알아보자.

ATmega128에는 총 7개의 PORT가 있다. 아래의 그림을 보자.

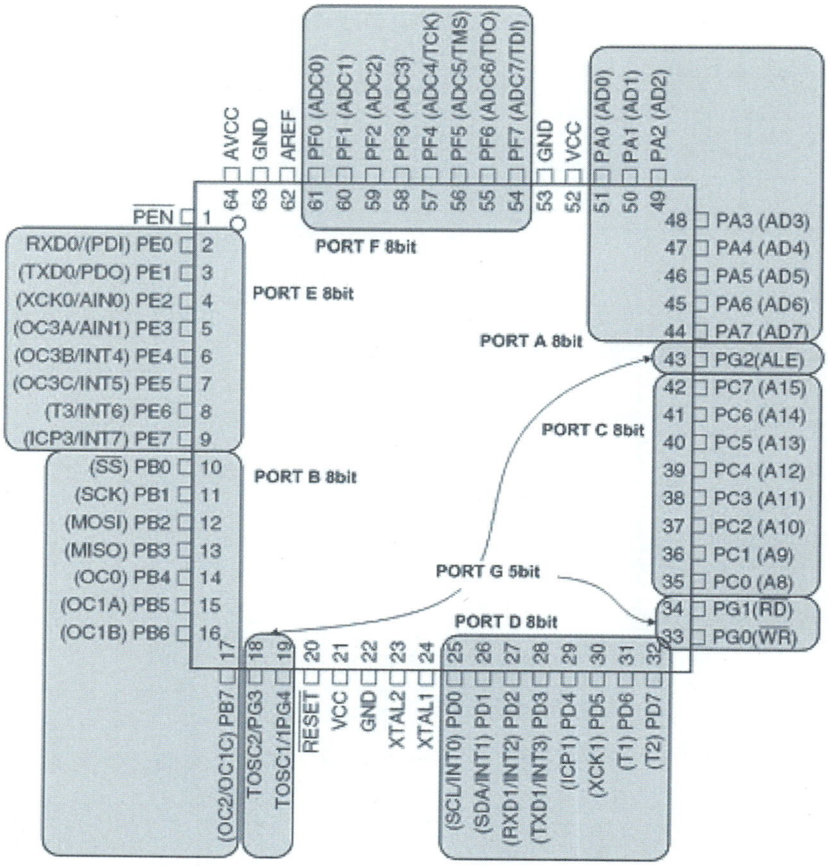

[그림 10-49] ATmega128의 Port

PA(PORT A)~PF(PORT F)의 8Bit로 구성되어 있으며 PG는 5Bit로 구성되어 있다. 이 PORT들과 앞에서 언급한 레지스터들을 이용하여 다음 Section부터 실습을 하도록 한다.

(6) LED(Light Emitting Diode) 이론

발광 다이오드라 부르는 LED(Light Emitting Diode)는 빛을 발하는 반도체 소자를 말하며, 방출하는 빛의 색깔은 반도체를 구성할 때 칩 구성원소의 배합에 따라 파장을 만드는데 이때 만들어진 파장이 빛의 색깔을 결정하는 것이다.

〈표 10-4〉는 파장과 색과의 관계를 나타낸 것이다.

〈표 10-4〉 파장에 따른 빛의 색깔

Color	Wavelength(nm)	Color	Wavelength(nm)
violet	370~430 nm	amber	590~595 nm
blue	450~480 nm	orange	600~615 nm
green	500~530 nm	orange-red	620~640 nm
yellow-green	550~580 nm	red	645~700 nm
white	x:0,32 y:0.32	golden white	x:0.43 y:0.41

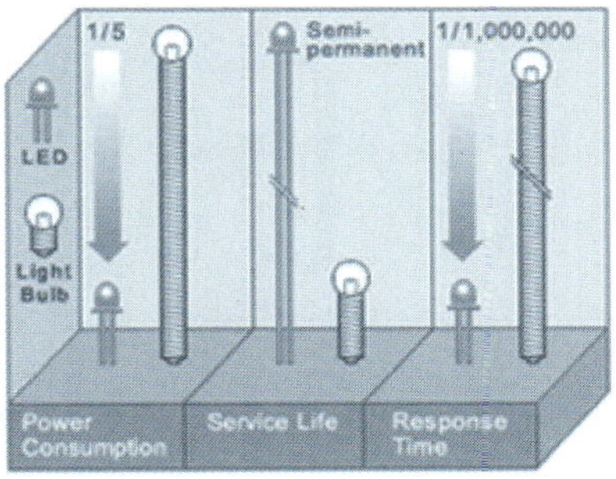

[그림 10-50] LED와 백열등의 특성

[그림 10-50]은 LED와 Light Bulb의 특성에 대하여 비교한 것이다. 위에서 보다시피 LED는 일반 백열전구에 비하여 소비전력은 1/5밖에 안되고, 반응시간은 1,000,000배나 빠르며, 수명은 반영구적으로서 그 동안 각종 적용 분야에 현저히 발달, 향상되어 정밀 반도체 장비 검사 기구, 자동차 계기판 등의 전자표시판, 전광판, 산업기계 표시기 및 각종 교통안전 신호등, 대체 조명등에 사용되고 있다.

① LED의 특징

- 광변환 효율이 높기 때문에 소비전력이 매우 적다.
- 작은 광원이기 때문에 소형화, 박형화, 경량화를 할 수 있다.
- 수명이 길다. (50~100배)
- 형광등과 같은 수은, 방전용 gas를 사용하지 않기 때문에 환경 친화적인 조명광원이다.
- 반영구적인 사용이기 때문에 쓰레기를 발생시키지 않는다.

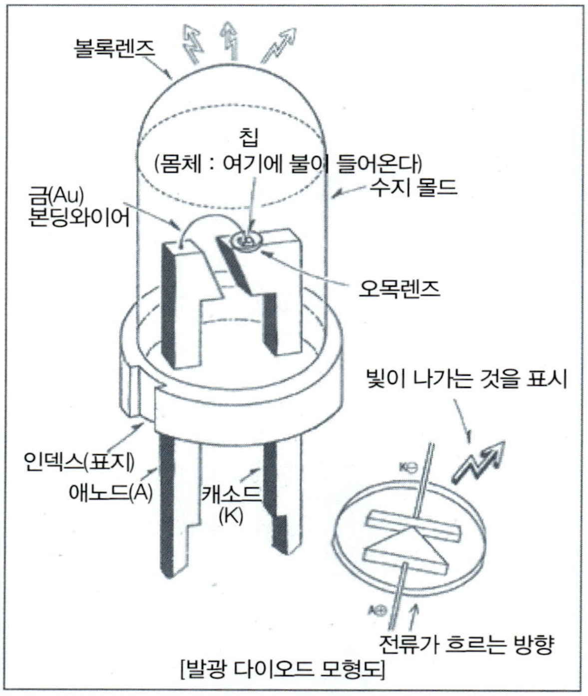

[그림 10-51] LED의 외형과 각 명칭

(7) Tactile Switch에 대해

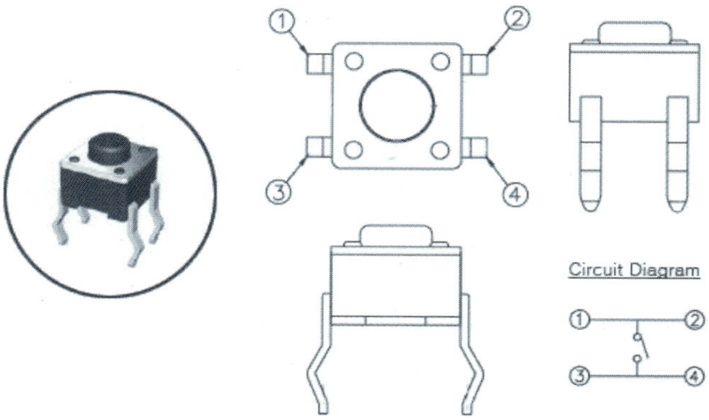

[그림 10-52] Tactile Switch의 외형과 Diagram

Tact Switch의 생김새는 [그림 10-52]에서 보는 바와 같이 다리와 push button으로 구성되어 있으며 동작은 Circuit에서 보는 바와 같이 ①, ②가 연결되어 있고 ③, ④가 연결되어 있는 구조로서 push button을 누르면 ①, ②와 ③, ④가 연결되게 된다. 우리는 실험을 통해 Tact Switch의 특성을 이용할 것이다.

(8) FND(Flexible Numeric Display)

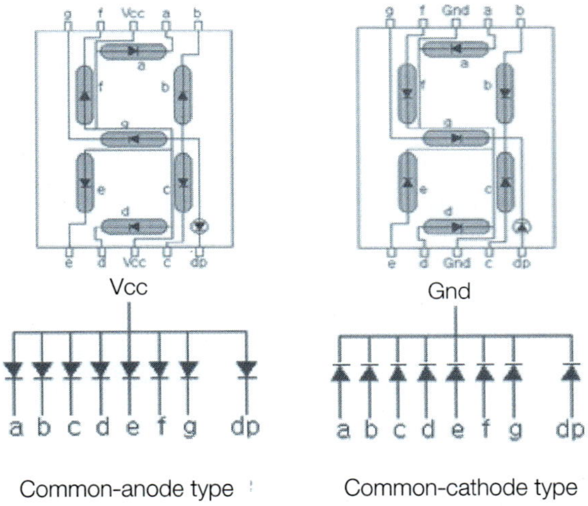

[그림 10-53] FND의 내부 Logic

디지털 회로에서 숫자를 표시하기 위하여 가장 많이 사용하는 소자로서 이름에서 알 수 있듯이 7개의 LED를 이용하여 왼쪽 그림과 같이 숫자를 표시하는데 사용한다.

FND는 크게 두 가지 종류로 나눌 수 있는데, 공통 양극(Common anode)과 공통 음극(Common cathode)이다. 7개의 LED의 어떤 극을 공통으로 하느냐에 따라 종류를 구분할 수 있는 것인데, 위 그림에서 Vcc를 공통으로 한 것이 공통 양극(Common anode), GND를 공통으로 한 것이 공통 음극(Common cathode)이다.

또한 이런 FND에 따라 각각 제어기가 틀려지는데, 이런 FND의 종류에 따라 사용 가능한 IC는 7446과 7447 등이 있다. 이러한 IC는 2진의 데이터값을 사람이 알아볼 수 있도록 해주는 디코더이다. 즉, FND는 2진법으로 생성된 데이터를 10진법으로 볼 수 있도록 하는 소자라고 정의가 가능할 것이다.

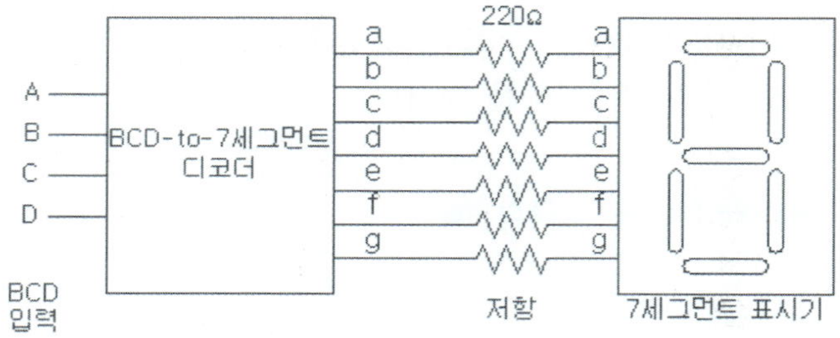

[그림 10-54] FND 사용 예

디코더를 통해 입력된 4Bit의 데이터는 24개의 데이터를 표현할 수 있는데, 이 데이터를 입력 값과 출력 값에 대해 정리한 것을 아래 〈표 10-5〉로 만들었다.

〈표 10-5〉 FND의 Data

Disp. Num.	입력				7-Segment Output						
	A	B	C	D	a	b	c	d	e	f	g
0	0	0	0	0	1	1	1	1	1	1	0
1	0	0	0	1	0	1	1	0	0	0	0
2	0	0	1	0	1	1	0	1	1	0	1
3	0	0	1	1	1	1	1	1	0	0	1
4	0	1	0	0	0	1	1	0	0	1	1
5	0	1	0	1	1	0	1	1	0	1	1
6	0	1	1	0	0	0	1	1	1	1	1
7	0	1	1	1	1	1	1	0	0	0	0
8	1	0	0	0	1	1	1	1	1	1	1
9	1	0	0	1	1	1	1	0	0	1	1

위 7-Segment Output Data가 우리가 사용할 Data이므로 참고하기 바란다.

10.3 실험 절차

1) LED 제어(0.5초 간격으로 깜박이는 프로그램)

① 컴퓨터, CBIS-1400 그리고 DS-1410을 준비하고, CBIS-1400과 DS-1410의 사용설명서를 읽고 충분히 숙지한 후 실험을 시작한다.

② DS-1400에 13.56MHz RFID 모듈(M-Module)을 탑재한다.

③ CodeVision을 실행하고, 기초이론에서 설명한 순서로 Project를 생성한다.

④ [그림 10-55]는 0.5초간 LED를 켜고 끄는 프로그램에 대한 순서도를 나타낸 것이다.

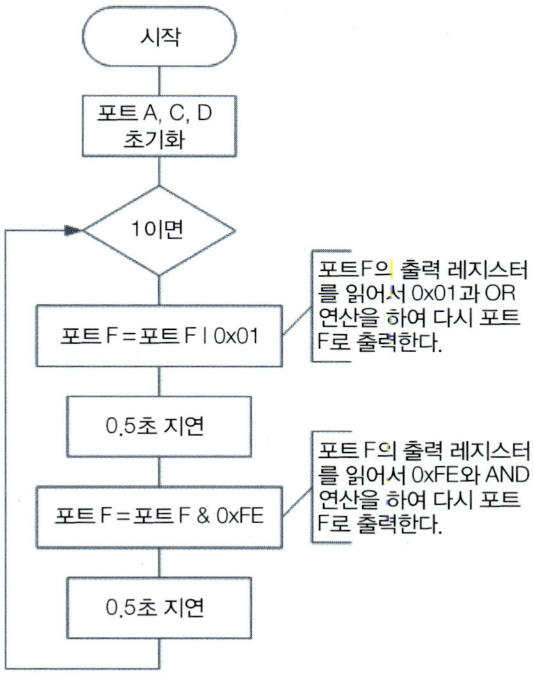

[그림 10-55] LED 제어 실습 순서도

⑤ 〈표 10-6〉의 소스를 CodeVision에 입력하고 ledtest.c로 저장한다.

〈표 10-6〉 0.5초 간격으로 깜박이는 프로그램표 307

```
/*****************************************************
Project : LED Test
Version : 1.0
Date    : 2006.
Author  :
Company : M-Tech
Comments:
LED ON/OFF 실습 프로그램

Chip type           : ATmega128
Program type        : Application
Clock frequency     : 16 MHz
Memory model        : Small
External SRAM size  : 0
Data Stack size     : 1024
*****************************************************/
#include <mega128.h>
#include <delay.h> // 시간지연을 위하여 포함시킨 헤더파일
          // delay_us(), delay_ms() 함수를 사용할 수 있다.

void main(void)
{
  PORTA=0x00; // 포트A 출력 레지스터를 0으로 설정
  DDRA=0xFF;  // 포트A 전체를 출력으로 설정

  PORTB=0x00; // 포트B 출력 레지스터를 0으로 설정
  DDRB=0xF0;  // 포트B 전체를 출력으로 설정

  PORTE=0x00; // 포트E 출력 레지스터를 0으로 설정
  DDRE=0x0F;  // 포트E 전체를 출력으로 설정

  PORTF=0x00; // 포트F 출력 레지스터를 0으로 설정
  DDRF=0xFF;  // 포트F 전체를 출력으로 설정

  while (1)
  {
    // 여기에 프로그램 작성
    PORTA = PORTA | 0x01;   // 포트A의 출력 레지스터를 읽어서
                            // 0x01과 OR 연산을 하여 다시 포트A로 출력한다.
    delay_ms(500);          // 0.5초 지연
    PORTA = PORTA & 0xFE;   // 포트A의 출력 레지스터를 읽어서
                            // 0xFE와 AND 연산을 하여 다시 포트A로 출력한다.
    delay_ms(500);
  };
}
```

⑥ [그림 10-56]과 같이 저장한 후 compile과 make를 수행한다. 프로젝트명과 같은 이름의 HEX 파일이 만들어졌는지 확인한다.

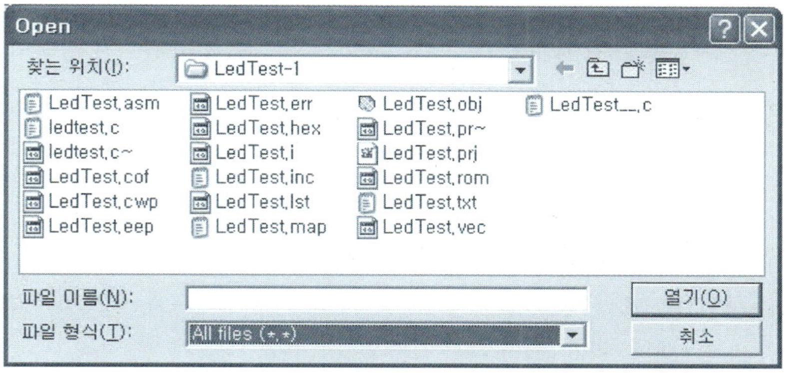

[그림 10-56] Compile과 Make 후의 폴더상태

⑦ ISP를 연결하고 PonyProg2000을 실행하도록 한다.

⑧ 생성된 hex 파일을 PonyProg2000에서 Load하면 [그림 10-57]과 같이 나오는데 버튼을 눌러 Program을 다운로드한다.

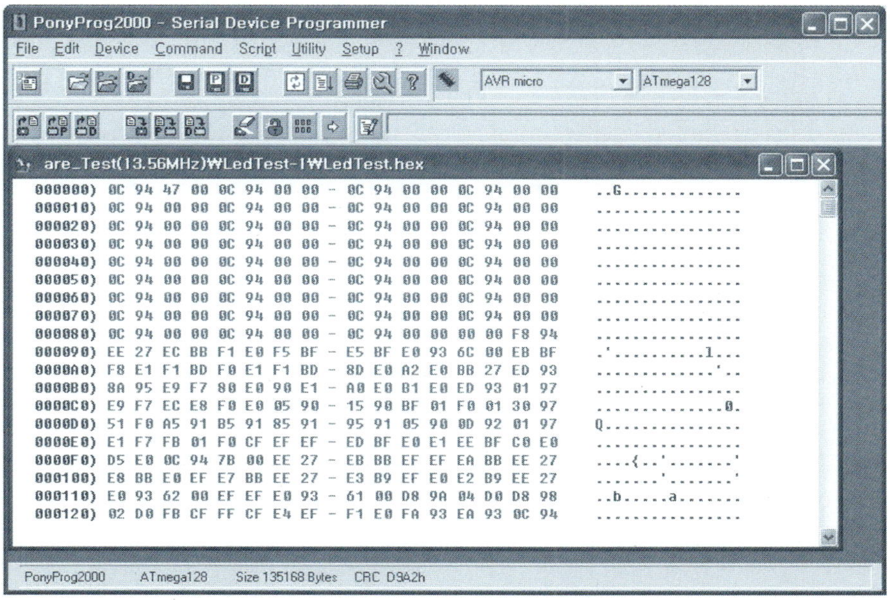

[그림 10-57] LedTest.hex 불러온 화면

⑨ 0.5초 간격으로 LED가 깜박이는지 확인한다.

⑩ 전원을 OFF하고 13.56MHz RFID 모듈을 Docking Station DS-1400으로부터 제거한다.

2) LED 제어(회전하며 깜박이는 LED)

① 컴퓨터, CBIS-1400 그리고 DS-1410을 준비하고, CBIS-1400과 DS-1410의 사용 설명서를 읽고 충분히 숙지한 후 실험을 시작한다.

② DS-1400에 13.56MHz RFID 모듈(M-Module)을 탑재한다.

③ CodeVision을 실행하고, 기초이론에서 설명한 순서로 Project를 생성한다.

④ [그림 10-58]은 LED1 〉〉 LED2 〉〉 LED3 〉〉 LED4의 순으로 0.25초간 LED를 켜는 프로그램에 대한 순서도를 나타낸 것이다.

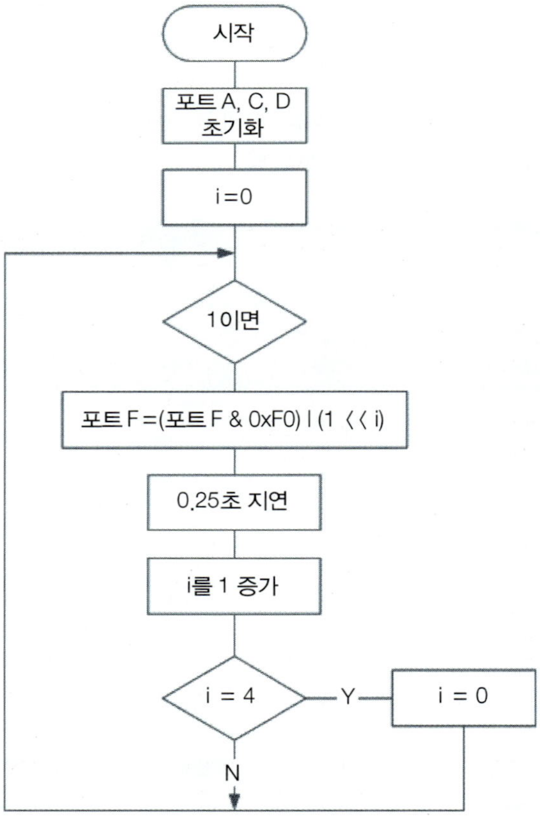

[그림 10-58] LED 제어 실습 순서도

⑤ 〈표 10-7〉의 소스를 CodeVision에 입력하고 ledtest2.c로 저장한다.

〈표 10-7〉 0.25초 간격으로 돌며 깜박이는 프로그램

```
/*****************************************************
Project : LED Test
Version : 1.0
Date    : 2006.
Author  : 홍길동
Company : ED
Comments:
LED ON/OFF 실습 프로그램

Chip type           : ATmega128
Program type        : Application
Clock frequency     : 16 MHz
Memory model        : Small
External SRAM size  : 0
Data Stack size     : 1024
*****************************************************/
#include <mega128.h>
#include <delay.h> // 시간지연을 위하여 포함시킨 헤더파일
                // delay_us(), delay_ms() 함수를 사용할 수 있다.

void main(void)
{
   int i=0;

   PORTA=0x00; // 포트A 출력 레지스터를 0으로 설정
   DDRA=0xFF;  // 포트A 전체를 출력으로 설정

   PORTB=0x00; // 포트B 출력 레지스터를 0으로 설정
   DDRB=0xF0;  // 포트B 전체를 출력으로 설정

   PORTE=0x00; // 포트E 출력 레지스터를 0으로 설정
   DDRE=0x0F;  // 포트E 전체를 출력으로 설정

   PORTF=0x00; // 포트F 출력 레지스터를 0으로 설정
   DDRF=0xFF;  // 포트F 전체를 출력으로 설정

   while (1)
   { // 포트F의 출력 레지스터를 읽어서 LED 해당 포트를 클리어,?
      PORTA = (PORTA & 0x00) | (1 << i);
     // 1을 i만큼 왼쪽으로 시프트하고 OR 연산하여 다시 포트A로 출력한다.
      delay_ms(250);                // 0.25초 지연

      i++;                          // i를 1증가.
      if (i == 8) i = 0;            // i를 증가하여 4가 되면 다시 0으로 한다.
   };
}
```

⑥ [그림 10-59]와 같이 저장한 후 compile과 make를 수행한다. 프로젝트명과 같은 이름의 HEX 파일이 만들어졌는지 확인한다.

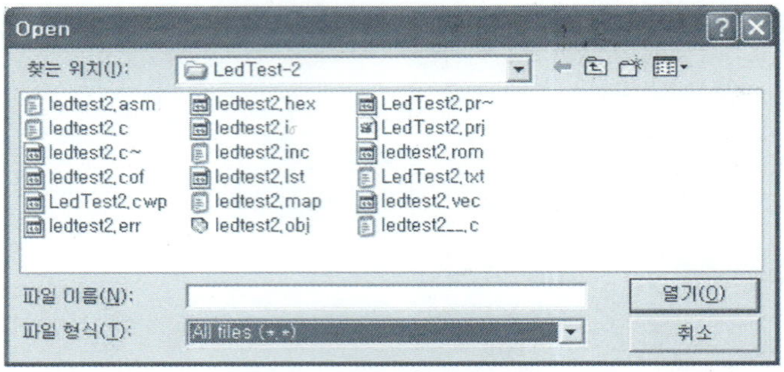

[그림 10-59] Compile과 Make후의 폴더상태

⑦ ISP를 연결하고 PonyProg2000을 실행하도록 한다.

⑧ 생성된 hex 파일을 PonyProg2000에서 Load하면 [그림 10-60]과 같이 나오는데 버튼을 눌러 Program을 다운로드한다.

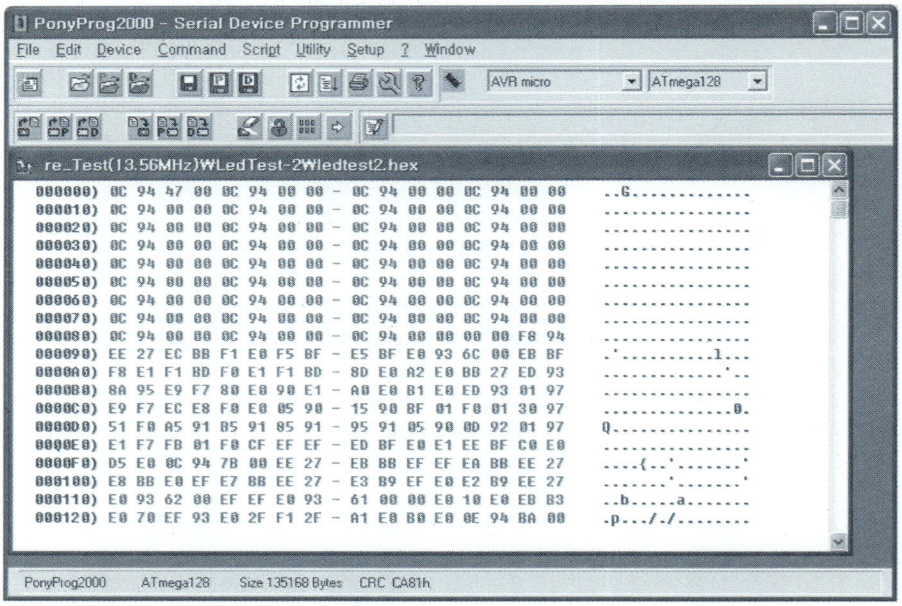

[그림 10-60] LedTest2.hex 불러온 화면

⑨ 0.25초 간격으로 LED가 LED1 〉〉 LED2 〉〉 LED3 〉〉 LED4 순으로 깜박이는지 확인한다.

⑩ 전원을 OFF하고 13.56MHz RFID 모듈을 Docking Station DS-1400으로부터 제거한다.

3) KEY 입력 테스트 제어 1(스위치 상태에 따른 LED 제어)

① 컴퓨터, CBIS-1400 그리고 DS-1410을 준비하고, CBIS-1400과 DS-1410의 사용설명서를 읽고 충분히 숙지한 후 실험을 시작한다.

② DS-1400에 13.56MHz RFID 모듈(M-Module)을 탑재한다.

③ CodeVision을 실행하고, 기초이론에서 설명한 순서로 Project를 생성한다.

④ [그림 10-61]은 KEY를 입력할 경우 해당 LED가 ON되도록 순서도를 나타낸 것이다.

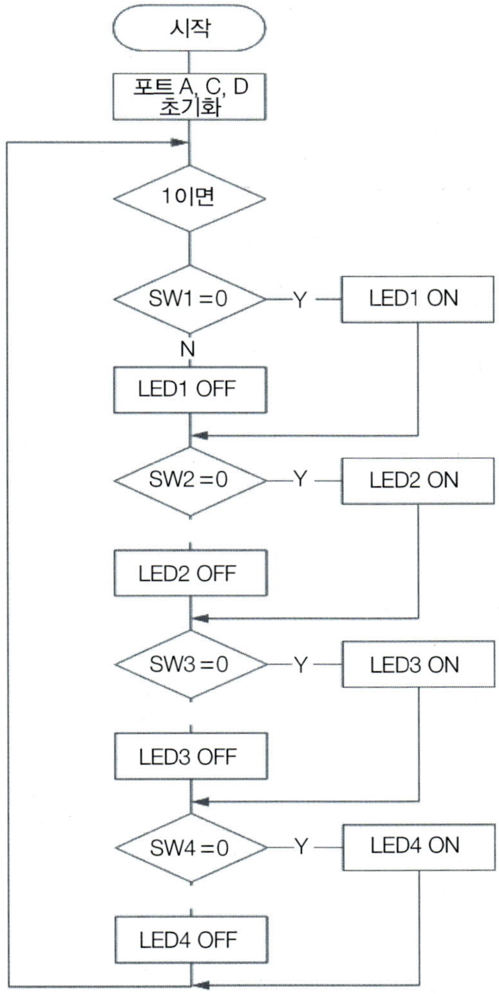

[그림 10-61] LED 제어 실습 순서도

⑤ 〈표 10-8〉의 소스를 CodeVision에 입력하고 keyinput1.c로 저장한다.

제 10 장

〈표 10-8〉 입력된 스위치에 해당하는 LED ON시키기

```
/*****************************************************
Project  : KeyInput Test 1
Version : 1.0
Date     : 2006.
Author  : 홍길동
Company : ED
Comments:
Key 입력 실습 프로그램
Chip type              : ATmega128
Program type          : Application
Clock frequency      : 16 MHz
Memory model         : Small
External SRAM size : 0
Data Stack size       : 1024
*****************************************************/
#include <mega128.h>

// 포트 E에 연결된 스위치
#define SW1    4
#define SW2    5
#define SW3    6
#define SW4    7

// 포트 A에 연결된 LED
#define LED1    0
#define LED2    1
#define LED3    2
#define LED4    3
#define LED5    4
#define LED6    5
#define LED7    6
#define LED8    7

void main(void)
{
   PORTA=0x00; // 포트A 출력 레지스터를 0으로 설정
   DDRA=0xFF;  // 포트A 전체를 출력으로 설정
      PORTB=0x00; // 포트B 출력 레지스터를 0으로 설정
   DDRB=0xF0;  // 포트B 전체를 출력으로 설정

   PORTE=0x00; // 포트E 출력 레지스터를 0으로 설정
   DDRE=0x0F;  // 포트E 전체를 출력으로 설정
   PORTF=0x00; // 포트F 출력 레지스터를 0으로 설정
   DDRF=0xFF;  // 포트F 전체를 출력으로 설정
```

```
    while (1)
    {

// 포트D의 상태를 입력받아 그 중 SW1에 해당하는 비트가 0인지 1인지를 판단한다.
        if ((PINE & (1 << SW1)) == 0) {
            // SW1의 해당 비트의 상태가 0이면 LED1을 켠다.
            PORTA = PORTA | (1 << LED1);
        } else {
            // SW1의 해당 비트의 상태가 1이면 LED1을 끈다.
            PORTA = PORTA & ~(1 << LED1);
        }

        if ((PINE & (1 << SW2)) == 0) {
            PORTA = PORTA | (1 << LED2);
        } else {
            PORTA = PORTA & ~(1 << LED2);
        }

        if ((PINE & (1 << SW3)) == 0) {
            PORTA = PORTA | (1 << LED3);
        } else {
            PORTA = PORTA & ~(1 << LED3);
        }

        if ((PINE & (1 << SW4)) == 0) {
            PORTA = PORTA | (1 << LED4);
        } else {
            PORTA = PORTA & ~(1 << LED4);
        }
    };
}
```

⑥ [그림 10-62]와 같이 저장한 후 compile과 make를 수행한다. 프로젝트명과 같은 이름의 HEX 파일이 만들어졌는지 확인한다.

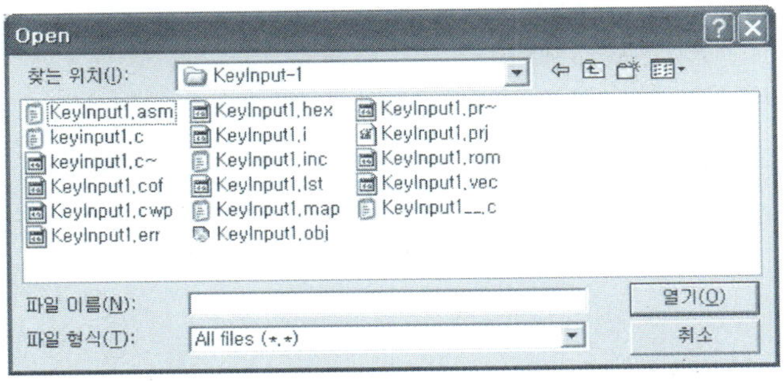

[그림 10-62] Compile과 Make 후의 폴더상태

⑦ ISP를 연결하고 PonyProg2000을 실행하도록 한다.

⑧ 생성된 hex 파일을 PonyProg2000에서 Load하면 [그림 10-63]과 같이 나오는데 버튼을 눌러 Program을 다운로드한다.

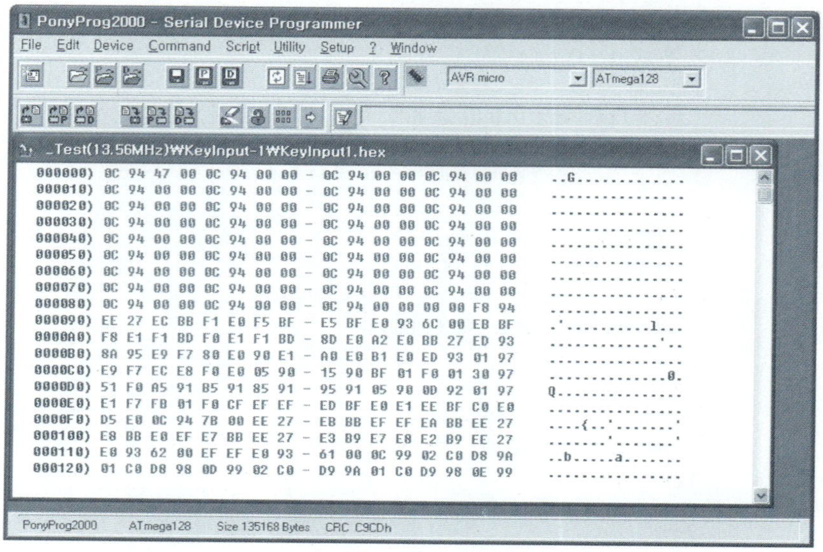

[그림 10-63] KeyInput1.hex 불러온 화면

⑨ SW1을 누르면 LED1이 SW2를 누르면 LED2가 SW3을 누르면 LED3이, 마지막으로 SW4를 누르면 LED4가 켜지는지 확인하도록 한다.

⑩ 전원을 OFF하고 13.56MHz RFID 모듈을 Docking Station DS-1400으로부터 제거한다.

4) KEY 입력 테스트 제어 2(KEY Toggle에 따른 LED 제어)

① 컴퓨터, CBIS-1400 그리고 DS-1410을 준비하고, CBIS-1400과 DS-1410의 사용설명서를 읽고 충분히 숙지한 후 실험을 시작한다.

② DS-1400에 13.56MHz RFID 모듈(M-Module)을 탑재한다.

③ CodeVision을 실행하고, 기초이론에서 설명한 순서로 Project를 생성한다.

④ [그림 10-64]는 KEY를 입력할 경우 LED가 ON되고, 또 KEY를 입력하면 LED가 OFF되는 순서도를 나타낸 것이다.

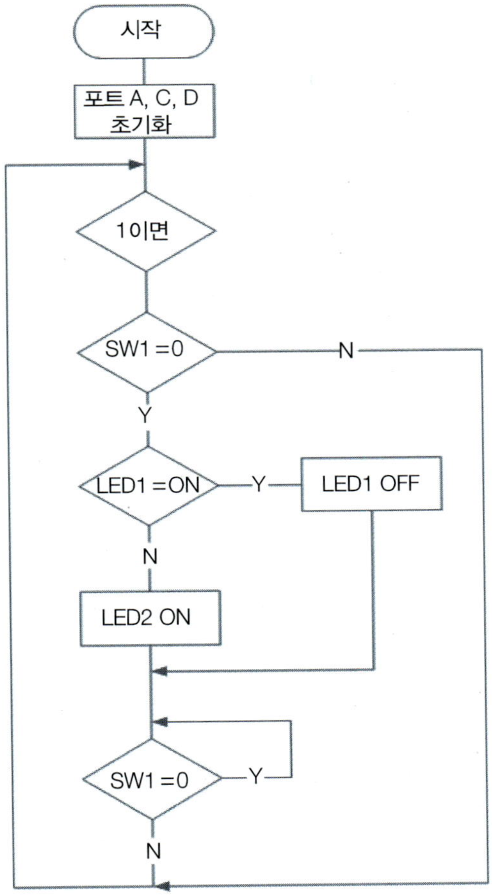

[그림 10-64] KEY Toggle에 따른 LED 제어

⑤ 〈표 10-9〉의 소스를 CodeVision에 입력하고 keyinput2.c로 저장한다.

〈표 10-9〉 스위치를 Toggle할 때 LED On/Off 프로그램

```
/*****************************************************
Project  : KeyInput Test 2
Version : 1.0
Date     : 2006.
Author   : 홍길동
Company : ED
Comments :
```

```
Key 입력 실습 프로그램

Chip type          : ATmega128
Program type       : Application
Clock frequency    : 16 MHz
Memory model       : Small
External SRAM size : 0
Data Stack size    : 1024
**************************************************/
#include <mega128.h>

// 포트 D에 연결된 스위치
#define SW1    4
#define SW2    5
#define SW3    6
#define SW4    7

// 포트 F에 연결된 LED
#define LED1   0
#define LED2   1
#define LED3   2
#define LED4   3
#define LED5   4
#define LED6   5
#define LED7   6
#define LED8   7

void main(void)
{
   PORTA=0x00; // 포트A 출력 레지스터를 0으로 설정
   DDRA=0xFF;  // 포트A 전체를 출력으로 설정

   PORTB=0x00; // 포트B 출력 레지스터를 0으로 설정
   DDRB=0xF0;  // 포트B 전체를 출력으로 설정

   PORTE=0x00; // 포트E 출력 레지스터를 0으로 설정
   DDRE=0x0F;  // 포트E 전체를 출력으로 설정

   PORTF=0x00; // 포트F 출력 레지스터를 0으로 설정
   DDRF=0xFF;  // 포트F 전체를 출력으로 설정

   while (1)
   {
```

```
        // 포트D의 상태를 입력받아 그 중 SW1에 해당하는 비트가 0인지 1인지를 판단한다.
      if ((PINE & (1 << SW1)) == 0) {
        if ((PORTA & (1 << LED1)) == 0) {
          // LED1의 출력 포트 레지스터의 상태가 0이면 LED1을 켠다.
          PORTA = PORTA | (1 << LED1);
        } else {
          // LED1의 출력 포트 레지스터의 상태가 1이면 LED1을 끈다.
          PORTA = PORTA & ~(1 << LED1);
        }

      // SW1을 눌렀다 놓을 때까지 기다린다. 즉 SW1의 상태가 1이 될 때까지 기다린다.
        while ((PINE & (1 << SW1)) == 0);
      }
    };
}
```

⑥ [그림 10-65]와 같이 저장한 후 compile과 make를 수행한다. 프로젝트명과 같은 이름의 HEX 파일이 만들어졌는지 확인한다.

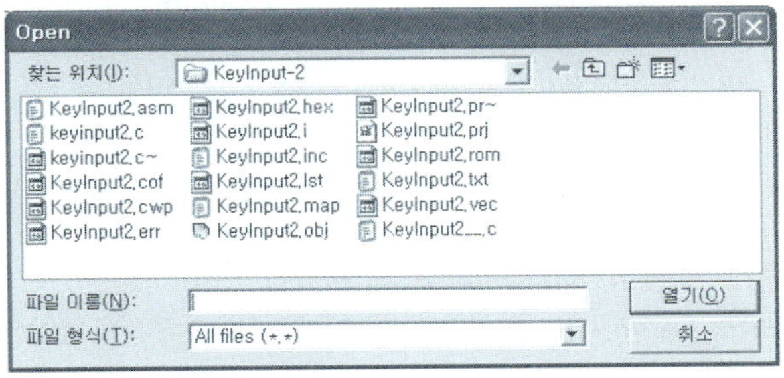

[그림 10-65] Compile과 Make 후의 폴더상태

⑦ ISP를 연결하고 PonyProg2000을 실행하도록 한다.

⑧ 생성된 hex 파일을 PonyProg2000에서 Load하면 [그림 10-66]과 같이 나오는데 버튼을 눌러 Program을 다운로드한다.

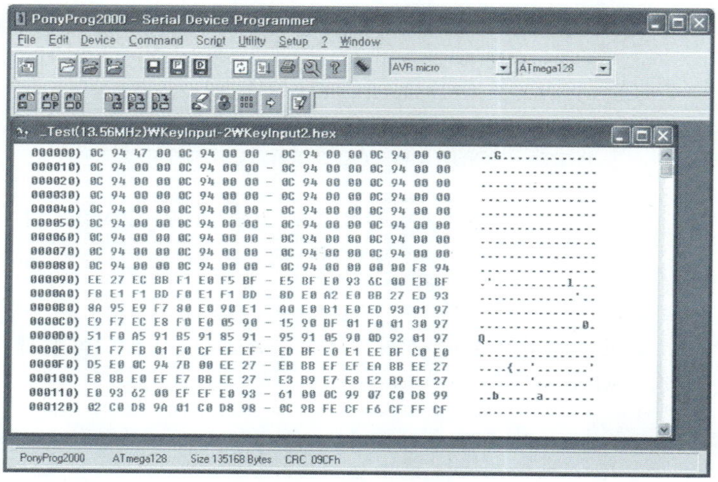

[그림 10-66] KeyInput2.hex 불러온 화면

⑨ SW1을 누르면 LED1이 ON이 되고, 다시 SW1을 누르면 LED1이 OFF되는지 확인하도록 한다.

⑩ 전원을 OFF하고 13.56MHz RFID 모듈을 Docking Station DS-1400으로부터 제거한다.

5) KEY 입력 테스트 제어 3(KEY 입력에 해당하는 LED 켜기)

① 컴퓨터, CBIS-1400 그리고 DS-1410을 준비하고, CBIS-1400과 DS-1410의 사용설명서를 읽고 충분히 숙지한 후 실험을 시작한다.

② DS-1400에 13.56MHz RFID 모듈(M-Module)을 탑재한다.

③ CodeVision을 실행하고, 기초이론에서 설명한 순서로 Project를 생성한다.

④ [그림 10-67]은 KEY1~KEY4 중 하나를 입력할 경우 해당되는 LED가 ON되는 순서도를 나타낸 것이다.

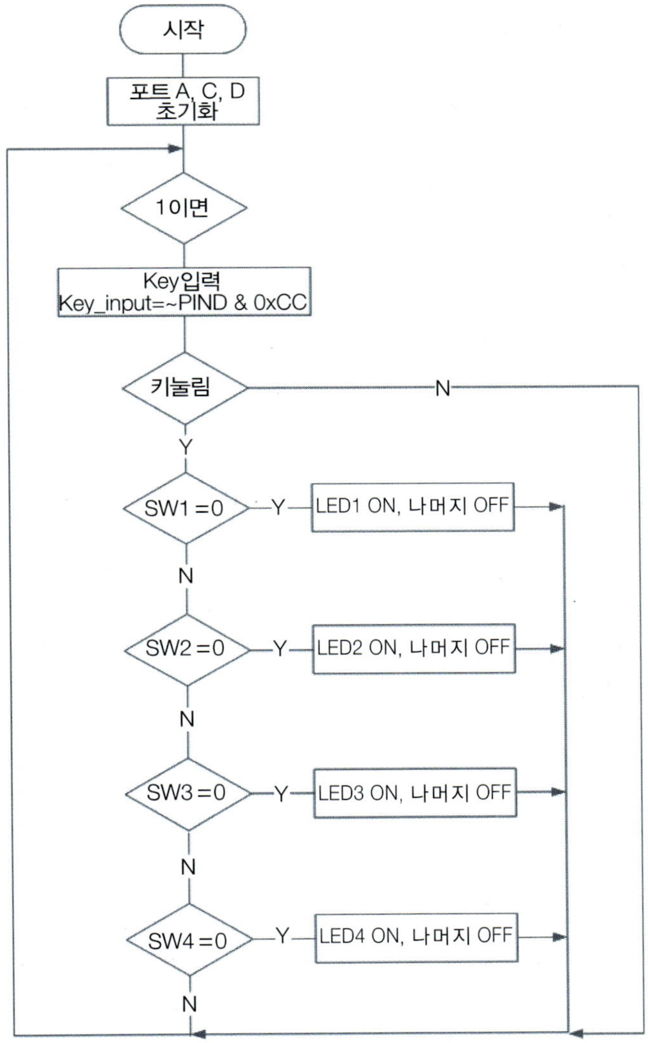

[그림 10-67] KEY 입력에 따른 해당 LED ON

⑤ 〈표 10-10〉의 소스를 CodeVision에 입력하고 keyinput3.c로 저장한다.

〈표 10-10〉 스위치 입력에 따른 LED 제어 프로그램

```
/*********************************************************
Project  : KeyInput Test 3
Version : 1.0
Date     : 2006.
Author  :
```

```
Company  : M-Tech
Comments :
Key 입력 실습 프로그램

Chip type           : ATmega128
Program type        : Application
Clock frequency     : 16 MHz
Memory model        : Small
External SRAM size  : 0
Data Stack size     : 1024
*****************************************************/
#include <mega128.h>

// 포트 D에 연결된 스위치
#define SW1    4
#define SW2    5
#define SW3    6
#define SW4    7
// 스위치 전체의 해당 비트를 선택하기 위하여 정의, 0xCC와 같다.
#define SW_ALL  ((1 << SW1) | (1 << SW2) | (1 << SW3) | (1 << SW4))

// 포트 F에 연결된 LED
#define LED1   0
#define LED2   1
#define LED3   2
#define LED4   3
#define LED5   4
#define LED6   5
#define LED7   6
#define LED8   7

void main(void)
{
   unsigned char key_input;

   PORTA=0x00; // 포트A 출력 레지스터를 0으로 설정
   DDRA=0xFF;  // 포트A 전체를 출력으로 설정

   PORTB=0x00; // 포트B 출력 레지스터를 0으로 설정
   DDRB=0xF0;  // 포트B 전체를 출력으로 설정

   PORTE=0x00; // 포트E 출력 레지스터를 0으로 설정
   DDRE=0x0F;  // 포트E 전체를 출력으로 설정

   PORTF=0x00; // 포트F 출력 레지스터를 0으로 설정
   DDRF=0xFF;  // 포트F 전체를 출력으로 설정
```

```
    // LED1을 켠다.
    PORTA = (PORTA & 0x00) | (1 << LED1);

    while (1)
    {
        // 포트D의 상태를 입력받아 스위치가 눌려졌는지 판단한다.
      key_input = ~PINE & SW_ALL;
      if (key_input != 0) {
        switch (key_input) {
          case (1 << SW1) :  // LED1을 켠다.
                      PORTA = (PORTA & 0x00) | (1 << LED1);
                      break;
          case (1 << SW2) :  // LED2를 켠다.
                      PORTA = (PORTA & 0x00) | (1 << LED2);
                      break;
          case (1 << SW3) :  // LED3을 켠다.
                      PORTA = (PORTA & 0x00) | (1 << LED3);
                      break;
          case (1 << SW4) :  // LED4를 켠다.
                      PORTA = (PORTA & 0x00) | (1 << LED4);
                      break;
          default       :  break;
        }

        // SW를 눌렀다 놓을 때까지 기다린다.
        while ((PINE & SW_ALL) != SW_ALL);
      }
    };
}
```

⑥ [그림 10-68]과 같이 저장한 후 compile과 make를 수행한다. 프로젝트명과 같은 이름의 HEX 파일이 만들어졌는지 확인한다.

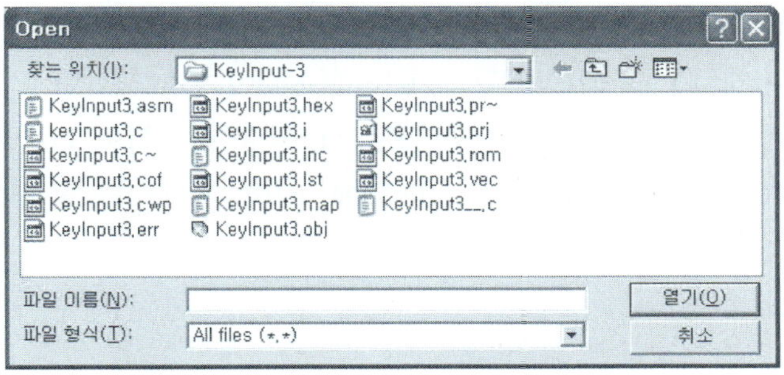

[그림 10-68] Compile과 Make 후의 폴더상태

⑦ ISP를 연결하고 PonyProg2000을 실행하도록 한다.

⑧ 생성된 hex 파일을 PonyProg2000에서 Load하면 [그림 10-69]와 같이 나오는데, 버튼을 눌러 Program을 다운로드한다.

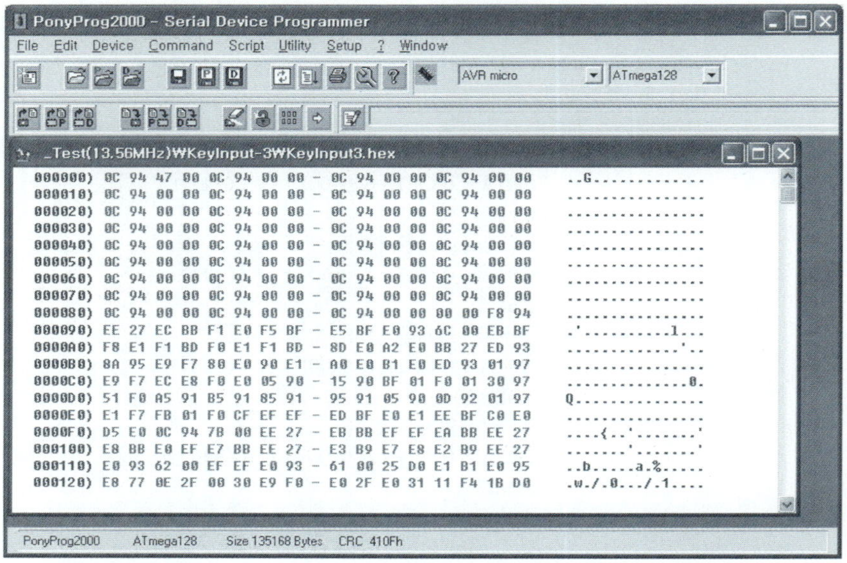

[그림 10-69] KeyInput3.hex 불러온 화면

⑨ SW1~SW4 중 한 개의 스위치를 누를 때 해당 LED가 ON되는지 확인하도록 한다.

⑩ 전원을 OFF하고 13.56MHz RFID 모듈을 Docking Station DS-1400으로부터 제거한다.

6) FND Display 실습 1(FND에 0~9까지 0.5초 간격으로 표시하기)

① 컴퓨터, CBIS-1400 그리고 DS-1410을 준비하고, CBIS-1400과 DS-1410의 사용설명서를 읽고 충분히 숙지한 후 실험을 시작한다.

② DS-1400에 13.56MHz RFID 모듈(M-Module)을 탑재한다.

③ CodeVision을 실행하고, 기초이론에서 설명한 순서로 Project를 생성한다.

④ [그림 10-70]은 0.5초 간격으로 FND에 0~9까지 Display되는 것을 순서도로 나타낸 것이다.

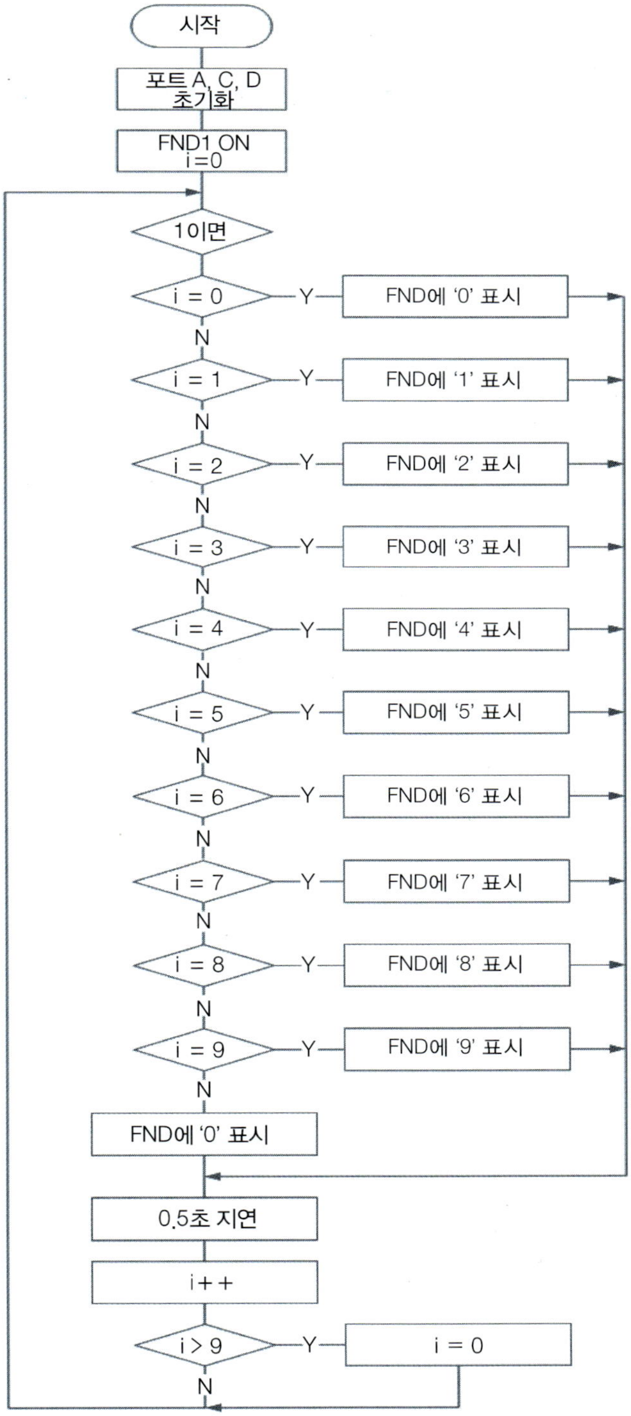

[그림 10-70] FND에 0~9까지 Display하는 순서도

⑤ 〈표 10-11〉의 소스를 CodeVision에 입력하고 FndDisp1.c로 저장한다.

〈표 10-11〉 FND에 0~9까지 Display하는 프로그램

```
/*****************************************************
Project : FND Display Test 1
Version : 1.0
Date    : 2006.
Author  : 홍길동
Company : ED
Comments:
FND 표시 실습 프로그램
Chip type           : ATmega128
Program type        : Application
Clock frequency     : 16 MHz
Memory model        : Small
External SRAM size  : 0
Data Stack size     : 1024
*****************************************************/
#include <mega128.h>
#include <delay.h> // 시간지연을 위하여 포함시킨 헤더파일
                   // delay_us(), delay_ms() 함수를 사용할 수 있다.

// 포트 B에 연결된 FDN ON 비트
#define FND1    6
#define FND2    7

void main(void)
{
    int i;

    PORTA=0x00; // 포트A 출력 레지스터를 0으로 설정
    DDRA=0xFF;  // 포트A 전체를 출력으로 설정
    PORTB=0x00; // 포트B 출력 레지스터를 0으로 설정
    DDRB=0xF0;  // 포트B 전체를 출력으로 설정
    PORTE=0x00; // 포트E 출력 레지스터를 0으로 설정
    DDRE=0x0F;  // 포트E 전체를 출력으로 설정
    PORTF=0x00; // 포트F 출력 레지스터를 0으로 설정
    DDRF=0xFF;  // 포트F 전체를 출력으로 설정
    // FND1을 켠다.
    PORTB = 0x80;
    delay_ms(500);

    i = 0;
    while (1)
    {
        // FND 데이터를 PORTF로 출력한다.
```

```
        PORTB = 0x80;
        switch (i) {
            case 0 :  PORTF = 0b00111111; //0x3F;
                      break;
            case 1 :  PORTF = 0b00000110; //0x06;
                      break;
            case 2 :  PORTF = 0b01011011; //0x5B;
                      break;
            case 3 :  PORTF = 0b01001111; //0x4F;
                      break;
            case 4 :  PORTF = 0b01100110; //0x66;
                      break;
            case 5 :  PORTF = 0b01101101; //0x6D;
                      break;
            case 6 :  PORTF = 0b01111101; //0x7D;
                      break;
            case 7 :  PORTF = 0b00100111; //0x27;
                      break;
            case 8 :  PORTF = 0b01111111; //0x7F;
                      break;
            case 9 :  PORTF = 0b01101111; //0x6F;
                      break;
            default : PORTF = 0b00111111; //0x3F;
                      break;
        }

        delay_ms(500);          // 1초 지연
        i++;                    // i를 1증가.
        if (i > 9)
        i = 0;                  // i를 증가하여 10이 되면 다시 0으로 한다.
    }
}
```

⑥ [그림 10-71]과 같이 저장한 후 compile과 make를 수행한다. 프로젝트명과 같은 이름의 HEX 파일이 만들어졌는지 확인한다.

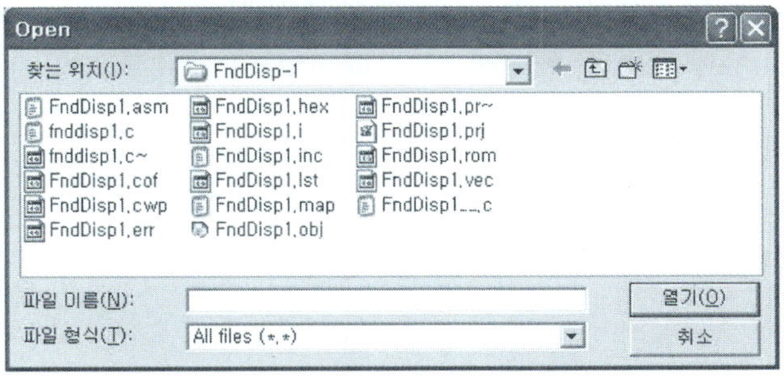

[그림 10-71] Compile과 Make 후의 폴더상태

⑦ ISP를 연결하고 PonyProg2000을 실행하도록 한다.

⑧ 생성된 hex 파일을 PonyProg2000에서 Load하면 [그림 10-72]와 같이 나오는데, 버튼을 눌러 Program을 다운로드한다.

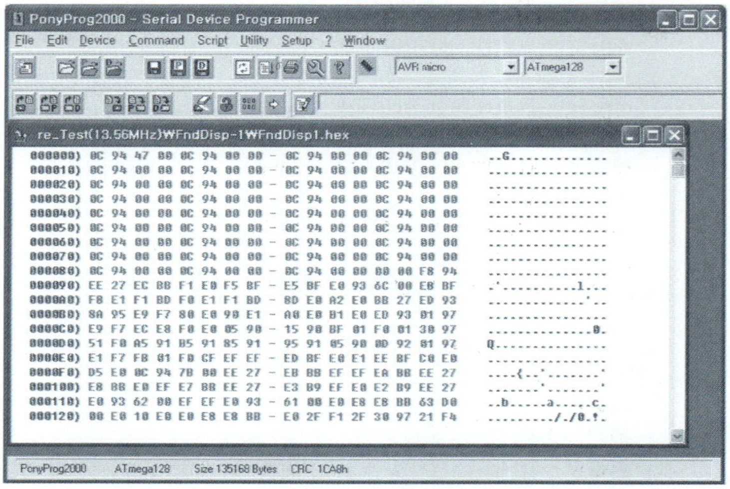

[그림 10-72] FndDisp1.hex 불러온 화면

⑨ FND에 0~9까지의 숫자가 0.5초의 간격으로 증가하는지 확인하도록 한다.

⑩ 전원을 OFF하고 13.56MHz RFID 모듈을 Docking Station DS-1400으로부터 제거한다.

7) FND Display 실습 2(KEY 입력이 있을 때 FND Count)

① 컴퓨터, CBIS-1400 그리고 DS-1410을 준비하고, CBIS-1400과 DS-1410의 사용설명서를 읽고 충분히 숙지한 후 실험을 시작한다.

② DS-1400에 13.56MHz RFID 모듈(M-Module)을 탑재한다.

③ CodeVision을 실행하고 기초이론에서 설명한 순서로 Project를 생성한다.

④ [그림 10-73]은 SW1에 입력이 있을 때 FND의 상태를 1씩 증가하여 Display하는 것을 순서도로 나타낸 것이다.

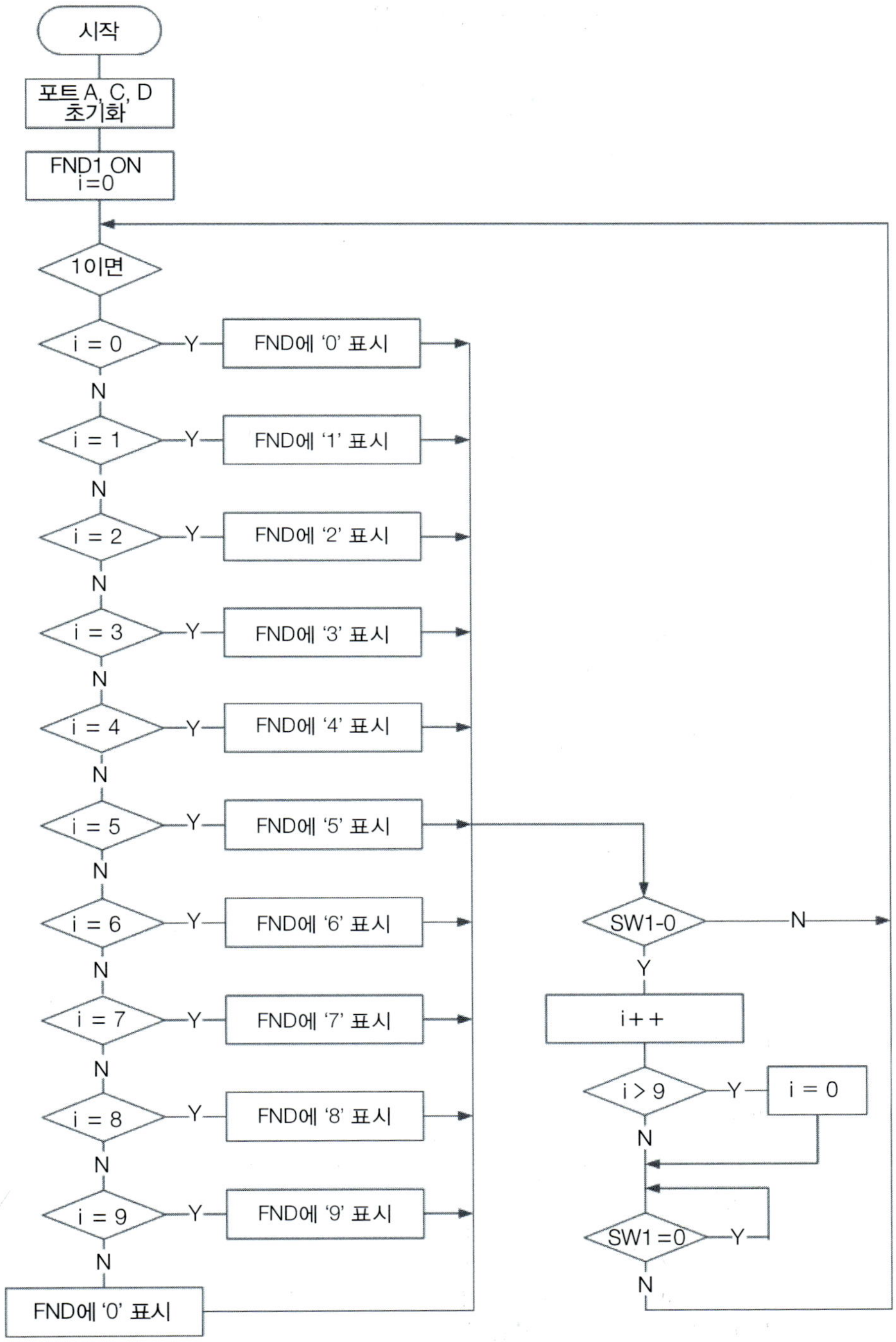

[그림 10-73] KEY 입력 있을 때 FND Count하는 순서도

⑤ 〈표 10-12〉의 소스를 CodeVision에 입력하고 FndDisp2.c로 저장한다.

〈표 10-12〉 FND에 0~9까지 Display하는 프로그램

```
/*****************************************************
Project  : FND Display Test 2
Version : 1.0
Date     : 2006.
Author  : 홍길동
Company : ED
Comments:
FND 표시 실습 프로그램

Chip type              : ATmega128
Program type           : Application
Clock frequency        : 16 MHz
Memory model           : Small
External SRAM size : 0
Data Stack size        : 1024
*****************************************************/
#include <mega128.h>

// 포트 D에 연결된 스위치
#define SW1    4
#define SW2    5
#define SW3    6
#define SW4    7

// 포트 F에 연결된 FDN ON 비트
#define FND1   6
#define FND2   7

void main(void)
{
   int i;

   PORTA=0x00; // 포트A 출력 레지스터를 0으로 설정
   DDRA=0xFF;  // 포트A 전체를 출력으로 설정
   PORTB=0x00; // 포트B 출력 레지스터를 0으로 설정
   DDRB=0xF0;  // 포트B 전체를 출력으로 설정
   PORTE=0x00; // 포트E 출력 레지스터를 0으로 설정
   DDRE=0x0F;  // 포트E 전체를 출력으로 설정
   PORTF=0x00; // 포트F 출력 레지스터를 0으로 설정
   DDRF=0xFF;  // 포트F 전체를 출력으로 설정
```

```
    // FND1을 켠다.
    PORTB = (PORTB & 0x3F) | (1 << FND1);

    i = 0;
    while (1)
    {
        // FND 데이터를 PORTF로 출력한다.?
        switch (i) {
            case 0 :  PORTF = 0b00111111; //0x3F;
                      break;
            case 1 :  PORTF = 0b00000110; //0x06;
                      break;
            case 2 :  PORTF = 0b01011011; //0x5B;
                      break;
            case 3 :  PORTF = 0b01001111; //0x4F;
                      break;
            case 4 :  PORTF = 0b01100110; //0x66;
                      break;
            case 5 :  PORTF = 0b01101101; //0x6D;
                      break;
            case 6 :  PORTF = 0b01111101; //0x7D;
                      break;
            case 7 :  PORTF = 0b00100111; //0x27;
                      break;
            case 8 :  PORTF = 0b01111111; //0x7F;
                      break;
            case 9 :  PORTF = 0b01101111; //0x6F;
                      break;
            default : PORTF = 0b00111111; //0x3F;
                      break;
        }

// 포트D의 상태를 입력받아 그중 SW1에 해당하는 비트가 0인지 1인지를 판단한다.
        if ((PINE & (1 << SW1)) == 0) {
            i++;              // i를 1증가.
            if (i > 9) i = 0; // i를 증가하여 10이 되면 다시 0으로 한다.

        // SW1을 눌렀다 놓을 때까지 기다린다. 즉 SW1의 상태가 1이 될 때까지 기다린다.
            while ((PINE & (1 << SW1)) == 0);
        }
    };
}
```

제
10
장

⑥ [그림 10-74]와 같이 저장한 후 compile과 make를 수행한다. 프로젝트명과 같은 이름의 HEX 파일이 만들어졌는지 확인한다.

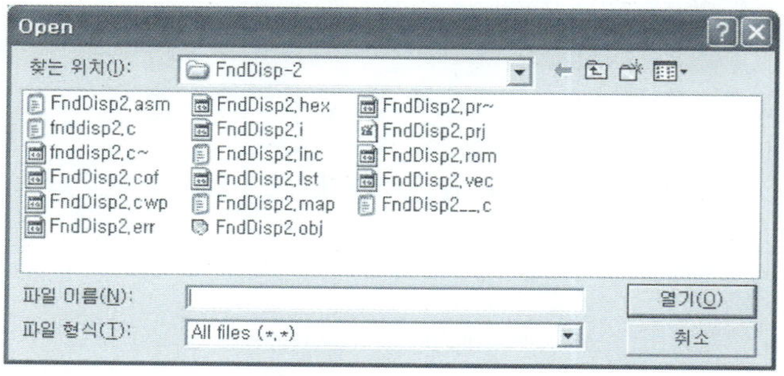

[그림 10-74] Compile과 Make후의 폴더상태

⑦ ISP를 연결하고 PonyProg2000을 실행하도록 한다.

⑧ 생성된 hex 파일을 PonyProg2000에서 Load하면 [그림 10-75]와 같이 나오는데 버튼을 눌러 Program을 다운로드한다.

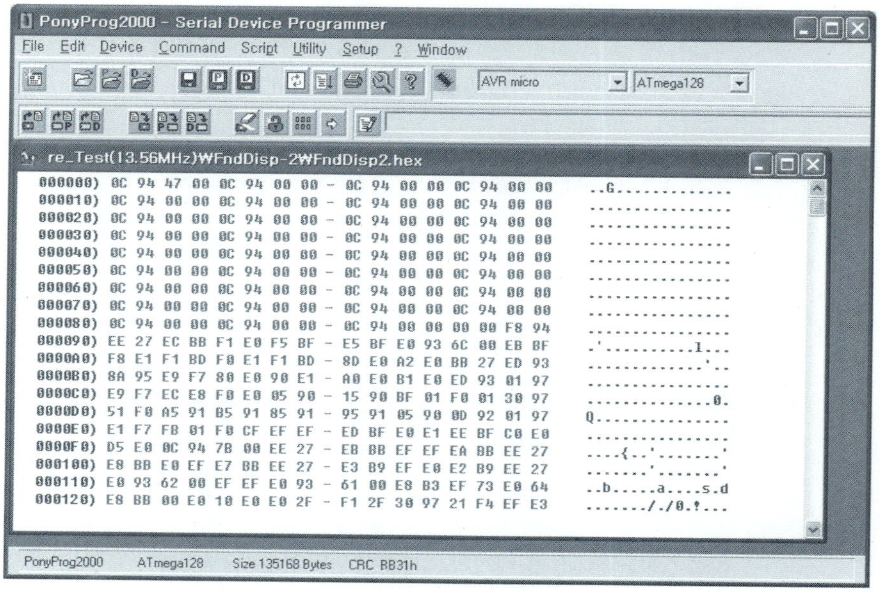

[그림 10-75] FndDisp2.hex 불러온 화면

⑨ SW1을 누를 때마다 FND의 숫자가 1씩 Count되는지 확인하도록 한다.

⑩ 전원을 OFF하고 13.56MHz RFID 모듈을 Docking Station DS-1400으로부터 제거한다.

8) FND Display 실습 3(Dip Switch의 상태를 FND에 Display)

① 컴퓨터, CBIS-1400 그리고 DS-1410을 준비하고, CBIS-1400과 DS-1410의 사용설명서를 읽고 충분히 숙지한 후 실험을 시작한다.

② DS-1400에 13.56MHz RFID 모듈(M- Module)을 탑재한다.

③ CodeVision을 실행하고, 기초이론에서 설명한 순서로 Project를 생성한다.

④ [그림 10-76]은 Dip Switch의 입력에 따른 Data를 FND에 Display하는 것을 순서도로 나타낸 것이다.

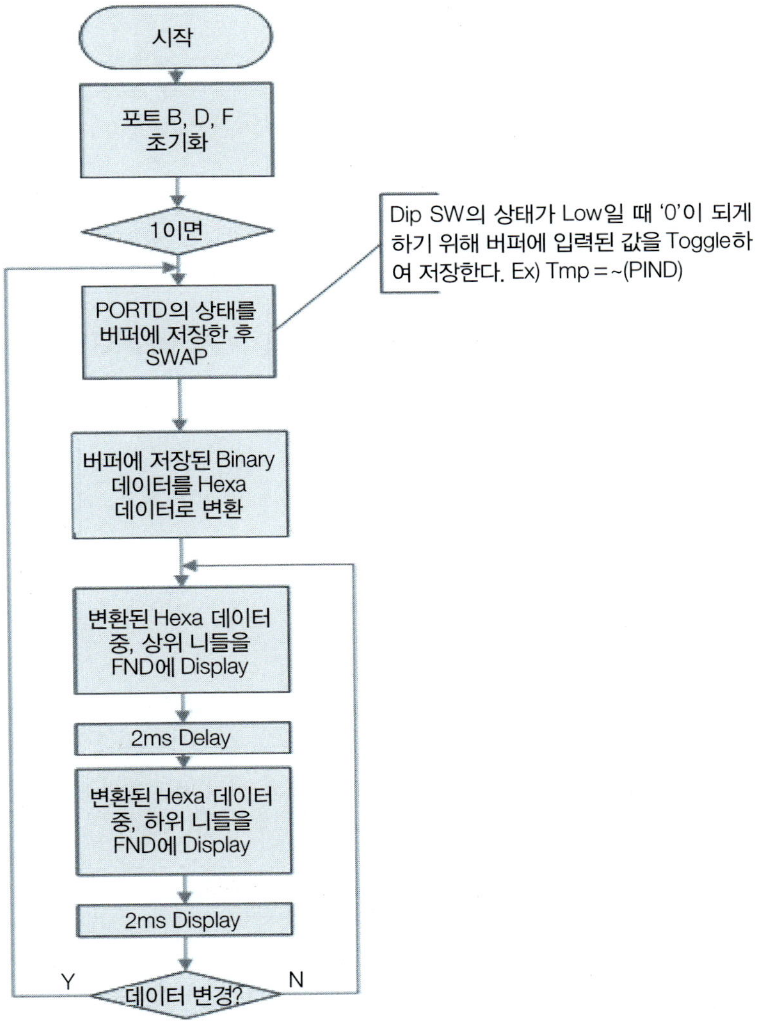

[그림 10-76] DipSwitch의 상태에 따른 FND Display 순서도

⑤ 〈표 10-13〉의 소스를 CodeVision에 입력하고 FndDisp3.c로 저장한다.

〈표 10-13〉 Dip Switch의 상태를 FND에 Display하는 프로그램

```
/*****************************************************
Project  : FND Display Test 3
Version : 1.0
Date     : 2006.
Author  : 홍길동
Company : ED
Comments :
FND Control 실습 프로그램

Chip type              : ATmega128
Program type          : Application
Clock frequency      : 16 MHz
Memory model         : Small
External SRAM size : 0
Data Stack size       : 1024
*****************************************************/

#include <mega128.h>
#include <delay.h>  // 시간지연을 위하여 포함시킨 헤더파일 delay_us(),
          //delay_ms() 함수를 사용할 수 있다.

void FND_Disp ( int i);
void ConHex ( int d);

char nib1, nib2;

void main(void)
{
        unsigned char tmp=0;
        unsigned char tmp2;
        unsigned i;

        DDRB=0xC0;  // 포트B 상위 4Bit : 출력, 하위 4Bit : 입력
        PORTB=0xC0; // 포트B 출력 레지스터를 0으로 설정

        DDRD=0x00;  // 포트D 전체를 입력으로 설정
        PIND=0xFF;  // 포트D 입력 레지스터를 0으로 설정

        DDRF = 0xFF;
        PORTF = 0x00;
```

```
        while(1){    //Dip SW를 읽는다.

                tmp = ~(PIND);

                for(i=0; i<8; i++){
                        tmp2 = tmp2 << 1;
                        tmp2 |= (tmp & 0x01);
                        tmp = tmp >> 1;
                        }

                ConHex( tmp2);

                // 상위 4 Bit FND Display
                PORTB |= 0xC0;
                FND_Disp( nib1);
                PORTB &= ~(0x40);

                delay_ms(2);

                // 하위 4 Bit FND Display
                PORTB |= 0xC0;
                FND_Disp( nib2);
                PORTB &= ~(0x80);

                delay_ms(2);
        }
}

void ConHex ( int d){
        nib1=0, nib2=0;

        nib1 = (d >> 4) & 0x0F;
        nib2 = d & 0x0F;
}

void FND_Disp(int i){

        switch (i) {
        case 0 : PORTF = 0b00111111; //0x3F;
                     break;
        case 1 : PORTF = 0b00000110; //0x06;
                break;
        case 2 : PORTF = 0b01011011; //0x5B;
                break;
        case 3 : PORTF = 0b01001111; //0x4F;
```

```
        break;
    case 4 : PORTF = 0b01100110; //0x66;
        break;
    case 5 : PORTF = 0b01101101; //0x6D;
        break;
    case 6 : PORTF = 0b01111101; //0x7D;
        break;
    case 7 : PORTF = 0b00100111; //0x27;
        break;
    case 8 : PORTF = 0b01111111; //0x7F;
        break;
    case 9 : PORTF = 0b01101111; //0x6F;
        break;
    case 10 : PORTF = 0b01110111; //0x6F;
        break;
    case 11 : PORTF = 0b01111100; //0x3E;
            break;
    case 12 : PORTF = 0b00111001; //0x39;
            break;
    case 13 :   PORTF = 0b01011110; //0x5E;
            break;
    case 14 :   PORTF = 0b01111001; //0x79;
            break;
    case 15 :   PORTF = 0b01110001; //0x71;
            break;
    default : PORTF = 0b00111111; //0x3F;
        break;
    }
}
```

⑥ [그림 10-77]과 같이 저장한 후 compile과 make를 수행한다. 프로젝트명과 같은 이름의 HEX 파일이 만들어졌는지 확인한다.

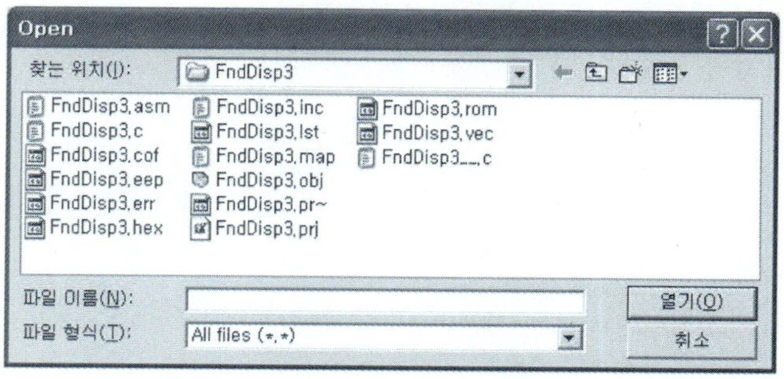

[그림 10-77] Compile과 Make 후의 폴더상태

⑦ ISP를 연결하고 PonyProg2000을 실행하도록 한다.

⑧ 생성된 hex 파일을 PonyProg2000에서 Load하면 [그림 10-78]와 같이 나오는데 버튼을 눌러 Program을 다운로드한다.

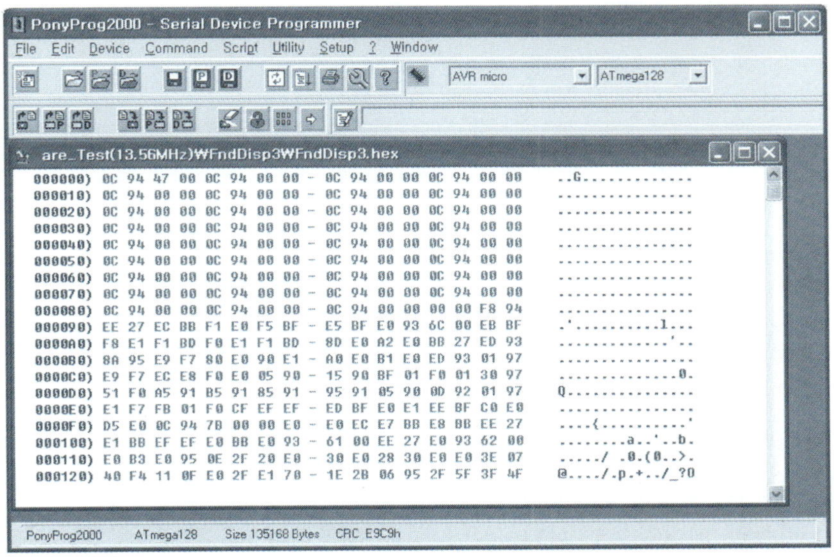

[그림 10-78] FndDisp3.hex 불러온 화면

⑨ Dip Switch의 값을 바꿔가며 Fnd에 Display가 되는지를 확인해 보도록 한다.

⑩ 전원을 OFF하고 13.56MHz RFID 모듈을 Docking Station DS-1400으로부터 제거한다.

제11장

RFID 시스템의 응용 프로그램

11.1 컴퓨터를 이용한 RFID 응용 프로그래밍의 개요

① 비주얼 베이직의 특징을 파악한다.
② 비주얼 베이직 통신원리를 이해한다.
③ 비주얼 베이직으로 화면구성 능력을 배양한다.
④ 비주얼 베이직에서 RS-232C와의 통신원리를 이해하고 실제로 통신하는 방법을 구현한다.

11.2 프로그래밍 언어의 종류 및 특징

1) 프로그래밍 언어

(1) 프로그래밍 언어의 기본

① 프로그래밍 언어의 역사

최초의 컴퓨터인 ENIAC이 만들어졌을 때만 해도 이 컴퓨터를 동작시키기 위해서는 수많은 전선들을 제어 순서에 따라 일일이 연결해 주어야만 했다. 그러다가 1945년에 폰 노이만이라는 사람이 프로그램 내장 개념을 주장하게 되었는데, 그 주장은 제어 순서를 전선으로 직접 연결하는 것이 아니라 미리 메모리에 저장해 두자는 것이었다. 이 개념에 따라 제어 순서를 미리 메모리에 저장해 두었다가 순차적으로 수행하는 것이 가능해지게 되었다. 제어 순서인 프로그램은 스위치의 on, off(즉 0과 1)로 작성하였기 때문에 프로그래머는 이런 기계가 알 수 있는 언어를 프로그래밍한다는 것은 매우 어려웠는데, 프로그래머들은 명령(instruction) 코드에 대해서 기호(symbol)를 붙이는 것이 대단한 도움이 될 것이라 생각하고 만든 것이 바로 〈표 11-1〉의 어셈블리 언어이다.

〈표 11-1〉 어셈블리 예

```
ADD AX , BX
SUB AX , 1
```

그러나 어셈블리 언어는 기계에 종속되어 있고, 작성과 이해에 어려움이 많았다. 기계에 종속되어 있다는 말은 UNIX에서 만든 어셈블리 언어는 인텔의 CPU가 있는 컴퓨터에서는 실행되지 않는다는 것을 뜻하기도 하는데, 이것은 컴퓨터마다 레지스터의 개수가 틀리기 때문이다. 이런 기계어나 어셈블리 언어 같은 언어를 저급언어(low level language)라고 부른다.

그러다가 1950년대에 FORTRAN이란 컴파일러가 등장해서 인간이 이해할 수 있는 언어로 프로그램을 작성하고, 이를 기계어로 번역하는 일이 가능해지게 되었다. 이렇게 인간이 이해할 수 있는 언어를 고급언어(high level language)라고 말하는데, 고급 언어로 작성된 프로그램을 기계어로 번역하는 작업을 컴파일(compile)이라고 한다. 이렇게 컴파일을 이용하여 기계어를 만드는 언어를 컴파일 언어라고 한다. 즉, 컴파일 언어는 원시 프로그램 전부를 한 번에 기계어로 바꾼 다음, 사용자는 생성된 기계어인 실행 프로그램을 실행하게 되는데 C, Pascal, Fortran 등이 대효적인 컴파일 언어이다.

이와 반대로 프로그램을 실행하면 원시 프로그램의 한 문장씩 기계어로 번역하여 실행하는 언어를 인터프리트(interpret) 언어라고 한다. 인터프리트 언어로 만든 프로그램을 실행할 때는 기계어로 번역할 수 있는 인터프리터(interpreter)가 있어야 하는데, 이러한 인터프리터는 실행 시에 프로그램을 번역하기 때문에 컴파일되어진 프로그램보다 속도가 느리다는 단점이 있다. 인터프리트 언어에는 BASIC, Prolog 등이 있다.

② 프로그래밍의 절차

컴파일러 프로그램을 이용하여 프로그래밍을 하는 과정을 살펴보자.

가. 원시 프로그램(source program) 작성

프로그래머가 작성한 프로그래밍 언어를 원시 프로그램을 말한다. 보통 소스 코드나 프로그램 소스라고 말한다. 이런 원시 프로그램은 에디터를 사용해서 프로그래머가 직접 입력한다. 요즘엔 거의 다 컴파일러 자체가 에디터가 포함되어 있는 경우가 많다. 이 때 만들어진 파일은 특별한 확장자를 가지게 된다. C언어는 c, C++는 cpp, BASIC은 bas, JAVA는 java 등의 확장자를 가진다.

나. 목적 프로그램(object program) 생성

원시 프로그램을 컴파일하여 목적 프로그램을 만든다. 목적 프로그램이란 고급 언어의 프로그램이 기계어 프로그램으로 번역된 것을 말한다. 컴파일러(compiler)란 컴파일하는 프로그램을 말한다. C 컴파일러를 이용해서 컴파일하면 obj 확장자를 가지는 목적 프로그램이 생성된다.

다. 실행 파일(executable file) 생성

목적 프로그램은 필요한 라이브러리 등과 연결하는 링크(link) 작업을 하여 실행 가능한 형태로 만들어진다. 생성된 파일은 보통 exe 등의 확장자를 가지게 된다. 컴파일러를 통해 원시 프로그램이 실행파일로 되는 과정을 살펴본다. 만약 실행 파일까지 생성된 다음에 프로그램에 오류가 있어서 수정하려면 원시 프로그램을 수정한다. 그런 다음 다시 컴파일과 링크를 다시 하여야 한다. 보통 프로그램을 작성하면 이런 작업을 수 없이 반복을 하게 된다. 각 컴파일러마다 이런 컴파일과 링크를 빠르게 하기 위해 많은 옵션을 제공한다.

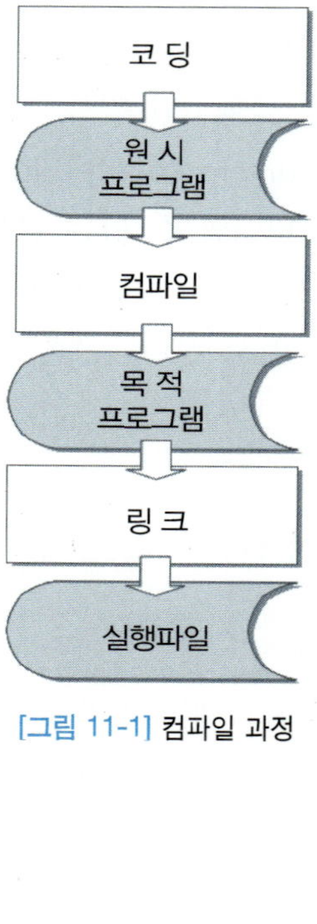

[그림 11-1] 컴파일 과정

(2) 프로그래밍 언어의 종류

① 어셈블리 언어

가. 어셈블리 언어의 특징

어셈블리 언어는 기계어의 사용상 단점을 줄이기 위해 만들어졌다. 기계어의 숫자를 이해하기 쉬운 영어의 약자로 표시한 것이다. 그렇게 때문에 어셈블리 언어가 다른 고급언어보다도 기계에 직접 접근하기 쉽다. 어셈블리언어는 고수준의 언어보다 불편하지만 CPU에 제공되는 클럭에 동기를 맞추어 수행되는 단위 명령어이므로 CPU를 통제하는 강력한 힘을 가지고 있다.

어셈블리 언어로 만든 프로그램들은 우리가 쉽게 접하는 V3와 같은 백신 프로그램이 있다. 백신 프로그램은 바이러스를 치료하는 프로그램으로서 바이러스는 직접 메모리의 내용을 건드리는 프로그램이다. 그러니 이런 바이러스를 치료하는 백신도 직접 기계인 메모리를 제어하려면 어셈블리 언어로 작성한다.

그 외에도 많은 기계를 제어하는데 쓰이는 프로그램들은 어셈블리 언어로 제작된다. 또한 어셈블리 언어는 기계와 1 대 1로 대응되는 기계 종속적이기 때문에 컴퓨터의 효율을 높일 수는 있다. 그러다보니 어셈블리 언어는 컴퓨터에 따라서 틀리기 때문에 다른 종류의 컴퓨터로 이식하기가 어렵다.

어셈블리 언어는 컴퓨터에서 최소의 정보 표현 단위인 비트의 단위로 연산을 실행할 수가 있다. 이런 어셈블리 언어를 기계어로 바꾸어 주는 프로그램을 어셈블러(assembler)라고 한다.

어셈블러는 ASM 코드를 ML(기계어)로 변환해주는 프로그램이다. Intel 프로세서용으로 가장 유명한 어셈블러로는 MS사가 만든 MASM(Microsoft Assembler), Borland사가 만든 TASM(Borland Turbo Assembler)가 있다.

나. 어셈블리 언어의 장단점

- 장 점
  - –H/W 제어의 용이성 : 메모리 액세스(읽기/쓰기), I/O액세스, 인터럽트 자원 제어
  - –고속처리 : 고수준 언어의 비효율성 부담이 없음
  - –CPU의 단위 동작을 제어 : 동작원리 파악의 용이성

- 단점
  - CPU 의존적 : CPU마다 새로 언어를 학습(유사성 상존)
  - 대규모 혹은 복잡한 루틴에는 부적합(서브루틴, 매크로 등의 기능으로 보완)

② FORTRAN

가. FORTRAN의 역사

FORTRAN은 수식(FORmular) 변환기(TRANslation)의 약자로, 1957년 IBM회사에서 일하고 있던 John Backus가 이끄는 팀이 컴퓨터 프로그램을 좀 더 쉽게 하기 위해 개발된 최초의 고급언어이다. 다시 말해, 수학적인 식을 좀 더 쉽게 코딩하기 위해 만들어졌다. FORTRAN은 기본적으로 과학 계산용으로 설계되었고, 이 언어의 후손들은 최근까지도 과학 응용 분야에서 쓰이고 있다. FORTRAN은 초기에 언어의 규정이 정해진 것이 없어서 방언들이 많았다. 그래서 America Standard Association(ASA)에서 포트란 언어의 규칙을 만들었다. 그것이 "FORTRAN IV"이다. 그리고 후에 FORTRAN 66이 나왔는데, 1966년에 규칙을 만드는 과정이 종료되어서 지어진 이름이다.

1970년대에 America National Standard institute (ANSI)에서 ASA의 기준을 계승해서 America National Standard Programming Language FORTRAN을 발표했다. 이 버전이 FORTRAN77이다. 이 때 대표적으로 추가된 기능들이 CHARACTER 데이터 기능이나 IF...THEN...ELSE 기능들이다.

그런데 1980년대 C 혹은 C++ 등의 강력한 언어들이 나오면서 이제 서서히 FORTRAN의 기세가 줄어들기 시작했다. ISO와 ANSI 등의 STANDARD에서는 C/C++과 경쟁하기 위해 부단한 노력 끝에 "Fortran 90"을 개발했다. 시간이 흘러감에 따라 FORTRAN II, FORTRAN IV, FORTRAN 66, FORTRAN77, FORTRAN 90 등의 새로운 기능이 추가되었다. 그 당시만 하더라고 사람들은 고급언어가 만들어 낸 코드가 어셈블리 언어로 만든 것보다 비효율적일 것이라고 생각했다. 그러나 FORTRAN이 부분적으로 그렇지 않다는 것을 증명했다. 사람이 직접 만든 기계어코드보다는 덜 효율적이겠지만 그 속도는 견딜만 했다. 또한 FORTRAN이 최초의 고급언어이기 때문에 대부분의 기능이 새로운 것이었다. 예를 들면 배열이나 반복문, 분기문인 if문 등이 새로 선보였다. FORTRAN은 아직까지 과학 계산용으로 많이 쓰인다.

나. FORTRAN의 특징

고급언어에 속하는 컴파일러 언어이다.

수식을 그대로 명령문으로 사용할 수 있을 정도로 문법이 간단하고 명령어가 쉬운 형태로 쓰이기 때문에 컴퓨터에 관한 전문적인 지식이 없어도 짧은 기간에 쉽게 사용할 수 있다.

컴퓨터의 기종에 관계없이 공통적으로 사용할 수 있어서 기종 간에 호환성이 있다.

많은 프로그램 라이브러리가 있어서 프로그램 작성 경우에 노력을 경감시킬 수 있다. 즉, 많은 수학적 함수가 내장되어 있어 편리하다.

명령은 모두 문장으로 표현되며, 문장은 실행문과 비실행문으로 되어 있다.

많은 입출력을 요구하는 문제보다는 많은 양의 계산이 필요한 공학, 통계학 수학, 그리고 경영과학 등에 널리 사용되고 있다.

다. DATA TYPES

포트란은 6가지의 수형(TYPES)을 가지고 있다.

- 자료형 : REAL(실수), INTEGER(정수), DOUBLE PRECISION(배정밀도 실수), COMPLEX(복소수), BOOLEAN(참, 거짓), CHARACTER(문자)
- 변수(variable) : 변수는 첫 글자가 I 와 N 사이의 글자로 시작하면 정수형을 의미하며 나머지 영문자로 시작하는 변수는 실수형이 된다. 하지만 별도로 수형을 선언하면 원래 의미가 무시된다. 변수는 영문자와 숫자를 이용하여 6자리까지 가능하지만 첫 글자는 반드시 영문자여야 한다. 특수문자는 변수명에 사용할 수 없다.
- 배열(array) : 배열이란 여러 개의 변수가 하나로 묶인 것을 의미하는데 배열의 첨자는 상수나 정수형 변수 또는 상수와 정수형 변수의 조합 수식이 가능하다.
- COMMON(공용) : 단위가 다른 프로그램에 있는 변수나 배열명 등이 같은 기억장소를 사용할 수 있는 선언문이다.
- EQUIVALENCE(동등) : 하나의 단위 프로그램 내에서 변수나 배열 등이 같은 기억장소를 공유할 수 있게 하는 선언문이다.
- DATA문 : 초기 값을 부여할 수 있다.

③ COBOL

가. COBOL의 역사

COBOL이란 COmmon Business Oriented Language의 약자로, 미국방성 주관으로 정부기관, 컴퓨터 제조업자 및 기업 등의 사용자들이 모여 사무처리용 언어의 필요성과 가능성을 검토하는 회의를 갖고 새로운 고급언어의 개발에 착수하기로 하고 CODASYL(Conference ON Data System Language)이라는 모임을 구성하여 1960년 4월 COBOL-60이라는 첫 번째 버전을 발표하였다. 그 후 1961년 7월에 COBOL-61이 발표되어 PROCEDURE DIVISION의 변화를 이루었으며 1963년에는 세 번째 버전인 COBOL-61 Extended를 발표하였는데 여기에는 SORT 기법, REPORT Writer 기능, Corresponding용법 등이 추가되었다. 네 번째 COBOL의 버전은 1966년에 발표된 COBOL-65로 TABEL 처리와 보조기억장치를 사용할 수 있게 했으며, 1968년에는 ANSI에 의하여 표준화된 ANSI COBOL이 승인되었고 그 후 COBOL은 새로운 여러 가지 기능들을 추가하여 1974년에 최종적으로 ANS COBOL이 완성되어 계속 연구되었다. 그리고 RM/COBOL은 ANSI COBOL-74를 기초로 하여 만들어진 언어로 MS-DOS, UNIX에서 쉽게 사용할 수 있도록 Ryan-Mcfarland사에서 개발한 언어이다.

COBOL은 은행과 대규모의 데이터를 운영해야 하는 회사에서 많이 쓰이게 되었다. COBOL은 현재까지 가장 널리 쓰이는 언어이다. 아직까지 은행에 가보면 COBOL로 작성된 프로그램을 쓰고 있는 것을 볼 수 있다. 7-80년대에 만들어진 프로그램들이 아직까지 쓰이고 있는 것이다. 그렇다고 잘 돌아가고 있는 프로그램들을 다시 다른 언어로 바꿀 특별한 이유도 없다. 이렇게 사회에서도 많이 쓰이는 언어이지만 학문 분야에서는 거의 무시되어 온 것 또한 COBOL이다. 이러한 이유는 이 언어가 영어 단어를 상당히 많이 쓰고 있기 때문이다. 프로그래머가 아닌 사람들도 이해가 가능할 정도이다. 하지만 그러한 이유 때문에 복잡한 알고리즘은 프로그래밍하기가 어렵다는 단점을 갖고 있다.

나. COBOL의 특징

- 사무계산용 프로그래밍 언어이다.
- 영어문장을 많이 써서 프로그램 작성과 이해가 쉽다.
- 호환성이 높아 기종에 관계없이 표준적인 언어를 사용한다.
- 데이터를 조직하는 레코드 구조를 가지고 있다.

- 자료 구조를 프로그램의 실행 부분과 분리시켰다.
- 독립된 4개의 디비전(division)별로 작성되므로 프로그램 작성과 수정이 용이하다.

다. COBOL의 구성.

- 식별부(identification division) : 프로그램의 이름, 작성자, 작성일자, 컴파일 일자, 기계 설치 장소, 프로그램 설명문, 참고사항 등 프로그램 문서화를 위한 사항을 기술한다.
- 표지부(environment division) : 원시 프로그램이 컴파일되거나 프로그램이 실행될 컴퓨터, 프로그램 내에서 사용되는 각종 스위치와 기호들을 정의하는 구성 부분, 프로그램에서 사용하는 파일의 구조를 정의하는 인풋-아웃풋 부분으로 구성된다.
- 데이터부(data division) : 목적 프로그램에 의해 처리될 모든 자료를 기술하는데 파일의 실제 구조를 정의하는 파일 부분, 임시로 사용할 기억 장소를 정의하는 저장 부분, 서브프로그램 간의 데이터를 서로 교환할 대 필요한 기억 장소를 정의하는 연계 부분, 화면으로 데이터를 입력하기 위해 필요한 화면명을 기술하는 화면 부분으로 구성된다.
- 절차부(procedure division) : 프로그램을 수행하는 실제 명령들을 기술하는데 코볼의 모든 명령은 절차부에만 기술된다.

④ ALGOL

가. ALGOL의 역사

ALGOL은 ALGOrithmic Language의 약자로, 출현 동기는 1957년 FORTRAN의 출현과 그 급속 보급에서 제기되었다. 1958년 스위스 취리히에 있는 스위스 연방공과 대학에서 범용 언어에 대한 회의가 열렸고, 1960년 1월 취리히 모임에 참석했던 7명을 포함해 유럽과 미국의 대표 13명이 개정판 ALGOL을 제작하였다. ALGOL은 알고리즘을 기술하는데 편리한 과학 기술용 언어로 개발되었다. 또한 ALGOL은 컴퓨터의 기종에 관계없이 사용될 수 있다.

이 언어는 C, Pascal, Ada와 같은 현대의 거의 모든 명령형 언어들에게 영향을 주었다. 특히 Pascal에서의 begin-end의 블록 구조나 C 언어에서의 { }의 블록 구조를 보면 알 수 있다. 요즘에도 연구 논문에서 알고리즘을 기술하기 위하여 ALGOL의 구문이 사용되고 있다.

나. ALGOL의 특징

첫째, 프로그램은 블록(block)구조를 가진다. 즉, 프로그램을 별도 작성되는 몇 개의 독립된 부분으로 분할된다.

둘째, 변수의 타입을 선언한다.

셋째, 순환 호출 즉, 프로그램의 자체 호출 능력을 사용할 수 있다.

⑤ BASIC

가. BASIC의 역사

BASIC은 Beginner's All-purpose Symbolic Instruction Code(초보자를 위한 다목적 기호 언어 체계)의 약자이다. 1964년에 미국 달모스 대학의 존 캐머니, 토머스 컬츠 교수에 의해 처음으로 설계된 언어이다. 이들은 자신들의 제자와 과학을 전공하지 않은 학생들도 컴퓨터를 잘 다룰 수 있기를 희망했다. 따라서 기본적인 교육과정이 필요하게 되었으나, 그 당시 두 가지 문제가 있었는데 첫 번째가 컴퓨터에 접근하기가 힘들었다는 것이다. 프로그램은 카드에 천공되어야 하고, 이렇게 천공된 카드를 가지고서 컴퓨터 오퍼레이터에게 가져다주어서 수행하여야 하므로 매우 큰 불편이 따랐다. 존 캐머니와 토머스 컬츠는 이 문제를 시분할 시스템을 사용하여 해결하였고, 학생들은 직접 컴퓨터를 다룰 수 있게 되었다. 또 하나의 문제는 BASIC 언어 자체에 관한 것인데, 복잡한 언어보다 가능한 한 더 쉽게 배울 수 있도록 수학적으로 단순화된 언어가 필요했다.

원래 이들은 DARSIMCO(DARtmouth SIMplified COde)라는 언어를 통하여 이 문제를 해결하려 했지만, 이 언어는 지나치게 수학적이었고 뒤이어 나온 FORTRAN에 눌리게 되었다. 그러나 FORTRAN이나 ALGOL의 단순화된 버전조차도 초보적인 학생들이 배우기는 어려웠고, 따라서 1963년에 존 캐머니는 효율성보다는 간결성에 초점을 맞추어 BASIC의 초기 작업을 시작하였고, 그 결과 Dartmouth 대학의 학생들은 1964년에 이 언어를 사용할 수 있게 되었다. 1976년에 Microsoft사에서는 마이크로컴퓨터에서 수행되는 Microsoft BASIC을 개발하여 BASIC의 보급을 촉진시켰고, 1978년에는 ANSI BASIC이 등장하게 되었습니다. 1985년에 새로운 버전인 True BASIC을 발표하였다.

나. BASIC의 특징

BASIC은 문법 규칙이 간단하여 배우기 쉽고, 프로그램의 작성 및 수정이 용이하다. 수치 계산과 행렬 계산이 간단하다. 또한 일정한 서식이나 규격이 없이 쓰여진다. BASIC은 인터프리트 언어이다. 컴파일러 언어와 다르게 실행 파일이 생기는 것이 아니라 인터프리터에 의해서 직접 번역되어 실행된다. 이 말은 만약 BASIC으로 만든 프로그램을 다른 컴퓨터에서 실행하려면 그 컴퓨터에도 BASIC 인터프리터가 설치되어 있어야 한다는 것이다.

BASIC은 명령문 앞에 행번호가 있어서 이 순서대로 프로그램이 실행된다. 프로그램을 작성할 때 행번호가 10, 40, 20, 30의 순서로 작성했다고 해도 실행할 때는 10, 20, 30, 40의 순서대로 실행된다.

다. BASIC의 응용 영역

BASIC은 기술적이나 수학적 배경이 없는 학생들에게 성공적이었다. 다른 언어와는 달리 문법 구조와 어휘는 단순하고, 효과적인 프로그래밍을 위해서 사용자는 다만 소수의 문장형식만 익히면 되었다. 이러한 단순성이 BASIC을 교육기관에 널리 퍼지게 한 요인 중의 하나이다.

⑥ Pascal

가. Pascal의 역사

컴퓨터 프로그래밍 언어의 한 가지로 프랑스의 수학자인 파스칼(Blaise Pascal)의 이름에서 따온 프로그램언어의 이름이다. 1969년 스위스 취리히 공과대학교의 니클라우스 위스(Niklaus Wirth) 교수가 개발했는데, 개발 목적은 문제를 체계적이고 자연스럽게 표현할 수 있는 교육용 언어가 필요했고, 현존하는 컴퓨터에 신뢰성과 효율성을 가지고 실행될 수 있는 언어를 개발하기 위해서였다.

파스칼은 Algol을 모체로 개발하였기 때문에 블록 구조와 유용성이 큰 제어문 등의 기능을 도입하고 자료의 구조화와 입출력 기능을 보완하였다. 또한 데이터를 구성할 때 데이터의 길이에 제약받지 않고 다양한 데이터 형식과 제어 구조를 사용할 수 있으며 복합문 BEGIN END나 조건문 IF THEN ELSE, 반복문 WHILE DO와 같은 제어 구조를 가지고 있으므로 구조적 프로그램의 개념과 원리를 쉽게 적용할 수 있다. Pascal은 배우기가 쉬우며 훌륭한 그래픽 능력을 가지고 있다. Pascal은 교육용, 산업용, 과학용에서 모두 다루고 있다. 그 중 교육용으로 많이 쓰였다.

나. Pascal의 특징

- 구조화된 프로그램 언어로 처리 속도를 단축시키고, 컴퓨터를 효율적으로 사용가능하다.

- 언어의 크기가 적절해서 복잡하지가 않다.
- 우수한 성능과 간편한 기계사용의 언어이다.

⑦ C언어

가. C언어의 역사

C언어는 미국의 벨연구소에서 시스템 프로그래머인 데니스 리치와 켄 톰슨이 UNIX 운영체계를 설계하던 중 1972년 데니스 리치에 의해 개발되었다. 원래 'CPL(Combined Programming Language)'이라는 언어가 있었는데, 그 언어에서 'BCPL(Basic CPL)'이라는 언어가 파생되었고, 다시 그 언어에서 파생한 언어를 BCPL의 선두 문자를 따서 'B'라고 이름을 붙였다. C언어는 다시 그 B언어에서 파생되었기 때문에 BCPL의 2번째 문자를 따서 'C'라고 지어졌다고 한다. C의 근원을 따라가 보면 ALGOL에서 시작하여 파스칼이나 PL/I을 포함하는 설계계보가 있음을 알 수가 있다.

C는 UNIX라는 운영체계에서 사용하기 위한 프로그래머 언어로서 개발되었다. UNIX는 PDP-7 어셈블리 언어로 작성되었고 PDP-11에 이식되었다. UNIX는 곧 다시 C로 쓰여 졌으며 1974~1975년에는 UNIX가 처음으로 벨연구소 환경 밖으로 배포되어 어셈블리가 아닌 다른 언어가 충분한 능력과 유연성을 가지고 있다면 운영체계가 그 언어로도 훌륭하게 쓰여질 수가 있다는 사실에 확신을 주었다.

C언어의 발전과정을 살펴보면 C언어에 의한 기본 개념은 1967년 캠브리지 대학의 마틴 리차드가 제안한 BCPL을 참조하였고 BCPL은 1963년 캠브리지 및 런던대학에서 발표한 CPL(Combined Programing Language)를 참조하였으며 CPL은 ALGOL60을 참조 모델로 이용한 언어이다.

C는 BCPL로부터 내려와 켄 톰슨이 창안한 B라는 언어에 의해 영향을 받았다. 대부분의 프로그래밍 언어는 이해하기 쉽고 사용하기 편리하다는 목표로 설계가 되지만 어떤 특정한 목적에 의해 설계되는 경우도 가끔 있다. 예를 들면 PASCAL같은 언어는 구조적 프로그래밍의 기본 개념을 설명하는데 있고 우리가 너무나 잘 알고 있는 BASIC언어는 컴퓨터를 처음 접하는 사용자들에게 컴퓨터의 사용과 컴퓨터 언어를 쉽게 배울 수 있도록 하는 데 그 목적이 있다.

나. C언어의 역사적 배경

- 1960년 – ALGOL 60 국제 위원회에서 설계
- 1963년 – CPL(Combined Programming Language) : 영국 캠브리지와 런던 대학에서

설계
- 1967년－BCPL(Basic CPL) : 영국 캠브리지 대학의 마틴 리차드(Martin Richards)가 설계
- 1970년－B : 미국 벨연구소의 켄 톰슨이 설계
- 1972년－C : 미국 벨연구소의 데니스 리치가 설계

다. C언어의 개요

C언어는 ALGOL60을 모체로 하여 CPL, BCPL, B, C로 발전하여 왔다. B언어는 Ken Thompson라는 사람이 개발하였고, C언어는 B언어를 이용하여 Dennis Ritchie라는 사람이 1973년 개발하였다. 원래 C언어는 Unix System의 OS를 구축할 목적으로 개발하였는데, 프로그램의 작성이 쉽고, 호환성 기능면에서 우수하며 이식성이 뛰어나다. 이런 C언어에 기능보강(객체지향)을 하여 C++로 발전하였다.

라. C 언어의 특성

- 기계 지향적이면서도 문제 지향적이라 할 수 있다. 따라서 C언어는 고급언어이면서도 그 기능상의 특성은 고급언어와 어셈블리 언어의 중간 기능을 수행할 수 있는 중간 수준 언어이다. 그래서 C언어를 간편한 어셈블리 언어라고도 한다.
- C언어는 구조적 프로그래밍 기법의 적용이 용이한 언어이다. 제어의 흐름, 데이터 구조 기능, 풍부한 연산자와 데이터형을 가지고 있으며, 시스템 프로그래밍에 적합한 언어로서 규모도 크지 않은 특징을 가지고 있다.
- C언어는 프로그램 개발이나 관리에 편의를 제공하고, 소프트웨어 개발 도구로서의 활용 범위를 넓게 하고, 이식성이 높은 장점과 더불어 C언어로 구성된 응용 소프트웨어의 개발 속도를 급속화시키는 계기가 되고 있다.

마. C 언어의 장단점

- 장 점
  - 모듈성(modularity) : 구조화 프로그래밍 및 모듈화 설계를 자연스럽게 할 수 있으며, 결과적으로 신뢰성 있고 이해하기 쉬운 프로그램을 작성 가능하게 하다.
  - 효율성 : 간결하면서도 어셈블리 언어 수준에서나 가능했던 하드웨어의 미세한 제어까지도 가능하게 해준다. 따라서 C언어로 짜여진 프로그램은 실행 속도를 고속으로 높이거나, 메모리를 가장 효율적으로 사용할 수 있다.
  - 이식성(portability) : 임의의 시스템에서 짜여진 C언어 프로그램은 다른 시스템

상에서도 약간의 수정 또는 전혀 수정하지 않고서도 실행이 가능하다.
C언어는 단순하면서도 강력하고 작은 언어이다. 작다는 것은 언어의 구성 요소가 몇 가지 안 되며, 그것들을 사용하는 법칙이 별다른 예외사항이 없이 일정하며 단순함을 뜻한다. 따라서 C언어는 배우기 쉽고, 기능 전반에 대하여 프로그래머가 유효적절하게 활용할 수 있다.

- 단 점
  - C언어는 간결하면서도 많은 기능을 제공해 주고, 사용자에게 많은 자유를 주지만 이에 따른 책임은 사용자가 져야 한다.
  - C언어가 가지고 있는 풍부한 연산자들과 연관된 간결성은 이해하기가 아주 어려운 코드를 만들 수도 있다.
  - 초보자에게는 혼동의 우려가 있는데, 이유는 C언어에서는 한 가지 부호를 여러 의미로 사용하기 때문이다.

⑧ 비주얼 베이직(Visual Basic)

가. 비주얼 베이직 특징

- 뛰어난 시각적 디자인(Visual Interface Design) 기능을 제공한다.
- 비주얼 베이직 개발 환경에서는 개발자가 마우스를 사용하여 조작을 원하는 오브젝트(Objet)를 특정한 모양(Window)에 배치하고 그 오브젝트에 알맞은 속성을 설정해 주면 그것들이 모여서 하나의 프로그램을 구성하게 된다. 따라서 개발자는 프로그램을 예전의 딱딱한 언어로 짜나가는 것이 아니라 화면을 그려가듯이 프로그램을 짜나가면 된다.
- 비주얼 베이직은 윈도우 표준 개발 도구로 그 적용에 있어 안정성이 뛰어나다.
- 비주얼 베이직은 배우기가 쉽고, 구조적 프로그래밍을 할 수 있다.
- 윈도를 구성하는 버튼이나 텍스트 박스 등을 폼(Form)이라는 곳에 마우스를 이용하여 위치 및 크기를 정하여 배치하고 각 요소에 대한 코드를 베이직 언어라는 쉬운 언어로 작성해주면 된다.
- 확장성이 뛰어나다.
- 개발 시간과 노력이 적게 걸린다.
- 배우기가 쉽고 디버깅 과정이 짧아 개발 시간과 노력이 매우 짧으면서도 우수한 프로그램을 제작할 수 있다.
- 비주얼 베이직은 관련 자료가 많아 효율적으로 이용할 수 있다.

11.3 비주얼 베이직의 구성

1) 비주얼 베이직 사용법

① [그림 11-2]와 같이 비주얼 베이직 6.0을 처음 실행한다.

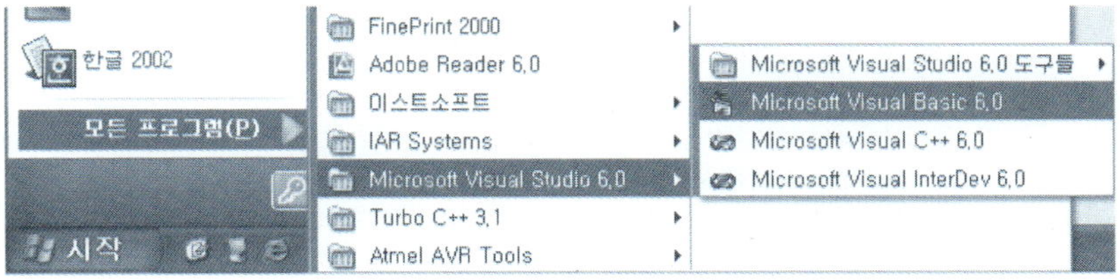

[그림 11-2] 실행화면

② 어떤 프로젝트를 선택할지 결정한다.

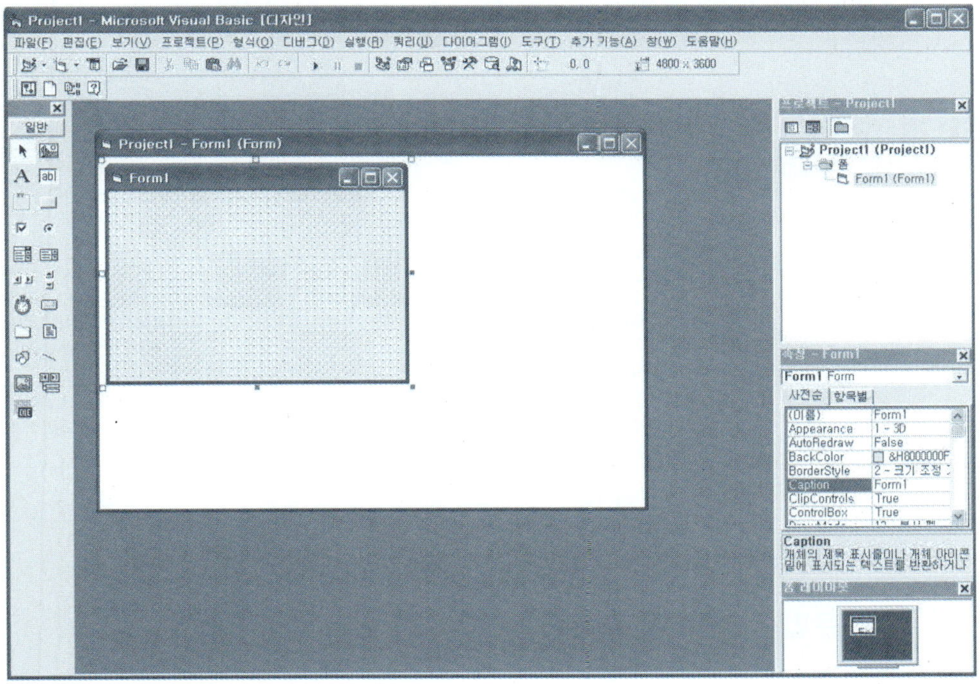

[그림 11-3] 비주얼 베이직 실행화면

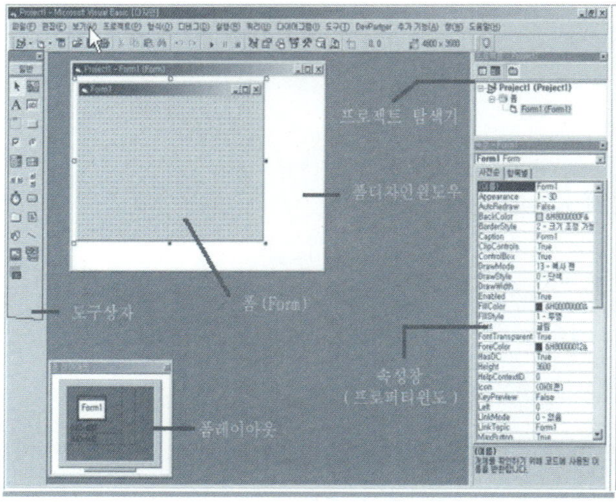

도구상자 (툴 박스)	폼에 사용할 수 있는 컨트롤들이 아이콘으로 디자인되어 있다. 사용하기 위해서는 그냥 클릭해서 폼에 그려주면 된다. 도구상자 부분을 오른쪽 클릭하면 구성요소라는 항목이 있다. 이 항목을 선택하면 컨트롤을 추가/제거할 수 있다.
플레이아웃 (폼윤곽 윈도우)	해상도별로 화면에 나타나는 폼의 위치와 크기가 표시된다. 안에 폼을 표시한 부분에 팝업 메뉴를 띄우면 폼의 시작위치를 지정할 수 있다. 폼의 StartUpPosition이라는 속성이 2로 변경된다.
프로젝트 탐색기	현재 프로젝트의 구성을 한 눈에 알아볼 수 있다. 사용된 폼, 모듈 등등
프로퍼티 윈도우 (속성창)	이것이 없으면 비주얼이라는 단어 사용 못한다. 컨트롤들의 속성(프로퍼티)을 한 눈에 볼 수 있고, 직접 편집하고 결과를 확인할 수 있다.
폼 디자인 윈도우	폼이 나타나는 윈도우이다. 안에 있는 폼(Form)에 컨트롤들을 올려놓고 코딩, 도구상자의 컨트롤들을 이쁘게 배치해서 드자이너~가 되어보세.

[그림 11-4] 비주얼 베이직 툴 설명

▌각종 팝업메뉴(해당 부분위에서 마우스오른쪽 버튼 클릭)

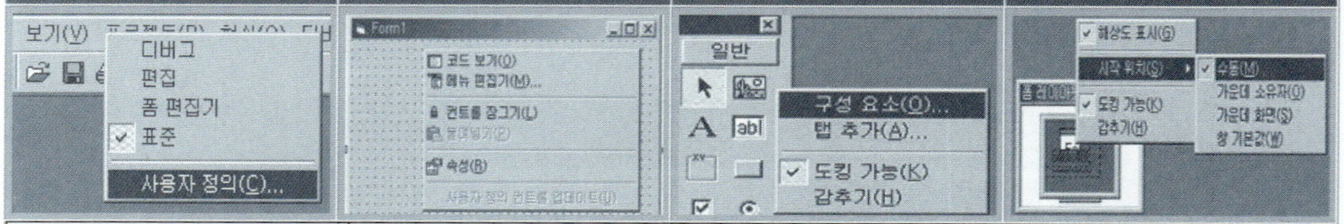

메뉴의 팝업메뉴	폼의 팝업메뉴	도구상자창의 팝업메뉴	폼레이아웃창의 팝업메뉴
디버그, 편집, 폼편집기를 선택하면 각각의 도구모음이 나타난다.	코드보디를 선택하면 코드창이 나타난다.	탭추가는 현재 일반탭말고 다른 새로운 탭이 생긴다.	해상도표시 : 해상도 표시여부지정
사용자 정의를 선택하면 메뉴 또는 아이콘으로 표시된 도구의 배치를 마음대로 변경할 수 있다. 메뉴의 표시 이름까지도 일일이 변경할 수 있다.	메뉴편집기를 선택해서 폼에 메뉴를 만들 수 있다. 일부 컨트롤들은 속성을 선택하면 속성창이 아닌 다른 상태의 속성변경창이 나타나는 것을 볼 수 있다.	구성 요소를 선택하면 도구상자에 컨트롤들을 추가/삭제할 수 있는 윈도우가 나타난다.	시작위치의 가운데 화면을 선택하면 폼이 실행될 때 화면 가운데에서 시작된다. 폼의 속성창에서 StartUpPositon 속성을 2로 설정하는 것과 같은 기능.
	컨트롤을 잠그기는 컨트롤을 배치할 때 다른 컨트롤들이 선택되거나 움직이는 것을 방지한다.	도킹이란 해당 윈도우가 비베의 주윈도우와 붙는지의 여부를 말한다.	현재 그림에서 플레이아웃창은 도킹이 안된 자유로운 상태이다.

[그림 11-5] 비주얼 베이직 팝업메뉴 설명

2) 기본 문법 및 베이직 컨트롤

(1) 기본 문법

① 변수, 상수 : 대부분의 프로그래밍 언어와 마찬가지로 Visual Basic 역시 값을 저장하기 위해 변수를 사용한다. 변수는 이름(변수가 가지고 있는 값을 참조하기 위해 사

용하는 단어)과 데이터 형식(변수가 저장할 수 있는 데이터의 종류를 결정한 것)을 가진다. 관련 변수들의 인덱스 처리된 컬렉션들을 저장하기 위해 배열을 사용할 수도 있다.

상수 역시 값을 저장하지만 상수라는 이름이 의미하듯이 이 값은 응용 프로그램이 종료될 때까지 항상 일정하다. 상수를 사용하면 숫자 대신 의미 있는 이름을 사용하므로 코드를 한결 쉽게 이해할 수 있다. Visual Basic에는 내부 상수들이 많이 있으나 새로운 상수를 만들 수도 있다.

② 선언 : Dim[| Public | Static] 변수명 [As 데이터형] 형식으로 선언이 가능하지만 변수를 따라서 선언하지 않고도 사용할 수 있다. 이때 데이터형은 Variant가 된다.

변수를 선언하지 않고 사용하면 왜 변수를 선언하는 게 좋은지 금방 알 수 있다. a변수 선언을 의무화시키기 위해서는 코드창의 맨 위에 아래 [그림 11-6]처럼 Option Explicit라고 써주면 된다. 이렇게 하면 선언하지 않은 변수는 사용될 수 없다.

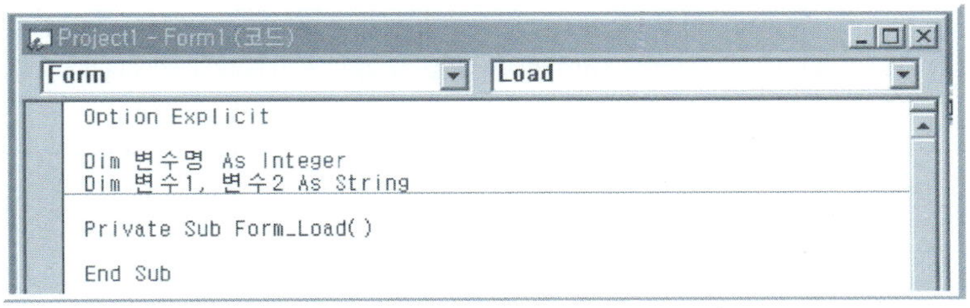

[그림 11-6] Option Explicit

③ 변수 선언 방법

〈표 11-2〉 변수 선언 방법

데이터 형식	저장용량	범 위
Byte	1바이트	0부터 255까지
Boolean	2바이트	True 또는 False
Integer	2바이트	−32,768부터 32,767까지
Long(자세한 정수)	4바이트	−2,147,483,648부터 2,147,483,647까지
Single (단정도 부동 소수점)	4바이트	−3.402823E38부터 −1.401298E−45까지(음수값), 1.401298E−45부터 3.402823E38까지(양수값)
Double (배정도 부동 소수점)	8바이트	−1.79769313486232E308부터 −4.94065645841247E−324까지(음수값), 4.94065645841247E−324부터 1.79769313486232E308까지(양수값)
Currency(정수 값 잘림)	8바이트	−922.337.203.685.477.5808부터 922.337.203.685.477.5807까지
Decimal	14바이트	+/−79.228.162.514.264.337.593.543.950.335(소수점 이하 없음) +/−7.9228162514264337593543950335(숫자의 오른쪽으로부터 28번째); 0이 아닌 최소 숫자+/− 0.0000000000000000000000000001.
Date	8바이트	100년 1월 1일부터 9999년 10월 31까지
Object	4바이트	모든 개체 참조
String(가변 길이)	10바이트+문자열 길이	0부터 약 2조까지
String(고정 길이)	문자열 길이	1부터 약 65.400까지
Variant(숫자)	16바이트	Double형 범위 내의 모든 숫자
Variant (문자)	22바이트+ 문자열 길이	변수 길이 String과 같은 범위
사용자 정의 형식 (Type 사용)	요소가 사용하는 숫자	해당 데이터 형식의 범위값과 각 요소의 범위값이 같음

④ 정적배열과 동적배열 : 배열을 선언하는 방법은 변수를 선언하는 방법과 동일하면 한가지 배열로 사용할 변수이름 옆에 ()가 붙는다는 것이 틀리다. 배열이라는 것은 여러개가 번호표를 들고 줄 서있다고 생각하면 된다. 정적배열은 배열의 크기가 고정되어 있는 경우를 말하고, 동적배열은 배열의 크기가 유동적인 배열을 의미한다. (배열선언시 크기를 설정하지 않은 배열을 동적배열이라고 한다.)

〈표 11-3〉 연산자들 종류와 사용

산술연산자	관계연산자	논리연산자
^ (제곱)	=	Not
− (음수)	<>	And
+, −(덧셈, 뺄셈)	<	Or
*, /(곱셈, 나눗셈)	>	Xor
Mod(나눗셈의 나머지)	<=	Eqv
& 문자열 덧셈	>=	Imp
₩(나눗셈의 몫)		

(2) 베이직 컨트롤 및 속성 설명

〈표 11-4〉 컨트롤 도구들

컨트롤	설명
폼	컨트롤들을 올려놓는 가장 중요한 말 그대로 폼.(왼쪽 그림을 클릭하세요. 기본속성 및 메소드가 설명되어 있습니다.)
마우스 포인터	폼과 컨트롤을 움직이거나 크기를 조절할때 사용합니다.
PictureBox	이미지 파일 (BMP, JPEG, PCX, WMF, ICO)을 화면에 나타낼때 사용합니다. Line, Circle등의 메소드를 이용하여 선,원등을 그릴수 있습니다.
Label	화면에 문자열을 나타낼때 사용됩니다.
TextBox	문자열을 입력할 수 있으며, 입력한 문자열을 화면에 표시합니다.
Frame	유사한 기능을 가진 컨트롤들을 시각적, 기능적으로 묶을때 사용합니다.
CommandButton	사용자가 선택했을 때 명령을 수행합니다.
CheckBox	True/False의 옵션을 지정할때 사용합니다. 또는 다양한 선택을 요구할 때 사용할 수 있습니다.
OptionButton	여러 가지 옵션 중에서 선택할 수 있도록 합니다.(1/0 value)
ComboBox	텍스트 박스와 리스트 박스가 연결된 형태로, 사용자는 텍스트 박스를 통해 입력한 후 리스트 중에서 선택할 수 있습니다.
ListBox	사용자가 선택할 수 있는 리스트를 보여 줍니다.
HScrollBar(horizontal scroll bar)	많은양의 정보의 이동을 손쉽게 할때 사용합니다. 사용자는 수평 범위에 있는 값을 선택할 수 있습니다.
VsCrollbar(vertical scroll bar)	사용자가 수직 범위에 있는 값을 선택할 수 있도록 합니다.
Timer	Interval 속성에 지정한 간격으로 timer 이벤트를 발생시킵니다.

컨트롤	설명
DriveListBox	사용자가 사용할 수 있는 드라이브를 선택할 수 있도록 합니다.
DirListBox(Directory List Box)	디스크의 디렉토리(경로)를 선택할 수 있도록 합니다.
FileListBox	디스크의 파일 리스트를 선택할 수 있도록 합니다.
Shape	폼위에 사각형, 원 등을 다양한 형태로 그릴때 사용합니다.
Line	직선을 폼위에 그릴때 사용합니다.
image	다양한 이미지 파일 (BMP, JPEG, PCX, WMF, ICO등)을 화면에 나타냅니다. Stretch 속성을 이용하면, 그림을 컨트롤의 크기에 맞출 수 있습니다.
Data	이미 생성된 데이터 베이스와 연결하여 데이터베이스를 다룰 수 있도록 해 줍니다.
OLE	비주얼 베이직 응용 프로그램에 다른 윈도 응용 프로그램을 개체로서 포함시킬 때 사용합니다.

① 기본적인 속성

〈표 11-5〉 속성 설명

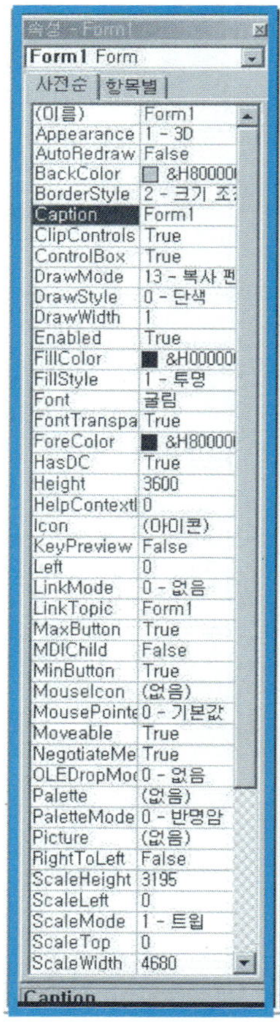

◑ Name (Design-time Only)
컨트롤의 이름이다. 컨트롤에 접근하는 유일한 근거라나 뭐라나...
신경써서 지어주는게 좋다. (옆 그림에서 한글로 (이름) 이라고 쓰인거다.)

◑ Index
컨트롤의 배열이 생성되면 그 인덱스를 나타낸다. 버튼을 폼에 하나 올려놓고 복사 & 붙여넣기하면 컨트롤 배열을 생성하겠냐는 메시지상자를 만날 수 있다.
한개의 이름으로 거기에 번호를 붙여서 여러 놈들이 사용되는 거라고 생각하면 된다.
label1(0), label1(1), label1(2) .... 이런 식으로

◑ Appearance (Design-time Only) : 컨트롤의 시각적인 모습을 결정.

◑ ForeColor, BackColor
forecolor는 컨트롤의 텍스트나 그래픽을 표시하는데 사용되는 색.
backcolor는 배경색. 색지정예) .속성 = rgb(255,0,0)

◑ TabIndex,TabStop
tabindex는 포커스를 가질 수 있는 컨트롤간의 우선 순위.
tabstop은 탭키에 의해 포커스를 가질 수 있는가를 결정.

◑Enabled (true/false) : 컨트롤이 사용가능한지의 여부 지정.

◑Visible (true/false) : 컨트롤이 화면에 보이게 하는지의 여부.

◑Font
[컨트롤.]Font [=폰트]
[컨트롤.]Font.Size [=값]
[컨트롤.]Font.Bold [=true/false] 등등

◑ScaleMode
컨테이너 좌표 시스템을 지정한다.
사용자정의값,트윕,포인트,픽셀 등으로 지정할 수 있다.
(참고. 모니터의 해상도 표시 800 * 600 등은 픽셀 단위이다.)

◑Left, Top
폼위에서 컨트롤의 y,x 위치를 나타낸다.(컨트롤의 왼쪽 가장위에 모서리의 위치)

◑Width, Height : 컨트롤의 폭과 높이를 나타낸다. 즉 크기이다.

◑ Tag
임의로 쓰는 프로퍼티이다.

◑ ToolTipText
커서를 해당 컨트롤의 위에서 약 1초 동안 머무르면 나타날 풍선 도움말의 문자열 지정.

- Border Style : 폼의 크기방지 및 도구창 표시 여부
- Control Box : 폼의 제목표시줄에 있는 세 개의 버튼 표시 여부
- Min Button : 최소화 버튼의 표시 여부
- Max Button : 최대화 버튼의 표시 여부
- Show In Task bar : 윈도의 작업표시줄에 폼 개체의 표시 여부
- Window State : 실행 시 프로그램의 상태(표준, 최소, 최대)
- Start Up Position : 실행 시 프로그램의 위치
- Caption : 폼의 제목 표시줄에 표시된 텍스트
- Scale Mode : 좌표 시스템 지정(단위변경)
- Microsoft Comm Control (MSCOMM 직렬 통신)

② MSComm 컨트롤

〈표 11-6〉 MSComm 컨트롤 도구

Microsoft Windows Common Control 6.0 (SP4) (MSCOMCTL.ocx)
TabStrip 윈도용 응용 프로그램에서 흔히 볼 수 있는 같은 형태의 정보 화면들이나 여러가지 단어들을 나타낼 때 사용합니다.
ToorBar 응용 프로그램에서 사용되는 주요 기능들을 아이콘으로 표시되는 단추들의 집합으로 연결할 때 사용합니다.
Statusar 응용 프로그램에서 사용되는 주요 기능들을 아이콘으로 표시되는 단추들의 집합으로 연결할 때 사용 합니다.
ProgressBar 진행상태를 나타낼 때 사용합니다.
TreeView 레이블과 선택적인 비트맵으로 이루어진 계층적인 트리 구조를 화면에 표시합니다.
ListView 네 가지 정렬 방법에 의해 항목들을 화면에 표시합니다.
imageList 이미지를 저장할 수 있는 Listimage 개체의 집합을 갖고 있습니다. 도구 모음이나 이미지, 픽처 박스 등과 함께 사용됩니다.
Slider 슬라이더와 단계별로 움직이는 마크를 포함합니다.
ImageCombo 콤보 상자의 목록 부분 각 항목에 그림을 포함시킬 수 있습니다.

〈표 11-7〉 MSComm 컨트롤 선택

Microsoft COMM Control (MSCOMM32.ocx)
MSComm 응용 프로그램에 모뎀 등을 통한 시리얼, 즉 직렬 통신 기능을 제공합니다.

MSComm 컨트롤은 직렬 포트를 통한 데이터 송신과 수신을 가능하게 하여 통신관련 프로그램을 쉽게 만들 수 있도록 해준다.

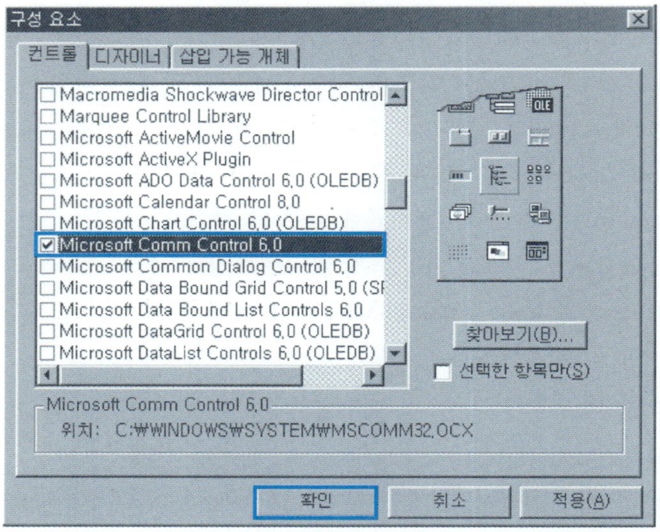

[그림 11-7] Microsoft Comm Control 6.0을 선택하는 모습

MSComm 컨트롤을 사용하려면 [구성요소] 대화상자에서 'Microsoft Comm Control 6.0'를 추가해야 한다. [구성요소] 대화상자에서 선택한 화면은 다음과 같다.

〈표 11-8〉 자주 사용하는 속성

속 성	설 명
CommPort	통신 포트 번호를 반환하거나 설정한다. 값이 1이면 com1을 의미한다.
PartOpen	통신 포트의 상태를 반환하거나 설정한다. 또한 포트를 열거나 닫는다. True 포트가 열려 있고 False 포트가 닫혀 있다.
Input	수신 버퍼에서 문자를 반환하거나 삭제한다.
Output	문자열을 전송 버퍼에 기록한다.
Break	True 중단 신호 상태를 설정하고 False 중단 신호 상태를 해제한다.
CDHolding	반송파 검출(CD) 회선의 상태를 쿼리하며 반송파가 존재하는지의 여부를 결정한다. CD는 모뎀에서 모뎀이 온라인인지를 나타내기 위해 연결된 컴퓨터로 보내는 신호이다. True이면 CD 회선이 높고 False CD 회선이 낮다.
CommID	통신 장치를 구분하는 핸들을 반환한다.
InBufferCount	수신 버퍼에서 기다리고 있는 문자의 수를 반환한다.
InBufferSize	수신 버퍼의 크기를 바이트 단위로 반환하거나 설정한다.

〈표 11-8〉 계속

속 성	설 명
EOFEnable	EOFEnable 속성은 입력 도중 MSComm 컨트롤이 EOF를 찾을지 결정한다. EOF 문자를 발견하면 입력이 중지되고 CommEvent 속성이 comEvEOF로 설정되면서 OnComm 이벤트가 발생한다.
InputLen	Input 속성이 수신 버퍼에서 읽는 문자의 수를 반환하거나 설정한다.
InputMode	Input 속성에서 검색하는 데이터 형식을 반환하거나 설정한다. '0-commInputModeText'이면 Input 속성을 통해서 데이터가 텍스트로 검색되었고 '1-ComInputModeBinary'이면 Input 속성을 통해서 데이터가 이진 데이터로 검색되었다.
NullDiscard	널(Null) 문자가 포트에서 수신 버퍼로 전송되는지의 여부를 결정한다. True이면 널 문자가 포트에서 수신 버퍼로 전송되지 않고 False이면 널 문자가 포트에서 수신 버퍼로 전송된다.
ParityReplace	패리티 오류가 발생했을 때 데이터 스트림에서 유효하지 않은 문자를 대체하는 문자를 반환하거나 설정한다.
OutBufferCount	전송 버퍼에서 기다리는 중인 문자의 수를 반환한다.
OutBufferSize	전송 버퍼의 크기를 바이트 단위로 반환하거나 설정한다.
RThreshold	CommEvent 속성을 'comEvReceive'로 설정하고 OnComm 이벤트를 발생시키기 전에 수신할 문자의 개수를 반환하거나 설정한다.
RTSEnable	RTS(전송 요청) 회선을 활성화시킬지를 결정한다. 데이터 전송에 대한 허가를 요청하는 RTS 신호는 컴퓨터에서 모뎀으로 보내진다. True이면 RTS 회선 활성화하고 False이면 RTS 회선을 해체한다.
Sthreshold	CommEvent 속성을 'comEvsend'로 설정하고 OnComm 이벤트를 발생시키기 전에 전송 버퍼에서 허용 가능한 최소 문자 개수를 반환하거나 설정한다.

③ 핸드쉐이킹(Handshaking) 속성

Handshaking 속성은 하드웨어 초기 접속 신호 프로토콜을 반환하거나 설정한다. '0-ComNone'이 초기값으로 되어 있다.

〈표 11-9〉 핸드쉐이킹 속성

마스크	설 명
0–ComNone	초기 접속 신호 없음
1–ComXOnXOff	XON/XOFF 초기 접속 신호
2–ComRTS	RTS/CTS(전송 요청/전송 취소) 초기 접속 신호
3–ComRTSXOnXOff	RTS와 XON/XOFF 초기 접속 신호

④ Settings 속성

Settings 속성은 전송 속도, 패리티, 데이터 비트, 정지 비트를 문자열로 반환하거나 설정한다.

```
MSComm1.Settings = "BBBB,P,D,S"
```

여기서 'BBBB'는 전송속도, 'P'는 패리티, 'D'는 데이터 비트수 그리고 'S'는 정지 비트수이다.

〈표 11-10〉 Setting 속성

전송속도(BBBB)	패리티(P)	데이터 비트수(D)	정지 비트(S)
110	E 짝수	4	1(초기 값)
300	M 표시	5	1.5
600	N 없음(초기 값)	6	2
1200	O 홀수	7	
2400	S 공간	8(초기 값)	
9600(초기값)			
14400			
19200			
38400			
56000			
128000			
256000			

⑤ CommEvent 속성

CommEvent 속성은 가장 최근의 통신 이벤트나 오류를 반환한다. 통신 오류와 통신 이벤트는 〈표 11-11〉과 같다.

〈표 11-11〉 CommEvent 속성

종 류	속성 값	번호	설 명
통신이벤트	ComEvSend	1	전송 버퍼에 송신한계 숫자보다 적은 수의 문자가 있다.
	ComEvReceive	2	수신한계 숫자만큼의 문자 수신, 이 이벤트는 사용자가 Input 속성을 사용하며 데이터를 수신 버퍼에서 제거할 때까지 계속 발생한다.
	ComEvCTS	3	전송 취소 회선에서 변경한다.
	ComEvDSR	4	DSR 회선에서 변경, 이 이벤트는 DSR이 1에서 0으로 변경될 때만 발생한다.
	ComEvCD	5	CD 회선에서 변경
	ComEvRing	6	호출음 검출한다. UARTs(보편적 비동기 수신기/송신기) 중에 이 이벤트를 지원하지 않는 것도 있다.
	ComEvEOF	7	수신된 파일 끝 문자(ASCII 문자 26)
오류	ComBreak	1001	중단 신호가 수신되었다.
	ComCTSTO	1002	전송 취소시간 초과(CTS)했다. 문자 전송 시도 중 전송취소 회선이 시스템 지정 시간보다 낮을 때 발생한다.
	ComDSRTO	1003	데이터 설정 준비(DSR) 시간이 초과되었다. 문자 전송 시도 중 DSR 회선이 시스템 지정 시간보다 낮을 때 발생한다.
	ComEventFrame	1004	하드웨어가 프레이밍 오류를 발생했다.
	ComEventOverrun	1006	포트 오버런. 다음 문자를 읽기 전에, 이전의 문자를 하드웨어에서 읽지 않아서 문자가 손실되었다.
	ComEventCDTO	1007	반송파 검출(CD) 시간 초과, 문자 전송 시도 중 CD 회선이 시스템 지정 시간보다 낮다.
	ComEventRxOver	1008	수신 버퍼에 여유 공간이 없어 초과했다.
	ComRxParity	1009	패리티 오류이다.
	ComEventxFull	1010	문자를 저장하려는 도중에 전송 버퍼가 꽉 찼다.
	ComEventDCB	1011	포트에 대한 장치 컨트롤 블록(DSB) 검색 중 예기치 못한 오류가 발생한다.

11.4 RFID 시스템의 응용 실험 절차

① 컴퓨터, CBIS-1400 그리고 DS-1410을 준비하고, CBIS-1400과 DS-1410의 사용설명서를 읽고 충분히 숙지한 후 실험을 시작한다.

② DS-1400에 125kHz RFID 모듈(M-Module)을 탑재한다.

③ 제공된 시리얼 통신용 케이블을 125kHz 리더 모듈(Reader Module)의 우측 하단에 있는 9P 커넥터(RS232통신용)와 컴퓨터 직렬 포트단자와 연결한다.

④ 제공된 CD를 컴퓨터의 CD-ROM Drive에 넣어서 Visual Basic 실습 폴더를 만들고 제공된 모든 파일을 실습 폴더에 복사한다.

⑤ 실험용장비가 충분한 기능을 수행할 수 있도록 본체의 뒷면에 부착된 전원스위치를 켜고 5분정도 지난 후 실험을 시작한다.

⑥ 실습 폴더에 있는 파일 중에서 RFIDReader.exe 파일을 더블클릭한다.

⑦ [그림 11-8]과 같은 화면이 나타난다.

[그림 11-8] RFIDReader.exe 실행 프로그램

⑧ 응용 프로그램의 좌측에 보이는 '통신' 버튼을 누르면 Reader와 PC 사이에 통신 프로토콜을 설정할 수 있는 팝업창이 생성된다. [그림 11-9]와 같은 화면이 나타난다.

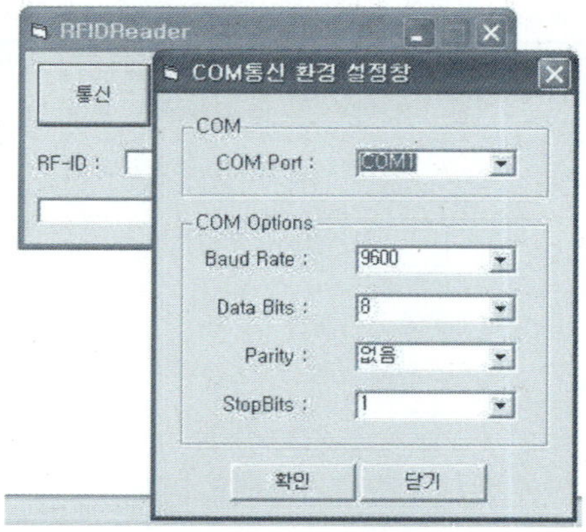

[그림 11-9] 통신 포트 설정

⑨ COM Port를 설정한다. (Default : COM1)

⑩ COM Options를 설정한다. Default 값은 다음과 같다.

Baud Rate : 9,600bps

Data Bits : 8bits

Parity : 없음

Stop Bits : 1

⑪ 확인 버튼을 누른다.

⑫ 125kHz 리더 모듈(Reader Module) 하단에 위치한 안테나(Antenna)에 제공된 125kHz용 태그(Tag)를 안테나 가까이 댄다. 응용 프로그램의 하단에 위치한 RF-ID의 빈 칸에 UID가 나타나는지 확인하도록 한다.

※ 상기 ⑥번 항목부터 ⑪번 항목까지 실습한 내용을 Visual Basic을 이용하여 직접 프로그램을 작성해보도록 하자. 첫 번째는 비주얼 베이직을 이용하여 화면에 나타낼 폼(Form)을 설계하고, 두 번째는 제공된 프로그램 소스(Source)를 분석하고 직접 코딩(Coding)하는 실습을 해보자.

1) 비주얼 베이직을 이용하여 화면에 나타낼 폼(Form) 설계하기

① [그림 11-10]과 같이 비주얼 베이직 6.0을 시작한다.

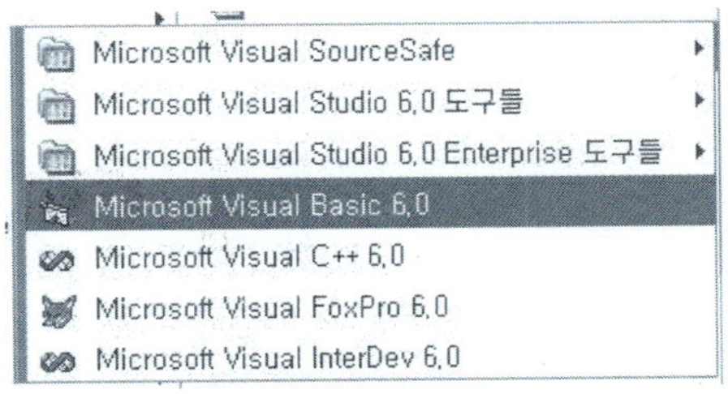

[그림 11-10] MS Visual Basic 실행하기

② [그림 11-11]과 같이 새 프로젝트에서 '열기' 버튼을 클릭한다.

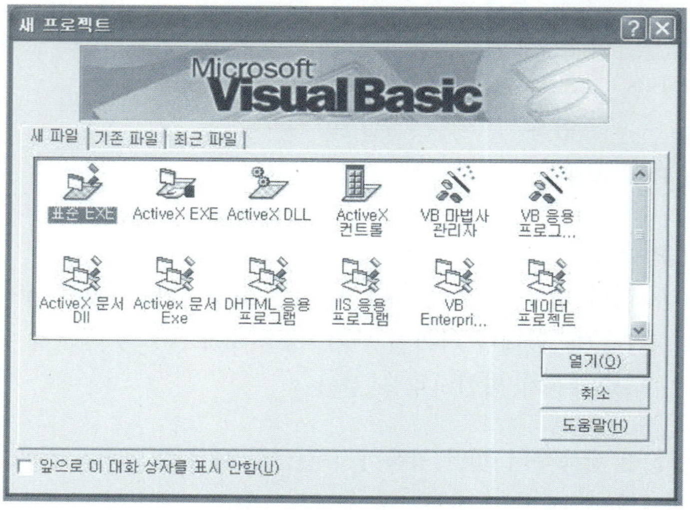

[그림 11-11] 프로젝트 열기

③ [그림 11-12]와 같이 비주얼 베이직 초기화면이 나타난다.

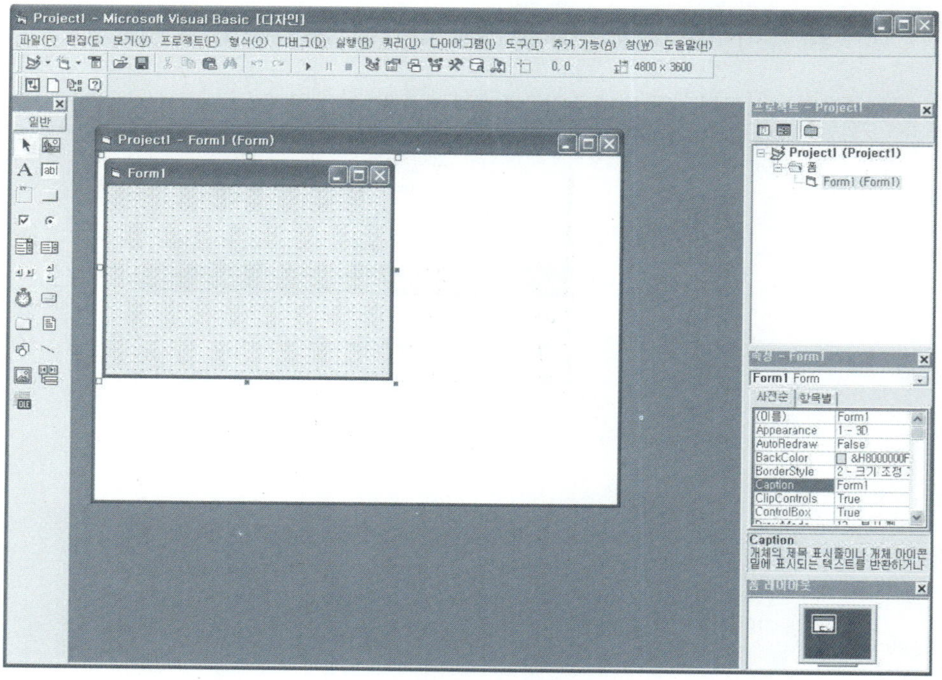

[그림 11-12] 비주얼 베이직 초기화면

④ [그림 11-13]과 같은 Form1 화면 안에 실습할 내용을 넣는다.

[그림 11-13] Form1

⑤ [그림 11-14]의 도구모음에 있는 Command Button을 클릭한다.

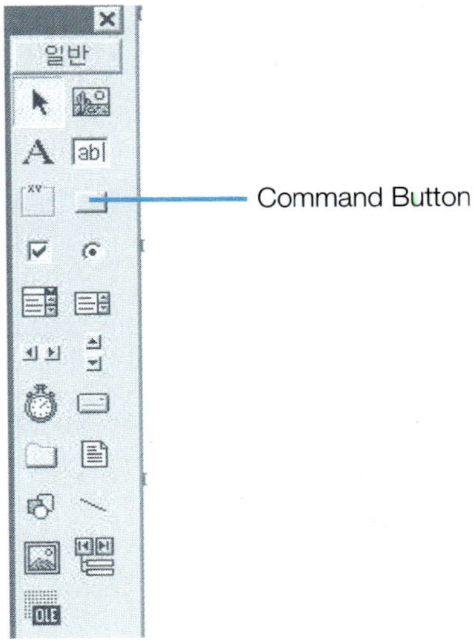

[그림 11-14] 도구모음

⑥ [그림 11-15]와 같이 마우스의 왼쪽 버튼을 클릭한 상태에서 적당한 크기로 마우스를 이동하고 마우스 버튼을 놓는다.

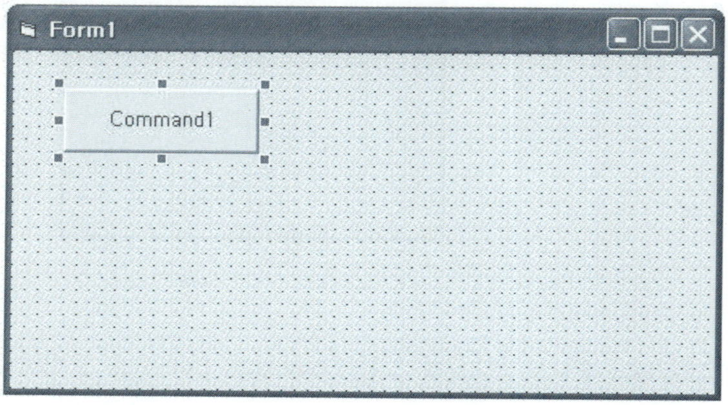

[그림 11-15] Command button을 그려넣은 모습

⑦ [그림 11-16]의 속성 창에서 Caption의 우측을 클릭하여 '통 신'이라고 입력한다.

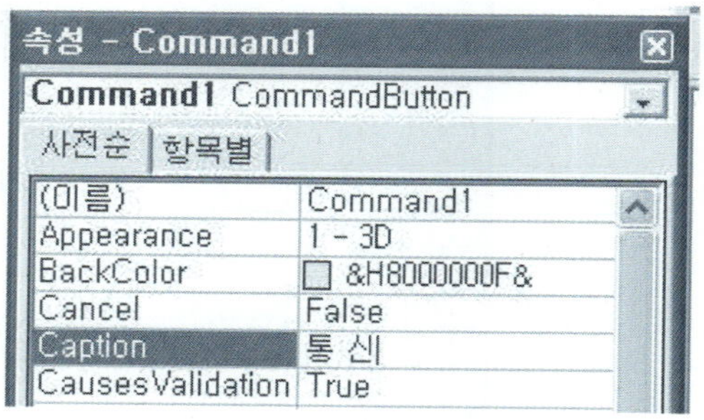

[그림 11-16] Caption 설정

⑧ [그림 11-17]의 상태가 표시된다. 이것은 우리가 실습할 전체화면 중에서 '통신'이 완료되었으며, 통신 커멘드버튼(CommandButton) 폼 속성이 완료되었다.

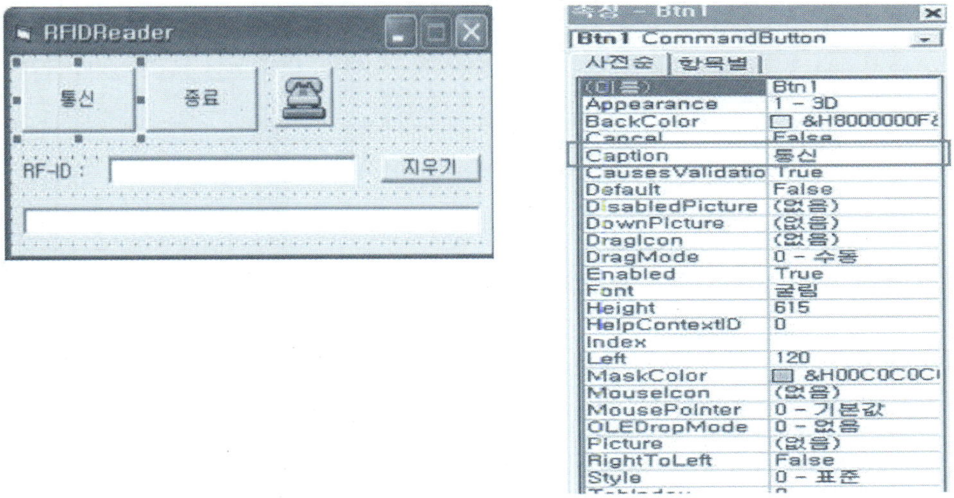

[그림 11-17] 통신 폼과 속성

⑨ 위에서 실습한 방법과 동일하게 작업한다. [종료 커맨드버튼(CommandButton) 폼 속성] ([그림 11-18] 참조)

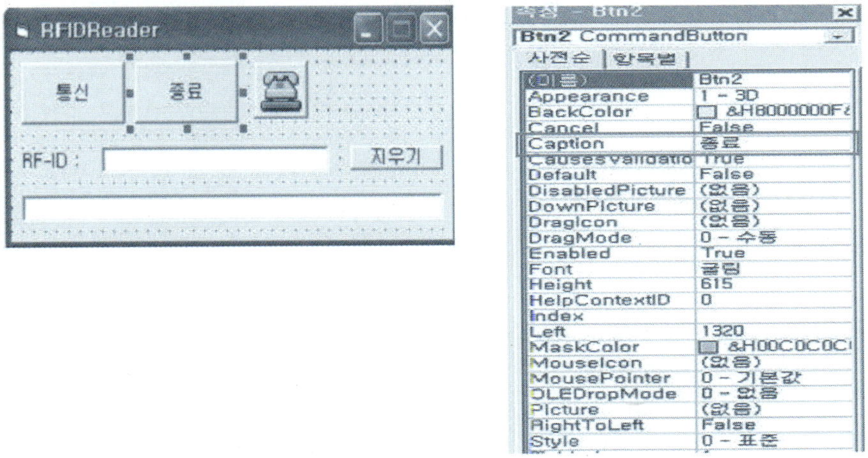

[그림 11-18] 종료 폼과 속성

⑩ MSComm 폼(Form) 속성([그림 11-19] 참조)

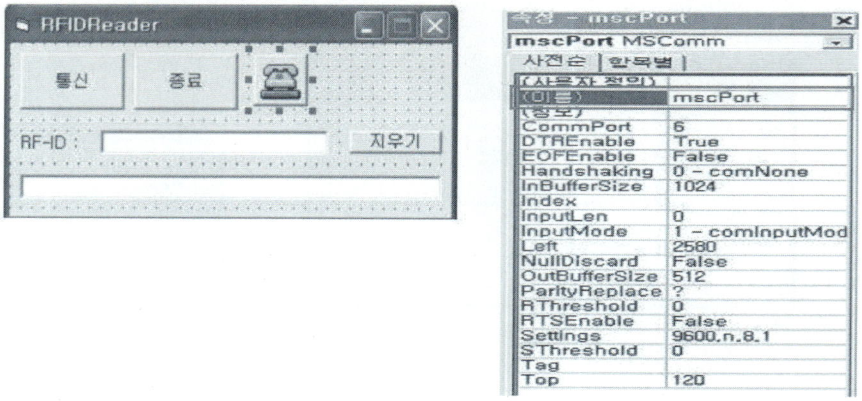

[그림 11-19] MSComm 폼과 속성

⑪ Label RF-ID 속성([그림 11-20] 참조)

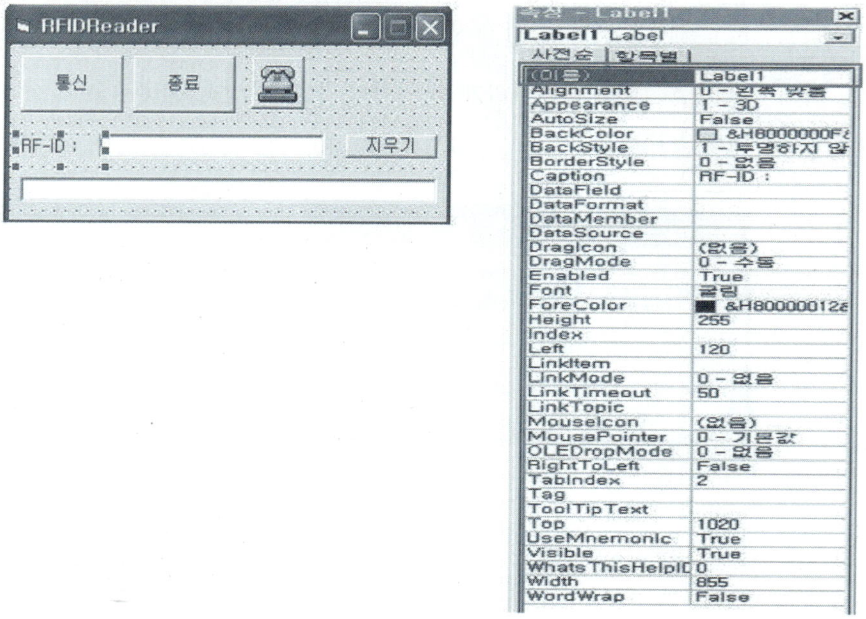

[그림 11-20] Label RF-ID 폼과 속성

⑫ TextBox 속성([그림 11-21] 참조)

[그림 11-21] TextBox 폼과 속성

⑬ 지우기 커맨트 버튼 속성([그림 11-22] 참조)

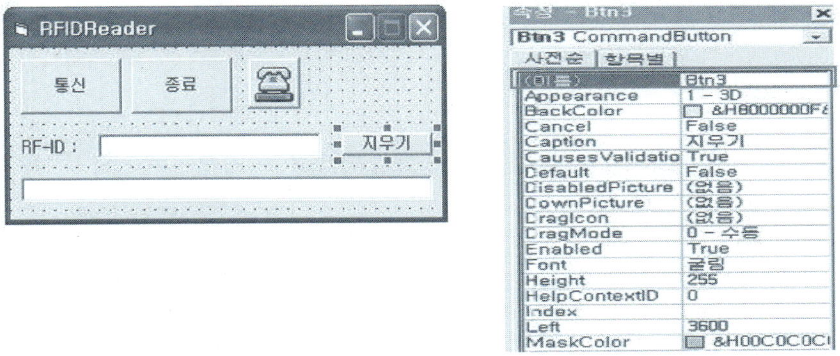

[그림 11-22] 지우기 폼과 속성

제 11 장

⑭ COM 프레임 폼 속성([그림 11-23] 참조)

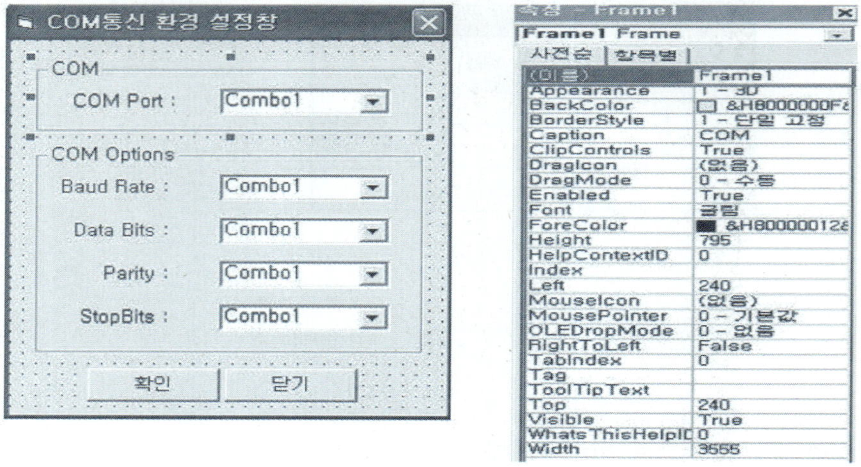

[그림 11-23] COM 통신 프레임 폼과 속성

⑮ COM Port Label 폼 속성([그림 11-24] 참조)

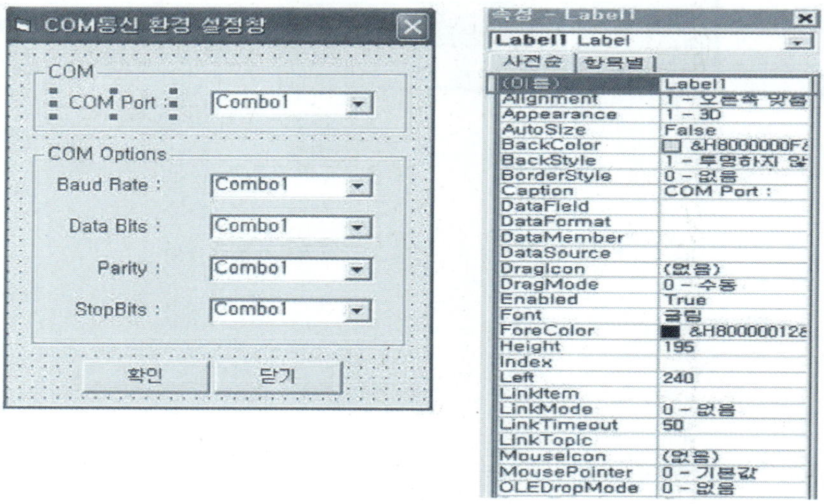

[그림 11-24] COM Port Label 폼과 속성

⑯ ComboBox 폼 속성([그림 11-25] 참조)

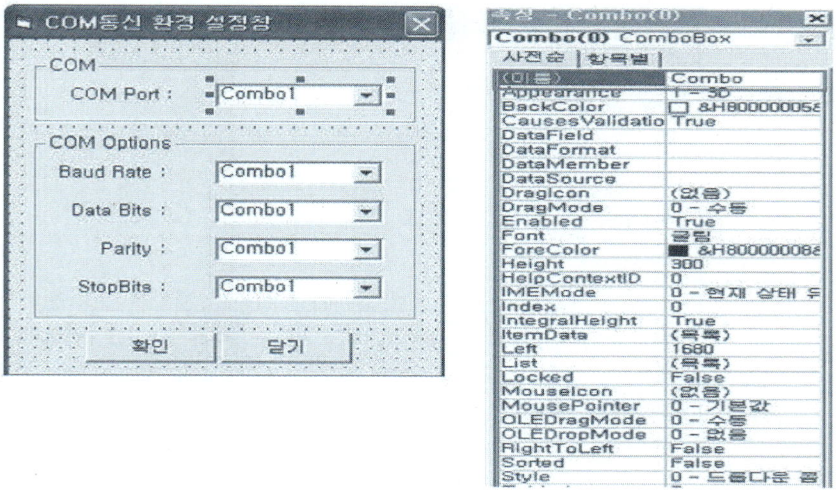

[그림 11-25] ComboBox 폼과 속성

⑰ Com Options 폼 속성([그림 11-26] 참조)

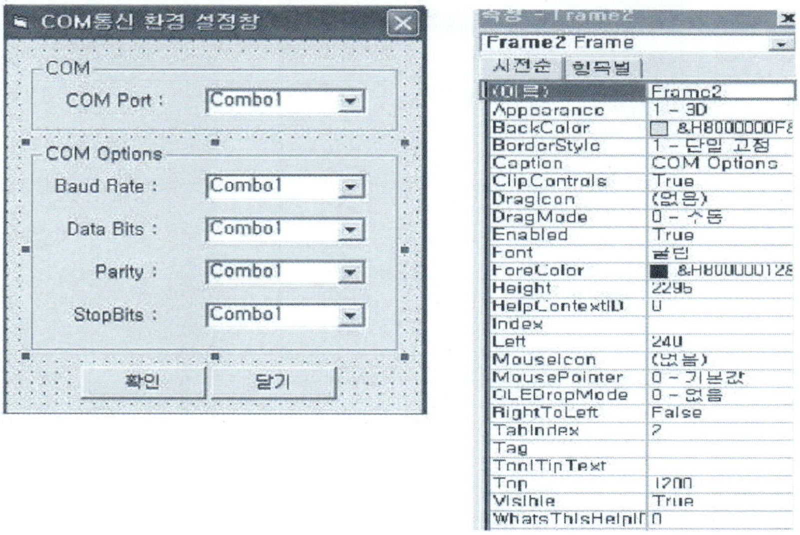

[그림 11-26] Com Options 폼과 속성

⑱ Baud Rate Label 폼 속성([그림 11-27] 참조)

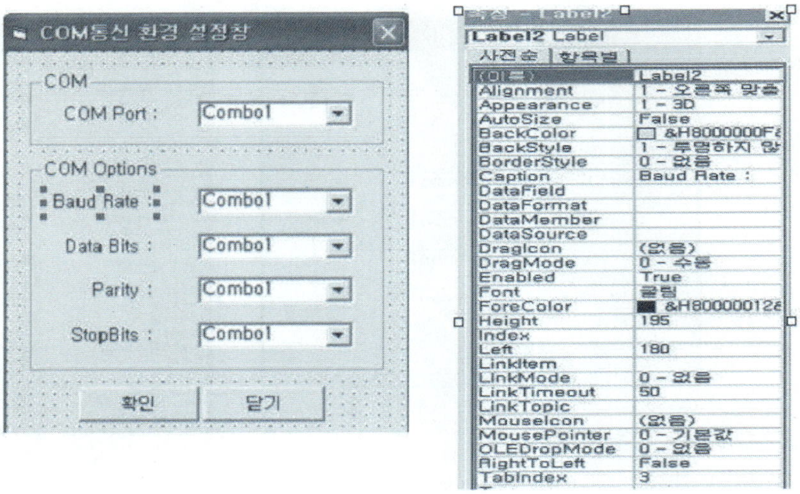

[그림 11-27] Baud Rate Label 폼과 속성

⑲ Combobox 폼 속성([그림 11-28] 참조)

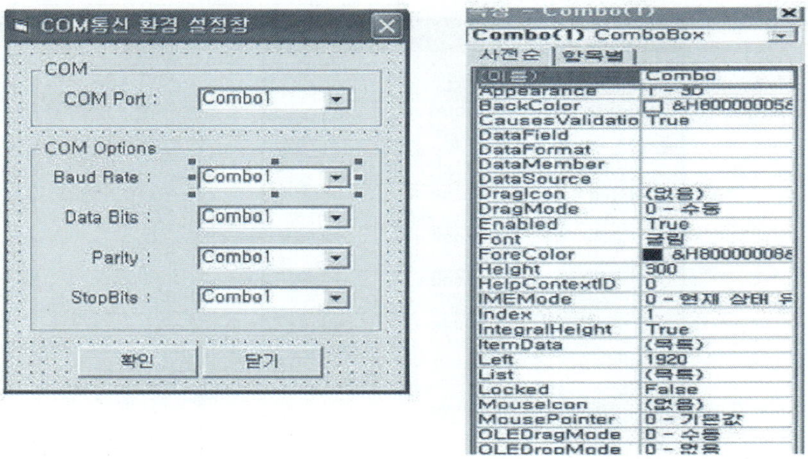

[그림 11-28] Combobox 폼과 속성

⑳ Data Bits Label 폼 속성([그림 11-29] 참조)

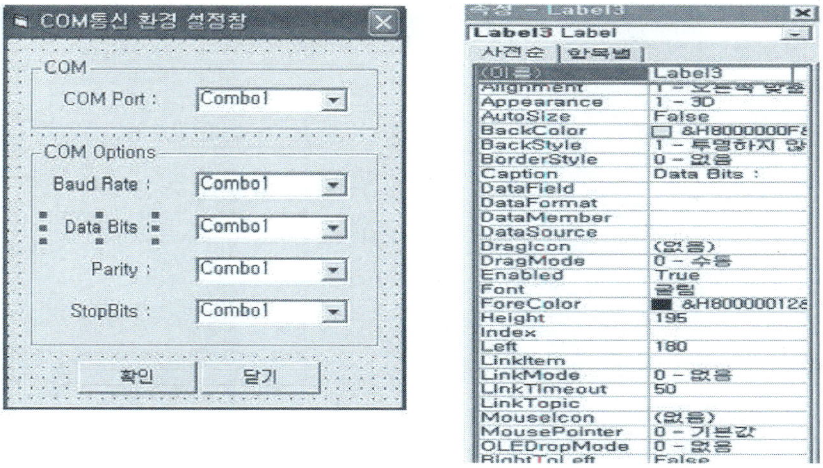

[그림 11-29] Data Bits Label 폼과 속성

㉑ Parity Label 폼 속성([그림 11-30] 참조)

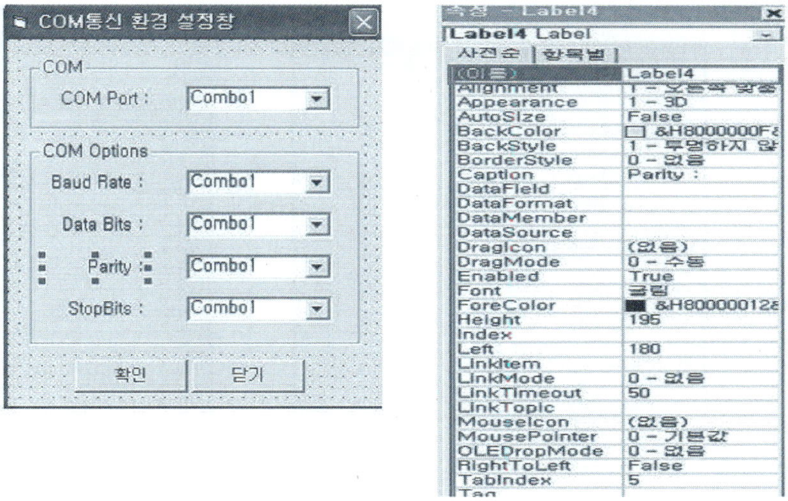

[그림 11-30] Parity Label 폼과 속성

제11장

㉒ StopBits Label 폼 속성([그림 11-31] 참조)

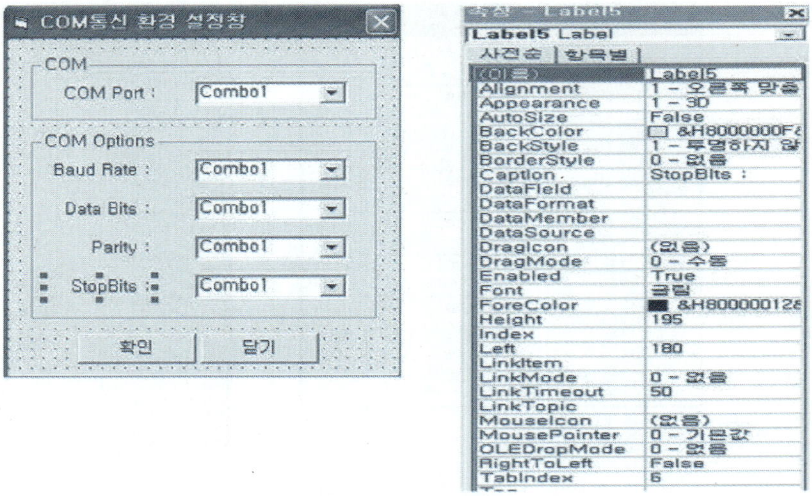

[그림 11-31] StopBits Label 폼과 속성

㉓ 확인 커맨드 버튼 폼 속성([그림 11-32] 참조)

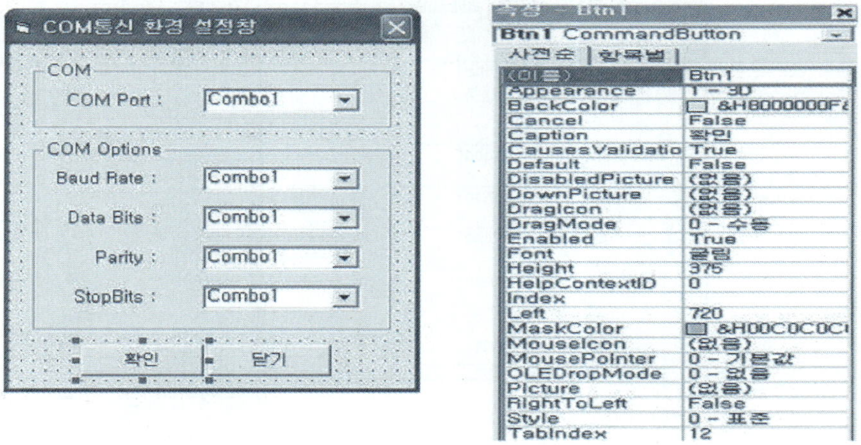

[그림 11-32] 확인 커맨드 폼과 속성

㉔ 닫기 커맨드 버튼 폼 속성([그림 11-33] 참조)

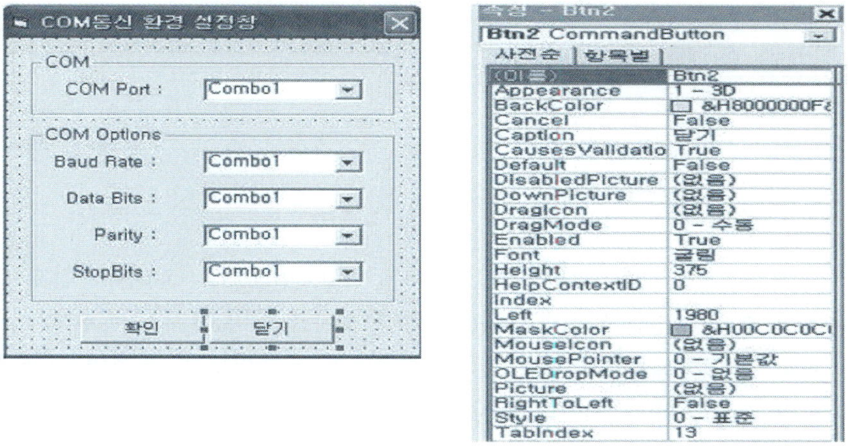

[그림 11-33] 닫기 커맨드 버튼의 폼과 속성

㉕ 폼 작성을 모두 마쳤으면 저장하도록 한다.

11.5 컴퓨터를 이용한 RFID 시스템의 응용 실험

1) 시리얼 통신의 이해(RS232C 통신)

(1) 용어설명

① 사용 거리 : 약 15m

RS232C 규격 : 미국의 EIA(Electronic Industries Association), 현재 TIA에 의해 규격화된 것으로 정확하게는 EIA-RS232C 규격이라 하며 전기적/기계적 특성과 인터페이스 회로의 기능 등을 정의하고 있다. RS-232C는 컴퓨터들과 그 주변의 장치들 간에 비교적 느린 속도의 직렬 데이터 통신을 하기 위한 물리적 연결과 프로토콜에 관해 기술하고 있는 오래된 표준 규약이다. RS-232C는 컴퓨터가 모뎀과 같은 다른 직렬장치들과 데이터를 주고받기 위해 사용하는 인터페이스다.

RS-232C가 규격화되던 시절의 시대적 배경을 생각해보면 통신의 주목적은 본사의 컴퓨터와 지사의 컴퓨터를 모뎀을 통하여 서로의 데이터를 주고받는 것이 주목적일 것이다. 컴퓨터로부터 나오는 데이터는 보통 메인 보드상에 있는 UART 칩에 의해 DTE 인터페이스로부터 내장(또는 외장) 모뎀이나 다른 직렬장치들로 전송이 된다.

또한 모뎀이나 다른 직렬장치와 RS-232C 표준에 입각하여 통신하는 컴퓨터쪽의 DTE 인터페이스는 DCE 인터페이스라고 불리는 보완적인 인터페이스를 가지고 있다.

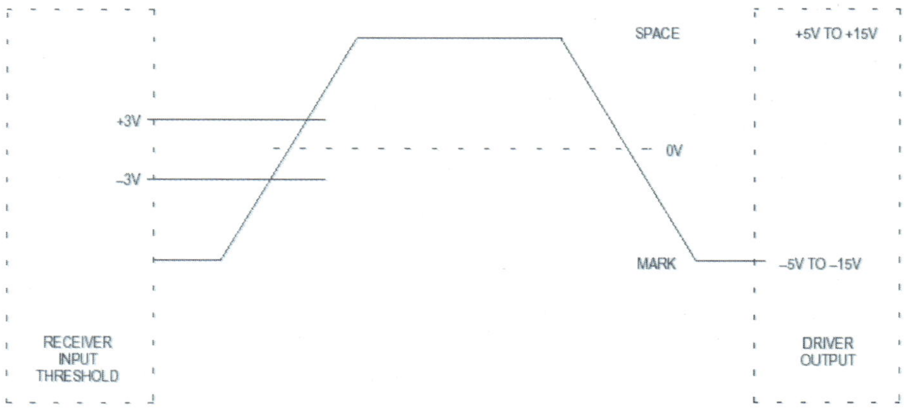

[그림 11-34] RS-232 logic level specification

즉, 초기에 정의된 RS-232C의 목적은 DTE(컴퓨터)와 DCE(모뎀)의 연결을 표준으로 하고 있다.

DTE와 DCE를 연결하려면 1 : 1케이블(스트레이트 케이블)을 사용한다. 컴퓨터 내에 있는 데이터는 병렬회로를 따라 흐르지만 직렬장치들은 오직 한 번에 한 비트씩만을 처리할 수 있기 때문에 UART 칩이 병렬로 되어 있는 비트들을 직렬 비트열로 변환시킨다.

② 전기적 특성

- 송신부 – 무부하 출력 : ≤ 25V
- 송신부 – 부하 출력 : 5V~15V
- 송신부 – 단락 출력 전류 : ≤500mA
- 송신부 – 파워온시 특성 : ≥300Ω
- 수신부 – 입력저항 : 3kΩ~7kΩ
- 수신부 – 히스테리시스 : ±3V
- 수신부 – 입력 최대전압 : ±25V
- 최대 케이블 길이 : 15m
- 최대 전송속도 : 20kbit/sec
- 신호 논리(부논리)
  - TRUE : LOW(–3V 이하)
  - FALSE : HIGH(+3V 이상)
  - 전송하지 않을 경우 : LOW

9핀	9핀
2번 (RX)	3번 (TX)
3번 (TX)	2번 (RX)
5번 (SG)	5번 (SG)

위에서 언급한 전기적 특징은 송/수신측의 전압 레벨과 라인 입출력 저항 그리고 입력 스레시홀드 및 펄스의 상승특성 등 구성한 것으로 표준 인터페이스의 하나로서 데이터를 직렬로 전송하는 방법을 사용한다.

따라서 비교적 속도가 느리고 하나의 인터페이스에 대하여 하나의 단말장치 밖에 연결할 수 없으며 전송거리 또한 상당히 제한적이긴 하지만 배선수가 적고 접속이 용이하다는 장점 때문에 많이 사용한다.

RS-232C는 2개의 송수신 신호선(TX/RX)과 5개의 제어(CTS/RTS, DTR/DSR, DCD) 그리고 2개의 접지선(SG, FG)이 필요하다. 참고로 RS-232C에서의 232는 전기공업협회에서 232 번째 제정한 규정이라는 것이다. (RS-232C : Recommended Standard 232 Revision C)

(2) 다른 규약들

① RS-422 and RS-423(보장 사용거리 : 약 1.2k)

직렬통신의 단점을 보완하는 규정 422번째, 485번째 만들어진 것으로 RS-422와 RS-423은 EIA에 의해 승인된 직렬장치 접속용 표준 인터페이스이다. 이 표준들은 더 빠른 속도를 제공하면서도 전기적인 간섭에 더욱 강해졌기 때문에, 이전의 표준인 RS-232를 대체할 목적으로 설계되었다. RS-423이 오직 점대점 접속만을 지원하는데 비해, RS-422는 멀티포인트 접속을 지원한다.

② RS-485(보장 사용거리 : 약 1.2k)

RS-485는 멀티포인트 통신회선을 위한 TIA/EIA 표준이다. 이것은 DB-9이나 DB-37과 같은 커넥터들을 지원한다. RS-485는 RS-422와 비슷하지만, 낮은 임피던스를 가지는 구동기와 수신기를 사용함으로써, RS-422보다 회선당 노드수를 더 많이 허용한다.

③ 프로토콜(Protocol)

프로토콜 본래의 의미는 외교에서 의례 또는 의정서를 나타내는 말이지만, 네트워크 구조에서는 표준화된 통신규약으로서 네트워크 기능을 효율적으로 발휘하기 위한 협약이다. 즉, 통신을 원하는 두 개체 간에 무엇을, 어떻게, 언제 통신할 것인가를 서로 약속한 규약이라고 볼 수 있다.

④ DTE(Data Terminal Equipment) ; 데이터 단말 장치

컴퓨터 데이터 통신에서 DTE는 컴퓨터가 모뎀이나 기타 다른 직렬장치를 이용하여 데이터를 교환하기 위한 RS-232C 인터페이스다.

⑤ DCE(Data Communication Equipment) ; 데이터 통신 장치

컴퓨터 통신에서의 DCE는 모뎀이나 다른 직렬장치들이 컴퓨터와 데이터를 주고받기 위해 사용하는 RS-232C 인터페이스를 의미한다.

2) RFID 시스템의 실험 절차

① 컴퓨터, CBIS-1400 그리고 DS-1410을 준비하고, CBIS-1400과 DS-1410의 사용설명서를 읽고 충분히 숙지한 후 실험을 시작한다.

② DS-1400에 125kHz RFID 모듈(M-Module)을 탑재한다.

③ 제공된 시리얼 통신용 케이블을 125kHz 리더 모듈(Reader Module)의 우측 하단에 있는 9P 커넥터(RS232 통신용)와 컴퓨터 직렬 포트단자와 연결한다.

④ 제공된 CD를 컴퓨터의 CD-ROM Drive에 넣어서 Visual Basic 실습 폴더를 만들고 제공된 모든 파일을 실습 폴더에 복사한다.

⑤ 실험용 장비가 충분한 기능을 수행할 수 있도록 본체의 뒷면에 부착된 전원스위치를 켜고 5분정도 지난 후 실험을 시작한다.

⑥ 실습 폴더에 있는 파일 중에서 RFIDReader.exe 파일을 더블클릭한다.

⑦ [그림 11-35]와 같은 화면이 나타난다.

[그림 11-35] RFIDReader.exe 실행 프로그램

⑧ 응용 프로그램의 좌측에 보이는 '통신' 버튼을 누르면 Reader와 PC 사이에 통신 프로토콜을 설정할 수 있는 팝업창이 생성된다. [그림 11-36]과 같은 화면이 나타난다.

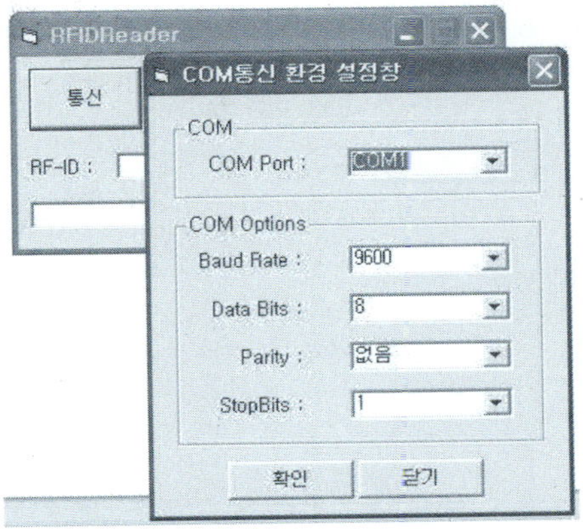

[그림 11-36] 통신 포트 설정

⑨ COM Port를 설정한다. (Default : COM1)

⑩ COM Options를 설정한다. Default 값은 다음과 같다.

- Baud Rate : 9,600bps
- Data Bits : 8bits
- Parity : 없음
- Stop Bits : 1

⑪ 확인 버튼을 누른다.

⑫ 125kHz 리더 모듈(Reader Module) 하단에 위치한 안테나(Antenna)에 제공된 125kHz용 태그(Tag)를 안테나 가까이 댄다. 응용 프로그램의 하단에 위치한 RFID의 빈 칸에 UID가 나타나는지 확인하도록 한다.

3) RFID 시스템의 프로그램 소스 분석 및 구현

상기 ⑥번 항목부터 ⑪번 항목까지 실습한 내용을 Visual Basic을 이용하여 직접 프로그램을 작성해보도록 하자. 첫 번째는 비주얼 베이직을 이용하여 화면에 나타낼 폼(Form)을 설계하고, 두 번째는 제공된 프로그램 소스(Source)를 분석하고 직접 코딩(Coding)하는 실습을 해보자.

RFID 리더기 전체 흐름도(Flow Chart)는 다음과 같다.

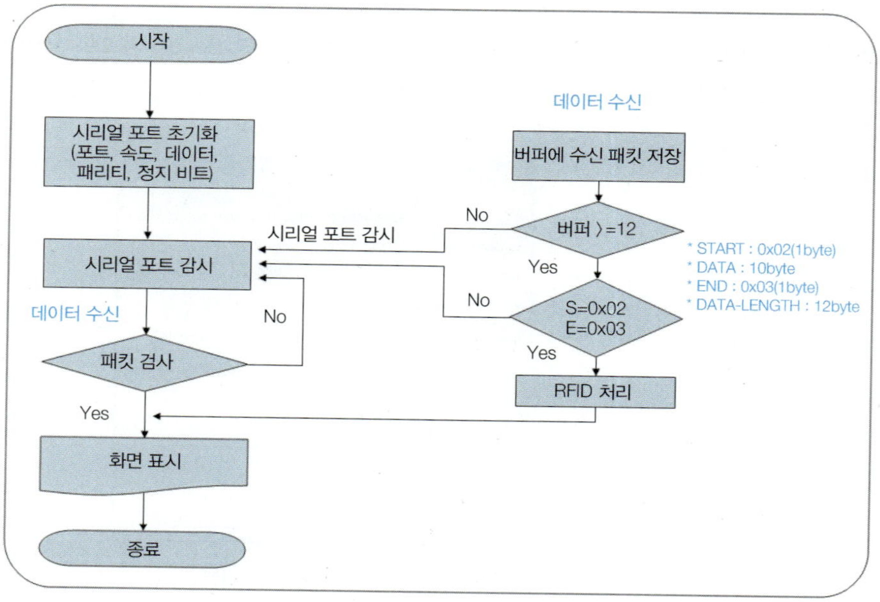

RFIDReader 통신 설정 순서도(Flow Chart)는 다음과 같다.

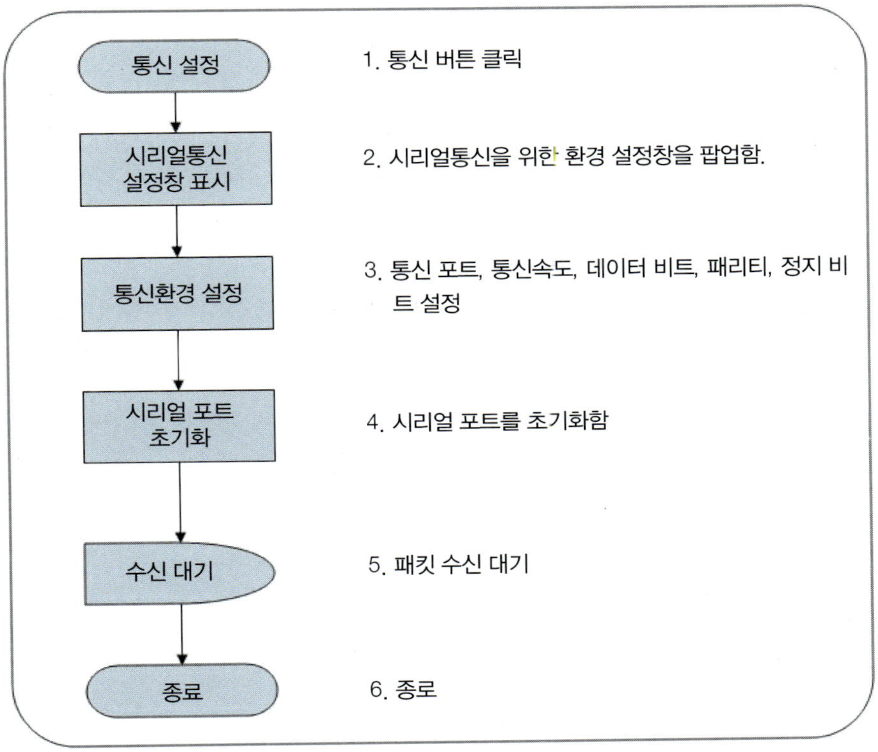

(1) 통신 설정

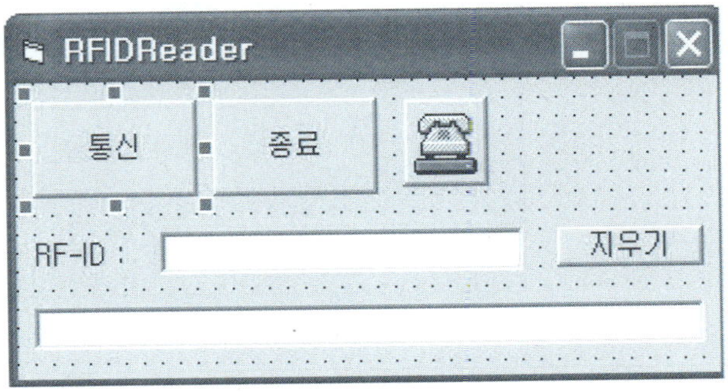

① RFID-Reader의 통신 버튼을 누른다.

② Private Sub Btn1_Click()

'시리얼 통신 환경 설정창을 실행한다.

- Private는 이 프로시저가 다른 모듈의 코드에서 호출될 수 없고 오직 현재 위치하고 있는 모듈에서만 사용할 수 있다는 뜻이다.
- 모듈 : 보통 모듈이라는 용어는 어떤 기능을 처리하는 코드가 모여 있는 덩어리라는 추상적인 의미를 가진다. 여기서는 하나의 파일로 구분되는 코드의 작업단위를 의미한다.

③ frmConfig.Show vbModal, Me '시리얼 COM통신 환경 설정창을 호출한다.

- vbModal 매개 변수 표시

상수	값	설명
vbModal	1	모달 폼
vbModeless	0	모덜리스 폼

④ End Sub

(2) 시리얼 통신 설정창 표시

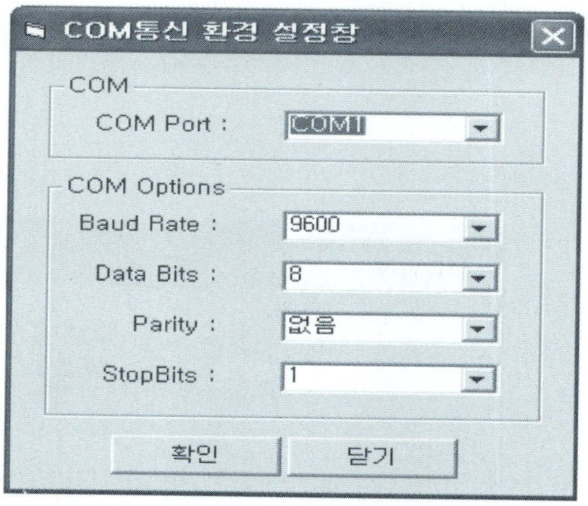

① [폼을 로드하면서 제일 먼저 발생하는 이벤트로써 이 폼에 관한 초기화 작업을 수행한다]

② Private Sub Form_Load()

'시리얼 통신을 위한 기본설정값 정의

③ iINIPort = 1 'COMPORT : 1이라는 통신포트 1을 설정한다는 의미

④ iINIBaud = 5 'Baud Rate : 9600 '보드레이트를 9600으로 설정

⑤ iINIParity = 2 'Data Bits : 8

⑥ iINIData = 4 'Parity : 없음

⑦ iINIStop = 0 'Stop Bits : 1

'시리얼 통신 설정에 필요한 값들을 배열에 할당

⑧ Call gsCommInit '통신 포트 설정의 변수의 배열 값을 부른다.

⑨ End Sub

(3) 통신 환경 설정

① 통신 포트, 통신속도, 데이터 비트, 패리티, 정지비트 설정

- Private Sub Form_Load()
- Dim iCnt As Integer

  '환경설정 초기화' COM포트(Port) 번호 항목 추가
- For iCnt = 0 To UBound(vPort)
- Combo(0).AddItem vPort(iCnt)
- Next iCnt

참고 | AddItem

–AddItem 메서드 : ListBox나 ComboBox 컨트롤에 항목을 추가하거나 MS Flex Grid 컨트롤에 행을 추가한다. 명명된 인수를 지원하지 않다.

–구문 : object.AddItem item, index

AddItem 메서드 구문은 다음과 같은 구성요소로 되어 있다.

–구성요소 설명

object 필수. 적용 대상 목록에 있는 개체로 평가되는 개체식 Item 필수.

개체에 추가되는 항목을 지정하는 문자식. MS Flex Grid 컨트롤의 경우만은 탭문자(문자 코드 09)를 사용하여 새로 추가된 열의 각 행에 삽입할 다중 문자열을 분리한다.

–index 선택. 새로운 항목이나 열이 놓여진 개체내에서 위치를 지정하는 정수. ListBox나 ComboBox 컨트롤의 첫째 항목이나 MS Flex Grid 컨트롤의 첫째 열은 index가 0이다.

참고 |

유효 index값을 주면 item은 개체 내에 위치한다. index를 생략하면 item은 적당히 분류된 위치에 추가되거나(Sorted 속성이 True로 설정되어 있는 경우) 또는 목록의 끝에 추가된다.(Sorted 속성이 False로 설정되어 있는 경우).

Data 컨트롤에 연결되어 있는 ListBox나 ComboBox 컨트롤은 AddItem 메서드를 지원하지 않는다.

② 전송 속도(BaudRate) 항목 추가(vBaudRate 전송 속도 배열)

- For iCnt = 0 To UBound(vBaudRate)

  Combo(1).AddItem vBaudRate(iCnt)
- Next iCnt

  '데이터 비트(Data Bit)
- For iCnt = 0 To UBound(vDataBit)

  Combo(2).AddItem vDataBit(iCnt)
- Next iCnt

  '패리티(Parity)
- For iCnt = 0 To UBound(vParity)

  Combo(3).AddItem vParity(iCnt)
- Next iCnt

  '정지 비트(Stop Bit)
- For iCnt = 0 To UBound(vStopBit)

  Combo(4).AddItem vStopBit(iCnt)
- Next iCnt
- 'INI 파일에 저장해 둔 이전 설정값을 가져와서 적용하거나

  '없으면 디폴트값을 리턴

  (디폴트값 : COM1, 115200, None, 8, 1, None)
- Combo(0).ListIndex = iINIPort - 1
- Combo(1).ListIndex = iINIBaud
- Combo(2).ListIndex = iINIData
- Combo(3).ListIndex = iINIParity

- Combo(4).ListIndex = iINIStop
- End Sub

③ ListIndex 속성

컨트롤에서 현재 선택된 항목의 인덱스를 반환하거나 설정한다. 디자인 모드에서는 사용할 수 없다.

- 구문

  object.ListIndex [= index]

  ListIndex 속성의 구문은 다음과 같은 구성요소도 되어 있다.

  –구성요소 설명

  object 적용 대상 목록에 있는 개체로 평가되는 개체식 index 아래 설정에서 설명하듯이 현재 항목의 인덱스를 지정하는 수식

  –설정 설명

  ▸ -1(ComboBox, DirListBox 그리고 DriveListBox 컨트롤에 대한 기본값) 현재 선택된 항목이 없다는 것을 표시한다. ComboBox 컨트롤에 대해, 사용자가 새로운 텍스트를 텍스트 상자 부분에 입력하였다는 것을 나타낸다. DirListBox 컨트롤에 대해서는 현재 경로의 인덱스를 나타낸다. DriveListBox 컨트롤에 대해서는 실행 모드에서 컨트롤이 만들어질 때의 현재 드라이브의 인덱스를 표시한다.

  ▸ n(FileListBox 및 ListBox 컨트롤에 대한 기본값) 현재 선택된 항목들의 인덱스를 표시하는 수

(4) 시리얼 포트 초기화

① 시리얼 포트 설정값을 변수에 저장함

Private Function pfConfigINIWrite()

Dim sTemp1 As String

* String 함수

지정된 길이의 반복되는 문자열을 Variant(String)값으로 반환한다.

–구문 String(number, character)

String 함수 구문은 다음과 같은 명명된 인수로 구성된다.

구성요소	설 명
number	필수. Long. 반환되는 문자열의 길이. number에 Null 값이 존재하면 Null이 반환된다.
Character	필수. Variant. 문자를 지정하는 문자 코드나 반환 문자열을 구성하는 첫 문자로 사용되는 문자식. character에 Null 값이 존재하면 Null이 반환된다.

② sTemp1 = "0" & Right(Combo(0).Text, 1)

```
iINIPort = sTemp1
iINIBaud = Combo(1).ListIndex
iINIData = Combo(2).ListIndex
iINIParity = Combo(3).ListIndex
iINIStop = Combo(4).ListIndex
```

' MSComm 객체에 적용할 수 있는 패리티 값으로 변경

- Select Case iINIParity 'INI 파일로부터 Parity 값을 저장

```
        Case 0
                sParityTmp = "e"  '짝수
        Case 1
                sParityTmp = "o"  '홀수
        Case 2
                sParityTmp = "n"  '없음
        Case 3
                sParityTmp = "m"  '선택표시
        Case 4
                sParityTmp = "s"  '공백
```

- End Select
- End Function
- Private Sub Btn1_Click()

  '시리얼 포트에 설정값 적용

- Call pfConfigINIWrite

  · 'MSComm객체를 설정하기 위한 값으로 바꿈

- iSetPort = CInt(iINIPort)

  'MSComm 객체에 세팅할 포트번호 저장
- iSetPort:Comm 객체에 적용할 포트번호
- CInt:Integer(정수형) -32,768 -32,767. 나머지는 반올림

- sSetSetting = vBaudRate(CInt(iINIBaud)) & "," & sParityTmp & "," & vDataBit(CInt(iINIData)) & "," & vStopBit(CInt(iINIStop))

- sSetSetting : Comm 객체에 적용할 세팅값
- vStopBit : 정지비트 배열

- '시리얼 포트 설정시 오류가 발생되면 처리되는 루틴 정의
- On Error GoTo ErrHandler

  '연결된 시리얼 포트를 닫는다
- If frmRFID.mscPort.PortOpen = True Then '시리얼 포트를 연다.
- frmRFID.mscPort.PortOpen = False '시리얼 포트를 닫는다.
- End If

(5) 수신대기

- Private Sub mscPort_OnComm()
- Dim varInput() As Byte

  'mscPort에서 수신되는 값을 받는다.
- Dim sNormal As String

  '수신된 내용을 문자로 변환해서 저장할 변수
- Dim lCount As Long

  '루프에서 사용되는 변수
- Dim lStart As Long
- Dim lEnd As Long
- Dim bFlag As Boolean

–SelStart : 선택된 텍스트의 시작 위치를 설정하거나 반환한다. 또한 아무 텍스트도 선택되지 않았다면 삽입점의 위치를 지정한다.

–Boolean : 참(True)이나 거짓(False)의 2가지 값을 가질 수 있는 형을 말한다. 보통 부울형으로 선언된 변수는 수식의 비교결과를 저장할 때 사용한다.
사용범위는 True, False 2가지 값만 사용한다.

- Select Case mscPort.CommEvent
  ' 각 case문 아래에 코드를 위치시켜 이벤트나 오류를 처리한다.
  ' 오류
- Case comBreak ' 중지 신호 수신.
- Case comCDTO ' CD (RLSD) 시간 초과.
- Case comCTSTO ' CTS 시간 초과.
- Case comDSRTO ' DSR 시간 초과.
- Case comFrame ' 프레이밍 오류
- Case comOverrun ' 데이터 손실.
- Case comRxOver ' 수신 버퍼 초과.
- Case comRxParity ' 패리티 오류.
- Case comTxFull ' 전송 버퍼 꽉 참.
- Case comDCB ' DCB 검색 중 예기치 못한 오류.

  ' 이벤트
- Case comE 원격 커플링 카드(VCD) ' CD 회선 변경.
- Case comEvCTS ' CTS 회선 변경.
- Case comEvDSR ' DSR 회선 변경.
- Case comEvRing ' 호출음 검출.
- Case comEvReceive ' 데이터 수신 이벤트 발생

- varInput = mscPort.Input
- varInBuffer = varInBuffer & StrConv(varInput, vbUnicode, 1024)
- If Len(varInBuffer) >= 12 Then 'varInBuffe : 수신버퍼
  '수신된 데이터가 정상적인 패킷인지를 확인하고 RFID를 검출한다.
- lCount = 1
- lStart = 0

- lEnd = 0
- bFlag = False

- While Len(varInBuffer) 〉= lCount
- If bFlag = False And Asc(Mid(varInBuffer, lCount, lCount)) = 2 Then
  'Start Bit 확인
- bFlag = True
- lStart = lCount
- End If

- If bFlag = True And Asc(Mid(varInBuffer, lCount, lCount)) = 3 Then
  'End Bit 확인
- lEnd = lCount + 1
- If lEnd - lStart = 12 Then
  '수신된 패킷 중 RF-ID값만 검출
- sNormal = CStr(Mid(varInBuffer, lStart + 1, 10))
  '컴퓨터 Beep Sound 발생
- Beep
- txtRFID.Text = sNormal
- txtMSG.Text = "RF-ID[" + sNormal + "]를 인식하였습니다"
- varInBuffer = ""
- End If
  TextBox : 디자인 모드에서 사용자가 입력한 정보나 실행 모드에서 코드에 있는 정보를 표시한다.
  '수신된 데이터가 유효하지 않은 경우
- lStart = 0
- lEnd = 0
- lCount = lEnd
- bFlag = False
- End If
- lCount = lCount + 1SelCount
- lCount : ListBox 컨트롤 내의 선택된 항목 수를 반환한다.

- Wend
- End If
- Case comEvSend ' 데이터 송신 이벤트 발생
- Case comEvEOF ' 파일 끝
- End Select
- End Sub

(6) 종 료

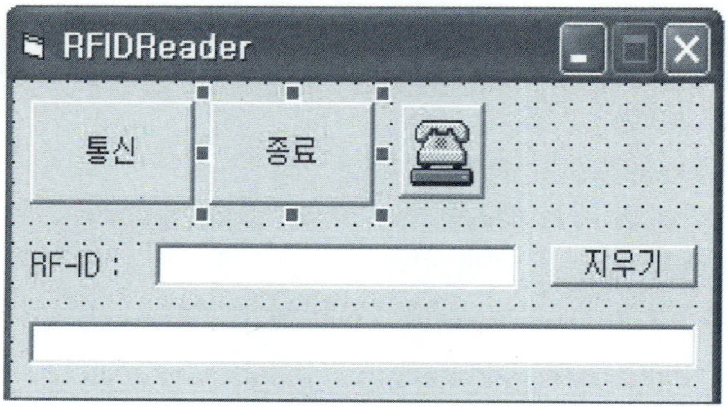

[RFIDReader의 종료 버튼을 누른다]

- Private Sub Btn2_Click() '프로그램을 종료
- Unload Me
- End Sub

'Unload문 폼이나 컨트롤을 메모리에서 언로드한다.

4) RFID 시스템의 프로그램 소스 해석

다음은 RFID 시스템의 프로그램 소스를 주석과 함께 제공하였다. 코딩을 하여 운용해 보고 필요한 부분은 수정을 하여 반복 실습을 하기 바란다.

프로그램 소스 (Program Source)

```
Option Explicit

'시리얼 포트 설정값을 변수에 저장함
Private Function pfConfigINIWrite()
    Dim sTemp1   As String

    sTemp1 = "0" & Right(Combo(0).Text, 1)
    iINIPort = sTemp1
    iINIBaud = Combo(1).ListIndex
    iINIData = Combo(2).ListIndex
    iINIParity = Combo(3).ListIndex
    iINIStop = Combo(4).ListIndex

'MSComm 객체에 적용할 수 있는 패리티 값으로 변경
    Select Case iINIParity
        Case 0
            sParityTmp = "e"   '짝수
        Case 1
            sParityTmp = "o"   '홀수
        Case 2
            sParityTmp = "n"   '없음
        Case 3
            sParityTmp = "m"   '선택표시
        Case 4
            sParityTmp = "s"   '공백
    End Select
End Function

Private Sub Btn1_Click()

    '시리얼 포트에 설정값 적용
    Call pfConfigINIWrite

    'MSComm 객체를 설정하기 위한 값으로 바꿈
    iSetPort = CInt(iINIPort)          'MSComm객체에 세팅할 포트번호 저장
    sSetSetting = vBaudRate(CInt(iINIBaud)) & "," & sParityTmp & "," & vDataBit(CInt(iINIData))
              & "," & vStopBit(CInt(iINIStop))

    '시리얼 포트 설정시 오류가 발생되면 처리되는 루틴 정의
    On Error GoTo ErrHandler

    '연결된 시리얼 포트를 닫는다
    If frmRFID.mscPort.PortOpen = True Then
```

```
            frmRFID.mscPort.PortOpen = False
        End If

        With frmRFID.mscPort
            .CommPort = CStr(iSetPort)
            .Settings = sSetSetting
            .InputMode = comInputModeBinary
            .RThreshold = 1
            .SThreshold = 0
            .DTREnable = True
            .RTSEnable = False
            .Handshaking = 0
            .InputLen = 0
            .InBufferSize = INBUFFSIZE
            .OutBufferSize = OUTBUFFSIZE
            .PortOpen = True
        End With

        '통신 포트 설정을 메시지 창에 표시함
    frmRFID.txtMSG.Text = "COM" & CStr(iINIPort) & "통신 포트를 설정하였습니다."

        Unload Me
        Exit Sub
ErrHandler:
        '에러처리루틴
        MsgBox "COM" & CStr(iINIPort) & " 통신 포트 설정을 실패했습니다.", vbOK + vbCritical, "오류"
        Exit Sub
End Sub

Private Sub Btn2_Click()
        Unload Me
End Sub

Private Sub Form_Load()
        Dim iCnt      As Integer

        '----------------------------------------------
        '환경설정 초기화
        '----------------------------------------------

        'COM 포트(Port) 번호 항목 추가
        For iCnt = 0 To UBound(vPort)
            Combo(0).AddItem vPort(iCnt)
        Next iCnt
```

```
    '전송 속도(BaudRate) 항목 추가
    For iCnt = 0 To UBound(vBaudRate)
        Combo(1).AddItem vBaudRate(iCnt)
    Next iCnt

    '데이터 비트(Data Bit)
    For iCnt = 0 To UBound(vDataBit)
        Combo(2).AddItem vDataBit(iCnt)
    Next iCnt

    '패리티(Parity)
    For iCnt = 0 To UBound(vParity)
        Combo(3).AddItem vParity(iCnt)
    Next iCnt

    '정지 비트(Stop Bit)
    For iCnt = 0 To UBound(vStopBit)
        Combo(4).AddItem vStopBit(iCnt)
    Next iCnt

    'INI파일에 저장해 둔 이전 설정값을 가져와서 적용하거나
    '없으면 디폴트값을 리턴(디폴트값 : COM1, 115200, None, 8, 1, None)
    Combo(0).ListIndex = iINIPort - 1
    Combo(1).ListIndex = iINIBaud
    Combo(2).ListIndex = iINIData
    Combo(3).ListIndex = iINIParity
    Combo(4).ListIndex = iINIStop
End Sub

Private Sub Form_Terminate()
    Set frmConfig = Nothing
End Sub

im varInBuffer As String            '수신 버퍼

Private Sub Btn1_Click()
'시리얼 통신 환경설정 창을 실행한다.
    frmConfig.Show vbModal, Me
End Sub
Private Sub Btn2_Click()
 '프로그램을 종료한다.
Unload Me
End Sub

Private Sub Btn3_Click()
```

```
    'RFID와 메시지 필드의 내용을 삭제한다.
    txtRFID.Text = ""
    txtMSG.Text = ""

End Sub

Private Sub Form_Load()
    '시리얼 통신을 위한 기본설정값 정의
    iINIPort = 1
    iINIBaud = 5
    iINIParity = 2
    iINIData = 4
    iINIStop = 0

    '시리얼 통신 설정에 필요한 값들을 배열에 할당
    Call gsCommInit

End Sub

Private Sub Form_Terminate()

    Set frmRFID = Nothing
End Sub

Private Sub mscPort_OnComm()
    Dim varInput()      As Byte    'mscPort에서 수신되는 값을 받는다.
    Dim sNormal         As String  '수신된 내용을 문자로 변환해서 저장할 변수
    Dim lCount          As Long    '루프에서 사용되는 변수
    Dim lStart          As Long
    Dim lEnd            As Long
    Dim bFlag           As Boolean

    Select Case mscPort.CommEvent
        ' 각 case문 아래에 코드를 위치시켜 이벤트나 오류를 처리합니다.

        ' 오류
        Case comBreak                  ' 중지 신호 수신.

        Case comCDTO                   ' CD (RLSD) 시간 초과.

        Case comCTSTO                  ' CTS 시간 초과.

        Case comDSRTO                  ' DSR 시간 초과.

        Case comFrame                  ' 프레이밍 오류
```

```
        Case comOverrun                ' 데이터 손실.

        Case comRxOver                 ' 수신 버퍼 초과.

        Case comRxParity               ' 패리티 오류.

        Case comTxFull                 ' 전송 버퍼 꽉 참.

        Case comDCB                    ' DCB 검색 중 예기치 못한 오류.

        ' 이벤트
        Case comE 원격 커플링 카드(VCD)  ' CD 회선 변경.

        Case comEvCTS                     ' CTS 회선 변경.

        Case comEvDSR                     ' DSR 회선 변경.

        Case comEvRing                    ' 호출음 검출.

        Case comEvReceive                 ' 데이터 수신 이벤트 발생
            varInput = mscPort.Input

            varInBuffer = varInBuffer & StrConv(varInput, vbUnicode, 1024)

            If Len(varInBuffer) >= 12 Then
       '수신된 데이터가 정상적인 패킷인지를 확인하고 RF-ID를 검출한다.
                lCount = 1
                lStart = 0
                lEnd = 0
                bFlag = False

                While Len(varInBuffer) >= lCount
If bFlag = False And Asc(Mid(varInBuffer, lCount, lCount)) = 2 Then  'Start Bit 확인
                        bFlag = True
                        lStart = lCount
                    End If

  If bFlag = True And Asc(Mid(varInBuffer, lCount, lCount)) = 3 Then 'End Bit 확인
                        lEnd = lCount + 1
                        If lEnd - lStart = 12 Then
                            '수신된 패킷 중 RF-ID값간 검출
                            sNormal = CStr(Mid(varInBuffer, lStart + 1, 10))

                            '컴퓨터 Beep Sound 발성
```

```
                    Beep

                    txtRFID.Text = sNormal
          txtMSG.Text = "RF-ID[" + sNormal + "]를 인식하였습니다"
                    varInBuffer = ""
                End If

                '수신된 데이터가 유효하지 않은 경우
                lStart = 0
                lEnd = 0
                lCount = lEnd
                bFlag = False
            End If
            lCount = lCount + 1
        Wend
    End If

    Case comEvSend              ' 데이터 송신 이벤트 발생

    Case comEvEOF               ' 파일 끝
  End Select
End Sub

Option Explicit

Public vPort()           As Variant      '포트 번호 배열
Public vBaudRate()       As Variant      '전송 속도 배열
Public vParity()         As Variant      '패리티 배열
Public vDataBit()        As Variant      '데이터 비트 배열
Public vStopBit()        As Variant      '정지 비트 배열

Public Const INBUFFSIZE      As Integer = 32000 'Serial의 수신 버퍼 크기
Public Const OUTBUFFSIZE     As Integer = 0     'Serial의 송신 버퍼 크기

Public iINIPort          As Integer      'INI 파일로부터 Port Number 값을 저장
Public iINIBaud          As Integer      'INI 파일로부터 BaudRate 값을 저장
Public iINIParity        As Integer      'INI 파일로부터 Parity 값을 저장
Public sParityTmp         As String
Public iINIData           As Integer     'INI 파일로부터 DataBit 값을 저장
Public iINIStop           As Integer     'INI 파일로부터 StopBit 값을 저장

Public iSetPort           As Integer     'Comm 객체에 적용할 포트 번호
Public sSetSetting        As String      'Comm 객체에 적용할 세팅값
```

```
'통신 설정 변수의 배열값 초기화
Public Sub gsCommInit()

    '포트 번호
    vPort = Array("COM1", _
                  "COM2", _
                  "COM3", _
                  "COM4", _
                  "COM5", _
                  "COM6")

    '전송 속도
    vBaudRate = Array("110", _
                      "300", _
                      "1200", _
                      "2400", _
                      "4800", _
                      "9600", _
                      "19200", _
                      "38400", _
                      "57600", _
                      "115200", _
                      "256000", _
                      "460800", _
                      "921600")
    '패리티
    vParity = Array("짝수", _
                    "홀수", _
                    "없음", _
                    "선택표시", _
                    "공백")

    '데이터 비트
    vDataBit = Array("4", _
                     "5", _
                     "6", _
                     "7", _
                     "8")

    '정지 비트
    vStopBit = Array("1", _
                     "1.5", _
                     "2")

End Sub
```

저자 약력

■ 남 상 엽

- 공학박사
- 삼성종합기술원 정보시스템연구소 근무
- 모토로라 반도체통신(주) 기술연구소 근무
- 국제대학 정보통신과 교수(현)

■ 김 근 은

- 부산대학교 컴퓨터공학과 공학박사
- 하이닉스 근무
- 서울이동통신 근무
- 한국정보사회진흥원(NIA) 수석연구원(현)

■ 강 이 철

- 부산대학교 멀티미디어학과 공학박사
- 한국정보사회진흥원(NIA) 선임연구원(현)

■ 박 정 석

- (주)ED 기술연구소 팀장

RFID 구현 및 응용

2008년 6월 1일 1판 1쇄 발행

저 자 남상엽 · 김근은 · 강이철 · 박정석
발행인 남 승 우

발행처 도서출판 상尙 학學 당堂

서울특별시 동작구 사당3동 220-43
TEL : 02) 595-1692~4
FAX : 02) 595-1394
E-mail : namdoo6@unitel.co.kr
신고 : 2-155호 (1968. 11. 29)

(CD 포함) **정가 26,000원**

ISBN 978-89-85437-09-7 93560

※ 이 책의 저작권은 저자에게 있으며, 저자의 동의 없이 복사 · 인용 · 복제 · 전재를 금합니다.

http://www.ed.co.kr

U-IT 토탈솔루션

Embedded System / SoC (System on a Chip)
USN (Ubiquitous Sensor Network)
RFID (Radio Frequency IDentification)
Intelligent Robot

ED Corporation

EMBEDDED SYSTEM

임베디드 시스템 구성도 EMBEDDED SYSTEM

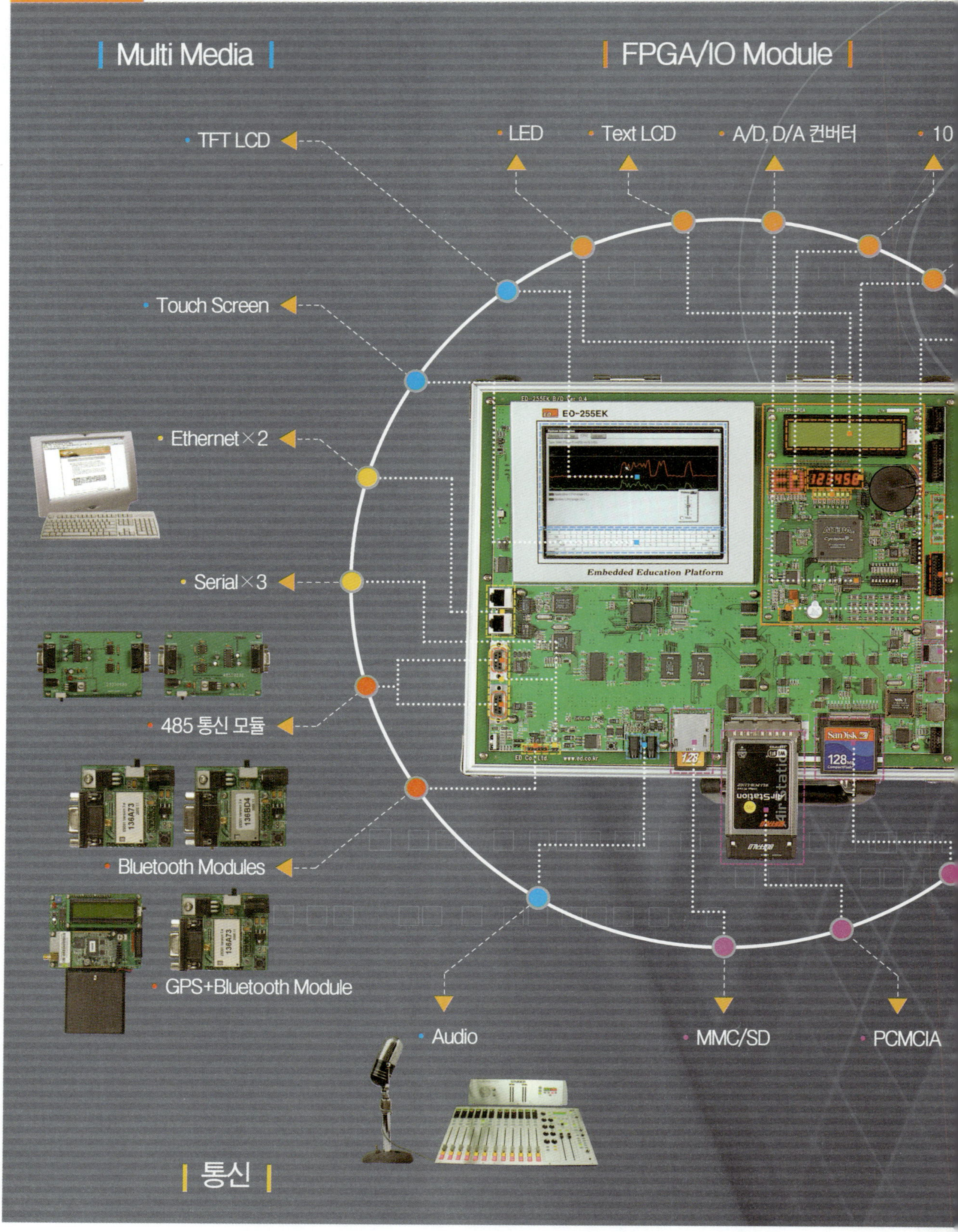

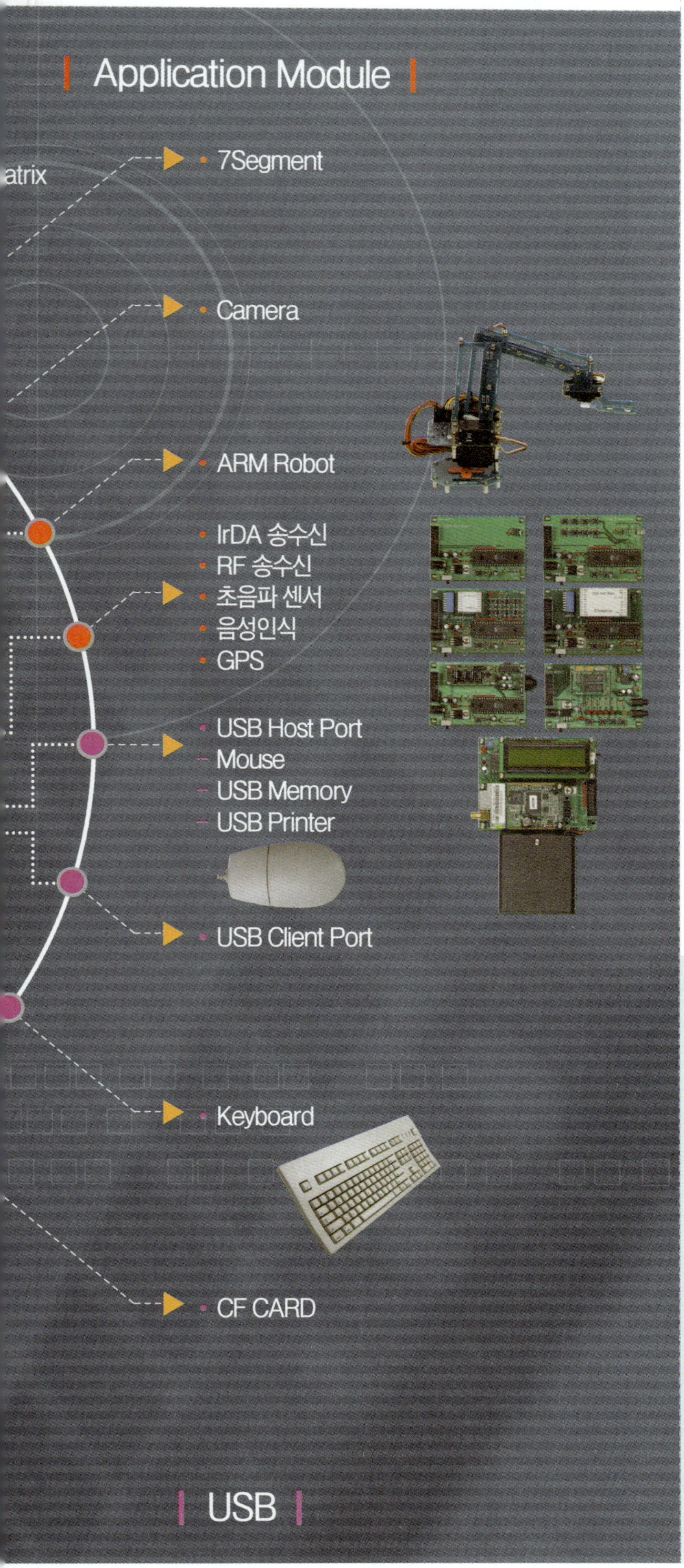

임베디드 응용 시스템 활용 구성 (Embedded System)

ED-255EK

Intel XScale PXA255 400MHz의 저전력 고성능의 프로세서를 채택하였으며 이 실습 장비를 이용하여 네비게이션, Bluetooth, PDA, 라우터, 웹 패드 등 보다 빠른 IT장비들을 개발하기 위한 임베디드 실습 및 개발 솔루션을 제공합니다.

풍부한 시스템 제원

Flash 32Mbyte, SDRAM 128Mbyte, 10Mbps Ethernet 포트와 10/100 Ethernet 포트, Wireless LAN을 지원하여 다양한 네트워크 디바이스를 경험할 수 있으며 USB 1.1/2.0Host/Client, UART, 6.4˝ TFT LCD, AC' 97 Codec, RTC와 Multi Media Card들인 PCMCIA, CF, MMC/SD Card를 지원하여 시스템 활용을 극대화 시켰습니다.

12만 Gate FPGA 지원

임베디드 시스템과 독립적으로 또는 병행하여 시스템을 운용할 수 있으며 직접 VHDL코드로 설계하여 LED, Text LCD, A/D, D/A 컨버터, 7-Segment, Dot Matrix, Step Motor, Buzzer, CMOS Image Sensor 등을 설계하고 응용할 수 있습니다.

확장 어플리케이션 시스템 지원

ED-255EK장비의 활용을 극대화하기 위해 다양한 어플리케이션 모듈과 이 모듈들을 설명하는 교재도 같이 제공하고 있습니다. 모듈은 GPS, 초음파, IrDA, RF, 485통신, Bluetooth, 음성인식, ARM Robot 등이 있으며 현재 필드에서 많이 사용되는 것들로 구성을 하였습니다.

임베디드 시스템 응용 모드

▶ Application Module
- 음성인식 • Robot • ARM로봇 • IrDA
- RF • GPS • Bluetooth • 초음파

▶ FPGA/IO(Option) Module
- FPGA/IO • 20X2 Text LCD • Key Pad
- AD/DA • Motor • Camera • LED • Buzzer

▶ 통 신
- 네트워크 장비 • 인터넷 • 홈 네트워크 • Webserver

▶ Multi Media
- Audio • Display • MP3 • 동영상 플레이

▶ USB
- 입력/저장/출력 • Multi Media • Webcam • Printer

제품문의 : 031-730-7362 www.ed.co.kr

임베디드 토탈솔루션

Embedded Training System

Model : ED-255EK, ED-27x MULTI

특징

- Embedded Linux의 기초에서 고급과정까지 다양하게 실험 실습
- 인텔 PXA255 (400MHz) 고성능 마이크로프로세서 사용
- PXA255/PXA270/PXA272를 이용한 시스템 설계 (ED-27x MULTI)
- 6.4" TFT LCD, Ethernet 2Port, Serial 3Port, PCMCIA/CF/MMC등 다양한 인터페이스 지원
- FPGA Chip인 Altera Cyclone 120,000Gates를 탑재하여 SoC 과정까지 연동하여 교육
- 안정적인 하드웨어, 풍부한 실습 프로그램 및 이해가 쉽도록 구성된 실습 교재 제공

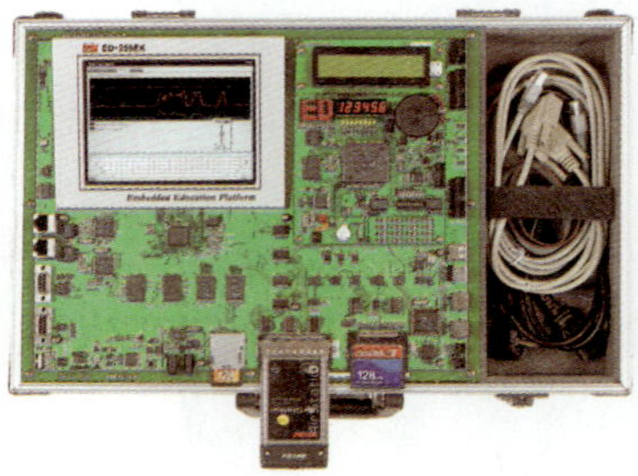

ED-255EK

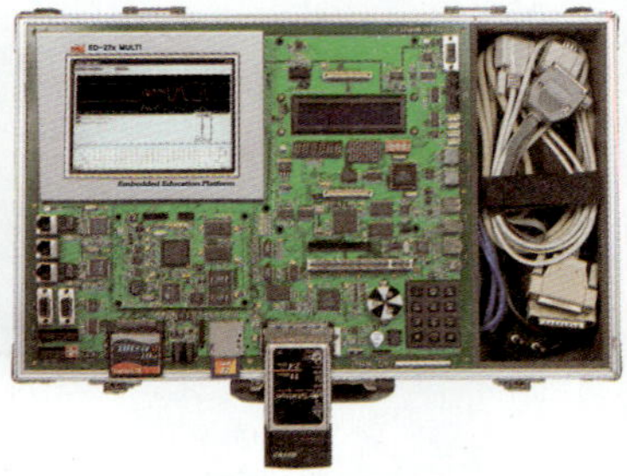

ED-27x MULTI

실험실습내용

- 개발환경 구축 실습, 부트로더 · 커널포팅 실습
- WinCE, Embedded Linux 등의 OS 포팅 실습
- Ramdisk 제작 및 파일시스템 구축 실습
- 다양한 입출력 Device Driver 제작 실습
- 멀티미디어, 네트워크 등 다양한 응용프로그램 개발 실습
- GUI 응용프로그램 제작 실습

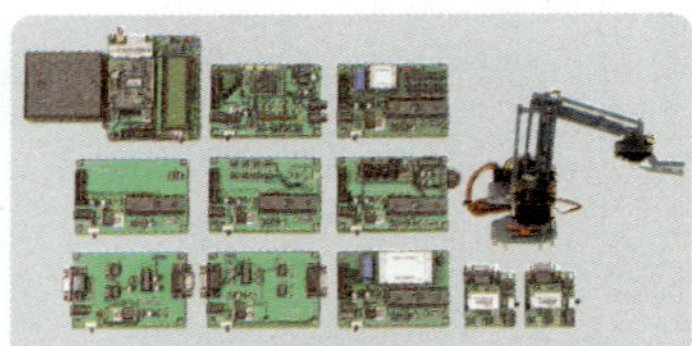

■ Options

ED-255EK 규격

CPU	Intel XScale P×A 255
Memory	FLASH (32Mbyte) SDRAM (128Mbyte) SRAM (1Mbyte)
Display	TFT LCD / Touch-Screen (6.4inch, 16bits Color, 640×480)
Interface	Ethernet (2port), Serial (3port), USB (Host, Client), PS/2 Port PCMCIA, CF, MMC/SD, RTC, IrDA, I²C
Control	Status LED
Audio	Stereo I/O (Cirrus CS4202)
확장 핀	Ext. I/O, App. I/O, Bluetooth I/O, Servo Motor, I2C I/O
Debug	Multi-ICE, JTAG
일반사양	외형크기 : 490(W)×160(H)×320(D)mm
Software	Boot Loader (uboot-1.0.0), Kernel (Linux-2.4.19) File System (Ramdisk : Image, Source) Application : Network Application Source, Qt/Embedded Image, Graphic & Text Display Control Device Driver : AC97 Audio Codec, ADS7846 Touch-Screen, PCMCIA, MMC/SD, CF Card, Ethernet
FPGA Module (기본) I/O Module (Option)	Altera FPGA Cyclone 120,000Gates (FPGA Module) CMOS Camera (FPGA Module), AD/DA 컨버터, Dot Matrix (10×7) 8-Status LED, 4×4 Key Switch, 8P DIP Switch, 20×2 Line Text LCD Stepping Motor, Buzzer
Option Modules	Bluetooth Module, GPS, 음성 인식, Robot Arm, IrDA 송수신, 초음파, RF 송수신, 485 송수신

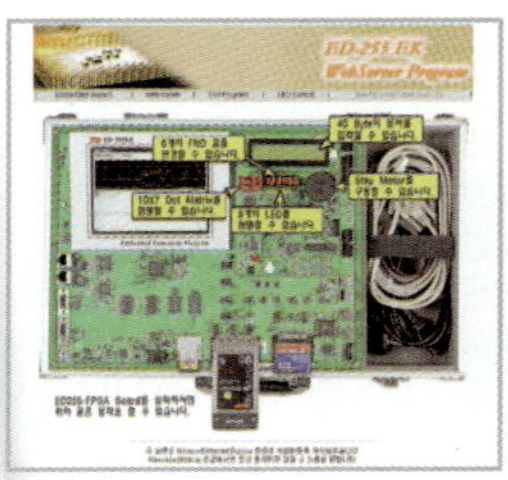

Web Server 프로그램

-Web Server를 통한 원격 제어
-Dot Matrix, LED, Text / Graphics LCD, 7Segment, 스텝 모터 제어

SoC 토탈솔루션

System on a Chip Training System

Model : ED-SoCwinner

특징

- 10만, 40만, 100만 Gates 모두 사용 가능한 통합 Platform으로 구성
- 마이크로 프로세서인 ARM922T를 내장, 쉽고 빠른 OS 탑재가 가능
- Ethernet, UART, IDE, VGA Port, USB, PCMAIA 등의 주변 장치들을 다양한 IP 검증 및 OS를 이용한 디바이스 제어가 가능
- PCI Master / Slave 설계 구현 및 테스트
- 640×480 6.4″ TFT LCD와 CMOS Image Sensor를 이용하여 멀티미디어 장비 구현 가능
- Xilinx Vertex II 3,000,000 ~ 8,000,000 Gate 디바이스가 장착된 확장 모듈을 지원

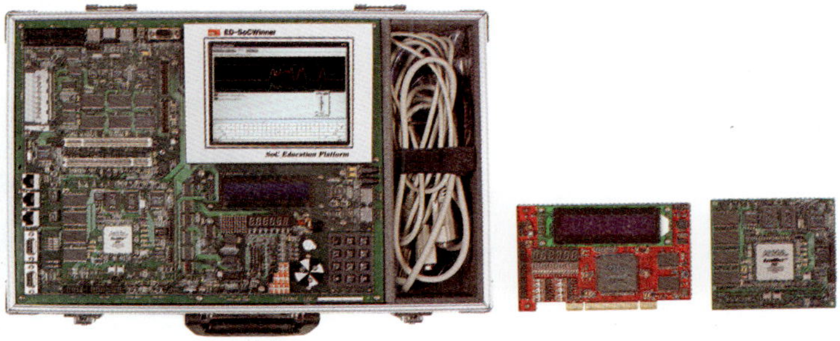

실험실습내용

- H/W와 S/W Co-Verification 및 알고리즘
- AMBA AHB Bus 설계 및 검증
- DMA 설계 및 실습
- CMOS Image Sensor를 통한 영상 처리 실습
- IDE를 이용한 대용량 HDD 제어 실습
- AC97 Codec을 이용한 MP3
- 리눅스 디바이스 드라이버를 설계하여 주변 기기 제어
- 리눅스 OS 포팅
- ARM 프로세서 구조 및 개념
- SDRAM Controller 설계 및 실습
- TFT LCD / VGA 포트를 통한 이미지 처리 실습
- Dual Ethernet 을 통한 네트워크 실습
- AD/DA 컨버터 제어 실습
- 다양한 주변기기를 활용한 IP 설계 및 제어

규격

Excalibur	Device (EPXA4F672C3, EPXA10F1020C2, EPXA1F672C3)
	CPU (ARM922T)
	FPGA 10만/40만/100만 Gates
	SRAM (128kbytes) / DPRAM (64kbytes)
Memory	Flash : 32Mbytes (Max. 64Mbytes), SDRAM : 256Mbytes (Max. 512Mbytes)
TFT-LCD	6.4″ TFT Color LCD
VGA	VGA Port
Serial	UART Port (2ea)
Ethernet	10/100Mbps Ethernet Port (2ea)
PS/2	PS/2 Port 2ea for Keyboard / Mouse
USB	USB 2.0 Host / Client Port (2ea)
RTC	Real Time Clock
Audio	AC97 Audio Codec
CMOS Camera	Hynix CMOS Image Sensor
Character LCD	20×2 Character LCD
ADC / DAC	12bit A/D Converter / 14bit D/A Converter
Dot Matrix	5×7 Dot Matrix (2ea)
7-Segment	6×7-Segment
Keypad	4×4 Keypad / DIP S/W (8 Input DIP Switch)
Step Motor	Step Motor
Buzzer	Buzzer
Expansion	Ubiquitous Sensor Network Board (Option)
	FPGA Daughter Board (Option)
	Application Module Port
Debug	JTAG Port, Multi-ICE Port

제품문의 : 031-730-7362 www.ed.co.kr

RFID 토탈솔루션

RFID Application Trainer

Model : ED-3100

특징

- RFID 리더기에 대한 F/W 프로그램 실습
- Air-interface 등의 실험이 가능하도록 다수의 Test Point 제공
- Anti-Collision 기능 지원
- Application Engineer를 위한 OCX Library 제공
- 범용으로 사용되는 13.56MHz I-CODE Type
- Tag에 Data를 Read / Write 가능
- 컨베이어와 연동되는 미니 플랜트 제공 (창고관리, 공정관리, 주차관리 등)
- 탈부착이 가능한 응용 모듈 (출입통제, 물류관리, 자판기 등)

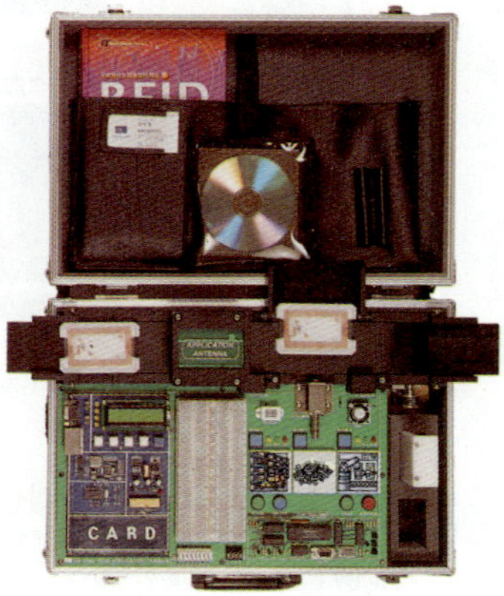

실험실습내용

- 개발환경 익히기 (AVR, JTAG, 컴파일러)
- ED-3100 구성 및 구동법
- 예제를 통한 AVR 장치 학습
- I-CODE1 라벨 IC 학습
- SLRC400 Reader IC 학습
- Unselected 명령어 학습
- Anticollision and Selected 명령
- Write, Selected, Addressed 명령
- 기타명령 (Selected Read, Halt, EAS/Quiet)
- OCX (예제)

규격

RFID Reader	Reader Control CPU	ATMEG128
	Carrier Frequency	13.56MHz ± 1kHz
	Protocol	I-CODE1
	Reading Distance	100mm 내외
	Display	4 Line Character LCD
	입력장치	모드설정용 입력 스위치 4ea
	Interface	RS-232, RS-422
RFID Antenna	2종 (PCB패턴, 플랜트 실습부)	
RFID Tag	13.56MHz I-CODE1 (R/W) : 10ea	
응용모듈	창고관리, 공정관리, I/O확장모드	

유비쿼터스 센서네트워크 토탈솔루션

Ubiquitous Sensor Network Trainer

Model : ED-3120, ED-3160

ED-3120 특징

- 유비쿼터스 센서네트워크 ZigBee (IEEE 802.15.4) 방식 원리 및 개념이해 가능
- 다양한 센서의 장착 및 확장성 확보 (조도센서, 온도센서, 습도센서, 가스센서, 초음파센서)
- 센서네트워크 시스템 교육 및 개발에 필요한 토탈 솔루션을 제공
- 다양한 적응 분야 (운영체제, 네트워크, Security, 로봇, H/W 개발, 센서 응용 등)
- PAN Coordinator에 접수된 화재, 가스누출 등의 경보상황을 PC를 통해 모바일 SMS로 수신 가능

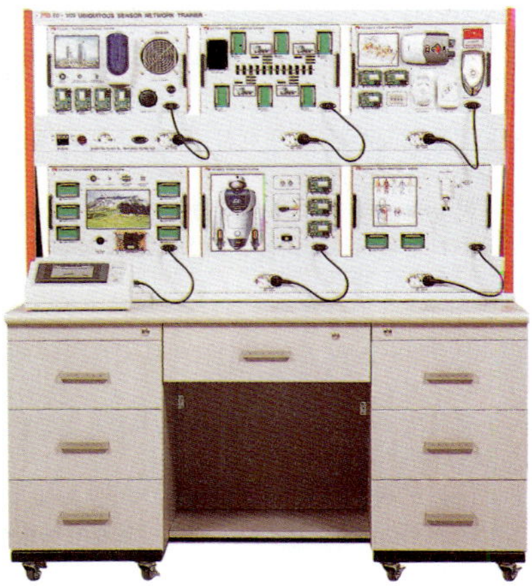

ED-3120

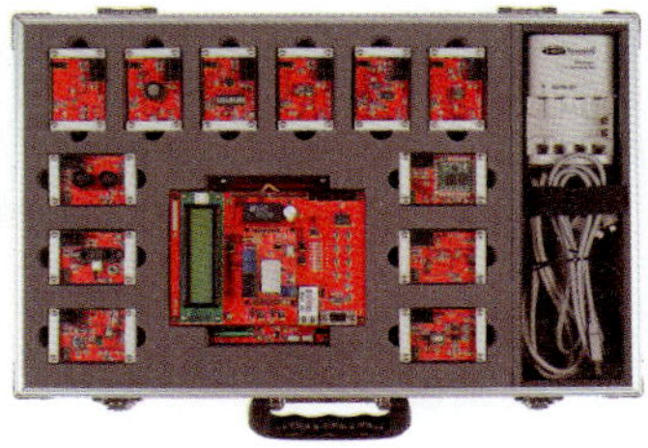

ED-3160

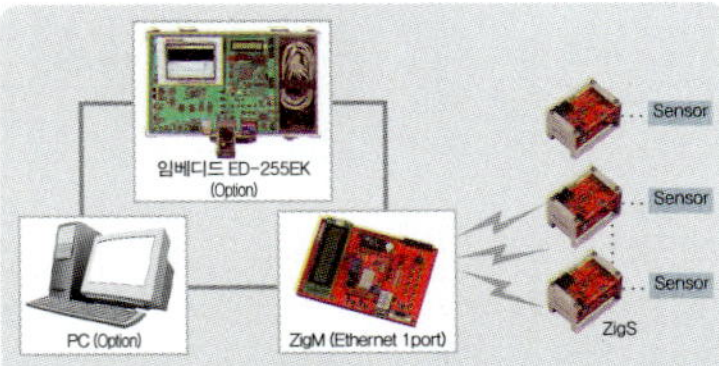

■ ED-3160 구성도

ED-3120 실험실습내용

- 센서 네트워크의 개요
- 센서 네트워크 모듈 하드웨어 이해
- 센서 네트워크 OS의 이해
- 센서 네트워크 환경 구축
- UART를 이용한 통신 프로그램
- 센서 기초 프로그램 (가스, 습도, 온도, 조도)
- 센서 기초 프로그램 (맥박, 체온, 기울기, 방위센서 등)
- RF 응용실습
- 센싱 및 제어 프로그램 및 Multi-hop Routing 프로그램
- Multi-hop을 이용한 제어 프로그램
- 센서네트워크 모니터링
- SMS 전송장치 연동 모니터링
- 센서 네트워크 구축 팀 프로젝트 제안서 작성
- 센서 네트워크 구축 팀 프로젝트 중간보고 및 프로젝트 수정
- 센서 네트워크 구축 팀 프로젝트 최종 보고 및 자료정리
- 팀 프로젝트 결과평가 및 보고회

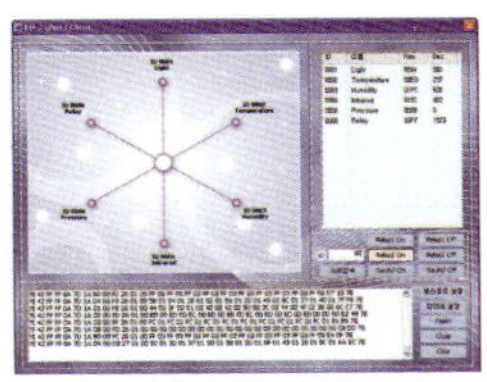

제품문의 : 031-730-7362 www.ed.co.kr

지능형 로봇 토탈솔루션

Intelligent Robot Trainer

Model : ED-7270, 7271, 7272

ED-7270 특징

- 유비쿼터스 및 홈네트워크 기반 실험실습에 적합
- 차세대 2차 전지(리튬이온)을 사양한 배터리 소형화 및 사용시간 증가
- 대화형 언어(프로그램)을 통한 다양한 콘텐츠 로봇 실험실습
- 지능형 로봇에 대한 전반적인 이해와 단계별 실습 가능
- Pan/Tilt USB 카메라를 이용한 영상처리 학습 기능
- 경사도 15 ° 에서 안정된 자세 제어를 통한 주행 알고리즘 적용
- 무인 방범 기능을 활용한 홈 시큐리티 실험실습
- 인간과 교감할 수 있는 인간 친화형 디자인

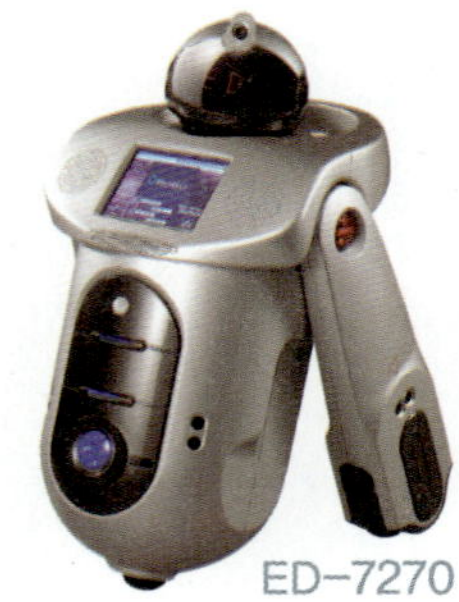

ED-7270

ED-7271 특징

- 지능형 로봇에 꼭 필요한 센서 9종 및 구동기 3종, 응용모듈 4종으로 구성
- 지능형 로봇 구조를 쉽게 파악할 수 있는 시스템
- 초기 로봇 입문 및 활용 교육까지 가능한 풍부한 실습예제 제공
- 창의적인 실험실습이 가능한 탈부착 모듈형 타입
- 유비쿼터스 및 홈 네트워크에서 사용되는 센서 응용 학습 가능
- 센서 결과 데이터를 Visual한 그래픽 형태로 표현하여 센서의 특성 파악 용이
- USB 카메라를 이용한 영상처리 학습 기능
- USB High Speed(480Mbps) 인터페이스 방식 채용

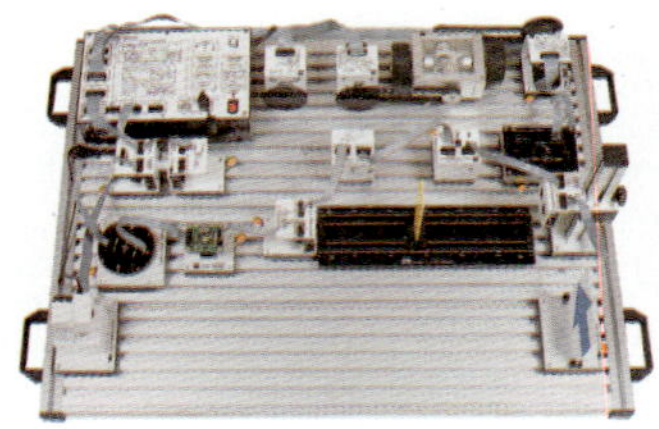

ED-7271

ED-7272 특징

- 무선 네트워크를 통한 실시간 원격제어 가능
- 지능형 로봇 센서 9종에 대한 요소 기술 및 응용 학습 기능
- 화상통신 및 영상처리를 이용한 로봇 응용 실험실습
- 초음파 및 적외선 거리 감지 센서를 이용한 장애물 감지 기능 제공
- USB 카메라를 이용한 영상처리 학습 기능
- USB High Speed(480Mbps) 인터페이스 방식 채용
- 무인 방범 기능을 활용한 홈 시큐리티 실험실습
- 5-Joint ARM을 부착한 통합 로봇 시스템(Option)

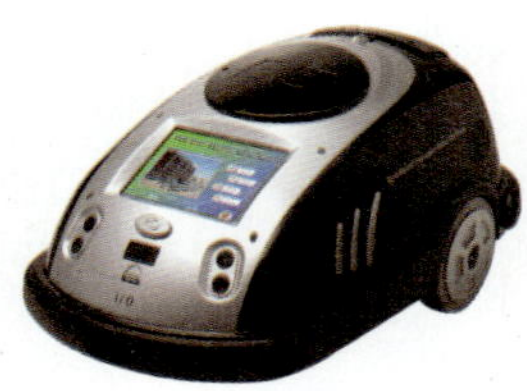

ED-7272

실험실습내용

- 지능형 로봇의 이해
- 지능형 로봇의 요소기술 분류
- 로봇의 기본 구조, 메커니즘 종류 및 장단점 실험실습
- 센서 모듈의 기본 원리 이해 및 실험실습
- Actuator 종류, 특성에 대한 기본 이해와 실험실습 (DC Servo motor, Step motor, RC motor)
- CCD Image Sensor을 이용한 영상처리 실험실습 (디지털 영상처리 기초이론, 패턴, 색채 인식에 대한 원리 및 실험실습)

제품문의 : 031-730-7362 www.ed.co.kr